Gerhard Rupp

Technologie für Stuckateure und Trockenbauer

EUROPA-FACHBUCHREIHE
für Bautechnik

Technologie für Stuckateure und Trockenbauer

Mit Lernfeldern, Fachrechnen und -zeichnen

5., überarbeitete und aktualisierte Auflage

Mit 437 Abbildungen und 158 Tabellen

VERLAG EUROPA-LEHRMITTEL · Nourney, Vollmer GmbH & Co. KG
Düsselberger Straße 23 · 42781 Haan-Gruiten

Europa-Nr.: 43344

Autor:
Gerhard Rupp, 66798 Wallerfangen

Das vorliegende Buch wurde auf der **Grundlage der aktuellen amtlichen Rechtschreibregeln** erstellt.

5. Auflage 2012
Druck 5 4 3 2 1

Alle Drucke derselben Auflage sind parallel einsetzbar, da sie bis auf die Behebung von Druckfehlern untereinander unverändert bleiben.

ISBN 978-3-8085-4334-4

Satz ab der 5. Auflage: Meis satz&more, 59469 Ense
Druck: M. P. Media-Print Informationstechnologie GmbH, 33100 Paderborn

Vorwort

Dieses Buch wurde in erster Linie für den Berufsschulunterricht der Stuckateure und Trockenbauer geschrieben. Es baut auf den *Grundlagen der Bautechnik* auf und behandelt in fachlicher, rechnerischer und zeichnerischer Hinsicht die Stoffgebiete, die zur Fachausbildung gehören. Auch dem Gesellen wird es zum Nachschlagen oder zur Vorbereitung auf die Meisterprüfung nützlich sein. Der Stoff ist in 11 Themenkreise gegliedert. In jedem Abschnitt folgen auf die textliche und bebilderte Darstellung zahlreiche Aufgaben zur Übung, Wiederholung und Lernkontrolle. Diese Aufgaben sind in Technologie (T), Technische Mathematik (M) und Technisches Zeichnen (Z) unterteilt. Rechnen und Zeichnen sind also handlungsorientiert dem jeweiligen fachlichen Themenkreis zugeordnet.

Im Anhang sind zu den einzelnen Lernfeldern Projektaufgaben formuliert. Sie berücksichtigen die Unterrichtsinhalte der länderübergreifenden Lehrpläne im Bereich der Stuckateurausbildung.

Berücksichtigt sind die aktuellen Normen, Werkstoffe und Arbeitsverfahren. Aufgrund langjähriger Unterrichtsarbeit und praktischer Erfahrung auf der Baustelle wurde der Stoff praxisnah, schülergerecht und verständlich aufbereitet. In sinnvoller und handlungsbezogener Sicht wurde Ordnung in die Vielfalt der Ausbildungsinhalte gebracht. Firmen und Verbände haben dankenswerterweise zahlreiche Bilder und Informationsmaterialien zur Verfügung gestellt. Dieses Werk folgt der reformierten Rechtschreibung. Ausnahmen bilden Texte, bei denen künstlerische, philologische und lizenzrechtliche Gründe einer Änderung entgegenstehen.

Bearbeiter und Verlag hoffen mit diesem Fachbuch die gleiche verständnisvolle und anerkennende Aufnahme in den Fach- und Berufskreisen zu finden wie mit dem vorgehenden Teil *Grundlagen der Bautechnik*, sowie bei der Aus- und Weiterbildung des Berufsnachwuchses eine wertvolle Lehr- und Lernhilfe zu sein. Wir sind für jede Anregung und Kritik dankbar.

Wallerfangen, im Frühjahr 2012
Gerhard Rupp

Verbesserungsvorschläge, Kritik sowie Informationsaustausch bitte ich über die e-Mail-Adresse: gerhard.rupp@t-online.de an den Autor zu richten.

Inhaltsverzeichnis

1 Baubetrieb

1.1 Vergabe- und Vertragsordnung für Bauleistungen (VOB)

Übliche Vertragsformen im Bauwesen sind

- **der Werkvertrag,** der Unternehmer verpflichtet sich zur Herstellung eines bestimmten Werkes gegen Entgelt
- **der Kaufvertrag,** der Unternehmer oder der Bauherr kauft Baustoffe
- **der Mietvertrag,** der Unternehmer oder der Bauherr mieten sich ein Gerät zur Ausführung einer Baumaßnahme
- **der Leasingvertrag,** der Unternehmer least eine Maschine oder ein Fahrzeug.

Ihrem Inhalt nach sind die Auswirkungen dieser Verträge sehr unterschiedlich. Um die komplizierte Materie bei der Erstellung eines Bauwerkes sowohl für den Bauherrn als auch für den Unternehmer klar zu regeln – was mit den vorgenannten Vertragsarten nicht in allen Einzelheiten machbar ist – wurde die *VOB (Vergabe und Vertragsordnung für Bauleistungen)* geschaffen. Die VOB ist kein Gesetz. Sie regelt nur, wenn die Vertragsparteien sich darauf verständigen. Die VOB gilt dann als frei vereinbartes Regelwerk abändernd oder ergänzend neben den Regelungen des BGB (Bürgerliches Gesetzbuch). Die VOB gliedert sich in drei Teile:

Teil A Allgemeine Bestimmungen für die Vergabe von Bauleistungen,

Teil B Allgemeine Vertragsbedingungen für die Ausführung von Bauleistungen,

Teil C Allgemeine Technische Vertragsbedingungen für Bauleistungen (ATV). Teil A ist bei allen öffentlichen Auftraggebern verbindlich, d. h. Bund, Länder und Gemeinden sowie sonstige öffentliche Institutionen sind verpflichtet, den Teil A der VOB anzuwenden; Teil B muss gesondert vereinbart werden. Die in Teil C formulierten Normen (ATV) gelten als verbindliche Ausführungsnormen.

> Die VOB ist kein Gesetz. Sie wird aber als anerkanntes Regelwerk neben den Regelungen des BGB als Vertragsgrundlage im Bauvertrag genutzt. Bei allen öffentlichen Baumaßnahmen ist Teil A verbindlich.

1.1.1 VOB Teil A

Im Teil A der DIN 1960 sind u.a. die Verfahren der Ausschreibung, der Vergabe und des Zuschlags von Bauleistungen beschrieben. Die Vergabe von Bauleistungen umfasst Ausschreibung, Angebot und Vertragsabschluss. Grundsätze der Vergabe sind:

Fachkunde, Leistungsfähigkeit und Zuverlässigkeit des Bieters sowie im freien Wettbewerb entstandene Preise. Die VOB kennt folgende Vergabemöglichkeiten (Bild **1**.1):

Vergabeart	Kennzeichen
öffentliche Ausschreibung	Normalfall bei allen öffentlichen Ausschreibungen, unbeschränkte Anzahl von Bietern
beschränkte Ausschreibung	Normalfall bei privaten Bauherren, bei besonderen Anforderungen an die Ausführungsart aus Gründen der Geheimhaltung eingeschränkte Anzahl von Bietern
freihändige Vergabe	keine Ausschreibung, die Maßnahme wird an ein bestimmtes Unternehmen vergeben. Nur in Ausnahmefällen, wie z. B. dringende Reparaturen, Anschlussauftrag, Patentschutz usw.

Bild 1.1 Vergabearten nach VOB Teil A

Öffentliche Ausschreibung
(§ 17 Nr. 1 VOB/A)
A) Gemeinde Tholey, Im Kloster 1, 66636 Tholey, Telefon (0 68 53) 5 08-0
B) Öffentliche Ausschreibung zum Umbau des Gemeindehauses im Ortsteil Lindscheid
C) Aufteilung in Lose: nein
D) **Gewerk 1 – Ausführung der Außenputzarbeiten mit Vollwärmedämmung**
Vergabenummer: 12/05
Hauptsächliche Leistungen:
ca. 380 m² Außenputz als Vollwärmedämmsystem
d1) Ausführungsfrist: 20 Werktage
d2) Baubeginn: ca. Juni 2005
d3) Kostenerstattung: 12,00 €
E) **Gewerk 2 – Ausführung der Innenputzarbeiten**
Vergabenummer: 13/05
Hauptsächliche Leistungen:
ca. 780 m² Kalkzement-Maschlnenwandputz
ca. 245 m² Zement-Maschinenwandputz
e1) Ausführungsfrist: 14 Werktage
e2) Ausführungszeit: ca. Juli 2005
e3) Kostenerstattung: 12,00 €
F) **Gewerk 3 – Ausführung der Trockenbauarbeiten und abgeh. Deckenverkleidungen**
Vergabenummer: 14/05
Hauptsächliche Leistungen:
ca. 88 m² Gipskarton-Ständerwände
ca. 28 m² Deckenverkleidung OWA – Coustic S 3, mit Weitspannträger als zusätzliche Unterkonstruktion
ca. 110 m² Deckenverkleidungen als Gipsplattendecke mit Metall-Unterkonstruktion, teilweise mit Weitspannträgern als zusätzl. Unterkonstruktion f1) Ausführungsfrist: 14 Werktage f2) Ausführungszeit: ca. Mitte Juni und Mitte Juli f3) Kostenerstattung: 12,00 €
G) **Gewerk 4 – Lieferung und Montage der Feuerschutztüren und Stahlzargen**
Vergabenummer: 15/05
Hauptsächliche Leistungen:
ca. 4 Stück FH-StahltüreT30-l
ca. 19 Stück grundierte Stahl-U-Zargen g1) Ausführungsfrist: Montage 2 Arbeitstage g2) Ausführungszeit: ca.Juni 2005 g3) Kostenerstattung: 10,00 €
O) Angebotseröffnung am Dienstag, dem 26. April 2005, für Gewerk 1 = 10.00 Uhr; für Gewerk 2 = 10.15 Uhr; für Gewerk 3 = 10.30 Uhr; für Gewerk 4 = 10.45 Uhr; für Gewerk 5 = 11.00 Uhr; für Gewerk 6 = 11.15 Uhr; für Gewerk 7 = 11.30 Uhr; für Gewerk 8 = 11.45 Uhr; für Gewerk 9 = 12.00 Uhr; für Gewerk 10 = 12.15 Uhr, bei der Gemeinde Tholey, Fachbereich Bauen – Wohnen – Umwelt, im ehemaligen Postgebäude, Rathausplatz 6, (direkt neben dem Rathaus), 66636 Tholey.
P) Ablauf der Zuschlags- und Bindefrist: 30. Mai 2005
Q) Geforderte Eignungsnachweise: gem. VOB/A § 8 Nr. 3 (1 a-g). Referenzen, Bescheinigung der Berufsgenossenschaft. Bieter, die nicht ihren Sitz in Deutschland haben, müssen eine Bescheinigung des für sie zuständigen Versicherungsträgers vorlegen.
Hermann Josef Schmidt
Bürgermeister

Bild 1.2 Öffentliche Ausschreibung

Offenes Verfahren (öffentliche Ausschreibung) (Bild **1**.2) d. h. die Anzahl der Bieter wird nicht begrenzt. Jeder, der die Grundsätze erfüllt, kann an der Ausschreibung teilnehmen. Es ist dies die übliche Ausschreibungsart im öffentlichen Bereich.

Nichtoffenes Verfahren (beschränkte Ausschreibung nach öffentlichem Teilnehmerwettbewerb), d. h. es kann sich nur eine eingeschränkte Anzahl von Bietern an der Ausschreibung beteiligen. Dies kann zum einen notwendig sein, wenn wegen der besonderen Art des Bauvorhabens nur ein begrenzter Kreis von Anbietern in Frage kommt. Im privaten Bauwesen ist dies die gebräuchliche Art der Ausschreibung, wobei Architekt und Bauherr nur einen ausgewählten Kreis von Unternehmen auffordern, an der Ausschreibung teilzunehmen.

Verhandlungsverfahren (freihändige Vergabe), d. h. Auftragserteilung ohne vorherige Ausschreibung. Es wird ein bestimmtes Unternehmen aufgefordert, die Baumaßnahmen durchzuführen. Freihändige Vergabe wird nur vorgenommen, wenn aus besonderen Gründen, wie z. B. Patentschutz, besondere technische Anforderungen, besondere Dringlichkeit (dringende Reparatur), Anschluss- und Zusatzaufträge die öffentliche oder beschränkte Ausschreibung unzweckmäßig ist.

Um sicherzustellen, dass alle Bieter die auszuführenden Arbeiten im gleichen Sinn verstehen, müssen die geforderten Leistungen eindeutig und erschöpfend beschrieben werden. Dies wird sichergestellt durch das Leistungsverzeichnis. Hilfestellung bietet hier das *Standardleistungsbuch für das Bauwesen* (*StLB*), in dem für die meisten Arbeiten gut durchdachte und technisch auf dem aktuellen Stand formulierte Texte zur Verfügung stehen. Die Abrechnungseinheiten für das Leistungsverzeichnis ergeben sich aus VOB Teil C im Abschnitt 05. Für DIN 18350 Putz- und Stuckarbeiten zeigt Bild **1**.3 die Vorgaben. Bild **1**.4 zeigt ein Leistungsverzeichnis über eine Putzarbeit. Die Unternehmer müssen ihre Angebote bis zum festgesetzten Termin einreichen. Bei der *Submission* (Auftragsvergabe) werden die Angebote verlesen. Änderungsvorschläge die eventuell gemacht wurden, werden mitgeteilt. Somit kann sich jeder der beteiligten Unternehmer ein Bild von seiner aktuellen Leistungsfähigkeit – preislich und technisch – im Vergleich mit der Konkurrenz machen. Bevor der Zuschlag erfolgt, werden die eingegangenen

Angebote auf ihre rechnerische, technische und wirtschaftliche Richtigkeit hin überprüft.

Die Wertung der Angebote erfolgt nicht unbedingt unter dem Gesichtspunkt des Preises. Es muss nicht immer der billigste Anbieter zum Zuge kommen. Es werden auch Fachkunde, Leistungsfähigkeit, Zuverlässigkeit und die vorhandenen technischen und wirtschaftlichen Mittel beurteilt. Mit dem so ermittelten wirtschaftlichsten Anbieter wird dann ein Bauvertrag abgeschlossen.

> VOB Teil A regelt die Vergabe von Bauleistungen. Grundsätze der Vergabe sind: Fachkunde, Leistungsfähigkeit und Zuverlässigkeit des Bieters sowie im freien Wettbewerb entstandene Preise.

Zusätzliche technische Bedingungen:

Die nachstehenden Bedingungen und Vorschriften gelten ausschließlich für dieses Bauwerk. Die Grundlagen bilden die technischen Bauunterlagen die Bedingungen der VOB, Teil B und C, sowie die Verarbeitungsrichtlinien der Wülfrather Zement GmbH, Wülfrath.

1.0 Der Auftragnehmer hat für seine Leistungen den Untergrund auf Tragfähigkeit und Eignung zu überprüfen. Er hat dem Auftraggeber Bedenken gegen die vorgegebene Art der Ausführung unverzüglich mitzuteilen, wenn diese der Beschaffenheit des Untergrundes nicht entspricht. Unter diesen Voraussetzungen sind Bedenken geltend zu machen, insbesondere bei größeren Unebenheiten, Ausblühungen, Spannungs- und Setzrissen nichttragfähigen Untergründen sowie, wenn das Mauerwerk nicht der DIN 1053, Teil 1, entspricht.

1.1 Der Auftragnehmer hat sich vor Arbeitsbeginn ein Bild von der Lage und Art des Bauvorhabens an Ort und Stelle gemacht.

1.2 Die Ausführung der Arbeiten erfolgt in Verantwortung des Auftragnehmers. Während der Verarbeitung und Trocknung darf die Temperatur der Luft, der zu verwendenden Materialien sowie des Putzgrundes nicht unter + 5 °C absinken. Bei warmer Witterung und direkter Sonneneinstrahlung sind Maßnahmen vorzusehen, die einen zu schnellen Feuchtigkeitsentzug des Putzes verhindern.

1.3 Nach Fertigstellung der Arbeiten ist der bei den Arbeiten angefallene Schutt (Mörtelreste, Papiersäcke, Eimer und dergl.) im und um den Bau herum aufzunehmen und abzufahren. Bei nicht einwandfreier Beseitigung des Schuttes durch den Auftragnehmer behält sich die Bauleitung vor, eine Fremdfirma mit den Reinigungsarbeiten zu beauftragen. In diesem Fall wird der Auftragnehmer mit den Kosten belastet.

1.6 Folgende bauliche Voraussetzungen müssen vor Durchführung der nachfolgend beschriebenen Arbeiten gegeben sein:
- der Untergrund muss trocken, eine nachträgliche Durchfeuchtung ausgeschlossen sein,
- die Fenster, Außenfensterbänke, Außentüren, Rolladenkästen, Rolladenführungsschienen sowie Mauer- und Attikaabdeckungen müssen eingesetzt sein. Die Arbeiten an der Dachdeckung müssen abgeschlossen sein.

1.7 Ausführungszeitraum von bis . Es können nur die Anbieter berücksichtigt werden, die in der Lage sind, die vorgeschriebene Ausführungszeit einzuhalten.

Die in den folgenden Positionen ausgeschriebenen Materialien ergeben ein aufeinander abgestimmtes System.

Bild 1.3 Vorbemerkung für einen Ausschreibungstext

Titel 1 VORARBEITEN

Position 10 Fassadenflächen entsprechend den Bestimmungen der VOB und den Vorschriften der Bau-Berufsgenossenschaft nach DIN 4420 einrüsten. Nach Abschluss der Arbeiten sind die Löcher der Gerüsthülsen mit einer passenden Abdeckung zu versehen.

.... m^2 ....

Position 20 Untergrundvorbereitung:

äußere und innere Wandflächen aus Steinen unterschiedlicher Beschaffenheit oder schalungsrauen Betonen von Staub und losen Teilen befreien.

.... m^2 ....

Titel 3 UNTERPUTZ

Position 80 Vorgespritzten, trockenen Untergrund gut vornässen, Wülfrather Wärmedämmputze mit Putzmaschine oder Hand in einem Arbeitsgang, höchstens bis zu einer Dicke von 50 mm auftragen (nicht aufziehen). Bei größeren Putzdicken sollte der zweite Putzauftrag, je nach Witterung spätestens am nächsten Tag erfolgen. Ist dies im Einzelfall nicht möglich, muss die Oberfläche der ersten Putzschicht vorher aufgeraut und ggf. nochmals genässt werden. Putzoberfläche beim Abziehen mit der Latte andrücken und leicht glätten, nicht verreiben oder filzen. Es muss eine rauhe, griffige Oberfläche vorhanden sein. Bindemittelanreicherungen an der Putzoberfläche sind zu vermeiden.

Die Dämmputze sind vor zu schneller Austrocknung zu schützen und ggf. feucht zu halten. Dämmputze müssen grundsätzlich mit einem Oberputz versehen werden.

Erzeugnis: Wülfrather Wärmedämmputz DP 007

Wülfrather Wärmedämmputz DP 012

Ausführung je nach Verarbeitungsvorschrift

.... m^2 ....

Titel 4 Oberputz

Position 90 Wülfrather Kratzputz W KR 202,

wasserabweisend, liefern und einlagig mit Maschine oder von Hand nach ausreichender Erhärtung des Unterputzes (Weißfärbung, d. h. nach mindestens 7 Tagen Standzeit) aufbringen. Eben verziehen und, wenn das Korn springt fleckenlos ansatzfrei kratzen.

Bei warmer, trockener, windiger Witterung den Putz in den ersten Tagen durch mehrmaliges Düsen vor zu schnellem Wasserentzug schützen. Sofern nach dem Kratzen das Gerüst nicht sofort entfernt wird, sind Vorkehrungen zu treffen, damit auf den Gerüstbrettern lagernder Staub nicht durch Regen oder Wind an die Wand getragen wird.

Erzeugnis: Wülfrather Kratzputz W KR 202

Körnung : 3,3 mm

Farbton :

Ausführung nach Verarbeitungsvorschrift

.... m^2 ....

Position 200 Kantenrichtwinkel für die vorgesehene Putzdicke liefern und fachgerecht mit Wülfrather Profil-Ansetzmörtel AM 3 00 ansetzen.

Erzeugnis: Profil

Wülfrather Profil-Ansetzmörtel AM 300

Wülfrather Schienenbefestigungsdübel

oder gleichwertig

Ausführung nach Verarbeitungsvorschrift

.... 1 fm ....

Bild 1.4 Ausschreibungstext

1.1.2 VOB Teil B

Teil B DIN 1961 behandelt die allgemeinen Vertragsbedingungen für die Abwicklung von Bauaufträgen. Besondere Verhältnisse sind durch Ergänzungen zur VOB im Bauvorhaben zu berücksichtigen. Der Auftragnehmer übernimmt die *Gewähr*, dass die von ihm erbrachten Leistungen die vertraglich zugesicherten Eigenschaften haben und nach den anerkannten Regeln der Technik erstellt wurden.

Der Auftraggeber ist auf entdeckte oder auch vermutete Mängel, die sich aus den Ausführungsunterlagen ergeben, vom Auftragnehmer schriftlich und vor Beginn der Arbeiten hinzuweisen, z. B.

- Ausbildung von Bauwerksanschlüssen,
- gestalterische Wirkung von Flächen (Teilung, Struktur Farbe),
- Anforderungen an Brand-, Wärme- und Schallschutz.

Ergeben sich für den Auftragnehmer Bedenken gegen die vorgesehene Art der Bauausführung, z. B.

- Vorbehandlung des Putzgrundes,
- Art und Eigenschaft des Putzes,

oder gegen vorausgegangene Arbeiten anderer Unternehmer, z. B.

- größere Unebenheiten als nach DIN 18202 zulässig,
- ungeeignete Beschaffenheit des Untergrundes (verölte Flächen, verschiedenartige Baustoffe),

so hat er dies dem Auftraggeber unverzüglich und schriftlich vor Beginn der Arbeiten mitzuteilen. Die erbrachten Leistungen müssen abgenommen werden, d. h. Auftraggeber und -nehmer sollen die durchgeführten Baumaßnahmen (eventuell auch Teilleistungen) auf ihre korrekte Ausführung hin beurteilen. Die *Abnahme* soll innerhalb von 12 Tagen nach Fertigstellung erfolgen. Die Bauleistung gilt als stillschweigend angenommen, wenn innerhalb von 12 Werktagen nach schriftlicher Aufforderung keine Abnahme durch den Auftraggeber erfolgte. Dies ist insbesondere dann von Wichtigkeit, wenn es sich um verdeckte Leistungen handelt, die hinterher nicht mehr überprüfbar sind. Festgestellte Mängel hat der Auftragnehmer zu beseitigen. Mit dem Tag der Abnahme beginnt die Gewährleistungsfrist. Diese beträgt nach VOB 4 Jahre (Bild **1**.6). Nach der Abnahme, während der *Gewährleistungsfrist*, ist der Bauherr beweispflichtig, d. h. er muss nachweisen, dass auftretende Mängel auf vertragswidriges Verhalten des Auftragnehmers zurückzuführen sind. Hilfestellung zur Begutachtung bieten die Innungen und Handwerkskammern, die entsprechende Sachverständige (Meister, Fachingenieure) benennen können. Der Auftragnehmer hat jedoch nicht Mängel zu vertreten, die auf

- die Leistungsbeschreibung,
- Anordnungen des Auftraggebers (deshalb immer schriftlich bestätigen lassen),
- vorgeschriebene Baustoffe und Bauteile,
- die Vorleistung anderer Unternehmer.

zurückzuführen sind. Treten während der Gewährleistungsfrist Mängel auf, die der Auftragnehmer zu vertreten hat, sind diese auf seine Kosten zu beseitigen. Kommt er der Aufforderung zur Mängelbeseitigung innerhalb einer angemessenen Frist nicht nach, so kann der Auftraggeber die Mängel auf Kosten des Arbeitnehmers beseitigen lassen.

> VOB Teil B behandelt die allgemeinen Vertragsbedingungen für die Abwicklung von Bauaufträgen wie Ausführung Abnahme und Gewährleistung.

1.1.3 VOB Teil C

Teil C der VOB beschreibt die *Ausführungsnorm* (*ATV, Allgemeine Technische Vertragsbedingungen für Bauleistungen*) der verschiedenen Gewerke. Für alle ATV gilt die *DIN 18299 Allgemeine Regelungen für Bauarbeiten jeglicher Art* als Grundlage. Für den Stuckateur ist hier von maßgebender Bedeutung DIN 18350 Putz- und Stuckarbeiten. Diese gliedert sich in die Abschnitte entsprechend Bild 1.5:

0 Hinweise für das Aufstellen der Leistungsbeschreibung	3 Ausführung
1 Geltungsbereich	4 Nebenleistungen, Besondere Leistungen
2 Stoffe, Bauteile	5 Abrechnung

Bild 1.5 Gliederung der ATV DIN 18350, Abschnitt 0

Gewährleistungsfristen nach

VOB	und	**BGB**
4 Jahre		5 Jahre

Grundsätzlich kann die Gewährleistungsfrist frei vereinbart werden.

Der Anspruch auf Beseitigung der gerügten Mängel verjährt nach VOB in 2 Jahren, gerechnet vom Zugang der schriftlichen Mängelrüge.

Nach Abnahme der Mängelbeseitigung beginnt für diese Leistung wiederum eine 4 bzw. 5jährige Verjährungsfrist.

Kommt der Auftragnehmer der Aufforderung zur Mängelbeseitigung in einer vom Auftraggeber gesetzten angemessenen Frist nicht nach, so kann der Auftraggeber die Mängel auf Kosten des Auftragnehmers beseitigen lassen.

Bild 1.6 Gewährleistungsfristen

Die Hinweise aus Abschnitt 0 ergänzen die ATV DIN 18299. Sie enthalten Angaben zur Baustelle, Angaben zur Ausführung, Einzelangaben bei Abweichungen von den ATV und Abrechnungseinheiten. Der Geltungsbereich in Abschnitt 1 der ATV „Putz- und Stuckarbeiten – DIN 18350 – gilt für Putz-, Stuck und Wärmedämmputz.

Für die gebräuchlichsten Stoffe und Bauteile in Abschnitt 2, sind die entsprechenden DIN-Normen aufgeführt, in denen die Anforderungen an Werkstoffe und Arbeitsverfahren festgelegt. Die Gliederung von Abschnitt 2 ergibt sich aus Bild 1.7.

2	Stoffe, Bauteile
2.1	Putze
2.2	Werkmörtel (Fertigmörtel)
2.3	Putzträger, Putzbewehrungen, Befestigungsmittel
2.4	Dämmstoffe
2.5	Unterkonstruktionen, Verbindungs- und Verankerungselemente
2.6	Profile

Bild 1.7 Gliederung der ATV DIN 18350, Abschnitt 2

Abschnitt 3 behandelt allgemeine Hinweise für die Ausführung der auszuführenden Arbeiten. Die Inhalte ergeben sich aus Bild 1.8.

3	Ausführung
3.1	Allgemeines
3.2	Putze
3.3	Herstellen und Ausbessern von Steinputzflächen
3.4	Sgraffito
3.5	Bauteile aus Drahtputz
3.6	Stuck
3.7	Glättetechnik
3.8	Ausbildung von Kanten
3.9	Einbau von Sonderprofilen
3.10	Verputze Innendämmungen
3.11	Innenwandbekleidungen
3.12	Außenwandbekleidungen mit Putzträgerplatten
3.13	Wärmedämmputzsysteme

Bild 1.8 Gliederung der ATV DIN 18350, Abschnitt 3

Um eine eindeutige Kalkulation zu ermöglichen und Missverständnisse aus dem Weg zu räumen, regelt Abschnitt 4 die Ergänzungen der in ATV DIN 18299 aufgeführten Nebenleistungen und besondere Leistungen.

Nebenleistungen werden nur dann in der Leistungsbeschreibung erwähnt, wenn sie besonders zu vergüten sind. Sie gehören also ohne besondere Erwähnung zur vertraglichen Leistung. Beispiele dafür zeigt Bild 1.9.

4	Nebenleistungen
4.1.1	Auf- und Abbauen von Gerüsten
4.1.2	Reinigen des Untergrundes
4.1.3	Feuchthalten der Putzflächen bis zum Abbinden
4.1.5	Vorlegen vorgefertigter Oberflächen- und Farbmuster
4.1.7	Schutz von Bauteilen vor Verunreinigungen

Bild 1.9 Nebenleistungen nach ATV DIN 18350, Abschnitt 4

Besondere Leistungen sind Leistungen die nicht im Katalog der Nebenleistungen nach Abschnitt 4.1 ATV DIN 18299 enthalten sind. Sie gehören nur dann zur vertraglichen Leistung, wenn sie in der Leistungsbeschreibung besonders erwähnt sind. Beispiele dafür nennt Bild 1.10.

4	Besondere Leistungen
4.2.2	Auf- und Abbauen sowie Vorhalten der Gerüste
4.2.3	Umbau von Gerüsten für Zwecke anderer Unternehmer
4.2.5	Schließen von Ankerlöchern für die Gerüstverankerung
4.2.9	Reinigen des Untergrunds von grober Verschmutzung
4.2.14	Liefern bauphysikalischer Nachweise
4.2.25	Maßnahmen zur Erfüllung erhöhter Anforderungen an die Ebenheit
4.2.28	Farbige Ausführung der Putze.
4.2.35	Herstellen von Ecken und Verkröpfungen an Stuckprofilen

Bild 1.10 Nebenleistungen nach ATV DIN 18350, Abschnitt 4.2

1.1.4 Abrechnung Putz- und Stuckarbeiten

Allgemeines. Der Ermittlung der Leistung – gleichgültig, ob sie nach Zeichnung oder nach Aufmaß erfolgt – sind zugrunde zu legen:

- □ Für Putz, Stuck, Dämmstoff-, Trenn- und Schutzschichten, Auffütterungen, Bekleidungen, Dampfbremsen, Dübelungen, Vorsatzschalen, Unterkonstruktionen, flächige Bewehrungen und Putzträger, Folien sowie Vorbereiten von Untergründen
- □ auf Innenflächen ohne begrenzende Bauteile die Maße der zu putzenden, zu dämmenden, zu bekleidenden bzw. mit Stuck zu versehenden Flächen,

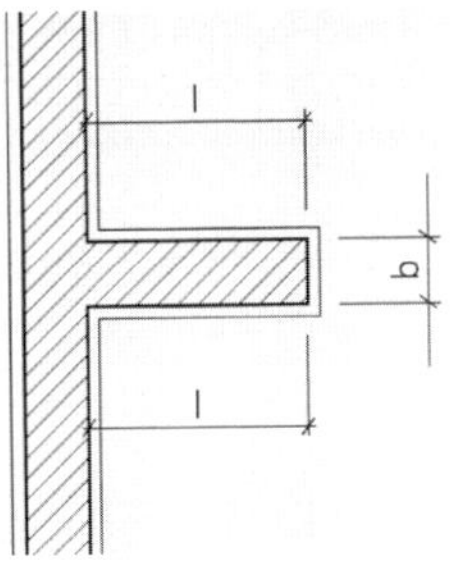

Bild 1.11 a Innenwand ohne begrenzendes Bauteil

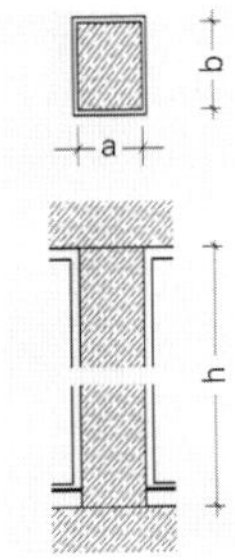

Bild 1.11 b Innenstütze

□ auf Innenflächen mit begrenzenden Bauteilen die Maße der zu behandelnden Flächen bis zu den sie begrenzenden, ungeputzen, ungedämmten bzw. nicht bekleideten Bauteilen,

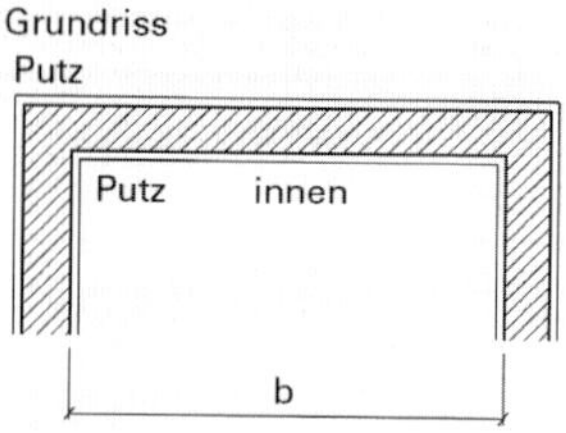

Bild 1.11 c
Breite einer Innenwand mit begrenzenden Bauteilen

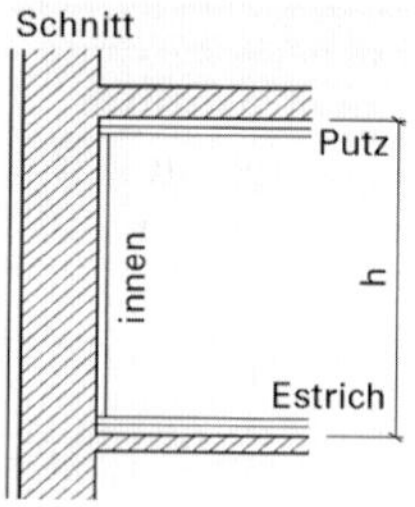

Bild 1.11 d
Höhe einer Innenwand mit begrenzenden Bauteilen

□ bei Fassaden die Maße der geputzten Flächen.

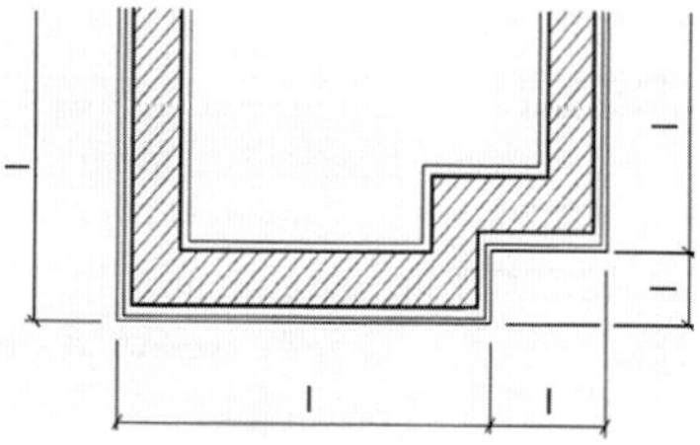

Bild 1.11 e
Außenfläche in der Länge und Breite

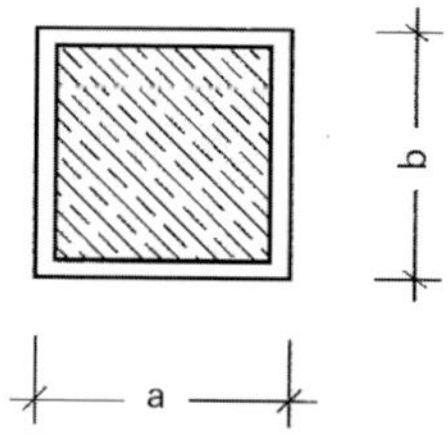

Bild 1.11 f
Außenstütze

□ Bei der Ermittlung der Maße wird jeweils das größte, gegebenenfalls abgewickelte Bauteilmaß zugrunde gelegt, z. B. bei Wandanschlüssen, umlaufenden Friesen, Faschen, An- und Einarbeiten von vorhandenen Bauteilen, Einbauteilen und dergleichen. Fugen werden übermessen.

□ Die Wandhöhen überwölbter Räume werden bis zum Gewölbeanschnitt, die Wandhöhe der Schildwände bis zu 2/3 des Gewölbestichs gerechnet.

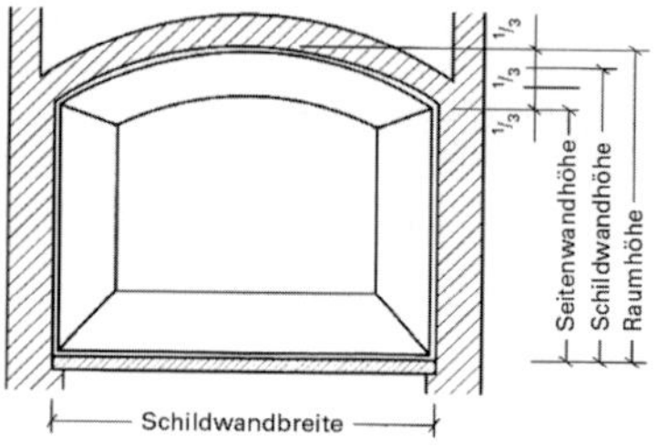

Bild 1.11 g
Wandhöhen überwölbter Räume

- ☐ Bei der Flächenermittlung von gewölbten Decken werden diese nach der Fläche der abgewickelten Untersicht gerechnet.

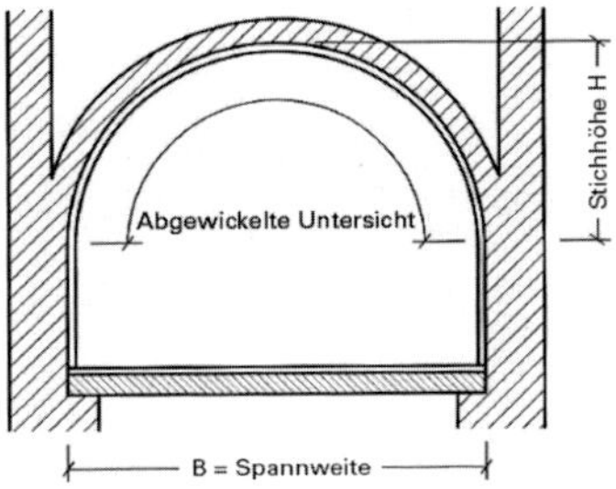

Bild 1.11 h
Abgewickelte Untersicht gewölbter Decken

- ☐ Gehrungen, Kreuzungen, Verkröpfungen, und Endungen von Stuckgesimsen werden gesondert gerechnet.

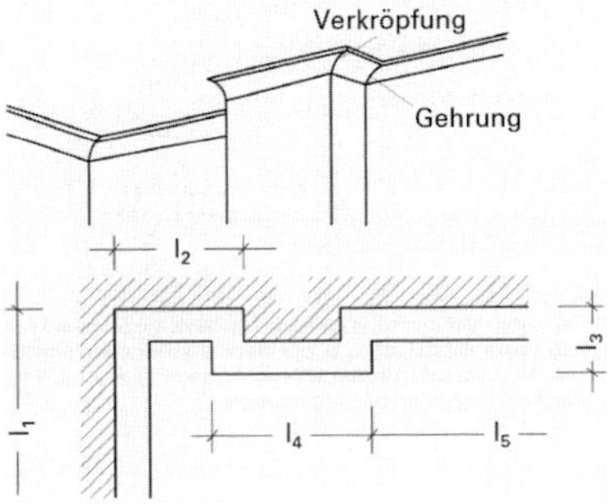

Bild 1.11 i
Umlaufendes Stuckgesims

- ☐ In Decken, Wänden, Dächern, Schalungen, Wand- und Deckenbekleidungen, Vorsatzschalen, Dämmstoffschichten, Dampfbremsen sowie leichten Außenwandbekleidungen werden Aussparungen, z. B. Öffnungen, Nischen, bis zu 2,5 m^2 Einzelgröße übermessen.

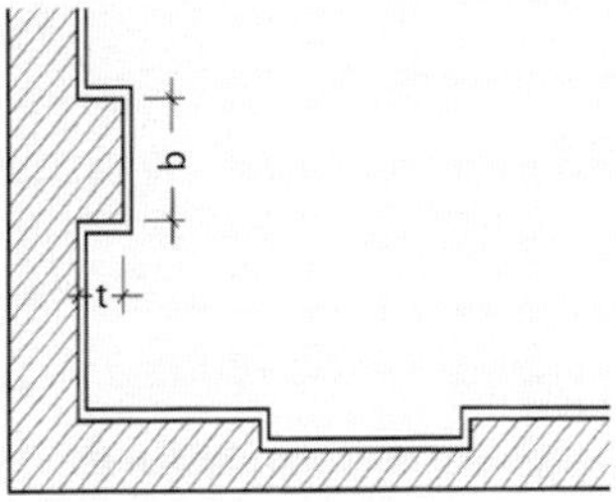

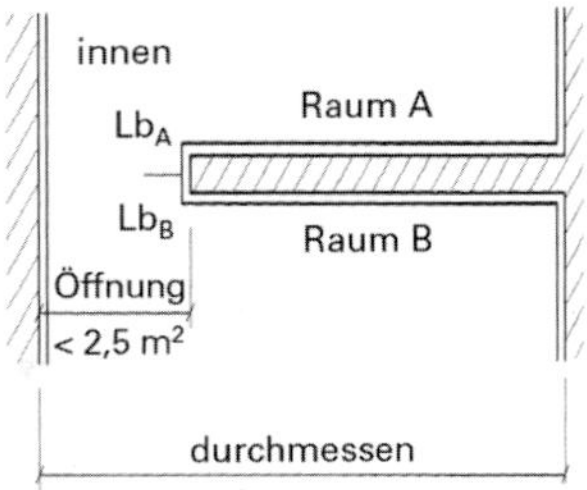

Bild 1.11 j **Bild 1.11 k**
Wenn Vorlage t x b bzw. Öffnung < 2,5 m^2 dann übermessen, bei > 2,5 m^2 abziehen.

- ☐ Rückflächen von Nischen werden unabhängig von ihrer Einzelgröße mit ihren Maßen gesondert gerechnet.

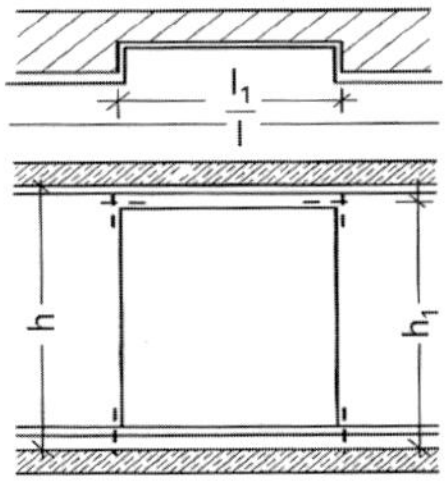

Bild 1.11 l
Bei l1 x h1 < 2,5 m^2 wird die Nische übermessen. Die Nischenrückseite und die Leibungen werden gesondert gerechnet.

- Unmittelbar zusammenhängende, verschiedenartige Aussparungen, z. B. Öffnung mit angrenzender Nische, werden getrennt gerechnet.

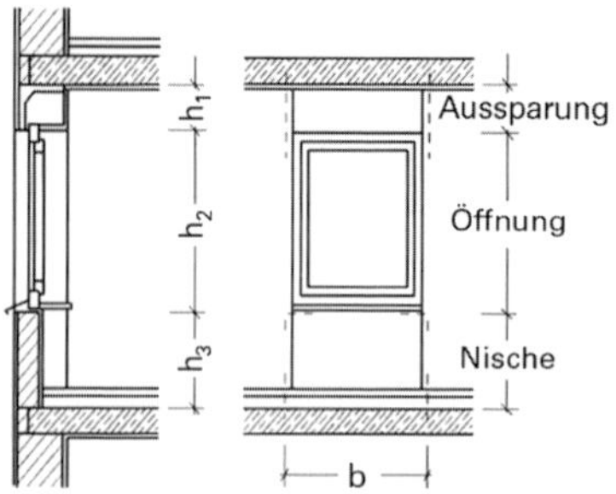

Bild 1.11 m
Wenn Aussparung, Öffnung und Nische > 2,5 m^2 dann wird jeweils abgezogen, bei < 2,5 m^2 übermessen. Nischenrückseite und Leibungen werden gesondert gerechnet.

- Bindet eine Aussparung anteilig in angrenzende, getrennt zu rechnende Flächen ein, wird zur Ermittlung der Übermessungsgröße die jeweils anteilige Aussparungsfläche gerechnet.

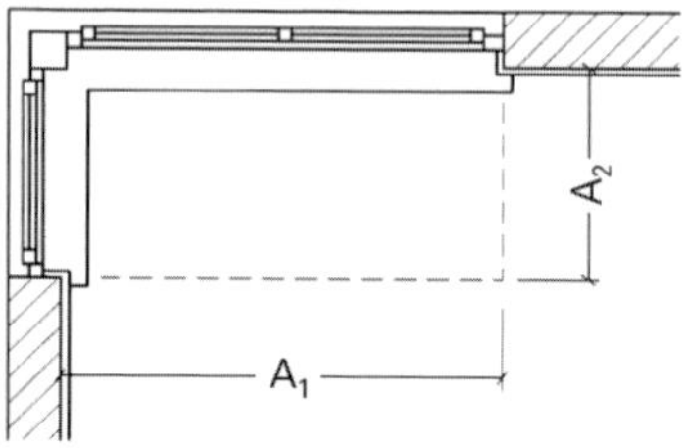

Bild 1.11 n
Sind die Flächen A_1 bzw. A_2 > 2,5 m^2 wird abgezogen, bei < 2,5 m^2 wird übermessen. Die Leibungen werden immer gesondert gerechnet.

- Unterbrechungen bis 30 cm Einzelbreite, z. B. Fachwerkteile, Gesimse, Vorlagen, Stützen, Balken, Friese, Vertiefungen, werden übermessen.

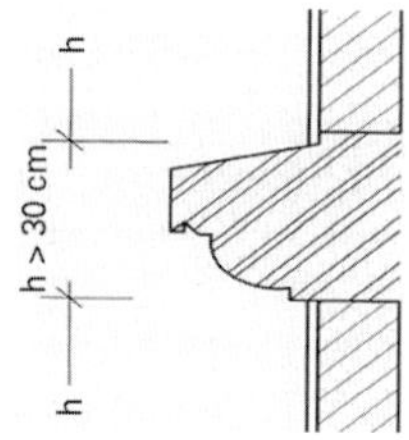

Bild 1.11 o
Da das Gesims > 30 cm ist, wird es abgezogen.

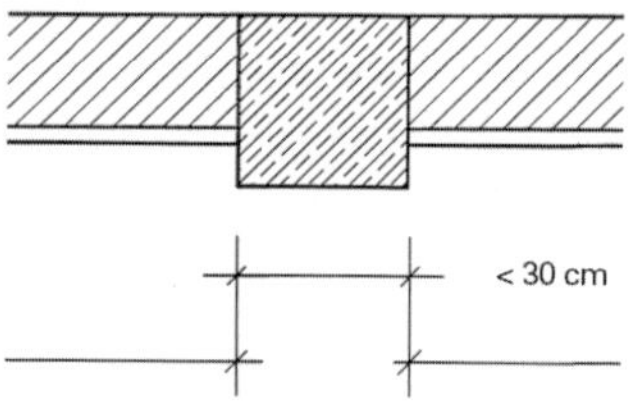

Bild 1.11 p
Die Vorlage ist < 30 cm, also wird übermessen.

- Bei vieleckigen Einzelflächen ist zur Ermittlung der Maße das kleinste umschriebene Rechteck zugrunde zu legen.

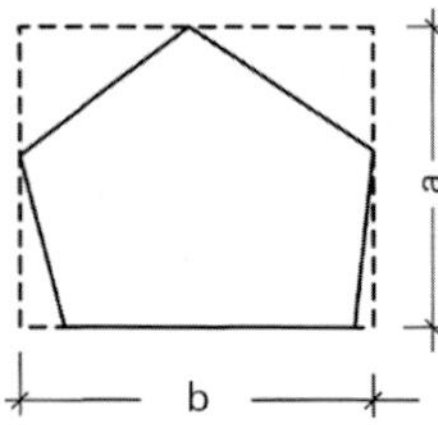

Bild 1.11 q
Maßgeblich ist das kleinste umschriebene Rechteck.

Es werden abgezogen:

- bei Abrechnung nach dem Flächenmaß (m^2):
  Aussparungen, z. B. Öffnungen (auch raumhoch), Nischen, über 2,5 m^2 Einzelgröße. Bei der Ermittlung des Abzugsmaßes sind die kleinsten Maße der Aussparung zu Grunde zu legen.
- bei Abrechnung nach dem Längenmaß (m):
  Unterbrechungen über 1 m Einzellänge.

1.2 Bauplanung

1.2.1 Arbeitsvorbereitung

Um ein Projekt möglichst wirtschaftlich (mit dem geringsten Kostenaufwand) ausführen zu können, ist es unbedingt erforderlich, eine vorherige Arbeitsvorbereitung durchzuführen.

Die betriebliche Arbeitsvorbereitung beginnt bereits bei der Kalkulation einer Baumaßnahme. Mit der Aufforderung einer Angebotsabgabe muss sich der Unternehmer intensiv mit der Maßnahme auseinander setzen. Dabei ist es wesentlich, sich über das Arbeitsverfahren, den Bedarf an Maschinen und Geräten sowie über den Bedarf an Arbeitskräften, Klarheit zu verschaffen. Weiter muss sichergestellt werden, dass zur vorgegebenen Ausführungszeit Personal, Maschinen und Geräte zu Verfügung stehen und nicht durch andere Baumaßnahmen gebunden sind. Die zeitliche Vorgabe wird durch den Bauherrn oder Architekten vorgegeben. Bei größeren Baumaßnahmen empfiehlt sich für den Unternehmer einen betriebsinternen Bereitstellungsplan zu erstellen. Der Unternehmer gewinnt dadurch einen besseren Überblick, zu welchem Zeitpunkt welche Kolonne zum Einsatz kommt, wann eine Baustelle einzurichten, Maschinen und Geräte, Werkzeuge und Gerüste bereit stehen müssen. Die erforderlichen Baustoffe werden um Bevorratung und Lagerung zu vermeiden bei Bedarf beim Lieferanten abgerufen. Notwendig ist es allerdings, zuvor entsprechende Absprachen mit dem Baustoffhändler zu treffen.

> Die betriebliche Arbeitvorbereitung soll sicherstellen, dass bei der Durchführung der Bauaufgabe Arbeitskräfte, Maschinen, Geräte und Baustoffe in der erforderlichen Anzahl zur rechten Zeit am Einsatzort sind.

Der Umfang der *Baustelleneinrichtung* hängt ab von der Größe und Art der Baumaßnahme, der Lage der Baustelle, der Lagerflächen für Baustoffe und der Jahreszeit. Zu berücksichtigen sind:

Räumlichkeiten zur Unterbringung der Arbeitnehmer bei auswärtiger Beschäftigung und als Gerätelager zur sicheren Verwahrung von Geräten, Werkzeugen usw. Dafür geeignet sind Baustellenwagen, Wohn-/Schlafcontainer, Wasch-/WC-Container.

Lagerflächen für Gerüste, Materialien sowohl im Außenbereich als auch im Innenbereich des Gebäudes

Bearbeitungsflächen zum Zuschneiden und Bearbeiten von Materialien (Herstellen von Stuckteilen)

Hebezeuge, z. B. zum senkrechten Transport von Baustoffen mittels Kran oder Aufzug

Tabelle 1.12 Einleitung der Abfallarten und Wertstoffe

Wertstoffe	mineralische Abfälle	Mischabfälle	Sondermüll
Papier Pappe Kartonagen unbehandeltes Holz Metalle Profilschienen Styropor alle Verpackungen mit dem grünen Punkt	Putze (Zement-, Kalk-, Gipsputze) künstliche und natürliche Steine Beton ausgehärtete Silikat- und Kunstharzputzreste Spachtelreste Fliesen	Restmüll, der nicht verwertbar ist, z. B. – behandeltes Holz – stark verschmutzte Pappe, Papier, Folie Verbundbaustoffe, z. B. – Gipsplatten – Gipsverbundplatten – kaschierte Dämmstoffe	Farben und Lacke Kunstharzputze Lösemittel Verdünnungsmittel ehem. Reinigungsmittel Altöl Abbeizer Aufbrennsperren Holzschutzmittel Betonzusatzmittel asbesthaltiges Material kontaminierte Bausubstanz

Grundsätzlich ist in Zweifelsfällen der Abfallberater des zuständigen Stadt- oder Landkreises zu befragen!

Mischanlagen. Platzbedarf für Silo oder Container

Zufahrtmöglichkeiten. Notwendig sind ausreichend befestigte und breite Zufahrtswege für die mitunter sehr schweren Baufahrzeuge (Probleme können in innerstädtischen Sanierungsgebieten auftreten).

Wasserversorgung. Ist eine ausreichende Trink- oder Brauchwasserversorgung vorhanden oder muss diese in eigener Regie erstellt werden?

Stromversorgung. Ist die ausreichende Stromversorgung sichergestellt? Wurden bei den Baustromverteilern die VDE-Bestimmungen und Unfallverhütungsvorschriften beachtet? Sind FI-Schutzschalter vorhanden, und alle beweglichen Leitungen zur Versorgung der Maschinen und Geräte als Gummischlauchleitungen verlegt?

Entsorgung. Bauschutt ist entsprechend den behördlichen Vorgaben getrennt zu entsorgen, z. B. Wertstoffe, mineralischer Bauschutt, Baustellenmischabfälle, Sondermüll (Tabelle **1**.12). Dies geschieht am rationellsten gleich auf der Baustelle. Es sind deshalb entsprechende Entsorgungsbehälter (Container) bereitzustellen.

> Abfälle, die nicht entstehen, brauchen auch nicht entsorgt zu werden. Alle Produktionsabläufe sind auf unnötiges Abfallaufkommen zu untersuchen.

Der Stuckateurberuf bietet – wie das allen handwerklichen Berufen zu eigen ist – gute Voraussetzungen, das menschliche Bedürfnis nach produktiver und gestalterischer Tätigkeit zu befriedigen. Voraussetzung dafür ist, dass sich der Einzelne mit seiner Arbeit und dem daraus resultierenden Ergebnis identifiziert. Dazu ist allerdings eine *persönliche Arbeitsvorbereitung* unerlässlich.

Neben der betrieblichen Arbeitsvorbereitung ist die persönliche ein ebenso wichtiger Bestandteil für das Gelingen der Bauausführung. Diese beginnt damit, dass man sich mit der gestellten Aufgabe befasst, Lösungsmöglichkeiten erarbeitet und damit eine persönliche Bindung zu der Aufgabe herstellt. Dazu gehört – soweit dies nicht bereits vom Unternehmer vorgegeben ist – die richtige Disponierung der geeigneten Baustoffe, Werkzeuge, Geräte und Maschinen.

Eine weitere wichtige Aufgabe ist es, die bereit gestellten Baustoffe auf ihre Eignung, Qualität und Menge hin zu überprüfen. Mit zur Arbeitsvorbereitung jedes Einzelnen gehören Werkzeuge, Geräte und Maschinen in einem gebrauchs- und funktionsfähigen Zustand zu erhalten und notwendige Inspektionen und Reparaturen rechtzeitig auszuführen oder ausführen zu lassen.

Dazu gehören auch die sicherheitstechnischen Vorrichtungen. Fehler und Mängel an Maschinen können zu beträchtlichen Produktionsausfällen und zu teuren Reparaturen führen.

Zur weiteren Arbeitsvorbereitung gehört auch die ständige Kontrolle der Planung. Der Ausführende stellt durch seine fachlichen Kenntnisse sehr schnell fest, ob die Bauaufgabe auf die vorgesehene Art und Weise praktisch und technisch so durchführbar ist.

Ergeben sich Bedenken, sind diese dem Unternehmer oder Bauleiter mitzuteilen (s. auch VOB Teil B). Dadurch können unnötige Kosten oder gar spätere Mängel oder Schäden vermieden werden. Wurde es versäumt, kann der Unternehmer auch später noch in Haftung genommen werden.

Aus Gründen der Arbeitssicherheit und um einen wirtschaftlichen Arbeitsablauf zu ermöglichen, ist Ordnung am Arbeitsplatz eine unabdingbare Forderung. Diesbezüglich trägt jeder Arbeitnehmer für sich aber auch für die weiteren am Bau Beteiligten eine hohe Verantwortung.

Die Arbeitsvorbereitung umfasst auch vorsorgliche Maßnahmen zum umweltschutzgerechten Verhalten auf der Baustelle. Dabei gilt der besondere Schutz dem Erdreich, dem Grund- und Oberflächenwasser, der Luft sowie den Bäumen und Sträuchern. Auch der sparsame Umgang mit Energie dient dem Umweltschutz.

Die Arbeitsvorbereitung des Einzelnen schließt ein:

- sich mit der gestellten Aufgabe vertraut zu machen,
- Disponierung von Baustoffen, Werkzeugen, Geräten und Maschinen,
- Überprüfung der Baustoffe auf ihre Eignung, Qualität und Menge,
- Kontrolle des Planungsablaufs,
- Ordnung am Arbeitsplatz,
- den Umweltschutz.

1.2.2 Protokolle, Aufmaße, Berichte

Protokolle dokumentieren mündliche Absprachen über bauliche Änderungen, Zusatzaufträge, Preisänderungen usw. zwischen den Bauvertragspartnern und dienen damit der Beweissicherung. Sie sollten möglichst unmittelbar nach der Besprechung fixiert, mit Ort und Datum versehen und von den Vertragspartnern oder deren Beauftragten unterschrieben werden. Jeder Vertragspartei wird ein Exemplar ausgehändigt. Protokolle helfen Missverständnisse zwischen Auftraggebern und Auftragnehmern zu vermeiden. Sie sind ein wichtiges Beweismittel über getroffene Absprachen.

> Protokolle dienen als Beweismittel über getroffene Absprachen. Sie helfen Missverständnisse zwischen den Vertragspartnern zu vermeiden.

Aufmaße, z. B. Zwischenaufmaße, sind notwendig, wenn durch den Baufortschritt Teilleistungen überdeckt werden, die später nicht mehr zu erfassen sind. Endaufmaße erfolgen nach Beendigung eines Bauabschnitts bzw. nach Herstellung der gesamten Baumaßnahme. Skizzen und eine eindeutige Leistungsbeschreibung vervollständigen das Aufmaß. Ort Datum und Unterschrift der Vertragspartner führen zur beiderseitigen Anerkennung. Aufmaße dienen in erster Linie der korrekten Abrechnung. Bild **1**.13 zeigt ein Musterformular für ein Aufmaß.

Aufmaß

Firma: Auftraggeber: Baustelle:

Skizzen mit Kurzbezeichnung der Teilleistungen

Für die Richtigkeit

Ort: Datum: Unterschrift Auftraggeber Unterschrift Auftragnehmer

Bild 1.13 Muster eines Aufmaßformulars

> Aufmaße müssen sorgfältig aufgenommen werden. Sie dienen der Abrechnung und Nachkalkulation.

Berichte sind für die eigene Firmenleitung bestimmt. Sie dokumentieren Produktionsabläufe und besondere Vorkommnisse. Sie informieren die Firmenleitung hinsichtlich

- der Baustellenorganisation,
- des Personaleinsatzes,
- der geleisteten Arbeitsstunden,
- der Maschinenauslastung,
- des Materialverbrauchs,
- notwendiger Reparaturen und Ausfallzeiten.

Berichte sind wichtige Unterlagen für die Nachkalkulation, die Lohn- und Materialabrechnung. Sie halten aber auch besondere Vorkommnisse fest, wie z. B. einen Unfallhergang.

Bautagebuch

Baustelle: Bericht-Nr.:
Ort: Datum:
Witterung: Temperatur:

Personal

Aufsicht: Schichtdauer:
Facharbeiter: Sonstiges:
Maschinisten:
Werker:
Insgesamt:

Machinen-/Geräteeinsatz

Bauleistung/Baustoffe

Vorkommnisse/Vereinbarungen

Für die Richtigkeit

Ort: Datum: Unterschrift Bauaufsicht Unterschrift Bauleiter

Bild 1.14 Muster eines Bau-Tagesberichts

Arten

Tagesrapport bzw. **-bericht** (Bild **1**.14). Sie dienen der Dokumentation des Personaleinsatzes und des Arbeitsfortschritts an einem bestimmten Tag. Festgehalten werden

- die Baustelle,
- die Namen der Beschäftigten,
- die geleisteten Arbeitsstunden jedes Beschäftigten,
- Urlaubs- und Krankheitstage,
- Fehlzeiten,

- Materialverbrauch,
- Geräte- und Maschineneinsatz,
- besondere Vorkommnisse.

Erfolgt die Aufstellung wochenweise, sprechen wir vom *Wochenrapport bzw. Wochenbericht.*

Lohnarbeit-Nachweis (Bild **1**.15). Dort, wo Tätigkeiten im Stundenlohnvertrag oder Selbstkostenvertrag ausgeführt werden, ist es zwingend notwendig, die geleisteten Arbeitsstunden täglich nachzuweisen. Ebenso ist der Materialverbrauch festzuhalten. Um Missverständnissen vorzubeugen ist es ratsam, die Aufstellung vom Auftraggeber nach Beendigung der täglichen Arbeitszeit unterschreiben zu lassen. Dokumentiert werden

- die Baustelle,
- die Bezeichnung der Tätigkeit,
- die geleisteten Arbeitsstunden, gegliedert nach Meister, Gesellen, Hilfskräften und Auszubildenden,
- Überstunden, besondere Zulagen,
- Fahrzeiten.

Unfallbericht. Dieser dokumentiert für den Versicherungsträger und den Unternehmer den Unfallhergang. Er enthält

- Ort und Zeit des Unfalls,
- Beschreibung des Unfallhergangs,
- Unfallzeugen,
- Verletzungen,
- Erste-Hilfe-Maßnahmen.

Tagelohnzettel

Firma:			Auftraggeber: ____ Baustelle: ____ Dauer: ____					
Lfd. Nr.	Name	Stand		Summe Normalstunden	Zulagen			
					Über-std.	Sonn-	Wege-geld	Trenn-geld
Summe/Übertrag								

Für die Richtigkeit			
Ort:	Datum:	Unterschrift	Unterschrift

Bild 1.15 Muster eines Lohnarbeit-Nachweises

> Baustellenberichte bilden die Grundlage für die Kostenfeststellung und Nachkalkulation. Sie ermöglichen der Firmenleitung eine ständige Kontrolle der Baustelle und des Arbeitsfortschritts.

1.3 Unfallverhütung

Unternehmer tragen besondere Verantwortung für die Arbeitssicherheit und den Gesundheitsschutz der Beschäftigten, sogenannte Fürsorgepflicht. Diese Verantwortung hat aber auch jeder einzelne Arbeitnehmer für sich und für die Kolleginnen und Kollegen gegenüber. Durch Unfälle oder berufsbedingte Erkrankungen entstehen Fehlzeiten. Durch mangelhaft gewartete Maschinen oder dadurch, dass unqualifiziertes Personal Maschinen bedient, entstehen Ausfallzeiten von Maschinen die den Arbeitsablauf unterbrechen und stören. Dies alles führt zu physischen und psychischen Belastungen, zu betriebsinternem Unfrieden und Spannungen. Es entstehen unnötige Kosten. Dies alles schadet auch dem Ansehen des Betriebes.

Um solche Probleme weitgehend einzuschränken, möglichst zu verhindern haben die Berufsgenossenschaften für die einzelnen Berufe Gefährdungs- und Belastungsanalysen erstellt. Aus ihrer Erfahrung und der Auswertung von Arbeitsunfällen und Berufskrankheiten können die BG's gewerbespezifische Probleme erkennen und so vorbeugende Hinweise geben. So können Unfälle und berufsbedingte Erkrankungen im Verhalten der Beschäftigten, in der betrieblichen Organisation oder auch im technischen Versagen von Arbeitsmitteln begründet sein. Im Folgenden sind einige Hinweise und Schutzmaßnahmen aufgelistet, die helfen sollen ein Bewusstsein für Gefahrensituationen zu schaffen.

Tabelle 1.16 Gefahrenpunkte und Schutzmaßnahmen

Gefahrenpunkt	Hinweise	Schutzmaßnahme
Absturzgefahr		
• von Arbeitsplätzen • von Stand- und Laufflächen	o Treppenhaus o Podeste o Wandöffnungen o Balkone o Deckendurchbrüche	✓ Seitenschutz ✓ Fanggerüst ✓ Absperrung ✓ Abdecken ✓ Umwehren
• von Leitern und Tritten	o alle Leitern	✓ Standsicherheit beachten ✓ Sichtkontrolle ✓ Aufstiege max. 5 m Höhenunterschied ✓ Bei Gerüsten innerer Leitergang
	o von Anlegeleitern	✓ Standplatz max. 7 m Höhe ✓ nur für kurzfristige Arbeiten
	o von Stehleitern	✓ nur mit Spreizsicherung ✓ nicht als Anlegeleiter verwenden
• von Gerüsten	o bei Auf-, Um- und Abbau	✓ Aufbau- und Verwendungsanleitung nutzen
	o bei Benutzung	✓ Nachweis der Fertigstellung beachten ✓ Sichtkontrolle auf Mängel
Stolpern – Rutschen – Stürzen		
o Stand-, Lauf- und Arbeitsflächen	o alle Arbeitsbereiche	✓ beseitigen von Hindernissen ✓ beseitigen von Verschmutzungen ✓ Ordnung am Arbeitsplatz halten ✓ Aussparungen sichern/abdecken ✓ Witterungseinflüsse beachten ✓ geeignetes Schuhwerk tragen
Ungeschützte, bewegte Maschinenteile		
o bewegliche, zugängliche Teile	o Putzmaschinen o Putzförderanlagen o Bauaufzüge	✓ nur mit CE/GS gekennzeichnete Maschinen einsetzen ✓ fachkundige Wartung/Prüfung ✓ nur nach Einweisung benutzen ✓ regelmäßige Überprüfung von Schutzeinrichtungen ✓ Auf- und Abbau nach Montageanleitung
Unkontrolliert bewegte Teile		
	o durch ungesicherte Schläuche	✓ nur gekennzeichnete Schläuche verwenden ✓ vorschriftsmäßige Verlegung der Schläuche ✓ Verstopfer gemäß Betriebsanleitung beseitigen
	o durch Umfallen von Silos	✓ Silos nur auf tragfähigen Untergrund aufstellen ✓ Merkblatt beachten: Aufstellbedingungen für drucklose Baubehälter ✓ Kontrolle der Aufstellung

Gefahrenpunkt	Hinweise	Schutzmaßnahme
	o beim Befüllen/Entleeren von Silos	✓ Befüllen und Entleeren nach Herstellerangaben durchführen
Elektrische Anlagen und Betriebsmittel		
	o spannungsführende Teile	✓ Errichten und Instandsetzen von Anlagen und Betriebsmitteln nur durch Elektrofachkräfte ✓ Überwachen von Prüffristen ✓ Einsatz von Speisepunkten, bauartgeprüften Leitungen, Leuchten und Installationsmaterialien
Körperliche Überlastung		
	o Ständiges Heben/Tragen von lasten > 25 kg	✓ Bereitstellen von Hebe-/Transporthilfen ✓ Minimierung von Einzellasten> 25 kg
Gefahrstoffe		
	o Beim Umgang mit Mörtel	✓ Chromatarme Zemente verwenden ✓ Hautschutz verwenden gemäß Hautschutzplan ✓ Augenschutz beachten
	o Bei Abbruch/Sanierung/ Instandhaltung von asbesthaltigen Produkten	✓ Technische Regel Gefahrstoffe beachten (TRGS 519)
	o Entstehung von Stäuben	✓ ermitteln von Gefahrstoffen ✓ Absaugeinrichtung einsetzen ✓ Atem-, Haut- und Augenschutz ✓ Betriebsanweisung/Unterweisung

Aufgaben zu Abschnitt 1

T

1. Nennen Sie zu den genannten Vertragsarten je zwei Anwendungsbeispiele aus der Baupraxis.
2. Welcher Teil der VOB ist für öffentliche Ausschreibungen obligatorisch?
3. Was regelt die VOB im Teil A?
4. Beschreiben Sie den Begriff „Vergabe" einer Bauleistung.
5. Welche Anforderungen müssen die Bieter nach VOB Teil A erfüllen, um an der Vergabe teilnehmen können?
6. Wodurch unterscheiden sich die drei Vergabemöglichkeiten?
7. Durch welche Maßnahme soll sichergestellt werden, dass jeder Bieter die ausgeschriebenen Arbeiten im gleichen Sinne versteht?
8. Nennen Sie Beispiele dafür, wann nach VOB Teil C DIN 18350 abgerechnet wird
   a) nach dem Flächenmaß,
   b) nach dem Längenmaß,
   c) nach der Anzahl.
9. Wozu dient ein Leistungsverzeichnis?
10. Aus welchen Teilen setzt sich ein Leistungsverzeichnis zusammen?
11. Unter welchen Gesichtspunkten erfolgt die Auswahl des wirtschaftlichsten Anbieters?
12. Welche zusätzlichen Bedingungen bzw. Vorschriften stellt der Auftraggeber im Vorspann zum Ausschreibungstext nach Bild 1.4.
13. Was regelt die VOB im Teil B?
14. Erklären Sie die Begriffe Gewährleistung, Gewährleistungsfrist und Abnahme.
15. Nennen Sie Beispiele für die Mängel, die
    a) der Unternehmer,
    b) der Auftraggeber oder Architekt, zu vertreten hat.
16. Wer trägt die Beweislast für Mängel, die während der Gewährleistungsfrist auftreten?
17. An wen können sich Auftragnehmer und Auftraggeber wenden, wenn beide kein Einverneh-

men herstellen können, wer für den aufgetretenen Schaden verantwortlich ist?
18. Was regelt die VOB im Teil C?
19. VOB Teil C DIN 18350 macht im Abschnitt 02 Angaben zur Ausführung. Nennen Sie Beispiele aus diesem Katalog (1.7), die auf die praktische Ausführung- also unmittelbar ihren Arbeitsbereich berühren – bezogen sind.
20. Weshalb unterteilt die VOB Teil C DIN 18299 u.a. in Abschnitt 4 Leistungen in „Nebenleistungen“ – und „besondere Leistungen“?
21. Nennen Sie mindestens fünf Beispiele für Nebenleistungen und besondere Leistungen nach DIN 18350 (1.8, 1.9).
22. Welche Angaben ergeben sich nach VOB Teil C DIN 18350 Abschnitt 5 „Abrechnung" hinsichtlich
    a) Ermittlung des Längenmaßes,
    b) Wandhöhen,
    c) Flächenermittlung (Decken, Wände),
    d) geputzte Leibungen,
    e) Abzug von Flächen,
    f) Abzug von Längen?
23. Was ist Ziel der betrieblichen Arbeitsvorbereitung?
24. Welche Gesichtspunkte sind bezüglich der Baustelleneinrichtung zu berücksichtigen?
25. Welche besonderen Probleme ergeben sich heute bei der Beseitigung von Bauschutt?
26. Was gehört zur persönlichen Arbeitsvorbereitung?
27. Welche Bedeutung haben
    a) Protokolle,
    b) Aufmaße,
    c) Berichte?
28. Welche Angaben werden in einem Tagesbericht (Tagesrapport) festgehalten?

2 Gerüste

2.1 Allgemeines

Gerüste sind vorübergehend errichtete Baukonstruktionen, an die hohe bau- und sicherheitstechnische Anforderungen gestellt werden. Entwurf, Berechnung und Aufbau verlangen den Einsatz von Fachleuten, die eine sorgfältige Planung und Ausführung gewährleisten. Grundsätzlich können Bauunternehmen die Gerüste in eigener Regie aufstellen. Wegen der ständig steigenden Sicherheitsvorschriften und aus wirtschaftlichen Erwägungen überlässt man es mehr und mehr speziellen Gerüstbaufirmen, besonders das Aufstellen der großen und schwierigen Gerüste. Die bau- und sicherheitstechnischen Regeln und Vorschriften sind in DIN EN 12 811 festgeschrieben. Man unterscheidet Gerüste nach der Verwendungsart:

Arbeitsgerüste	**Schutzgerüste**
	Fanggerüste
	Dachfanggerüste
	Schutzdächer

Arbeitsgerüste sind stabile Baukonstruktionen zum Arbeiten. Sie haben außer den beschäftigten Personen und ihren Werkzeugen auch das jeweils für die Arbeiten erforderliche Material zu tragen.

Schutzgerüste sind *Fanggerüste* oder *Dachfanggerüste*, um Personen gegen Absturz zu sichern. Sie können als *Schutzdach* konstruiert sein, um vornehmlich Personen aber auch Maschinen, Geräte und anderes gegen herabfallende Gegenstände zu schützen. Je nach Gerüstbauart werden die Gerüste unterschieden:

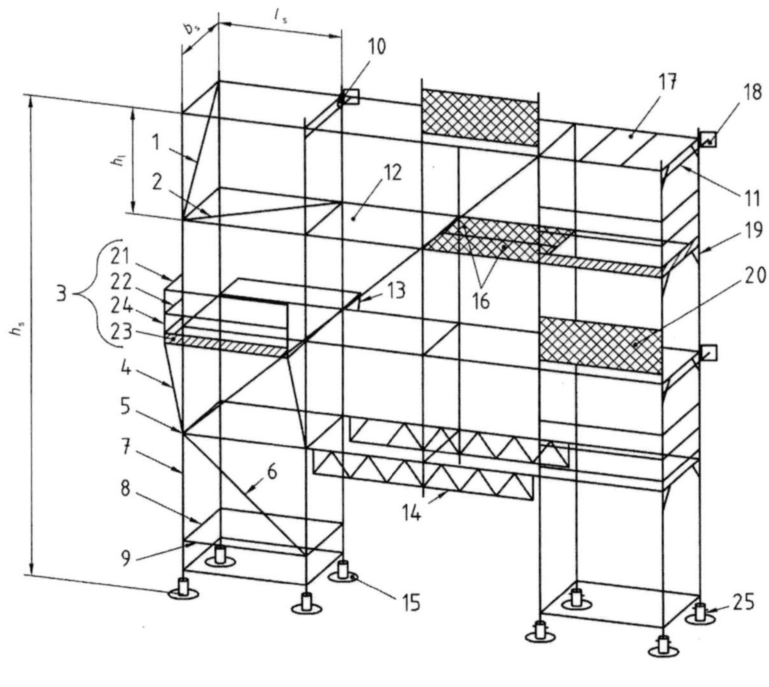

hs = Gerüsthöhe
bs = Gerüstfeldbreite
ls = Gerüstfeldläng
hl = Abstand der Gerüstlagen
1 = Vertikalaussteifung (Queraussteifung)
2 = Horizontalaussteifung
3 = Seitenschutz
4 = Konsolstrebe
5 = Knoten
6 = Vertikalaussteifung (Längsaussteifung)
7 = Ständer
8 = Querriegel
9 = Längsriegel
10 = Kupplung
11 = Gerüsthalter
12 = Belagfläche
13 = Konsole
14 = Überbrückungsträger
15 = Fußplatte
16 = Belagteil
17 = Horizontalrahmen
18 = Gerüstanker
19 = Vertikalrahmen
20 = Geflecht
21 = Geländerholm
22 = Zwischenholm
23 = Bordbrett
24 = Geländerpfosten
25 = Fußspindel

Bild 2.1 Bezeichnung der Gerüstbauteile nach DIN EN 12 811-1

- nach dem Tragsystem: Standgerüst, Hängegerüst, Fahrgerüst und
- nach der Ausführungsart: Stahlrohr-Kupplungsgerüst, Leitergerüst, Rahmengerüst, Modulgerüst, Bockgerüst.

Weiter unterscheidet man in:

Fassadengerüste, mit *längenorientierten Gerüstlagen (L) zum* Bearbeiten von Fassaden

Raumgerüste, mit *flächiger Einrüstung (F)* zum Bearbeiten von Decken.

Als Werkstoffe werden üblicherweise Stahl (korrosionsgeschützt), Aluminium und Holz eingesetzt. Schweißarbeiten an Gerüstbauteilen dürfen nur von Betrieben mit besonderem Eignungsnachweis durchgeführt werden. Gerüstbretter bzw. -bohlen müssen vollkantig, mindestens 3 cm dick und an den Kopfenden gegen Einreißen gesichert werden. Die Bezeichnung der einzelnen Gerüstbauteile ergibt sich nach DIN EN 12 811-1 (Bild **2.**1).

Gerüste können eingeteilt werden nach:

- der Verwendungsart (Arbeits-, Schutz- und Traggerüste),
- dem Tragsystem (Stand-, Hänge-, Ausleger- und Konsolgerüst),
- der Ausführungsart (Stahlrohr-, Kupplungs-, Leiter-, Rahmengerüst und Modulsystem, Bockgerüst),
- der Einrüstung (längen- und flächen orientiert).

Verantwortlich für den Auf- und Abbau ist der Gerüstbauunternehmer. Verantwortlich für die ordnungsgemäße Benutzung und Erhaltung ist jeder, der die Gerüste benutzt. Gerüstbauteile, die beschädigt sind, dürfen nicht eingebaut werden. Werden Gerüste im Bereich von elektrischen Freileitungen erstellt, ist ein Sicherheitsabstand von 1,00 m (bei einer Bemessungsspannung von 1 kV) bis 5,00 m (> 220 kV bzw. unbekannter Spannung) einzuhalten.

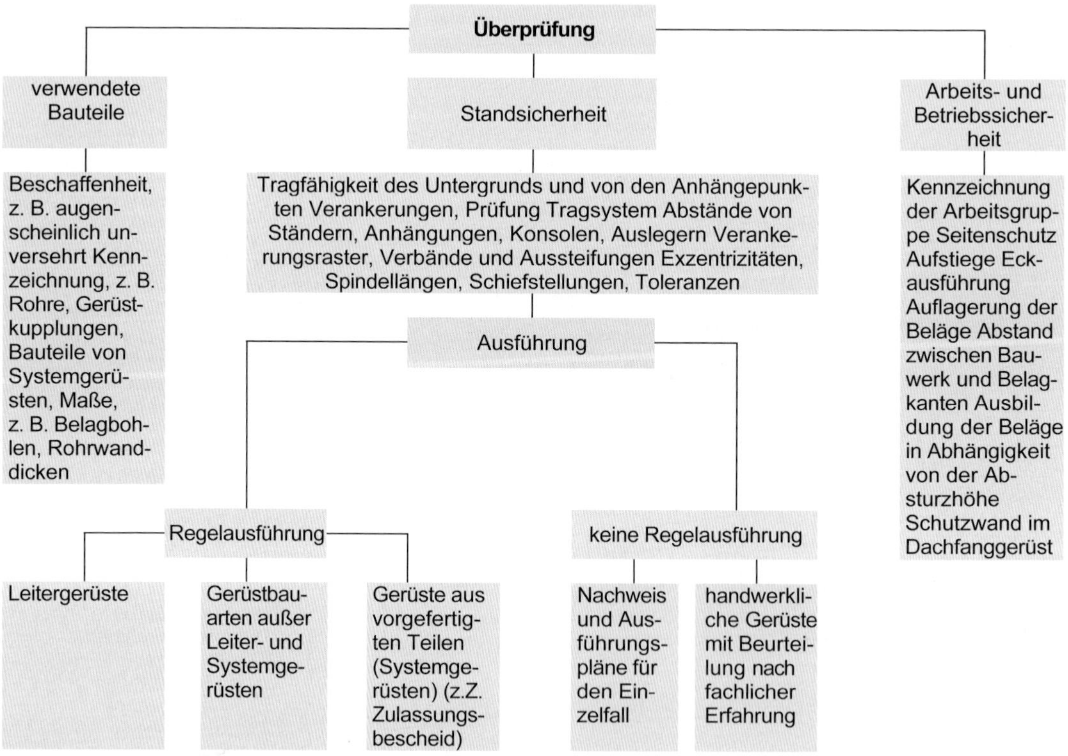

Bild 2.2 Überprüfung von Arbeits- und Schutzgerüsten

Der Arbeitsablauf ist so abzustimmen, dass sicherheitsrelevante Konstruktionen (Geländerholm, Verstrebungen, Verankerungen) mit fortschreitendem Gerüstaufbau eingebaut werden. Abgesehen von Unfällen, die durch Fehlverhalten (*Stolpern*, *Ausrutschen*) entstehen, ergeben sich die meisten Schadenfälle durch:

- Bruch von vorgeschädigten Gerüstbelägen,
- Bruch von Gerüstbelägen durch zu große Auflast,
- Bruch von Gerüstbelägen infolge dynamischer Einwirkung (unsachgemäßes Absetzen von Lasten mit Hebezeugen, Springen auf dem Gerüst),
- Abrutschen oder Kippen nicht sachgemäß eingebauter Gerüstbauteile,
- mangelhafte Gerüstverankerungen,
- fehlende Absturzsicherungen.

Eine Überprüfung muss vor Benutzung, nach längeren Arbeitsunterbrechungen, nach konstruktiven Änderungen und nach ungewöhnlichen Einwirkungen (Sturm, Erschütterungen, Kollision usw.) entsprechend (Tab. **2.**2) vorgenommen werden.

Die Benutzung von Gerüsten einschließlich des Auf-, Um- und Abbaus regelt die BetrSichV (Betriebssicherheits-Verordnung, siehe T 16). Diese regelt, dass fertig gestellte Gerüste mit der entsprechenden Kennzeichnung zu versehen sind (Bild 2.3). Noch nicht fertig gestellte Gerüste müssen deutlich sichtbar gesperrt und mit dem Verbotszeichen „Zutritt verboten“ gekennzeichnet werden. Weitere Hinweise finden sich in der Handlungsanleitung „Umgang mit Arbeits- und Schutzgerüsten“.

Gerüst EN 12810 – 4D – SW09/250 – H2 – B - LS

- EN 12 810 Hinweis auf die Norm
- 4 = Lastklasse 4
- D = mit Fallversuchen Belagfläche
- SW09 = Systembreite > 90 cm $< 1{,}20$ m
- 250 = Feldlänge 2,50 m
- H2 = Durchgangshöhe $\geq 1{,}90$ m
- B = mit Bekleidung
- LS = mit Leiter und Treppe

Bild 2.3 Bezeichnung eines Gerüstsystems nach EN 12 810-1

Tabelle 2.4 Klassifizierung von Gerüstsystemen nach EN 12 810-1

Klassifizierungskriterium	Klassen
Nutzlast	2,3,4,5,6
Beläge und ihre Auflager	(D) bemessen mit oder (N) ohne Fallversuche
Systembreite	SW06 SW09, SW12, SW15, SW18, SW21, SW24
Durchgangshöhe	H1 und H2
Bekleidung	(B) mit oder (A) ohne Bekleidung
Vertikaler Zugang	(LA) mit einer Leiter oder (ST) mit einer Treppe oder (LS) mit beiden

2.2 Arbeitsgerüste

2.2.1 Allgemeines

Allgemeine Anforderungen an Arbeitsgerüste nach DIN EN 12811-1sind:

- Zugangs- und Arbeitsbereiche müssen ausreichend Platz bieten,
- Personen sind gegen die Gefahr des Absturzes zu schützen,
- es müssen Flächen für die sichere Lagerung von Materialien/Ausrüstungen zur Verfügung stehen,
- Personen die sich unterhalb des Gerüsts befinden, müssen vor möglicherweise herabfallenden Gegenständen geschützt werden,
- Ergonomische Aspekte sind zu berücksichtigen.
- Im gebrauchsfertigen zustand müssen die Flächen des Zugangs- und Arbeitsbereiches vollständig ausgelegt sein,
- ein geeigneter Seitenschutz muss vorhanden sein,
- Verbindungen zwischen einzelnen Bauteilen müssen wirksam und einfach zu überprüfen sein,
- Verbindungen müssen gegen unbeabsichtigtes Lösen gesichert sein.

Um Arbeitsgerüste situationsgerecht zu dimensionieren können diese nach den Faktoren Lastklassen, Breitenklassen und lichte Höhe zusammengestellt werden. So ist es möglich, Gerüste mit hoher Verkehrslast und geringer Arbeitsbreite aber auch Gerüste mit geringer Verkehrslast und großer Arbeitsbreite zu erstellen.

Um den baulichen Gegebenheiten gerecht zu werden, weist die Norm sechs Lastklassen und sieben Breitenklassen aus. Die Lastklassen berücksichtigen dabei:

a) die Eigenlast aller auf der Gerüstlage gelagerten Geräte und Materialien,
b) dynamische Einwirkungen, die durch das Ablegen von Materialien auf der Gerüstlage entstehen,
c) Belastungen durch manuell betätigte Geräte, z. B. Schubkarren.

Tabelle 2.5 Lastklassen und dazugehörige Verkehrslasten nach EN 12811-1

Lastklasse	Gleichmäßig verteilte Last in kN/m²	Auf einer Fläche von 500 x 500 mm konzentrierte Last in kN	Auf einer Fläche von 200 x 200 mm konzentrierte Last in kN
1	0,75	1,5	1,00
2	1,50		
3	2,00		
4	3,00	3,0	
5	4,50		
6	6,00		

Tabelle 2.6 Breitenklassen für Gerüstlagen nach EN 12811

Breitenklasse	w in m
W06	0,6 ≥ w < 0,9
W09	0,9 ≥ w < 1,2
W1,2	1,2 ≥ w < 1,5
W1,5	1,5 ≥ w < 1,8
W1,8	1,8 ≥ w < 2,1
W2,1	2,1 ≥ w < 2,4
W2,4	2,4 ≥ w

Tabelle 2.5 benennt die Lastklassen und die zulässigen Verkehrslasten.

Tabelle 2.6 benennt die Breitenklassen. Die Breite „w“ ergibt sich aus der Breite der Gerüstlage einschließlich der Dicke des Bordbrettes bis max. 30 mm. Der lichte Abstand „c“ zwischen den Ständern (Bild 2.9) beträgt mindestens 600 mm.

Die Klassen der lichten Höhe benennt Tabelle 2.8. Die Mindesthöhe zwischen den Gerüstlagen beträgt 1,90 m. Bild 2.9 verdeutlicht die Breiten und Höhen der Gerüstlagen.

Ein Arbeitsgerüst der Lastklasse 3 und Breitenklasse W06 kann somit für Arbeiten eingesetzt werden, bei denen kleinere Mengen Material auf der Gerüstlage gelagert werden können. Ein solches Gerüst kann Verwendung finden für Putz- und Stuckarbeiten, Beschichtungsarbeiten, Malerarbeiten, Ausbesserungsarbeiten u. Ä.

Tabelle 2.8 Klassen der lichten Höhe nach EN 12811

Klasse	Lichte Höhe		
	Zwischen den Gerüstlagen h_3 in m	Zwischen den Gerüstlagen und Querriegeln oder Gerüsthaltern h_{1a} und h_{1b} in m	Schulterhöhe h_2 in m
H1	$h_3 \geq 1{,}90$	$1{,}75 \leq h_{1a} < 1{,}90$ $1{,}75 \leq h_{1b} < 1{,}90$	$h_2 \geq 1{,}60$
H2	$h_3 \geq 1{,}90$	$H_{1a} \geq 1{,}90$ $H_{1b} \geq 1{,}90$	$h_2 \geq 1{,}75$

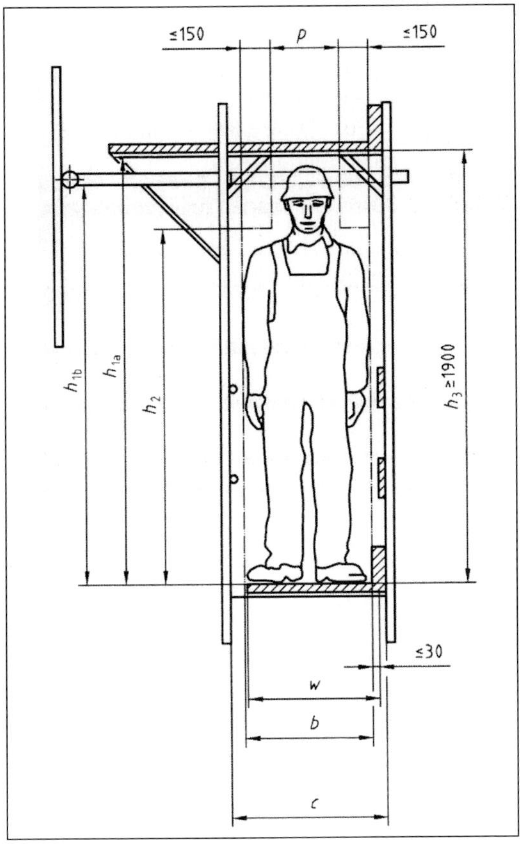

Bild 2.9 Lichte Höhen und Breiten der Gerüstlagen nach EN 12811-1

w = Breite der Gerüstlage
b = freie Durchgangsbreite
(b > 500 mm; c – 250 mm)
c = lichter Abstand zwischen den Ständern
p = lichte Breite im Kopfbereich
h_{1a}, h_{1b} = lichte Höhe zwischen Gerüstlagen und Querriegeln der Gerüsthaltern
h_2 = lichte Schulterhöhe
h_3 = lichte Höhe zwischen den Gerüstlagen

2.2.2 Bauliche Durchbildung

Gerüste müssen so konstruiert, ausgebildet und aufgestellt werden, dass alle aufzunehmenden Lasten sicher abgeleitet werden können. Gerüstständer sind mit ihrem Auflager (Fußplatte oder Spindel) vollflächig auf tragfähigem Untergrund aufzusetzen. Die Fußplatten müssen eine Grundfläche von mindestens 150 cm^2 aufweisen. Werden Gerüste nicht auf tragfähiges Erdreich gestellt, müssen unter den Fußplatten lastverteilende Unterlagen (Gerüstbohlen o.a.) angeordnet werden. Neigungen bis zu 2,5 % können durch schwenkbare Fußplatten bzw. Keile ausgeglichen werden. Beispiele für die Auflagerung von Fußspindeln und Fußplatten zeigt Bild **2.**10.

Aussteifung. Gerüste müssen grundsätzlich *ausgesteift* werden. Dabei unterscheidet man die *Queraussteifung* (Bild **2.**11a), die *Horizon-*

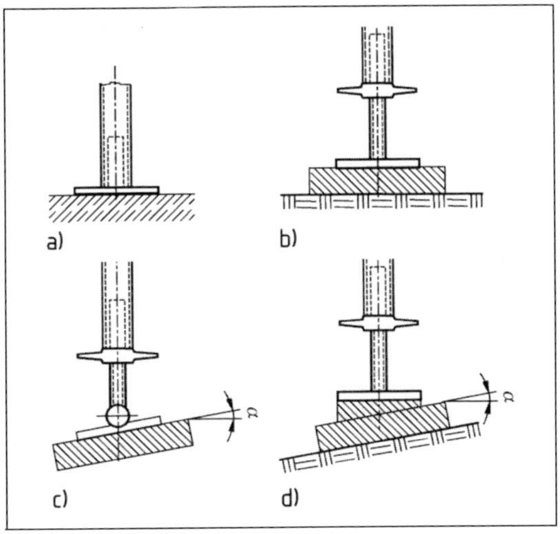

Bild 2.10 Beispiele für die Auflagerung von Fußspindeln und Fußplatten

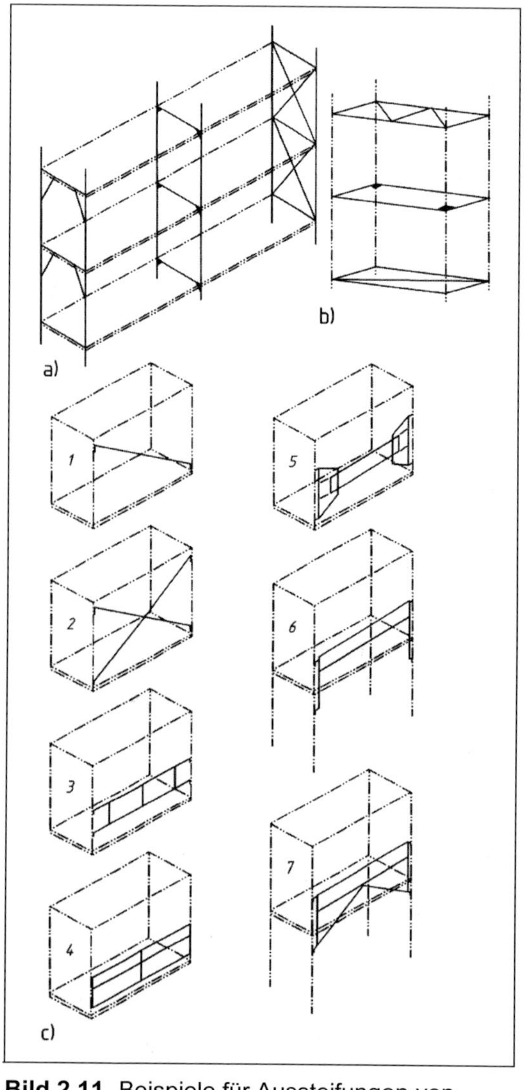

Bild 2.11 Beispiele für Aussteifungen von Gerüsten nach DIN
a) Quer-, b) Horizontal-,
c) Längsaussteifung

1 mit Diagonale
2 mit Diagonale als Andreaskreuz
3 mit Geländer, Zwischenholm als Träger
4 Rahmen mit Geländer-, Zwischenholm, Ständer
5 Rahmen aus drei Teilen als Verstrebungen
6 Überbrückungsrahmen als Seitenschutz
7 Überbrückungsrahmen mit Verstrebungen

talaussteifung (Bild **2.**11b) und die *Längsaussteifung* (Bild **2.**11c). Diagonale Verstrebungen sind mit dem vertikalen und horizontalen Haupttraggliedern zu verbinden. Es dürfen diesen höchstens fünf Gerüstfelder zugeordnet werden.

Verankerung. Freistehende Gerüste, die nicht standsicher sind, müssen *verankert* werden. Der Abstand der waagerechten und senkrechten *Verankerungspunkte* richtet sich nach der statischen Berechnung, bzw. nach den entsprechenden Vorgaben. Für das Anbringen von Verankerungen eignen sich nur massive Bauteile (z. B. Deckenscheiben oder Stützen). An Fensterrahmen, Regenfallrohren, Dachrinnen, Blitzableitern, Schneefanggittern, gemauerten Brüstungen usw. dürfen keine Befestigungen vorgenommen werden. Es dürfen nur Verankerungsmittel verwendet werden, die in der Lage sind, alle auftretenden Kräfte sicher zu übertragen. Faserseile oder Rödeldraht u. a. scheiden generell aus. Geeignete Verankerungen sind Gerüstrohre, die am inneren und äußeren Ständer befestigt werden (Bild **2.**12).

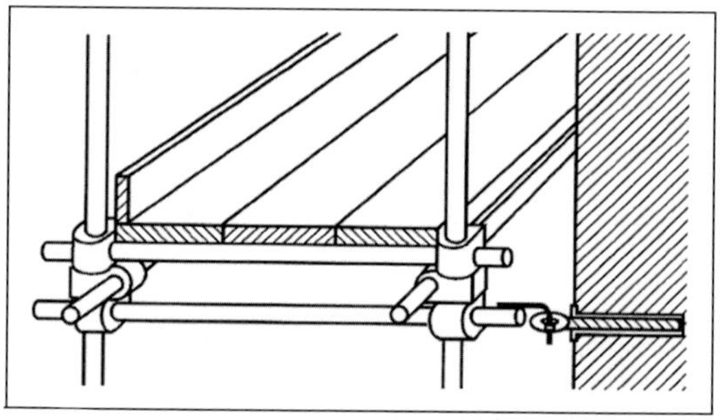

Bild 2.12 Verankerung im Mauerwerk mit Dübel und Ringösenschraube

Befestigungsmittel bei Stahlbeton sind Metalldübel, für die eine Bauartzulassung vorliegt. Bei Mauerwerk werden Kunststoffdübel verwendet. Die Verbindung mit dem Gerüstrohr erfolgt durch geschweißte Ringösenschrauben mit einem Durchmesser von 12 mm. Die ausreichende Tragfähigkeit ist mit dem Dübelprüfgerät zu kontrollieren.

Die Verankerung von Gerüsten darf nur an massiven Bauteilen, wie Deckenscheiben oder Stützen erfolgen. Rödeldraht und Faserseile scheiden als Verankerungsmittel grundsätzlich aus

Der Gerüstbelag muss so ausgeführt werden, dass die Belagteile dicht aneinander liegen, weder wippen noch ausweichen können (Bild **2.**13).

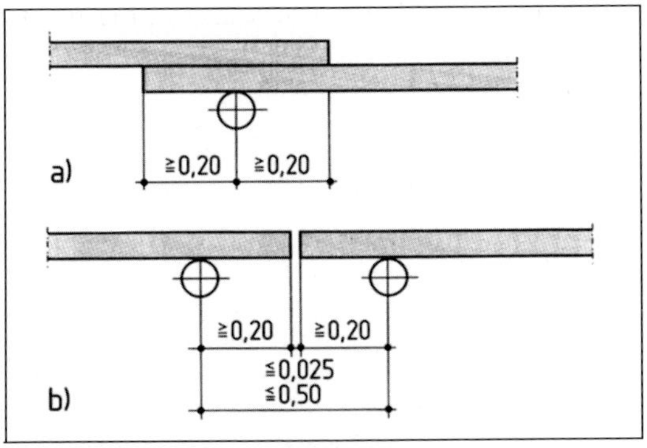

Bild 2.13 Auflagerung von Gerüstbohlen a) überlappt, b) gestoßen

Werden Belagteile in Konsolen von Systemgerüsten eingelegt, müssen diese durch Aushebe- und Belagsicherungen gesichert werden. Üblicherweise werden als Gerüstbelag eingesetzt:

- Alu-Rahmentafeln (Aluminium- Sperrholz- Konstruktionen),
- Stahlböden (feuerverzinkt, rutschfeste Oberfläche),
- Aluminiumböden (beiseitig verwendbar),
- Vollholzbohlen (beidseitig verwendbar, imprägnierbar).

Gerüstbretter bzw.- bohlen müssen vollkantig, mindestens 3 cm dick und dürfen keinesfalls an ihren Enden eingerissen sein. Die zulässigen Stützweiten für Gerüstbeläge aus Holzbrettern und Holzbohlen nach DIN 4420-1 zeigt Tabelle **2.**14.

Tabelle 2.14 Zulässige Stützweiten in m für Gerüstbeläge aus Holz nach DIN

Brett- oder Bohlenbreite in cm	Zulässige Stützweiten in m bei einer Brett- oder Bohlendicke von 3,0	3,5	4,0	4,5	5,0
20	1,25	1,50	1,75	2,25	2,50
24 und 28	1,25	1,75	2,25	2,50	2,75

Gerüstbeläge liegen dicht nebeneinander, sind gegen Ausheben gesichert, dürfen weder wippen noch ausweichen.

Der dreiteilige Seitenschutz ist grundsätzlich bei genutzten Gerüstlagen zum Schutz gegen Absturz von Personen zu erstellen (Bild **2.**15). Dieser besteht aus dem

- Geländerholm,
- Zwischenholm,
- Bordbrett.

Bordbretter müssen mindestens 3 cm dick (empfohlener Querschnitt 20 × 3 cm), den Gerüstbelag mindestens 15 cm überragen, gegen Umkippen gesichert und unmittelbar auf dem Belag angeordnet sein.

Auf den dreiteiligen Seitenschutz darf verzichtet werden:

- außen, wenn sich die Gerüstlage < 2,00 m über Erdreich oder einer ausreichend breiten und tragfähigen Fläche befindet,
- innen, wenn der Abstand zwischen Gerüstinnenseite (Kante der Belagfläche) und dem Bauwerk < 30 cm beträgt.

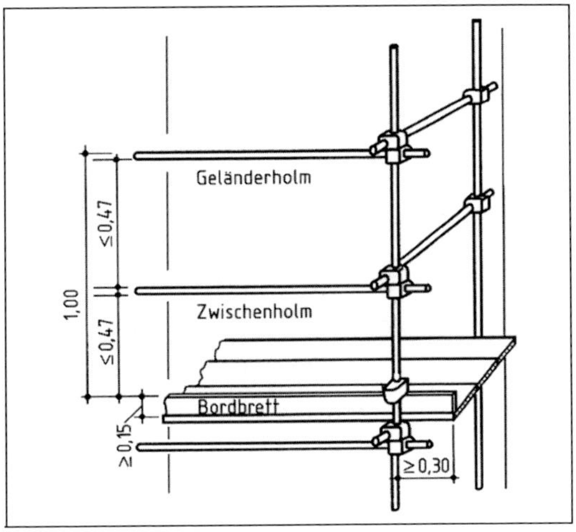

Bild 2.15 Seitenschutz

Auf das Bordbrett darf verzichtet werden:

- an den Gerüststirnseiten, bei einer Belagbreite von < 1,50 m, wenn Belag und Längsbordbrett den Seitenschutz um mindestens 30 cm überragen,
- in Gerüstfeldern, die ausschließlich als Zwischendepot für Innenleiteraufstiege dienen.

Auf Bordbrett und Zwischenholm darf verzichtet werden:

- wenn Gerüstfelder ausschließlich für den Auf- und Abbau des Gerüsts benutzt werden.

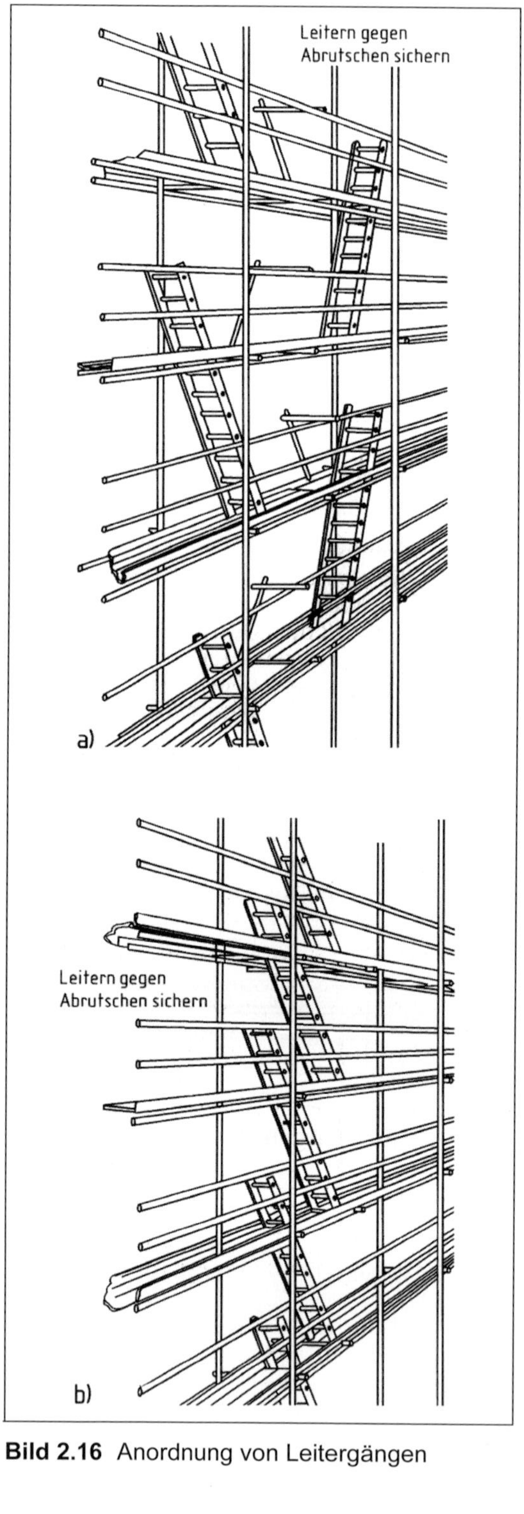

Bild 2.16 Anordnung von Leitergängen

Auf den Zwischenholm darf verzichtet werden:

- wenn Netze oder Geflechte vorhanden sind, die den „Sicherheitsregeln für Seitenschutz und Schutzwände als Absturzsicherung bei Bauarbeiten" entsprechen. Gerüstschutznetze oder Gerüstplanen sind kein Ersatz für einen Zwischenholm.

Der dreiteilige Seitenschutz besteht aus:

- dem Geländerholm,
- dem Zwischenholm und
- dem Bordbrett.

Sichere Zugänge zum Erreichen des Arbeitsplatzes auf einem Gerüst müssen über Treppen, Leitern, Laufstege usw. gewährleistet sein. Üblicherweise werden Leitern oder Leitergänge angeordnet. Leitern können innen oder außen angebracht werden. Außenleitern sind bis zu einer Aufstiegshöhe von 5,00 m zugelassen. Sie werden als Anlegeleitern parallel oder rechtwinklig zum Gerüstfeld aufgestellt. Die Aufstellfläche muss ausreichend breit und tragfähig sein. Um die Gerüstlage problemlos besteigen zu können, darf an der Einstiegstelle auf einen Zwischenholm verzichtet werden. Die Leitern sind in einem Winkel von 60° bis 75° zu befestigen. Wird das Gerüst als Arbeits- oder Fanggerüst genutzt, sind die Durchstiegsöffnungen durch Klappen zu sichern. Stehen die Leitern senkrecht übereinander, muss nur die oberste Durchstiegöffnung (max. 0,60 m × 1,00 m) gesichert werden.

Eckausbildung. Erfolgt die Einrüstung um die Bauwerksecke, ist der Belag in voller Breite um die Ecke zu führen (Bild **2.**16). Die Belagbreite darf auf 0,50 m reduziert werden, wenn an der Gebäudeecke keine Arbeiten zur Ausführung kommen. Diese Ausnahme gilt nicht für Schutzgerüste.

2.3 Schutzgerüste

Fanggerüste werden erstellt, um abstürzende Personen zu sichern und aufzufangen. Fanggerüste müssen eine Breite von mindestens der Klasse W09 nach DIN EN 12811-1 aufweisen. Die einzuhaltenden Maße für die Erstellung von Fanggerüsten ergeben sich aus Bild 2.17. Der Abstand „b“ richtet sich nach der Absturzhöhe. Bei einer Absturzhöhe von bis zu 2,00 m beträgt b ≥ 0,90 m, bei einer Absturzhöhe von > 2,0 m bis 3,00 m gilt b = ≥ 1,30 m. Besondere Anforderungen werden dabei an die Tragfähigkeit der Belagfläche gestellt. Die zulässige Stützweite der Bohlen richtet sich nach der Absturzhöhe, der Bohlenbreite und der Art der Beplankung. Die Breite b in Bild 2.17 a ergibt sich aus dem Maß w + dem horizontalen Abstand zwischen Bauwerk und der Belaginnenseite. Wie bei den Arbeitsgerüsten ist auch hier der dreiteilige Seitenschutz erforderlich.

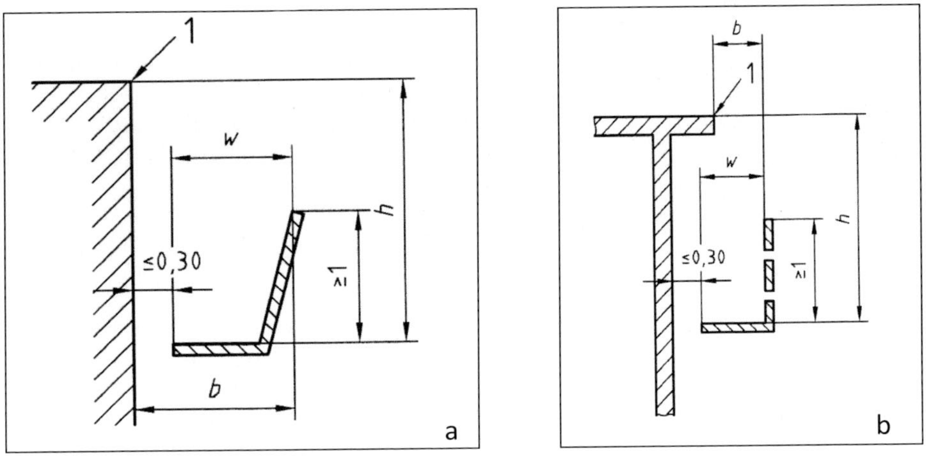

Bild 2.17 Bauliche Durchbildung von Fanggerüsten:
a) Seitenschutz geneigt, b) Seitenschutz vertikal

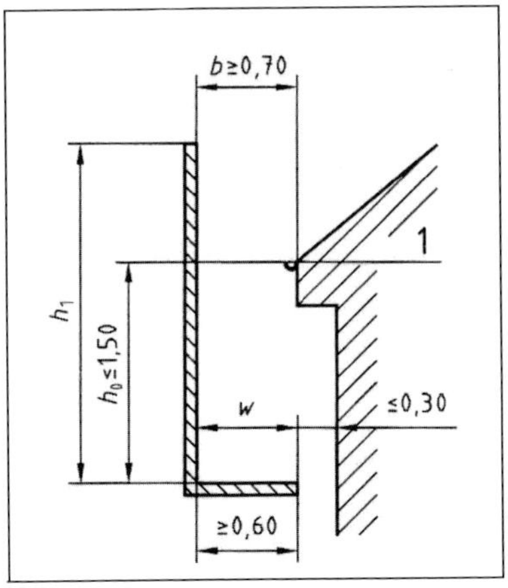

Bild 2.18 Bauliche Durchbildung von Dachfanggerüsten

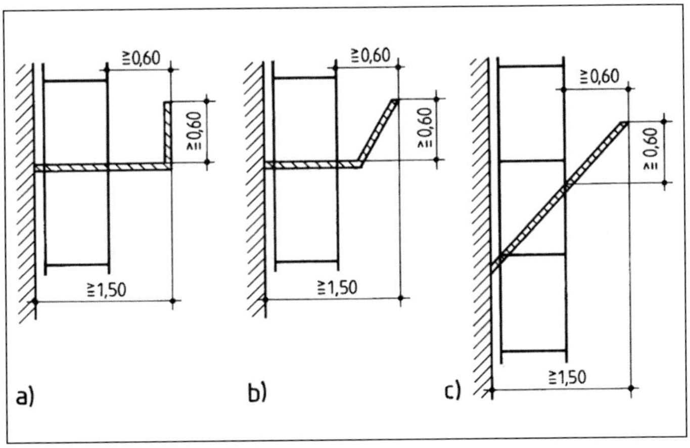

Bild 2.19 Bauliche Durchbildung von Schutzdächern
a) Vertikale Bordwand, b) geneigte Bordwand,
c) geneigtes Schutzdach

Beim Dachfanggerüst ist der Belag entsprechend Klasse W06 herzustellen. Der senkrechte Abstand zwischen Absturzkante und Gerüstbelagfläche beträgt ≤ 1,50 m. Zwischen Traufe und Innenkante Dachfanggerüst ist ein Mindestabstand von 0,70 m einzuhalten. Die Höhe h_1 beträgt > 1,00 m. Die Schutzwand muss die Traufkante um das Maß 1,50-b_1, mindestens jedoch > 1,00 m überragen (Bild **2.**18).

Beim Schutzdach erfolgt die Bemessung entsprechend den Arbeitsgerüsten der Lastklasse 2. Grundsätzlich ist der Belag dicht an das Gebäude anzuschließen. Die Mindestbreite der Überdeckung beträgt 1,50 m. In Verbindung mit einem Fassadengerüst muss das Schutzdach das Gerüst überall um > 0,60 m überragen. Die Höhe der Bordwand beträgt > 0,60 m (Bild **2.**18). Schutzdächer dürfen nicht zusätzlich belastet werden.

Fanggerüste oder Dachfanggerüste sichern Personen gegen Absturz. Schutzdächer schützen Personen, Maschinen und Geräte gegen herabfallende Gegenstände.

2.4 Fahrgerüste

Fahrbare Arbeitsbühnen sind Fahrgerüste, die in DIN 4222-1 und 4222-2 genormt sind. Sie werden insbesondere für kurzzeitige Arbeiten, wie z. B. Reparatur-, Sanierungs-, Restaurations- und Montagearbeiten eingesetzt.

Vorteilhaft ist das problemlose Rangieren auf ebenem Untergrund. Der Auf- und Umbau ist bei diesen Systemgerüsten schnell zu bewerkstelligen.

Die DIN unterscheidet:

- Fahrgerüste als Kleingerüste mit einer Aufbauhöhe bis 2,00 m und
- Fahrgerüste mit Aufbauhöhen > 2,00 bis 8,00 m, in geschlossenen Räumen bis 12,00 m.

Die Standsicherheit (Kippsicherheit) von Fahrgerüsten soll durch Begrenzung des Verhältnisses Breite zu Höhe (b: h) sichergestellt werden. Dabei unterscheidet man zwischen

- geschlossenen Räumen $b : h < 1 : 4$,
- im Freien $b : h < 1 : 3$.

Als Breite ist die Stützweite, als Höhe der Abstand von der Aufstellfläche bis zum obersten Gerüstfeld einzusetzen. Die Fahrrollen müssen fest und arretierbar sein. Als Leitern sind senkrechte Aufstiegsleitern (bis zu einer Gerüsthöhe von 5,00 m) zugelassen. Sind die Gerüste höher, werden nur schräge Innenaufstiege genehmigt. Anlegeleitern sind grundsätzlich verboten. Bild **2.**20 benennt die einzelnen Gerüstbauteile.

Verwendungshinweise für fahrbare Arbeitsbühnen:

- Der Auf-, Ab- und Umbau darf nur unter Aufsicht einer befähigten Person erfolgen.
- Vor der Verwendung ist das Gerüst von einer befähigten Person auf seine Verwendbarkeit hin zu prüfen.
- An der jeweiligen Arbeitsebene ist ein dreiteiliger Seitenschutz anzubringen.
- Fahrgerüste dürfen nicht mit Anlegeleitern bestiegen werden.
- Die zulässige Maximalbelastung ist zu beachten.
- Nicht auf den Belagflächen herumspringen.
- Nur auf ebenem, tragfähigem und hindernisfreiem Untergrund langsam verfahren.
- Nur in Längsrichtung oder über Eck verfahren.
- Vor dem Verfahren bewegliche Teile gegen Herabfallen sichern.
- Während des Verfahrens dürfen sich keine Personen auf dem Gerüst aufhalten.
- Nach dem Verfahren sind die Bremshebel festzustellen.
- Nach Arbeitsende ist das Gerüst gegen Umsturz zu sichern.
- Das Anbringen von Hebezeugen ist nicht zulässig.

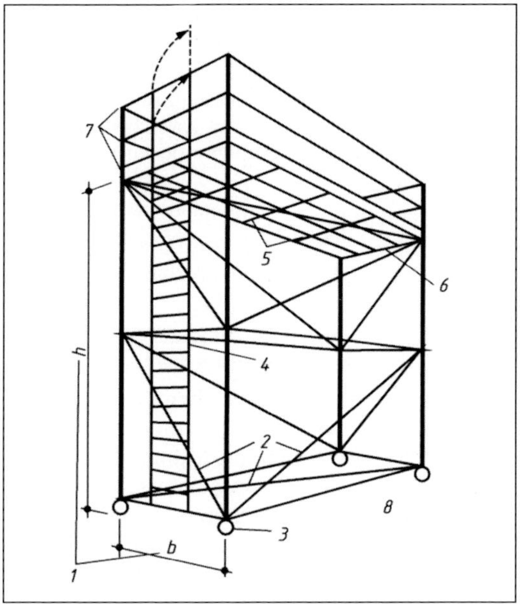

Bild 2.20 Bezeichnung der Gerüstbauteile von Fahrgerüsten

1 Standsicherheit durch ausreichendes Verhältnis *b*:*h* in Freien 1:3, im Innern 1:4 oder Ballastierung
2 Aussteifung
3 unverlierbare, feststellbare Rollen
4 Leiter
5 Belagunterstützung
6 Belag
7 Seitenschutz
8 ebene und feste Standfläche

2.5 Gerüstbauarten nach dem Tragsystem

Standgerüste stehen unmittelbar auf tragfähigem Untergrund. Die anfallenden Kräfte werden in diesen abgeleitet. Standgerüste können mit längen- oder flächenorientierten Belägen erstellt werden. Es sind die üblichen vom Stuckateur als Fassaden- oder Raumgerüste benutzten Gerüste (Bild **2.**21).

Hängegerüste werden am Bauwerk mit Ketten oder Drahtseilen aufgehängt. Sie haben keine Bodenberührung. Hängegerüste können mit einem längen- oder flächenorientierten Belag ausgebildet werden, der auf Balken, Kanthölzern oder Profilstählen aufliegt. Sie dürfen ausschließlich als Arbeitsgerüste in den Lastklassen 1 bis 3 eingesetzt werden (Bild **2.**22).

Bild 2.21 Standgerüst als Systemgerüst

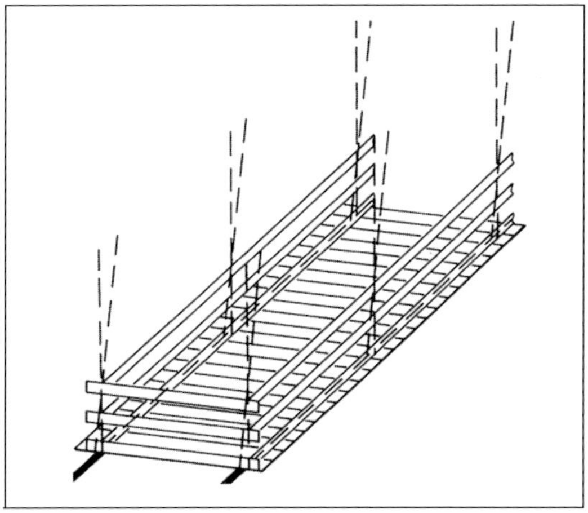

Bild 2.22 Hängegerüst

2.6 Gerüstbauarten nach der Ausführungsart

Stahlrohr-Kupplungsgerüste werden in der Praxis häufig eingesetzt (Bild **2.**23). Es sind korrosionsgeschützte (in der Regel feuerverzinkte) Stahlrohre mit einem Außendurchmesser von 48,3 mm. Die Mindestwanddicke beträgt 4,05 mm. Als Regelausführung beträgt die maximale Gerüsthöhe bei Fassadengerüsten 30,00 m, bei Verwendung anderer Stahlrohre 20,00 m. Bild **2.**22a zeigt die Regelausbildung eines Standgerüstes mit längenorientierten Gerüstlagen, Bild **2.**22b mit flächenorientierten Gerüstlagen.

Die Verbindung der einzelnen Gerüstbauteile erfolgt mittels Kupplungen. Dabei wird unterschieden in:

- **Normalkupplungen,** z. B. zur Verbindung von Ständer und Riegel, Ständer und Gerüsthalter. Die Rohre kreuzen sich rechtwinklig.
- **Drehkupplung,** zur Sicherung der Horizontal-, Vertikaldiagonalen und der Zwischenriegel. Die Rohre kreuzen sich unter jedem beliebigen Winkel.
- **Stoßkupplung** zur Verbindung von Rohrstößen. Die beiden Rohre bilden eine Achse.
- **Parallelkupplung,** zur Verbindung parallel verlaufender Rohre.
- **Halbkupplung,** zur Verbindung der Gerüsthalter mit dem Verankerungselement.

Die Vielseitigkeit dieser Kupplungsbauteile ermöglicht die Herstellung von Arbeits- und Schutzgerüsten als Stand-, Hänge-, Ausleger- und Konsolgerüsten. Die Vorschriften für Ständerabstände, Verstrebungen und Verankerungen sind auszugsweise den Tabellen **2.**24 und **2.**27, den Bildern **2.**25 bis **2.**28c und der Norm zu entnehmen.

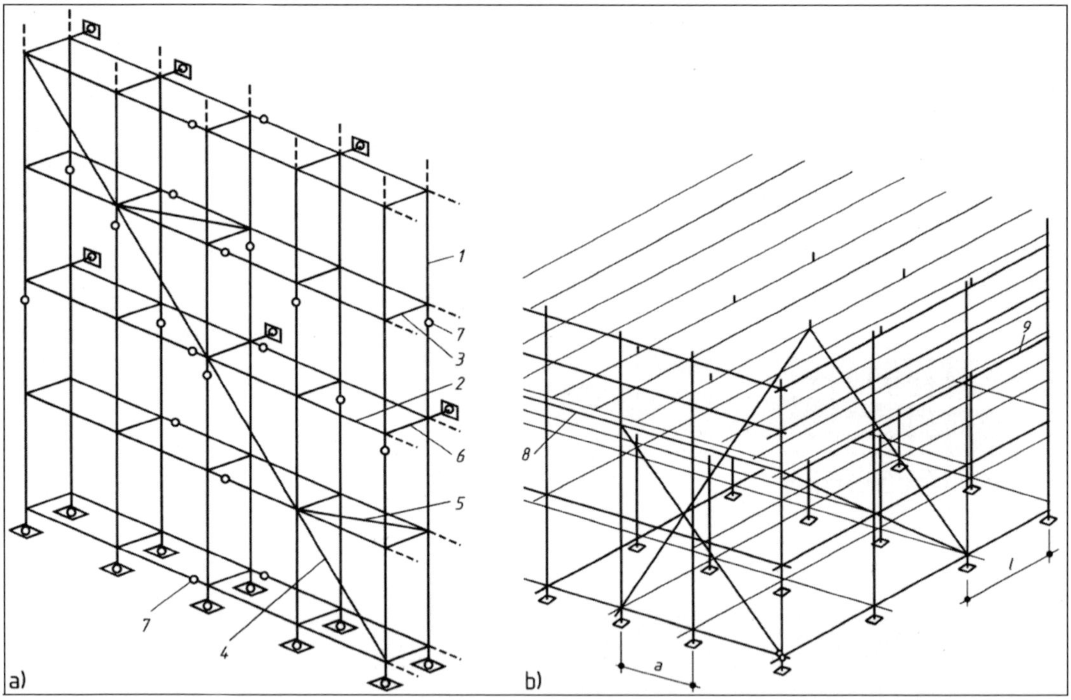

Bild 2.23 Regelausführung eines Stahlrohr-Kupplungsgerüsts
a) mit längenorientierten Gerüstlagen, b) mit flächenorientierten Gerüstlagen

1	Ständer	*4*	Längsverstrebung	*7*	Stoß
2	Längsriegel	*5*	Horizontalverstrebung	*8*	Querriegel trägt Belagfläche
3	Querriegel	*6*	Gerüsthalter	*9*	Längsriegel

Tabelle 2.24

a) Ständerabstände für die Regelausführung der Stahlrohr-Kupplungsgerüste mit längenorientierten Gerüstlagen

Lastklasse	1	2, 3	4, 5	6[1)]
in m	2,5	2,0	1,5	1,2

b) Regelausführung der Stahlrohr-Kupplungsgerüste mit flächenorientierten Gerüstlagen

Lastklasse	Abstand der Querriegel *a* in m max.	Abstand der Längsriegel *l* in m max.
1	1,75	2,50
2	1,50	2,25
3	1,50	2,00
4	1,00	1,75
5 und 6	0,75	1,75

1) Für die Lastklasse 6 sind zusätzlich Zwischenquerriegel erforderlich

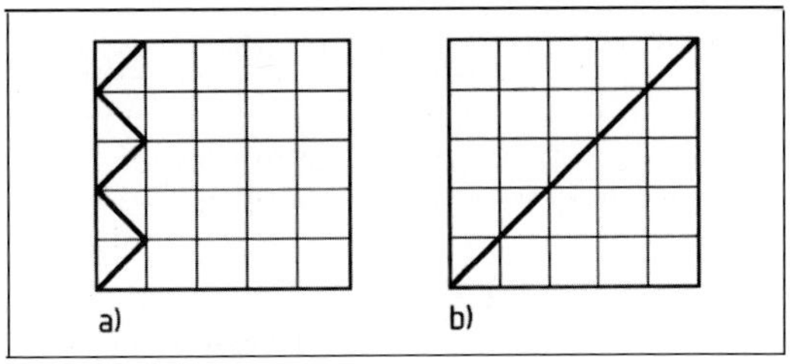

Bild 2.25 Strebenzüge a) gegenläufig, b) diagonal

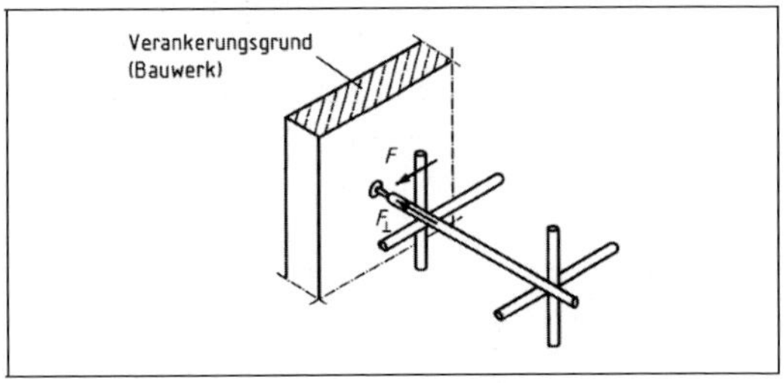

Bild 2.26 Kräfte am Verankerungspunkt

Tabelle 2.27 Verankerungsraster und erforderliche zulässige Ankerbeanspruchungen der Regelausführungen von Stahlrohr-Kupplungsgerüsten mit längenorientierten Gerüstlagen

Verankerungsraster	Gerüsthöhe	nicht bekleidete Gerüste		bekleidete Gerüste	
	h in m	$F_{\perp}$ in kN	$F_{\parallel}$ in kN	$F_{\perp}$ in kN	$F_{\parallel}$ in kN
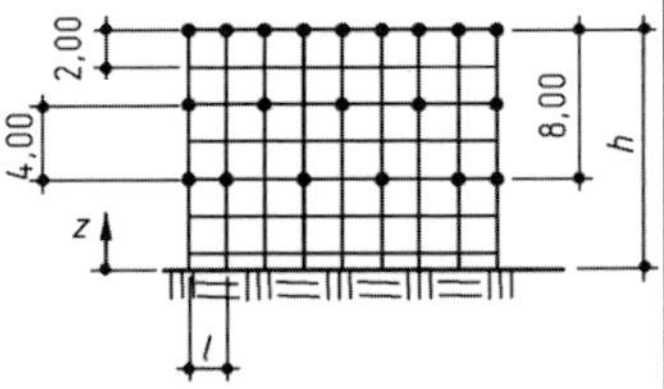	$h \leq 10$	2,7	0,9	–	–
	$h \leq 20$	3,1	1,0	–	–
	$h \leq 30$	3,3	1,2	–	–
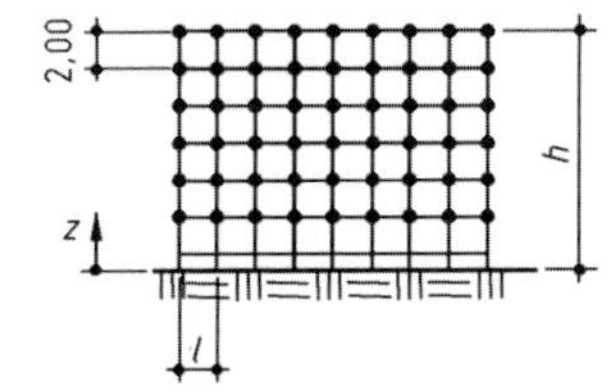	$h \leq 10$	–	–	7,5	0,7
	$h \leq 20$	–	–	8,0	0,9
	$h \leq 30$	–	–	8,3	1,2
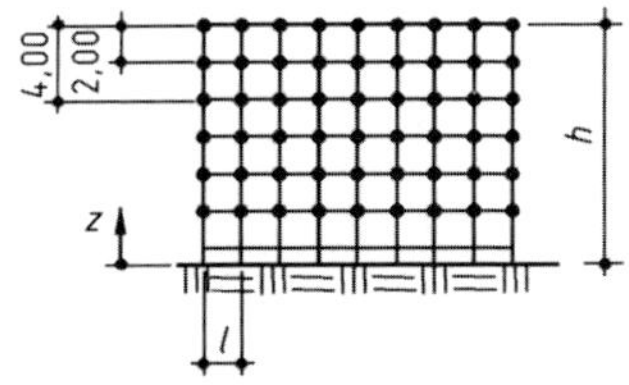	$h \leq 10$	–	–	3,7	0,3
	$h \leq 20$	–	–	3,9	0,5
	$h \leq 30$	–	–	4,1	0,6

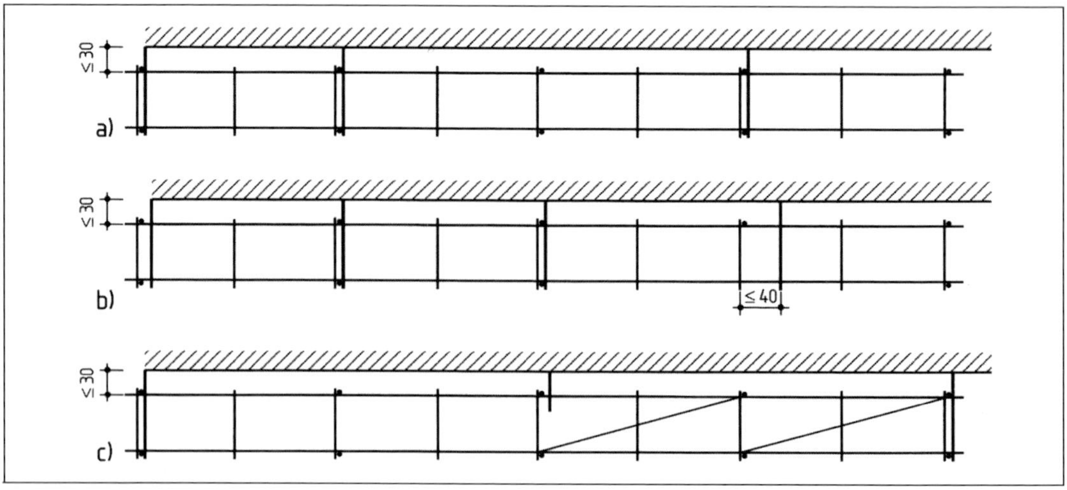

Bild 2.28 Gerüsthalter
a) am inneren und äußeren Ständer befestigt
b) am inneren und äußeren Riegel befestigt
c) am inneren Ständer befestigt, unmittelbar neben dem Knotenpunkt

Verbindungsteile bei Stahlrohr-Kupplungsgerüsten sind: Normal-, Dreh-, Stoß-, Parallel- und Halbkupplung. Verstrebungen wirken als diagonal oder gegenläufig angeordnete Strebenzüge. Für Regelausführungen können Verankerungspunkte nach einem Verankerungsraster ermittelt werden. Die Verbindung des Gerüsts mit dem Bauwerk geschieht über Gerüsthalter.

Systemgerüste (Rahmen- und Modulgerüste, Bild **2.**29) sind im Gegensatz zu den Stahlrohrkupplungsgerüsten schon teilweise vorgefertigte Verbindungen im Baukastensystem. Sie bestehen aus biegesteifen, festen Rohrverbindungen, die als Horizontalrahmen (s. Bild **2.**6b) und Vertikalrahmen (s. Bild **2.**6a) angeboten werden. Die Vertikalrahmen haben je nach Hersteller Gabelbolzen mit Kippfingern. Darin werden die Diagonalen und Schutzglieder eingehängt und die Beläge eingelegt (Bild **2.**30a, b). Die Verankerung erfolgt mit Gerüsthaltern, die mittels vorgefertigten Verbindungen am Gerüst befestigt werden. Es sind üblicherweise Fassaden- und Fahrgerüste.

Von Vorteil ist der relativ schnelle Auf- und Abbau gegenüber den Stahlrohr-Kupplungsgerüsten. In Aluminium-Gerüstausführung sind sie wesentlich leichter als Stahlkonstruktionen. Diese Gerüste können in den Lastklassen 1 bis 6 ausgeführt werden.

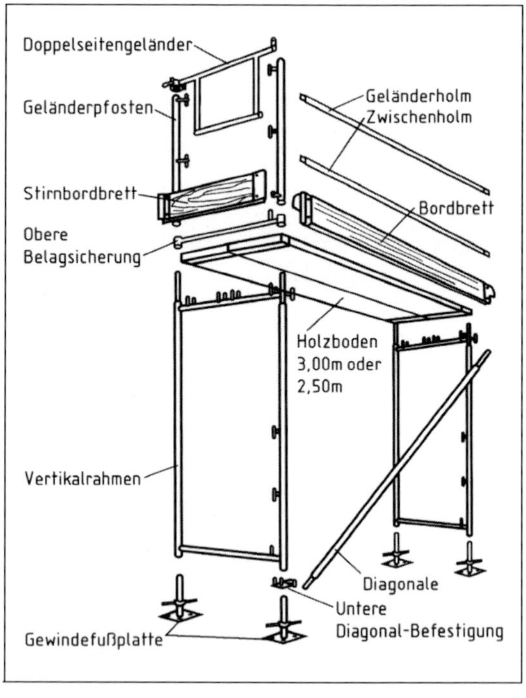

Bild 2.29 Systemgerüst mit Vertikalrahmen

a) b)

Bild 2.30 a) Kippstiftverbindung, b) Belagsicherung

Es gelten dabei die Vorschriften entsprechend den gemachten Aussagen bei den Stahlrohr-Kupplungsgerüsten und Arbeitsgerüsten.

Wesentlicher Vorteil der Systemgerüste ist der zeitsparende Auf- und Abbau durch vorgefertigte Verbindungen sowie bei Aluminiumkonstruktionen die Leichtigkeit ihrer Handhabung.

Leitergerüste sind Systemgerüste aus Gerüstleitern mit Holzholmen und Sprossen aus Holz oder Stahl. Die Befestigungs- und Verbindungselemente wie Leiter- und Geländerklammern, Haken, Schrauben, Hakenschrauben, Kopfschrauben, Ösen, Querlaschen, Konsolstangen usw. bestehen ebenfalls aus Holz oder Stahl. In der Regelausführung nach DIN 4420-2 (Bild **2.**31) können sie als Arbeits- oder Schutzgerüste nach den Lastklassen 1 bis 3 eingesetzt werden als:

- Standgerüste mit längenorientierten Gerüstlagen (Fassadengerüste),
- Hängegerüste mit längenorientierten Gerüstlagen,
- Standgerüste mit flächenorientierten Gerüstlagen (Raumgerüste).

Die DIN 4420-2 unterscheidet zwei Arten von Gerüstleitern:

- Einsprossige Gerüstleitern mit stahlunterstützten Sprossen (Kurzzeichen L1 (S), Bild **2.**32a)
- Zweisprossige Gerüstleitern (Kurzzeichen L2, Bild **2.**32b).

Die Gerüstfeldlänge ergibt sich in Abhängigkeit von dem Gerüstbohlenquerschnitt nach Tabelle **2.**31. Als Arbeitsgerüste sind sie nur für die Lastklassen 1, 2 und 3 zugelassen. Es gelten die Vorschriften entsprechend den gemachten Aussagen bei den Arbeitsgerüsten. Leitergerüste werden bevorzugt für Inspektions-, Anstrich- und Reparaturarbeiten verwendet. Sie werden fast immer von Gerüstbaufirmen aufgestellt (**2.**33).

Tabelle 2.31 Zulässige Gerüstfeldlänge zul *a* für Fassadengerüste in Abhängigkeit von Mindestdicke und -breite der Gerüstbohlen

Breite × Dicke der Gerüstbohlen aus Holz in cm × cm max.	zulässige Gerüstfeldlänge zul *a* in m max.
24 × 5	2,75
28 × 4,5 24 × 4,5 20 × 5	2,50
28 × 4 20 × 4,5	2,25
24 × 4	2,00
20 × 4	1,75[1)]

1) Bei über 2 Gerüstfelder durchlaufenden Gerüstbohlen mit Breite × Dicke = 20 cm × 4 cm darf die zulässige Gerüstfeldlänge auf 2,00 m erhöht werden.

Leitergerüste sind Systemgerüste aus Gerüstleitern mit Holmen, Sprossen und Leitergerüstbauteilen aus Holz oder Stahl. Sie können als Fassadengerüste, Raumgerüste, Hängegerüste und Schutzgerüste ausgebildet werden.

Bockgerüste bestehen aus Holzböcken oder ausziehbaren Stahl- und Aluminiumböcken mit einem Gerüstbelag aus Holzbohlen (Bild **2.**34a, b) und sind in der Praxis sehr häufig anzutreffen. Bockgerüste aus Holz dürfen nur aus zimmermannsmäßig abgebundenen Holzböcken (Bild **2.**35), nicht aus genagelten Hilfskonstruktionen hergestellt sein und müssen standsicher aufgestellt werden. Es dürfen höchstens 2 Böcke übereinander gestellt werden. Damit sind sie bis zu einer Höhe von 4,00 m zugelassen. Seitenschutz und Stützweite der Holzbohlen müssen den genormten Gerüsten entsprechen. Kippen oder Wippen des Gerüstbelags muss ausgeschlossen sein.

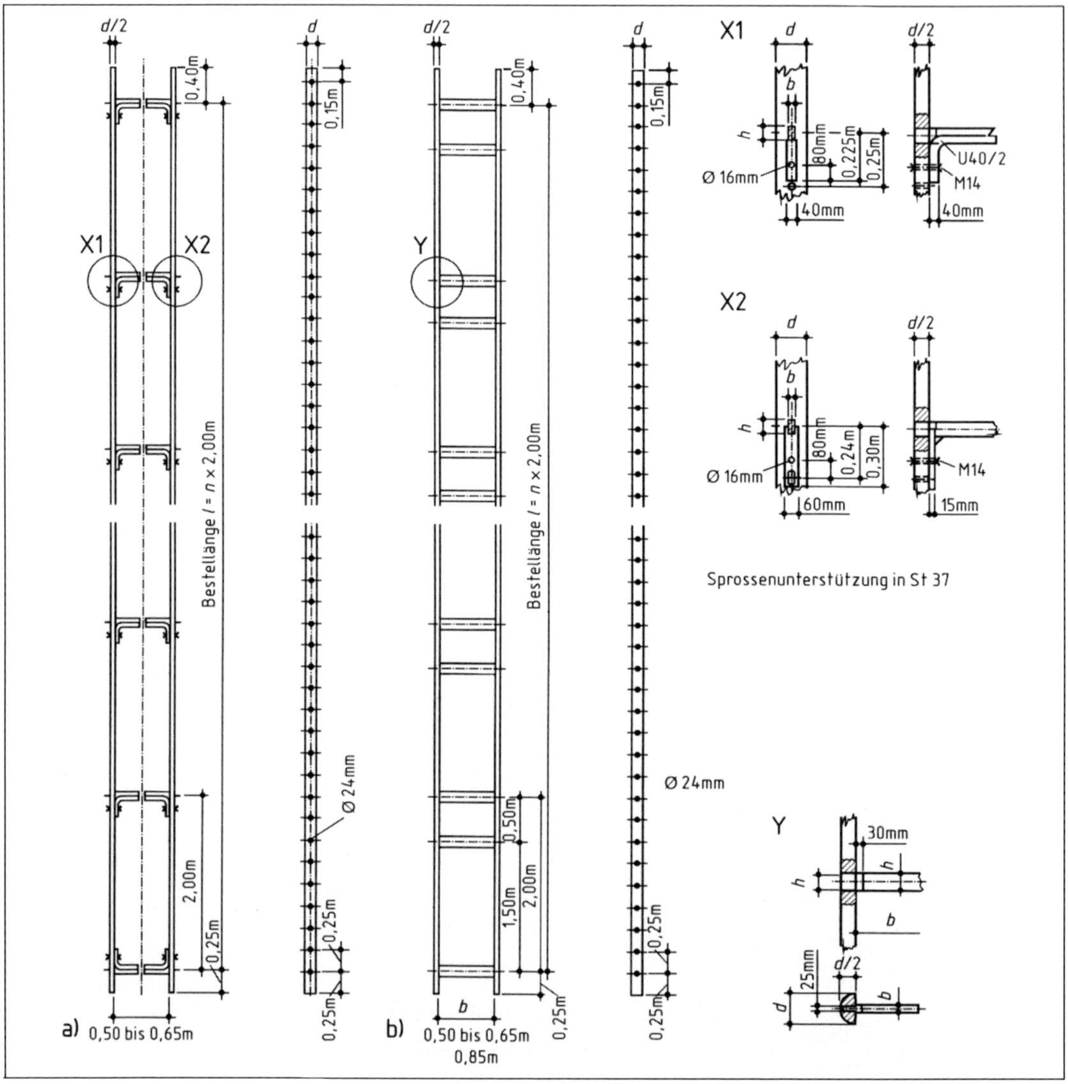

Bild 2.32 Gerüstleitern
a) einsprossige Gerüstleiter, b) zweisprossige Gerüstleiter

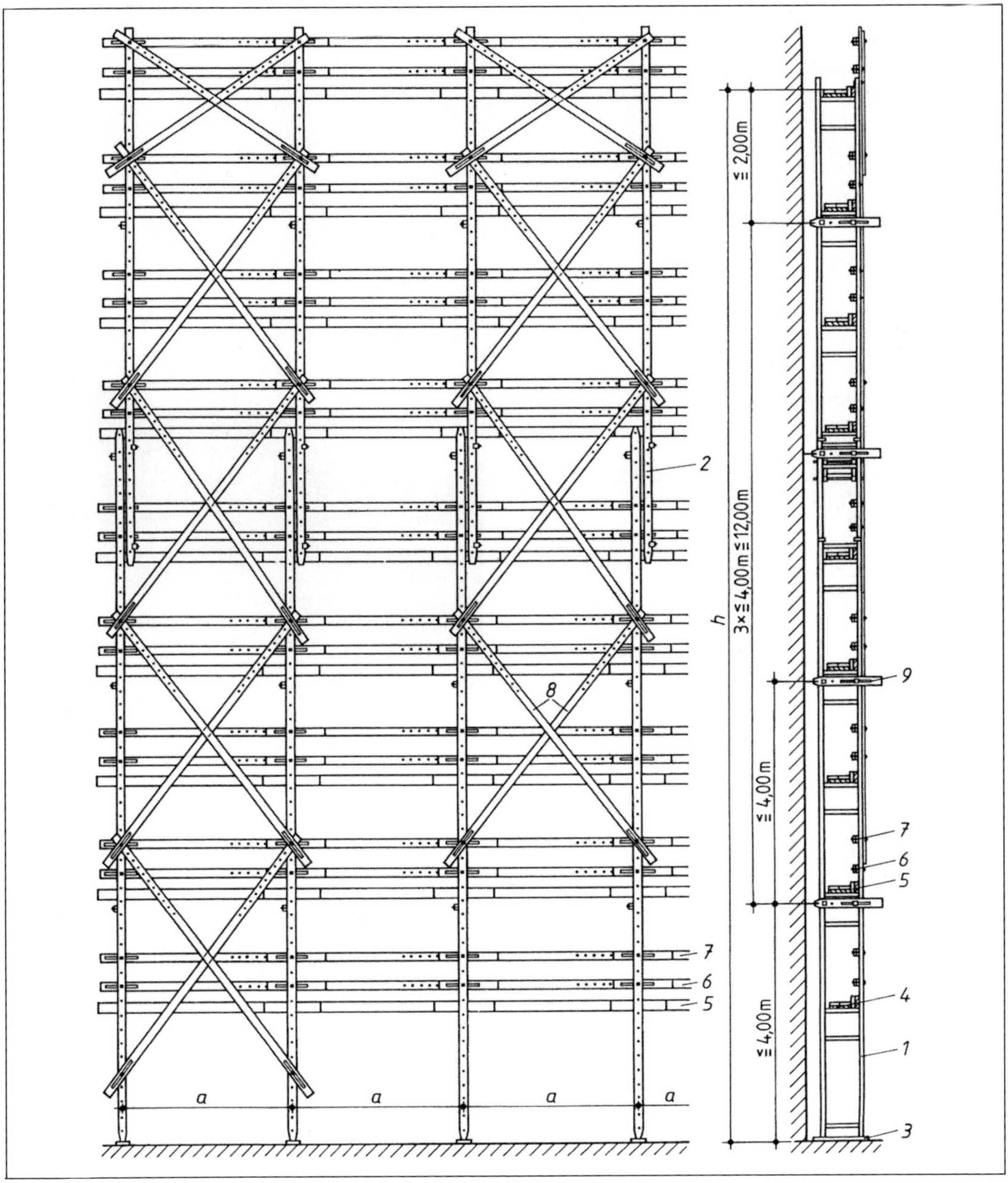

Bild 2.33 Leitergerüst nach DIN 4420-2

1 Gerüstleiter
2 Leiterverlängerung
3 Leiterunterlage, Leiterschuh
4 Gerüstbohle
5 Bordbrett
6 Zwischenholm
7 Geländerholm
8 Kreuzstrebe
9 Dübelarm

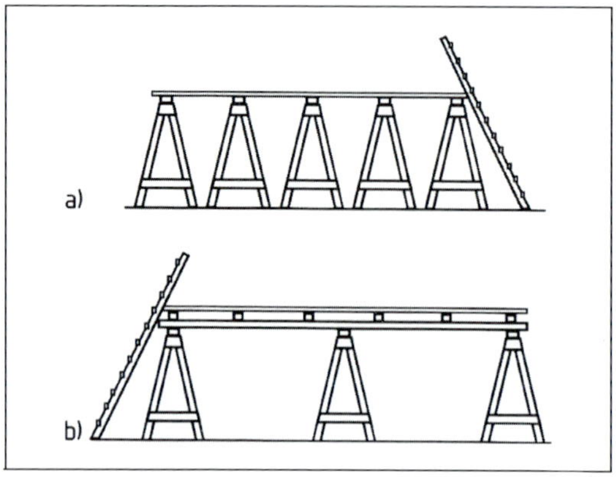

Bild 2.34 Bauarten von Bockgerüsten
a) Belag unmittelbar auf dem Querholm aufliegend
b) Belag auf Längsriegel und Traversen aufliegend

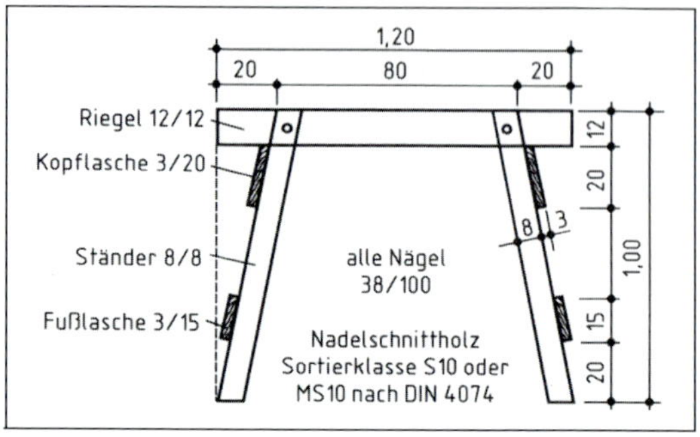

Bild 2.35 Gerüstbock aus Holz

Bockgerüste sind bis zu einer Höhe von 4,00 m zugelassen. Es dürfen höchstens zwei Böcke aufeinander gestellt werden.

Bild 2.36 Bockgerüst

2.7 Absturzsicherungen

Viele Unfälle geschehen infolge unsachgemäßer oder gänzlich fehlender Absturzsicherungen. An stationären Arbeitsplätzen und Verkehrswegen ist eine ständige Sicherung ab 1,00 m Absturzhöhe vorgeschrieben. Bei Bauarbeiten gilt: unabhängig von der Absturzhöhe ist an

- Arbeitsplätzen und Verkehrswegen an und über Wasser,
- freiliegenden Treppenläufen und -absätzen,
- Wandöffnungen (Brüstungshöhe < 1,00 m),
- Bedienungsständen von Maschinen,

eine Absturzsicherung zwingend vorgeschrieben. Als Absturzsicherungen dienen > 1,00 m hohe, ausreichend tragfähige Bauteile oder der dreiteilige Seitenschutz nach DIN 4420. Dabei genügt bei Treppenläufen die Sicherung mit Geländer- und Zwischenholm. Auf das Bordbrett kann verzichtet werden (Bild **2**.37).

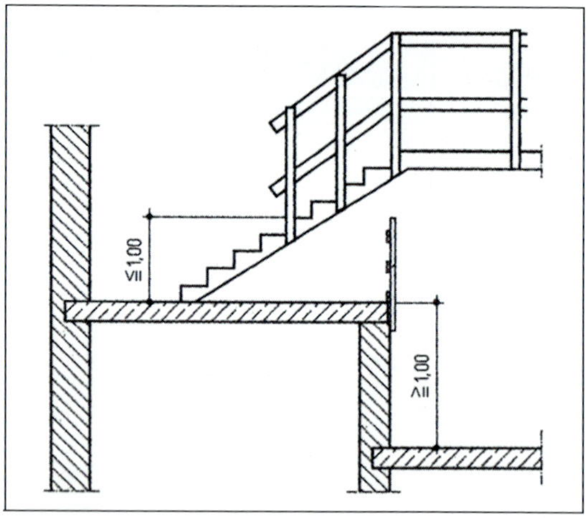

Bild 2.37 Absturzsicherung

2.8 Leitern

Im Sinne der *Unfallverhütungsvorschrift* sind Leitern „ortsveränderliche Aufstiege mit Stufen und Sprossen, die mit Wangen oder Holmen verbunden sind". Um Leitern sicher verwenden zu können, müssen:

- Sprossen und Holme zuverlässig und dauerhaft mit einander verbunden sein.
- die Stufen und Sprossen trittsicher ausgebildet sein.
- sie sicher begehbar sein. Dies wird gewährleistet durch den richtigen Anstellwinkel (Bild **2**.38) und einen gleichmäßigen Sprossenabstand (Bild **2**.39).
- sie ausreichend tragfähig und gegen übermäßiges Durchbiegen, starkes Schwanken und Verwinden gesichert werden.
- sie gegen Abrutschen (z. B. durch Gummifüße, Stahlspitzen oder Anbinden) gesichert werden.
- sie bei Verwendung an oder auf Verkehrswegen besonders geschützt werden (durch Hinweisschilder, Absperrungen oder Warnposten).
- sie regelmäßig auf ihren ordnungsgemäßen Zustand überprüft werden.
- betriebsfremde Leitern vor ihrer Benutzung auf Eignung und Beschaffenheit hin überprüft werden.

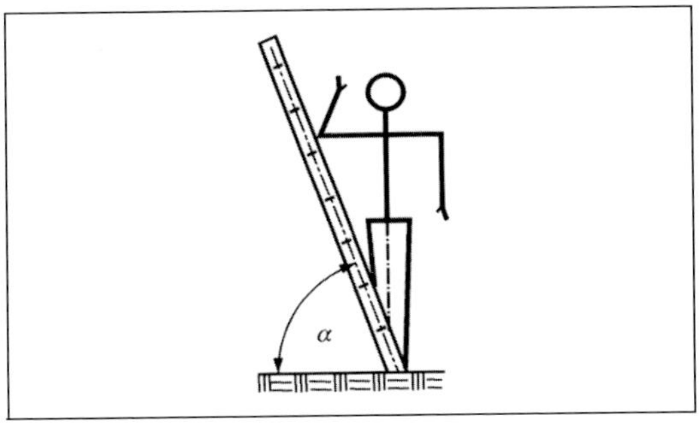

Bild 2.38 Anlegewinkel

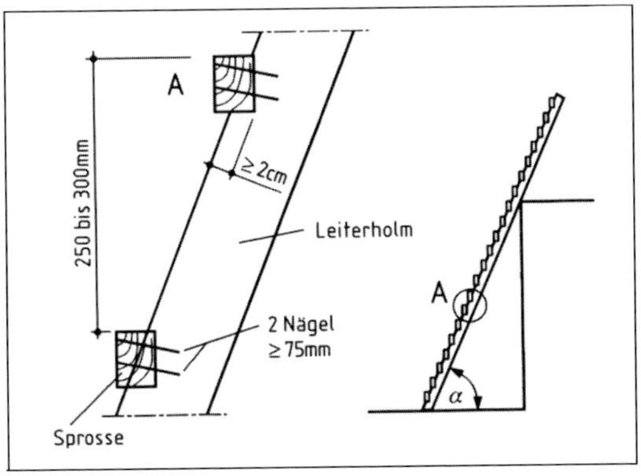

Bild 2.39 Bauleiter

Anlegeleitern werden zur Benutzung an das Bauteil angelegt (Bild **2**.40). Unterschieden werden dabei Schiebeleitern, Steckleitern und freistehend verwendete Anlegeleitern.

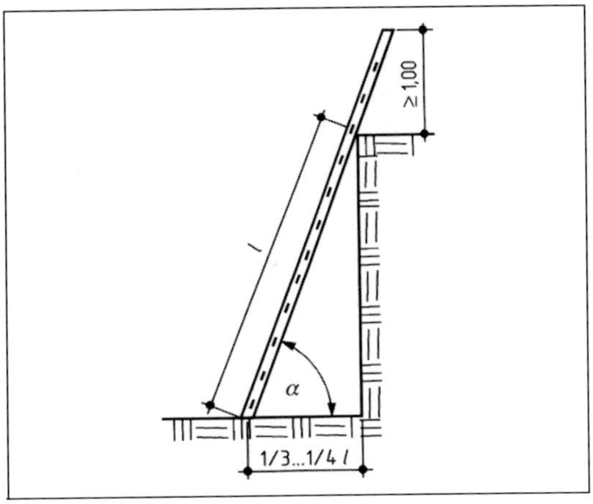

Bild 2.40 Anlegeleiter

Stehleitern sind zweischenklige, freistehende Leitern (Bild **2**.41). Dies können vormontierte oder aus Einzelteilen zusammengesetzte Leitern sein. Wichtig sind dabei die Spreizsicherungen (z. B. Ketten, Gurte, Gelenkbänder). Stehleitern dürfen nicht als Anlegeleitern benutzt werden.

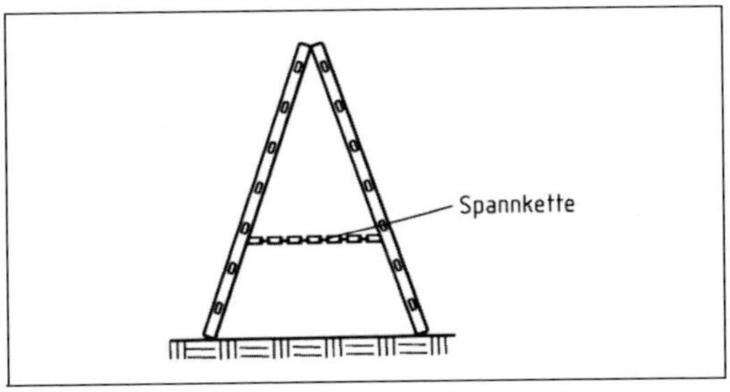

Bild 2.41 Stehleiter

Mehrzweckleitern sind Steh- oder Anlegeleitern, die zur jeweils anderen Leiterart umgebaut werden können (Bild **2**.42).

Bauleitern sind Anlegeleitern mit Holmen aus Fichtenstangen. Die Vierkantsprossen werden in einen etwa 2 cm tiefen Versatz in den Holmen eingelegt und mit 2 Nägeln ≥ 75 mm Länge befestigt (s. Bild **2**.39). Die sichere Begehbarkeit von Bauleitern wird gewährleistet wenn die Querschnittsabmessungen nach Tabelle **2**.43 eingehalten werden.

Es ist Aufgabe des Arbeitnehmers und des Unternehmers nur solche Leitern einzusetzen, die für die vorgesehenen Arbeiten geeignet sind. Bei Arbeiten, bei denen Leitern schädigenden Einflüssen ausgesetzt sind oder die ihre Stabilität beeinträchtigen können, müssen Leitern aus widerstandsfähigen Materialien bzw. mit einem schützenden Überzug verwendet werden. Um Schäden rechtzeitig zu erkennen, dürfen Holme und Sprossen keine deckenden Anstriche erhalten. Bei Nichtgebrauch sind Leitern ordnungsgemäß zu lagern. Es empfiehlt sich, diese waagerecht hängend – zur Vermeidung von Durchbiegen auf ausreichend vielen Unterstützungen – aufzubewahren. Sie sind dabei vor schädigenden Witterungs- und Temperatureinflüssen, Säuren- und Laugeneinwirkungen weitgehend zu schützen.

> Anlegeleitern sind gegen Abrutschen zu sichern.
>
> Stehleitern dürfen nicht als Anlegeleitern benutzt werden.
>
> Stehleitern müssen durch Spannketten oder Gelenke gegen Auseinandergleiten gesichert werden.
>
> Leitern dürfen keine deckenden Anstriche erhalten.

Bild 2.42 Dreiteilige Mehrzweckleiter (Stehleiter) mit aufgesetzter Schiebeleiter

Tabelle 2.43 Querschnittsabmessungen von Bauleitern

Leiterlänge in m (Höchstmaß)	Holme: Holmdurchmesser in Leitermitte in mm (Mindestmaße) bei Rundholmen	Holme: Holmdurchmesser in Leitermitte in mm (Mindestmaße) bei Halbrundholmen	Sprossen: Leiterbreite in mm (Höchstmaß)	Sprossen: Sprossenquerschnitt Dicke/Höhe in mm (Mindestmaß)
a	b	c	d	e
4	65	80	450	30/50
6	70	90	500	35/50
8	75	100	650	40/60
10	85	110	650	40/60

2.9 Hebebühnen

Eine Alternative zu den Gerüsten sind u. U. Hebebühnen. Für Wartungs-, Reparatur-, Montage-, Verputz- und Sanierungsarbeiten bietet sich die mobile Hebebühne an. Bei sehr hohen Fassadengerüsten kann die Hebebühne ergänzend für den Auf- und Abbau des Gerüsts eingesetzt werden. Geräte, Materialien und Personen können mit Hebebühnen zentimetergenau zum Arbeitsplatz gefahren werden. Die Nutzlast, die Bühnenlänge und -breite ist variabel und abhängig vom verwendeten Typ. Angeboten werden Ein- und Zwei-Master (Bild **2.**44a, b). Die Lastenübertragung in den tragfähigen Untergrund erfolgt über Abstützspindeln. Die Bühne ist durch Libellen waagrecht auszurichten, damit die Mastteile absolut senkrecht ausgerichtet werden können. Der Aufbau erfolgt kontinuierlich durch Aufstocken der einzelnen Mastteile. Dabei werden die Mastteile am tragfähigen Bauwerk verankert. Zur Materialversorgung kann ein schwenkbarer Kranarm auf der Bühne montiert werden. Hebebühnen müssen entsprechend der Unfallverhütungsvorschrift jährlich einer Inspektion unterzogen werden. Die Bilder **2.**45a bis c zeigen praktische Anwendungsbeispiele.

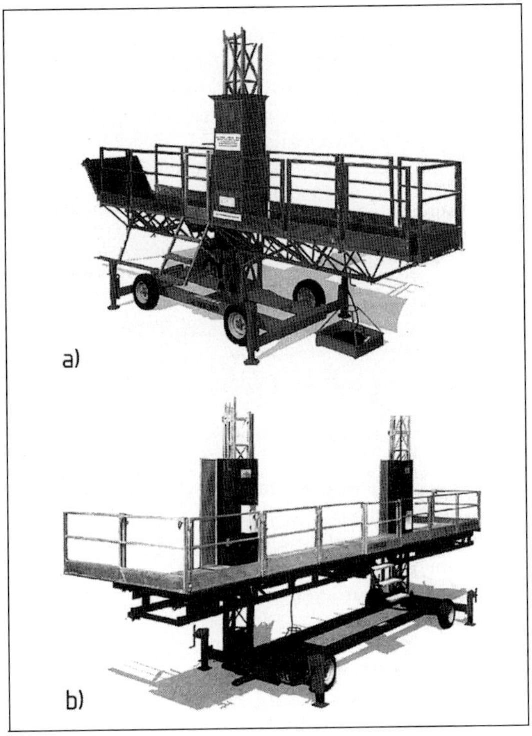

Bild 2.44 Hebebühnen
a) Ein-Master, b) Zwei-Master

> Der Einsatz von Hebebühnen ist überlegenswert z. B. bei Reparatur- und Sanierungsarbeiten, wenn ein Gerüstaufbau zu lange dauern würde, sich wegen zu kurzer Standzeit nicht rechnet oder ein Gerüst nicht tragfähig genug wäre.

a) b) c)

Bild 2.45 Einsatzbereich von Hebebühnen
a) Fassaden-Sanierung Wohnhochhäuser, b) Fassaden-Sanierung Bürohochhaus,
c) Fassaden-Renovierung Wärmedämmung Wohnhochhaus

Aufgaben zu Abschnitt 2

T

1. Nach welchen Gesichtspunkten können Gerüste eingeteilt werden?
2. Erklären Sie die Abkürzung: Gerüst DIN 4420 AG LG.
3. Wer ist für den ordnungsgemäßen Auf- und Abbau, wer für die Benutzung und Unterhaltung der Gerüste zuständig?
4 Was sind die Ursachen für die häufigsten Unfälle?
5 Wann sollten Gerüste grundsätzlich auf ihre Begehbarkeit überprüft werden?
6 Nennen Sie die Unterscheidungskriterien für die Gliederung der Arbeitsgerüste in sechs Gerüstgruppen.
7 Für welche Arbeiten können die Gerüste der einzelnen Lastklassen verwendet werden?
8 Welche Kräfte wirken auf Gerüste ein?
9 Durch welche Maßnahmen wird die sichere Ableitung der auftretenden Lasten in den tragfähigen Untergrund sichergestellt?
10 Wie erfolgt die Aussteifung der Gerüste? Geben Sie an, welche Kräfte durch die einzelnen Aussteifungsmaßnahmen aufgenommen werden sollen.
11 Welche Bauteile sind für Verankerungsmaßnahmen geeignet?
12 Nennen Sie Bauteile die grundsätzlich nicht für Verankerungen geeignet sind.
13 Auf welche Gefahrenpunkte muss beim Verlegen des Gerüstbelags besonders geachtet werden?
14 Welche Aufgaben hat der Seitenschutz eines Gerüstes? Benennen Sie die Einzelteile und ihre Funktion für die Sicherheit.
15 Nennen Sie Möglichkeiten Innenleitern anzuordnen.
16 Wann sind Außenleitern zulässig?
17 Beschreiben Sie den Unterschied zwischen Fanggerüst, Dachfanggerüst und Schutzgerüst.
18 Nennen Sie die wesentlichen Teile des Stahlrohr-Kupplungsgerüstes.
19 Für welche Verbindungen werden die einzelnen Kupplungen eingesetzt?
20 Wie erfolgt die Verstrebung bei Stahlrohr-Kupplungsgerüsten?
21 Von welchen Gesichtspunkten sind die Verankerungsabstände abhängig?
22 Nennen Sie geeignete Befestigungsmöglichkeiten für die Gerüsthalter beim Stahlrohr-Kupplungsgerüst.
23 Was versteht man unter Systemgerüsten? Welche Vorteile haben diese gegenüber Stahlrohr-Kupplungsgerüsten?
24 Nennen Sie die wesentlichen Teile eines Systemgerüstes.
25 Nennen Sie die wesentlichen Teile eines Leitergerüstes.
26 Welche Anforderungen werden an Gerüstböcke gestellt?
27 Nennen Sie die wichtigsten Vorschriften hinsichtlich der Bockgerüste.
28 Wo müssen in der Regel Absturzsicherungen am Rohbau vorgenommen werden?
29 Welche Anforderungen werden an Leitern gestellt?
30 Nennen Sie die Verwendungshinweise für Anlege- und Stehleitern.
31 Wodurch unterscheiden sich Bauleitern grundsätzlich von Stehleitern ?
32 Weshalb dürfen Leitern keine deckenden Anstriche erhalten?
33 Unter welchen Gesichtspunkten ist der Einsatz von Hebebühnen eine Alternative zu Gerüsten?

M

1. Ermitteln Sie für ein Fassadengerüst als Systemgerüst die benötigten Gerüstteile. Erstellen Sie dazu eine Materialliste. Orientieren Sie sich an Herstellerunterlagen.
   Gerüstlänge 25,00 m (10 Felder je 2,50 m); Arbeitshöhe 12,25 m (5 Etagen); Gerüstbreite ca. 75 cm; Wandabstand 30 cm; Verankerung alle 4,00 m in der Höhe (in jeder 2. Gerüstlage). Alle Gerüstlagen werden vollständig ausgebildet.
2. Berechnen Sie die zulässige Gerüstfeldbelastung:
   a) Gerüstfeldlänge 2,50 m; Lastklasse 3
   b) Gerüstfeldlänge 2,75 m; Lastklasse 1
   c) Gerüstfeldlänge 2,00 m; Lastklasse 5

Art der Arbeit	Belastungen	Gerüstfeld
Fassadenverkleidung mit Werksteinplatten	2 Arbeiter 150 kg Plattens	3,00 × 0,60
Verputzarbeiten	2 Verputzer Mörtelkübel 50 l	3,00 × 0,60
Maurerarbeiten	1 Maurer Mörtelkübel 75 *l* 100 Stück NF-Steine (Rohdichte 1,8 kg/dm^3) Grundrissfläche Steine 1,20 × 0,60	2,00 × 1,00
Montagearbeiten	3 Monteure 1 Betonelement 500 kg	3,00 × 0,90
Stuckarbeiten	3 Stuckateure Geräte 50 kg Mörtelkübel 75 *l* Material 100 kg	2,75 × 0,80

3. Ermitteln Sie anhand der Vorgaben
a) die erforderliche Lastklasse (es sind einzusetzen: pro Person 100 kg, Werkzeug pro Arbeiter 20 kg, das mit Hebezeug auf das Gerüst abgesetzte Gewicht ist um 20 % zu erhöhen),
b) das flächenbezogene Nutzgewicht in kg/m^2.

Z

1. Zeichnen Sie das Gerüst (Fachrechnen, Aufgabe 1) in der Ansicht und im Schnitt auf ein DIN-A3-Blatt. Benennen und bemaßen Sie alle wesentlichen Teile.
2. Verdeutlichen Sie anhand von Skizzen die bauliche Durchbildung von Gerüsten hinsichtlich: Gerüstbelag (Bild **2.**12), Seitenschutz (Bild **2.**15), Eckausbildung (Bild **2.**17) und Aussteifung (Bild **2.**25). Benennen und bemaßen Sie alle wesentlichen Teile.
3. Zeichnen Sie als Prinzipskizzen ein Fanggerüst, Dachfanggerüst und ein Schutzgerüst entsprechend den Bildern **2.**17, **2.**18 und **2.**19 auf ein DIN-A3-Blatt. Benennen und bemaßen Sie alle wesentlichen Teile.

3 Bautenschutz

Der Bautenschutz umfasst den Brandschutz, Wärme- und Feuchteschutz sowie den Schallschutz.

3.1 Brandschutz

3.1.1 Allgemeines

Die Vorschriften des baulichen Brandschutzes finden sich vor allem in den Landesbauordnungen der Bundesländer. Ihr Ziel ist es, Entstehung und Ausbreitung von Schadenfeuer vorzubeugen, um damit Leben und Gesundheit des Menschen zu bewahren. Die fortschreitende technische Entwicklung, der Einsatz neuer Baustoffe und die mehr und mehr verdichteten Wohn- und Arbeitsräume erfordern verstärkte Anstrengungen, um die Sicherheit der Menschen zu gewährleisten.

Die Maßnahmen im Bereich des vorbeugenden baulichen Brandschutzes werden ersichtlich in der Auswahl der Baustoffe und der konstruktiven Ausbildung der Bauteile und Baukonstruktionen. Das Verhalten von brennbaren und nichtbrennbaren Baustoffen, die hohen Temperaturen ausgesetzt sind, ist sehr unterschiedlich. Wird *Stahl* hohen Temperaturen ausgesetzt, büßt er merklich an Festigkeit ein. Problematisch wird es, wenn die kritische Temperatur des Stahls (crit. *T*) von etwa 500 °C (bei ST 37) erreicht wird – die Streckgrenze des Stahls sinkt dann auf die im Bauteil vorhandene Stahlspannung ab. Deshalb darf diese kritische Stahltemperatur im Brandfall nicht erreicht werden. Holzbauteile müssen aus Sicherheitsgründen überdimensioniert werden, wenn sie unbekleidet bleiben. Das führt mitunter zu unwirtschaftlichen Querschnittsabmessungen. Im Gegensatz zum Stahl verlieren Holzbalken mit großen Querschnitten im Brandfall nur langsam ihre Tragfähigkeit. In beiden Fällen ist, um die Tragfähigkeit im Brandfall zu erhalten bzw. die Zerstörung möglichst weit hinauszuschieben, ein vorbeugender Schutz erforderlich.

Gipsbaustoffe haben eine besondere Bedeutung beim Brandschutz. Gips verhält sich im Brandfall wie bei der Gipsherstellung. Das Dihydrat $CaSO_4 \cdot 2\,H_2O$, gibt beim Brennen das Kristallwasser als Wasserdampf ab. Der Anteil des kristallin gebundenen Wassers beträgt ca. 15 bis 20 Vol-% der Gipsmasse. Bezogen auf 1 m^2 Fläche und 15 mm Putzdicke, beträgt der Wasseranteil im Gips etwa 3 Liter. Die günstige feuerhemmende Wirkung des Gipses ergibt sich aus dem:

- Entzug einer hohen Energiemenge, um das im Gips enthaltene Wasser freizusetzen,
- Entstehen eines Wasserdampfschleiers an der zur Brandquelle gerichteten Bauteilseite, was raschen Temperaturanstieg verhindert
- freiwerdenden Porenraum im Gips, der die Wärmedämmeigenschaften sehr verbessert.

Bei Gipsplatten Typ F wirkt sich die zusätzliche Kernarmierung mit Glasfasern positiv aus. Dieses erhöht den inneren Zusammenhalt des Gipses nach Austreiben des Kristallwassers.

DIN 4102 „Brandverhalten von Baustoffen und Bauteilen" (DIN EN 13501, siehe Anhang-Tabellen) enthält Bestimmungen über das Brandverhalten und die Prüfung von Baustoffen und Bauteilen. Sie befasst sich mit dem:

- **Baustoffverhalten** (Entflammbarkeit, Flammausbreitung, Wärme- und Rauchentwicklung, Giftigkeit, Schmelzpunkt) und mit dem
- **Bauteilverhalten** (Brandausbreitung, Tragfähigkeit, Temperaturerhöhung, Entflammung, Feuerwiderstandsdauer).

Tabelle 3.1 Baustoffklassen

Baustoff-klasse	Bauaufsichtliche Benennung	Beispiele	Gipsbau- und Verbundbaustoffe
A	**nichtbrennbar**		
A1	nichtbrennbar	Beton, Mörtel, Stahl	Baugipse nach DIN 1168, Gipsbauplatten, spezielle Gipsplatten (z. B. Fireboard)
A2	nichtbrennbar		Gipsplatten, Loch- und Schlitzplatten aus Gips, Gipsfaserplatten, Gips-Verbundplatten MF
B	**brennbar**		
B1	schwerentflammbar	mineralisch gebundene Holzwolle-Leichtbauplatten	Gips-Verbundplatten PS, Trockenunterböden
B2	normalentflammbar	Holz, Holzwerkstoffe > 2 mm Dicke	
B3	leichtentflammbar	Papier, Stroh, Holz < 2 mm Dicke	

Aufgabe des Brandschutzes ist es
- der Entstehung und Ausbreitung von Schadenfeuer vorzubeugen,
- Zeit für Rettung von Mensch und Tier zu gewinnen,
- eine wirksame Brandbekämpfung zu ermöglichen.

Baustoffklassen. Baustoffe werden nach ihrem Brandverhalten in Baustoffklassen eingeteilt (Tab. **3**.1). Die Zuordnung erfolgt ohne besonderen Nachweis, wenn der Baustoff in DIN 4102-4 erfasst ist. Sonst muss durch ein Prüfzeugnis auf der Grundlage von Brandversuchen des Instituts für Bautechnik in Berlin, die Baustoffklasse nachgewiesen werden.

Enthalten Baustoffe der Baustoffklasse A1 keine brennbaren Bestandteile (z. B. reine Gips bau Stoffe) genügt ein Prüfzeugnis. Für nichtbrennbare Baustoffe der Baustoffklasse A2 und B1 besteht Prüfzeichenpflicht. Bei den Klassen B2 und B3 genügt ein Prüfzeugnis von amtlich anerkannten Materialprüfanstalten.

Feuerwiderstandsklassen. Die Einteilung erfolgt gemäß **DIN 4102** nach der Zeitdauer (in Minuten), die das Bauteil/Baukonstruktion dem Feuer widersteht (Tab. **3**.2). Tragende Bauteile müssen in dieser Zeit tragfähig, raumabschließende Bauteile raumabschließend bleiben. Auf der dem Feuer abgewandten Raumseite darf eine mittlere Temperatur von 140 K bzw. 180 K über der Anfangstemperatur nicht überschritten werden.

Tabelle 3.2 Feuerwiderstandsklassen

Klasse	bauaufsichtliche Benennung
F30-A	feuerhemmend und aus nichtbrennbaren Stoffen
F 30-AB	feuerhemmend und in den wesentlichen Teilen aus nichtbrennbaren Stoffen
F30-B	feuerhemmend
F90-A	feuerbeständig und aus nichtbrennbaren Stoffen
F 90-AB	feuerbeständig und in den wesentlichen Teilen aus nichtbrennbaren Baustoffen

Wesentliche Teile sind alle tragenden oder aussteifenden Bauteile. Bei nichttragenden Bauteilen (z. B. Trennwände) auch solche, die die Standsicherheit gewährleisten. Bei raumabschließenden Konstruktionen sind es die durchbindenden Bauteile (Bild **3**.3).

Beispiel

Ein Bauteil F 30-AB widersteht dem Feuer $\geq$ 30 Minuten. Es ist feuerhemmend und besteht in den wesentlichen Teilen aus nicht brennbaren Stoffen.

Bestehen alle Teile aus Baustoffen der Klasse A, wird die gesamte Konstruktion eingestuft als → **F 60-A**

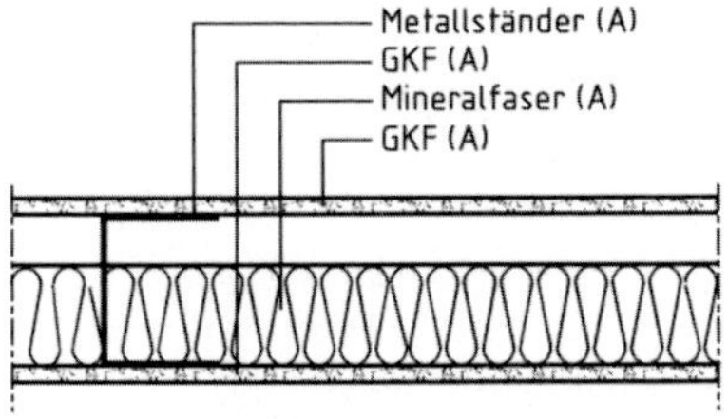

Bestehen alle wesentlichen Teile aus Baustoffen der Klasse A, wird die gesamte Konstruktion eingestuft als → F 60-AB

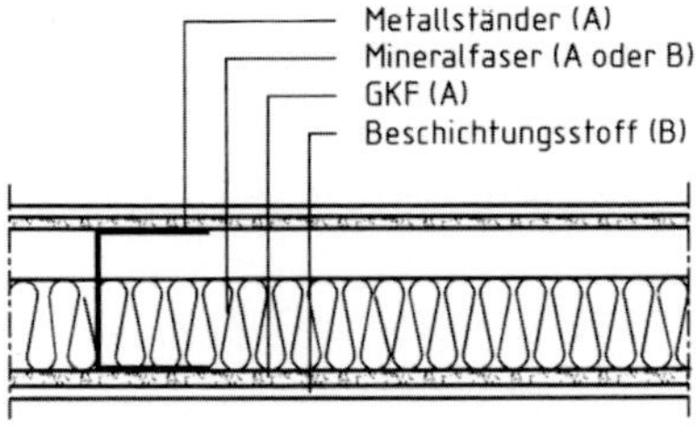

Bestehen alle wesentlichen Teile aus Baustoffen der Klasse B, wird die gesamte Konstruktion eingestuft als → **F 60-B**

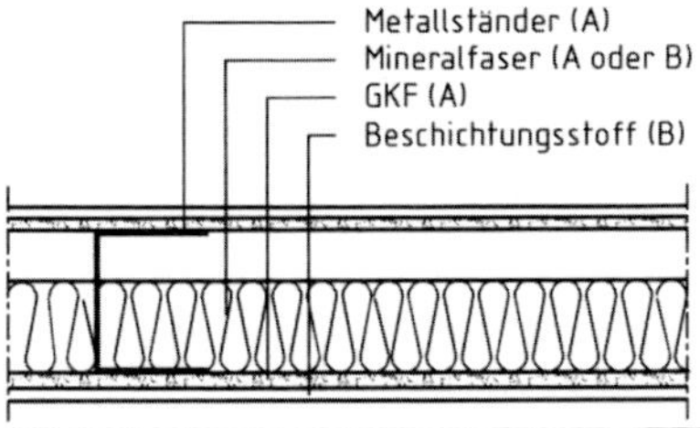

Bild 3.3 Beispiele für die Zuordnung nach DIN 4102 Teil 2 Tab. 2

Entsprechend den Feuerwiderstandsklassen F für Wand- und Deckenbauteile, Stützen, Unterzüge und Treppen gibt es die Klassen

- W für nichtragende Außenwände, Brüstungen und Stürze,
- T für Feuerschutzabschlüsse (Türen, Klappen, Tore),
- G für Verglasungen,
- L für Lüftungsleitungen,
- R für Rohrdurchführungen,
- I für Installationskanäle und -schachte.

Feuerhemmende Baukonstruktionen widerstehen dem Feuer ≥ 30 Minuten, feuerbeständige ≥ 90 Minuten und hochfeuerbeständige ≥ 180 Minuten.

3.1.2 Konstruktiver Brandschutz

Der konstruktive Brandschutz bezieht sich auf Wände, Decken, Stützen und Träger sowie Kabel.

Wandkonstruktionen. Stahlbetonbauteile werden als einfachste Form eines vorbeugenden Brandschutzes verputzt. Damit verhindert man einen zu schnellen Temperaturanstieg der Bewehrung (Bild **3**.4a). Zur Auswahl stehen Putze der Mörtelgruppen P II und P IV. Nach DIN 18550 entspricht bei den Mörtelgruppen P IVa und b 10 mm Putzdicke etwa 10 mm Normalbetondicke. Eine ausreichende Putzhaftung muss gewährleistet sein. Sie gilt als erfüllt, wenn der Putzgrund die Anforderungen der Norm erfüllt, einen volldeckenden ≥ 5 mm dicken Spritzbewurf erhält und aus Beton gemäß DIN 4102-4 hergestellt ist. Als Alternative kann man den Putz auch auf einen *nichtbrennbaren* Putzträger aufbringen (Bild **3**.4b). Als Putzträger dienen:

- Rippenstreckmetall
- Drahtgewebe
- Ziegeldrahtgewebe
- Gipsplatten Typ P
- Holzwolle-Leichtbauplatten.

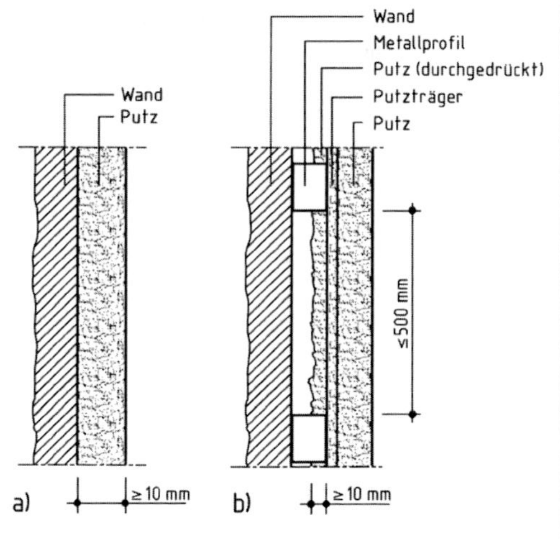

Bild 3.4 a) Konstruktionsaufbau ohne Putzträger b) Konstruktionsaufbau mit Putzträger

Geeignet sind Putze der Mörtelgruppe P II und P IV, sowie brandschutztechnisch geeignete

Dämmputze (zweilagige Vermiculite- oder Perlite-Zementputze bzw. Vermiculite- oder Perlite-Gipsputze).

Voraussetzung bei diesem Aufbau

- Sichere Verankerung des Putzträgers an dem zu schützenden Bauteil, z. B. durch Anschrauben, Anrödeln
- maximale Spannweite des Putzträgers 50 cm
- Überlappungsbreite mindestens 10 cm
- Putzträgerbahnen miteinander durch Draht verrödeln
- der Putz muss den Putzträger mindestens 10 mm dick durchdringen.

An Wandverkleidungen in Form von Trockenputz und Vorsatzschalen mit Gipsplatten können keine besonderen bauphysikalischen Anforderungen hinsichtlich des Brandschutzes gestellt werden.

Für Trennwände als *raumabschließende* Bauteile bieten sich Metall- bzw. Holzständerwände mit Gipsplatten, ein- oder mehrlagig beplankt (s. Abschn. 7.2), Gipsbauplattenwände oder auch Putzwände (s. Abschn. 7.3) an. Je nach Wanddicke und Konstruktionsaufbau sind feuerhemmende, feuerbeständige und auch hochfeuerbeständige Konstruktionen (F 180) möglich.

Deckenkonstruktionen. Voraussetzung zur Beurteilung und Zuordnung von Decken in die Feuerwiderstandsklassen ist, dass der Brandangriff von der Unterseite erfolgt und die Decke in ihrer Gesamtheit (Rohdecke mit Bekleidung und/oder abgehängter Decke) betrachtet wird. Decken sind so zu konstruieren, dass

- sich ein Brand nicht unkontrolliert über den oberen Raumabschluss, z. B. über Deckenhohlräume, ausbreiten kann,
- darüberliegende Geschossdecken vor zu hoher Hitzebeanspruchung geschützt und das Übergreifen des Feuers auf die dortigen Räume verhindert bzw. möglichst lange hinausgezögert wird.

Decken können so ausgebildet werden, dass sowohl die tragende Konstruktion, als auch die Unterkonstruktion (abgehängte Decke) im Brandfall die notwendige Sicherheit gewährleistet. DIN 4102-4 unterscheidet:

- Deckenkonstruktionen (Tragdecken), die *allein* die erforderliche Feuerwiderstandsklasse erreichen,

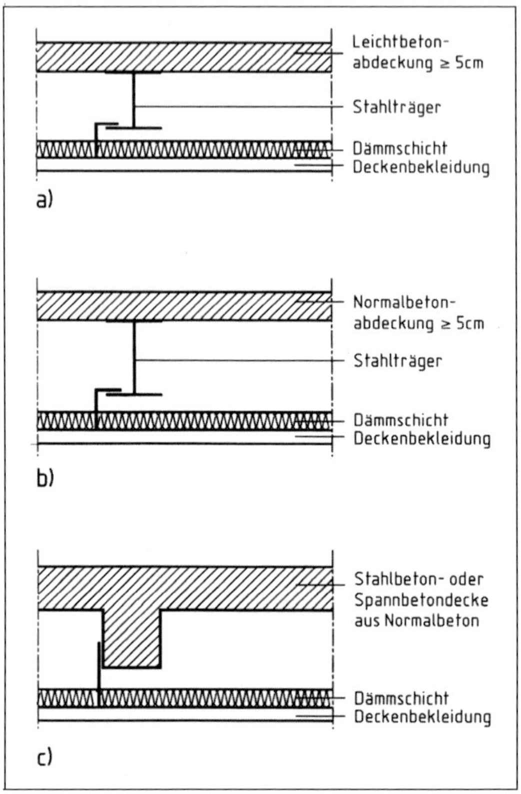

Bild 3.5 Decke
a) Bauart I, b) Bauart II, c) Bauart III

- Deckenkonstruktionen (Tragdecken), die nur *mit einer* Unterdecke die erforderliche Feuerwiderstandsklasse erreichen,
- Unterdecken, die allein die erforderliche Feuerwiderstandsklasse erreichen.

Deckenbauarten. Für den zweiten Fall sind die Decken in drei Bauarten gegliedert. Vereinfacht ausgedrückt gehören zur

- **Bauart I.** Decken mit Stahlträgern (U/A > 300 m^{-1}) und einer Leichtbetonabdeckung > 5 cm sowie Hohlkörperdecken gegen Brandbeanspruchungen von oben und Unterdecke bzw. Deckenbekleidung gegen Brandbeanspruchung von unten (Bild **3.**5a).
- **Bauart II.** Decken mit Stahlträgern wie Bauart I und einer Normalbetonabdeckung > 5 cm gegen Brandbeanspruchung von oben und Unterdecke bzw. Deckenbekleidung gegen Brandbeanspruchung von unten (Bild **3.**5b)
- **Bauart III.** Decken aus Stahl- bzw. Spannbeton aus Normalbeton gegen Brandbeanspruchung von oben und Unterdecke bzw. Deckenbeklei-

dung gegen Brandbeanspruchung von unten (Bild 3.5c).

Bei Holzdeckenbalken unterscheiden wir

- Balkendecken mit verdeckten Holzbalken (Fußbodenaufbau gegen Brandbeanspruchung von oben, Deckenbekleidung gegen Brandbeanspruchung von unten, Bild 3.6a).
- Decken mit teilweise freiliegenden Holzbalken (Fußbodenaufbau gegen Brandbeanspruchung von oben Deckenbekleidung gegen Brandbeanspruchung von unten, Bild 3.6b).

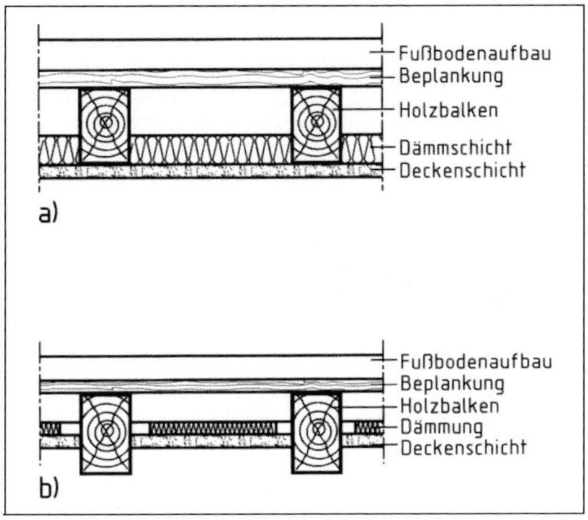

Bild 3.6 Holzbalkendecke
a) verdeckt
b) teilweise offen

Wie bei den Wandkonstruktionen kann das unmittelbare Aufbringen einer Putzschicht auch bei Decken brandschutztechnisch wirksam sein. Bei Unterdecken sind eine Vielzahl von Konstruktionen möglich. Bedingungen:

- Der Anschluss der Unterdecke an die tragen den Umfassungswände muss immer dicht sein (Bild 3.7)!
- Der Anschluss der Unterdecke an die nicht tragenden Trennwände ist bei Ständerwänden mit Gipskartonplatten mit einem Querriegel in die Trennwand zu sichern (Bild 3.8).
- Zusätzliche Bekleidungen aus Holz, Kunststoff usw. sind bei Brandschutzkonstruktionen für Decken der Bauarten I, II und III nicht erlaubt. Anstriche oder Beschichtungen sind bis zu einer Dicke von 0,5 mm zulässig.

Als brandschutztechnisch notwendige Dämmschichten dienen plattenförmige Mineralfaserdämmstoffe nach DIN 18165, Baustoffklasse A, Schmelzpunkt ≥ 1000 °C.

Stützen und Träger

Bei Trägern und Stützen aus Stahlbeton muss bereits bei der Ausführung der Bewehrungsarbeiten darauf geachtet werden, dass die Längsbewehrung in vorgegebenen Mindestabständen (*u*) eingebaut wird (Tab. 3.9). Als Mindestdicke ist dabei immer die kleinste Bau-

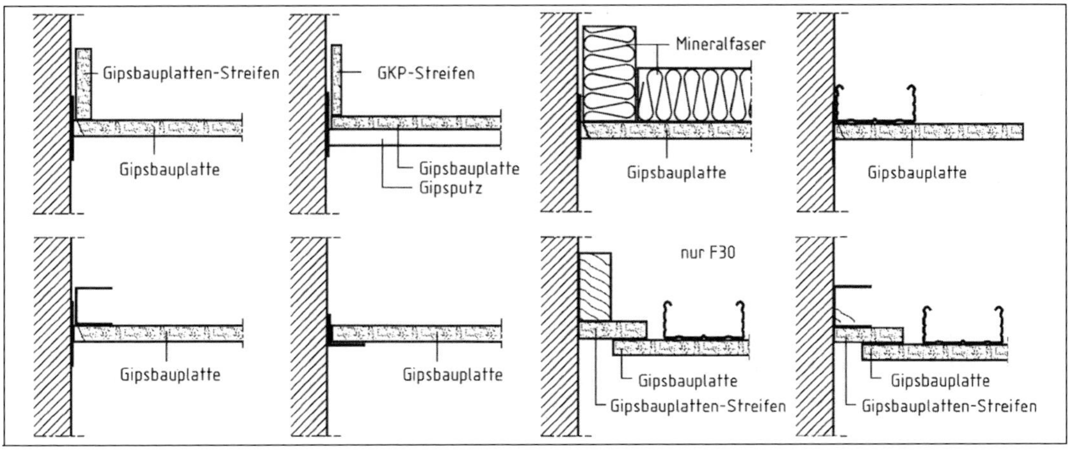

Bild 3.7 Anschlüsse nach DIN 4102-4

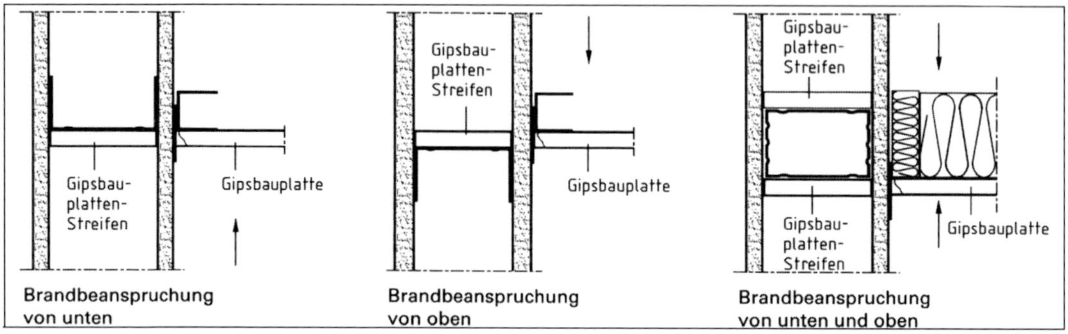

Bild 3.8 Anschluss Unterdecke-Trennwand

teilabmessung anzusetzen. Bei ungenügender Betondeckung der Bewehrung kann durch einen bewehrten Putz der Mörtelgruppe P IVa oder P IVb, ein Ersatz vorgenommen werden. Dabei gilt, dass für 10 mm Normalbeton ersatzweise 10 mm Putzmörtel aufgebracht werden müssen. An die Ausführung werden folgende Anforderungen gestellt (Bild **3**.10):

Tabelle 3.9 Mindestdicke *d* und Mindestachsabstand *u* von Stahlbetonstützen aus Normalbeton

	F30-A	F60-A	F90-A	F-120-A	F180-A
unbekleidete Stützen bei mehrseitiger Brandbeanspruchung					
d in mm	150	200	240	300	400
u in mm	18	30	45	55	70
oder					
d in mm	150	240	300	400	500
u in mm	18	25	35	45	60
unbekleidete Stützen bei einseitiger Brandbeanspruchung					
d in mm	100	120	140	160	200
u in mm	18	25	35	45	60
Stützen mit Putzbekleidung					
d in mm	140	140	160	220	320
u in mm	18	18	18	18	30

- Die Putzbewehrung besteht aus einem Drahtgeflecht mit einer Maschenweite von 10 bis 16 mm nach DIN 1200.
- Die Putzbewehrung muss in der äußeren Hälfte der Putzschicht angeordnet werden und
- muss die Stütze umschließen.
- Die Quer- und Längsstöße der Putzbewehrung sind zu verrödeln,
- die Längsstöße gegeneinander zu versetzen.
- Die Putzbewehrung ist mindestens 5 mm dick mit Putz zu überziehen.

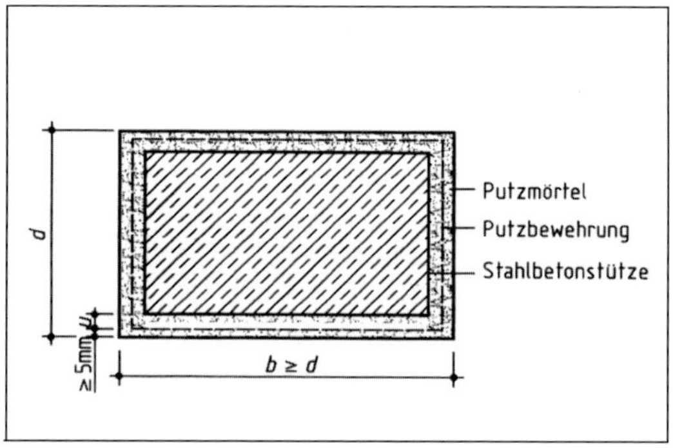

Bild 3.10 Putzbewehrung als Ersatzmaßnahme

Bei der Bekleidung von Stahlbetonstützen mit Gipsplatten ist von einer Mindestabmessung von D = 150 mm auszugehen. Eine Unterkonstruktion zur Befestigung ist grundsätzlich nicht nötig, kann aber ausgeführt werden. Die Befestigung erfolgt ohne Unterkonstruktion mit Hilfe von Ansetzgips in Verbindung mit Stahlklammern. Die Befestigung auf Unterkonstruktion kann mit Metallprofilen erfolgen, auf die die Platten angeschraubt werden. Bei Verwendung von Gipsplatten Typ F mit einer Mindestdicke von 15 mm, erfolgt die Zuordnung in die Feuerwiderstandsklasse F 90-A. Eine weitere Möglichkeit des Brandschutzes von Stahlbetonstützen besteht im Ummauern mit Gipsbauplatten. Hier gelten die in Tabelle **7**.63 in Abhängigkeit von der Plattendicke zugeordneten Feuerwiderstandsklassen.

Tabelle 3.11 Stahlbauteile mit Bekleidungen aus Gipsputzen – Gipsplatten

Konstruktionsmerkmale *b*, *h* und *t* in cm Fläche *A* in cm²	Brandbeanspruchung	*U*/*A* in m^{-1}
Träger oder Stütze 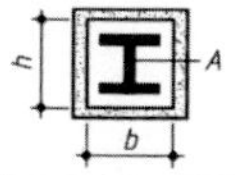	4seitig	$\frac{2\,b+2\,h}{A}\cdot 100$
Träger 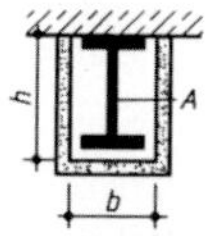	3seitig	$\frac{2\,h+b}{A}\cdot 100$
Holzprofile, Stütze 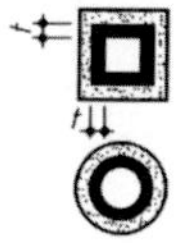	4seitig	$\frac{100}{t}$
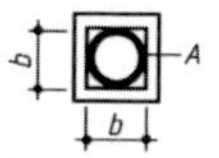	4seitig	$\frac{4\,b}{A}\cdot 100$
Flachstahl 	4seitig	$\frac{200}{t}$
Flansch 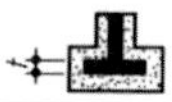	4seitig	$\frac{200}{t}$
Flansch, Beton- oder Mauerwerk 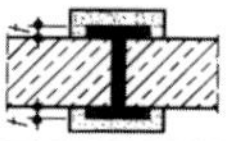	4seitig	$\frac{100}{t}$
Träger oder Stütze 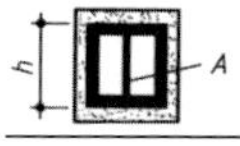	4seitig	$\frac{4\,b+2\,h}{A}\cdot 100$

Zur Einteilung von Stahlträgern und -stützen in die Feuerwiderstandsklassen ist es erforderlich, das Verhältnis *U*/*A* (Umfang : Fläche) zu ermitteln. Grundsätzlich gilt: $U/A \leq 300\ m^{-1}$. Bei der Ermittlung von *U* ist zuvor festzustellen, ob die Brandbeanspruchung ein- oder mehrseitig erfolgt. Für allgemein üblich vorkommende Profil- und Ummantelungsformen, bei ein- und mehrseitiger Brandbeanspruchung, können die Formeln entsprechend Tabelle **3.**11 eingesetzt werden. Für *h* und *b* sind jeweils die lichten Werte einzusetzen. Wird die Bekleidung unmittelbar an den Träger bzw. die Stütze angebracht, können die Abmessungen dieser Bauteile in die Formel eingesetzt werden. Bei Verwendung von Unterkonstruktionen sind diese mit zu berücksichtigen.

Beispiel 1

Für einen IPBI 300 DIN 1025- St 37-2 (Bild **3.**12) ist das Verhältnis *U*/*A* bei vierseitiger Brandbeanspruchung zu berechnen.

Lösung

Die Trägerabmessung und Querschnittsfläche/A können Tabellen entnommen werden:

$b = 30$ cm; $h = 29$ cm; $A = 112\ cm^2$

$$U/A = \frac{2 \cdot b + 2 \cdot h}{A} \cdot 100;$$

$$U/A = \frac{2 \cdot 30\ cm + 2 \cdot 29\ cm}{112\ cm^2} \cdot 100 = \mathbf{105\ m^{-1}}$$

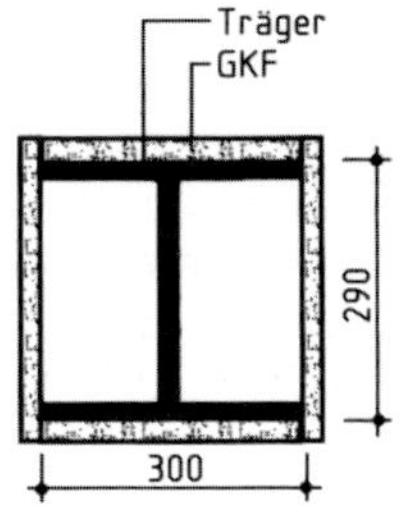

Bild 3.12 Stütze aus IPBI 300

Beispiel 2

Für einen IPB 500 DIN 1025- St 37-2 (Bild **3.**13) ist das Verhältnis *U*/*A* bei vierseitiger Brandbeanspruchung zu berechnen.

Lösung

Die Trägerabmessungen werden der Zeichnung, die Querschnittsfläche *A* der Tabelle entnommen:

$b = 34$ cm; $h = 52$ cm; $A = 239\ cm^2$

$$U/A = \frac{b + 2 \cdot h}{A} \cdot 100;$$

$$U/A = \frac{34\ \text{cm} + 2 \cdot 52\ \text{cm}}{239\ \text{cm}^2} \cdot 100 = \mathbf{57\ m^{-1}}$$

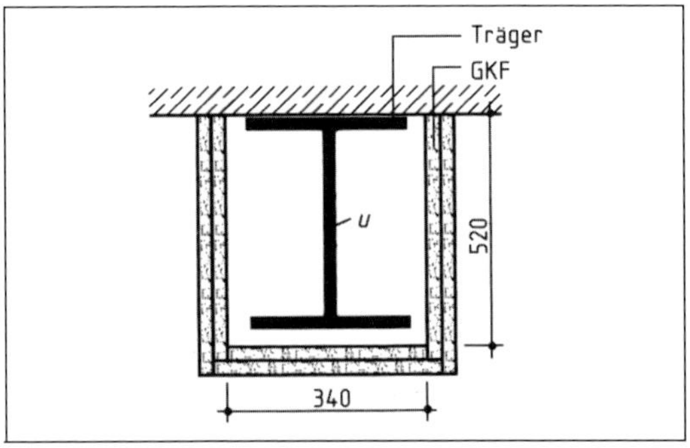

Bild 3.13 Träger aus IPB 500

Erfolgt die **Bekleidung von Stahlträgern und -stützen mit Gipsputz,** ist ein nichtbrennbarer Putzträger zu verwenden. Dabei ist zunächst der Putzträger durch geeignete Maßnahmen (Anschrauben, Anrödeln – unter Zuhilfenahme von Stahlschienen, gebogenen Rundeisen etc.) zu befestigen (Bild **3**.14). Längs- und Querstöße sind versetzt anzuordnen, ausreichend zu überlappen und sorgfältig zu verrödeln. Falls eine Putzbewehrung einzubringen ist (Bild **3**.15), sind die oben beschriebenen Anforderungen zu berücksichtigen. Die Mindestputzdicke (Putzdicke über Putzträger) und die Zuordnung in die Feuerwiderstandsklassen ergibt sich in Abhängigkeit von *U/A* aus Tabelle **3**.16.

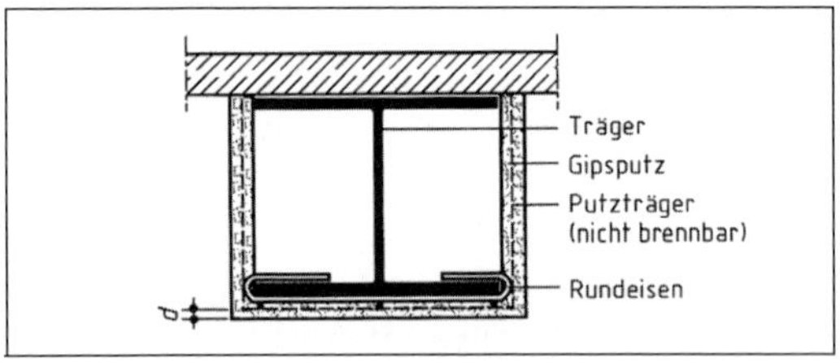

Bild 3.14 Stahlträger mit Gipsputz bekleidet

Gipsplatten zur Bekleidung von Stahlträgern und -stützen können direkt, also ohne Unterkonstruktion, oder indirekt also mit Unterkonstruktion eingesetzt werden. Beim direkten Anbringen erfolgt die Befestigung durch Stahlbänder, die die Platten umschließen müssen. Bei mehrlagiger Beplankung ist jede Lage mit Stahlbändern zu umfassen. Der Befestigungsabstand beträgt ≤ 400 mm. Die Befestigung kann aber auch mit Schrauben, Nägeln oder Klammern erfolgen. Die maximalen Abstände dieser Befestigungsmittel ergeben sich aus Tabelle **7**.7. Die Bilder **3**.17 und **3**.18 zeigen die konstruktive Ausbildung von einfach und doppelt beplankten Stützen- und Trägerbekleidungen ohne Unterkonstruktionen. Werden Gipsplatten auf Unterkonstruktion eingebaut, dienen Winkelprofile, CD-Profile und Stützenclips als Hilfsmittel. Die Bilder **3**.19 und **3**.20 zeigen die konstruktiven Einzelheiten. Je nach der geforderten Feuerwiderstandsklasse wird einfach oder mehrfach beplankt. Tabelle **3**.21 zeigt die Zuordnung in die Feuerwiderstandsklassen in Abhängigkeit von der Beplankungsdicke, getrennt für Stahlträger und Stahlstützen.

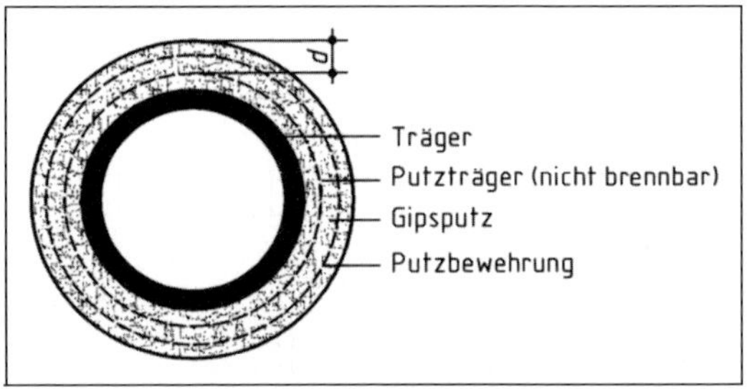

Bild 3.15 Rundstütze mit Gipsputz bekleidet

Bei der Bekleidung von Stahlträgern und -stützen gilt grundsätzlich:

- Beplankungsdicke abhängig von der geforderten Feuerwiderstandsklasse,
- maximale Spannweite der Beplankung ≤ 400 mm,
- Stöße sind versetzt anzuordnen,
- Fugen müssen verspachtelt werden,
- bei einfacher Beplankung ist am Plattenstoß ein Gipsplattenstreifen anzubringen,
- Ecken sind mit Eckschutzschienen zu sichern.

Tabelle 3.16 Stahlstützenbekleidungen aus Gipsmörtel

Zeile	Bemerkungen	Träger-/Stützen-bekleidungen Schema	Unterkonstruk-tionsmaterial	Bekleidungs-Material je Seite	Mindest-dicke je Seite	Brandschutz Feu-erwiderstandsklas-se Nachweis
1	Bemessung der Bekleidungsdicke nach Verhältnis-wert *U*/*A* für Stahl-stützen der Güte St 37 und St 52 nach DIN 4102-4, Abschn. 6.1.2 *U*/*A*	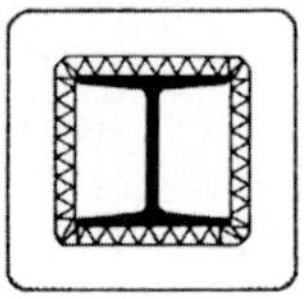	Putzträger (Rippen-streck-, Streckme-tall-Drahtgewebe)	Gipsmörtel IV a		DIN 4102-4
2	< 90				10	F 30-A/F 60-A
	90 bis 300				10	F 30-A
	90 bis 300				20	F 60-A
	< 90				35	F 90-A/F120-A
	90 bis 119				35	F 90-A
	< 90				45	F 180-A
	90 bis 119				45	F 120-A
	120 bis 179				45	F-90-A/F 120-A
	180 bis 300				45	F 90-A
	90 bis 179				60	F 180-A
	180 bis 300				60	F 180-A/F 180-A

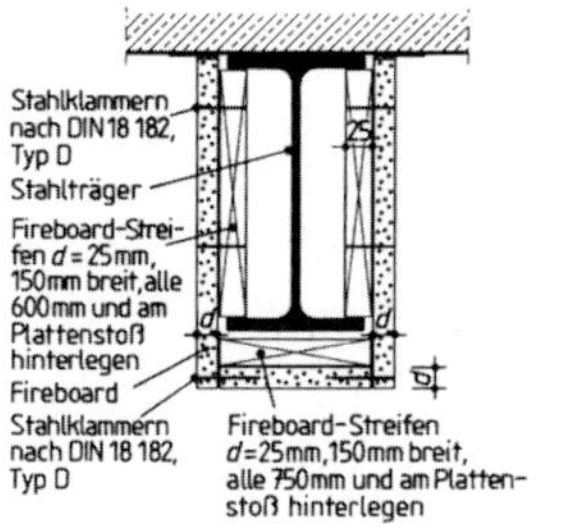

Bild 3.17 Einfach beplankter Träger

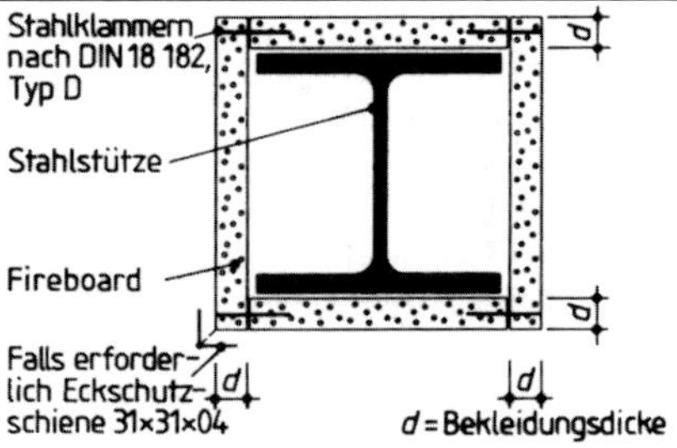

Bild 3.19 Doppelt beplankter Träger

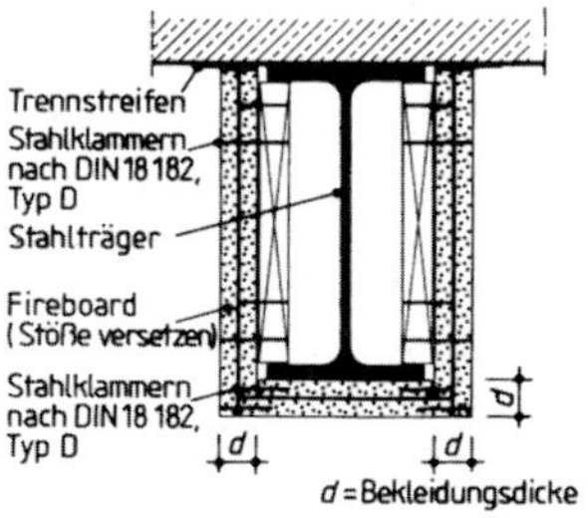

Bild 3.18 Einfach beplankte Stütze

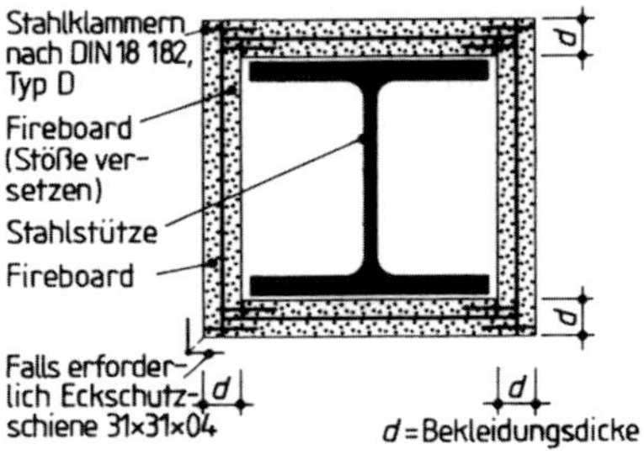

Bild 3.20 Doppelt beplankte Stütze

Tabelle 3.21 Stahlstützen- und Stahlträgerbekleidungen aus Gipsplatten nach DIN 18 180

Zeile	Bemerkungen	Träger-/Stützen-bekleidungen Schema	Unterkonstruktionsmaterial	Bekleidungs-Material je Seite	Mindest-dicke je Seite	Brandschutz Feuerwiderstandsklasse Nachweis
1	Stahlstützen	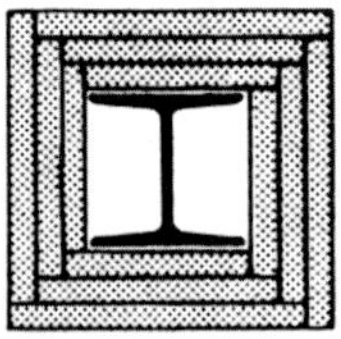	keine oder mit Unterkonstruktion aus Metall	Gipsplatten Typ F	12,5	F30-A DIN 4102-4
2	Die Ausführungen gelten für auf Druck beanspruchte Stahlstützen der Güte St 37 oder St 52 bis zu einem Verhältniswert *U*/*A* · 300 m^1				12,5 + 9,5	F60-A DIN 4102-4
3					3 × 15	F90U-A DIN 4102-4
4					4 × 15	F 120-A DIN 4102-4
5					5 × 15	F 180-A DIN 4102-4
6	Stahlträger Die Ausführungen gelten für auf Druck beanspruchte Stahlstützen der Güte St 37 oder St 52 bis zu einem Verhältniswert *U*/*A* ≤ 300 m^{-1}	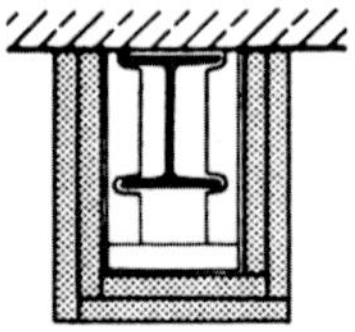	Metall	Gipsplatten Typ F	12,5	F30-A DIN 4102-4
7					12,5 + 9,5	F60-8 DIN 4102-4
8					2 × 15	F90-A DIN 4102-4
9					2 × 15 + 9.5	F 120-A DIN 4102-4

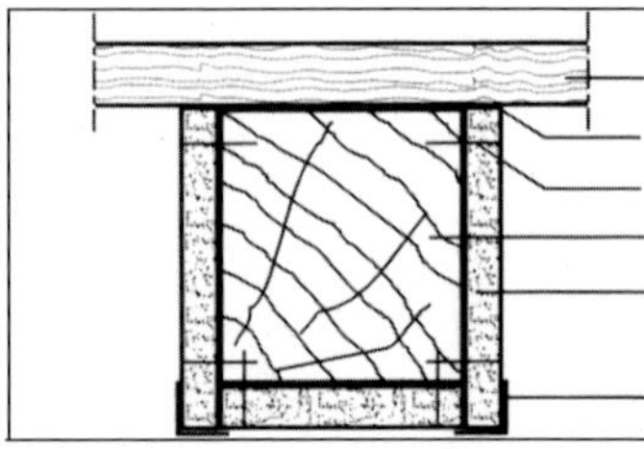

Bild 3.22 Holzbalken mit Gipsplatten bekleidet

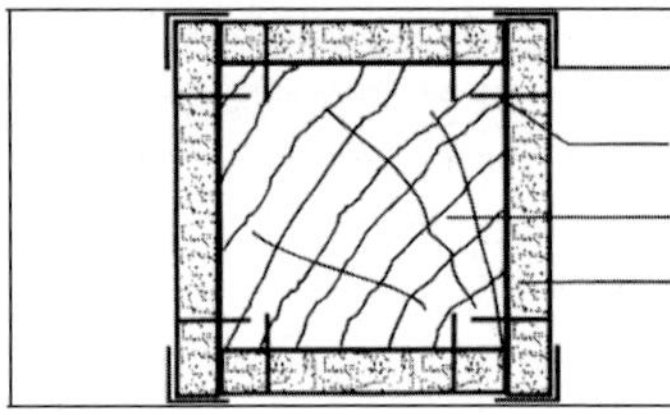

Bild 3.23 Holzstütze mit Gipsplatten bekleidet

Holzstützen und -balken sollten zweckmäßigerweise mit Gipsplatten bekleidet werden. Die Befestigung erfolgt mit den üblichen Befestigungsmitteln, Schrauben, Nägel und Klammern, unmittelbar auf dem Bauteil. Die Bilder **3**.22 (Holzbalken) und **3**.23 (Holzstützen) ergänzen die Aussage. In Tabelle **3**.24 ist die Zuordnung von Holzstützen und Holzbalken in Abhängigkeit von den Mindestabmessungen der Bauteile nach DIN 4102 und der Beplankungsdicke in die Feuerwiderstandsklassen dargestellt.

Beim Aufbringen eines Gipsputzes muss durch geeignete Putzträger in Verbindung mit Ölpapier o.a. das Eindringen von Feuchtigkeit verhindert werden. Der Putzträger ist sorgfältig mit geeigneten Nägeln oder Klammern zu befestigen.

3.1.3 Kabelkanäle

Der Brandlast im Deckenbereich ist heute bei Geschäfts- und Verwaltungsbauten besondere Aufmerksamkeit zu widmen. Zum einen stellen z. B. Elektrokabel eine ständige Gefahrenquelle dar, zum anderen bergen die vielerlei Kunststoffkabel, Rohrisolierungen etc. im Brandfall ein erhebliches Sicherheitsrisiko in sich. Zu dem gilt es auch, die Versorgungsleitungen so zu schützen, dass sie im Ernstfall möglichst lange intakt bleiben. Dies kann wirtschaftlich und zweckmäßig mit Kabelkanälen aus Gipsplatten geschehen. Kabelkanäle aus Gipsplatten bestehen aus einer Abhängekonstruktion und dem eigentlichen Kabelkanal.

Dieser besteht aus zwei Lagen Gipsplatten, die mittelbar auf Traversen aus Lochschienen aufliegen. Zwischen Traverse und Kabelkanal werden Gipsplattenstreifen eingefügt. Die Traversen werden mit Mutter und Scheibe, an den in der Decke mit Gewindedübel verankerten Gewindestangen (M12, M14) befestigt. Die Gipsplatten werden miteinander verklebt und verschraubt. Zur Aussteifung in Längsrichtung wird zwischen die beiden Gipsplattenlagen, in die beiden unteren Ecken des Kabelkanals, jeweils ein Winkelprofil eingebaut. Der doppelte Deckel wird mit den Wandungen des Kabelkanals verschraubt und kann für spätere Installationen wiedergeöffnet werden. Die Öffnungen von Kabeldurchführungen sind nach dem Verlegen der Installationen mit Gipsmörtel sorgfältig zu verfüllen. Bild **3**.25 verdeutlicht im Längs- und Querschnitt den konstruktiven Aufbau eines Kabelkanals. Für die unmittelbare Anbringung an Decke und Wand können auch 3-seitig bekleidete Kabelkanäle hergestellt werden.

> Bei der Planung zum vorbeugenden konstruktiven Brandschutz ist darauf zu achten, dass das Bauteil immer im Ganzen betrachtet wird. Das heißt, es genügt nicht, ein Bauteil als solches z. B. F 60 auszubilden, vielmehr müssen alle Problemstellen, wie Fußboden- und Deckenanschluss, Dehnfugen etc. den Ansprüchen genügen.

Tabelle 3.24 Holzstützen- und Holzbalkenbekleidungen aus Gipsplatten nach DIN 18180

Zeile	Bemerkungen		Träger-/Stützenbekleidungen Schema	Unterkonstruktionsmaterial	Bekleidungs-Material je Seite	Mindestdicke je Seite	Brandschutz Feuerwiderstandsklasse Nachweis
1	Holzstützen Mindestabmessungen *d* nach DIN 4102-4	$d \geq 80$ mm		keine	Gipsplatten	15	F30-B DIN 4102-4
2		$d \geq 80$ mm				12,5	F30-B Prüfungszeugnis
3		$d \geq 80$ mm				2 × 12,5	F60-B DIN 4102-4
4	Holzbalken Mindestabmessungen *d* nach DIN 4102-4	$b/h >$ 80/110 mm	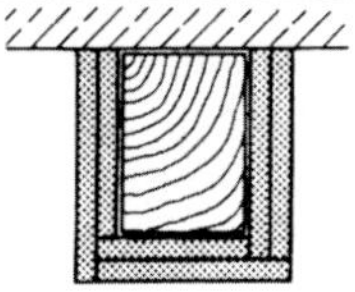	keine	Gipsplatten	15	F 30-B DIN 4102-4
5		$b/h >$ 160/220 mm				2 × 12,5	F60-B DIN 4102-4

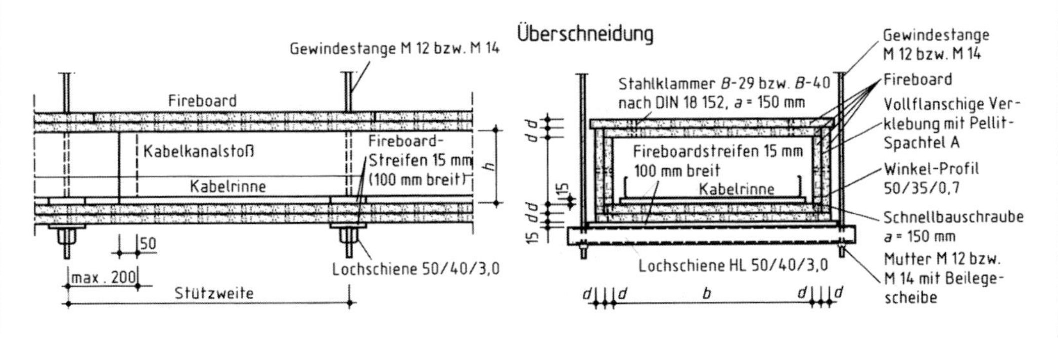

Bild 3.25 Kabelkanal aus Gipsplatten im Längsschnitt (links) und Querschnitt (rechts)

3.2 Wärme- und Feuchteschutz

3.2.1 Allgemeines

Wärmeschutz im Hochbau hat als wichtigstes Ziel, ein für Menschen behagliches und gesundes Raumklima zu schaffen. Untersuchungen haben ergeben, dass sich bei Menschen größtes Behaglichkeitsgefühl einstellt, wenn sich die Raumtemperatur und die Wandoberflächentemperatur nicht mehr als um 3 K unterscheiden. Die Spannweite der als behaglich ermittelten Raumtemperatur betrug dabei zwischen 19 °C und 21 °C. Diese Werte gelten sowohl für den Winter als auch für den Sommer. Weiteres Ziel des Wärmeschutzes ist der Schutz der Baukonstruktion vor Schäden durch temperaturbedingte Dehnungen, Spannungen, Tauwasserbildung in den Bauteilen, Fäulnis- und Schimmelbildung an den Wandoberflächen. Technisches Regelwerk zur Erreichung beider Ziele ist die *DIN 4108 „Wärmeschutz im Hochbau"*.

Weltweite Energie- und Umweltprobleme haben den Gesetzgeber bewogen, gesetzliche Vorgaben festzulegen, die jeden Bauherren verpflichten, Wärmeschutzmaßnahmen an Gebäuden durchzuführen. Zur Erreichung dieses Zieles, hat die Bundesregierung die „Energieeinsparungsverordnung EnEV erlassen.

Ziel des Wärmeschutzes ist es
- ein für Menschen behagliches Wohnklima zu schaffen,
- die Baukonstruktion zu schützen,
- Energie und damit Ressourcen einzusparen,
- die Umweltbelastungen auf ein Minimum zu reduzieren.

Werden Stoffe (Bauteile) unterschiedlichen Temperaturen ausgesetzt (z. B. eine Außenwand), hat Wärme das Bestreben, einen Temperaturausgleich herbeizuführen. Dieser *Wärmefluss* erfolgt so lange, bis ein Temperaturgleichgewicht hergestellt ist. Besonders deutlich wird dies im Winter, wenn die Wärme von innen nach außen abwandert, oder im Sommer, wenn Wärme beim Wärmefluss nach innen die Raumtemperaturen in unbehagliche Höhen treibt. Wir reden von *Wärmeleitung* oder von *Wärmetransmission*. Dieser Prozess ist im Wesentlichen abhängig von der Anzahl Poren (Hohlräume) innerhalb eines Stoffes. Je poriger ein Stoff ist, desto geringer ist der Wärmefluss. Werden die Poren z. B. durch Eindringen von Wasser ausgefüllt, erhöht sich der Wärmefluss. Ideal wäre es, wenn in den Poren ein Vakuum herrschen würde, also ein stoffleerer Raum vorhanden wäre.

Da dies nicht möglich ist, ist es unser Bestreben, den für diesen Zweck bestmöglichen Stoff einzubauen: *trockene Luft!* Vereinfacht kann festgehalten werden:

Dichte (schwere) Stoffe leiten Wärme um ein Vielfaches besser, als porige (leichte) Stoffe (Bild **3**.26).

Nasse, durchfeuchtete Stoffe leiten Wärme besser, als trockene.

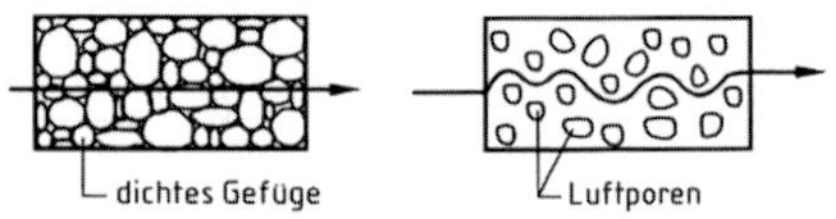

Bild 3.26 Dichte Stoffe fördern, porige Stoffe verzögern den Wärmefluss

Neben der Wärmeleitung der raumumschließenden Bauteile ist deren Wärmespeichervermögen (Baufachkunde Grundlagen, Abschn. 2.3.6) mit von Bedeutung bei der Schaffung eines behaglichen Raumklimas. Durch Aufnahme und Abgabe von Wärme, können Bauteile (z. B. Wände) Temperaturschwankungen ausgleichen. Maßgebend dafür ist die Beschaffenheit der Baustoffe. Schwere, dichte Baustoffe speichern die Wärme aus Sonneneinstrahlung bzw. Raumheizung und geben sie bei sinkenden Temperaturen wieder ab (*Kachelofeneffekt*).

3.2.2 Berechnungsverfahren

Wärme ist Energie. *Wärmemenge und Wärmestrom* sind wichtige Kenngrößen zur Erfassung der Wärmeenergie, die durch ein Bauteil verloren geht.

Die Wärmemenge Q wird in der Einheit „Ws" (= Wattsekunde) erfasst. Dies entspricht dem J (*Joule, sprich „dschul"*) und Newtonmeter (Nm). Wärmemenge Q: 1J = 1 Nm = 1 Ws

Der Wärmestrom ϕ (Phi) bezeichnet die abfließende Wärmemenge pro Zeiteinheit (Sekunde). Wärmestrom ϕ : 1 J/s = 1 Nm/s = 1 Ws/s = 1 W.

Die Wärmeleitfähigkeit λ (*klein lambda*) ist eine für jeden Stoff charakteristische Kenngröße, ein Maß für die Wärmedurchlässigkeit des jeweiligen Stoffes. Die Einheit der Wärmeleitfähigkeit ist W/(m · K) (Watt pro Meter mal Kelvin). Sie ist Ausgangspunkt für alle erforderlichen dämmtechnischen Berechnungen.

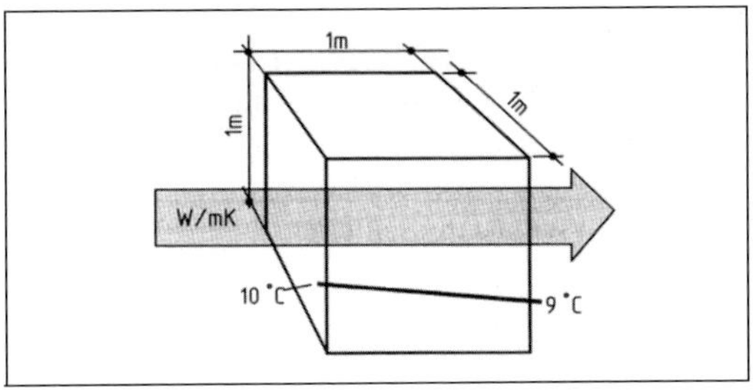

Bild 3.27 Wärmeabfluss nach der Wärmeleitfähigkeit

> Die Wärmeleitfähigkeit λ_R ist die Wärmemenge, die durch 1 m^2 einer 1 m dicken Schicht in 1 Sekunde abfließt, wenn der Temperaturunterschied beider Oberflächen 1 K beträgt (Bild **3**.27).

Für alle gängigen Baustoffe sind durch Messungen diese Kennzahlen ermittelt worden (λ_R). Zur Berechnung dürfen nur solche Stoffwerte verwendet werden, die in DIN 4108 zusammengestellt sind. Rechenwerte der Wärmeleitfähigkeit sind in Abhängigkeit von der Rohdichte in Tabelle **3**.29 zusammengestellt.

Je kleiner die Wärmeleitfähigkeit λ, desto schlechter die Wärmeleitung, desto besser die Wärmedämmung. Aus der *Wärmeleitfähigkeit* λ ist der Wärmedurchlasskoeffizient Λ eines Stoffes (*sprich „groß lambda"*) für jede beliebige Dicke berechenbar.

Λ ist die Wärmemenge, die in einer Stunde durch 1 m^2 einer Schicht von der Dicke d (in m) hindurchfließt, wenn der Temperaturunterschied beider Oberflächen 1 K beträgt (Bild **3**.28).

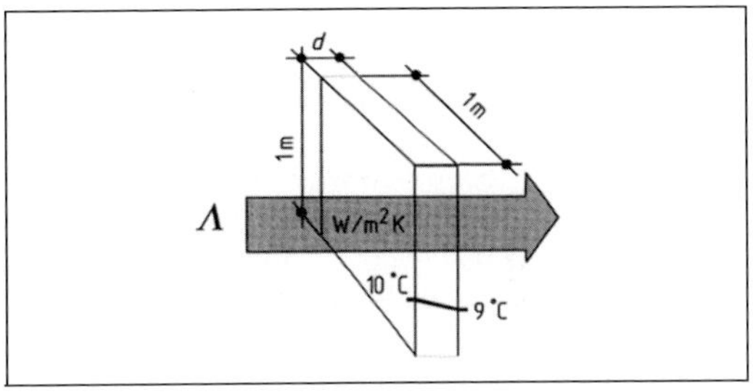

Bild 3.28 Wärmeabfluss nach dem Wärmedurchlasskoeffizient Λ

Der Wärmedurchlasskoeffizient Λ (W/m^2 · K) berechnet sich aus dem Verhältnis:

$$\Lambda = \frac{\text{Rechenwert der Wärmeleitfähigkeit}}{\text{Bauteildicke}} \quad \frac{\text{W}}{\text{m}^2\text{K}}$$

Dies macht deutlich: Mit zunehmender Bauteildicke reduzieren sich die Wärmeverluste.

Der Kehrwert (Umkehrwert) des Wärmedurchlasskoeffizienten Λ ist der *Wärmedurchlasswiderstand* R in m^2K/W. Der Wärmedurchlasswiderstand ist ein Maß für den Widerstand, den ein Bauteil Wärmeverlusten entgegensetzt.

> Je größer der Wärmedurchlasswiderstand R, desto besser ist die Wärmedämmung.

Tabelle 3.29 Rechenwerte der Wärmeleitfähigkeit λ_R

Baustoff	Wärme-leitfähig-keitsgruppe	Rohdichte in kg/m^3	Rechenwert der Wärmeleitfähigkeit λ_R in W/(m · K)
Polystyrol-(PS-)Hartschaum Wärmeleitfähigkeitsgruppe	025 030 035 040		0,025 0,030 0,035 0,040
Mineralische und pflanzliche Faserdämmstoffe nach DIN 18 165-1 Wärmeleitfähigkeitsgruppe	035 040 045 050		0,035 0,040 0,045 0,050
Poröse Holzfaserplatten nach DIN 68 750 und Bitumen-Holzfaserplatten nach DIN 68 752		< 200 > 300	0,045 0,056
Holzwolle-Leichtbauplatten nach DIN 1101 Plattendicke ≥ 25 mm ≥ 15 mm		420 570	0,093 0,15
Mehrschicht-Leichtbauplatten nach DIN 1104-1 aus Schaumkunststoffplatten nach DIN 18 164-1 mit Beschichtungen aus mineralisch gebundener Holzwolle Schaumkunststoffplatten Holzwolleschichten (Einzelschichten) Dicke ≥ 10 bis < 25 mm ≥ 25 mm		> 15 550 420	0,040 0,15 0,093
Fichte, Kiefer, Tanne Buche, Eiche		600 800	0,13 0,20
Holzspanplatten nach DIN 68 761 und DIN 68 763		700	0,13
Wandbauplatten aus Gips nach DIN 18 163, auch mit Poren, Hohlräumen, Füllstoffen oder mit Zuschlägen		600 750 900 1000 1200	0,29 0,35 0,41 0,47 0,58
Gipsplatten		900	0,21
Gips- und Kalkgipsmörtel Kalk- und Kalkzementmörtel Zementmörtel		1600 1800 2000	0,70 0,87 1,40
Porenbetonblocksteine G4 Leichtbeton-Hohlblocksteine Kalksand-Lochsteine Kalksand-Vollsteine Voll- und Lochziegel		700 1000 1200 1600 1800 1000 1600 1800	0,27 0,49 0,56 0,79 0,99 0,45 0,68 0,81
Beton nach DIN 1045 mit geschlossenem Gefüge, auch Stahlbeton		2400	2,10

Tabelle 3.30 Mindestwerte für Wärmedurchlasswiderstände von Außenbauteilen

Bauteile		Mindestwärmedurchlasswiderstand R in m^2 K/W
Außenwände; Wände von Aufenthaltsräumen gegen Bodenräume, Durchfahrten, offene Hausflure, Garagen, Erdreich		1,2
Wände zwischen fremdgenutzten Räumen; Wohnungstrennwände		0,07
Treppenraumwände	zu Treppenräumen mit wesentlich niedrigeren Innentemperaturen (z. B. indirekt beheizte Treppenräume); Innentemperaturen <10 °C, aber Treppenraum mindestens frostfrei	0,25
	zu Treppenräumen mit Innentemperaturen > 10 °C (z. B. von Verwaltungsgebäuden, Geschäftshäusern, Unterrichtsgebäuden, Hotels, Gaststätten und Wohngebäuden)	0,07
Wohnungstrenndecken, Decken zwischen fremden Arbeitsräumen; Decken unter Räumen zwischen gedämmten Dachschrägen und Abseitenwänden bei ausgebauten Dachräumen	allgemein	0,35
	in zentral beheizten Bürogebäuden	0,17
Unterer Abschluss nicht unterkellerter Aufenthaltsräume	unmittelbar an das Erdreich bis zu einer Raumtiefe von 5 m	0,9
	über einen nicht belüfteten Holraum an das Erdreich angrenzend	
Decken unter nicht ausgebauten Dachräumen; Decken unter bekriechbaren oder noch niedrigeren Räumen; Decken unter belüfteten Räumen zwischen Dächschrägen und Abseitenwänden bei ausgebauten Dachräumen, wärmegedämmte Dachschrägen		
Kellerdecken; Decken gegen abgeschlossene, unbeheizte Hausflure u. A.		
Decken (auch Dächer), die Aufenthaltsräume gegen die Außenluft abgrenzen	nach unten, gegen Garagen (auch beheizte), Durchfahrten (auch verschließbare) und belüftete Kriechkeller	1,75
	nach oben, z. B. Dächer nach DIN 18 530, Dächer und Decken unter Terrassen; Umkehrdächer (Korrektur des berechneten Wärmedurchgangskoeffizienten um AU erforderlich)	1,2

Durch Vergleich mit den Mindestwerten der DIN 4108 (Tab. **3**.30) und dem ermittelten Wert des Bauteils, können wir feststellen, ob das Bauteil die Forderungen erfüllt. Auch Luftschichten können zur Verbesserung des Wärmedurchlasswiderstandes beitragen. Das gilt aber nur dann, wenn es sich um ruhende, unbewegte Luftschichten handelt. Zirkulierende, bewegte Luftschichten tragen nicht zur Wärmedämmung bei.

Für den Stoff Luft wird in Tabellen keine Wärmeleitzahl λ, sondern in Abhängigkeit von der Luftschichtdicke der bereits berechnete Wärmedurchlasswiderstand R ausgewiesen (Tab. **3**.32). Für leichte Außenbauteile, Dächer mit einer flächenbezogenen Masse < 100 kg/m² und Decken unter einem nicht ausgebauten Dachgeschoss gilt: $R \geq 1{,}75\ m^2 \cdot K/W$. Bei Rahmen- und Skelettbauarten ist im Gefachbereich ebenfalls dieser Wert einzuhalten, im Mittel aber: $R \geq 1{,}0\ m^2 \cdot K/W$.

Tabelle 3.31 Wärmedurchlasswiderstand von ruhenden Luftsichten (DIN EN ISO 6946)

Dicke der Luftsicht mm	ruhenden Luftsichten Richtung des Wärmestromes aufwärts	horizontal	abwärts
0	0,00	0,00	0,00
5	0,11	0,11	0,11
7	0,13	0,13	0,13
10	0,15	0,15	0,15
15	0,16	0,17	0,17
25	0,16	0,18	0,19
50	0,16	0,18	0,21
100	0,16	0,18	0,22
300	0,16	0,18	0,23

Tabelle 3.32 Wärmedurchlasswiderstand von schwach bewegten Luftschichten (DIN EN ISO 6946)

Dicke der Luftsicht mm	schwach bewegten Luftsichten Richtung des Wärmestromes aufwärts	horizontal	abwärts
0	0,00	0,00	0,00
5	0,06	0,06	0,06
7	0,07	0,07	0,07
10	0,08	0,08	0,08
15	0,08	0,08	0,08
25	0,08	0,08	0,08
50	0,08	0,08	0,08
100	0,08	0,08	0,08
300	0,08	0,08	0,08

Beispiel

Berechnen Sie den Wärmedurchlasswiderstand der abgebildeten Außenwand in Holztafelbauart (Bild 3.33). Die flächenbezogene Masse beträgt 20 kg/m². Die Dampfsperre wird nicht berücksichtigt. Vergleichen Sie das Ergebnis mit den Forderungen der DIN 4108.

Lösung

Aus Tabelle **3.**28 werden zunächst die Rechenwerte λ_R der Wärmeleitfähigkeit ermittelt:

λ_R Gipsbauplatte

= 900 kg/m³ = 0,21 W/(mK)

λ_R Spanplatte = 700 kg/m³ = 0,13 W/(m · K)

λ_R Mineralische Faserdämmplatte WLFG

040 = 0,04W/(m · K)

λ_R Nadelholz = 0,13 W/(m · K)

Aus Tabelle **3.**32 lesen wir den Wärmedurchlasswiderstand für stehende Luft lotrecht ab = 0,16 m² K/W

Mit Hilfe der Gleichung zur Ermittlung des Wärmedurchlasswiderstandes für mehrschalige Bauteile erfolgt die Berechnung am übersichtlichsten tabellarisch (Tab. **3.**34).

vorh R = 1,63 m² K/W

erf R nach Tabelle **3.**31 = 1,40 m² K/W

1,62 m² K/W > 1,75 m² K/W

Die Forderungen der DIN 4108 sind nicht erfüllt.

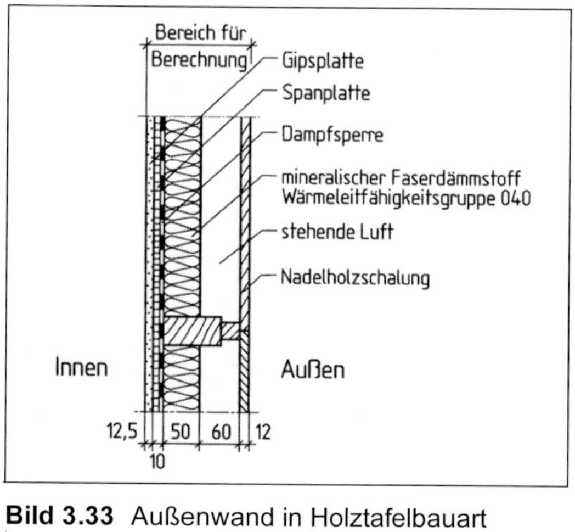

Bild 3.33 Außenwand in Holztafelbauart

Tabelle 3.34 Wärmeschutztechnische Berechnung

Zeile	Schicht in m	Schichtdicke d in m	Wärmeleitfähigkeit λ in W/m · K	Wärmedurchlasswiderstand $R = d/\lambda$ Wärmeübergangswiderstand R_s in m² K/W	
1	Gipsplatte	0,0125	0,21	0,05	
2	Spanplatte	0,01	0,13	0,07	
3	Faserdämmplatte	0,05	0,04	1,25	R = 1,62
4	Luftschicht, stehend	–	–	0,16	
5	Nadelholzschalung	0,012	0,13	0,09	

Der Wärmeübergangskoeffizient *h* in W/m²K erfasst die Wärmeenergieübertragung vom festen Stoff (Bauteil, z. B. Außenwand) zum gasförmigen Stoff (Luft). Er gibt an, welche Wärmemenge je Sekunde zwischen Luft und Bauteiloberfläche, bezogen auf 1 m^2 abfließt wenn der Temperaturunterschied 1 K beträgt. Der Wärmeübergangskoeffizient ist im wesentlichen abhängig von der Luftgeschwindigkeit und der Lage des Bauteils. Deshalb werden für die unterschiedlichen Bauteile differenzierte Werte ausgewiesen. Der Kehrwert vom Wärmeübergangskoeffizient h ist der *Wärmeübergangswiderstand* R_s in m^2K/W. Die Rechenwerte der Wärmeübergangswiderstände ergeben sich aus Tabelle **3**.35.

Beim Wärmedurchlasswiderstand wurde lediglich das Bauteil an sich berücksichtigt. Um aber auch noch die Wärmeübergangswiderstände mit in die Berechnung einzubeziehen, verwenden wir den *Wärmedurchgangswiderstand* R_T in m^2K/W. Er bildet die Summe der Wärmeübergangswiderstände und des Wärmedurchlasswiderstands. Es besteht folgende Beziehung:

- für einschalige Bauteile:

  $R_T = R_{si} + d/\lambda + R_{se}$ in m^2K/W
- für mehrschalige Bauteile:

  $R_T = R_{si} + d_1/\lambda_1 + d_2/X_2 + d_3/\lambda_3 + R_{se}$ in m^2K/W

Der Wärmedurchgangskoeffizient *U* in W/m² · K ist die wichtigste Energiespargröße und Kennwert für den Wärmestrom. Er entspricht dem Kehrwert des Wärmedurchgangswiderstands R_T und kennzeichnet die abfließende Wärmemenge je nach m^2 Bauteilfläche, je Sekunde, bei einem Temperaturunterschied von 1 K.

Wärmedurchgangskoeffizient

$$U = \frac{1}{R_{si} + d_1/\lambda_1 + d_2/\lambda_2 + d_3/\lambda_3 + \ldots + R_{se}} \quad \frac{W}{m^2 \cdot K}$$

Tabelle 3.35 Wärmeübergangswiderstände R_s in m^2 K/W

Bauteil	R_{si}	R_{se}
Außenwand	0,13	0,04
Außenwand mit hinterlüfteter Außenhaut, Abseitenwand zum nicht wärmegedämmten Dachraum	0,13	0,08
Wohnungstrennwand, Treppenraumwand, Wand zwischen fremden Arbeitsräumen, Trennwand zu dauernd unbeheiztem Raum, Abseitenwand zum wärmegedämmten Dachraum	0,13	
An das Erdreich grenzende Wand	0,13	0
Decke oder Dachschräge, die Aufenthaltsraum nach oben gegen die Außenluft abgegrenzt (nicht belüftet)	0,13	0,04
Decke unter nicht ausgebautem Dachgeschoss, unter Spitzboden oder unter belüftetem Raum (z. B. belüftete Dachschräge)	0,13	0,08
Wohnungstrenndecke und Decke zwischen fremden Arbeiträumen Wärmestrom von unten nach oben von oben nach unten	0,13 0,17	–
Kellerdecke	0,17	–
Decke, die Aufenthaltsraum nach unten gegen die Außenluft abgrenzt	0,17	0,04
unterer Abschluss eines nicht unterkellerten Aufenthaltsraums (an das Erdreich grenzend)	0,17	0

Je kleiner der U-Wert, desto besser der Dämmwert, desto geringer der Wärmeverlust.

Beispiel

Für die Außenwand **3**.29 ist der U-Wert zu berechnen. Vergleichen Sie das Ergebnis mit den Vorgaben der DIN 4108.

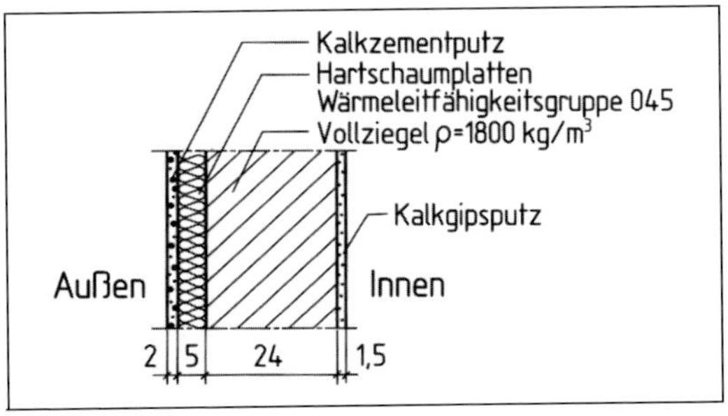

Bild 3.36 Einschalige Außenwand mit Wärmedämmung

Lösung

Tabelle **3.**29 liefert die Rechenwerte der Wärmeleitfähigkeit λ_R.

λ_R Kalkzementputz = 0,87 W/mK

λ_R Hartschaumplatten WLFG 045 = 0,045 W/m · K λ_R

Vollziegel σ = 1800 kg/m³ = 0,81 W/m · K

λ_R Kalkgipsputz = 0,70 W/m · K

Aus Tabelle **3.**35 lesen wir die Wärmeübergangswiderstände ab

R_{si} = 0,13 m² K/W

R_{se} = 0,04 m² K/W

Zunächst berechnen wir den Wärmedurchgangswiderstand R_T nach Tabelle **3.**37, dann bilden wir den Kehrwert und erhalten den gesuchten Wärmedurchgangskoeffizienten U

U = **1/1,61** m² K/W = **0,62 W/m²K**

U_{gef} nach Tabelle **3.**30 = 1,39 W/m²K

0,62 W/m² · K < 1,39 W/m²K

Die Forderung der DIN 4108 ist **erfüllt.**

> Die Wärmetransmission von der warmen zur kalten Bauteilseite vollzieht sich in drei Schritten (Winterfall):
> – der Wärmeübergang von der Raumluft zur Bauteiloberfläche innen,
> – der Wärmeübergang von der Innenseite zur Außenseite des Bauteils,
> – der Wärmeübergang von der Bauteiloberfläche außen zur Außenluft (Bild **3.**38).

Tabelle 3.37 Wärmeschutztechnische Berechnungen

Zeile	Schicht	Schichtdicke d in m	Wärmeleitfähigkeit λ in W/m · K	Wärmedurchlasswiderstand $R = 2/\lambda \cdot q$ Wärmeübergangswiderstand R_s in m² · K/W	Temperaturabfall $\Delta\vartheta = 2/\lambda \cdot q$ in K	Temperatur ϑ in Schichtgrenze in °C
1	Wärmeübergangswiderstand	–	–	0,13	2,49	21,00
2	Kalkgipsputz	0,015	0,70	0,02	0,38	18,51
3	Vollziegel	0,24	0,81	0,29	5,57	18,13
4	Hartschaumplatten	0,05	0,045	1,11	21,33	12,56
5	Kalkzementputz	0,02	0,87	0,02	0,38	-8,77
6	Wärmeübergangswiderstand	–	–	0,04	0,76	-9,15
				R_T = 1,61	Σ = 30,91	-9,31

Unzureichende Wandoberflächentemperaturen innen fördern die Schimmelbildung und tragen zu einem unbehaglichen Wohnklima bei. Frost beeinträchtigt die Baukonstruktion. Deshalb ist es wichtig zu wissen, welche Wandoberflächentemperaturen innen vorhanden sind, welche Temperaturen zwischen den einzelnen Wandschichten herrschen und in welchem Bereich der Wand die Frostgrenze liegt. Dazu müssen natürlich Innen- und Außentemperatur bekannt sein.

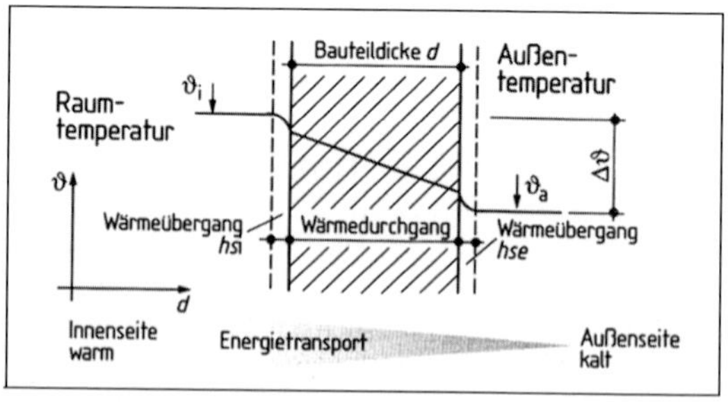

Bild 3.38 Wärmetransmission

Beispiel

Wir gehen von der Annahme aus, dass eine Innentemperatur von ϑ_i = 21 °C gewünscht wird. Außen herrscht eine Tiefsttemperatur von ϑ_a = –10°C.

Lösung

Wir berechnen zunächst die Wärmestromdichte q in W/m². Die Wärmestromdichte ergibt sich aus folgender Beziehung:

$q = U\,(\vartheta_i - \vartheta_a)$

q = 0,62 W/m²K [21 K – (– 10 K)]

q= 19,22 W/m²

Der Temperaturabfall von innen nach außen, pro Schicht, ergibt sich aus der Gleichung

$\Delta\vartheta = d/\lambda \cdot q$

Durch Einsetzen des variablen Faktors s/λ ergibt sich entsprechend Tabelle **3.**37 für jede Schicht der zugehörige Temperaturabfall, z. B.

0,13 m² K/W · 19,22 W/m² = 2,49 K
oder 0,02 m² K/W · 19,22 W/m² = 0,38 K,

Bild **3.**39 zeigt den Temperaturverlauf innerhalb der Wand.

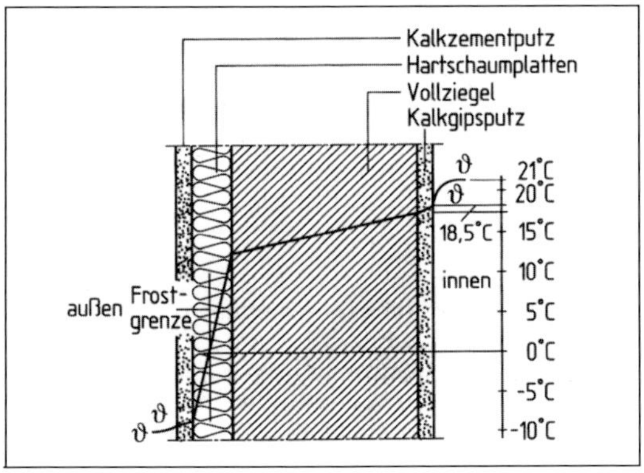

Bild 3.39 Temperaturverlauf einer Wand

Ergebnis

Die Wandoberflächentemperatur von 18,5 °C liegt mit 2,5K Unterschied zur Lufttemperatur innen, in dem als behaglich eingestuften Bereich (maximal sollten es laut Untersuchung 3 K sein). Die Frostgrenze liegt bei einer angenommenen Tiefsttemperatur von – 10 °C in der Wärmedämmschicht, was bauphysikalisch erwünscht ist. Dadurch wird die tragende Konstruktion (Mauerwerk aus Vollziegel) vor Frost geschützt.

Der Temperaturverlauf innerhalb der Wand, ist ein wichtiges Kriterium zur Beurteilung von Bauteilen hinsichtlich:

- Behaglichkeit von Wohnräumen,
- Gefahr von Schwitzwasserbildung und Schimmelbildung,
- Lage des Frostpunktes im Bauteil.

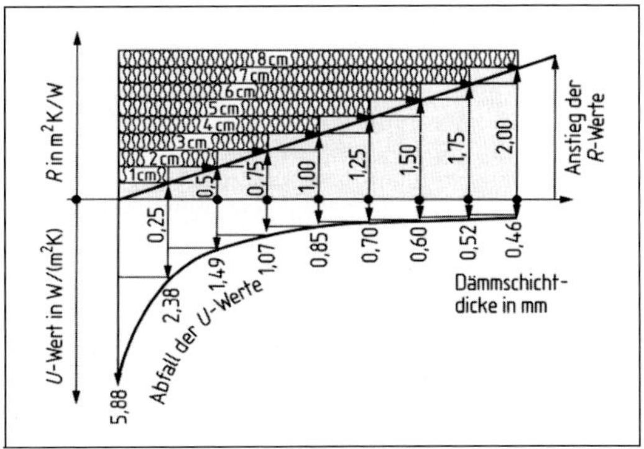

Bild 3.40 Zusammenhang Dämmstoffdicke: *U-Wert* bzw. *R*-Wert

Die Dicke der Dämmschicht kann nicht beliebig gesteigert werden, weil dann die Konstruktion unwirtschaftlich würde. In Bild **3.**40 ist für einen Dämmstoff (PS-Schaum) mit Materialdicke bis zu 8 cm zum einen der Anstieg der *R*-Werte und zum anderen die Verringerung der *U*-Werte erfasst. Während die *R*-Werte geradlinig stetig zunehmen, fällt bei den *U*-Werten die Verbesserung mit zunehmender Dämmstoffdicke immer geringer aus.

Fazit: Eine weitere Steigerung der Dämmstoffdicke ist nicht mehr wirtschaftlich, da die Verbesserung im Vergleich zum Einsatz (Material- und Geldeinsatz) gegen Null geht.

Nach der Verordnung über energiesparenden Wärmeschutz und energiesparende Anlagentechnik bei Gebäuden (Energieeinparverordnung – EnEV, von 16 Nov. 2001) ergibt sich gegenüber der WSchV'95 eine weitere Reduzierung des Jahresheizwärmebedarfs Q_h. Dieser setzt sich zusammen aus

- dem Transmissionswärmeverlust H_T,
- dem Lüftungswärmebedarf H_v,
- den solaren Gewinnen Q_s,
- den internen Gewinnen Q_I.

Es liegt im Aufgabenbereich des Stuckateurs, durch gute Beratung und sachgerechte Ausführung von Wärmedämmmaßnahmen dazu beizutragen, diese Vorgabe umzusetzen.

Zur Übersichtlichkeit sind die Begriffe in Tabelle **3**.41 noch einmal zusammengefasst.

Der Wärmedurchgang durch ein Bauteil hängt ab von

- der Wärmeleitfähigkeit der Baustoffe
- der Größe, Anzahl und Verteilung der Luftporen im Baustoff,
- der Dicke der Konstruktion,
- dem Feuchtegehalt der Baustoffe.

3.2.3 Feuchtigkeitseinfluss

Wärmeschutzmaßnahmen sind nur solange funktionsfähig, wie ein Bauteil oder ein Baustoff trocken bleibt. Durchfeuchtungen ist deshalb mit geeigneten Maßnahmen vorzubeugen. In der Realität gibt es keine völlig trockenen Bauteile oder Baustoffe. Die Bauteile kommen bei der Herstellung bzw. Bearbeitung (beim Mauern oder Verputzen) mit Wasser in Berührung. Niederschläge, Luftfeuchtigkeit oder Schwitzwasser kontaktieren sie. Auch bei Baustoffen, die völlig trocken angeliefert werden (verschiedene Mauersteine, Gipsbauplatten usw.), stellt sich mit der Zeit ein Feuchtegleichgewicht zwischen Luft und Baustoff ein.

Tabelle 3.41 Zusammenfassung der wärmeschutztechnischen Begriffe

Begriff	Formelzeichen	Einheit	Formel/Wert
Temperatur	ϑ	K, °C	Messwert
Temperaturdifferenz	$\Delta\vartheta$	K	$\Delta\vartheta = \vartheta_h - \vartheta_m$
Wärmemenge	Q	J	$Q = c \cdot m$
Wärmestromdichte	q	W/m2	$q = U (\vartheta_i - \vartheta_a)$
Wärmeleitfähigkeit	λ	W/mK	Tabellenwerte
Wärmedurchlasswiderstand	R	m2 · K/W	$R = d_1/\lambda_1 \ldots$
Wärmeübergangswiderstand	R_s	m2 · K/W	Tabellenwerte
Wärmedurchgangswiderstand	R_T	m2 · K/W	$R_T = R_{si} + R + R_{se}$
Wärmedurchgangskoeffizient	U	W/m2 · K	$U = R_{si} + R + R_{se}$

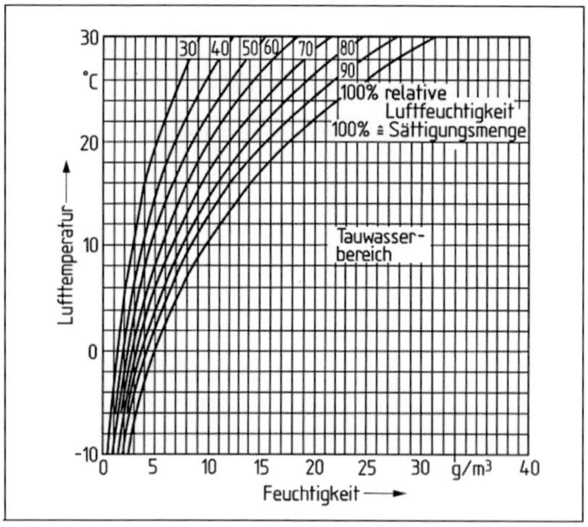

Bild 3.42 Relative Luftfeuchtigkeit in Abhängigkeit von der Lufttemperatur

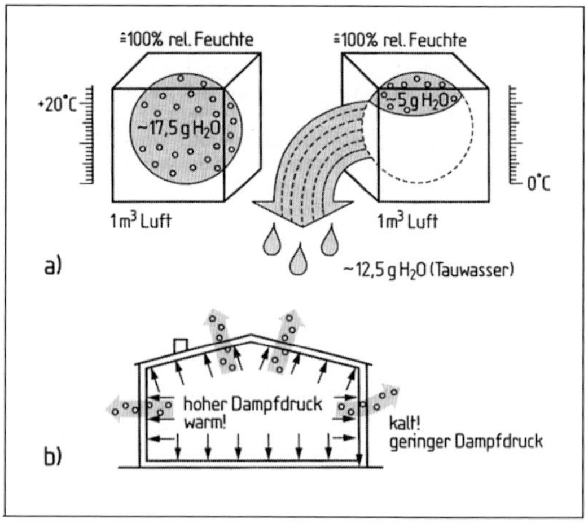

Bild 3.43 a) Gefahr der Kondenswasserbildung bei sinkenden Temperaturen b) Wasserdampf diffundiert im Winter von innen nach außen

Die Aufnahmefähigkeit der Luft ist abhängig von der vorhandenen Lufttemperatur (Bild **3**.42). So kann z. B. Luft von 20 °C 17 g/m^3 Wasserdampf, Luft von – 10 °C dagegen nur 2 g/m^3 aufnehmen. Von einer Sättigung sprechen wir, wenn die Luft zu 100 % mit Wasserdampf aufgefüllt ist. Problematisch wird es, wenn die Temperatur im Raum oder in einem Bauteil sinkt. Dann gibt die Luft die nun überschüssige Feuchtigkeit in Form von Wasser ab. Das führt in Räumen zu Schwitzwasserbildung, im Bauteil zu Kondenswasser (das Bauteil wird durchfeuchtet, Bild **3**.43a). Dies ist dann weniger bedeutsam, wenn das nur ein vorübergehender Vorgang ist. Denn in Zeiten mit günstigeren Klimaverhältnissen (Sommer) wird die im Bauteil befindliche Feuchtigkeit wieder aufgenommen und abgeführt. Wie alle Gase ist auch Wasserdampf bestrebt, einen Druckausgleich herbeizuführen. Das Dampfdruckgefälle geht dabei immer vom Ort höheren Drucks zum Ort niederen Drucks. In Wohnräumen herrscht in der Regel ein höher Druck als im Freien. Deshalb wird das Druckgefälle, vor allem in der kalten Jahreszeit, von innen nach außen gerichtet sein (Bild **3**.43b). Der Wasserdampfdurchgang durch Bauteile ist aber auch abhängig von der Dichte der Baustoffe.

Der Dampfdurchlasswiderstand ist bei dichten Baustoffen wesentlich größer als bei porigen. Andere Stoffe sind praktisch dampfdicht, lassen also keinen Wasserdampf durch (z. B. Dampfsperren aus bituminösen Stoffen in Verbindung mit metallischen Folien oder Schaumglas). Die Dichte der Baustoffe bezüglich der Wasserdampfdiffusion wird kenntlich gemacht durch die Wasserdampfdiffusionswiderstandszahl μ (*mü*).

Die Wasserdampfdiffusions-Widerstandszahl μ gibt an, um wie viel stärker der Widerstand eines Baustoffes gegen Dampf durchtritt ist, als eine Luftschicht gleicher Dicke, μ ist eine dimensionslose Verhältniszahl. Tabelle **3**.44 auf S. 63 zeigt β-Werte für übliche Bauteile.

Aufgabe des Baufachmannes ist es, ein Bauteil so zu konstruieren, dass es keinesfalls zu Beeinträchtigungen oder gar Schäden der Baukonstruktion durch Kondenswasserstau, Durchfeuchtung usw. kommen kann. Es gilt also bestimmte bauphysikalische Kenntnisse umzusetzen, um diesen Problemen vorzubeugen.

Dichte Baustoffe auf der äußeren (kalten) Wandseite begünstigen die Kondenswasserbildung, weil der Wasserdampfdruck nach Erreichen dieser Schicht bereits erheblich abgebaut wurde und nun nicht mehr die „Kraft“ hat, dieses dichte Bauteil zu durchdringen.

Folge: Wasserdampf wird zu Kondenswasser und durchfeuchtet das Bauteil. Deshalb wird kein Fachmann auf den Gedanken kommen, einen Außenputz aus reinem Zementmörtel herzustellen.

Tabelle 3.44 Wasserdampfdiffusions-Widerstandszahlen μ

Baustoff	**Rohdichte in kg/m^3**	**Diffusionswiderstandszahl μ**
Steine aus Leichtbeton	500 bis 2000	5 bis 15
Porenbetonsteine	500 bis 800	5 bis 10
Voll- und Lochziegel	600 bis 2000	5 bis 10
Vollklinker	1800 bis 2000	50 bis 100
Kalksandsteine	1000 bis 2000	5 bis 25
Normalbeton	2400	70 bis 150
Leichtbeton	600 bis 2000	5 bis 15
Kalk-, Kalkzement-, Zementputz	1800 bis 2000	15 bis 35
Gips- und Kalkgipsputz	1200 bis 1600	10
Fichte, Kiefer, Tanne, Buche	600 bis 800	40
Holzspanplatten	700	50 bis 100
Wandbauplatten aus Gips	600 bis 1200	5 bis 10 8
Gipsplatten	900	
Polystyrol-(PS-)Hartschaum	15 bis ≥ 30	20 bis 100
Korkplatten	80 bis 500	5 bis 10

Baustoff	Rohdichte in kg/m^3	Diffusionswiderstandszahl μ
Polyurethan-(PUR-)Hartschaum	≥ 30	30 bis 100
Mineral. und pflanzl. Faserdämmstoffe	8 bis 500	1
Schaumglas	100 bis 150	praktisch dampfdicht
bituminöse Dachbahnen	1000 bis 2000	10000 bis 80000
PVC-Folien		20000 bis 100000
Metallfolien (Al, Cu usw.)		praktisch dampfdicht

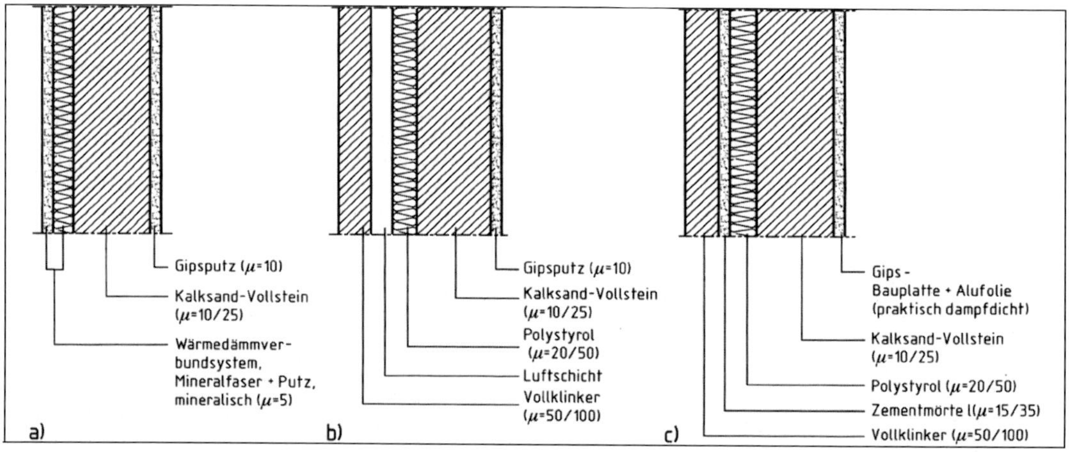

Bild 3.45 Konstruktionsmöglichkeiten zur Verhinderung von Kondenswasserbildung
a) Wärmedämmverbundsystem b) Zweischaliges Mauerwerk c) Dampfsperre

Es gilt also:

- das Bauteil so aufzubauen, dass von innen nach außen der Wasserdampfdiffusionswiderstand der Baustoffe abnimmt (Bild **3**.45a). Falls das nicht möglich ist, muss
- durch eine funktionsfähige Luftschicht vor der dichten Außenhaut (z. B. eine Verklinkerung) Wasserdampf abgeführt werden (z. B. ein zweischaliges Mauerwerk mit hinterlüfteter Fassade) (Bild **3**.45b).
- durch eine innen aufgebrachte Dampfsperre das Eindringen von Wasserdampf verhindert werden (Bild **3**.45c).

> Dampfsperren sind immer auf der warmen Seite einzubauen. Bauteile, die an die Außenluft angrenzen (Wand, Dach), sind so aufzubauen, dass
> - die Dichte der Baustoffe/Bauteile von innen nach außen abnimmt,
> - eine Durchfeuchtung von Baustoffen/Bauteilen verhindert wird.

3.2.4 Wärmedämmstoffe

Die Wirkung von Wärmedämmstoffen beruht auf dem Vorhandensein möglichst kleiner Poren, die mit trockener Luft ausgefüllt sind. Deshalb zeigen insbesondere poröse, leichte Baustoffe ein gutes Wärmedämmvermögen. Dabei gilt, je kleiner, zahlreicher und gleichmäßiger die Poren sind, um so besser (kleiner) ist die Wärmeleitzahl eines Baustoffes. Die Spannweite der Wärmeleitfähigkeit reicht bei den Wärmedämmstoffen von 0,02 W/m · K bis 0,06 W/m · K. Zur einfacheren Handhabung sind die Rechenwerte Λ_R, in Wärmeleitgruppen zusammengefasst. Ausnahmen bilden hier nur die Holzwolle-Leichtbauplatten. Bei der Planung von Wärmeschutzmaßnahmen darf der Blick aber nicht nur auf die Wärmeleitfähigkeit des Dämmstoffes gerichtet sein. Vielmehr muss auch der Aspekt Wasserdampfdurchlässigkeit berücksichtigt werden. Wie schon aus Tabelle **3**.44 ersichtlich, ist diese

Stoffeigenschaft recht unterschiedlich. Das ist bei den Wärmedämmstoffen auch nicht anders. Hier reicht die Spannweite der Wasserdampfdiffusionszahl μ von 1 bis ∞ (Tab. **3**.46). Es müssen also je nach Baumaßnahme beide Gesichtspunkte berücksichtigt werden: die Wärmeleitzahl und die Wasserdampfdiffusionswiderstandszahl. Die Einteilung der Dämmstoffe erfolgt in der Regel nach den Stoffgruppen: organisch und anorganisch.

Tabelle 3.46 Wasserdampfdiffusionswiderstandszahl μ für Wärmedämmstoffe

Wärmedämmstoffe	μ
Faserdämmstoff	1
Holzwolle-Leichtbauplatte	5/10
Kork	5/10
PUR-Hartschaum	30/100
Schaumglas	∞

Tabelle 3.47 Wärmedämmstoffe

Bezeichnung	Rohdichte ρ in kg/dm^3	Rechenwert der Wärmeleitfähigkeit λ_R in W/(mK)	Bestandteile/ Herstellung	Eigenschaften	Anwendung
Anorganische porige Dämmstoffe					
Blähglimmer (Vermiculite)	0,1	0,05	durch Hitze geblähter Glimmer (Mineral)	hitze- und aggressionsbeständig ungezieferfrei	für hitze- und feuerbeständige Schichten, z. B. im Schornsteinbau, Putzzusatz
Perlite Hyperperlite	0,15	0,05	bei > 100 °C expandiertes vulkanisches glasiges Gestein	hitzebeständig, Hyperlite nimmt keine Feuchtigkeit auf	Zuschlagstoff für Wärmedämmplatten, Putzzusatz, Schüttungen
Schaumglas	0,15 0,1	0,06 0,045	bis etwa ~ 1700 °C erhitzter und in Stufen abgekühlter Glasschaum	dampfdicht, fest maßhaltig, nicht brennbar, säurebeständig	Kühlhausbau, Flachdachdämmung
Anorganische Faserdämmstoffe					
Stein-, Glas- und Hüttenwolle in Matten in Platten als lose Wolle oder Zopf	 0,02 bis 0,2 0,3 0,03	0,04 (i. M.) 0,04 (i. M.) 0,04 (i. M.)	Fasern aus geschmolzenem Kalkstein, Tonschiefer, Glas oder Hochofenschlacke, Bahnen ein- oder beidseitig auf Bitumenpapier bzw. (einseitig) Alu-Folie gesteppt. Platten z.T. bitumiert oder einseitig mit Alu-Folie	elastisch, geschmeidig, fäulnisfest, biegsam, nicht entflammbar *Achtung*: neuerdings Verdacht als gesundheitsgefährdender Krebserrreger	Wärme- und Luftschalldämmung (Wand, Decke, Trennwand, Dachausbau) Schall- und Wärmeschutz für schwimmende Estriche Ausstopfen von Schlitzen, Löchern, Hohlstellen
Organische porige Dämmstoffe					
Polystyrol- Hartschaum (Styropor) (PS)	0,015 bis 0,030	0,04 0,035 0,03 0,025	Styrol aus Rohöl + Treibmittel → Styropor. Vorgeschäumte Styroporperlen werden zu Hartschaumblöcken geformt und zu Platten geschnitten, geschlossenzelliges Gefüge	leicht- (P) oder schwer entflammbar (F), belastbar, leicht (98 % Luft!), nicht feuerbeständig, alterungsbeständig, verrottungsfest, anfällig gegen Öl- und Teerprodukte und Hitze, wasserabweisend	Dämmschichten in Wänden, Decken, Fußböden, Dächern

Bezeichnung	Rohdichte ρ in kg/dm^3	Rechenwert der Wärmeleitfähigkeit λ_R in W/(mK)	Bestandteile/ Herstellung	Eigenschaften	Anwendung
Organische porige Dämmstoffe					
Verbundbauplatten (PS)	0,15	0,05	Hartschaumplatten ein- oder beidseitig mit Holzwolleleichtbau-, Gipskarton- oder- Sperrholzplatten beplankt	mehr Druckfestigkeit, formstabil	überwiegend für Dachausbau Wand-Trockenputz Vorsatzschalen
extrudiertes Schaumpolystyrol	0,015 bis 0,03	0,025 bis 0,04	Strangpressverfahren im Extruder	druckfest, witterungsbeständig, geringe Wasseraufnahme, formstabil, verrottungsfest	Dach- und Fassadendämmung
Polyurethan-Hartschaum-(PUR) Verbundbauplatten	0,03	0,02 bis 0,035	Platten mit und ohne Deckschichten (Alufolien, Pappe, Gipskartonplatten, Ortschaum	alterungsbeständig, elastisch	Flachdachdämmung, Ausschäumen von Hohlräumen Wandtrockenputz Vorsatzschalen
Phenolharz-Hartschaum (PF)	0,03 bis 0,06	0,03 bis 0,045	in Platten geschäumt (mit Treibmittel)	spröd-hart, feinzellig, wassersaugend, fäulnissicher	Flachdachdämmung
Korkplatten	0,08 bis 0,5	0,045 bis 0,055	Rinde der Korkeiche geschrotet, erhitzt und mit Bitumen (Pech) zusammengebacken	elastisch, fäulnisfest, flammwidrig, geringe Wasseraufnahme	Schall- und Wärmedämmschichten
Organische Faserdämmstoffe					
Holzwolle-Leichtbau-platten (HWL)	0,36 bis 0,48	0,093	Holzfaserwolle mit Zement, Magnesia oder Gips gebunden	fest, gut bearbeitbar, guter Putzgrund, nicht witterungsbeständig, wasseraufnehmend, flammwidrig	wärmedämmende Putzträger, Leichtbauwände, verlorene Schalung im Stahlbetonbau
Zellulosewolle	0,035 bis 0,06	0,045	meist zerfasertes Zeitungspapier unter Zusatz von Mineralsalzen (Recyclingprodukt)	diffusionsfähig, Ungeziefer- und verrottungssicher, winddicht	für Wand-, Decken- und Dachhohlräume (im Einblasverfahren eingebracht)

Tabelle **3**.47 enthält die gebräuchlichsten Wärmedämmstoffe.

Die unterschiedliche Beanspruchung und die Anwendungsgebiete der Dämmstoffe werden kenntlich gemacht durch Typenkurzzeichen (Tab. **3**.48). Die normengerechte Bezeichnung für die am meisten verwendeten Wärmedämmstoffe: Schaumkunststoffe nach DIN 18164 und Faserdämmstoffe nach DIN 18165 (Tab. **3**.49) erfolgt in der Reihenfolge:

- Benennung
- Norm-Hauptnummer
- Stoffart und Lieferform
- Anwendungszweck (Typenkurzzeichen)
- Wärmeleitfähigkeitsgruppe
- Brandverhalten nach DIN 4102
- Nenndicke in mm

Tabelle 3.48 Typkurzzeichen

Typkurz-zeichen	Belastbarkeit	Anwendungsgebiet
W	nicht druckbelastbar	Wände, belüftete Dächer zwischen Balkenlagen
WL	nicht druckbelastbar	belüftete Dächer
WD	druckbelastbar auch bei höheren Temperaturen	begehbare Dächer, druckverteilende Böden
WS	erhöht belastbar	druckverteilende Böden (Parkdecks, Industrieböden
WDS	druckbelastbar, erhöht druckbelastbar, auch bei höheren Temperaturen	wie WD + WS
WDH	wie WDS	wie WDS + Böden für Lkw-Verkehr
WV	begrenzt beanspruchbar auf Abriss- und Scherbeanspruchung	angesetzte Vorsatzschalen
T	druckbelastbar	zwischen Wandschalen
TK	wie T, aber geringere Zusammendrückbarkeit	für Böden mit Anforderungen an Trittschallschutz

Tabelle 3.49 Angebotene Schaumkunststoffe und Faserdämmstoffe

werden angeboten	**Schaumkunststoffe**	**Faserdämmstoffe**
in den Stoffgruppen	Phenolharz-(PF-) Hartschaum Polystyrol-(PS-) Hartschaum Polyurethan-(PUR-) Hartschaum	Mineralfaser-Dämmstoffe (Min) Pflanzliche Faserdämmstoffe (Pfl)
in der Lieferform	Platten (P) Bahnen(B)	Platten (P) gebunden mit oder ohne Filze (F) Trägermaterial (Al-Folie, Matten (M) Kunststoff-Folie etc.)
in den Wärmeleitfähig-keitsgruppen	020 035 025 040 030 045	035 045 040 050
in den Abmessungen (Vorzugsmaße)	Dicke 20 30 40 50 60 80 100 Länge/Breite (P) 1000 × 500 (B) 5000 × 1000	keine Angaben nach DIN 18 145
in den Anwendungstypen	W WD WS	W WL WD WV

Beispiel Wärmedämmstoff DIN 18 164-PURP-WD-020-B2-80

Erklärung: Wärmedämmstoff
DIN 18 164 = Schaumkunststoff als Wärmedämmstoff
PUR = Polyurethan (PUR) Hartschaum
P = Platten
WD = druckbelastbar, auch bei höheren Temperaturen
020 = Wärmeleitfähigkeitsgruppe
020 = 0,02 W/m · K
B2 = Baustoffklasse, normalentflammbar
80 = Plattendicke 80 mm

Beispiel Faserdämmstoff DIN 18 165-MinP-WL-0,45-A2-100

Erklärung: Faserdämmstoff DIN 18 165 = Faserdämmstoff als Wärmedämmstoff
Min = Mineralfaser
P = Platten
WL = nicht druckbelastbar
045 = Wärmeleitfähigkeitsgruppe 045
= 0,045 W/m K
A2 = Baustoffklasse, nichtbrennbar
100 = Plattendicke 100 mm

Entscheidend für die Dämmwirkung der Wärmedämmstoffe ist die Porenstruktur: klein, zahlreich und gleichmäßig. Trockene Luft ist das ideale Medium zum Ausfüllen der Poren. Die Eigenschaften der Dämmstoffe (Rohdichte, Wärmeleitzahl, Festigkeit, Feuchtigkeitsaufnahme, Wärmeverhalten, Witterungsverhalten, Bearbeitbarkeit, Druckfestigkeit, Steifigkeit) bestimmen ihr Einsatzgebiet.

Gesundheitsgefahren durch Mineralfasern

Im Bereich der Bauwirtschaft werden üblicherweise Mineralfaserdämmstoffe als Glas- oder Steinwolle verarbeitet. Diese enthalten etwa 92% Mineralfasern, etwa 7% Kunstharz (Phenol, Harnstoff, Formaldehyd) und etwa 1 % Öle und andere Zusätze. Keinesfalls enthalten sie Asbest oder silikogenen Feinstaub.

Die Gefahr der Krebserkrankung durch Mineralfasern ist abhängig von:

- *dem Faserdurchmesser,*
- *der Faserlänge,*
- *dem Verhältnis Faserlänge/Faserdurchmesser und*
- *der Faserbeständigkeit*

Nach Aussagen von Fachkreisen stellt sich die Situation heute so dar:

- Faseranteile mit einem Durchmesser von < 2 µ und dem kritischen Verhältnis *L/D* > 5:1 sind in den angesprochenen Dämmstoffen sehr gering.
- Diese Fasern können sich nicht wie Asbestfaser durch Spleißen teilen (der Länge nach aufbrechen) und somit dünner und gefährlicher werden. Sie brechen quer zur Faser und werden immer kürzer. Die Bruchstücke werden immer mehr zu Staubkörnern.
- Mineralfasern lösen sich nach wenigen Jahren im Körper auf, während z. B. Blauasbestfasern noch nach 100 Jahren im Körper vorhanden sind.

Mögliche gesundheitliche Auswirkungen bei der Verarbeitung von Mineralfasern sind:

- *Hautreizungen und Entzündungen*, bedingt durch gröbere Fasern (>5 µm Durchmesser), die in die Haut einspießen und Juckreiz verursachen können.
- *Allergien*, bedingt durch die Mineralfasern sind nicht bekannt, jedoch können durch die Zusatzstoffe (Kunstharze und Öle) Probleme entstehen.
- *Augenreizungen und Reizungen der Atemwege* können wie bei anderen Staubbelastungen vorkommen.

Bei der Verwendung von Mineralfaser-Dämmstoffen – insbesondere beim Entfernen – sollten folgende Schutzmaßnahmen ergriffen werden:

- Räume gut durchlüften
- Staubentwicklung vermeiden (nicht kehren, sondern staubsaugen)
- Im Arbeitsbereich nicht essen, trinken, schnupfen oder rauchen
- Berührung mit Haut (durch locker sitzende Schutzkleidung, Lederhandschuhe) und Augen (*Schutzbrille tragen!*) vermeiden
- Eventuell Atemschutz tragen (Partikelfilter P2 mit Ventilen)
- Die Haut vorsorglich mit fettender, gerbstoffhaltiger Hautschutzcreme einreiben
- Möglichst vorkonfektionierte Mineralfaser-Dämmstoffe verarbeiten
- Dämmstoffreste regelmäßig entfernen
- Nach Arbeitsende zuerst mit kaltem Wasser waschen, damit die Poren geschlossen bleiben.

Grundsätzlich gilt: Vorsorgen ist besser als Heilen!

3.2.5 Konstruktiver Wärmeschutz

Die Schutzmaßnahmen beim konstruktiven Wärmeschutz betreffen Wände, Decken, Dächer, Fußböden, Fenster und Türen. Also alle Bauteile, über die an die Außenluft bzw. an das Erdreich eine Wärmeübertragung erfolgen kann. Unterschieden wird grundsätzlich zwischen winterlichem und sommerlichem Wärmeschutz. Beim winterlichem Wärmeschutz gilt vor allem:

- die Forderung des Energieeinsparungsgesetzes zu erfüllen und
- besonders gefährdete Bauteile vor Bauschäden zu schützen.

> Beim winterlichen Wärmeschutz spielt der Wärmedurchgang der Baustoffe die wesentliche Rolle.

Beim sommerlichen Wärmeschutz gilt es vor allem eine Überhitzung der Räume infolge Sonneneinstrahlung zu verhindern. Dies kann allerdings nur zu einem geringen Teil mit den für den winterlichen Wärmeschutz benötigten Dämmmaßnahmen erreicht werden. Die hier notwendigen Überlegungen bzw. Schutzmaßnahmen wie Verglasungsart, Fensterflächenanteil, Jalousien, Lage der Räumlichkeiten, Raumlüftung, Wärmespeicherfähigkeit von Bauteilen usw. liegen nicht im Zuständigkeitsbereich des Stuckateurs.

> Die Wärmedurchlässigkeit der Baustoffe spielt für den sommerlichen Wärmeschutz eine untergeordnete Rolle.

Wände

Da Wände einen erheblichen Anteil an der Umfassungsfläche von Gebäuden darstellen, ist es wichtig, eine optimale Wärmedämmung durchzuführen. Grundvoraussetzung ist es, darauf zu achten, dass keine Wärmebrücken entstehen.

Von *Wärmebrücken* reden wir, wenn einzelne Flächen in Außenbauteilen einen höheren Wärmedurchgang aufweisen als der Normalfall. Dies kann der Fall sein bei:

- Mischmauerwerk (Mauerwerk mit unterschiedlichem Wärmedurchgang)
- einbindenden und durchbindenden Bauteilen (Fensterstürze, Deckenauflager in Wänden, Kragplatten)
- Reduzierung der Wandstärke (Heizkörpernischen, Installationsschlitze)
- Rollladenkästen.

Es ist deshalb unbedingt notwendig, durch zusätzliche Dämmmaßnahmen den Wärmedurchgang zu reduzieren. Bild **3.**50 zeigt dazu einige Möglichkeiten.

Außenwände können innen, außen oder bei zweischaligem Mauerwerk auch im Kern gegen Wärmeverluste gedämmt werden. Für den Stuckateur kommen die Außen- und die Innendämmung in Betracht (Bild **3.**51).

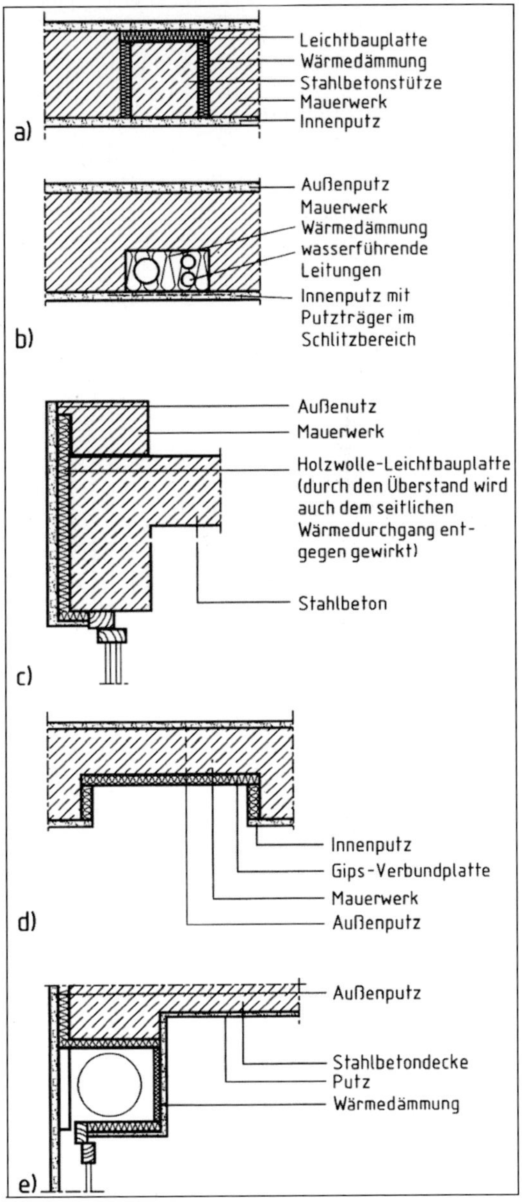

Bild 3.50 Dämmung von Wärmebrücken
a) Stahlbetonstütze,
b) Installationsschlitz,
c) Stahlbetonsturz,
d) Heizkörpernische,
e) Rollladenkasten

Beide Systeme haben ihre Vor- und Nachteile. In Bild 3.52 sind die Wärmeverlaufkurven in einer Wand dargestellt und zwar unter der Vorgabe $\vartheta_i = + 20\ °C$; $\vartheta_a = - 15\ °C$. Daraus lassen sich für die Innen- bzw. Außendämmung folgende Vor- und Nachteile ableiten:

Vorteile der Außendämmung

- geringe Temperaturdifferenz in der Wandmitte hinsichtlich Sommer- und Winterfall,
- der Frostpunkt liegt in der Dämmschicht, die Wand friert nicht durch,
- es sind keine Bauschäden durch hohe Temperaturschwankungen zu erwarten,
- die Wasserdampfkondensation bereitet keine Probleme,
- ausreichend hohe Innenwand-Oberflächentemperatur,
- das Wärmespeichervermögen der Wand bleibt erhalten,
- keine Wärmebrücken, da Gebäude von außen ganz erfasst,
- keine weiteren Dämmmaßnahmen notwendig,
- Außenwand behält ihre feuchtigkeitsregulierende Wirkung,
- das Befestigen von Hängeschränken ist unproblematisch.

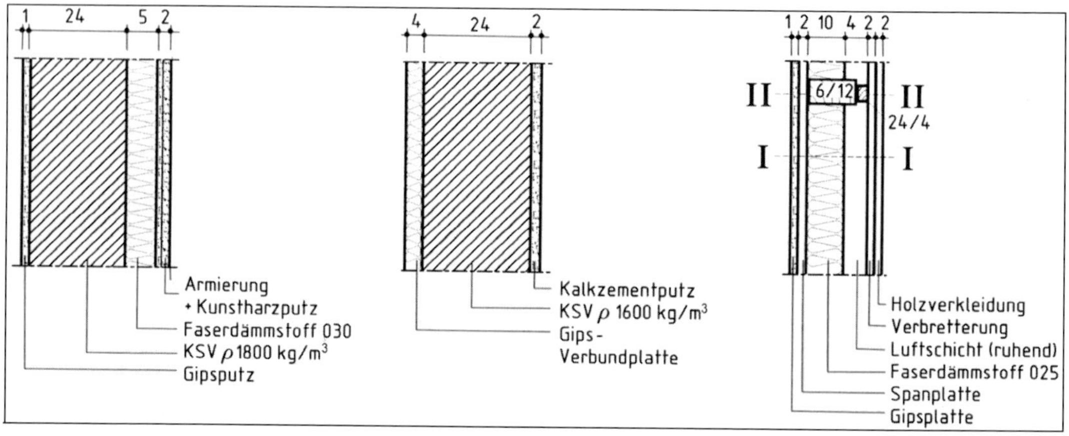

Bild 3.51 Wärmedämmung verschiedener Außenwandkonstruktionen

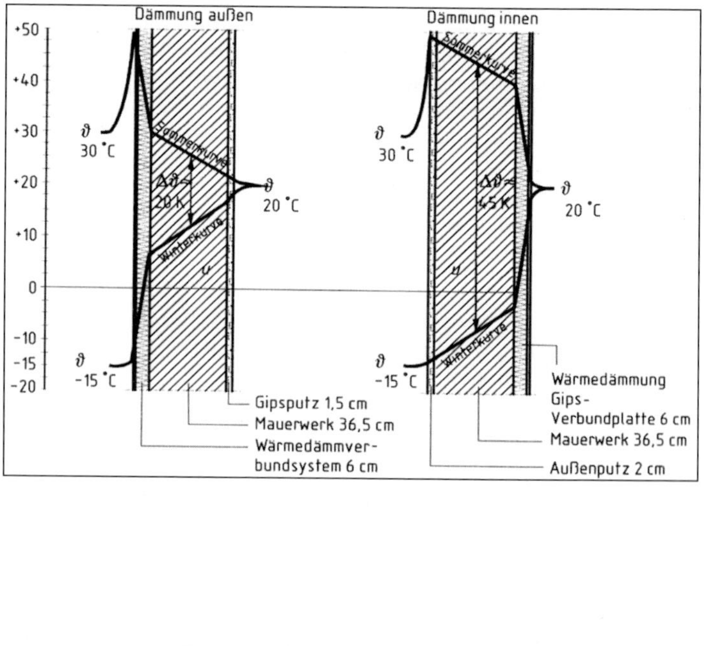

Bild 3.52
Wärmeverlaufskurve in einer Wand

Nachteile der Außendämmung

- Dämmstoffe müssen witterungsbeständigsein,
- längere Aufheizzeit der Räume,
- größere Fensterbanküberstände, breitere Fensterrahmen.

Vorteile der Innendämmung

- ausreichend hohe Innenwand-Oberflächentemperatur,
- kurze Aufheizzeit der Räume,
- Dämmstoffe brauchen nicht witterungsbeständig zu sein.

Nachteile der Innendämmung

- hohe Temperaturdifferenz in der Wandmitte hinsichtlich Sommer- und Winterfall,
- Bauschäden sind zu befürchten wegen:
  - der hohen Temperaturspannungen (Rissebildung),
  - dem völligen Durchfrieren der Wand,
- Räume kühlen nach dem Abstellen der Heizung schnell ab,
- Wasserführende Leitungen in den Wänden müssen zusätzlich gedämmt werden,
- Gefahr der Wasserdampfkondensation (eventuell Dampfsperre einbauen),
- Wärmebrücken im Anschluss Innenwand/Außenwand,
- die Befestigung von Hängeschränken ist aufwändiger.

Grundsätzlich kann gesagt werden, dass die Innendämmung bei Räumen zu bevorzugen ist, die selten und kurzzeitig genutzt werden. Für Wohnräume, die ständig benutzt werden, empfiehlt sich die Außendämmung. Bei der Altbausanierung, wo möglicherweise aufgrund denkmalpflegerischer Gesichtspunkte die Fassade nicht verändert werden darf, ist auch nur eine Innendämmung möglich.

Die Innendämmung kann ausgeführt werden mit Gips-Verbundplatten (VB), die unmittelbar auf die Wand aufgeklebt, oder als Vorsatzschale auf die Wand montiert, unmittelbar vor eine Wand gestellt, aber auch ohne jede Verbindung mit der Wand errichtet werden (Abschn. 7.2). Für die Außendämmung bieten sich Wärmedämmverbundsysteme (auch Thermohaut oder Fassaden-Vollwärmeschutz-System genannt) an (Bild **3.**53, s. auch Abschn. 4). Ist bei Feuchträumen eine Innendämmung vorgesehen, muss unbedingt eine raumseitige Dampfsperre angebracht werden.

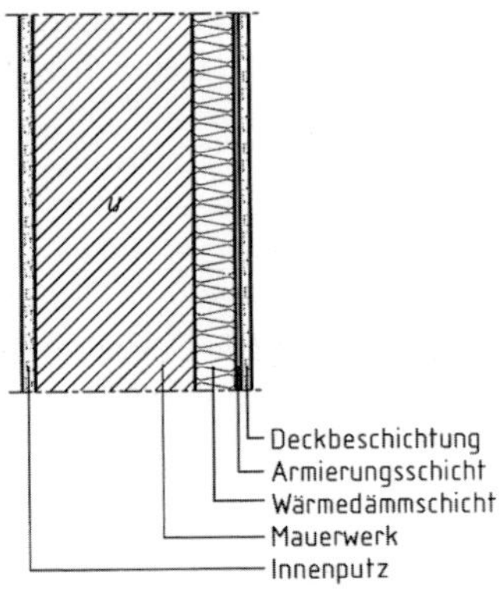

Bild 3.53 Wärmedämmverbundsystem

Achtung: Werden raumhohe Schrankwände vor Außenwände aufgestellt, wirken diese wie eine innen angebrachte Wärmedämmschicht. Das heißt, die Wandoberflächentemperatur fällt in diesem Bereich um einige Grade ab. Es besteht dadurch die Gefahr von Kondensation und damit verbundene Schimmelbildung an der Wandoberfläche. Abhilfe kann geschaffen werden durch ausreichenden Wandabstand der Schrankwand von der Außenwand bzw. durch Luftzirkulation über Lüftungsschlitze.

> Die Innendämmung verändert das bauphysikalische Verhalten der Außenwände erheblich. Die Außendämmung dagegen nicht.

Decken/Dächer

Bei Decken unterscheidet DIN 4108

- Decken oder Dachschrägen, die Aufenthaltsräume nach oben abgrenzen,
- Decken unter nicht ausgebauten Dachräumen,
- Wohnungstrenndecken,
- Kellerdecken,
- Decken, die Aufenthaltsräume nach unten gegen die Außenluft abgrenzen,
- unterer Abschluss eines nicht unterkellerten Aufenthaltsraumes.

Holzbalkendecken oder Dachschrägen, die Aufenthaltsräume nach oben gegen Außenluft abgrenzen, erhalten Wärmedämmschichten unter, zwischen oder über den Sparren bzw. Balken (Bild **3.**54). Als Dämmstoffe werden üblicherweise Stein- bzw. Glaswollebahnen oder -matten verwendet. Beim Einbau zwischen die Sparren/Balken ist auf eine lückenlose Einbringung zu achten. Die Breite der Bahnen/Matten ist um etwa 1 cm größer zu bemessen als der lichte Sparren/Balkenabstand. Das Bild **3.**55 zeigt die konstruktive Durchbildung eines ausgebauten Dachgeschosses, das sowohl den Anforderungen des Wärme-, als auch des Brandschutzes (F30-A) entspricht.

Holzbalkendecken unter nicht ausgebauten Dachräumen können sinngemäß gegen Wärmeverlust gedämmt werden. Möglich sind auch Schüttungen zwischen den Balkenlagen z. B. mit Perlite oder Hyperlite.

Bei Flachdächern aus Stahlbeton ist die Wärmedämmung zur Verhinderung temperaturbedingter Spannungen auf der Außenseite anzubringen. Diese Ausführung gehört aber nicht zum Aufgabengebiet des Stuckateurs.

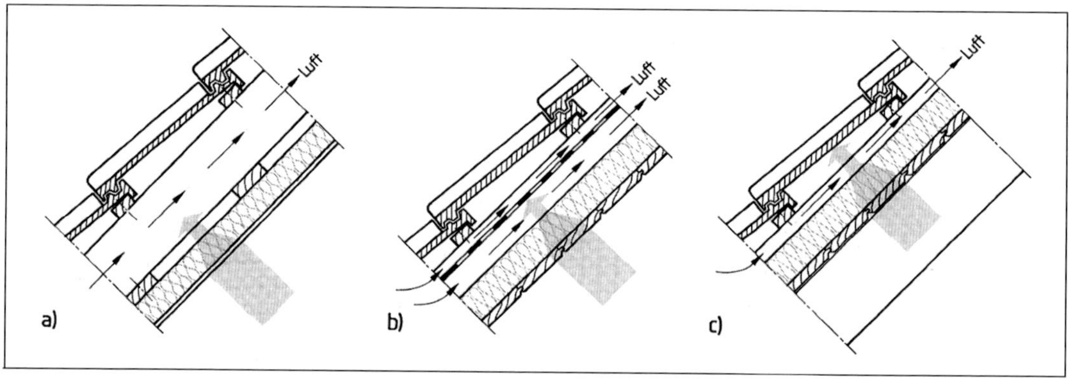

Bild 3.54 Lage der Dämmschichten für Holzbalkendecken/Dachschrägen die Aufenthaltsräume nach oben gegen die Außenluft abgrenzen
a) unter den Sparren, b) zwischen den Sparren, c) auf den Sparren

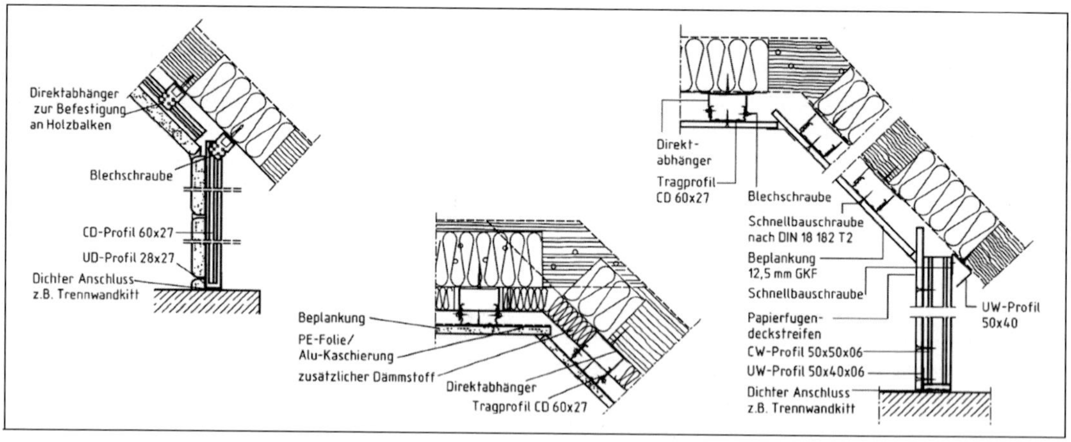

Bild 3.55 Dachgeschossbau, Wärme- und Brandschutz F 30-A

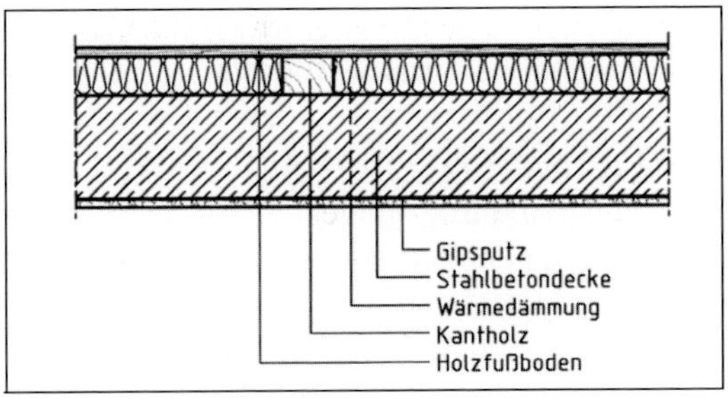

Bild 3.56 Decken unter nicht ausgebautem Dachgeschoss

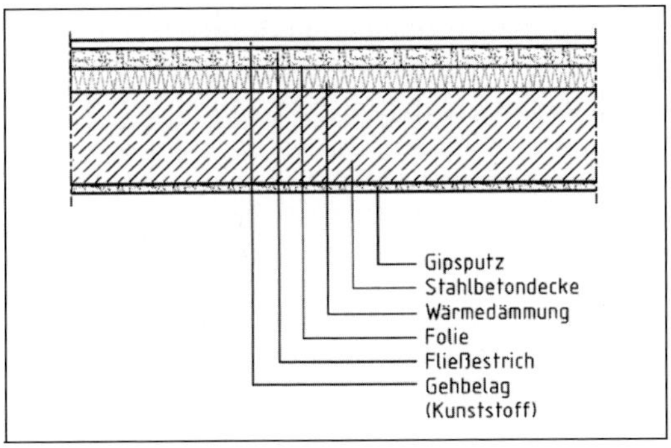

Bild 3.57 Wohnungstrenndecke mit Estrich auf Dämmschicht

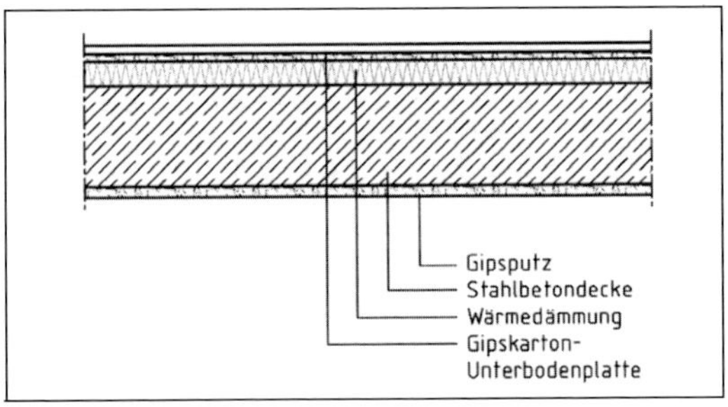

Bild 3.58 Wohnungstrenndecke mit Trockenunterboden

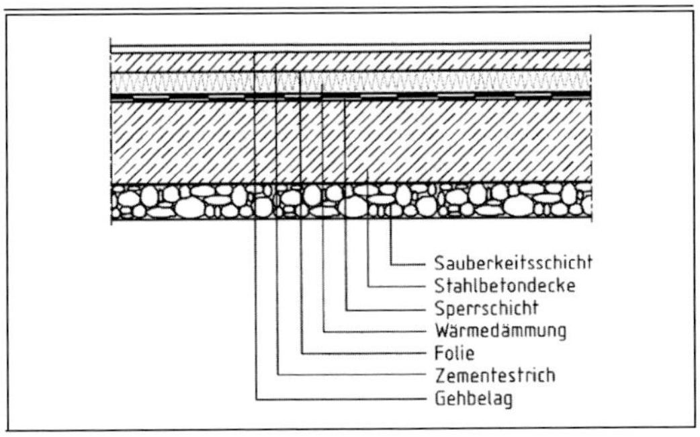

Bild 3.59 Decke unter nicht unterkellertem Aufenthaltsraum

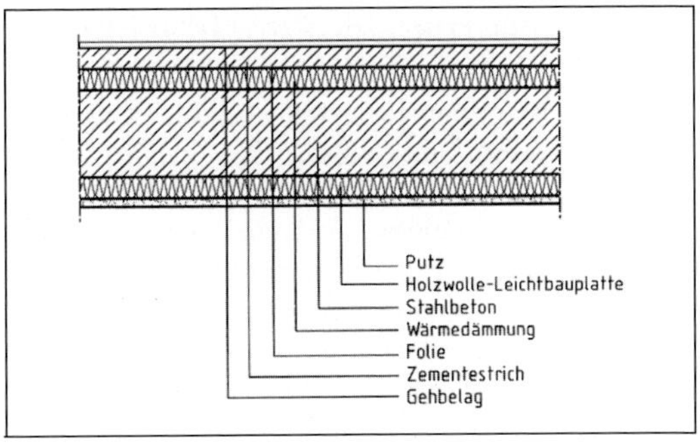

Bild 3.60 Decke über offener Durchfahrt

Bei Stahlbetondecken unter nicht ausgebautem Dachgeschoss kann die Wärmedämmschicht unmittelbar auf die Decke aufgelegt werden (Bild **3.**56).

Wohnungstrenndecken können mit Estrich auf Dämmschicht (Bild **3.**57 s. auch Abschn. 5.2.3) oder mit Trockenunterboden (Bild **3.**58 s. auch Abschn. 5.6) wärmegedämmt werden.

Kellerdecken können wie Wohnungstrenndecken gedämmt werden. Es sollte aber die Dicke der Wärmedämmschicht größer bemessen bzw. an der Deckenunterseite eine zusätzliche Dämmschicht aufgebracht werden. Decken unter nicht unterkellerten Aufenthaltsräumen sind zusätzlich gegen aufsteigende Feuchtigkeit zu schützen (Bild **3.**59).

An Decken über Durchfahrten werden besonders hohe Anforderungen gestellt. Hier ist neben der üblichen Maßnahme (Estrich auf Dämmschicht etc.) an der Deckenunterseite eine weitere Dämmschicht erforderlich. Üblicherweise wird hier eine Holzwolle-Leichtbauplatte, die gleichzeitig als Putzträger dient, angebracht (Bild **3.**60).

Bei geneigten Dächern kann die Wärmedämmung unter, zwischen oder über der Sparrenlage eingebaut werden. Holzbalkendecken werden üblicherweise zwischen den Balkenlagen gedämmt. Bei Wohnungstrenndecken erfolgt der Einbau der Wärmedämmschicht unter dem Estrich bzw. Trockenunterboden.

3.2.6 Konstruktiver Feuchteschutz

Moderne Wandbaustoffe sind leicht, porös und hoch wasseraufnahmefähig. Vor *Schlagregen* sind Wände durch Putze zu schützen, die Schlagregen abweisen, aber die Wasserdampfdurchlässigkeit nicht beeinträchtigen. Der Feuchtigkeitstransport eines verputzten Mauerwerks erfolgt durch Kapillarwirkung. Das Maß der Wasseraufnahmefähigkeit ist abhängig von der äußersten Bauteilschicht – der Putzschicht. Kenngröße ist der Wasseraufnahmekoeffizient w in $kg/m^2h^{0,5}$. Bei Außenputzen muss die wasserdampfdiffusionsäquivalente Luftschichtdicke s_d bei jeder Putzlage < 2,0 m sein.

> Der Wasseraufnahmekoeffizient w ist ein Materialwert, der angibt, wie groß die kapillare Wasseraufnahme von Baustoffen ist. Die wasserdampfdiffusionsäquivalente Luftschichtdicke s_d ($s_d = \mu \cdot s$) gibt an, wie dick eine ruhende Luftschicht ist, die den gleichen Wasserdampfdiffusionsdurchlasswiderstand wie das Bauteil der Dicke s in m hat.

Da es grundsätzlich keine absolut dichten Putze gibt (was wegen der Wasserdampfdiffusion auch nicht erwünscht ist), ist es wichtig, dass die aufgenommene Wassermenge in den Trockenperioden wieder abgegeben wird. Dies geschieht einerseits durch Verdampfung der Feuchtigkeit an der Putzoberfläche, zum anderen durch den Rücktransport der im Mauerwerk gespeicherten Wassermenge durch Dampfdiffusion. Entscheidend hierfür ist der Wasserdampfdurchlasswiderstand der Putzschicht.

Die Beurteilung der Schlagregenbeanspruchung ist abhängig von den klimatischen Bedingungen (siehe Anhang), den örtlichen Verhältnissen und der Gebäudehöhe. DIN 4108-3 unterscheidet drei Beanspruchungsgruppen:

- **Beanspruchungsgruppe I (geringe Schlagregenbeanspruchung)**

  Hier werden keine besonderen Anforderungen hinsichtlich des Regenschutzes gestellt. Es sind windgeschützte Lagen mit Niederschlagsmengen unter 600 mm. Putze/Putzsysteme, die folgenden Mörtelgruppen zugeordnet sind, kommen hierfür in Betracht: Unterputz/Oberputz: --/PI; PI/PI; --/PH; PII/PI; PII/PII; PII/P Org 1; Beton mit geschlossenem Gefüge/P Org T; --/PIII

- **Beanspruchungsgruppe II (mittlere Schlagregenbeanspruchung)**

  Jahresniederschlagsmenge 600 bis 800 mm, Gebäude und Hochhäuser, die nicht in der Gruppe I erfasst sind. Putze, die die Anforderungen erfüllen, gelten als *wasserhemmende Außenputze.*

  Putze/Putzsysteme, die folgenden Mörtelgruppen zugeordnet sind, kommen hier in Betracht: Unterputz/Oberputz: PI/PI mit Zusatzmittel; --/PIc mit Zusatzmittel -/PII; PII/PI; PII/PII; PII/P Org 1; Beton mit geschlossenem Gefüge/ P Org 1; Beton mit geschlossenem Gefüge/PIII.

- **Beanspruchungsgruppe III (starke Schlagregenbeanspruchung)**

  Jahresniederschlagsmenge > 800 mm, windreiche Gebiete mit niedrigeren Niederschlagsmengen, Gebäude und Hochhäuser in exponierter Lage, die nicht in der Gruppe II erfasst sind. Putze, die die Anforderungen erfüllen, gelten als *wasserabweisende Außenputze*. Putze/Putzsysteme, die folgenden Mörtelgruppen zugeordnet sind, kommen hier in Betracht: Unterputz/Oberputz: PIc/PI mit Zusatzmittel; PII/PI mit Zusatzmittel; -/PIc mit Zusatzmittel; --/RII mit Zusatzmittel; PII/PII mit Zusatzmittel; PII/POrg 1; Beton mit geschlossenem Gefüge/ POrg 1; Beton mit geschlossenem Gefüge/PIII Wasserabweisende Putze/Putzsysteme müssen die Forderungen erfüllen:

  $w\,s_d < 0{,}2$ kg/mh$^{-0,5}$; $w < 0{,}5$ kg/m^{2}h$^{-0,5}$; $s < 2{,}0$ m

Neben den oben beschriebenen Möglichkeiten werden in der Praxis auch wasserabweisende **Putz-Anstrichsysteme** (wasserabweisende Putze + wasserabweisende Anstriche) eingesetzt.

> Schlagregenschutz durch Außenputz wird mittels wasserhemmenden und wasserabweisenden Putzen/Putzsystemen erreicht.

Für **Kellerwandaußenputz** (zur Aufnahme von Beschichtungen gegen Durchfeuchtung) sind grundsätzlich Putze der Mörtelgruppe PIII zu verwenden. Die Mindestdruckfestigkeit beträgt 10N/mm^2. Dem Übergang von erdberührter Kellerwand und aufgehendem Mauerwerk ist besondere Aufmerksamkeit zu widmen. Dieser Bereich wird insbesondere durch Spritzwasser und Stoßbeanspruchung belastet. Der Stoßbeanspruchung kann man durch ausreichend feste Putze gerecht werden (Mindestdruckfestigkeit 10 N/mm^2). Für den Spritzwasserschutz wird eine vertikale Abdichtung bis zur waagerechten Wandabdichtung (waagerechte Sperrschicht im Mauerwerk) hochgezogen und an diese angeschlossen. Die Mindesthöhe der vertikalen Sperrschicht beträgt 30 cm (Bild 3.61).

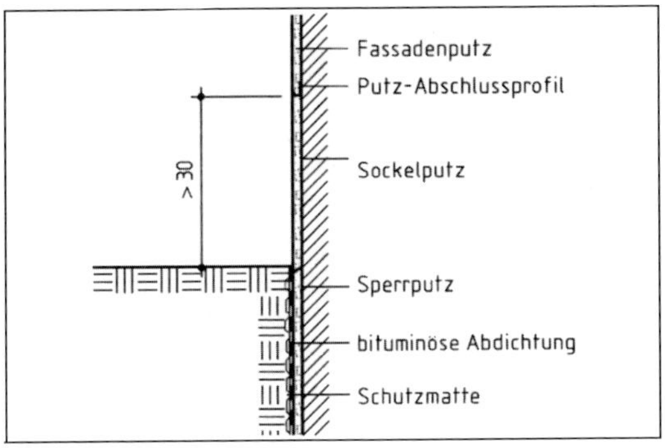

Bild 3.61 Spritzwasserschutz

Für diese Maßnahme kommen folgende Putze/Putzsysteme in Betracht:

Unterputz/Oberputz:-/PI mit Zusatzmittel; PIII/PIII mit Zusatzmittel; PIII/POrg 1; Beton mit geschlossenem Gefüge/POrg 1.

> Wasserabweisende Sockelputze müssen fest, wenig wassersaugend und widerstandsfähig gegen Frost sein.

Innenputze müssen, wenn sie langanhaltender und intensiver Feuchtigkeit ausgesetzt sind, diese Anforderungen erfüllen. Putze/Putzsysteme nach DIN 1168 (Baugipse) und DIN 4208 (Anhydritbinder) erfüllen diese Bedingung nicht. Sie sind geeignet für häusliche Feuchträume wie Küche und Bad. Für *extreme Feuchträume* (Waschküchen) oder Nassräume (Schwimmbäder) kommen folgende Putze/Putzsysteme in Betracht:

Unterputz/Oberputz: --/PI; PI/PI; --/PII; PII/PI; PII/PII; PII/POrg 1; --/PI; PIII/PII; PI/PI; PIII/POrg 1; Beton mit geschlossenem Gefüge/POrg 1.

> Baugipse und Anhydritbinder dürfen nicht für feuchtigkeitsbelastete Räume verwendet werden.

3.3 Schallschutz

Umfragen haben ergeben, dass die Mehrheit der Bevölkerung Lärm als eine akute Umweltbelastung erlebt. DIN 4109 legt deshalb Mindestwerte der Schalldämmung von Bauteilen und Höchstwerte des Schallpegels von Lärmquellen in Gebäuden fest. Die Lärmquellen können dabei innerhalb oder außerhalb des Gebäudes auftreten. Innerhalb von Gebäuden können laute Musik, lautes Sprechen etc. durch Luftschallübertragung, Gehgeräusche durch Trittschallübertragung, Geräusche haustechnischer Anlagen (Wasser- und Abwasseranlagen, Aufzüge usw.) durch Körperschallübertragung aus Nebenräumen und -wohnungen innerhalb des Gebäudes verteilt werden und sich störend, belästigend, krankmachend auf Menschen auswirken. Außerhalb von Gebäuden ist die wesentliche Lärmquelle der Verkehrslärm, der durch Luftschallübertragung in das Gebäudeinnere gelangt. Aufgabe des baulichen Schallschutzes ist es, Menschen in Aufenthaltsräumen vor gesundheitlichen und das Wohlbefinden beeinträchtigenden Lärmeinwirkungen zu schützen. Weil Berechnungen sich nur in sehr begrenztem Maße durchführen lassen, basieren die Festlegungen der DIN 4109 überwiegend auf Mess- und Erfahrungswerten.

> Durch Schallschutzmaßnahmen soll der Mensch
> - vor Luft-, Tritt- und Körperschallübertragungen aus fremden Wohn- und Arbeitsräumen,
> - vor Geräuschen aus haustechnischen Anlagen und vor Verkehrslärm
>
> geschützt werden.

3.3.1 Begriffe

Die Begriffe *Schall* (Entstehung, Ausbreitung, Arten, Schallgeschwindigkeit), *Geräusch*, *Ton*, *Tonhöhe*, *Frequenz und Lautstärke* sind im Abschn. 2.4 der Baufachkunde Grundlagen erklärt.

Schallwellen sind Druckschwankungen, die sich mit Schallgeschwindigkeit ausbreiten.

Der Schalldruck p (in N/m^2 = 1 Pa) ist der Wechseldruck, der durch die Schallwelle erzeugt wird. Der Empfindungsbereich des menschlichen Ohres reicht von p = 2/100 000 N/m^2 (Hörschwelle) bis 20 N/m^2 (Schmerzschwelle).

Der Schalldruckpegel L (Schallpegel) ist ein Maß für die Stärke eines Geräusches und wird in dB (Dezibel) angegeben. Die Hörschwelle p = 2/100 000 N/m^2 entspricht 0 dB, die Schmerzschwelle 20 N/m^2 entspricht 120 dB (Bild **3.**62).

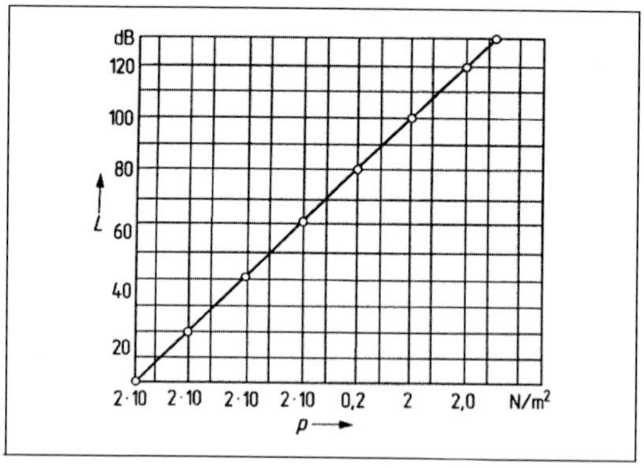

Bild 3.62 Schalldruckpegel L (dB) in Abhängigkeit vom Schalldruck p (N/m^2)

Die Schallpegelwerte entsprechen dem logarithmischen Maßstab. Dabei bedeutet 10 dB das 10-fache, 20 dB das 100-fache des Schalldrucks. Kommt es zu einer Überlagerung mehrerer Schallpegel, können diese nicht einfach addiert werden. Zwei Schallquellen gleicher Lautstärke erhöhen den Schalldruck immer um 3 dB. Bei Schallquellen unterschiedlicher Lautstärke ist der Gesamtschallpegel abhängig von der Differenz der Einzelschallpegel. Vereinfacht lässt sich das so darstellen (Bild **3.**63):

Beispiel

2 Schallquellen von 53 dB überlagern sich. Wie groß ist der Gesamtschallpegel?

Lösung

Bei gleich großen Schallpegeln beträgt die Zunahme nach Tabelle **3.**63 3 dB.
Gesamtschallpegel $L_{1,2}$ = 53 dB + 53 dB = **56 dB**

Beispiel

2 Schallquellen L_1 = 53 dB und L_2 = 56 dB überlagern sich. Wie groß ist der Gesamtschallpegel?

Lösung

Die Differenz beträgt 56 dB – 53 dB = 3 dB. Nach Tabelle **3.**63 ergibt sich bei einer Differenz von 3 dB eine Zunahme von 2 dB Gesamtschallpegel $L_{1,2}$ = 56 dB + 2 dB = **58 dB**

L_m-L_n in dB	0 und 1	2 und 3	4 bis 9	10
d_L in dB	+3	+2	+1	0

Bild 3.63 Vereinfachtes Schema zur Addition von zwei Schallpegeln

Beispiel 4

Schallquellen L_1 L_2, L_3, L_4 von je 55 dB überlagern sich. Wie groß ist der Gesamtschallpegel?

Lösung

Wir gehen zunächst schrittweise vor und addieren immer je zwei Schallquellen.
Die Differenz von L_1 und L_2 ist, da beide gleich groß sind = Null. Also beträgt die Zunahme nach Tabelle **3.**63 = 3 dB
$L_{1,2}$ = 55 dB + 3 dB = 58 dB
Differenz von $L_{1,2}$ und L_3 = 58 dB – 55 dB = 3 dB
Zunahme nach Tabelle **3.**63 = 2 dB
$L_{1,2,3}$ = 58 dB + 2 dB = 60 dB
Differenz von $L_{1,2,3}$ und L_4 = 60 dB – 55 dB = 5 dB
Zunahme nach Tabelle **3.**63 = 1 dB

Gesamtschallpegel $L_{1,2,3,4}$ = 60 dB +1 dB = **61 dB**.

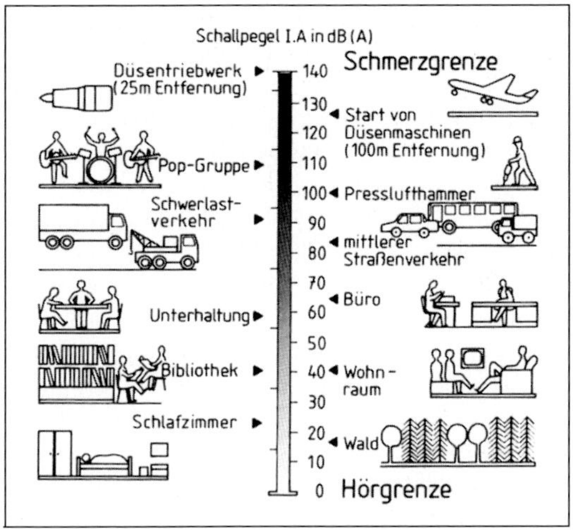

Bild 3.64 Beispiele für den A-Schallpegel verschiedener Geräusche

Oberhalb von 40 dB wird eine Schallpegelzunahme um 10 dB als eine Verdoppelung der Lautstärke empfunden. Unterhalb von 40 dB genügen bereits geringere Zunahmen des Schallpegels, um eine Verdoppelung herbeizuführen. Weil das menschliche Ohr nicht alle Frequenzen mit gleicher Empfindlichkeit wahrnimmt – bei gleichem Schalldruck werden hohe Töne lauter empfunden als tiefe Töne – hat man einen dem menschlichen Ohr angepassten Schallpegel eingeführt – den A-bewerteten Schallpegel (L_A in dB (A)). Er ermöglicht die gehörrichtige Erfassung der Geräuschstärke (Bild **3**.64).

Der A-bewertete Schallpegeldruck ist ein Maß für die Stärke eines Geräusches und wird nach dB (A) angegeben.

3.3.2 Luftschalldämmung

Bei Frequenzen von 100 Hz bis 3150 Hz – was einem Bereich von rund fünf Oktaven entspricht – ist das menschliche Ohr am empfindlichsten. Dieser Bereich entspricht dem *Schallschutzbereich* (Bild **3**.65).

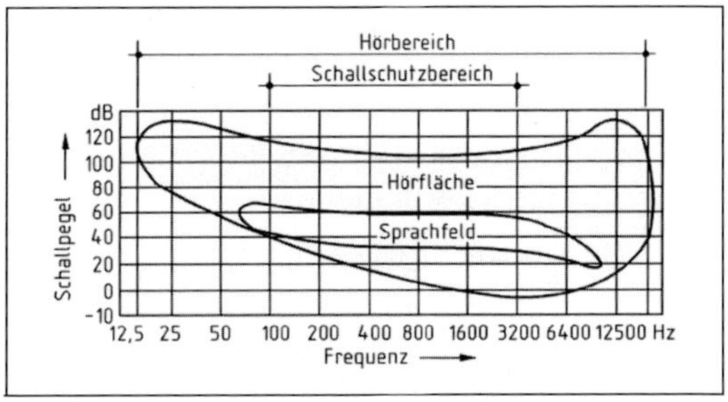

Bild 3.65 Hörbereich des Menschen in Abhängigkeit von der Frequenz

Unter Schallschutz verstehen wir Maßnahmen, die die Schallübertragung von einer Schallquelle zum Hörer vermindert (Luftschall, Körperschall, Bild **3**.66a, b). Befinden sich Schallquellen und Hörer in *einem* Raum, erfolgt der Schallschutz durch *Schallabsorption*, befinden sie sich in *verschiedenen* Räumen, oder befindet sich die Lärmquelle außerhalb des Gebäudes, durch *Schalldämmung*.

Als Schalldämmung wird der Widerstand eines Bauteils gegen den Durchgang von Luftschallwellen bezeichnet. Die Schallübertragung erfolgt zwischen angrenzenden Räumen nicht nur über die Trennwand (Weg A in Bild **3**.66c), sondern auch über die flankierenden Bauteile (Weg B in Bild **3**.66c).

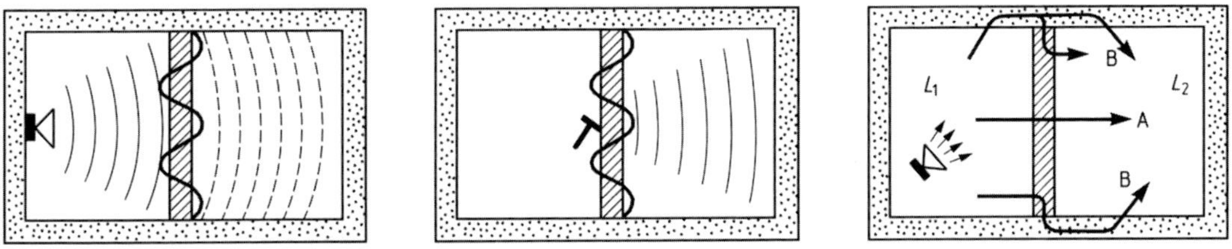

a) b) c)

Bild 3.66 a) Luftschallanregung, b) Körperschallanregung, c) Luftschallübertragung zwischen zwei Räumen

Das Schalldämmmaß *R* in dB kennzeichnet die Luftschalldämmung von Bauteilen unter Laborbedingungen (nur Weg A in Bild **3.**66c). Das Schalldämmmaß R' erfasst darüber hinaus auch die Nebenwege (Weg A + Weg B in Bild **3.**66c).

Unter Flankenübertragung versteht man die Nebenwegübertragung von Schall unter Ausschluss der Übertragung über Undichtheiten, Lüftungsanlagen, Rohrleitungen usw. Schall-Nebenwegübertragung ist jede Form der Luftschallübertragung zwischen zwei aneinander liegenden Räumen, die nicht über die Trennwand oder Decke erfolgt.

Unter Schall-Nebenwegübertragung versteht man die Schallübertragung über flankierende Bauteile (z. B. Wände), Undichtheiten, Lüftungsanlagen, Rohrleitungen etc.

Maßnahmen zur Verhinderung der Flankenübertragung fasst man unter dem Sammelbegriff „Längsschalldämmung" zusammen.

Das bewertete Schalldämmmaß R'_W in dB ist der maßgebende Vergleichswert für die Baupraxis. Dies geschieht, indem die Kurve der frequenzabhängig gemessenen Werte mit einer genormten Bezugskurve verglichen wird (Bild **3.**67). Das bewertete Schalldämmmaß R'_W ist das in ganzen dB anzugebende Maß, um das die Bezugskurve in Ordinatenrichtung so weit zu verschieben ist, bis die mittlere Abweichung ≤ 2,0 dB beträgt.

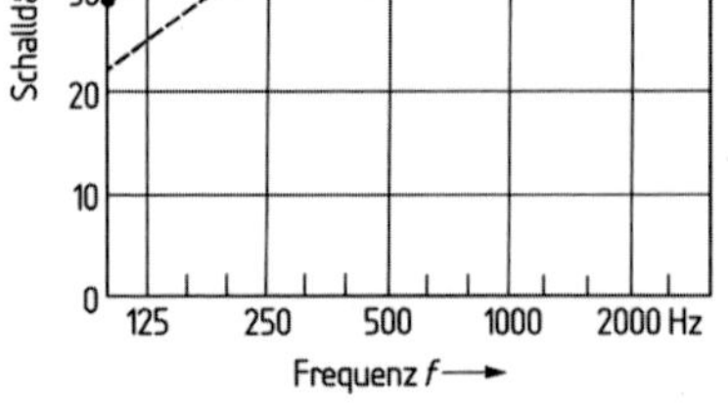

Bild 3.67 Definition des bewerteten Schalldämm-Maßes R_W

Das bewertete Schalldämmmaß R'_W (in dB) ist der Kennwert für den Luftschallschutz von Bauteilen. Mit R'_W kann man unterschiedliche Bauteile miteinander vergleichen. R_W berücksichtigt, dass höhere Frequenzen deutlicher wahrnehmbar und deshalb störender als tiefe Frequenzen empfunden werden.

Beispiel

Für die Wohnungstrennwand (Bild **3.**68) wurde ein Schalldämmmaß R'_W von 52 dB ermittelt. Der im Nachbarraum erzeugt Schallpegel L beträgt 80 dB(A). Wie groß ist der Schallpegel im Nebenraum?

L = 80 **dB(A)** – 52 dB = 28 **dB(A)**

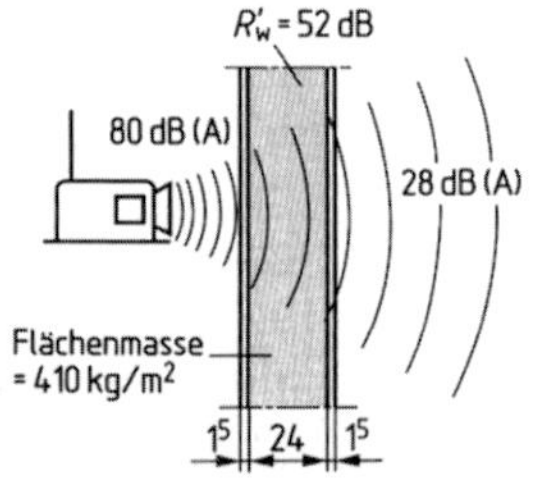

Bild 3.68 Schalldurchgang durch eine Wand

3.3.3 Trittschalldämmung

Die Trittschalldämmung befasst sich mit dem Trittschallschutz von Decken und Treppen bei der Übertragung von Gehgeräuschen. Der Trittschallschutz ist bauphysikalisch dem Körperschall zuzuordnen.

Der Trittschallpegel L_T ist der Schallpegel, der in einem Raum entsteht, wenn mit einem Norm-Hammerwerk nach DIN 52210-1 die Decke darüber angeregt wird. Der Trittschallpegel ist nicht das Maß für die Dämmung, sondern ein Maß für das zu erwartende Störgeräusch. Hohe Trittschallpegel sind demnach ein Kennzeichen für eine schlechte Trittschalldämmung.

Daneben gibt es den Norm-Trittschallpegel L_n (ohne Flankenübertragung) und den Norm-Trittschallpegel L'_n (mit Flankenübertragung). Entscheidende Bezugsgröße und Vergleichsgröße ist der bewertete **Norm-Trittschallpegel $L_{n,w}$ bzw. $L'_{n,W}$**.

Zum Vergleich der gemessenen Werte dient wie beim Schalldämmmaß R'_W eine genormte Bezugskurve (Bild **3.**69). In Abweichung von DIN 52210-4 wird in DIN 4109 weiterhin das **Trittschallschutzmaß** ***TSM*** verwandt. Es setzt sich zusammen aus dem **äquivalenten** ***TSM*** **(*TSM*$_{eq}$)** und dem **Verbesserungsmaß** ***VM***. Das TSM_{eq} bezieht sich auf verschiedene Grundkonstruktionen (unverbesserte Rohdecken), die in DIN 4109 erfasst sind. Das *VM* gibt an, um welchen Wert eine zusätzliche Auflage (z. B. Estrich auf Dämmschicht) die Gesamtkonstruktion verbessert.

> Das Trittschallschutzmaß *TSM* der gebrauchsfertigen Decke ergibt sich aus der Addition von TSM_{eq} und *VM*. $TSM = TSM_{eq} + VM$.

Rechenwerte für das $TSM_{eq,R}$ ergeben sich aus Tabelle **3.**70, für das WW_R von Estrichen auf Dämmschicht und weichfedernden Böden aus Tabelle **3.**71.

Beispiel

Bringt man auf eine Rohdecke mit einem $TSM_{eq,R}$ von -11 dB (Massivdecke mit einer flächenbezogenen Masse von 380 kg/m^2 nach Tabelle 16, Beiblatt 1 DIN 4109) einen Estrich auf Dämmschicht nach DIN 18560-2 mit einem VM_R von 26 dB (*s*' von 30 MN/m^3 nach Tabelle **3.**70) auf, so beträgt das Trittschallschutzmaß der Gesamtkonstruktion: *TSM* = -11 dB + 26 dB = **+15** dB.

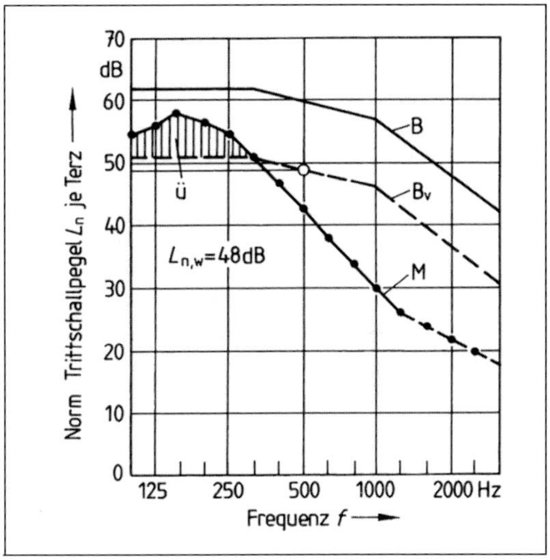

Bild 3.69 Bezugskurve für den Normtrittschallpegel $L_{n,w}$

Tabelle 3.70 Rechenwerte des Trittschallverbesserungsmaßes VM_R von schwimmenden Estrichen auf Massivdecken

Schwimmender Estrich	dynamische Steifigkeit *s*' in MN/m^3 von höchstens	VM_R hart	in dB mit Bodenbelag weich (WM_R > 20 dB)
Gussasphaltestriche nach DIN 18 560-2 mit einer flächenbezogenen Masse > 45 kg/m^2 auf Dämmschichten aus Dämmstoffen nach DIN 19 164-2 oder DIN 18 165-2	50	20	20
	40	22	22
	30	24	24
	20	26	26
	15	27	29
	10	29	32
Estriche nach DIN 18 560-2 mit einer flächenbezogenen Masse > 70 kg/m^2 auf Dämmschichten aus Dämmstoffen nach DIN 18 164-2 oder DIN 19 165-2	50	22	23
	40	24	25
	30	26	27
	40	28	30
	15	29	33
	10	30	34

Tabelle 3.71 Rechenwerte des Trittschallverbesserungsmaßes VM_R von Deckenauflagen und weichfedernden Bodenbelägen

Belag		VM_R in dB
Linoleum-Verbundbelag nach DIN 18 173		14[1]
PVC-Beläge[2]		
– mit genadeltem Jutefilz als Träger nach DIN 16 952-1		13[2]
– mit Korkment als Träger nach DIN 16 952-2		16[2]
– mit Unterschicht aus PVC-Schaumstoff nach DIN 16 952-3		16[2]
– mit Synthesefaser-Vliesstoff als Träger nach DIN 16 952-4		13[2]
Textile Bodenbeläge		
Nadelvlies, Dicke > 5 mm		20
Polteppiche[3]		
Unterseite geschäumt Normdicke	4 mm	19
	6 mm	24
	8 mm	28
Unterseite ungeschäumt Normdicke	4 mm	19
	6 mm	21
	8 mm	24

[1] Die Bodenbeläge müssen durch Hinweis auf die jeweilige Norm gekennzeichnet sein. Das maßgebende Verbesserungsmaß WM_R muss auf dem Erzeugnis angegeben sein.

[2] Die angegebenen Werte sind Mindestwerte aus dem entsprechenden Normen DIN 18 173 und DIN 16952 T1 bis 4; sie gelten nur für aufgeklebte Bodenbeläge.

[3] Pol aus Polyamid, Polypropylen, Polyacrylnitril, Polyester.

3.3.4 Bauakustische Kenngrößen

Bei der Grenzfrequenz sind die Wellenlängen des Luftschalls und der freien Biegeschwingungen der Bauteile identisch (Bild **3**.72). *Folge*: Die Luftschalldämmung wird verringert (Bild **3**.73). Die Grenzfrequenz wird durch das Verhältnis der flächenbezogenen Masse zur Biegefestigkeit des Bauteils bestimmt. Für übliche Baustoffe lässt sich die Grenzfrequenz f_g aus Diagramm **3**.74 ablesen.

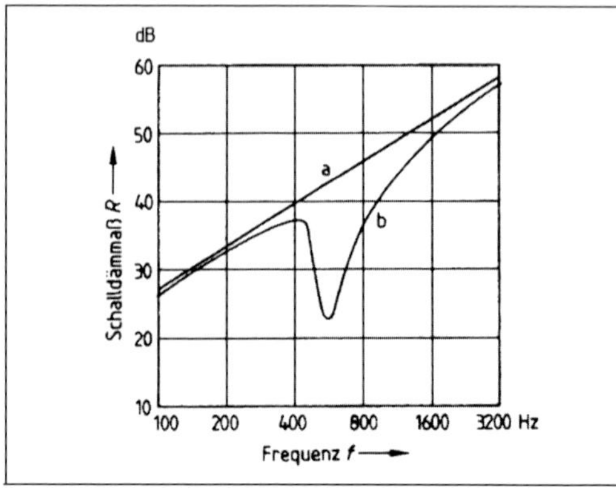

Bild 3.72 Gleich große Luftschall-Spurwellen und Wand-Biegewellen vergrößern die Schallabstrahlung

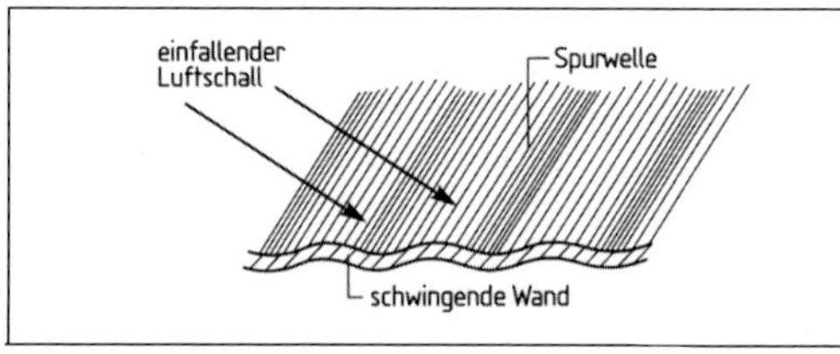

Bild 3.73 Verschlechterung des Luftschalldämmung im Bereich der Grenzfrequenz

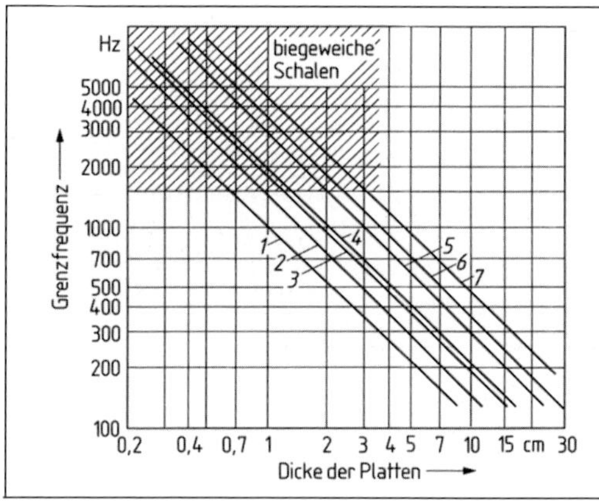

Bild 3.74 Grenzfrequenz für Platten aus verschiedenen Baustoffen in Abhängigkeit von ihrer Dicke

1 Glas
2 Schwerbeton
3 Sperrholz
4 Vollziegel
5 Gips
6 Hartfaserplatten
7 Porenbeton

Von Eigenfrequenz (Resonanzfrequenz) spricht man, wenn zweischalige Bauteile unter Zusammendrücken der Zwischenschicht (z. B. Luftpolster oder Dämmschicht) mit größerer Amplitude gegeneinander schwingen. Im Resonanzbereich durchdringt der Schall weitgehend ungehindert das Bauteil. Dies bedeutet eine wesentlich geringere Schalldämmung.

Schallabsorption (Schallschluckung) in einem Raum beeinflusst die Lautstärke und die Raumakustik (Klangerscheinung wie z. B. Hall, Echo) Absorption bedeutet den Verlust an Schallenergie durch Reflexion an Begrenzungsflächen, Einrichtungsgegenständen oder Personen in einem Raum (z. B. Möbel, Schränke, Vorhänge, Bild **3.**75). Die Schallschluckung beruht vorwiegend auf der Umwandlung von Schallenergie in Wärmeenergie.

Der Grad der Schallabsorption ist das Verhältnis der nicht reflektierten (nicht zurückgeworfenen) zur auffallenden Schallenergie – Kennbuchstabe α; Vollständige Reflexion $\alpha = 0$; vollständige Absorption $\alpha = 1$.

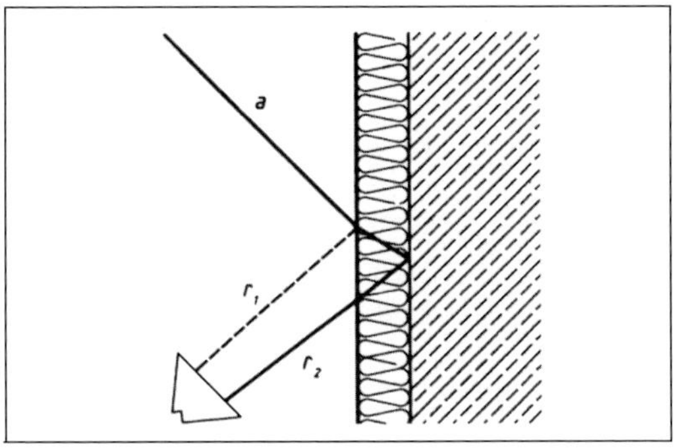

Bild 3.75 Schallabsorption

a auftreffender Schall
r_1 an der Absorptionsfläche reflektierter Schall
r_2 an der Wandfläche reflektierter Schall

Die Nachhallzeit *T* in s gibt an, in welcher Zeit der Schallpegel nach Beenden der Schallsendung um 60 dB abfällt. Aus der Nachhallzeit T und dem Raumvolumen V ergibt sich die äquivalente Absorptionsfläche.

Die äquivalente Schallschluckfläche (Schallabsorptionsfläche) *A* in m² ($A = 0{,}163 \times V/T$), bezeichnet die Schallschluckfläche mit dem Schallschluckgrad = 1.

Eine Fläche von 10 m^2 mit einem Schallschluckgrad von 0,8 hat eine äquivalente Schallschluckfläche von $0{,}8 \times 10 = 8m^2$.

Der Absorptionsgrad α_s (*alpha s*) von Baustoffen ist in Abhängigkeit von der Frequenz in DIN 52212 festgelegt.

Die dynamische Steifigkeit s' **in** MN/m^3 kennzeichnet das Federungsvermögen von Dämmschichten, s' ergibt sich aus der in den Poren eingeschlossenen Luft (der Luftsteifigkeit) und aus der Gefügesteifigkeit der Dämmstoffe.

Von biegesteifen Schalen sprechen wir bei $f_g \leq 200$ Hz, von **biegeweichen Schalen** bei $f_a \geq 2000$ Hz.[9]

3.3.5 Dämmstoffe für die Trittschalldämmung

Üblicherweise werden für den Trittschallschutz Schaumkunststoffe nach DIN 18164-2 und Faserdämmstoffe nach DIN 18165-2 eingesetzt. Trittschalldämmstoffe aus Schaumkunststoffen bestehen aus Polystyrol-Partikelschaumstoff (EPS), Faserdämmstoffe aus Mineralfasern (Glas-, Gesteins- oder Schlackenschmelze) und pflanzliche Fasern (Kokos-, Holz- oder Torffasern). Während die Faserdämmstoffe für die Tritt- und die Luftschalldämmung eingesetzt werden können, eignen sich die Schaumkunststoffe in der Regel nur für die Trittschalldämmung (in Verbindung mit einem Estrich auch zur Verbesserung der Luftschalldämmung). Die Lieferformen, Abmessungen und Bezeichnung entspricht den gemachten Angaben bei den Wärmedämmstoffen.

Trittschalldämmstoffe müssen um ihrer Aufgabe gerecht zu werden, ein gutes Federungsvermögen aufweisen. Erforderlich ist aber auch eine Mindestdruckfestigkeit, um die Belastung, aus dem Estrich und die Gebrauchslast aufnehmen zu können. Entscheidend für den Trittschallschutz ist das Federungsverhalten, die dynamische Steifigkeit s', in Verbindung mit einem Estrich. DIN 18164-2, Tabelle 4 teilt die Schaumkunststoffe in vier Steifigkeitsgruppen (10; 15; 20; 30), DIN 18165-2, Tabelle 5 die Faserdämmstoffe in acht Steifigkeitsgruppen (10; 15; 20; 30; 40; 50; 70; 80) ein. Die Zahlenangaben geben den Mittelwert der dynamischen Steifigkeit *s'* in NM/m^3 an.

Tabelle 3.76 Anwendungstypen für Schalldämmung

Schall	Typ	Eigenschaften
Schaumkunststoffe	TK	für Decken, geringe Zusammendrückbarkeit
Faserdämmstoffe	T	unter Estrich auf Dämmschicht
Faserdämmstoffe	T	kombinierte Verlegung, die weicheren Faserdämmstoffe werden dabei immer unter die Wärmedämmplatten gelegt
Wärmedämmplatten	WD	

Je kleiner der Zahlenwert der Steifigkeitsgruppe, um so besser ist das Federungsvermögen und damit die Trittschalldämmung.

Faserdämmstoffe weisen eine günstigere dynamische Steifigkeit auf als Schaumkunststoffe.

3.3.6 Konstruktiver Schallschutz

Die in **DIN 4109** gemachten Angaben bezüglich der Anforderungen an den Schallschutz sind Mindestanforderungen. Diese gewährleisten allerdings keinen zufriedenstellenden Schutz vor Lärmeinwirkung. Neben den baurechtlichen Vorgaben werden aber auch Vorschläge für einen erhöhten Schallschutz gemacht. Aus Tabelle **3.**77 sind die Mindestbedingungen und die Empfehlungen für einen erhöhten Schallschutz gegenübergestellt. Anzustreben sind grundsätzlich die Empfehlungen für den erhöhten Schallschutz.

Tabelle 3.77 Mindestbedingungen und Empfehlungen für erhöhten Schallschutz

Bauteil/Bauteil	**Luftschalldämmung**		**Trittschalldämmung**	
	Anforderungen erf. R'_W in dB	Vorschläge für erhöhten Schallschutz erf. R'_W in dB	Anforderungen erf. $L'_{n,W}$ in dB	Vorschläge für erhöhten Schallschutz erf. $L'_{n,W}$ in dB
Geschosshäuser mit Wohnungen und Arbeitsräumen				
Decken	54	≥ 55	53	≤ 46
Wände	53	≥ 55	–	–
Treppen	–	–	58	≤ 46
Türen (Hausflur/Flur)	27	≥ 37	–	–
Eigengenutzte Wohngebäude (Empfehlungen)				
Decken	50	≥ 55	56	≤ 46
Wände zwischen „lauten“ und „leisen“ Räumen (z. B. zwischen Wohn- und Kinderschlafzimmer)	40	≥ 47	–	–
Treppen und Treppenpodeste (Einfamilienhäuser)	–	–	–	≤ 53
Einfamilien-Doppel- und Reihenhäuser				
Decken	–	–	48	≤ 38
Haustrennwände	57	≥ 67	–	–
Treppen	–	–	–	≤ 46
Beherbergungsstätten, Krankenhäuser, Sanatorien				
Decken	54	≥ 55	53	≤ 46

Bauteil/Bauteil	Luftschalldämmung		Trittschalldämmung	
	Anforderungen erf. R'_W in dB	Vorschläge für erhöhten Schallschutz erf. R'_W in dB	Anforderungen erf. $L'_{n,W}$ in dB	Vorschläge für erhöhten Schallschutz erf. $L'_{n,W}$ in dB
Wände	47	≥ 52	–	–
Beherbergungsstätten, Krankenhäuser, Sanatorien				
Treppen	–	–	–	≤ 46
Türen	32	≥ 37	–	–
Schulen				
Decken	55	–	53	–
Wände zwischen Unterrichtsräumen und Unterrichtsräumen und Fluren	47	–	–	–
Wände zwischen Unterrichtsräumen und Treppenhäuser	52	–	–	–
Türen	32	–	–	–
Büro- und Verwaltungsgebäude (eigener Arbeitsbereich, Empfehlungen)				
Decken	52	≥ 55	53	≤ 46
Wände	37	≥ 42	–	–
Wände von Räumen, die besonderen Schallschutz erfordern	45	≥ 52	–	–
Türen zwischen Büroräumen bzw. Büroräumen und Fluren	27	≥ 32	–	–
Türen zwischen Räumen, die besonderen Schallschutz erfordern	37	–	–	–

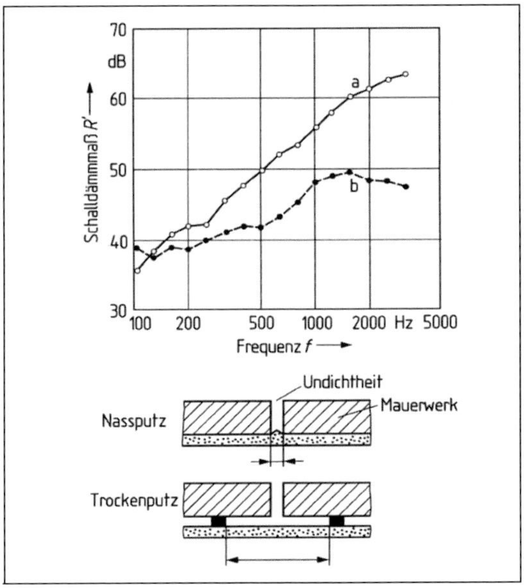

Bild 3.78 Schalldämmung von Trennwänden aus 240 mm Kalksandstein in ausgeführten Bauten
a) nass verputzt, b) mit Trockenputz

Einschalige Bauteile schwingen als Ganzes und bestehen aus einem einheitlichen Stoff (Beton, Mauerwerk) oder aus mehreren Schichten verschiedener, in ihren schalltechnischen Eigenschaften ähnlicher Baustoffe, die fest miteinander verbunden sind (Mauerwerk und Putzschicht). Für einschalige Bauteile gilt:

- mit zunehmender Masse nimmt die Luftschalldämmung zu (*Voraussetzung*: keine offenen Fugen, Risse, Rohrschlitze oder Durchführungen)
- im Bereich der Spuranpassung (Grenzfrequenz) verschlechtert sich die Luftschalldämmung
- die Wirkung der Biegefestigkeit ist im Hauptfrequenzbereich (f_g = 200 bis 2000 Hz) ungünstig
- im unteren Frequenzbereich (f_g < 200 Hz) ist sie günstig.

Der Putz verbessert die Luftschalldämmung von gemauerten Wänden nur entsprechend seiner flächenbezogenen Masse, es sei denn, er übernimmt auch eine dichtende Funktion. Bei unverputzten Wänden kann der Schall durch teilweise offene Stoß- oder Lagerfugen, oder über die offenen Poren des Wandgefüges übertragen werden. Bei einer 24 cm dicken unverputzten Wand aus Bims-Hohlblocksteinen ergaben Messungen ein R_W von 16 dB, verputzt ein R_W von 49 dB. Deshalb ist es bei unverputzten Wänden z. B. aus Gipswandbauplatten wichtig, auf eine geschlossene Struktur zu achten. Bei unverputztem Mauerwerk muss trotz aller Sorgfalt mit einer Verschlechterung der Schalldämmung gerechnet werden. Wird ein Nassputz ausgeführt, wird das Optimale erreicht. Im Ansetzverfahren aufgebrachte Gipskarton platten auf eine Rohwand führen – wegen den Eigenschwingungen – zu weniger befriedigenden Ergebnissen (Bild **3**.78).

Achtung: Werden auf einschalige, biegesteife Wände zur Verbesserung der Wärmedämmung Dämmplatten mit hoher dynamischer Steifigkeit (z. B. Holzwolle-Leichtbauplatten) im Ansetzverfahren aufgebracht, verschlechtert sich das Schalldämm-Maß R'_W, wenn die Platten verputzt werden!

Bei Bauteilen mit einer flächenbezogenen Masse von $m \leq 100$ kg/m² wirkt sich das Auftreten gleicher Wellenlängen der Wand- und Luftschwingungen (Grenzfrequenz) ungünstig aus. Dies betrifft in der Regel den Frequenzbereich 200 bis 2000 Hz (**3**.72). Um diese Probleme zu umgehen, empfiehlt es sich schwere Wände ($m \geq 150$ kg/m²) mit niedriger Grenzfrequenz (≤ 200 Hz) oder leichte biegeweiche Wände mit hoher Grenzfrequenz (> 2000 Hz) zu erstellen. Tabelle **3**.79 enthält Rechenwerte für das bewertete Schalldämmmaß $R'_{W,R}$ in Abhängigkeit von der flächenbezogenen Masse für Wände und Massivdecken.

Voraussetzung: Die flankierenden Bauteile haben eine mittlere flächenbezogene Masse - 300 kg/m², ein geschlossenes Wandgefüge und einen fugendichten Aufbau. Die Tabelle weist eindeutig nach: Mit steigender Masse nimmt die Luftschalldämmung einschaliger Bauteile deutlich zu.

> Die Luftschalldämmung einschaliger Bauteile hängt weitgehend von ihrer Masse ab.

Tabelle **3**.80 bietet die Möglichkeit für ein gewünschtes bewertetes Schalldämm-Maß R'_W, bei vorgegebener Wanddicke die notwendige Stein-Rohdichteklasse bzw. bei vorhandenem Steinmaterial die notwendige Wanddicke festzustellen. Ist für eine vorhandene Wand oder Decke die flächenbezogene Masse zu ermitteln, ergibt sich diese aus der Rohdichte und Dicke des verwendeten Materials. Mit Hilfe der Angaben aus Tabelle **3**.80 lässt sich auf einfache Art und Weise die Masse errechnen. Für die flächenbezogene Masse von Putz können die folgenden Werte in Ansatz gebracht werden (Tab. **3**.82).

Tabelle 3.79 Rechenwerte des bewerteten Maßes $R'_{W,R}$ von einschaligen, biegesteifen Bauteilen, abhängig von der flächenbezogenen Masse m'

m' in kg/m²	85	90	95	105	115	125	135	150	160	175	190	210
$R'_{W,R}$ in dB	34	35	36	37	38	39	40	41	42	43	44	45
m' in kg/m²	230	250	270	295	320	350	380	410	480	490	530	580
$R'_{W,R}$ in dB	46	47	48	49	50	51	52	53	54	55	56	57

Tabelle 3.80 Bewertetes Schalldämm-Maß $R'_{W,R}$ von einschaligem, in Normalmörtel gemauertem Mauerwerk

Zeile	Bewertetes Schalldämm-Maß $R'_{W,R}$ [1]	Mindestrohdichte der Steine und Wanddicke der Rohrwand					
		Beiderseitiges Sichtmauerwerk		Beiderseitig je 10 mm Putz P IV (Gips- und Kalkgipsputz) (20 kg/m²)		Beiderseitig je 15 mm Putz P I, P II, P III (Kalk-, Kalkzement-, Zementputz) (50 kg/m²)	
	in dB	Stein-Rohdichteklasse	Wanddicke in mm	Stein-Rohdichteklasse	Wanddicke in mm	Stein-Rohdichteklasse	Wanddicke in mm
1		0,6	175	0,5	175	0,4	115
2	37	0,9	115	0,7	115	0,6	100
3		1,2	100	0,8	100	0,7	80

Zeile	Bewertetes Schalldämm-Maß $R'_{W,R}$ [1])	Mindestrohdichte der Steine und Wanddicke der Rohrwand					
		Beiderseitiges Sichtmauerwerk		Beiderseitig je 10 mm Putz P IV (Gips- und Kalkgipsputz) (20 kg/m^2)		Beiderseitig je 15 mm Putz P I, P II, P III (Kalk-, Kalkzement-, Zementputz) (50 kg/m^2)	
	in dB	Stein-Rohdichteklasse	Wanddicke in mm	Stein-Rohdichteklasse	Wanddicke in mm	Stein-Rohdichteklasse	Wanddicke in mm
4	37		80	1,2	80	0,8	70
5		1,41,6	70	1,4	70	–	–
6		0,5	240	0,5	240	0,5	175
7		0,8	175	0,7	175	0,7	115
8	40	1,2	115	1,0	115	1,2	80
9		1,8	80	1,6	80	1,4	70
10		2,2	70	1,8	70	–	–
11		0,7	240	0,6	240	0,5	240
12		0,9	175	0,8	175	0,6	175
13	42	1,4	115	1,2	115	1,0	115
14		2,0	80	1,6	100	1,2	100
15		–	–	1,8	80	1,4	80
16		–	–	2,0	70	1,6	70
17		0,9	240	0,8	240	0,6	240
18	45	1,2	175	1,2	175	0,9	175
19		2,0	115	1,8	115	1,4	115
20		2,2	100	2,0	100	1,8	100
21		0,8	300	0,8	300	0,6	300
22	47	1,0	240	1,0	240	0,8	240
23		1,6	175	1,4	175	1,2	175
24		2,2	115	2,0	115	1,8	115
26		1,0	365	1,0	365	0,9	365
27	52	1,4	300	1,2	300	1,2	300
28		1,6	240	1,6	240	1,4	240
29		2,2	175	2,2	175	1,8	175
31		1,2	365	1,2	365	1,0	365
32	53	1,4	300	1,4	300	1,2	300
33		1,8	240	1,8	240	1,6	240
34		–	–	–	–	2,2	175
31		1,4	365	1,4	365	1,2	365
32	55	1,8	300	1,6	300	1,6	300
33		2,2	240	2,0	240	2,0	240
35	57	1,6	365	1,6	365	1,6	365
36		2,0	300	2,0	300	1,8	300

[1]) Gültig für flankierende Bauteile mit einer mittleren flächenbezogenen Masse von 300 kg/m^2

Tabelle 3.81 Wandrohdichten einschaliger, gemauerter Wände, abhängig von der Stein- bzw. Plattenrohdichte *ρ* und der Mörtelart

Rohdichte *ρ* in kg/dm^3		2,2	2,0	1,8	1,6	1,4	1,2	1,0	0,9	0,8	0,7	0,6	0,5
Wandrohdichte in kg/m^3	Normalmörtel	2080	1900	1720	1540	1360	1180	1000	910	820	730	640	550
	Leichtmörtel	1940	1770	1600	1420	1260	1090	950	860	770	680	590	500

Tabelle 3.82 Flächenbezogene Masse von Putz

Putzart	Dicke in mm	flächenbezogene Masse in kg/m^2
Kalkgipsputz	10	10
Gipsputz	15	15
Kalkputz	10	18
Kalkzementputz	15	25
Zementputz	20	30

Beispiel

Für eine Wand aus KSV, 24 cm dick, Rohdichte δ =1,4 kg/dm^3, gemauert in Normalmörtel, soll die flächenbezogene Masse ermittelt werden: a) ohne Putz, b) mit beidseitigem Putz (innen 15 mm Gips-, außen 20 mm Kalkzementputz.

Lösung

Nach Tabelle **3.**81 ergibt sich bei einer Rohdichte von δ = 1,4 kg/dm^3 eine Wandrohdichte von 1360 kg/m^3.

a) ohne Putz ($_{op}$)

m_{op} = 1360 kg/m^3 × 0,24 m = **326,40 kg/m²**

b) mit Putz ($_{mp}$)

m_{mp} = 326,40 kg/m^2 + 15 kg/m^2 + 25 kg/m^2 = **366,40 kg/m²**

Mehrschalige Bauteile sind nicht starr miteinander verbunden. Sie sind durch Dämmstoffe oder Luftschichten voneinander getrennt. Solche Bauteile schwingen nicht als Ganzes, sie zeigen vielmehr ein differenziertes Schwingungsverhalten. Bei den mehrschaligen Bauteilen unterscheidet man *3 Grundprinzipien* (s. Tab. **3.**83).

Bild **3.**84 zeigt den Zusammenhang zwischen flächenbezogener Masse *m* und bewertetem Schalldämmaß R'_W für Massivwände. Sie macht deutlich, dass einschalige Massivwände ein geringeres Schalldämmass erreichen als Massivwände mit Vorsatzschalen oder gar zweischalige Massivwände bei gleicher flächenbezogener Masse.

Tabelle 3.83 Grundprinzipien der Luftschalldämmung

Grundprinzip	Ausführung	Beispiele	Vorteile
Prinzip A Zwei schwere Schalen mit einer federnden Zwischenschicht (Mineralfasermatten)	Die flächenbezogene Masse der Einzelschale sollte > 150 kg/m^2 betragen. Bei m > 200 kg/m^2 ist die Breite der Trennfuge > 20 mm, bei m < 200 kg/m^2 > 30 mm.	Trennwände von Reihenhäusern 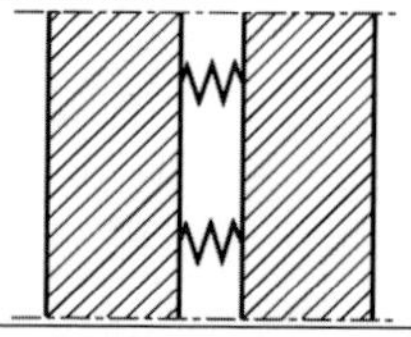	hohe Schalenmassen porige Wandbaustoffe (dicht verputzt) großer Schalenabstand Schalendämpfung durch Schallschluckstoffe zwischen den Schalen
Prinzip B Eine schwere Schale mit einer leichten biegeweichen Vorsatzschale	z. B. aus Gipskartonplatten (3.82). Zusätzlich mögliche schallschluckende Einlage aus Faserdämmplatten nach DIN 18 165-1.	alle Wände, meist Außenwände 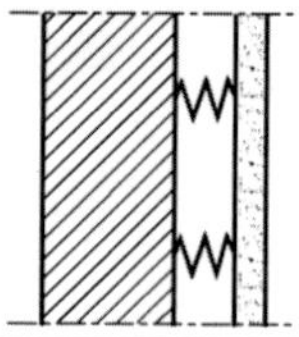	durch unterschiedliches Schwingverhalten von biegesteifer und biegeweicher Schale, bessere Schalldämmung. Kann auch nachträglich eingebaut werden.
Prinzip C Zwei biegeweiche Schalen	z. B. Metall-Doppelständerwand, möglichst unterschiedlicher Dicke, mit Hohlraumdämpfung.	Raumtrennwände 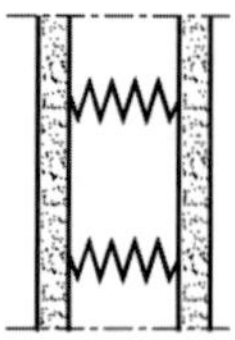	Die Schallwellen werden gezwungen, Bauteile unterschiedlicher Masse, Dichte, Struktur und dynamischer Steifigkeit zu durchdringen. Die Schallenergie baut sich durch diesen ständigen Wechsel der Biegewellenform deutlich ab.

Die Luftschalldämmung mehrschaliger Bauteile wird im Wesentlichen bestimmt durch:

- die Masse
- die Biegesteifigkeit
- die dynamische Steifigkeit (Zusammendrückbarkeit) der federnden Schicht.

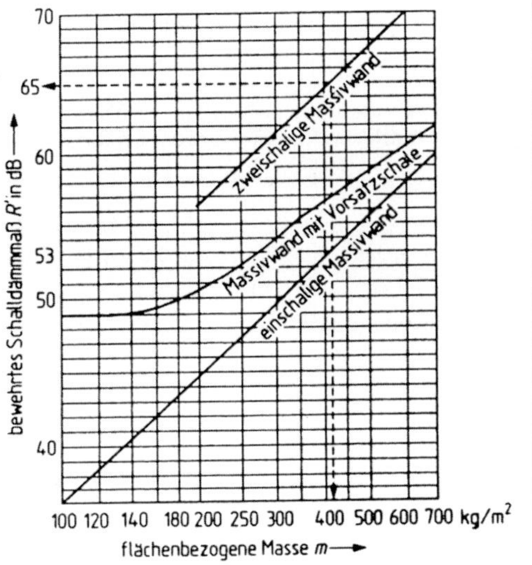

Bild 3.84 Zusammenhang zwischen flächenbezogener Masse *m* und bewertetem Schalldämmmaß R'_W für Massivwände

Beispiel

Wie groß ist das bewertete Schalldämmaß R'_W . für die drei aufgeführten Wandkonstruktionen bei einer flächenbezogenen Masse von jeweils 410 kg/m²?

Lösung

aus Bild **3.**84 ergibt sich:

einschalige Wand: 53 dB

Massivwand mit Vorsatzschale: 56 dB

zweischalige Massivwand: 65 dB

Zweischalige Wandkonstruktionen erreichen bei gleicher Masse eine erheblich bessere Luftschalldämmung:

- größerer Schalenabstand ist schalltechnisch sinnvoller als größere Wanddicken,
- unterschiedlich schwere Schalen sind gleich schweren Schalen überlegen.

Neben der Übertragung von Schallenergie durch Trennwände ist auch den Nebenwegen besondere Aufmerksamkeit zu widmen. Der Mittelwert für die flankierenden Bauteile (flächenbezogene Masse) beträgt ~ 300 kg/m². Bei Abweichung von diesem Wert ist eine Reduzierung des Schalldämm-Maßes R'_W vorzunehmen (Tabelle **3.**6). Eine Verbesserung für besonders störanfällige Wände, mit einer flächenbezogenen Masse bis 250 kg/m², lässt sich durch biegeweiche Vorsatzschalen oder durch Unterbrechung der flankierenden Wände erreichen (Bild **3.**85). Die Anschlüsse sind dicht herzustellen.

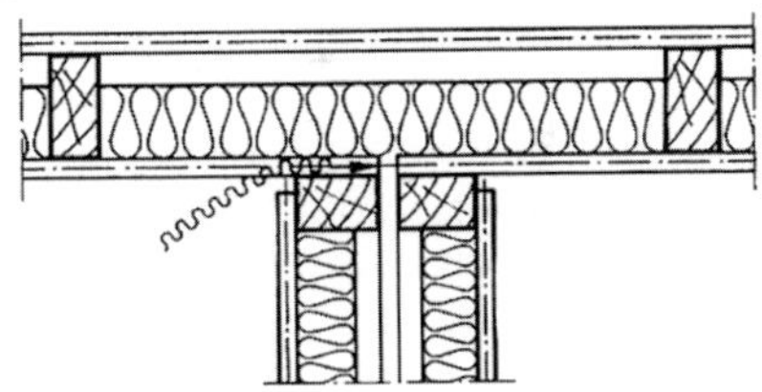

Bild 3.85 Unterbrechung der flankierenden Wand

Tabelle 3.86 Korrekturwerte $K_{L,1}$

a) für das bewertete Schalldämm-Maß $R'_{w,r}$ von biegesteifen Wände und Decken als trennende Bauteile bei flankierenden Bauteilen mit der mittleren flächenbezogenen Masse $m'_{L,\,Mittel}$

Art des trennnenden Bauteils	Korrektur K_L <, in dB für mittlere flächenbezogene Massen $m'_{L,\,mittel}$ in kg/m²						
	400	350	300	250	200	150	100
Einschalige, biegesteife Wände und Decken	0	0	0	0	1	1	1
Einschalige, biegesteife Wände mit biegeweichen Vorsatzschalen und Massivdecken mit schwimmendem Estrich und/oder mit Unterdecke	+2	+1	0	–1	–2	–3	–4

b) für das bewertete Schalldämm-Maß $R'_{w,R}$ von zweischaligen Wänden aus zwei biegeweichen Schalen und von Holzbalkendecken bei flankierenden Bauteilen mit der mittleren flächenbezogenen Masse $m'_{L,\,Mittel}$

Zeile	R'_W der Trennwand bzw. -decke für $m'_{L,\,Mittel}$ = 300 kg/m² in dB	450	400	350	300	250	200	150
1	50	+4	+3	+2	0	–2	–4	–7
2	49	+2	+2	+1	0	–2	–3	–6
3	47	+1	+1	+1	0	–2	–3	–6
4	45	+1	+1	+1	0	–1	–2	–5
5	43	0	0	0	0	–1	–2	–4
6	41	0	0	0	0	–1	–1	–3

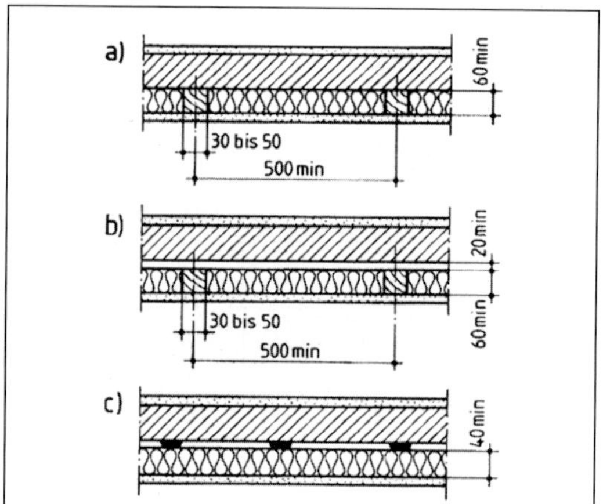

Bild 3.87 a) Vorsatzschale aus Gipsplatten nach DIN 18 180, Plattendicke 12,5 oder 15 mm, Holzstände mit der Wand fest verbunden, Faserdämmstoffe nach DIN 18 165, Typ WZ-w oder W-w
b) wie vor, jedoch Holzständer oder Metallprofil mit > 20 mm Wandabstand freistehend
c) wie vor, jedoch im Ansetzverfahren aufgebracht (streifenförmig), Faserdämmplatte WV-w

Wandkonstruktionen

- Schwere, biegesteife Schalen mit biegeweicher Vorsatzschale aus Gipsplatten (Bild **3**.87)
  Das bewertete Schalldämm-Maß R'_W der Konstruktion nach Bild **3**.87 ergibt sich aus Tabelle **3**.88.
- Zweischalige Wände aus zwei biegeweichen Schalen aus Gipsplatten (Bild **3**.90 und Abschn. 7).
- Außenwände in Holzbauart (Bild **3**.89).

Tabelle 3.88 Bewertes Schalldämm-Maß $R'_{w,R}$ von einschaligen biegesteifen Wänden mit biegeweicher Vorsatzschale nach Bild **3**.87

Zeile	flächenbezogene Masse der Massivwand in kg/m²	$R'_{w,R}$ [1]) in dB
1	100	49
2	150	49
3	200	50
4	250	52
5	275	53
6	300	54
7	350	55
8	400	56
9	450	57
10	500	58

[1]) Gültig für flankierende Bauteile mit einer mittleren flächenbezogenen Masse m_L, Mittel von etwa 300 kg/m²

Tabelle 3.89 Bewertetes Schalldämm-Maß $R'_{w,R}$ von zweischaligen Wänden aus zwei biegeweichen Schalen aus Gipsplatten oder Spanplatten

Wandauskleidung mit Stielen (Ständern) Achsabstand > 600 mm ein- oder zweischalige Bekleidung	Anzahl der Lagen je Seite	Schalenabstand s in mm	Dämmstoffdicke s_D in mm	$R'_{w,R}$ in dB
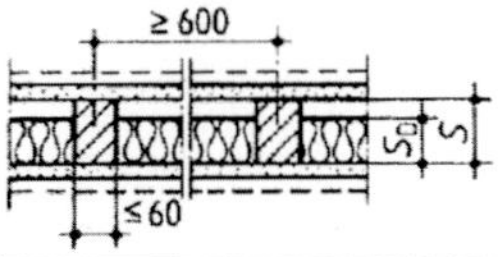	1 2	> 60	> 40	38 46
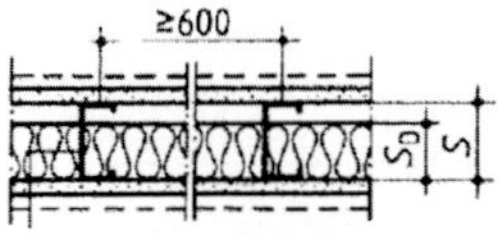	1 2	> 50	> 40	45 49
	2	> 100	> 80	50
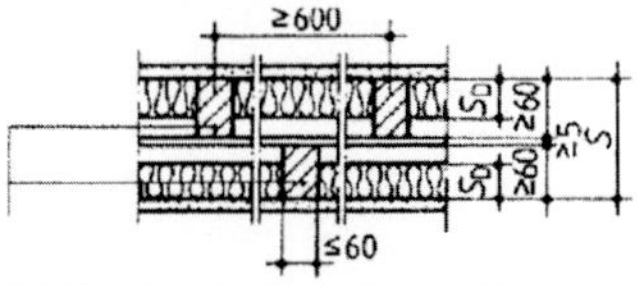	1	> 125	2 · > 40	49
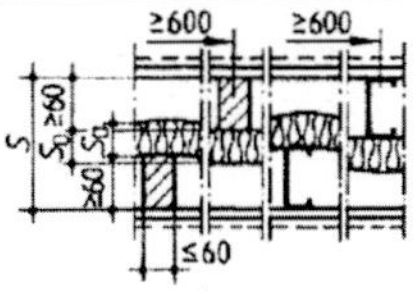	1	> 160	> 40	49
	2	> 200	> 80	60

Tabelle 3.90 Ausführungsbeispiele für Außenwände

Wandausbildung	$R'_{w,R}$ in dB
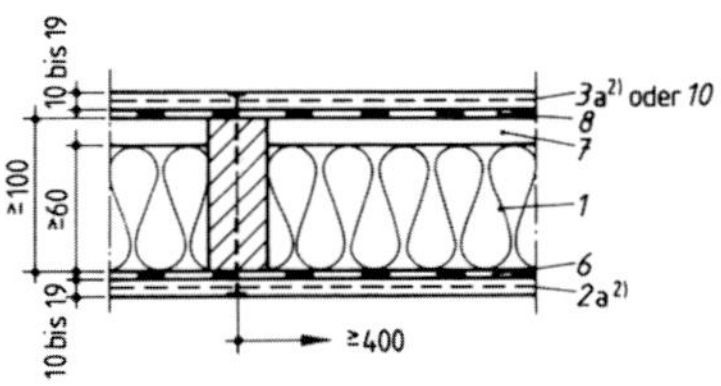	35
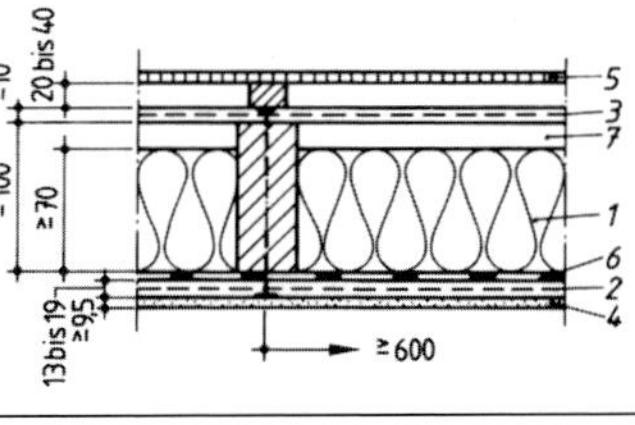	42
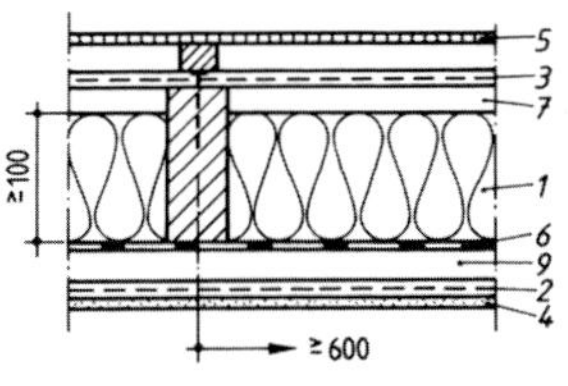	45

[1]) Mechanische Verbindungsmittel (z. B. Nägel, Klammern) für Befestigung von Beplankung und Rippe.

[2]) Eine der beiden Bekleidungen darf auch als Bretterschalung mit Nut und Feder, > 18 mm, ausgeführt werden.

1 Faserdämmstoff nach DIN 18 165-1, Typ W-w oder WL-W
2 Spanplatten nach DIN 68 763, Bau-Furniersperrholz nach DIN 68 705-3 und -5, Gipsplatten nach DIN 18 180 (z. Z. Entwurf), mit $m' \geq 8$ kg/m²
2a wie 2 oder 18 mm Nut-Feder-Bretterschalung
3 Spanplatten, Bau-Furniersperrholz mit $m' \geq 8$ kg/m²
*3*a wie *3* oder 18 mm Nut-Feder-Bretterschalung
4 Bekleidung, $m' \geq 8$ kg/m²
5 Vorhangschale, ≥10 kg/m²
6 Dampfsperre
7 Hohlraum, nicht belüftet
8 wasserdampfdurchlässige Folie, nur bei Bretterschalung erforderlich
9 Zwischenlattung
10 Faserzementplatten nach DIN 274-4, $d > 4$ mm

Bei den Deckenkonstruktionen ist immer ein Luft- und Trittschallschutz zu gewährleisten. Im Allgemeinen kann davon ausgegangen werden, dass bei einem gesicherten Trittschallschutz auch ein ausreichender Luftschallschutz vorhanden ist. Bei einer flächenbezogenen Masse von ≥ 350 kg/m² (z. B. eine Stahlbetondecke, Dicke 14 cm) gilt die Luftschalldämmung als ausreichend (Prinzip A, **3.**83). Handelt es sich um eine Hohlkörper- oder Rippendecke ($m \leq 300$ kg/m², z. B. Holzbalkendecke, $m \leq 100$ kg/m²), kann eine notwendige Verbesserung des Schalldämm-Maßes durch eine Erhöhung der flächenbezogenen Masse erreicht werden. Dies geschieht z. B. durch Deckenauflagen (Auflegen von Betonplatten, **3.**91) oder durch eine Unterdecke (Prinzip B, **3.**83).

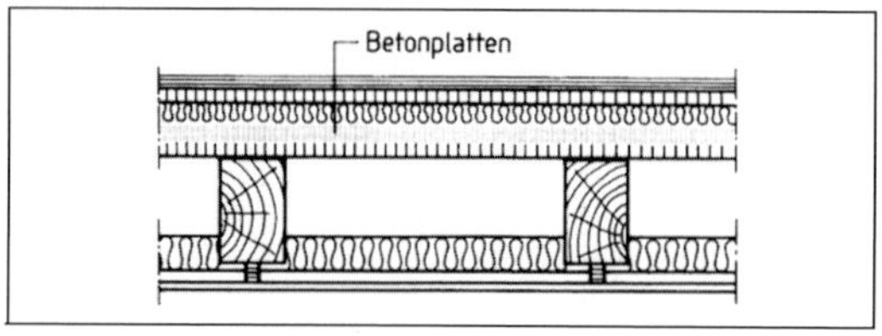

Bild 3.91 Betonplatten unter Estrich auf Dämmschicht

Unter *Deckenauflagen* werden Estriche und Bodenbeläge zusammengefasst. Estriche auf Dämmschicht verbessern sowohl die Luft- als auch die Trittschalldämmung. Weichfedernde Bodenbeläge verbessern nur die Trittschalldämmung. Rechenwerte des Trittschallverbesserungsmaßes VM_R von Estrichen auf Dämmschicht und weichfedernden Bodenbelägen sind in Bild **3.**70 zusammengefasst.

Bei *Unterdecken* ist der Erfolg von der Art der Befestigung der Unterdecke an die tragende Konstruktion abhängig. Wird die Befestigung starr hergestellt, erfolgt die Schallübertragung über die Balken in den darunter liegenden Raum (**3.**92).

Wird die Verbindung über einen Zwischenraum gelöst, führt das zu einer deutlichen Verbesserung des Schalldämm-Maßes (bis zu 20 dB), Grundsätzlich bieten sich folgende Konstruktionsmöglichkeiten an (Bild **3.**93). Wie entscheidend die Befestigungsart ist, zeigt Bild **3.**94.

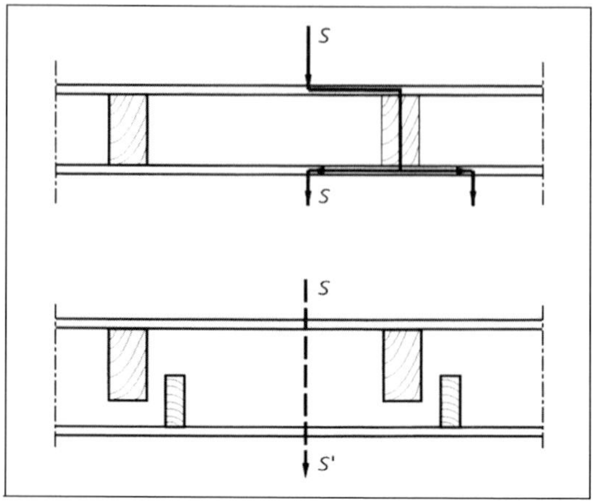

Bild 3.92 Schallübertragung in Holzbalkendecken

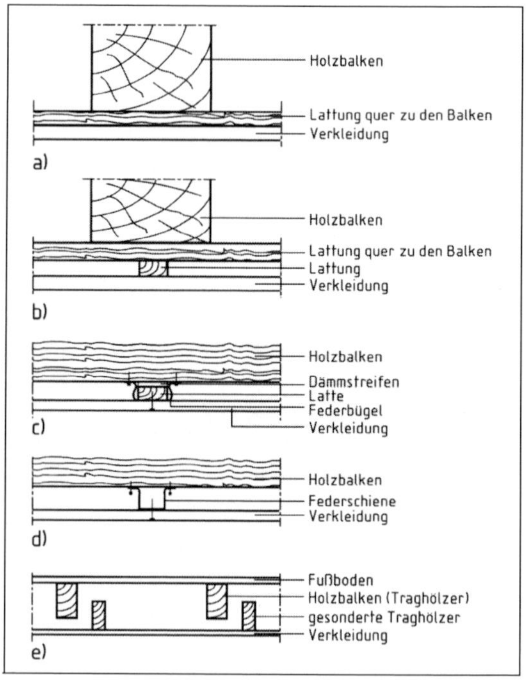

Bild 3.93 Befestigungsmöglichkeiten von Unterdecken
a) Lattung quer zu den Balken
b) doppelte Lattung
c) Befestigung mit Federbügel
d) Befestigung mit Federschiene
e) Befestigung mit gesonderten Traghölzern

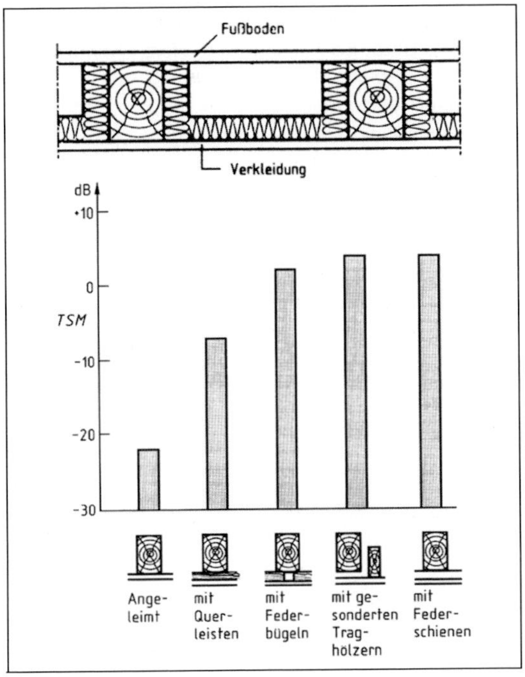

Bild 3.94 Trittschallschutz-Maß *TSM* von Holzbalkendecken – ohne Fußbodenaufbau – abhängig von der Art der Befestigung der Unterdecke

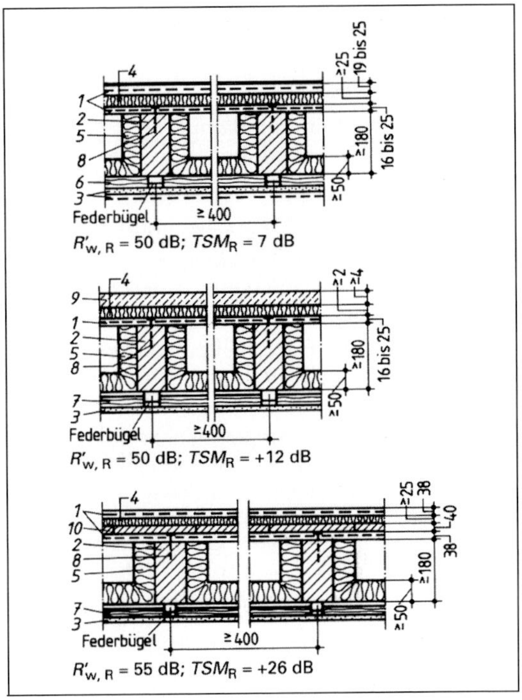

Bild 3.95 Ausführungsbeispiele für Holzbalkendecken

1 Spanplatte nach DIN 68 763, gespundet oder mit Nut und Feder

2 Holzbalken

3 Gipsplatte nach DIN 18 180, 12,5 oder 15 mm dick, oder Spanplatte nach DIN 68 763, 13 bis 16 mm dick

4 Faserdämmstoff nach DIN 18 165-2, Typ T, dynamische Steifigkeit s < 15 MN/m^3

5 Faserdämmstoff nach DIN 18 165-1, Typ WL-w oder W-w

6 Holzlatten, Achsabstand > 400 mm, direkte Befestigung an den Balken mit mechanischen Verbindungsmitteln

7 Unterkonstruktion aus Holz, Achsabstand der Latten > 400 mm, Befestigung über Federbügel, kein fester Kontakt zwischen Latte und Balken – einweichfedernder Faserdämmstreifen darf zwischengelegt werden

8 mechanische Verbindungsmittel oder Verleimung

9 Estrich

10 Betonplatten, lose auf 3 mm Filz verlegt

Hohlraumdämpfung. Eine Verbesserung der Schalldämmung erreicht man über die *Hohlraumdämpfung*, wenn der Deckenhohlraum mit Faserdämmstoff nach DIN 18165 T1, Typ WL-w oder W-w ausgekleidet wird. Die Verbesserung erreicht dabei Werte bis zu 10 dB. Mineralfaserplatten (> 50 mm dick) können auf die Unterdecke verlegt und an den Balken seitlich hochgezogen werden. Eine geschlossene Verfüllung des Deckenhohlraums ist aus wirtschaftlichen Gründen nicht empfehlenswert. Die geringe Verbesserung des Schalldämm-Maßes rechtfertigt den hohen finanziellen Aufwand nicht.

Verkleidung. Eine weitere Verbesserung ist durch eine geeignete Verkleidung zu erzielen. Diese sollte eine ausreichend hohe Masse und eine geringe Biegesteifigkeit aufweisen (z. B. Gipsplatten < 18 mm!) Mit zunehmender Plattendicke erhöht sich die flächenbezogene Masse aber auch die Biegefestigkeit. Sollte eine höhere Masse erforderlich sein, können zwei Plattenlagen aufgebracht werden. Der Dämpfungseffekt aufeinander liegender Platten wirkt sich dabei positiv aus.

> Bei Unterdecken ist der Erfolg abhängig von
> – der Art der Befestigung
> – der Art der Hohlraumdämpfung
> – der Art der Verkleidung

Bild 3.95 zeigt eine Übersicht über Konstruktionen von Holzbalkendecken. Bei Massivdecken erfolgt die Befestigung der Unterdecke entsprechend den Möglichkeiten durch Abhänger. Weitere Einzelheiten dazu sind in Abschn. 8 dargestellt.

Tabelle 3.96 Ausführungsbeispiele für geneigte Dächer (Rechenwerte, Maße in mm)

Wandausbildung	Dachdeckung nach Ziffer	$R'_{w,R}$ in dB
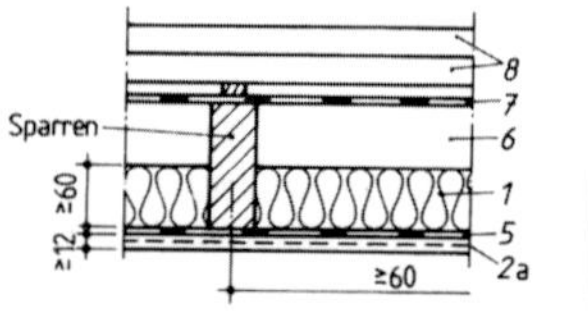	*8*	35
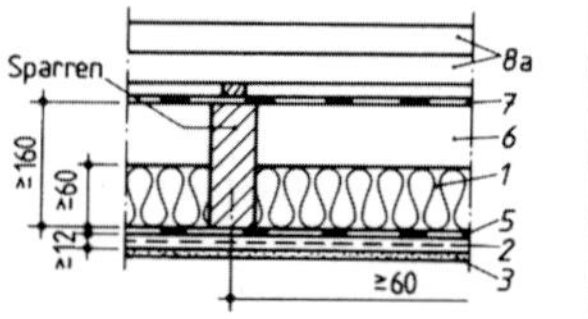	*8*	40
	8a	45
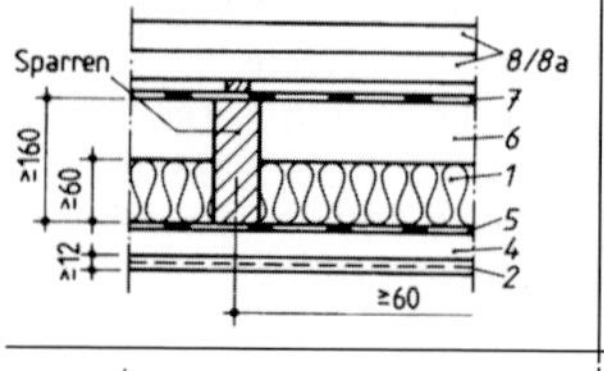	*8a*	45
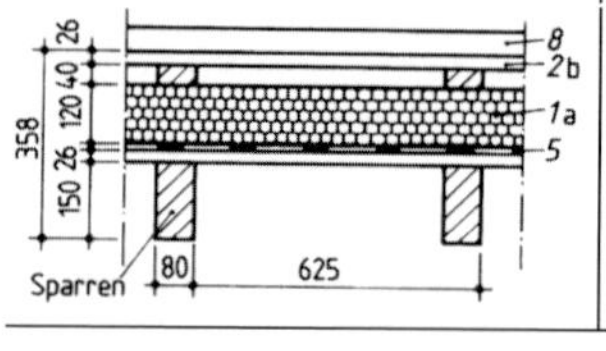	*8*	37

1 Faserdämmstoff nach DIN 18165-1, Typ W-w oder WL-w

1a Hartschaumplatten nach DIN 18164-1, Typ WD oder WDS

2 Spanplatten oder Gipsplatten

2a Spanplatten oder Gipsplatten ohne/mit Zwischenlattung

2b Rauspundschalung mit Nut und Feder, 24 mm

3 zusätzliche Bekleidung aus Holz, Spanplatten oder Gipsplatten mit $m' > 6$ kg/m²

4 Zwischenlattung

5 Dampfsperre, sofern erforderlich

6 Hohlraum belüftet/nicht belüftet

7 Unterspannbahn oder Ähnliches, z. B. harte Holzfaser platten nach DIN 68754-1 mit $d > 3$ mm

8 Dachdeckung auf Querlattung und erforderlichenfalls Konterlattung

8a wie *8*, jedoch mit Anforderungen an die Dichtheit (z. B. Faserzementdachplatten nach DIN 274-3 auf Rauspund > 20 mm, Falzdachziegel nach DIN 456 bzw. Betondachsteine nach DIN 1115, nicht verfalzte Dachziegel bzw. Dachsteine in Mörtelbettung)

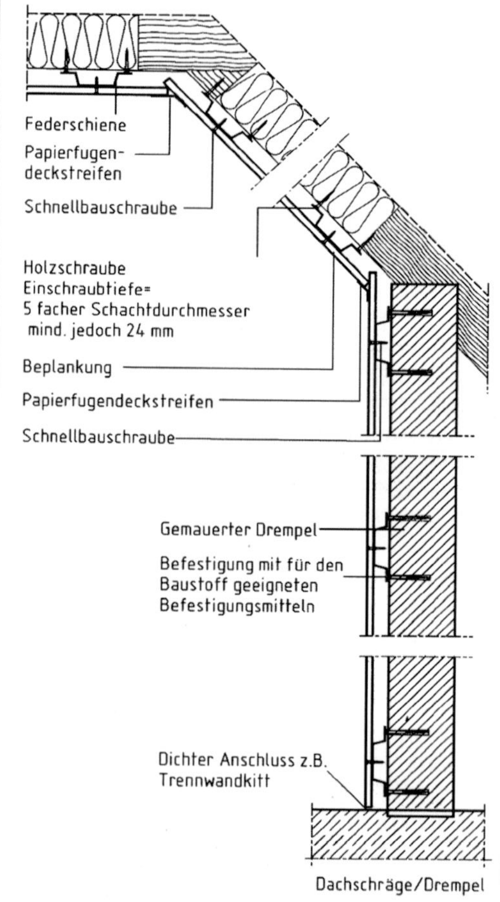

Bild 3.97 Dachgeschossausbau

Dachkonstruktionen sollten besonders im Bereich von verkehrsreichen Straßen und im Einflussbereich von Flugschneisen eine gute Schalldämmung erhalten (Beispiele für geneigte Dächer, **3**.96). Bessere Dämmwerte lassen sich durch die Verwendung von Federschienen (**3**.97) und einer doppellagigen Beplankung mit Gipsplatten erzielen. Für Flachdächer gelten die Ausführungen von Decken.

Türen und Fenster. Die Schalldämmung von Fenstern ist abhängig von der Fensterart (Einfach-, Verbund- oder Kastenfenster), der Verglasung (Einfach- oder Mehrfachverglasung) und von der Dichtheit der Fensterfugen. Bei Türen erfolgt die Schallübertragung über das Türblatt, über Undichtigkeiten in den Falzen und der Türunterkante. Wegen der geringen Masse von üblichen Türblättern weisen diese eine sehr geringe Schalldämmung auf (17 bis 25 dB). Eine Verbesserung kann durch die Erhöhung der flächenbezogenen Masse des Türblattes und zusätzlichen Falzdichtungen (z. B. Lippendichtungen) erfolgen (25 bis 32 dB). Mit besonderen Schallschutztüren werden Werte bis 50 dB erreicht. Doppeltüren (zwei übliche Einzeltüren hintereinander angeordnet) bieten gute Ergebnisse (bis 40 dB). Die Abdichtung der Türunterkante erfolgt durch Anschlag- oder Auflaufdichtung.

Haustechnische Anlagen in Wohngebäuden verursachen oft sehr störende Geräusche. Fließgeräusche aus Heizungsrohren, Wasserleitungen, WC-Spülanlagen lassen sich durch einfache Maßnahmen vermeiden. Grundsätzlich müssen alle unter Putz (im Mauerwerk) befindlichen Leitungen mit Dämmstoffen ummantelt werden. Dabei ist auf eine lückenlose Ummantelung zu achten. Bereits geringe Fehlstellen führen zu beträchtlichen Schallübertragungen. Sind wasserführende Leitungen in Installationswänden zu verlegen (z. B. Doppel-Ständerwände), werden die Rohre mit speziellen Rohrschellen-Isolierungen befestigt (s. Abschn. 7).

Aufgaben zu Abschnitt 3

T

1. Nennen Sie Aufgaben des baulichen Brandschutzes.
2. Worauf beruht die gute Brandschutzwirkung des Gipses bzw. der Gipsbaustoffe?
3. Nennen Sie die Baustoffklassen nach DIN 4102 und geben Sie jeweils einen Baustoff beispielhaft an.
4. Worauf beruht die Zuordnung von Baustoffen in die Baustoffklassen?
5. Wovon ist die Einteilung von Feuerwiderstandsklassen im Wesentlichen abhängig?
6. Wann sprechen wir von „feuerhemmend", „feuerbeständig" und „hochfeuerbeständig"?
7. Erklären Sie die Kurzzeichen F 60-A; W 90-AB; I 30-A.
8. Welche Kurzbezeichnungen erhalten die folgenden Benennungen?
   a) feuerhemmend und in den wesentlichen Teilen aus nichtbrennbaren Baustoffen
   b) feuerbeständig aus nichtbrennbaren Baustoffen
   c) feuerbeständig und in den wesentlichen Teilen aus nicht brennbaren Stoffen.
9. Nennen Sie Mörtelgruppen bzw. Putze, die für den vorbeugenden Brandschutz für Wände verwendet werden können.
10. Beschreiben Sie die notwendigen Voraussetzungen für den Aufbau eines brandtechnisch wirksamen Putzsystems auf Putzträger.
11. Welche Möglichkeiten bieten sich für den Brandschutz bei raumtrennenden Wänden an?
12. Welchen Gesichtspunkten ist bei Unterdecken hinsichtlich des Brandschutzes besondere Beachtung zu schenken?
13. Welche Anforderungen werden an die Ausführung von zu verputzenden Stahlbetonstützen als Ersatzmaßnahme für ungenügende Betondeckung gestellt?
14. Nennen Sie Möglichkeiten von brandschutztechnisch wirksamen Bekleidungen von Stahlbetonstützen, Stahlstützen und Holzstützen.
15. Ermitteln Sie anhand von Tabelle **3**.16 für die vorgegebenen *U*/*A*-Werte und den geforderten Feuerwiderstandklassen die Mindestputzdicke.

U/*A* -Wert	Feuerwiderstandsklasse	Putzdicke
110 m^{-1}	F120-A	
190 m^{-1}	F 30-A	
130 m^{-1}	F 180-A	
70 m^{-1}	F 180-A	
175 m^{-1}	F 60-A	
175 m^{-1}	F 90-A	

16. Eine Stahlstütze und ein Stahlträger mit einem U/A-Wert < 300 m^{-1} sollen mit GK-Platten bekleidet werden. Es wird die Feuerwiderstandsklasse F 90-A gefordert. Welche Mindestbeplankungsdicke ist jeweils notwendig?
17. Eine Holzstütze (d > 80/110 mm) und ein Holzträger (d > 160 mm) sollen mit GK-Platten bekleidet werden. Gefordert wird die Feuerwiderstandsklasse F 30-B. Welche Beplankungsdicke muss mindestens ausgeführt werden?
18. Nennen Sie die Ziele des Wärmeschutzes.
19. Von welchen Faktoren hängt die Wärmeleitfähigkeit der Baustoffe ab?
20. Erklären Sie den Begriff „Kachelofeneffekt“.
21. Durch welche Kenngröße wird für jeden Baustoff das Maß der Wärmedurchlässigkeit angegeben?
22. Wie verhalten sich, dämmtechnisch gesehen, ruhende und bewegte Luftschichten?
23. Durch welche Kenngröße wird die Wärmeenergieübertragung vom festen zum gasförmigen Stoff angeben?
24. Durch welchen Kennwert können alle Baustoffe und Bauteile hinsichtlich ihres Wärmestromes miteinander verglichen werden?
25. In welchen drei Schritten vollzieht sich die Wärmetransmission?
26. In welcher Bauteilschicht sollte die Frostgrenze bei Außenwänden liegen? Warum?
27. Inwiefern wirken sich feuchte Baustoffe ungünstig auf das Wärmedämmvermögen aus?
28. Wie kommt es zu Kondenswasserbildung in Bauteilen?
29. Welcher Kennwert gibt Auskunft über den Wasserdampfdurchlass von Baustoffen.
30. Nennen Sie je drei Baustoffe, die praktisch dampfdicht bzw. gut wasserdampfdurchlässig sind.
31. Befindet sich die Dampfsperre (Alufolie o. ä.) auf der „warmen“ oder auf der „kalten“ Seite der Wärmedämmschicht? Begründen Sie Ihre Aussage.
32. Erklären Sie die folgenden Abkürzungen:
    a) Wärmedämmstoff DIN 18164 PFP-WS-025-B2-100,
    b) Faserdämmstoff DIN 18165 PfIM-WV-040-B2-80.
33. Inwiefern bestimmen die Eigenschaften der Dämmstoffe ihr Einsatzgebiet? Nennen Sie Beispiele.
34. Was verstehen wir unter „Wärmebrücken“? Nennen Sie praktische Beispiele.
35. Nennen Sie Vorteile der Außendämmung und der Innendämmung.
36. Welches besondere Problem ist bei der Innendämmung grundsätzlich zu berücksichtigen?
37. Welche Möglichkeiten der Wärmedämmung können Sie als Stuckateur einem Bauherrn anbieten
    a) für eine Innendämmung?
    b) für eine Außendämmung?
38. Beschreiben Sie die konstruktiven Möglichkeiten der Wärmedämmung von
    a) Holzbalkendecken und Dachschrägen, die Aufenthaltsräume nach oben gegen Außenluft abgrenzen,
    b) Wohnungstrenndecken,
    c) Kellerdecken,
    d) Decken über Durchfahrten.
39. Weshalb werden Außenputze nicht aus reinem Zementmörtel hergestellt?
40. Welcher Kennwert gibt Auskunft über die kapillare Wasseraufnahme von Baustoffen?
41. In den Regenzeiten aufgenommene Feuchtigkeitsmengen des Putzes bzw. des Mauerwerks muss in Trockenperioden wieder abgegeben werden können. Wie geschieht dies?
42. Welche Beanspruchungsgruppen nennt DIN 4108 hinsichtlich der Schlagregenbeanspruchung von Außenputzen?
43. Nennen Sie Putze/Putzsysteme, die die Forderung wasserhemmend und wasserabweisend erfüllen.
44. Wie wird ein fachgerechter Sockelputz, der den Anforderungen von Spritzwasserschutz und Stoßbeanspruchung gerecht wird, ausgeführt? Welche Putze/Putzsysteme kommen dafür in Frage?
45. Welche Anforderungen werden an wasserabweisende Sockelputze gestellt?
46. Warum dürfen Gips- und Anhydritputze nicht für Feuchträume verwendet werden?
47. Welche Putze bzw. Putzsysteme sind für Feucht- und Nassräume geeignet?
48. Wie wirken sich raumhohe Schrankwände vor Außenwandflächen bauphysikalisch aus? Welche Probleme können sich daraus ergeben?
49. Welche Aufgaben erfüllt der bauliche Schallschutz?
50. Nennen Sie die wesentlichen Lärmquellen, die auf Menschen innerhalb von Wohngebäuden einwirken.
51. Auf welchen Wegen erfolgt in Gebäuden die Schallübertragung?
52. Was versteht man unter Schall-Nebenwegübertragung?
53. Durch welche Kennwerte können wir den Luftschallschutz und den Trittschallschutz von verschiedenen Bauteilen miteinander vergleichen?
54. Von welchen Faktoren ist die Grenzfrequenz von Baustoffen abhängig?

55. Unterscheiden Sie zwischen Schalldämmung und Schallabsorption.
56. Welche Baustoffe werden üblicherweise für den Trittschallschutz eingesetzt?
57. Welche Anforderungen werden an Trittschalldämmstoffe gestellt?
58. Wodurch unterscheiden sich Dämmstoffe der Steifigkeitsgruppe 15, von solchen der Gruppe 80?
59. Es soll eine kombinierte Verlegung von Wärmedämmplatten und Trittschalldämmplatten ausgeführt werden. Welche Wärmedämmplatten kommen dafür in Frage? In welcher Reihenfolge erfolgt die Verlegung?
60. Inwiefern verbessert ein Putz die Luftschalldämmung einer Wand?
61. Von welchem Faktor ist die Luftschalldämmung einschaliger Bauteile im Wesentlichen abhängig?
62. Welche drei grundsätzlichen Prinzipien hinsichtlich der Schalldämmung unterscheiden wir bei mehrschaligen Bauteilen?
63. Welche Faserdämmstoffe eignen sich in besonderer Weise für schallschluckende Einlagen in Wandhohlräumen?
64. Von welchen Faktoren ist die Luftschalldämmung zweischaliger Bauteile im wesentlichen abhängig?
65. Nennen Sie Maßnahmen, die der Verbesserung der Tritt- und Luftschalldämmung dienen.
66. Welche Arten von Befestigungsmöglichkeiten von Unterdecken sind schalltechnisch zu empfehlen?
67. Weshalb ist es bei Unterdecken schalltechnisch sinnvoller, zwei Lagen Gipsplatten mit je 12,5 mm Dicke, anstatt eine Lage von 25 mm Dicke einzubauen?
    Wie kann man die Schallübertragung wasserführender Leitungen wirksam verhindern?

Z

1. Zeichnen Sie auf ein DIN-A3-Blatt die folgenden Details:
   a) Querschnitt Wandaufbau, M. 1 : 1
      Putz auf Putzträger in Brandschutzausführung entsprechend Bild **3.**4b, Putzdicke 18 mm
   b) Querschnitt Rundstütze aus Stahl, M. 1:2 Putzbekleidung für ein Rohr DIN 2458 – St 37-2 - 219,1 × 6,3 mit Putzbewehrung in Brandschutzausführung F 60-A
   c) Querschnitt Stahlstütze, M. 1:2
      Bekleidung eines IPBI 200 DIN 1025 – St 37-2 mit Gipsplatten Brandschutzausführung F 60-A
   d) Querschnitt Holzstütze, M. 1:2
      Bekleidung einer Holzstütze 20/20 DIN 4070 mit Gipsplatten in Brandschutzausführung F 60-B. Benennen und bemaßen Sie alle wesentlichen Teile.

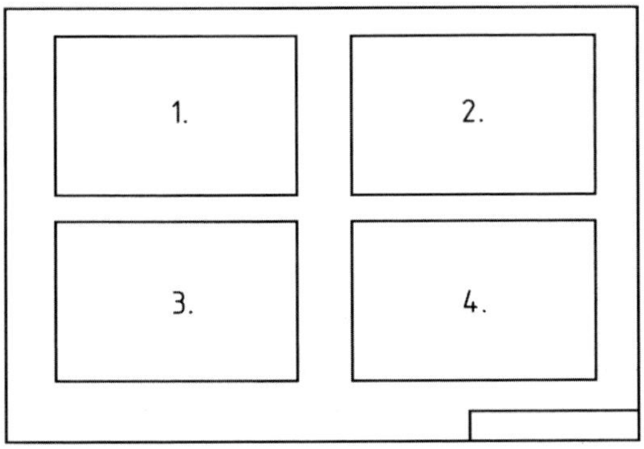

Bild 3.98 Blatteinteilung (Vorschlag)

2. Zeichnen Sie 6 Beispiele für Anschlüsse einer Unterdecke an eine Massivwand und 3 Anschlüsse einer Unterdecke an eine Trennwand entsprechend Bilder **3.**7 und **3.**8 (Maßstab freigestellt). Benennen Sie alle Teile.

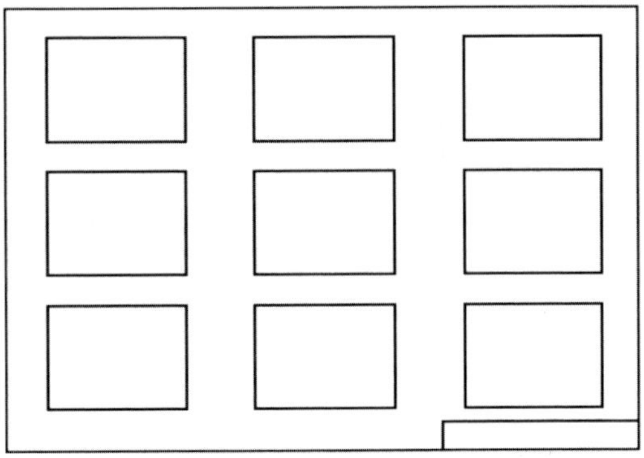

Bild 3.99 Blatteinteilung (Vorschlag)

3. Zeichnen Sie auf ein DIN-A3-Blatt, im Maßstab 1:5, Möglichkeiten zur Wärmedämmung von Wärmebrücken entsprechend Bild **3.**50a, b, c, e. Wählen Sie übliche Abmessungen. Benennen Sie alle Teile.
4. Zeichnen Sie auf ein DIN-A3-Blatt die Bilder **3.**51, **3.**53, **3.**54 (lichter Balkenabstand 60 cm) und **3.**60 im Maßstab 1:5. Benennen und bemaßen Sie alle Teile.

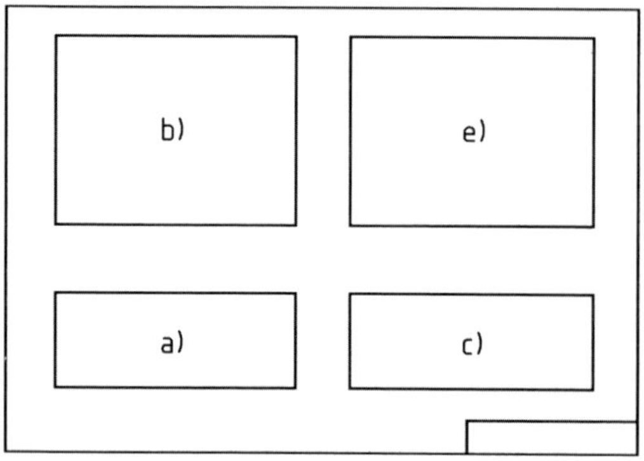

Bild 3.100 Blatteinteilung (Vorschlag)

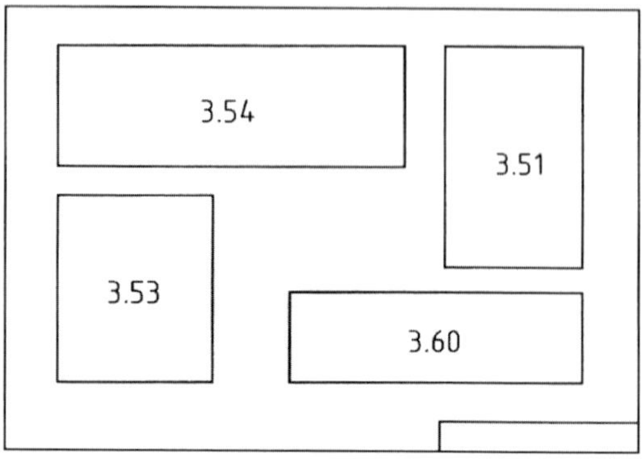

Bild 3.101 Blatteinteilung (Vorschlag)

5. Zeichnen Sie auf ein DIN-A3-Blatt (hochkant):
   a) eine zweischalige Wand aus zwei biegeweichen Schalen mit Gipsplatten (entsprechend Bild **3.**89),
   b) eine Außenwand in Holzbauart (entsprechend Bild **3.**90),
   c) eine zweischalige Wand aus einer biegesteifen und einer biegeweichen Schale (entsprechend Bild **3.**87)
   Legen Sie den Maßstab selbst fest. Benennen und bemaßen Sie alle Teile.
6. Zeichnen Sie auf ein DIN-A3-Blatt (hochkant) die Befestigungsmöglichkeiten von Unterdecken an eine Holzbalkendecke. Legen Sie den Maßstab selbst fest. Benennen und bemaßen Sie alle Teile.
7. Zeichnen Sie auf ein DIN-A3-Blatt (Querformat) den Dachgeschossausbau (entsprechend Bild **3.**97) und den Fußbodenaufbau.
   Legen Sie den Maßstab selbst fest. Benennen Sie alle Teile.

M

1. Berechnen Sie den Wärmedurchlasswiderstand der Wände nach Bild **3.**51 (Gipsputz 1,5 cm; KSV 24 cm, 1,6 kg/dm^3; Dämmung 5 cm, WLG 040; Beschichtung 2 cm) und **3.**53 (flächenbezogene Masse der Ständerkonstruktion 150 kg/m^2; Ständerabstand 62,5 cm mittig). Vergleichen Sie die Ergebnisse mit den Forderungen der DIN 4108.
2. Berechnen Sie den Wärmedurchgangskoeffizienten U für die Decke über einer Durchfahrt (Bild **3.**60). Vergleichen Sie den errechneten Wert mit den Forderungen der DIN 4108.
3. Berechnen Sie den Wärmedurchgangskoeffizienten U des Sparrendaches (Bild **3.**54, Werte s. Aufgabe 1.) a) Schnitt I-I, b) Schnitt INI.
4. Berechnen Sie den Wärmedurchgangskoeffizient U der Wand in Holztafelbauart (Bild **3.**51) a) Schnitt I-I Gefachbereich, b) Schnitt II-II Balkenbereich.
5. Ermitteln Sie die fehlenden Tabellenwerte:

Wandausbildung	Steinrohdichteklasse δ in kg/dm^3	Wanddicke in mm	bewertetes Schalldämm-Maß $R'_{W,R}$
Sichtmauerwerk	1,2	365	–
Mauerwerk + 10 mm Putz PIV	–	100	37
Mauerwerk + 10 mm Putz PIV	1,6	100	–
Mauerwerk +15 mm Putz PI	1,2	–	52
Mauerwerk + 15 mm Putz PII	0,9	–	52
Sichtmauerwerk	2,0	–	57
Sichtmauerwerk	2,2	70	–
Mauerwerk + 10 mm Putz PIV	–	240	42
Mauerwerk + 10 mm Putz PIV	2,0	–	42
Mauerwerk + 15 mm Putz PIII	2,0	240	–

6. Berechnen Sie nach dem vereinfachten Verfahren (Bild **3**.63) den jeweiligen Gesamtschallpegel:
   a) Zwei Schallquellen von je 50 dB überlagern sich.
   b) Zwei Schallquellen L_1 = 48 dB und L_2 = 54 dB überlagern sich.
   c) Vier Schallquellen L_1 = 60 dB, L_2 = 58 dB, L_3 = 54 dB und L_4 = 46 dB überlagern sich.
7. Berechnen Sie das Trittschallschutzmaß
   a) Massivdecke, flächenbezogene Masse 530 kg/m^2, Unterdecke, Estrich auf Dämmschicht, δ = 40 MN/m weicher Bodenbelag.
   b) Massivdecke, flächenbezogene Masse 190 kg/m^2, ohne Unterdecke, Estrich auf Dämmschicht, δ = 15 MN/m^3, weicher Bodenbelag.
8. Ermitteln Sie die flächenbezogene Masse.
   a) Wanddicke 300 mm, δ = 1,6 kg/dm^3, Normalmörtel, unverputzt.
   b) Wanddicke 115 mm, δ = 0,7 kg/dm^3, Normalmörtel, beidseitig 1,5 cm Gipsputz.
   c) Außenschale: Wanddicke 11,5 cm, δ = 2,0 kg/dm^3, Normalmörtel.
   Innenschale: Wanddicke 240 mm, = 1,2 kg/dm^3, Leichtmörtel, einseitig 15 mm Gipsputz.
   d) Wanddicke 10 cm, δ = 2,0 kg/dm^3, Normalmörtel, unverputzt.
   e) Wanddicke 365 mm, δ = 1,0 kg/dm^3, Leichtmörtel, innen 15 mm Gipsputz, außen 15 mm Kalkzementputz.
9. Ermitteln Sie anhand des Diagramms **3**.84 das Schalldämm-Maß R'_w für die Wandkonstruktionen aus Aufgabe 8.
10. Berechnen Sie die flächenbezogenen Massen der folgenden Konstruktionen:
    a) aus Bild **3**.89 oberste Darstellung
    Gipsplatte 900 kg/m^3, 12,5 mm;
    Ständer 600 kg/m^3, 6 cm;
    Spanplatte 700 kg/m^3, 22 mm;
    Dämmung 100 kg/m^3, 4 cm.

    b) aus Bild **3**.90 oberste Darstellung
    Spanplatte 700 kg/m^3, 19 mm;
    Ständer 600 kg/m^3, 10 cm;
    Schalung 600 kg/m^3, 18 mm
    Dämmung 100 kg/m^3, 6 cm.
    aus Bild **3**.95 mittlere Darstellung

    c) Estrich 2000 kg/m^3, 4 cm;
    Dämmstoff (unter Estrich) 400 kg/m^3, 2 cm;
    Spanplatte 700 kg/m^3, 22 mm;
    Balken 600 kg/m^3, 18 cm;
    Gipsplatte 900 kg/m^3, 12,5 mm;
    Federbügel 0,5 kg/m^2;
    Dämmstoff 100 kg/m^3, 16 cm.

4 Putzarbeiten

4.1 Baustoffe – Arten, Eigenschaften und Verwendung

Angemachter Mörtel ist ein Gemenge *aus Bindemittel, Gesteinskörnungen und Wasser.* Bei Gipsmörtel kann die Gesteinskörnung entfallen. Die Art des Verwendungszwecks bestimmt das Mischungsverhältnis von Bindemittel und Gesteinskörnung. Die Mörtelbezeichnung kann nach dem Ort der Herstellung, dem verwendeten Bindemittel oder nach dem Anwendungsgebiet erfolgen.

4.1.1 Bindemittel

Aufgabe der Bindemittel ist es, unterschiedliche Baumaterialien miteinander zu verbinden. Infolge chemischer und physikalischer Vorgänge erhärtet das Bindemittel mit Gesteinskörnung und Wasser zu einer festen, zusammenhängenden Masse. Für den Stuckateur stehen dabei Gips, Anhydrit, Kalk, Zement,

Tabelle 4.1 Übersicht der Bindemittel für Mörtel

Bindemittel	Eigenschaften	Verwendung
Gips	natürliches Bindemittel, guter Brandschutz, beim Erhärten geringe Volumenzunahme, geringe Wärmeleitfähigkeit	Putz-, Stuck- und Rabitzarbeiten, Gipsplatten, Bauplatten
Anhydrit	wasserfreier Gips, natürlich und synthetisch	vorwiegend Estrichgips
Kalk	natürliches Bindemittel, Volumenverringerung beim Erhärten	Putzmörtel (nur mit Magerungsmitteln)
– Luftkalk	widerstandsfähig gegen Witterungseinflüsse, Luftkalke erhärten nur an der Luft	Putz- und Kalkmörtel, Kalk- und Gasbetonsteine, Anstriche
– Hydraulische Kalke	geringe Volumenverringerung beim Erhärten, hydraulische Kalke erhärten nach anfänglicher Lufterhärtung auch unter Wasser	Putz- und Mauermörtel (für höhere Beanspruchungen), Putzmörtel in Feuchträumen, Außenputz
Zement	künstliches hydraulisches Bindemittel, erhärtet an der Luft und unter Wasser, die vielseitigen Eigenschaften werden durch die Zusätze bestimmt, bewirkt Korrosionsschutz (Rostschutz) für Stahleinlagen im Stahlbeton (pH-Wert)	Bindemittel in Beton und Mörtel, Zusatz in Kleber und Injektionsmörtel
Putz- und Mauerbinder	zusammengesetzt aus Zement, Kalkhydrat, und Gesteinsmehl, mineralisches, hydraulisches Bindemittel	Bindemittel in: – Mauermörtel der Gruppe I und II, – Putzmörtel der Gruppe P IIa
Magnesiabinder	wasseranziehend und rostfördernd, Magnesiamörtel sind nicht wasserbeständig	Holzwolle-Leichtbauplatten, Magnesiaestriche
Silikate	Salze der Kieselsäure, widerstandsfähige Verbindung mit dem Untergrund	Anstriche (Silikatfarben), Putze (Silikatputz)
Kunstharz Kunstharzdispersionen	verbessern die Zähigkeit, Wasserundurchlässigkeit, chemische Widerstandsfähigkeit und die Haftung am Untergrund variable Verarbeitungszeiten	kunststoffvergütete Estriche, Putze und als Zusatz für Putzmörtel und Anstriche
Zweikomponenten-Epoxidharz-Dispersionen		Schnellreparaturmörtel oder -beton, Klebemörtel, Industrieestriche, Reproduktion von Baudenkmälern und Bauschadensanierung
Lehm	ältestes natürliches Bindemittel, nicht wasserbeständig, starkes Schwindverhalten, frostempfindlich	alternative, ökologische Bauweise, Putz- und Mauermörtel, Lehmsteine, Lehmziegel

Bild 4.2a Gipssteinbruch

Bild 4.2b Alabastergips

Bild 4.2c Fasergips

Magnesia, Silikate, Kunstharze, Lehm und Ton im Vordergrund. Durch Vermischen mit Gesteinskörnungen, Zusatzmitteln und Zusatzstoffen können die Materialeigenschaften wesentlich beeinflusst und den Erfordernissen angepasst werden.

Bild 4.2d Marienglas

Bild 4.2e REA-Gips in einer Lagerhalle

Gips (EN 13279-1)

Die Herstellung von Gips basiert vorwiegend auf natürlichen Vorkommen (Gipsstein (Bild 4.2a), Alabaster (Bild 4.2b), Fasergips (Bild 4.2c), Marienglas (Bild 4.2d)) und synthetischem Gips (Nebenprodukt bei der Rauchgasentschwefelung, Bild 4.2e). Die Baugipse bestehen aus einer oder mehreren Hydratstufen des Calciumsulfates, welches mit 2 Wassermolekülen angereichert ist $CaSO_4 \cdot 2H_2O$.

Durch Brennen nach dem Rostbandverfahren (Bild **4.**3a), im Drehofen (Bild **4.**3b) oder im Gipskocher (Bild **4.**3c, d) erreicht man die verschiedenen Hydratstufen des Gipses (Tab. **4.**4). Das Brennen bewirkt das Austreiben des Kristallwassers (keine chemische Veränderung !). Die kristalline Struktur des Gipssteins (Bild **4.**5) wird aufgebrochen, die Kristalle zerfallen. Bei Zugabe von Wasser kommt es erneut zur Kristallbildung und damit zur Verfilzung und Verfestigung des Gipses (Bild. **4.**6). Dabei ist eine geringe Volumenzunahme zu beobachten (bei Stuckgips etwa 1 Vol.-%). Der Grund dafür, dass bei Gipsputz keine Schwindrisse festzustellen sind. Die porige Struktur des Gipses begünstigt das Einlagern von Feuchtigkeit aus der Umgebungsluft (bis zu 40 Masse-%), die bei sinkender Umgebungsfeuchtigkeit, wieder abgegeben wird. Gipsputze gelten deshalb als besonders feuchtigkeitsregulierend. Das eingelagerte und das kristallin gebundene Wasser bewirken einen hervorragenden Brandschutz. Verstärkt wird diese Wirkung durch die nach dem Austreiben des Wassers verbleibende porige Struktur. Aus dieser Struktur resultiert eine niedrige Wärmeleitfähigkeit und eine gute Wärmedämmwirkung. Wird Gips dauernder Feuchtigkeit ausgesetzt, wird die kristalline Struktur zerstört und der Gips verliert seine Festigkeit. Anwendungsgebiete von Gips sind die verschiedenen Gipsmörtel (reiner Gipsmörtel, Gipssandmörtel, Gipskalkmörtel, Bild **4**.7), die Herstellung von Gipsplatten, Gipsbauplatten usw. und als Zusatz bei der Zementherstellung (reguliert die Erstarrungsreaktion). Baugipse dürfen mit Luftkalken, aber niemals mit hydraulischen Bindemitteln wie z. B. Zement oder hydraulischen Kalken vermischt bzw. verarbeitet werden (*Problem:* Sulfattreiben, Kristallwasseranreicherung durch Ettringitbildung). Weitere Aussagen zu den einzelnen Gipsarten, deren Eigenschaften, Verwendung und Prüfung finden Sie in den Grundlagen der Bautechnik.

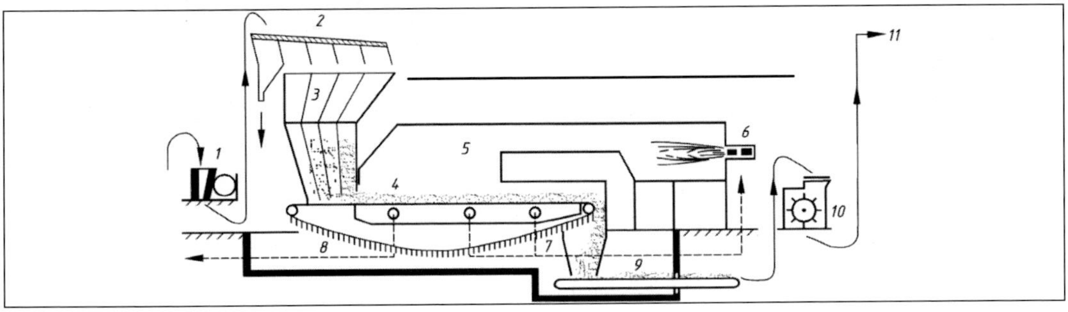

Bild 4.3a Brennen von Gips auf dem Rostband

1 Brecher
2 Klassieranlage
3 Aufgabesilos
4 Rostband
5 Brennhaube
6 Feuerung
7 Umgaskanal
8 Abgaskanal
9 Kratzförderer
10 Feinmühle
11 Silo und Absackmaschine

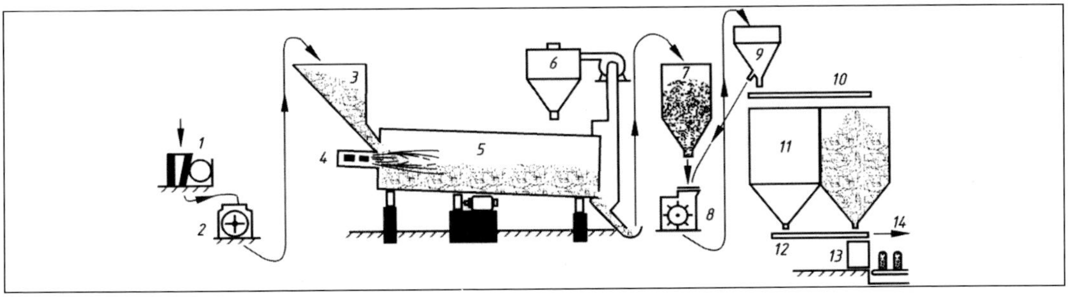

Bild 4.3b Brennen von Gips im Drehofen

1 Brecher
2 Grobmühle
3 Aufgabesilo
4 Feuerung
5 Drehofen
6 Entstaubungsmaschine
7 Silo
8 Feinmühle
9 Windsichter
10 Verteilerschnecke
11 Fertigsilo
12 Austragschnecke
13 Absackmaschine
14 zur Fertigung von Gipsbauteilen und Spezialgipsen

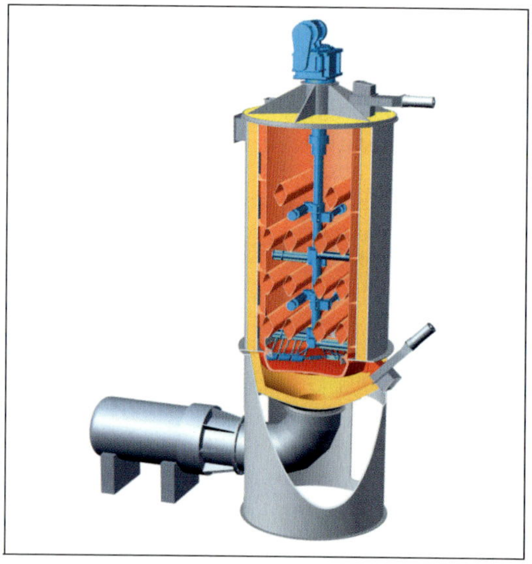

Bild 4.3c Gipskocher: Schematische Darstellung

Bild 4.3d Brennen von Gips im Gipskocher

Tabelle 4.4 Hydratstufen des Gipses

chemische Formel	chemische Bezeichnung	Brenntemperatur in °C	sonstige Bezeichnung
$CaSO_4 \cdot 2H_2O$	Calciumsulfat-Dihydrat	–	Rohgips, Gipsstein
$CaSO_4 \cdot 1/2\ H_2O$	Calciumsulfat-Halbhydrat	120 bis 180	Halbhydrat, Stuckgips
$CaSO_4$	Anhydrit III	120 bis 300	–
$CaSO_4$	Anhydrit II	300 bis 500	Marmorgips
$CaSO_4$	Anhydrit I	etwa 1200	Estrich, totgebrannter Gips

Bild 4.5 Mikroskopisches Bild eines abgebundenen Gipses

Baugipse sind natürliche Bindemittel, die vorwiegend aus einer oder mehreren Hydratstufen des Calciumsulfats bestehen. Hauptsächlich werden sie für Putz-, Stuck- und Rabitzarbeiten sowie für die Herstellung von Bauplatten verwendet.

Anhydrit

Ausgangsmaterialien zur Herstellung von Anhydrit sind Natur-Anhydrit und synthetischer Anhydrit. Synthetischer Anhydrit entsteht als Nebenprodukt bei der Rauchgasentschwefelung, der Nassphosphorsäurerherstellung und der Flusssäureherstellung. Anydrit kann auch durch Brennen aus Calciumsulfat-Dihydrat hergestellt werden (Bild **4.**8).

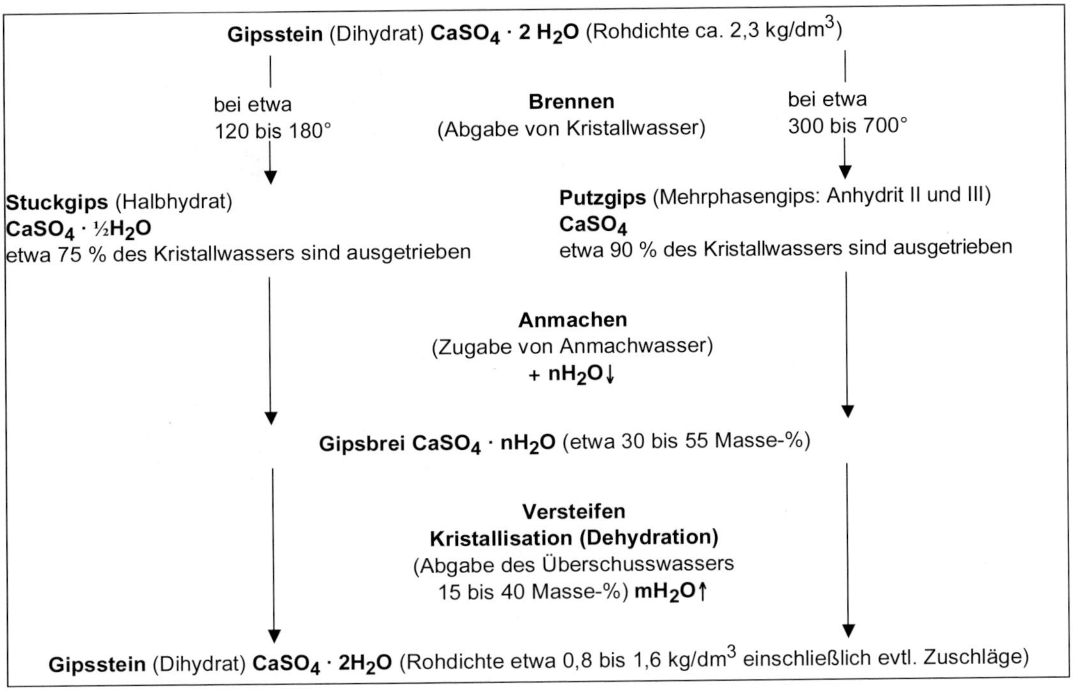

Bild 4.6 Verfilzung und Verfestigung des Gipses

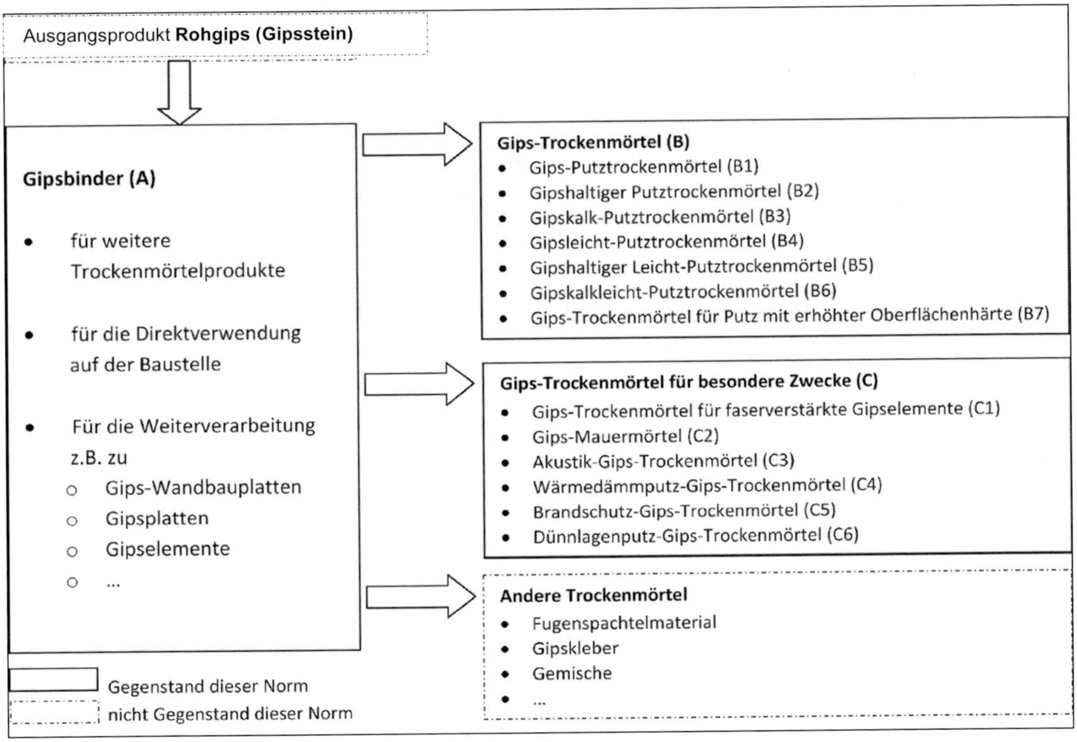

Bild 4.7 Arten von Gipsbindern und Gips-Trockenmörteln nach EN 13279-1

Herstellung aus Calciumsulfat-Dihydrat
Anhydrit

$CaSO_4 \cdot 2\,H_2O$ Gipsstein (Dihydrat)	→	Brennen 120 bis 1200 °C	→	$CaSO_4$ wasserfreier Gips (Anhydrit)

Herstellung aus synthetischer Produktion (REA-Gips[1])
Rauchgasentschwefelung

CaO Branntkalk	+	SO_2 Schwefeldioxid	+	$\frac{1}{2}\,O_2$ Sauerstoff	→	$CaSO_4$ wasserfreier Gips (Anhydrit)

Bild 4.8 Herstellung von Anhydrit

[1] **REA**-Gips (**R**auchgas-**E**ntschwefelungs-**A**nlage)

Das Anhydritgestein ist wasserfreier Gipsstein ($CaSO_4$), der sein Kristallwasser in heißen Erdperioden abgegeben hat. Da Anhydrit kein Kristallwasser enthält, entfällt der Brennvorgang wie bei der Gipsherstellung. In diesem Zustand ist Anhydrit aber nicht reaktionsfähig. Deshalb wird ihm ein Anreger beigegeben. Als Anreger dienen basische Stoffe (Baukalk, Zement ≤ 7 Masse-%) oder salzhaltige Stoffe (Sulfate, z. B. Gips ≤ 3 Masse-%). Verwendung findet Anhydrit vorwiegend als Estrichgips.

> Anhydrit ist wasserfreier Gips. Anhydritbinder wird aus Natur-Anhydrit und synthetischem Anhydrit ($CaSO_4$) mit Anreger hergestellt.

Kalk (EN 459-1)

Ausgangsstoffe für die Herstellung von Baukalk sind: Kalkstein ($CaCO_3$), Dolomitstein ($CaCO_3 \cdot MgCO_3$) und Kalkmergel. Neben diesen natürlichen Ausgangsprodukten fällt Kalk auch als Abfallprodukt bei der Azethylengasherstellung an (Bild **4**.9). Aufgrund der Zusammensetzung unterscheidet man die verschiedenen Baukalkarten. Solche, mit einem hohen Gehalt an reinem Kalk und Magnesia, werden als Luftkalke – da sie nur an der Luft, durch Aufnahme von Kohlendioxid (CO_2) erhärten – bezeichnet. Mit zunehmendem Gehalt an Kieselsäure SiO_2, Tonerde Al_2O_3 und/oder Eisenoxid Fe_2O_3 (den Hydraulefaktoren) vermögen die Kalke nach anfänglicher Lufterhärtung (Karbonaterhärtung) auch unter Wasser zu erhärten.

Diese Kalke werden je nach ihrem Anteil an Hydraulefaktoren als hydraulischer Kalk oder natürlicher hydraulischer Kalk bezeichnet (Tab. **4**.10a,b). Im Gegensatz zum Gips erfolgt beim Brennen des Kalksteins eine chemische Veränderung. Bei Brenntemperaturen unterhalb des Sintergrenze (< 1200 °C) entweicht aus dem Kalkstein ($CaCO_3$) Kohlendioxid (CO_2). Es entsteht Branntkalk (CaO). Durch Zugabe einer genau berechneten Wassermenge (Trockenlöschen) bzw. einer übermäßigen Wassermenge (Nasslöschen) erfolgt das Löschen des Kalks. Es entsteht Löschkalk ($Ca(OH)_2$). Während das Brennen des Kalks ein stark endothermer Vorgang ist, handelt es sich beim Löschen des Kalks um einen exothermen Vorgang, bei dem ein Teil des Löschwassers verdampft.

$CaCO_3$ Kalkstein	+	$4\,C$ Kohlenstoff	→	CaC_2 Calciumcarbid	+	$CO_2\uparrow$ Kohlendioxid
CaC_2 Calciumcarbid	+	H_2O Wasser	→	C_2H_2 Acethylen	+	$Ca(OH)_2$ Löschkalk

Bild 4.9 Synthetische Herstellung von Kalk

Tabelle 4.10a Zusammensetzung der Kalke

Kalkart	CaO + MgO	MgO	CO_2	SO_3	freier Kalk
CL 90	≥ 90	≤ 5	≤ 4	≤ 2	-
CL 80	≥ 80	≤ 5	≤ 7	≤ 2	-
CL 70	≥ 70	≤ 5	≤ 12	≤ 2	-
DL 85	≥ 85	≥ 30	≤ 7	≤ 2	-
DL 80	≥ 80	≥ 5	≤ 7	≤ 2	-
HL 2	-	-	-	≤ 3	≥ 8
HL 3,5	-	-	-	≤ 3	≥ 6
HL 5	-	-	-	≤ 3	≥ 3
NHL 2	-	-	-	≤ 3	≥ 15
NHL 3,5	-	-	-	≤ 3	≥ 9
NHL 5	-	-	-	≤ 3	≥ 3

Tabelle 4.10b Klassifizierung von Baukalk

Bei den Luftkalken erfolgt die Bezeichnung nach dem Calciumoxid- bzw. Magnesiumoxidanteil nach den Massenanteilen in %, bei den hydraulischen Kalken nach ihrer Druckfestigkeit in N/mm^2.

Bezeichnung	Kurzzeichen
Luftkalke	
Weißkalk 90	CL 90
Weißkalk 80	CL 80
Weißkalk 70	CL 70
Dolomitkalk 85	DL 85
Dolomitkalk 80	DL 80

Hydraulische Kalke

Bezeichnung	Kurzzeichen	Druckfestigkeit (N/mm^2) nach 7 Tagen	Druckfestigkeit (N/mm^2) nach 28 Tagen
Hydraulischer Kalk 2	HL 2	-	≥ 2 bis 7
Hydraulischer Kalk 3,5	HL 3,5	≥ 1,5	≥ 3,5 bis 10
Hydraulischer Kalk 5	HL 5	≥ 2	5 bis 15
Natürlicher hydraulischer Kalk 2	NHL 2	–	≥ 2 bis 7
Natürlicher hydraulischer Kalk 3,5	NHL 3,5	≥ 1,5	≥ 3,5 bis 10
Natürlicher hydraulischer Kalk 5	NHL 5	≥ 2	5 bis 15

(Das Calciumhydroxid ist eine starke Base, sie ätzt die Haut und greift verschiedene Nichteisenmetalle an.) Wichtig ist darauf zu achten, dass der Kalk vollständig gelöscht ist. Sollten vereinzelte Kalkteilchen ungelöscht weiter verarbeitet werden (z. B. im Putzmörtel), kommt es zum Nachlöschen, damit zu einer Volumenvergrößerung und dem Absprengen von Putzteilen. Nach dem Löschen des Kalkes wird dieser getrocknet, fein gemahlen und abgepackt. Bild **4.**11 zeigt die chemischen Vorgänge beim Brennen, Löschen und Anmachen von Kalk.

Kennzeichen der Luftkalke (z. B. Weißkalk, Carbidkalk, Dolomitkalk, Marmorkalk usw.) sind die Karbonaterhärtung, eine heftige Löschreaktion, verbunden mit einer Volumenvergrößerung bis zum 3-fachen der Ausgangsmenge und eine mäßige Druckfestigkeit (ca. 1 N/mm^2). Der karbonatisierte Kalk ist nach dem Aushärten sehr widerstandsfähig gegen Witterungseinflüsse und im Wasser praktisch unlösbar. Problematisch wird es dort, wo Schwefeldioxid (Luftverschmutzung durch Industrie, Heizungsanlagen, Autos) in Verbindung mit Wasser den

Kalkstein (Calciumkarbonat) **$CaCO_3$**

Brennen
unterhalb der Sintergrenze
1000 bis 1200 °C
CO_2 entweicht $CaCO_3 + CO_2\uparrow$

↓

Branntkalk (Calciumoxid) **CaO**

Löschen
Wasserzugabe $CaO + H_2O\downarrow$
dabei Volumenzunahmen

↓

Löschkalk (Calciumhydroxid) **$Ca(OH)_2$**

Anmachen, Erhärtung
CO_2 wird aufgenommen [1])
$Ca(OH)_2 + CO_2\downarrow$
dabei Volumenverringerung
Überschusswasser wird abgegeben

↓

Kalkstein (Calciumkarbonat) **$CaCO_3$**

Bild 4.11 Vorgänge beim Brennen, Löschen und Anmachen von Kalk

[1]) Dieser chemische Vorgang dauert lange an, da die Luft nur 0,03 % Massenanteile Kohlendioxid (CO_2) enthält. Durch Regenwasser wird der Erhärtungsvorgang beschleunigt, da es etwa 50 mal so viel CO_2 enthält als Luft. Die Kohlendioxidaufnahme kann weiter beschleunigt werden durch Aufstellen von Koksöfen oder Gasbrennern.

karbonatisierten Kalk angreift und in nicht wasserbeständiges Calciumsulfat (Gips) umsetzt (Bild. **4.**12).Während Gips beim Erhärten eine geringe Volumenzunahme erfährt, ist beim Erhärtungsprozess von Kalk eine beträchtliche Volumenverringerung (Schwindneigung) zu beobachten.

Dies ist der Grund dafür, dass Kalk nur mit Magerungsmitteln (Zuschlägen, Füllstoffen) als Putzmörtel verarbeitet werden kann.

Luftkalke werden verwendet zur Herstellung von Putz- und Mauermörtel, von Kalk- und Porenbetonsteinen und für Anstriche (Tabelle 4.13). Kennzeichen von hydraulischen bzw. hochhydraulischen Kalken (z. B. Wasserkalk, hydraulischer Kalk, hochhydraulischer Kalk, Trasskalk, Romankalk usw.) sind ihre Fähigkeit nach anfänglicher Karbonaterhärtung unter Wasser auszuhärten (hydraulische Erhärtung), ihr träges Löschverhalten mit mäßiger Volumenvergrößerung und einer Druckfestigkeit bis zu 15 N/mm² (hochhydraulischer Kalk). Die Dauer der Karbonaterhärtung (2 bis 7 Tage) ist abhängig vom Anteil der im Kalk enthaltenen Hydraulefaktoren. Dementsprechend sind auch die chemischen Abläufe schwieriger zu erfassen. Anstelle der Kohlensäure wirken bei den hydraulischen Kalken reaktionsfähige saure Bestandteile, vor allem Kieselsäure (SiO_2), die mit dem Calciumhydroxid ($Ca(OH)_2$) bei Anwesenheit von Wasser, wasserunlösliches Kalkhydrosilikat($CaSiO_3$-$2H_2O$) bilden (Bild **4.**14). Es ist deshalb bei hydraulischer Erhärtung notwendig, für ausreichende Feuchtigkeit Sorge zu tragen.

$CaCO_3$ Calcium-karbonat	+	SO_2 Schwefel-dioxid	+	$2\,H_2O$ Wasser	+	$2\,O_2$ Sauerstoff	⟶	$CaSO_4$ Calciumsulfat (Gips)	·	$2\,H_2O$ Wasser	+	$CO_2\uparrow$ Kohlendioxid

Bild 4.12 Umwandlung von Kalkstein in Gips durch schwefeldioxidhaltige Luft

Hydraulische Kalke werden verwendet zur Herstellung von Putz- und Mauermörtel bei erhöhten Anforderungen an die Druckfestigkeit. Als Putzmörtel auch in Feuchträumen sowie für Außenputze. Kurzzeichen und Bezeichnungen für Kalke ergeben sich aus Tabelle **4.**15.

Kalke sind natürliche Bindemittel, die als Luftkalke nur an der Luft – unter Aufnahme von CO_2 – und als hydraulische Kalke nach anfänglicher Lufterhärtung auch unter Wasser aushärten.

Tabelle 4.13 Verwendung der Baukalke

Kalkart	Rohstoffe	Eigenschaften	Verwendung
Luftkalke			
Weißkalk 70 Weißkalk 80 Weißkalk 90	möglichst reiner Kalkstein	kräftig löschend, quillt bis zum 2,5-fachen, Schüttdichte 0,3 bis 0,6	aufgehendes Mauerwerk, Innenputz Anstriche, Zusatz zu Zementmörtel
Dolomitkalk 80 Dolomitkalk 85	möglichst reiner Dolomitstein	träger löschend und weniger aufquellend als Weißkalk, sonst wie Weißkalk Schüttdichte 0,4 bis 0,6	
Hydraulisch erhärtende Kalke			
Hydraulischer Kalk 2	mergeliger Kalkstein	träger löschend als Dolomitkalk, quillt bis zum 2-fachen, schwach hydraulisch, Schüttdichte 0,4 bis 0,8	aufgehendes Mauerwerk, Kellermauerwerk, Innenputz, Außenputz
Natürlicher hydraulischer Kalk 2	tonhaltigen oder kieselsäurehaltigen Kalksteinen		
Hydraulischer Kalk 3,5	Kalksteinmergel oder Kalkstein mit zusätzlichen Hydraulefaktoren	zerfällt beim Löschen nicht vollständig, muss gemahlen werden, Schüttdichte 0,5 bis 0,9	Grundmauern, Natursteinmauerwerk, Putz in Feuchträumen
Natürlicher hydraulischer Kalk 3,5	tonhaltigen oder kieselsäurehaltigen Kalksteinen		
Hydraulischer Kalk 5	Kalksteinmergel oder Kalkstein mit zusätzlichen Hydraulefaktoren	nur teilweise löschfähig, muss gemahlen werden, Schüttdichte 0,6 bis 1,0	wie vor, aber auch für hochbelastetes Mauerwerk
Natürlicher hydraulischer Kalk 5	tonhaltigen oder kieselsäurehaltigen Kalksteinen		

$Ca(OH)_2$ Löschkalk Calciumhydroxid	+	$2\,SiO_2 \cdot H_2O$ Kieselsäure Hydraulefaktor	→	$CaSiO_3 \cdot 2\,H_2O$ Kalkhydrosilikat

Bild 4.14 Erhärtungsprozess von hydraulischen Kalken

Zement (EN 197-1)

Im Gegensatz zu den vorgenannten Bindemitteln – Gips, Anhydrit und Kalk – ist Zement ein künstlich hergestellter Baustoff, der so nicht in der Natur vorkommt. Zement ist ein feingemahlenes, hydraulisches Bindemittel, das – mit Wasser angemacht – an der Luft und unter Wasser erhärtet. Ausgangsstoffe für die Zementherstellung sind Kalkstein und Ton, aus denen der Zementklinker gebrannt wird. Dabei werden genau ermittelte Anteile von Kalkstein und Ton – alle Kalkteilchen müssen an die Hydraulefaktoren gebunden werden – miteinander vermengt, feingemahlen und im Drehrohrofen bei Temperaturen bis zur Sintergrenze (ca. 1450 °C) gebrannt.

Tabelle 4.15 Kurzzeichen und Bezeichnungen

C = Calciumoxid
D = Magnesiumoxid
L = Lime
HL = Hydraulischer Kalk (Kalke, die vorwiegend aus Calciumhydroxid, Calciumsilikaten und Calciumaluminaten bestehen. Sie werden durch Mischen von geeigneten Stoffen hergestellt und erhärten unter Wasser. Der atmosphärische Kohlenstoffdioxid trägt zum Erhärtungsprozess bei.)
NHL = Natürlich erhärtende Kalke (Kalke, die aus tonhaltigen oder kieselsäurehaltigen Kalksteinen hergestellt werden. Sie erhärten unter Wasser. Der atmosphärische Kohlenstoffdioxid trägt zum Erhärtungsprozess bei.)
CL = Weißkalk (Kalke, die vorwiegend aus Calciumoxid oder Calciumhxdroxid bestehen. Daneben gibt es auch Muschelkalk aus gebrannten Muscheln und Carbidkalk, der als Nebenprodukt bei der Herstellung von Acetylen aus Calciumcarbid entsteht. Es handelt sich um gelöschte Kalke.)
DL = Dolomitkalk (Kalke, die vorwiegend aus Calciumoxid und Magnesiumoxid oder Magnesiumhydroxid und Magnesiumhydroxid bestehen.)
Q = ungelöschter Kalk (= Branntkalk. Das Angebot reicht von Stückkalk bis feingemahlenem Kalk)
S = Kalkhydrat (Entsteht durch kontrolliertes Löschen von ungelöschten Kalken. Kalkhydrat gibt es als Pulver, Teig, und Suspension)
Z = Spezialprodukte, denen puzzolanische oder hydraulische Stoffe beigemischt werden werden mit „Z“ gekennzeichnet.

Lieferformen:
dp = Pulver
sl = Teig (Kalkmilch)
lu = Klumpen
pu = Brei

Normgerechte Bezeichnung:
EN 459-1 CL 80 - Q = Weißkalk nach EN 459-1 als ungelöschter Kalk
EN 459-1 HL 2 - S = Hydraulischer Kalk nach EN 459-1 mit einer Druckfestigkeit von 2 N/mm^2 als Kalkhydrat

Durch die Verbindung von Kalk und Hydraulefaktoren entsteht ein neuer Stoff, der nach Feinmahlung unter Zugabe von geringen Mengen an Gips – zur Regulierung der Erstarrungszeit – hydraulisch erhärtet. DIN EN 197-1 unterscheidet 3 Hauptarten von Zement (CEM I, CEM II, CEM III, CEM IV), denen 27 Zementsorten zugeordnet sind (s. Tab. T 18 im Anhang). Zement der ausschließlich aus Portlandzementklinker besteht, heißt Portlandzement (Kurzzeichen CEM I). Portlandkompositzemente (CEM II) sind aus verschiedenen Hauptbestandteilen (Portlandzementklinker, Hüttensand, Puzzolan, Flugasche, Ölschiefer, Kalkstein) zusammengesetzt. Der Hauptart CEM III sind die Hochofenzemente zugeordnet.

Die unterschiedlichen Hauptbestandteile be-

Tabelle 4.16 Festigkeitsklassen, Erstarrungsbeginn und Kennfarben von Zement nach Norm

Festigkeitsklasse N/mm^2	Druckfestigkeit Anfangsfestigkeit 2 Tage	Druckfestigkeit Anfangsfestigkeit 7 Tage	Druckfestigkeit Normfestigkeit 28 Tage		Erstarrungsbeginn	Farbe der Zementtüte	Farbe des Aufdruckes
32,5 N	---	> 16	> 32,5	< 52,5	> 60	hellbraun	schwarz
32,5 R	> 10	---					rot
42,5 N	> 10	---	> 42,5	< 62,5		grün	schwarz
42,5 R	> 10	---					rot
52,5 N	> 30	---	> 52,5	---	> 45	rot	schwarz
52,5 R	> 30	---					weiß, gelb, orange

wirken auch die speziellen Eigenschaften und Anwendungsgebiete der Normzemente (Tab. **4**.16 und **4**.17a, b, c). Das Erstarren und Erhärten von Zement beruht vor allem auf der chemischen Bindung von Wasser durch die Verbindung $3CaO \cdot Al_2O_3$ und $3CaO \cdot SiO_2$. Es bilden sich dabei kristalline Hydrate, welche das Gemenge zu einem festen Gefüge verfilzen und die Zuschlagsstoffe verkitten. Da die Erhärtungsreaktionen von Zement recht kompliziert und in allen Bereichen noch nicht völlig geklärt sind, wird auf diese Darstellung hier verzichtet.

Tabelle 4.17a Kurzzeichen für besondere Zementbestandteile

Kurzzeichen	Bedeutung
A	hoher Anteil an Portlandzementklinker
B	niedriger Anteil an Portlandzementklinker
K	Portlandzementklinker
S	Hüttensand
P	natürliche Puzzolane
V	kieselsäurereiche Flugasche
W	kalkreiche Flugasche
T	gebrannter Schiefer
L/LL	Kalkstein

Tabelle 4.17b Kurzzeichen für besondere Zementeigenschaften

Kurzzeichen	Benennung der Eigenschaft
NW	niedrige Hydratationswärme
HS	hoher Sulfatwiderstand
HO	erhöhter Anteil organischer Zusätze
FE	früh erstarrende Zemente
SE	schnellerstarrende Zemente

Kalkreiche Zemente wie z. B. der Portlandzement bewirken durch den hohen Anteil an Calciumhydroxid ($Ca(OH)_2$), das bei der Erhärtungsreaktion zwischen Zement und Wasser gebildet wird, eine alkalische Umgebung die einen besonders guten Korrosionsschutz (Rostschutz) der Stahleinlagen im Stahlbeton gewährleistet. Durch Kohlensäure (H_2CO_3), die sich aus dem Kohlendioxid der Luft und der Luftfeuchtigkeit bildet, kann dieser alkalische Bereich neutralisiert werden. Dabei wird das Calciumhydroxid durch die Kohlensäure in Calciumkarbonat umgewandelt (Tab. **4**.18). Eine weitere Eigenschaft kalkreicher Zemente ist die bei der Hydratation entstehende hohe Wärmeentwicklung. Dies führt zu schnell ansteigenden Beton- bzw. Mörtelfestigkeiten. Bei kalkarmen Zementen, wie z. B. dem Hochofenzement, tritt eine geringere Wärmeentwicklung auf. Hochofenzement erlangt durch seinen hohen Anteil an Hüttensand (36 bis 80 %) eine gute chemische Beständigkeit, z. B. gegen sulfathaltiges Wasser.

Viele Nichteisenmetalle werden vom frischen Zementmörtel angegriffen. Es sind deshalb angrenzende Bauteile wie z. B. Aluminiumfenster, Zinkeinfassungen oder Bleiverglasungen besonders zu schützen.

Zement wird hauptsächlich verwendet als Bindemittel im Beton und Mörtel, aber auch als Zusatz in Klebern und Injektionsmörteln.

Detailliertere Informationen zu den einzelnen Zementarten, ihrer Zusammensetzung und Verwendung, den Zementfestigkeitsklassen, den Anforderungen und Prüfungen sowie der Kennzeichnung finden Sie in den Grundlagen der Bautechnik.

> Zement ist ein künstliches, hydraulisches Bindemittel, das mit Wasser angemacht, sowohl an der Luft als auch unter Wasser erhärtet.

Putz- und Mauerbinder

Hierbei handelt es sich um ein werkmäßig hergestelltes, fein gemahlenes mineralisches, hydraulisches Bindemittel für Mauer- und Putzmörtel. Sie bestehen aus Zement, Füller (Gesteinsmehl), Kalkhydrat und Zusätzen zur besseren Verarbeitbarkeit (Verzögerer, Plastifizierer usw.). Es handelt sich also nicht um ein eigenständiges Bindemittel wie z. B. Gips, Kalk oder Zement, sondern ein Gemisch von Kalk, Zement und Füllstoffen. Aufgabe der Füllstoffe ist es, der Schwindneigung entgegen zu wirken, den Mörtel geschmeidiger und den Putz elastischer zu machen. Die Erhärtung erfolgt hydraulisch.

Tabelle 4.17c Anwendungsmöglichkeiten der Normzemente in Abhängigkeit von den Druckfestigkeitsklassen

Zementart	Wichtigste Festigkeitsklassen	Eigenschaften und Anwendungsbeispiele (Hinweis: Bei den höheren Festigkeitsklassen ist die Mahlfeinheit, der Wasseranspruch, das Wasserrückhaltevermögen und die Hydratationswärme größer, die Verarbeitungszeit und die Nachbehandlung kürzer, der Einfluss niedriger Temperatur auf die Erhärtung geringer als beim Z 35 F der jeweiligen Zementsorte.)
CEM I Portlandzement	**35F** 45F 45L 55	schnelle Erhärtung, hohe Frühfestigkeit, mäßige Nachhärtung, geringe Erhärtungsverzögerung bei niedriger Temperatur, langsame Karbonatisierung, höhere Hydratationswärme, als Luftporenbeton hoher Frost-Tausalz-Widerstand, kurze Nachbehandlungsdauer, kürzere Verarbeitungszeit für alle üblichen Anforderungen im Beton- und Stahlbetonbau, für Putz- und Mauermörtel
CEM II/A-S Portlandhüttenzement	**35F** 45F 45L	entspricht weitgehend dem Portlandzement
CEM II/B-P Portland-puzzolanzement	**35F** 35L	langsame Erhärtung, geringe Frühfestigkeit, gute Nachhärtung, längere Erhärtungsverzögerung bei niedrigen Temperaturen, schnelle Karbonatisierung, vermehrter Wasseranspruch, größeres Wasserrückhaltevermögen, gute Verarbeitbarkeit, längere Verarbeitungszeit, längere Nachbehandlungsdauer, geringe Neigung zu Ausblühungen für Mörtel zum Verlegen von Plattenbelägen, Verfugen von Sichtmauerwerk
CEM II/A-V Portland-flugaschezement	**35F**	langsame Erhärtung, geringe Frühfestigkeit, gute Nachhärtung, geringe Erhärtungsverzögerung bei niedrigen Temperaturen, schnellere Karbonatisierung, geringer Wasseranspruch, gute Verarbeitbarkeit, längere Verarbeitungszeit, längere Nachbehandlungsdauer für alle Betonwaren, Leichtbetonwände mit haufwerksporigem Gefüge
CEM II/A-T Portland-ölschieferzement	**35F**	vergleichbar mit dem Portlandzement, jedoch etwas größerer Wasseranspruch
CEM II/A-L Portland-kalksteinzement	**35F**	schnelle Erhärtung, hohe Frühfestigkeit, fast keine Nachhärtung, geringe Erhärtungsverzögerung bei niedrigen Temperaturen, langsame Karbonatisierung, geringe Hydratationswärme, als Luftporenbeton hoher Frost-Tausalz-Widerstand, geringer Wasseranspruch, gute Verarbeitbarkeit, kurze Nachbehandlungsdauer, kürzere Verarbeitungszeit für alle üblichen Anforderungen im Beton. und Stahlbetonbau, bei Frost-Tausalz-Angriff (LP-Beton), Betonwaren
CEM II/B-SV Portland-flugasche-hüttenzement	**35F**	vergleichbar mit dem Portlandflugaschezement
CEM III/B Hochofen-zement	**35F** 45F	langsame Erhärtung, geringe Frühfestigkeit, gute Nachhärtung, längere Erhärtungsverzögerung bei niedrigen Temperaturen, schnelle Karbonatisierung, niedrige Hydratationswärme, mäßiger Frost-Tausalz-Widerstand, längere Nachbehandlungsdauer, längere Verarbeitungszeit bei Sulfatangriff, im Bereich des Tief- und Wasserbaus

Haupteinsatzgebiet ist die Verwendung als Bindemittel im Mauermörtel der Mörtelgruppe I und II und im Putzmörtel der Mörtelgruppe P IIa.

Putz- und Mauerbinder ist ein werkmäßig hergestelltes fein gemahlenes, hydraulisches Bindemittel. Es besteht aus Zement, Kalkhydrat und Gesteinsmehl.

H_2O Wasser (Luftfeuchtigkeit)	+	CO_2 Kohlendioxid (aus der Luft)	→	H_2CO_3 Kohlensäure
$Ca(OH)_2$ Calciumhydroxid alkalische Rektion	+	H_2CO_3 Kohlensäure	→	$CaCO_3$ + $2H_2O$ Kalkstein Wasser neutrale Reaktion

Bild 4.18 Umwandlung von Calciumhydroxid in Calciumkarbonat
Der durch die alkalische (basische) Wirkung vorhandene Korrosionsschutz der Stahleinlagen im Stahlbeton, wird durch die Umwandlung in Kalkstein aufgehoben. Diesen Vorgang bezeichnet man als Karbonatisierung.

Putzmörtel mit Putz- und Mauerbinder weisen folgende Eigenschafte auf:

- Gut verarbeitbarer Mörtel ohne Zugabe von chemischen Zusätzen
- hohe Geschmeidigkeit und Wasserrückhaltevermögen
- sehr gute Flankenhaftung am Stein,
- kein Wasserabsondern,
- lange Verarbeitungszeit.

Die Druckfestigkeitsklassen ergeben sich aus Tabelle 4.19.

Tabelle 4.19 Druckfestigkeitsklassen von Putz- und Mauerbinder

Art	Druckfestigkeit nach 28 Tagen in N/mm^2
MC 5	≥ 5 bis ≤ 15
MC 12,5	≥ 12,5 ≤ 32,5
MC 12,5X	≥ 12,5 ≤ 32,5
MC 22,5X	≥ 22,5 bis ≥ 42,5

Magnesiabinder

Ausgangsstoff für die Herstellung des Magnesiabinders ist Magnesitgestein ($MgCO_3$), auch Bitterspat genannt. Das Magnesitgestein wird bei 700 bis 800 °C gebrannt, anschließend fein gemahlen. Es entsteht gebrannte Magnesia (MgO). Dieser wird ein Anreger beigemengt, um die Erstarrungs- und Erhärtungsreaktion in Gang zu setzen. Die gebrannte Magnesia verbindet sich mit dem Anreger – Salzlösungen, z. B. Magnesiumchlorid ($MgCl_2$) oder Magnesiumsulfat ($MgSO_4$) und erhärtet zu einer steinharten Masse. Die Verfestigung erfolgt über die Bildung kristalliner, nadelförmiger Strukturen.

Da Magnesiumchloridlösung überaus hygroskopisch und korrosionsfördernd ist, müssen bei der Verarbeitung berührende Metallteile geschützt werden. Für die Herstellung von magnesiagebundenen Holzwolle-Leichtbauplatten wird deshalb Magnesiumsulfatlösung verwendet. Sie bietet die Gewähr, dass Holzwolle-Leichtbauplatten mit verzinkten Nägeln befestigt werden können. Nachteil der Magnesiumsulfatlösung ist die geringere Festigkeit solcher Mörtel gegenüber Mörteln mit Magnesiumchloridlösung.

Mit Magnesiabinder können auch organische Zuschläge wie Holzspäne oder Holzwolle verarbeitet werden, z. B. bei der Herstellung von Holzwolle-Leichtbauplatten. Ein weiteres Anwendungsgebiet sind Magnesiaestriche.

Magnesiabinder bestehen aus gebrannter Magnesia (MgO). Als Anreger dienen Magnesiumchlorid ($MgCl_2$) oder Magnesiumsulfat ($MgSO_4$).

Achtung: Magnesiamörtel sind nicht wasserbeständig!

Silikate

Silikate sind Salze der Kieselsäure, z. B. Metakieselsäure: $SiO_2 + H_2O \rightarrow H_2SiO_3$. Silikate, hauptsächlich von Kalium (K), Natrium (Na), Calzium (Ca), Magnesium (Mg), Aluminium (Al) und Eisen (Fe), bilden die Hauptmasse der Gesteine und ihrer festen Verwitterungsprodukte. Sie sind auch enthalten in Materialien aus Ton (z. B. Ziegelerzeugnissen), in Glas und im Zement. Silikatisches Bindemittel ist das Wasserglas, z. B. Natronwasserglas (Natronsilikat) Na_2SiO_3 und Kaliwasserglas (Kaliumsilikat) K_2SiO_3. Die Herstellung von Kaliwasserglas – das in der Praxis in der Regel verwendet wird, eventuell mit geringen Mengen an Natronwasserglas – erfolgt durch Schmelzen von Quarzsand und Pottasche. Der im Wasser sonst unlösliche Quarzsand wird dabei in wasserlösliches Kaliwasserglas überführt, Kohlendioxid wird freigesetzt (Tab. 4.20). Die dabei entstehende feste glasartige Schmelzmasse ergibt durch erneutes Erhitzen mit Wasser auf etwa 130 °C unter Druck eine wässrige Lösung – das flüssige Wasserglas. Mit Zusätzen und Stabilisatoren versehen, wird es dann als Bindemittel für Anstriche (Silikatfarben) und Putze (Silikatputze, Bild 4.21) eingesetzt.

Die Erhärtung erfolgt chemisch (kristalline Versteinerung, dabei wird aus Wasserglas und Kalkhydrat Calciumsilikat gebildet) und physikalisch (Verdunstung des Wassers). Die kristalline Versteinerung – auch Verkieselung genannt – bewirkt eine sehr widerstandsfähige Verbindung der Teilchen untereinander und eine feste Verbindung mit dem Untergrund.

> Silikatische Bindemittel erhärten durch die Umwandlung von Wasserglas und Kalkhydrat zu Calciumsilikat. Diesen Vorgang bezeichnet man als Verkieselung oder Versteinerung.

Natronwasserglas

Na_2CO_3 Soda	+	SiO_2 Quarzsand	⟶	Na_2SiO_3 Natriumsilikat Natronwasserglas	+	CO_2↑ Kohlendioxid

Kaliwasserglas

K_2CO_3 Pottasche	+	SiO_2 Quarzsand	⟶	K_2SiO_3 Kaliumsilikat Kaliwasserglas	+	CO_2↑ Kohlendioxid

Bild 4.20 Herstellung von Natron- und Kaliwasserglas

Bild 4.21 Verarbeitungsfertiger Silikatputz

Kunstharz

Ausgangsstoff für die Herstellung von Kunstharz sind Erdöl, Erdgas und zu einem geringen Teil Kohle. Die Herstellung erfolgt durch chemische Synthese (s. Baufachkunde Grundlagen). Als Bindemittel werden Kunstharzdispersionen und Reaktionsharze angeboten.

Tabelle 4.22 Bezeichnung, Kurzzeichen und Verwendung wichtiger Kunstharze

Bezeichnung	Kurzzeichen	Verwendung
Thermoplaste		
Polyvinylacetat	PVAC	Beton- und Mörtelzusatzmittel, Kleb- und Anstrichstoffe, Kunstharzmörtel
Polyisobutylen	PIB	Baukleber
Polymethylmethacrylat (Acrylglas)	PMMA	Kunstharzmörtel, Dichtungsmassen, Estriche
Duromere/Elastomere		
ungesättigte Polyester	UP	Kunstharzmörtel, Kleb- und Anstrichstoffe
Epoxid	EP	Haftbrücken, Beschichtungen, Kleber, Estriche
Polyurethan	PUR	Kleb- und Anstrichstoffe, Dichtungsmassen
Silikon (als Harz, Bild 4.23)	SI	feuchtigkeitsabweisende Beschichtungen

Bild 4.23 Verarbeitungsfertiger Silikonhartputz

Bei Kunstharzdispersionen handelt es sich um Aufschwemmungen von Kunstharzteilchen in sehr feiner Verteilung (∅ 0,001 bis 0,0001 mm)in Wasser mit Feststoffen. Bedingt durch ihrer Feinheit können sie sich zwischen den Zement- und Kalkteilchen anlagern und somit die Eigenschaften dieser Bindemittel wesentlich beeinflussen. Dispersionen sind mit Wasser verdünnbar und können in jedem beliebigen Verhältnis mit mineralischen Bindemitteln für Mörtel und Beton gemischt werden. Die Verbindung der Feststoffteilchen erfolgt durch Verkleben bei Wasserabgabe. Dies geschieht oberhalb der Erweichungstemperatur und ist ein rein physikalischer Vorgang. Um Dispersionen auch bei kühlem Wetter verarbeiten zu können, werden mitunter Weichmacher hinzugegeben. Von besonderer Wichtigkeit ist es, bei der Verarbeitung kunststoffvergüteter Putze die Verarbeitungstemperatur zu beachten. Dispersionen werden angeboten als Zusatzmittel für die Estrichherstellung (der Estrich wird zäher, dichter, beständiger gegen Abnutzung usw.), als Haftbrücke (Putzmörtel auf glatten Untergründen), als Zusatz für Putzmörtel (geringere Schwindneigung, gut wasserbeständig und wasserabweisend, schmutzabweisend usw.) und für Anstriche. Neben den physikalisch abbindenden Dispersionen gibt es auch Zweikomponenten-Epoxidharz-Dispersionen, die chemisch aushärten. Sie müssen innerhalb einer bestimmten Topfzeit verarbeitet werden.

Reaktionsharze sind in mehreren Komponenten angelieferte Kunstharzprodukte. Erst durch Vermischen der einzelnen Komponenten in vorgeschriebener Menge reagieren sie unter Bildung des Kunstharzes. Zu beachten ist die vom Hersteller angegebene Topfzeit, die von einigen Minuten bis zu mehreren Stunden eingestellt werden kann. Hohe Temperaturen können die Erhärtungsreaktion beschleunigen, niedrige verlangsamen. Reaktionsharze finden Verwendung als Schnellreparaturmörtel oder -beton, als Klebemörtel (Haftbrücke), für mechanisch und chemisch stark beanspruchte Industrieestriche oder auch bei der Reproduktion von Baudenkmälern (EP- und MMA-Sandstein).

> Kunstharzbindemittel verbessern die Zähigkeit, die Wasserundurchlässigkeit, die chemische Widerstandsfähigkeit und die Haftung am Putzuntergrund im Vergleich mit mineralischen Bindemitteln erheblich.

Lehm

Im Zusammenhang mit alternativen und ökologischen Bauweisen sowie der Restaurierung alter Bausubstanzen sind in den letzten Jahren Lehmtechniken wieder belebt worden. Lehm ist wohl das älteste Bindemittel das als Putz- und Mauermörtel, wie auch beim Lehmsteinbau eingesetzt wird. Lehm ist ein Verwitterungsprodukt aus verschiedenen Gesteinen die Tonerdesilikate enthalten. Ein Gemenge aus feinem Sand, Ton, Glimmer, Kalk und Eisenverbindungen. Die Eisenverbindungen geben dem Lehm auch seine charakteristische gelbbraune Färbung (Bild 4.24a).

Beim Lehmsteinbau werden dem Lehmbrei zur Verbesserung der Stabilität der Steine, kurzgeschnittenes Stroh, Kraut, Holzwolle o. a. beigemengt. Das Gemenge wird anschließend durch Einstampfen in Formen verdichtet, aus der Form entnommen und verarbeitet (ungebrannte Lehmziegel, Grünlinge, Bild 4.24b). Das Lehm-Stroh-Gemisch kann aber auch in eine Schalung – ähnlich einer Betonschalung – eingebracht werden, wird dort durch Stampfen verdichtet und bildet sogleich die Wand. Mit Lehm-Kalk-Gemenge lassen sich auch entsprechende Putze herstellen. Lehmputz wird je

Bild 4.24a Lehmabbau

Bild 4.24b Grünlinge

nach Körnung als Unter- und Oberputz eingesetzt. Bevorzugte Einsatzgebiete sind der Denkmalschutz, Renovierungsmaßnahmen aber auch der Neu- und Altbau. Lehmputze können unmittelbar auf Mauerwerk sowie auf Gipsplatten, Gipsfaserplatten oder auch Gips-Wandbauplatten aufgebracht werden.

Da Lehm kein wasserbeständiges Bindemittel ist, sind Wandkonstruktionen, Putze und Vermörtelungen aus Lehm vor aufsteigender Feuchtigkeit und Niederschlägen zu schützen.

Weitere Nachteile sind das starke Schwindverhalten (bis zu 15 %) sowie die Frostempfindlichkeit.

4.1.2 Gesteinskörnungen

Bindemittel wie Kalk oder Zement können wegen ihrer starken Schwindneigung allein nicht verarbeitet werden. Sie müssen durch Gesteinskörnungen gemagert werden. Gesteinskörnungen gewährleisten die Raumstabilität des Mörtels und bilden das tragende Gerüst für die auftretenden Lasten und Belastungen. Zusätzlich beeinflussen die Gesteinskörnungen die äußere Struktur des Mörtels und damit das Erscheinungsbild der Fassade. Grundsätzlich unterscheidet man *mineralische und organische Gesteinskörnungen*, die je nach Gefüge (dicht oder porig) untergliedert werden (Tab. **4**.25). Die Wahl der Gesteinskörnungen richtet sich nach dem Verwendungszweck. Am häufigsten wird natürlicher, mineralischer Sand eingesetzt. Für Putze, die besondere Anforderungen zu erfüllen haben (z. B. Wärmedämmputze oder Brandschutzputze), sind spezielle Gesteinskörnungen notwendig. Für Wärmedämmputze sind Gesteins-

Tabelle 4.25 Gesteinskörnungen und Zusätze für Mörtel

mineralische	organische
mit dichtem Gefüge	
Grubensand Flusssand Brechsand Hüttensand Schamotte	Kunststoffgranulate
mit porigem Gefüge	
Bims* Tuff Perlite Blähton** Blähglimmer geblähte Schmelzflüsse	expandiertes Polystyrol Zellulosefasern Kunststofffasern Holzspäne Holzwolle Tierhaare
* 	** 

Tabelle 4.26 Einteilung und Benennung der Gesteinskörnungen

Kleinst-korn in mm	Größt-korn in mm	Benennung bei ungebrochener Gesteinskörnung	Benennung bei gebrochener Gesteinskörnung
0	0,25	Feinstsand	Feinstbrechsand
0	1	Feinsand	Feinbrechsand
1	4	Grobsand	Grobbrechsand
4	32	Kies	Splitt

Tabelle 4.27 Empfohlene Korngruppen

Zeile	Putzanwendung	Mörtel für	Korngruppe/ Lieferkörnung nach DIN 4226-1 in mm
1		Spritzbewurf	0/4[1]), (0,8)[1])
2	Außenputz	Unterputz	0/2,0/4
3		Oberputz	nach Putzweise
4		Spritzbewurf	0/4 [1])
5	Innenputz	Unterputz	0/2, 0/4
6		Oberputz	0/1, 0/2 [2])

[1]) Der Anteil an Grobkorn soll möglichst groß sein.
[2]) Bei oberflächengestalteten Putzen ist das Grobkorn nach der Putzweise zu wählen.

körnungen mit kleiner Rohdichte (z. B. Bims, Perlite oder geschäumtes Polystyrol), für Brandschutzputze mineralische Gesteinskörnungen (z. B. Blähperlite) geeignet. Mitentscheidend für die Qualität des Mörtels ist die Korngröße, die Kornform, die Kornzusammensetzung und die Sauberkeit der Zuschläge. Die DIN untergliedert die Korngrößen für Mörtel in Feinst-, Fein- und Grobsand (**4**.26). Um der Forderung möglichst geringer Hohlräumigkeit nachzukommen, haben sich gemischtkörnige Zuschläge als ideal erwiesen. Diese sind kostengünstiger, erfordern geringere Mengen an Bindemittel (geringe Schwindneigung) und bieten gute Verarbeitungseigenschaften. In der Praxis werden verschiedene Korngruppen (Bild **4**.28) angeboten (z. B. 0/2, 0/4, 0/8 = Kies- bzw. Splittsand). Je nach Putzanwendung (z. B. Spritzbewurf) und Putzstruktur (z. B. Kratzputz, feinkörnig oder grobkörnig) sind Größe und Anteil des Grobkorns festzulegen. Tabelle **4**.27 gibt einen Überblick über die empfohlenen Korngruppen nach DIN. Die Kornform sollte möglichst rund sein.

Bild 4.28 Gesteinskörnungen

Eine Überprüfung der Korngröße geschieht mit dem Kornform-Messschieber.

Platte oder längliche Körner im Mörtel

- erfordern einen höheren Bindemittelgehalt,
- erschweren die Verarbeitbarkeit und
- mindern die Verdichtbarkeit

Gesteinskörnungen müssen frei sein von schädlichen Bestandteilen, die

- den Erhärtungsablauf des Bindemittels stören,
- den festen Verbund zwischen Gesteinskörnung und Bindemittel be- oder verhindern,
- zu Treiberscheinungen und Verfärbungen führen,
- sich korrosionsfördernd auswirken.

Abschlämmbare Bestandteile (Ton, Lehm, feiner Gesteinsstaub) verhindern den festen Verbund zwischen Bindemittel und Gesteinskörnung. Der Gehalt an abschlämmbaren Bestandteilen wird durch den *Absetzversuch* ermittelt. Nach DIN darf dabei der Gehalt 5-Masse-% nicht überschreiten. Ton- oder Lehmverunreinigungen lassen sich auf der

Baustelle am einfachsten durch eine Handprobe überprüfen. Von einem Sandhaufen wird an verschiedenen Stellen etwas Sand in der Hand zerrieben. Sind Lehm oder Ton vorhanden, zeigt sich dies durch entsprechende Verschmierungen an der Handfläche. Sollten Verunreinigungen festgestellt werden, ist mit Hilfe des Absetzversuchs der genaue Anteil zu ermitteln.

Organische Bestandteile (z. B. Humus) können das Erhärten des Bindemittels stören, Verfärbungen herbeiführen und Absprengungen verursachen. Der Gehalt an organischen Bestandteilen lässt sich mit dem *Natronlaugeversuch* ermitteln. Wird eine deutliche Verfärbung der Flüssigkeit festgestellt (bräunlich, rötlich), ist eine Eignungsprüfung (Festigkeitsprüfung) nach DIN erforderlich.

Aufquellende Körner (z. B. aus Braunkohle), Lehm-, Ton-, Kreide- oder Mergelknollen sowie Stoffe, die sich chemisch verändern (z. B. Sulfide), führen zu Treibererscheinungen (Gefahr des Sulfattreibens, Ettringitbildung. Beim Einwirken von gelöstem $CaSO_4$ und vorhandener Feuchtigkeit bilden sich im Zement nadelförmige Ettringitkristalle ($3\,CaO \cdot Al_2O_3 \cdot 3\,CaSO_4 \cdot 32\,H_2O$). Diese bewirken infolge Volumenvergrößerung und Kristallisationsdruck die Zerstörung oder Verfärbungen im Mörtel. Diese Quellkörner dürfen keinesfalls im Zuschlag enthalten sein. Stoffe, die Rostbildung (Chloride, Sulfide) oder Karbonatisierung fördern (Umwandlung von Calciumhydroxid und Kohlensäure in Calciumkarbonat), sollten nur möglichst wenig enthalten sein. So ist der maximale Sulfatgehalt nach für die Mörtelgruppen PII und PIII auf $\leq$ 1-Masse-% begrenzt.

> Die Gesteinskörnungen im Mörtel gewährleisten die Raumstabilität und bilden das tragende Gerüst. Sie beeinflussen die äußere Struktur und damit das Erscheinungsbild einer Fassade.
>
> An Gesteinskörnungen werden besondere Anforderungen bezüglich Kornform, Korngröße, Kornzusammensetzung und Reinheit gestellt.

4.1.3 Anmachwasser

Das Anmachwasser wirkt

- *physikalisch* als Gleitmittel (Verringerung des Gleitwiderstandes zwischen den Zuschlagkörnern)
- *chemisch* als Ausgangsstoff für den Ablauf der Erhärtungsreaktion im Bindemittel.

In der Praxis wird meist Leitungswasser verwendet. Grundsätzlich ist jedoch jedes in der Natur vorkommende Wasser zur Mörtelherstellung geeignet (Grundwasser, Regenwasser, Moorwasser, Quellwasser und Fluss- und Bachwasser, das nicht durch Industrieabwässer verschmutzt ist). Ungeeignet sind säure-, sulfat-, zucker-, öl- oder fetthaltige Abwässer. Bestehen Bedenken, kann die Wasserbeschaffenheit zunächst nach Farbe, Geruch, Geschmack und Schaumbildung beurteilt werden. Eventuell ist eine Eignungsprüfung (Erstarrungsversuch nach DIN 1164) durchzuführen.

> Das Anmachwasser wirkt physikalisch als Gleitmittel für die Gesteinskörnung und chemisch beim Erhärtungsverlauf im Bindemittel.

4.1.4 Mörtelzusätze

Dem Mörtel können bestimmte Zusätze beigegeben werden. Sie verändern die Eigenschaften des Frisch- und des Festmörtels. Man unterscheidet dabei Zusatzstoffe und Zusatzmittel (Tab. **4.**29).

Zusatzstoffe sind fein aufgeteilte Stoffe (z. B. Farbpigmente, Trass, Gesteinsmehl), die bestimmte Mörteleigenschaften (Verarbeitbarkeit, Festigkeit, Dichtigkeit, Beständigkeit, Farbe) beeinflussen.

Zusatzmittel sind flüssige oder pulvrige Zusätze, die durch chemische und/oder physikalische Wirkung die Mörteleigenschaften beeinflussen. Pigmente sind unlösliche, farbgebende Stoffe mit einem Durchmesser von ca. 1 μm. Man unterscheidet anorganische und organische Pigmente. Zu den anorganischen gehören Erd- (natürliche) und Mineralpigmente (synthetische).

Tabelle 4.29 Übersicht der Mörtelzusätze

Zusätze	Eigenschaften
Zusatzstoffe	
Farbpigmente (Tab. **4.**20)	färben den Mörtel
feingemahlter Trass	verbessert die Verarbeitbarkeit, verringert den Wasseranspruch
Gesteinsmehl	verbessert die Verarbeitbarkeit
Zusatzmittel	
Verflüssiger (BV)	**Kennfarbe Gelb** erhöhen die Dichte und Festigkeit des Mörtels, reduzieren den Wasseranspruch, verbessern die Frostbeständigkeit und den Widerstand gegen chemische Einflüsse
Luftporenbildner (LP)	**Kennfarbe Blau** reduzieren Wasseraufnahmefähigkeit, Mörtelgewicht und die Festigkeit des Putzes. Dickere Putzlagen (z. B. für Sanierputze) können in einem Arbeitsgang aufgetragen werden.
Erstarrungsverzögerer (VZ)	**Kennfarbe Rot** längere Verarbeitungszeit (geringere Wärmeentwicklung, verzögerte Abbindung)
Erstarrungsbeschleuniger (BE)	**Kennfarbe Grün** verkürzen die Verarbeitungszeit und beschleunigen das Erhärten. Geringere Endfestigkeit und größere Schwindneigung.
Stabilisierer (ST)	verbessern den inneren Zusammenhalt, verringern das Entmischen und erhöhen das Wasserrückhaltevermögen
Dichtungsmittel (DM)	**Kennfarbe Braun** wasserabweisende Zusätze verhindern das Eindringen von Wasser in den Putz
Haftungsmittel	verbessern die Haftung zwischen Mörtel und Untergrund

Organische Zusatzstoffe sind tierischer und pflanzlicher Herkunft. Pigmentform und -größe sind maßgebend für deren Eigenschaften. Pigmente bestimmen das farbliche Aussehen des Putzes.

> Mörtelzusätze wirken chemisch und/oder physikalisch. Sie beeinflussen die Eigenschaften des Frischmörtels und/oder Festmörtels.
>
> Sie dürfen dem Mörtel nur in geringen Mengen zugegeben werden. Die Festigkeit und Beständigkeit des Mörtels, der Erhärtungsprozess des Bindemittels und der Korrosionsschutz der Putzbewehrung/des Putzträgers darf nicht beeinträchtigt werden.

Tabelle 4.30 Farbpigmente zur Einfärbung von Putzmörtel

Farbe	Pigment
Weiß	Titandioxid (Titanweiß), Litophone
Schwarz	Eisenoxid, Rußschwarz, Kohlenstoff, Manganschwarz
Gelb	Nickeltitanoxid, Eisenoxid, Neapelgelb
Rot	Eisenoxid
Braun	Eisenoxid, Mischung aus Eisenoxidgelb, -rot und -schwarz
Grün	Chromoxidgrün, Kobaltgrün, Ultramaringrün, Grüne Erde
Blau	Mischung verschiedener Oxide (Kobalt, Aluminium, Chrom), Ultramarinblau, Manganblau
Violett	Schwefelnatrium und Ton, Natrium-Aluminium-Silikate

4.2 Putzmörtel

Bei Putzmörtel handelt es sich um ein Gemisch von mineralischen Bindemitteln (Gipsbinder, Zement, Kalk, Putz- und Mauerbinder), mineralischen Gesteinskörnungen (Sand mit Korngröße bis 4 mm), Wasser und eventuell Zusätzen. Das daraus entstehende Produkt ist der Putz. DIN V 18 550 versteht darunter „ein an Wänden und Decken ein- oder mehrlagig in bestimmter Dicke aufgetragener Belag aus Putzmörteln oder Beschichtungen mit putzartigem Aussehen, der seine endgültigen Eigenschaften erst durch Verfestigung am Baukörper erreicht".

Die Putzmörteleigenschaften hängen im Wesentlichen von der Art des Bindemittels bzw. der Bindemittel und deren Mischungsverhältnissen ab, desweiteren von der Art der verwendeten Gesteinskörnung, den Zusatzmitteln und Zusatzstoffen.

Zu unterscheiden sind Putzmörtel nach DIN EN 998-1 und Gipsbinder und Gips-Trockenmörtel nach DIN EN 13 279-1.

4.2.1 Putzmörtel nach EN DIN 998-1

Die Norm gliedert Putzmörtel:

- nach dem *Herstellungskonzept* zwischen:
  - Mörtel nach Eignungsprüfung
    Die Zusammensetzung ist so ausgewählt, dass bestimmte Eigenschaften erreicht werden.
  - Mörtel nach Rezept
    Nach vorgegebenen Mischungsverhältnissen hergestellter Mörtel, dessen Eigenschaften sich aus den Anteilen der einzelnen Bestandteilen ergeben.
- Nach *Herstellungsort* oder *Herstellungsart* zwischen:
  - Werkmörtel
    Das sind Mörtel die im Werk zusammengestellt und gemischt werden. Das können Trockenmörtel wie auch Nassmörtel sein (Bild **4**.31a).
  - Werkmäßig hergestelltem Mörtel
    Das sind Mörtel, die aus Ausgangsstoffen bestehen, die im Werk abgefüllt, so zur Baustelle geliefert und nach den Herstellervorgaben gemischt werden.
  - Baustellenmörtel
    Das sind Mörtel die auf der Baustelle aus einzelnen Ausgangsstoffen (Bindemittel, Gesteinskörnung) zusammengestellt und gemischt werden (Tabelle **4**.31b).
- nach den *Eigenschaften* und/oder dem *Verwendungszweck* zwischen:
  - Normalputzmörtel (GP)
    Das sind Mörtel, ohne besondere Eigenschaften. Druckfestigkeitsklasse CS I bis CS IV.
  - Leichtputzmörtel (LW)
    Das sind Mörtel nach Eignungsprüfung. Trockenrohdichte $\leq$ 1.300 kg/m^3, Druckfestigkeitsklasse CS I bis CS III.
  - Edelputzmörtel (CR)
    Es handelt sich um farbige Putzmörtel. Druckfestigkeitsklasse CS I bis CS IV.
  - Einlagenputzmörtel für außen (OC)
    Das sind Mörtel nach Eignungsprüfung. Diese Mörtel können einlagig verarbeitet werden und erfüllen dieselben Funktionen wie ansonsten mehrlagige Außen-Putzsysteme. Druckfestigkeitsklasse CS I bis CS IV.
  - Sanierputzmörtel (R)
    Das sind Mörtel nach Eignungsprüfung. Sie sind geeignet für das Verputzen von feuchten Mauerwerken die wasserlösliche Salze enthalten. Druckfestigkeitsklasse CS II.
  - Wärmedämmputzmörtel (T)
    Das sind Mörtel nach Eignungsprüfung. Sie weisen besondere wärmedämmende Eigenschaften auf. Druckfestigkeitsklasse CS I bis CS II.

Die Norm gliedert die Mörteleigenschaften Druckfestigkeit (Kurzzeichen CS), kapillare Wasseraufnahme (Kurzzeichen W) und die Wärmeleitfähigkeit (Kurzzeichen T) in Kategorien. Die dazugehörigen Werte ergeben sich aus Tabelle **4**.32.

Die normgerechte CE-Konformitätsbezeichnung für Putzmörtel enthält neben dem CE-Zeichen, den Namen oder das Bildzeichen des Herstellers mit der Anschrift, die Nummer der EU-Norm, eine Beschreibung (Bezeichnung) des Produkts sowie Angaben über Eigenschaften die vorgeschrieben sind (Tabelle **4**.33).

4.2.2 Gipsbinder und Gips-Trockenmörtel nach DIN EN 13 279-1

Die Norm DIN EN 13279-1 behandelt werksgemischte Gips-Trockenmörtel auf Gipsbinderbasis die zum Verputzen von Wänden und Decken innerhalb von Gebäuden zur Verwendung kommen. Die Gips-Trockenmörtel bestehen je nach Anforderung aus Gipsbinder, Zuschlägen, Zusatzstoffen/Zusatzmitteln und anderen Bindemitteln (z. B. Baukalk).

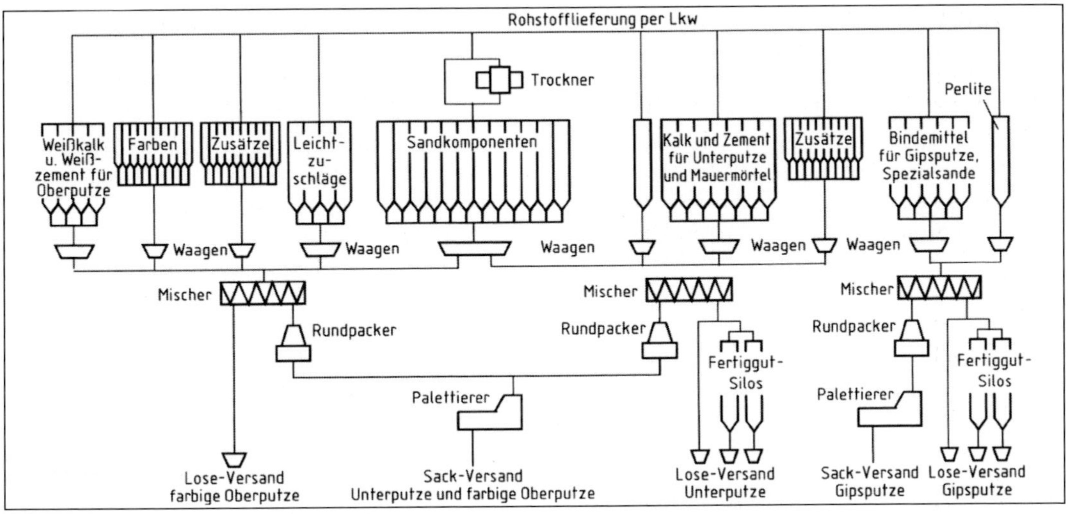

Bild 4.31a Produktionsschema eines Putz- und Mörtelwerkes

Tabelle 4.31b Mischungsverhältnisse in Raumteilen für Baustellenmörtel

Mörtelart	Baukalk – Luftkalk – Kalkteig	Baukalk – Luftkalk – Kalkhydrat	Baukalk – Hydraulischer Kalk	PM-Binder	Zement	Baugipse – Stuckgips	Baugipse – Putzgips	Sand[1]
Luftkalkmörtel	1,0[2]							3,5 bis 4,5
		1,0[2]						3,0 bis 4,0
Wasserkalkmörtel	1,0[2]							3,5 bis 4,5
		1,0						3,0 bis 4,0
Mörtel mit hydr. Kalk oder PM-Binder			1,0					3,0 bis 4,0
Kalkzementmörtel	1,5 bis 2,0				1,0			9,0 bis 11,0
Gipsmörtel						1,0[3]		-
Gipssandmörtel						1,0[3]	1,0[3]	1,0 bis 3,0
Gipskalkmörtel	1,0[1]					0,5 bis 1,0 / 1,0 bis 2,0		3,0 bis 4,0
Kalkgipsmörtel	1,0[1]					0,1 bis 0,2 / 02, bis 0,5		3,0 bis 4,0

1) Die Werte der Tabelle gelten nur für mineralische Zuschläge mit dichtem Gefüge.
2) Ein begrenzter Zementzusatz ist zulässig.
3) Um die Geschmeidigkeit zu verbessern, kann Weißkalk in geringen Mengen, zur Regelung der Versteifungszeiten können Verzögerer eingesetzt werden.

Tabelle 4.34 zeigt in der Übersicht die Arten von Gipsbindern und Gips-Trockenmörteln nach DIN EN 13279-1. Als Erklärung dazu die folgenden Hinweise:

- *Gipsbinder*: besteht aus Calciumsulfat in verschiedenen Hydratphasen.
- *Gips-Trockenmörtel*: (Werktrockenmörtel) gilt als Oberbegriff für alle Arten von Gips-Putztrockenmörtel, gipshaltigen Putz-

Tabelle 4.32 Klassifizierung der Eigenschaften von Festmörtel

Eigenschaften	Kategorien	Werte
Druckfestigkeit nach 28 Tagen	CS I	0,4 bis 2,5 N/mm^2
	CS II	1,5 bis 5,0 N/mm2
	CS III	3,5 bis 7,5 N/mm^2
	CS IV	≥ 6 N/mm^2
Kapillare Wasseraufnahme	W 0	nicht festgelegt
	W 1	c ≤ 0,40 kg/m2·min0,5
	W 2	c ≤ 0,20 kg/m2·min0,5
Wärmeleitfähigkeit	T 1	≤ 0,1 W/m·K
	T 2	≤ 0,2 W/m·K

- trockenmörtel und Gipskalk-Putztrockenmörtel, die in Gebäuden verwendet werden.
- *Gips-Putztrockenmörtel*: besteht aus mindestens 50 % Calciumsulfat als Hauptbindemittel und maximal 5 % Baukalk. Der Hersteller kann Zusatzstoffe und Zuschläge beimischen.
- *Gipshaltiger-Putztrockenmörtel*: besteht aus weniger als 50 % Calciumsulfat als Hauptbindemittel und maximal 5 % Baukalk. Der Hersteller kann Zusatzstoffe und Zuschläge beimischen.
- *Gipskalk-Putztrockenmörtel*: sind Gips-Putztrockenmörtel oder gipshaltige Putztrockenmörtel mit mehr als 5 % Baukalk. Der Hersteller kann Zusatzstoffe und Zuschläge beimischen.

Tabelle 4.33 Beispiel für eine CE-Kennzeichnung von Putzmörtel

CE	CE-Konformitätskennzeichnung
Putzmörtel GmbH – 66798 Wallerfangen – Postfach 123	Name oder Bildzeichen und eingetragene Anschrift des Herstellers
08	Die letzten beiden Ziffern des Jahres, in dem das Kennzeichen erbracht wurde
EN 998-1 Normalputzmörtel für außen	Nummer dieser Europäischen Norm
Brandverhalten: Klasse A1 **Haftzugfestigkeit:** 0,3 N/mm^2 – Bruchbild: B **Wasseraufnahme:** W 1 **Koeffizient der Wasserdampfdurchlässigkeit:** μ 25 **Wärmeleitfähigkeit:** (γ10,dry) 0,93 W/(mK) **Dauerhaftigkeit (Frostwiderstand):** Beurteilung nach den am vorgesehenen Verwendungsort des Putzmörtels geltenden Bestimmungen	Beschreibung des Produktes und Angaben über Eigenschaften für die gesetzliche Bestimmungen gelten

- *Gipsleicht-Putztrockenmörtel*: sind Gips-Trockenmörtel wie zuvor beschrieben, die entweder anorganische Leichtzuschläge (z. B. geblähte Perlite) oder organische Leichtzuschläge enthalten. Der Hersteller kann Zusatzstoffe und Zuschläge beimischen.
- *Gips-Putztrockenmörtel für Putze mit erhöhter Oberflächenhärte*: durch Beimischung besonderer Zuschläge erreicht man eine erhöhte Oberflächenhärte des Putzes
- *Gips-Trockenmörtel für faserverstärkte Gipselemente*: zur Produktion und zum Zusammenbau von faserverstärkten Gipselementen.
- *Gips-Mauermörtel*: von Mörtel für nicht tragende Wände und Trennwände
- *Akustikputz-Gips-Trockenmörtel*: zur Verbesserung der Raumakustik
- *Wärmedämmputz-Gips-Trockenmörtel*: für Wärmedämmputze.

- *Brandschutzputz-Gips-Trockenmörtel*: für Brandschutzputze
- *Dünnlagen-Gips-Trockenmörtel*: für Putze in Schichtdicken von 3 bis 6 mm

Die CE-Kennzeichnung entspricht Tabelle **4**.33.

Die Übersicht (Tabelle **4**.35) zeigt im Handel angebotene Gipssorten mit ihren Merkmalen und ihren Verwendungsgebiete an.

Tabelle 4.34 Arten von Gipsbindern und Gips-Trockenmörteln

Benennung	Kurzzeichen
Gipsbinder	**A**
Gipsbinder zur Direktverwendung oder Weiterverarbeitung (Trockenpulver-Produkte)	–
Gipsbinder zur Direktverwendung auf der Baustelle	–
Gipsbinder zur Weiterverarbeitung, z. B. für Gips-Wandbauplatten, Gipsplatten etc.	–
Gips-Trockenmörtel	**B**
Gips-Putztrockenmörtel	B1
gipshaltiger Putztrockenmörtel	B2
Gipskalk-Putztrockenmörtel	B3
Gipsleicht-Putztrockenmörtel	B4
gipshaltiger Leicht-Putztrockenmörtel	B5
Gipskalkleicht-Putztrockenmörtel	B6
Gips-Trockenmörtel für Putz mit erhöhter Oberflächenhärte	B7
Gips-Trockenmörtel für besondere Zwecke	**C**
Gips-Trockenmörtel für faserverstärkte Gipselemente	C1
Gips-Mauermörtel	C2
Akustik-Gips-Trockenmörtel	C3
Wärmedämmputz-Gips-Trockenmörtel	C4
Brandschutz-Gips-Trockenmörtel	C5
Dünnlagenputz-Gips-Trockenmörtel	C6

4.2.3 Putzmörtelgruppen nach DIN V 18 550

In Abhängigkeit von der Art des Bindemittels benennt die Norm Putzmörtelgruppen (Tabelle 4.36). Zur Putzmörtelgruppe P I gehören die Mörtelarten mit Kalk als Bindemittel. Für Mörtel der Putzmörtelgruppe P II sind die Bindemittel Kalk und Zement bzw. das aus diesen hergestellte Bundemittel Putz- und Mauerbinder kennzeichnend. Die Putzmörtelgruppe P III befasst sich mit Mörtel für die das Bindemittel Zement maßgebend ist. Zum Zwecke einer besseren Verarbeitung dürfen geringe Mengen an Kalkhydrat beigemischt werden. Die Putzmörtelgruppe P IV umfasst alle Gipsmörtel und gipshaltigen Mörtel.

4.3 Beschichtungsstoffe

Während mit z. B. Kunstharzputz das Endprodukt – der fertig abgebundene Putz – gemeint ist, versteht man unter Beschichtungsstoff die pastöse, noch nicht verarbeitete Beschichtungsmasse.

Tabelle 4.35 Übersicht über die Baugipse

Gipssorte	Herstellung	Merkmale	Verwendung
Baugipse ohne werkseitig beigemischte Zusätze			
Stuckgips	Brennen im Drehofen bei 120–180 °C zu Halbhydrat	Versteifungsbeginn innerhalb von 8–25 Minuten, kurze Bearbeitungszeit	Innenputz, Stück-, Form- und Rabitzarbeiten, zur Herstellung von Gipsbauplatten, zur Herstellung von Baugipsen mit werkseitig beigemischten Zusätzen
Putzgips	Brennen auf dem Rostband bis ca. 600 °C zu Halbhydrat mit löslichem Anhydrit	Versteifungsbeginn frühestens nach 3 Minuten, etwas längere Verarbeitungszeit als Stuckgips durch Anhydritanteil	Innenputz als Handputz, Rabitzarbeiten, Produktion von Baugipsen mit werkseitig beigemischten Zusätzen
Baugipse mit werkseitig beigemischten Zusätzen			
Fertigputzgips	Stuckgips bzw. Putzgips mit Stellmittel zur Erzielung bestimmter Eigenschaften (beeinflusst werden: Konsistenz, Haftvermögen, Verarbeitungszeit, Wasserrückhaltevermögen,) und Zugabe von Füllstoffen (Perlite, Sand)	langsame Versteifung (>25'), Druckfestigkeit >2,5 N/mm^2	Innenputze
Haftputzgips		langsame Versteifung (> 25'), mit Stellmittel zur besseren Haftung, Druckfestigkeit >2,5 N/mm^2	einlagige Innenputze auf schwierigem Putzgrund
Maschinenputzgips		langsame Versteifung (> 25'), Stellmittel ermöglichen ein kontinuierliches maschinelles Verarbeiten, Druckfestigkeit >2,5 N/mm^2	Innenputz mit Putzmaschinen
Ansetzgips		langsame Versteifung (> 25'), erhöhtes Wasserrückhaltevermögen, gute Haftung auf Gipskarton-Bauplatten	zum Ansetzen von Gipsplatten (Wand-Trockenputz)
Fugengips		Druckfestigkeit >6,0 N/mm^2, langsame Versteifung (>25'), erhöhtes Wasserrückhaltevermögen	Schließen von Fugen bei Gipsplatten
Spachtelgips		Druckfestigkeit >3,0 N/mm^2, etwas schnelleres Versteifen als Fugengips, erhöhtes Wasserrückhaltevermögen	Verspachteln von Gipsplatten und sonstigen ebenen Flächen (z. B. Porenbeton)

Tabelle 4.36 Putzmörtelgruppen nach DIN V 18550

Mörtel-gruppe	Bezeichnung	Bindemittel	Eigenschaften	Verwendung
P I	Kalkmörtel	Luftkalke, Wasserkalke, Hydraulische Kalke	sehr gut verarbeitbar, sehr geschmeidig, gut atmungsfähig, gut wasserdampfdurchlässig, gut elastisch, stark saugend, Luftkalke: geringe Festigkeit, neigt zum Schwinden Druckfestigkeit CS I 0,4 bis 2,5 N/mm^2	Innenputz Außenputz Luftkalke: Anstriche
P II	Kalkzement-mörtel	Luftkalke, Hydraulische Kalke, Hochhydraulische Kalke, Zemente	gut verarbeitbar, gut geschmeidig, atmungsfähig, wasserdampfdurchlässig, elastisch, schwach saugend, gute Festigkeit, neigt zum Schwinden Druckfestigkeit CS II 1,5 bis 5,0 N/mm^2	Innenputz (Feuchträume), Außenputz
P III	Zement-mörtel	Zemente, Zusatz von Kalkhydrat möglich	schlechter verarbeitbar, kaum atmungsfähig, relativ wasserdampfdicht, relativ starr, kaum saugend, hohe Festigkeit, neigt zum Schwinden Druckfestigkeit CS III 3,5 bis 7,5 N/mm^2	Sockelputz, Kellerwandaußenputz
P IV	Gipsmörtel Gipshaltige Mörtel	Gipse, Kalke	sehr gut verarbeitbar, sehr geschmeidig, gut atmungsfähig, gut wasserdampfdurchlässig, gut elastisch, saugfähig, gute Festigkeit, dehnt sich leicht aus, feuchtigkeitsempfindlich Druckfestigkeit CS IV ≥ 6 N/mm^2	Innenputz, nicht für Feuchträume geeignet

Die Zugabe von Zusatzmittel und Zusatzstoffen ist möglich.

4.3.1 Beschichtungsstoffe für Kunstharzputze

Unter Kunstharzputzen (Putze mit organischen Bindemitteln) versteht die DIN 18558 Beschichtungen mit putzartigem Aussehen. Nach Anwendung und Bindemittelanteil gibt es zwei Beschichtungsstoff-Typen: P Org 1 für Außen- und Innenputze und P Org 2 für Innenputze (Tab. **4**.37). Ausgangsmaterialien für kunstharzgebundene Beschichtungsstoffe sind als Bindemittel Kunstharze (Polymerisatharze) als Dispersion oder als Lösung, Zuschläge (auch als Füllstoffe bezeichnet), Zusatzmittel und Zusatzstoffe. Die Füllstoffe – Korngröße 0,2 bis 4,0 mm, überwiegend jedoch > 0,25 mm – können mineralischer Art (Natursand, Brechsand, Granulat, Perlit, Blähton etc.) oder organischer Natur (Kunststoffgranulate, geschäum-

Tabelle 4.37 Beschichtungsstoff-Typen für Kunstharzputze

Beschichtungsstoff-Typ	für Kunstharzputz als
P Org 1 P Org 2	Außen- und Innenputz Innenputz

Tabelle 4.38 Mindestgehalt von Bindemittel in Kunstharzputzen

Typ	Größtkorn in mm	Bindemittelgehalt (Mindestgehalt) in Masse-%
P Org 1	≤ 1,0 ≤ 1,0	8 7
P Org 2	≤ 1,0 ≤ 1,0	5,5 4,5

te Kunststoffe etc.) sein. Zusatzmittel dienen als Filmbildnerhilfsmittel, Entschäumer, Verdickungs- oder Verdünnungsmittel. Die Zusatzstoffe sind vor allem Farbpigmente. Der Bindemittelgehalt ist nach DIN 18558 in Abhängigkeit von der Kornzusammensetzung entsprechend Tabelle **4.**38 vorgegeben. Die werkseitig (verarbeitungsfertig) hergestellten Beschichtungsstoffe sind unbedingt nach Herstellerangabe zu verarbeiten. Außer einer eventuellen Zugabe von Verdünnungsmitteln zur Regulierung der Konsistenz dürfen keine weiteren Veränderungen vorgenommen werden. Die Verarbeitung soll nicht bei starker Sonneneinstrahlung oder Windeinwirkung erfolgen. Die Temperatur des Putzgrundes und der Umgebungsluft müssen mind. 5 °C betragen. Die Aushärtung beginnt (physikalisch) durch Verdunstung des Wassers bzw. Lösungsmittels. Es erfolgt dabei eine beständige Verklebung des Kunstharzes mit den Füllstoffen und dem Untergrund. Die sich dabei bildende Schicht ist fest (hart), wasserunlöslich, wasserabweisend, frostbeständig, frei von Schwindrissen und zähelastisch.

4.3.2 Beschichtungsstoffe für Silikatputze

Sie sind, abgesehen vom Bindemittel, ähnlich denen der Kunstharzputze. Als Bindemittel wird üblicherweise Kaliwasserglas mit einem Dispersionszusatz verwendet. Die Dispersion bewirkt eine bessere Verarbeitbarkeit und macht den Beschichtungsstoff lagerfähig. Als Zusatzstoffe kommen nur wasserglasbeständige Pigmente zur Auswahl. Deshalb ist für Silikatputze auch nur eine beschränkte Farbwahl möglich. Die Aushärtung beginnt ebenfalls (physikalisch) durch Verdunsten des Wassers und Erstarren des Bindemittels und chemisch durch Verkieselung. Voraussetzung für den Ablauf der Verkieselung ist ein sandhaltiger Untergrund. Kunststoffvoranstriche oder Spanplatten sind deshalb keine geeigneten Untergründe. Silikatputze sind wenig elastisch, gut wasserdampfdurchlässig, sehr gut witterungsbeständig und im Gegensatz zu Kunstharzputzen nicht brennbar.

Silikatputze werden selten eingesetzt. Wenn, dann im Außenbereich als Oberputz auf mineralischem Unterputz und bei der Restaurierung historischer Bauwerke.

4.4 Putzsysteme

DIN V 18550-1 versteht unter Putzsystem „die Lagen eines Putzes, die in ihrer Gesamtheit und in Wechselwirkung mit dem Putzgrund die Anforderung an den Putz erfüllen“. Auch einlagige Putze können unter bestimmten Voraussetzungen ein Putzsystem darstellen. Probleme ergeben sich durch unerwünschte Zugspannungen zwischen den einzelnen Putzlagen bzw. der untersten Putzlage und dem Putzgrund. Verformungen infolge Temperaturschwankungen und Schwinden des Putzes durch Witterungseinflüsse sind zu vermeiden. Spannungen zwischen den Putzlagen bzw. der untersten Putzlage und dem Putzgrund können bei mineralisch gebundenen Putzen weitgehend vermieden werden, wenn die Putzregel „Putze nie hart auf weich" eingehalten wird. Dem Schwinden kann dadurch vorgebeugt werden, dass der Mörtel nur mit der tatsächlich notwendigen

Wassermenge angemacht wird. Überschusswasser führt zwangsweise zu verstärkter Schwindneigung und damit zu Spannungen und Verformungen der Putzschicht. In den ersten 24 Stunden nach dem Anmachen sind die Putze vor übermäßigem Feuchtigkeitsverlust, z. B. infolge hoher Außentemperaturen, zu schützen. In dieser Zeit ist die Zugfestigkeit des Putzes noch sehr gering. Zusätzliche Belastungen führen unweigerlich zu Rissbildungen. Putzsysteme müssen so aufgebaut sein, dass sie den auftretenden Beanspruchungen standhalten können. Hierzu zählen die physikalischen Beanspruchungen aus der Einwirkung von Feuchtigkeit, Frost, Sonneneinstrahlung und Temperaturwechsel. Auch die Farbe des Oberputzes ist mitentscheidend für die Beanspruchung des Putzsystems. Durch Erfahrungswerte ist für eine Vielzahl von Putzsystemen die Eignung nachgewiesen worden. Solche Putzsysteme, die sich bewährt haben, sind in den Tabellen **4**.71, **4**.77, **4**.88, **4**.89, **4**.92 und **4**.97 bis **4**.98 zusammengestellt. Sie können ohne weiteres in dieser Zusammensetzung zur Anwendung kommen. Bei Verwendung abweichender Putzsysteme ist immer eine Eignungsprüfung durchzuführen.

> Putzsysteme zeichnen sich dadurch aus, dass sie die an den Putz gestellten Anforderungen als Einheit erfüllen.

4.5 Putzuntergrund

4.5.1 Anforderungen

Bei allen Putzarbeiten ist es erforderlich, den Putzuntergrund auf seine Eignung hin zu überprüfen. Der Putzuntergrund muss:

- trocken sein. Der Putzuntergrund ist vor aufsteigender und rückseitig einwirkender Feuchtigkeit zu schützen.
- eben sein. Die zu putzenden Wand- oder Deckenflächen müssen maßgerecht sein. Dies gewährleistet, dass der Putz in gleichmäßiger Dicke aufgetragen werden kann und unterschiedliche Schwindspannungen vermieden werden.
- rau sein (Bild **4**.39). Ein rauer Putzuntergrund gewährleistet eine feste Verankerung des Putzes mit dem Bauteil.
- sauber sein. Anhaftender Staub, Mörtel Spritzer, Zementschlämme, Ausblühungen, Rückstände von Entschalungsmitteln u. a. sind zu entfernen, um eine feste Verbindung von Putz und Putzuntergrund zu ermöglichen.
- einheitlich sein. Mischmauerwerk ist wegen der sich daraus ergebenden unterschiedlichen Spannungen und des unterschiedlichen Saugverhaltens ohne Vorbehandlung als Putzuntergrund nicht geeignet.
- normal und gleichmäßig saugend sein. Gleichmäßig saugender Putzuntergrund gewährleistet vor allem ein gleichmäßiges Aushärten des Putzes. Fleckenbildung wird dadurch vermieden.
- frostfrei sein. Bei Temperaturen unter 5 °C sollte nicht mehr verputzt werden.

> Der Putzuntergrund soll trocken, eben, rau, sauber, einheitlich, normal saugend und frostfrei sein.

4.5.2 Vorbereitung des Putzuntergrundes

Erfüllt der Putzuntergrund die an ihn gestellten Anforderungen nicht, ist eine Vorbereitung notwendig. Bei feuchtem Mauerwerk bedeutet dies, zunächst durch geeignete Maßnahmen das Mauerwerk trocken zu legen – Injektionsverfahren, Sägeverfahren in Verbindung mit senkrechtem Sperrputz. Verunreinigungen wie Staub, Mörtelspritzer u. Ä. sind durch abspritzen bzw. abschaben zu beseitigen. Unterschiedlich saugender Putzuntergrund – meist bei Mauermischwerk – erfordert einen voll deckenden Spritzbewurf bzw. das Aufbringen eines Putzträgers. Stark saugender Putzgrund ist gründlich vorzunässen und ebenfalls mit einem volldeckenden Spritzbewurf zu behandeln. Je nachdem welches Mauerwerk vorhanden ist, empfiehlt sich eine Kunststoffdispersion, die aufgestrichen oder aufgespritzt die Saugfähigkeit reduziert. Schwach saugender

a) Bimssteine innen, hochwärmedämmende Leichtbetonsteine außen

b) HWL-Platten im Sturzbereich

c) Mauerziegel

d) Mischmauerwerk

e) Kalksandsteine

f) Bruchsteine mit Altputz

g) Betonsteine

h) Beton, glatt

i) Beton rau

j) Leichtbetonsteine

k) Porotonziegel

l) Putzträger (RSM)

Bild 4.39 Putzuntergründe

Putzuntergrund sollte mit einem nicht volldeckenden, warzenförmigen Spritzbewurf vorbehandelt werden. Die Oberfläche wird in allen Fällen nicht weiter behandelt, sondern spritzrau belassen. Bei erheblichen Unebenheiten des Putzuntergrundes ist es notwendig, vor dem Aufbringen der eigentlichen Putzschichten einen Ausgleich durchzuführen. Die Ausgleichsschicht muss ausreichend aushärten, bevor nachfolgende Putzlagen aufgebracht werden. Glatter Putzuntergrund ist aufzurauen bzw. mit einer Haftbrücke (z. B. bei Beton) oder einem Spritzbewurf zu versehen. Mischmauerwerk bedarf, wegen des unterschiedlichen Spannungsverhalten der Baustoffe, immer besonderer Aufmerksamkeit. Empfehlenswert ist das ganzflächige Aufbringen von Drahtgewebe oder Glasfasergewebe um die Zugspannungen leichter abbauen zu können. Grundsätzlich gilt, mit dem Verputzen des Gebäudes so lange zu warten, bis alle konstruktiven Verformungen (Schwinden, Setzungen, Verdrehungen ...) abgeschlossen sind. Alte Anstriche sind grundsätzlich zu beseitigen, wogegen alte mineralische Putze (so weit sie fest, tragfähig, ausreichend saugfähig und rau sind) als Putzuntergrund geeignet sind. Als Vorgehensweise bei der Prüfung des Putzuntergrundes bieten sich folgende Prüfverfahren an:

- **Prüfung durch Augenschein.** Optisch kann oft schon eine Fülle von Mängeln festgestellt werden, z. B. offene Fugen, Verschmutzungen, Risse, Absprengungen, Unebenheiten, lockere und mürbe Teile, Ausblühungen, Moosbildungen, Mischmauerwerk, Feuchtigkeit usw.
- **Wischprobe.** Mit der flachen Hand an verschiedenen Stellen über den Putzuntergrund zu streichen, führt zu weiteren Erkenntnissen, z. B. Staub, anhaftende Verschmutzungen, Feuchtigkeit usw.
- **Kratzprobe.** Mit Hilfe eines spitzen und harten Gegenstands (Kelle, Spachtel) wird die Kratzprobe vorgenommen. Dadurch können Festigkeit, lose und lockere Teile (abblättern, abplatzen, absanden) geprüft werden.
- **Benetzungsprobe.** Durch Aufspritzen von Wasser mit einer Bürste kann das Saugverhalten festgestellt werden. Wird das Wasser sofort aufgesaugt oder perlt es ab, ist Vorsicht geboten.
- **Temperaturmessung.** Die Putzuntergrundtemperatur muss ≥ 5 °C betragen. Die Messung kann mit einem Kontaktthermometer oder mit einem Infrarotthermometer gemessen werden. Die Lufttemperatur sollte im Sommer auch festgestellt werden.

Tabelle **4.**40 zeigt eine Übersicht über Prüfungen, Prüfverfahren, Erkennungsmerkmalen und erforderlichen Maßnahmen vor dem Verputzen.

Der Putzuntergrund ist vor Beginn der Putzarbeiten auf seine Eignung hin zu überprüfen. Dazu dienen die Prüfung durch Augenschein, die Wisch-, Kratz- und Benetzungsprobe sowie die Temperaturmessung.

Geeignete Maßnahmen der Putzuntergrundvorbereitung sind das Aufbringen einer Haftbrücke, der Spritzbewurf und der „Stipple“. Dadurch können die Haftung des Mörtels am Putzuntergrund verbessert, das Saugverhalten vereinheitlicht und feuchteempfindliche Putzträger (z .B. HWL-Platten) geschützt werden. Alle genannten Verfahren stellen keine eigene Putzlage dar.

Die Norm unterscheidet beim Spritzbewurf den:

- *nicht voll deckenden*, warzenförmigen zur Verbesserung der Haftung und den
- *voll deckenden*, zur Erreichung eines gleichmäßigen Saugverhaltens.

Während für den Spritzbewurf der Putzuntergrund ein gewisses Maß an Saugverhalten aufweisen muss, kann der „Stipple“ auch auf gering saugende Untergründe aufgebracht werden. Auf Betonflächen, auch als Vorbereitung für Sanierputze, wird in der Regel ein nicht voll deckender Spritzbewurf aufgetragen. Bei stark unterschiedlich saugenden Putzuntergründen sowie auf HWL-Platten erfolgt ein voll deckender Bewurf. Üblicherweise wird der Spritzbewurf entsprechend der MG P III hergestellt: 1 Raumteil (RT) Zement und 2 bis 3 RT Sand, Korngröße bis 4 mm. Die Zugabe von 0,5 RT Kalkhydrat verbessert die Verarbeitungseigenschaften. Es sollte allerdings kein Kalk zugegeben werden, wenn der nach-

Tabelle 4.40 Prüfung, Prüfverfahren, Erkennungsmerkmale und erforderliche Maßnahmen vor dem Verputzen

Prüfung auf	Prüfverfahren	Erkennungsmerkmale	erforderliche Maßnahmen
anhaftete Fremdstoffe	Augenschein, Wischprobe	erkennbare Erhebungen, Verfärbungen	abfegen, abwischen, abwaschen
lockere und mürbe Teile	Augenschein, Wischprobe	erkennbare Erhebungen, Absanden, Abblättern, Abplatzen	mit Stahlbürste/Stahlbesen abbürsten, mit Stoßscharre abstoßen
nicht geschlossene Stoß- oder Lagerfugen	Augenschein	offene Fugen	Fugen mit gleichem Mörtel schließen, mit dem gemauert wurde
Beschädigungen	Augenschein, Kratzprobe	Absprengungen, Rissbildung	Fehlstellen sachgemäß schließen, evtl. Putzträger oder Fugen anordnen
Ausblühungen	Augenschein	meist weiße Kristallbildung	Ursachen beseitigen (unzureichende oder fehlende Sperrschichten) abbürsten
Moosbildung	Augenschein, Wischprobe	Farbunterschiede, dunkelgraue oder schwarze Flächen, Verschmierungen	abbürsten, abspritzen
Reste von Schalungsöl	Benetzungsprobe	Wasser perlt ab, kein Farbumschlag	Schalungsöl entfernen (chemisch oder mechanisch)
Feuchtigkeit	Benetzungsprobe, Wischprobe	Wasser läuft ab, kein Farbumschlag	Trocknung abwarten, Ursachen beseitigen
stark saugender Putzgrund	Benetzungsprobe	Wasser wird sofort aufgesaugt	gut vornässen, Grundierung mit hydrophobierenden Zusätzen
Unebenheiten	Augenschein, Anlegen von Richtlatte	Vertiefungen, Erhöhungen	Ausgleich durch zusätzliche Putzlage
Untergrundtemperatur	Temperaturmessung	Temperatur < + 5 °C	Einstellen der Arbeiten evtl. Beheizen
glatter Putzuntergrund	Augenschein	glatte Oberfläche	Haftbrücke, Putzträger, Sandstrahlen

folgende Putz auch keinen Kalk enthält. Zur Verbesserung der Haftung und der Verarbeitung können auch plastifizierende oder haftungsverbessernde Zusätze beigemischt werden. Die Konsistenz sollte cremig sein. Nach dem Aufbringen ist es mitunter notwendig, die Oberfläche ab und an leicht zu befeuchten, bis der Spritzbewurf ausgehärtet ist. Wichtig ist, die erforderliche Standzeit von mindestens 1 Tag einzuhalten.

Die „Stipple" kann auch noch dort eingesetzt werden, wo ein sehr geringes Saugvermögen des Putzuntergrundes vorhanden ist. Die Mörtelmischung für „Stipple" entspricht dem des Spritzbewurfes. Zusätzlich sollte ein Haftmittel eingesetzt werde. Der angemischte Mörtel wird mit einer Bürste intensiv in die Wandoberfläche eingearbeitet und dann sofort mit der Bürste „gestippelt". So entsteht eine stark strukturierte und geschlossene Oberfläche. Die Nachbehandlung entspricht der des Spritzbewurfes.

Die verschiedenen Mauersteine weisen jeder für sich spezifische Eigenschaften auf. Die Unterschiede zwischen Leichtmauerwerk und Normalmauerwerk sind hinsichtlich ihres physikalischen Verhaltens enorm. Dies hat auch Auswirkungen auf die Auswahl des Putzmörtels. Wer Fehler vermeiden möchte, muss sich also vor Beginn der Putzausführung mit den baulichen Gegebenheiten unbedingt vertraut machen. Kenntnisse über die Eigenschaften der einzelnen Mauersteine und die notwendigen Folgerungen daraus sind demnach unerlässlich. Tabelle **4**.41 gibt dazu einige Hinweise.

Nach der Putzuntergrundprüfung sind als weiterführende Arbeiten in Betracht zu ziehen:

Tabelle 4.41 Eigenschaften von Putzuntergründen

Putzuntergrund	Eigenschaften	Maßnahmen
Leichtziegel	Kapillar wirksam gutes Saugvermögen gute Rauigkeit Wärmeleitzahl < 0,16 W(m·K) Wärmedehungskoeffizient $8 \cdot 10^{-6}$/K E-Modul 3.000 MN/m^2	Aufbrennsperre evtl. notwendig Leichtputze verwenden (Herstellerangaben beachten) Unterputz nass in nass
Porenbetonsteine	hohe Kapillarität hohes Saugvermögen raue Oberfläche Wärmeleitzahl < 0,15 W(m·K) Wärmedehungskoeffizient $8 \cdot 10^{-6}$/K E-Modul 2.500 MN/m^2	Aufbrennsperre evtl. notwendig Leichtputze verwenden (Herstellerangaben beachten)
Leichtbetonsteine	kapillar wirksam saugfähig gute Rauigkeit Wärmeleitzahl < 0,18 W(m·K) Wärmedehungskoeffizient $10 \cdot 10^{-6}$/K E-Modul 3.000 MN/m^2	Leichtputze verwenden (Herstellerangaben beachten)
Betonsteine	nicht saugend gute Rauigkeit Wärmeleitzahl < 1,0 W(m·K) Wärmedehungskoeffizient $10 \cdot 10^{-6}$/K E-Modul 8.000 MN/m^2	Normalputz
Kalksandstein	je nach Rohdichte langanhaltendes Saugvermögen geringe Rauigkeit schlechte Wärmedämmung Wärmedehungskoeffizient $8 \cdot 10^{-6}$/K E-Modul 3.000 MN/m^2	gut geeignet für Dünnlagenputze, bei ungenügender Rauigkeit und ungleichem Saugverhalten Vorbehandlung erforderlich (Spritzbewurf, Haftanstrich); Normalputz
Normalbeton	glatt/rau? nicht saugend Trennmittelrückstände? schlechte Wärmedämmung Wärmeleitzahl < 2,0 W(m·K) Wärmedehungskoeffizient $10 \cdot 10^{-6}$/K E-Modul 28.000 MN/m^2	bei glatter Oberfläche, auch nicht saugend Vorbehandlung erforderlich (z. B. kunstharzmodifizierter Zementputz); Normalputz
Leichtbeton	glatt/rau? schwach saugend Trennmittelrückstände? schlechte Wärmedämmung Wärmedehungskoeffizient $10 \cdot 10^{-6}$/K E-Modul 18.000 MN/m^2	bei glatter Oberfläche, auch nicht saugend Vorbehandlung erforderlich (z.B. kunstharzmodifizierter Zementputz; Normalputz
HWL-Platten	gute Rauigkeit mit Wärmedämmung entsprechend gute Wärmedämmung Wärmeleitzahl ohne Dämmung < 0,09 W(m·K)	Kalk-Zement-Putz: Spritzbewurf sowie Putzarmierung; Kalk-Zement-Leichtputz: erste Schicht nicht armieren, nach Standzeit zweite, dünne Unterputzlage mit Armierung

Anmerkung zu Tabelle 4.41:
- Putzgründe mit hohen Feuchtegehalten dürfen erst nach ausreichender Trocknung verputzt werden. Dies gilt insbesondere für gipshaltige Putze. Es sei denn, es wird ein flächiger, mechanisch befestigter Putzträger eingebaut.
- Bei Verwendung von Haftmörtel und Spritzbewurf sind die Standzeiten zu beachten.

Hinweis: Die Zahlenangaben sind als Richtwerte zu verstehen. Sie sind maßgeblich abhängig von der Rohdichte.

- Entfernen loser Teile und Staub,
- Anbringen einer Putzbewehrung,
- Einbauen einer Putzbewehrung,
- Austrocknen der Wandoberfläche,
- Aufbringen einer Haftbrücke,
- Aufbringen einer Grundierung,
- Aufbringen eines Ausgleichsmörtels.

Um eine Putzuntergrundverbesserung zu erreichen kommen folgende Materialien in Betracht:

- nicht voll deckender (warzenförmiger) Spritzbewurf,
- voll deckender Spritzbewurf,
- „Stipple“
- kunstharzmodifizierte mineralische Haftbrücke,
- Haftbrücke auf Basis organischer Bindemittel,
- Grundierung (Aufbrennsperre) auf Basis organischer Bindemittel.

Grundsätzlich wird für Außenputze bei der Grundierung die Arbeitsweise „nass in nass“ empfohlen. Dabei wird zunächst eine ca. 10 mm dicke Putzschicht angespritzt und eben abgezogen (Zahnkartätsche). Dann gilt es den richtigen Zeitpunkt abzuwarten, wann die Putzoberfläche von „glänzend“ nach „matt“ umschlägt. Dies ist der richtige Zeitpunkt die nächste Putzschicht aufzubringen. So, dass dann die vorgesehene Gesamtdicke der Putzschicht erreicht wird. Sinn dieser Vorgehenseise ist es, auf Aufbrennsperren zu verzichten (Gefahr von Filmbildung!) und optimale Erhärtungs- und Haftbedingungen zu erzielen. Durch den Putzuntergrund wird der ersten Putzschicht Wasser entzogen. Durch die zweite Schicht wird der ersten wieder das zum Abbinden des Bindemittels notwendige Wasser zugeführt. Durch die Vorgehensweise „nass in nass“ wird gewährleistet, dass ein optimaler Verbund zwischen den beiden Schichten entsteht und ein ausgeglichener Wasserhalt gewährleistet ist.

Grundsätzlich gilt mit dem Verputzen des Gebäudes so lange zu warten (zumindest mit dem Auftrag des Oberputzes), bis alle konstruktiven Verformungen (Schwinden, Setzungen, Verdrehungen ...) abgeschlossen sind.

4.6 Putzaufbau

In der traditionellen Putztechnik wurden Putze immer in mehreren Putzlagen aufgebracht. Diese Putztechnik hat auch heute noch Bedeutung. Unter Putzlage versteht man die in einem Arbeitgang durch einen oder mehrere Anwürfe des gleichen Mörtels (nass in nass) ausgeführte Putzschicht. Es werden ein- und mehrlagige Putze unterschieden. Innenputze werden meistens als einlagige Putze verarbeitet, Außenputze als mehrlagige. Die unteren Lagen werden als Unterputz, die oberste Lage als Oberputz bezeichnet (Bild 4.42). Aufgabe des Unterputzes ist es, Unebenheiten der Wand auszugleichen und für eine gleichmäßig saugende Schicht für den nachfolgenden Oberputz zu schaffen. Er garantiert auch, besonders bei dünnlagigen Oberputzen den Feuchtigkeitsschutz. Der Unterputz muss so ausgewählt werden, dass eine möglichst spannungsarme Verbindung zum Putzuntergrund hergestellt werden kann. Bei Verwendung von Werkmörteln sollte Putz auf Putzträgern immer mindestens zweilagig ausgeführt werden. Bei Verwendung von Baustellenmörtel ist mitunter auch ein dreilagiger Aufbau zu wählen. Wird eine erhöhte Anforderung gegen das Eindringen von Regenwasser gestellt, sollte der Unterputz zweilagig erstellt werden.

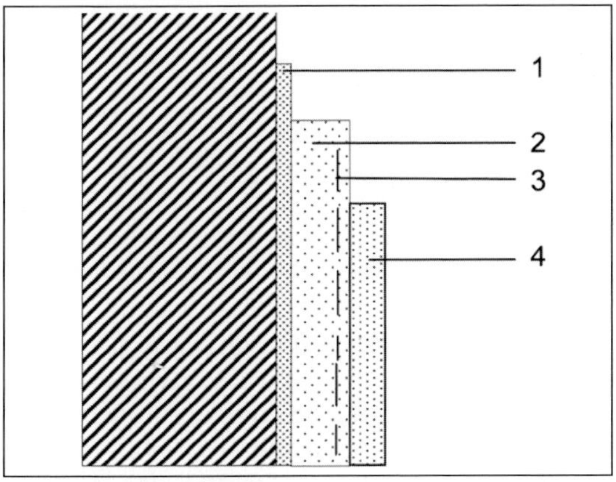

Bild 4.42 Putzaufbau

1 Spritzbewurf (keine eigene Putzschicht)
2 Unterputz
3 eventuell Armierungsgewebe (oberes Drittel des Unterputzes)
4 Oberputz

Der Oberputz hat als Außenputz eine vorwiegend gestalterische Funktion. Neben der optischen, gestalterischen und dekorativen Funktion müssen Außenputze auch widerstandsfähig gegenüber mechanischen und witterungsbedingten Einflüssen sein.

Im Innern ist er meist Träger einer weiteren Beschichtung. Er kann auch strukturiert als Schlussbeschichtung ausgeführt werden.

Hauptproblem ist es, die unvermeidlichen Eigenspannungen der einzelnen Putzlagen, die bei der Erhärtung und durch äußere Einflüsse entstehen, abzubauen bzw. weitgehend zu reduzieren. Deshalb sind bei der Zusammensetzung des Mörtels und der Verarbeitung einige Regeln zu beachten:

- Vollflächige und feste Haftung des Mörtels am Putzgrund.
- Die Putzdicke ist in Abhängigkeit von den Eigenschaften und der Zusammensetzung des Mörtels zu begrenzen. Die Mindestdicke ist einzuhalten.
- Die einzelnen Putzlagen müssen gleichmäßig dick sein.
- Die Festigkeit der Putzlagen muss nach außen hin geringer werden.
- Bei mehrlagigen Putzen ist die untere Putzlage aufzurauen. Das Aufrauen erfolgt während des Ansteifens, nachdem die Putzoberfläche mattfeucht geworden ist. Wird zu früh aufgeraut, besteht die Gefahr einer Sinterbildung, die haftungsmindernd wirkt.
- Bei modernen Putzen (Kunstoffputze, Leichtputze usw.) gilt nicht die Festigkeit als maßgebendes Kriterium, sondern der E-Modul.
- Nur soviel Wasser dem Mörtel zusetzen, wie notwendig ist (Herstellerangaben beachten).
- Den erhärtenden Mörtel in den ersten Tagen vor zu schnellem Wasserentzug schützen.

Das Spannungsverhalten eines Putzes ist abhängig von der Haftung am Untergrund, der Putzdicke bzw. dem E-Modul, dem W/Z-Wert und der Nachbehandlung.

4.7 Putzträger

Wenn die übliche Vorbehandlung des Putzgrundes nicht genügt, das Haften des Putzes am Bauteil sicherzustellen (Spritzbewurf, Haftbrücke), so sind Putzträger anzuordnen. Putzträger sind flächig ausgebildete Tragkonstruktionen, die weitgehend unabhängige Putzkonstruktionen ermöglichen. Putzträger dienen zur Überbrückung von Bauteilen, die mit dem Putz nicht in Berührung kommen sollen (z. B. Holzbalken, Stahlteile) oder werden dort eingebaut, wo kein fester und tragfähiger Untergrund vorhanden ist. Werden einzelne Bauteile mit einem Putzträger überdeckt, so muss dieser allseitig $\geq$ 200 mm aufliegen. Die Befestigung erfolgt auf dem festen Putzgrund, nicht auf dem überdeckten Teil. Voraussetzung für ihre dauernde Funktionsfähigkeit ist ihre Beständigkeit gegenüber Korrosion, wechselnden Temperatur- und Feuchtigkeitseinwirkungen sowie die Möglichkeit der dauerhaften und normgemäßen Befestigung am Bauteil (s. VOB Teil C, DIN 18350).

Rippenstreckmetall ist ein metallischer Putzträger, der aus 0,2 bis 0,5 mm dickem Bandstahl durch Einstanzen, Auseinanderziehen und Herausdrücken der Rippen mit Grätenstruktur hergestellt wird (Bild **4.**43). Die Abmessungen der

Tafeln betragen üblicherweise 0,60 m × 2,50 m. Je nach Ausführungsart gibt es

- Hochripp (10 mm hohe Hauptrippen) und
- Flachripp (4 mm hohe Hauptrippe) gelocht oder ungelocht.

Rippenstreckmetall wird angeboten

- blank,
- galvanisch verzinkt,
- lackiert,
- galvanisch verzinkt und lackiert
- in Edelstahl.

Verarbeitungshinweise. Die Tafeln werden mit den Sicken zum Putzgrund hin angebracht. Der dadurch entstehende Freiraum zwischen Putzgrund und Putzträgerfläche füllt der Mörtel aus. Dieser kann sich so mit den Gräten allseitig verbinden. Überlappungen in Längsrichtung sind um das Maß zweier Randrippen vorzunehmen. Kopfstöße sind mindestens 5 cm zu überlappen. Bei Überbrückung von Rissen und Schlitzen muss Rippenstreckmetall wegen der höheren Zugfestigkeit quer zum Schlitz eingebaut werden. Die Befestigung erfolgt alle 20 cm an den Hauptrippen mit dafür geeigneten verzinkten Hakennägeln bzw. verzinktem Rödeldraht. Die Putzdicke über den Hauptrippen sollte mindestens 15 mm betragen.

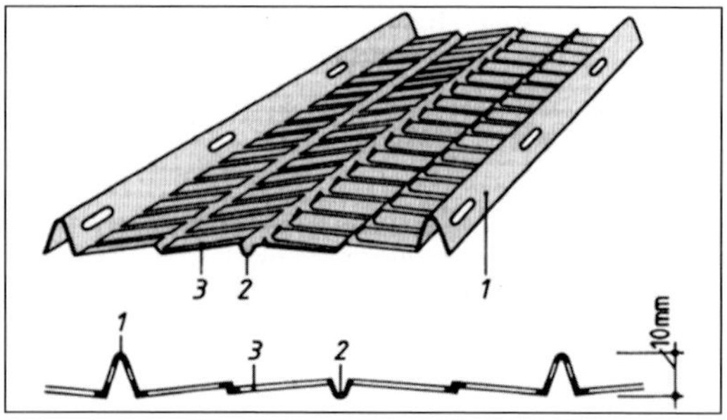

Bild 4.43 Schematische Darstellung einer Rippenstreckmetalltafel mit gelochter Randrippe

1 Randrippe mit Lochung, 10 mm hoch
2 gegenüberliegende Sicke, 2,5 mm hoch, zur Aussteifung der Grätenfelder und als Abstandhalter zum Putzgrund
3 Grätenfelder

Rippenstreckmetall eignet sich zur Herstellung von Rabitzkonstruktionen (Wände, Decken), Gewölbekonstruktionen, Bekleidungen von Holzfachwerk, Ummantelung von Stahl- und Holzstützen usw.

Drahtgitter. Hierbei handelt es sich um etwa 1 mm dicke, verzinkte Stahldrähte, die in unterschiedlicher Maschenweite (12 bis 25 mm) und unterschiedlicher Form (z. B. quadratisch, sechseckig) im Punktschweißverfahren zu Drahtgeflechten geformt werden. Sie werden in Rollen oder Matten angeboten.

Verarbeitungshinweise. Bei flächiger Verlegung sind die Matten bzw. Rollen ≥ 100 mm zu überlappen. Die Befestigung erfolgt mittels Spreizdübel mit Abstandhalter. Die Abstandhalter bewirken, dass der Mörtel das Drahtgitter vollständig umhüllen kann.

Drahtgitter kommen zur Anwendung bei

- Rabitzarbeiten,
- als Bewehrung von Wärmedämmputz,
- für vollständiges Überspannen von rissigen Fassaden usw.
- zum Überspannen von Wandschlitzen, Holzständern, Kunststoffröhren, Stahlträgern usw.

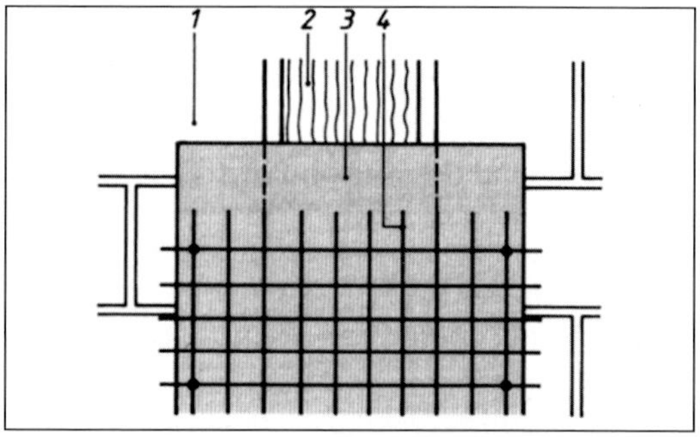

Bild 4.44 Überspannen eines Holzbalkens

1 Mauerwerk/Porenbetonsteine
2 Holzständer
3 Bitumenpapier o.a.
4 geschweißtes, verzinktes Drahtgitter

Drahtgitter mit hinterlegter gelochter/ungelochter Bitumen- oder Teerpappe verhindert ein übermäßiges Eindringen von Mörtel in Schlitze. Die ungelochte Teerpappe kommt bei Bauteilen zur Anwendung, die vor Feuchtigkeit geschützt werden sollen. Die Befestigung erfolgt auf dem angrenzenden Putzgrund, der mindestens 200 mm überdeckt wird. Eine Befestigung am überdeckten Bauteil darf nicht erfolgen (**4**.44).

Bild 4.45 Schematische Darstellung eines Ziegeldrahtgewebes

Ziegeldraht ist ein Putzträger, der aus einem Drahtgewebe (Maschenweite 20 mm) besteht, an dessen Kreuzungsstellen rautenförmige Tonkreuzchen aufgepresst (**4**.45) und bei etwa 900 °C ziegelhart gebrannt worden sind. Dieser Putzträger wird in Rollen (5,00 m × 1,00 m) und Matten (5,00 m × 0,10 bis 0,50 m) angeboten. Die Materialdicke beträgt 6 bis 8 mm.

Verarbeitungshinweise. Die Überlappung der Bahnen muss mindestens 3 cm betragen, wobei die Tonkreuzchen ineinander greifen. Die Befestigung erfolgt mit Bindedraht oder mit Putznägeln. Die Befestigungsabstände am Stoß betragen < 10 cm, sonst > 20 cm. Da die Tonkreuzchen nicht starr miteinander verbunden sind, kann Ziegeldraht jeder Form – Kuppeln, Gewölbe, Tropfsteinhöhlen – angepasst werden. Bei gedämmten Putzfassaden wird Ziegeldraht auf die Dämmplatten vollflächig aufgebracht und mit Dübel befestigt. Auf das Ziegeldrahtgewebe wird ein Grundputz (Ausgleichmörtel) aufgetragen und nach ausreichend langer Standzeit mit einem Armierungsmörtel vollflächig überzogen.

Ziegeldraht ist beständig gegenüber Temperaturschwankungen und besteht aus nicht brennbaren Baustoffen der Baustoffklasse A1. Er kann für brandschutztechnische Bekleidungen verwendet werden.

Rohrmatten aus Schilfrohrstengeln (**4**.46) haben als Putzträger heute kaum noch Bedeutung. Verwendung finden sie noch bei der Altbausanierung. Die Rohrmatten bestehen aus 80 bis 300 cm langen Schilfrohrstengeln, die mit verzinktem Draht miteinander verbunden sind. Angeboten werden

Rohrmatten ein- oder zweilagig. Die Befestigung erfolgt auf Lattenkonstruktionen mit Hakennägeln, wobei die Matten straff gespannt und mit verzinkten Spanndrähten im Abstand von < 30 cm gesichert werden. Die Stöße sind mindestens 10 cm zu überlappen.

Bild 4.46 Rohrmatte

Bild 4.47a Holzwolle-Leichtbauplatte

Bild 4.47b Mehrschicht-Leichtbauplatte

Holzwolle-Leichtbauplatten (HWL-Platten, 4.47a) werden aus langfaseriger, längsgehobelter Holzwolle und einem mineralischen Bindemittel (Zement oder Magnesit) hergestellt. Werden Holzwolle-Leichtbauplatten mit Hartschaum- bzw. Mineralfaserplatten kombiniert, heißen sie **Mehrschicht-Leichtbauplatten** (ML-Platten, **4**.47b). Diese haben einen Kern aus Polystyrol-Hartschaum oder Mineralfaser und eine ein- oder beidseitige 5 mm dicke Deckschicht aus mineralischer Holzwolle (Zweischicht- oder Dreischichtplatte). Die Dicke der Dämmschicht beträgt zwischen 15 und 120 mm. Die Plattenabmessungen betragen 2000 mm × 500 mm. Nach ihrem Brandverhalten sind sie eingeordnet in die Baustoffklasse B2 (normalentflammbar) bzw. B1 (schwerentflammbar). Neben diesen beiden Plattenarten gibt es als Spezialausführung 8 mm dicke magnesitgebundene Putzträgerplatten. Die Befestigung erfolgt durch Anbetonieren (mit Haftsicherungsankern), Annageln oder Anschrauben auf einer Konterlattung, durch Andübeln an massive Bauteile oder im Innenbereich durch Ankleben im Dünnbettverfahren an Massivwände.

Putzträgerplatten (s. Abschn. 7.4)

> Putzträger sind ein Bestandteil des Putzgrundes. Sie sollen den Putz tragen und seine Haftung am Bauteil sicherstellen. Häufig eingesetzte Putzträger sind: Rippenstreckmetall, Drahtgitter, Ziegeldrahtgewebe, Holzwolle-Leichtbauplatten bzw. Mehrschicht-Leichtbauplatten und Gipskarton-Putzträgerplatten.

4.8 Putzbewehrung

Aufgabe der Putzbewehrung ist es, die Zugfestigkeit des Putzes zu verbessern. Auftretende Zugspannungen aus dem Putzgrund, die ihre Ursache im unterschiedlichen Ausdehnungsverhalten von Baustoffen haben, werden von der Putzbewehrung aufgenommen (ähnlich wie bei der Bewehrung von Stahlbeton).

Putzbewehrungen vermindern somit die Rissbildung im Putz. Allerdings sind sie nicht geeignet, konstruktive Belastungen aus dem Putzgrund aufzunehmen (z. B. Setzrisse). Die Putzbewehrung (auch Putzarmierung genannt) wird in die oberste Schicht (oberes Drittel) des Unterputzes straff und faltenfrei eingelegt. Die Überlappung beträgt ≥ 100 mm. Auf benachbarte Bauteile muss die Überlappung ≥ 200 mm betragen. Bei gipshaltigen Putzen muss die Armierung in zwei Schichten – nass in nass – verlegt werden.

Anwendungsbereiche sind:

- Mischmauerwerk aus unterschiedlichen Steinen,
- Rolladenkästen und ähnlich vorgefertigte Bauteile,
- verschiedene Putzträgerplatten wie z. B. HWL und ML-Platten,
- schlecht verzahnte Maueranschlüsse.

Es wird unterschieden zwischen gitterartigem *Metallgewebe* (Drahtnetzgewebe, das zugleich als Putzträger eingesetzt werden kann) und *Glasfaser- und Kunstfasergewebe.* Metallgewebe muss verzinkt, Glasfasergewebe bei Kalk- und Zementmörtel alkalibeständig sein. Die Alkalibeständigkeit von Glasfasergewebe wird erreicht, indem die Glasfaserstränge (100 bis 200 Einzelfäden werden zu einem Strang gebündelt) mit Kunstharz überzogen werden. Glasfasergewebe gibt es in diversen Arten und Ausführungen (**4**.48). Sie unterscheiden sich hinsichtlich der Maschenweite und der Zugfestigkeit, die in beide Richtungen gleich oder auch unterschiedlich sein kann.

> Putzbewehrungen verbessern die Zugfestigkeit des Putzes, nehmen Zugspannungen auf und tragen dadurch zur Vermeidung der Rissbildung im Putz bei. Putzbewehrungen gibt es als Glasfaser- und Kunstfasergewebe sowie Drahtgitter.

Tabelle 4.48 Arten, Eigenschaften und Verwendung von Glasfaser-Armierungsgewebe

	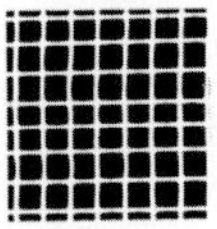		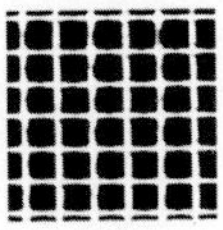	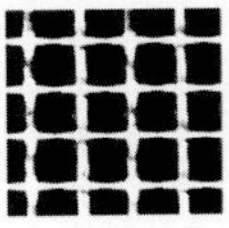	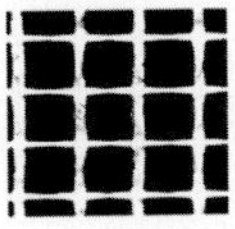	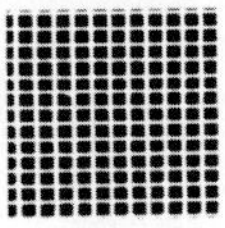	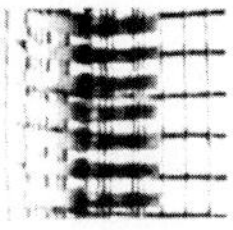
Gewicht in g/cm^2	90	70	200	125	200	160	140
Maschenweite in mm	5	4	6	8	9	3	8/11
Reißkraft in N/cm	280	200	500	300	500	350	–
Verwendung	Gipsputze, Überspannen von Innenwandschlitzen bis 50 cm Breite	wie vor, jedoch bei geringerer Beanspruchung	für Außenputze	wie vor, jedoch bei geringerer Beanspruchung	Außenputze, insbesondere Dämmputze, wo weite Maschen erforderlich sind	Wärmedämmputze, Wärmedämmverbundsysteme	Gewebeeckschutzwinkel

Alle Zahlenangaben sind Beispielwerte. Die genauen Werte sind den Herstellerprospekten zu entnehmen.

4.9 Putzprofile

Zum Konstruieren sauberer Kanten, Herstellen von Anschlüssen an andere Bauteile, zur Ausbildung von Dehn- und Gleitfugen, zur Begrenzung von Putzflächen, als Schutz vor mechanischer Beschädigung und zur Rationalisierung des Bauablaufs werden Putzprofile eingesetzt. Ihr Aufgabengebiet umfasst:

- stoßgefährdende Kanten vor Beschädigung zu schützen,
- die Putzdicke festzulegen,
- als Abziehhilfe flucht- und lotrechte Putzflächen zu ermöglichen,
- Putz von angrenzenden Bauteilen zu trennen,
- Abschlusskanten von Putzflächen zu bilden,
- verschiedene Putzflächen voneinander zutrennen,
- bei auskragenden Bauteilen Wassernasen zu bilden,
- rissfreie Überdeckung von Dehn- und Gleitfugen,
- Ausbildung einer sichtbaren Trennfuge,
- federnder Anschluss zu beweglichen Bauteilen bilden,
- die Putzarbeit zu vereinfachen und zu rationalisieren.

Verarbeitungshinweise. Putzprofile bestehen aus verzinktem Stahlblech, Aluminium oder Edelstahl mit/ohne zusätzlichem Kantenschutz aus Kunststoff. Die Befestigung erfolgt zunächst mit verzinkten Stahlstiften, die nicht ganz eingeschlagen werden. Die endgültige Fixierung wird mit Ansetzmörtel durchgeführt. Dieser wird in Abständen von etwa 50 cm batzenförmig aufgebracht und verstrichen, so dass der Mörtel durch die Lochungen der Profilschenkel mit dem Untergrund eine innige Verbindung eingehen kann. Es dürfen im Außenbereich, in Feuchträumen und dort, wo Putz mit hydraulischen Bindemitteln aufgetragen wird, grundsätzlich keine gipshaltigen Ansetzmörtel zur Verwendung kommen. Nach dem Erhärten des Ansetzmörtels werden die Stahlstifte wieder entfernt. Das Zuschneiden der Leisten erfolgt mit einer Blechschere, besser mit Hebelscheren, die eine Auflagevorrichtung zum Einschneiden und Ablängen haben sowie zum Schneiden von Gehrungen.

Die im Folgenden dargestellten Profile stellen nur einen kleinen Überblick über die vielfältigen Angebote dar:

- **Putzeckleisten** schützen gefährdete Ecken vor Beschädigung, dienen als Abziehhilfe, geben die Putzdicke vor und vereinfachen die Eckenausbildung (**4.**49a bis c und **4.**50a, b).
- **Putztrennprofile** trennen verschiedene Putzarten und Putzflächen voneinander, dienen als Putzlehren und geben die Putzdicke vor (**4.**51a, b).
- **Putzabschlussprofile** grenzen Putzflächen gegen andere Bauteile ab, bilden einen sauberen Putzabschluss im Sockelbereich, begrenzen die Putzdicke, bilden bei paarweiser Verlegung eine Sichtfuge (**4.**52a bis d).

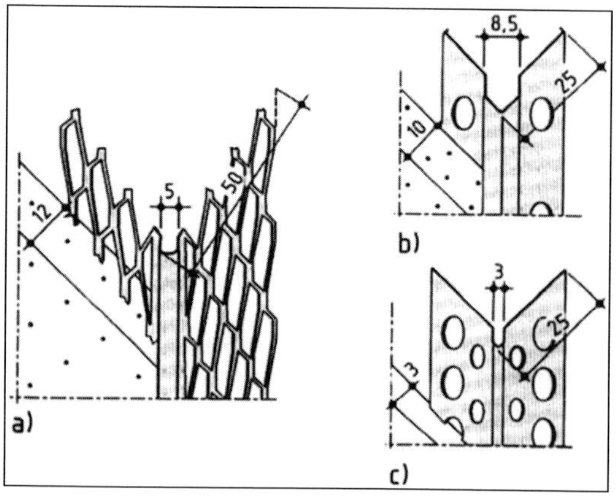

Bild 4.49 Putzeckleisten für den Innenputz

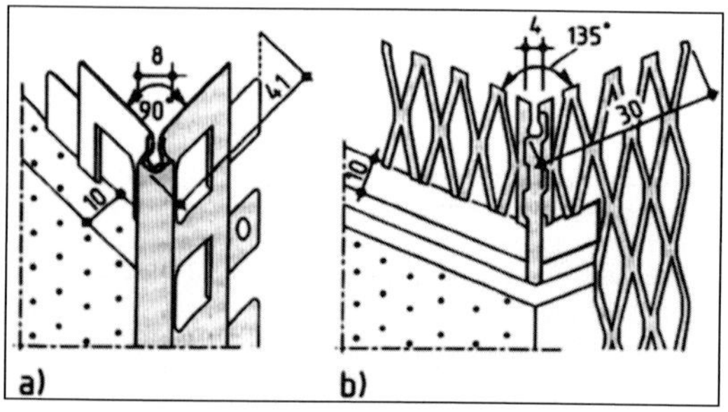

Bild 4.50 Kantenprofile für den Außenputz

a) Profil mit schlagzähem PVC-Überzug gegen Abrieb und Korrosion
b) Profil mit Schenkelöffnungswinkel 135°, zur totalen Einbettung in den Grundputz. Die Profilkante ist um ≥ 5 mm zu überdecken

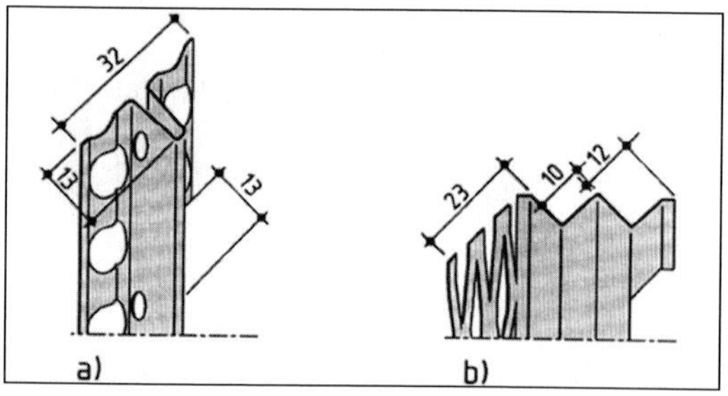

Bild 4.51 Putztrennprofile

a) Putztrennprofil für den Innenputz
b) Innenkantenprofil

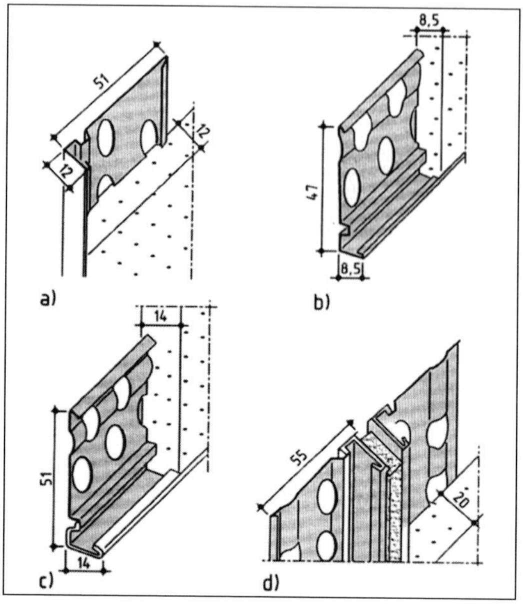

Bild 4.52 Putzabschlussprofile

a) Profil für den Innenputz, mit breitem Schenkel und Versteifungssicke
b) Profil für den Innenputz als Putzabschluss im Sockelbereich
c) Profil für den Außenbereich mit PVC-Überzug und schrägem Schenkel, der als Tropfkante ausgebildet ist
d) Profile gegeneinander verlegt. Ausbildung als Sichtfuge (Dehnfuge). Die Fuge muss mit dauerelastischem Material abgedichtet werden

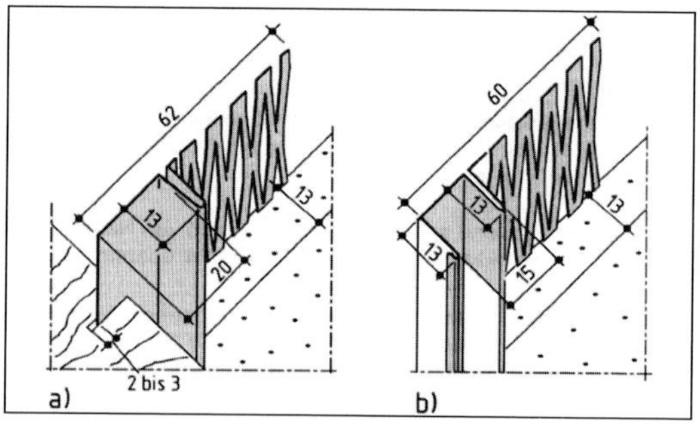

Bild 4.53 Putzanschlussleisten

a) Anschluss an eine Holztürzarge
b) Profil mit angeformter Schattenfuge

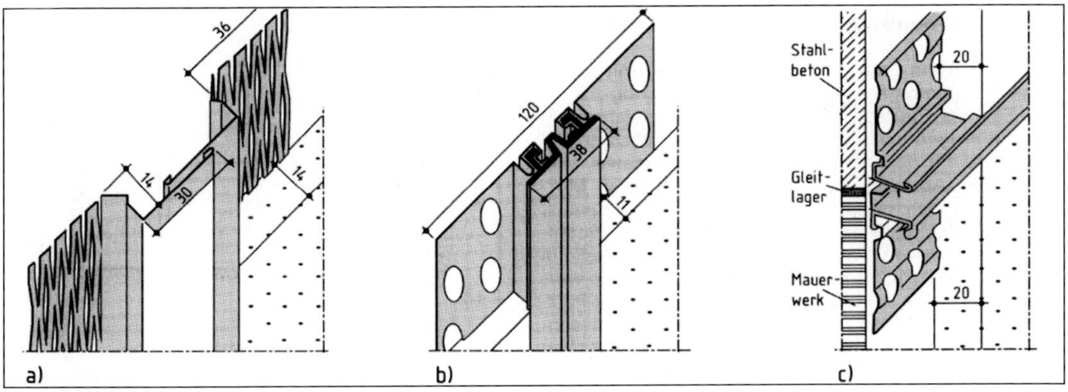

Bild 4.54 Dehnfugenprofile
a) Profil für den Innenputz, Fugenabdeckung durch Überschieben der Profile,
b) Profil für Außenputz, Fugenabdeckung durch bewegliches Mittelteil,
c) Überdeckung einer Gleitlagerfuge

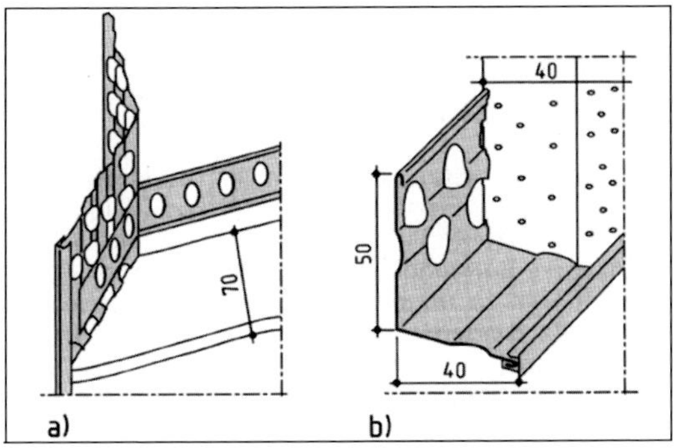

Bild 4.55 Profile für den Dämmputz
a) Kantenprofil, ab 70 mm Putzdicke mit Stützbügel
b) Sockelprofil, ab 70 mm Putzdicke mit Stützbügel

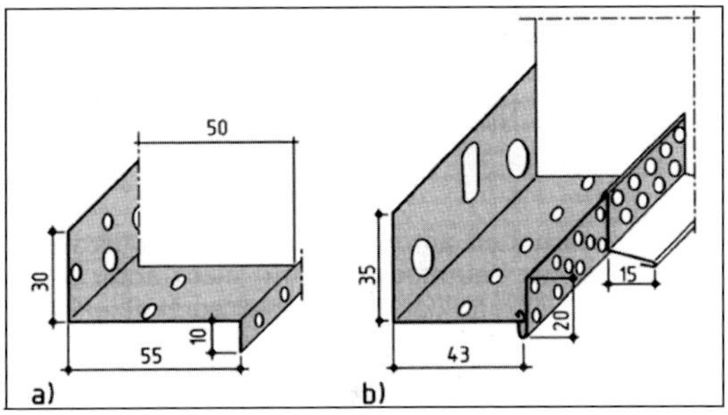

Bild 4.56 Profile für Wärmedämm-Verbundsysteme
a) Sockelprofil aus Aluminium
b) Sockelprofil zur Verwendung bei Aufbringen von Kalk-Zementputzen

- **Putzanschlussprofile** dienen zur Herstellung von Schattenfugen zum Anschluss an andere Bauteile (**4.**53a, b).
- **Dehnfugenprofile** dienen zur Überbrückung von Bewegungsfugen des Gebäudes (**4.**54a bis c).
- **Dämmputzprofile** (**4.**55a bis c).
- **Profile für Wärmedämm-Verbundsysteme** (**4.**56a, b).

Putzprofile erleichtern die Ausbildung von Kanten, Anschlüssen und Fugen und dienen zur Rationalisierung von Arbeitsabläufen. Sie bestehen aus verzinktem Stahlblech, Aluminium oder rostfreiem Stahl.

4.10 Arbeitstechnische Grundlagen

Bei der Herstellung und Planung von Putzarbeiten sind eine ganze Reihe von Vorüberlegungen zu machen und viele normative Voraussetzungen zu berücksichtigen. Im Folgenden sollen einige wesentliche Punkte angesprochen werden.

Maßtoleranzen. DIN EN 13914-2 klassifiziert die Ebenheit von verputzten Oberflächen (Tabelle **4**.57). Dies gilt, sobald eine Ebenheitsklasse in der Ausschreibung festgelegt ist. Das Maß der Ebenheit ist aber auch abhängig von der Beschaffenheit des Putzuntergrundes und der angestrebten Putzdicke. Voraussetzung ist aber, dass sich ein Ausgleich herstellen lässt. Bei sehr dünnen Putzlagen wird dies nicht zu erbringen sein. Liegen größere Unebenheiten vor und sind Anforderungen an die Ebenheit gestellt, muss entweder eine entsprechende Gesamtdicke des Putzes oder/und eine oder mehrere zusätzliche Ausgleichsschichten möglich sein.

Tabelle 4.57 Klassifizierung der Ebenheit von verputzten Oberflächen nach DIN EN 13914-2

Klasse	Geforderte Normalausführung für die Ebenheit der Oberfläche – Spalt unter einem Richtscheit	Mindestwerte für die Ebenheit des Putzgrundes
0	Keine Anforderung	Keine Anforderung
1	10 mm auf 2 m	15 mm auf 2 m
2	7 mm auf 2 m	12 mm auf 2 m
3	5 mm auf 2 m	10 mm auf 2 m
4[a]	3 mm auf 2 m	5 mm auf 2m
5[a]	2 mm auf 2 m	2 mm auf 2 m

[a] Gilt nur für Putzsysteme mit einer Putzdicke von ≥ 6 mm.

Auch die **Lothaltigkeit** gilt es zu berücksichtigen. Auch diese ist maßgeblich vom vorhandenen Putzuntergrund und von der geplanten Putzdicke abhängig. Insbesondere sollten Türen, Fenster und Ecken möglichst senkrecht ausgebildet sein.

Es sollte auch die **Winkligkeit** bei Leibungen, Pfeilern etc. stimmig sein. Die Norm empfiehlt dazu Grenzwerte, die besonders dann, wenn ein hohes Maß an Ebenheit der Putzfläche gestellt wird, eingehalten werden sollen (Tabelle **4**.58).

Tabelle 4.58 Empfohlene Winkligkeitswerte nach DIN EN 13914-2

Länge der angrenzenden Oberfläche l in m	Abweichung vom rechten Winkel in mm
l < 0,25	3
0,25 ≤ l < 0,5	5
0,5 ≤ l < 1	6
1 ≤ l 3	8

Putzdicken. Damit Putze ihrer Aufgabe gerecht werden können, müssen sie je nach Anwendung bestimmte Mindestdicken aufweisen (Tabellen **4**.59a,b). Unzureichende Putzdicken und falscher Putzaufbau führen wie in Bild **4**.59c dargestellt zu derartigen Problemen.

Standzeiten. Darunter versteht man die Wartezeit die erforderlich ist, bis der aufgebrachte Putz getrocknet, seine erforderliche Festigkeit erreicht und die nachfolgende Putzschicht aufgetragen werden kann. Die Standzeiten sind abhängig von der Art des Bindemittels, der Dicke des Putzes, der Beschaffenheit des Putzuntergrundes, den klimatischen Bedingungen und den baulichen Bedingungen (Belüftung).

Bei Innenputzen sind insbesondere die baulichen Gegebenheiten – das Lüftungsverhalten – maßgeblich. Je höher der Gipsanteil im Putz, desto kürzer sind die Abbinde- und Trocknungszeiten, je höher der Kalkanteil, desto länger. Richtwerte für Standzeiten ergeben sich aus Tabelle **4**.60.

Oberflächenqualitäten. Um die auszuführende Putzarbeit den Anforderungen entsprechend planen und ausführen zu können, ist es erforderlich die gewünschte Oberflächenbeschaffenheit des Putzes zu kennen. Dazu dienen die Qualitätsstufen. Durch diese wird eindeutig festgelegt ob der Putz mit einer abgezogenen, geglätteten oder gefilzten oder sonstigen hochwertigen Oberfläche hergestellt werden soll. Tabelle 4.61 zeigt dies übersichtlich.

Tabelle 4.59a Putzdicken nach DIN V 18550 und DIN EN 998-1

Art des Putzes		Mittlere Putzdicke in mm
Außenputz	mehrlagig	20[a]
Innenputz	mehrlagig	15[a]
	einlagig	10[a]
Dünnlagenputz		3 bis 5
Sanierputz		20[b]
WDVS	Unterputz	≥ 20 bis ≤ 100
	Oberputz	8[c]

[a] An einzelnen Stellen darf die mittlere Putzdicke um bis zu 5 mm unterschritten werden.
[b] Abhängig vom Versalzungsgrad (entsprechend WTA-Merkblatt Sanierputze)
[c] mindestens 8, maximal 15 mm

Tabelle 4.59b Empfohlene Mindestputzdicken für normale Putze nach DIN EN 13914-1

Wandart	Anzahl der Lagen im Putzsystem	Mindest-Gesamtputzdicke in mm[a]	Gesamt-Nenndicke des Putzes
Beton	zwei Lagen	15	Die festgelegte Dicke muss größer sein als die Mindestdicke, um Unebenheiten in der Beschaffenheit des Putzgrundes, der Oberflächenstruktur, usw. auszugleichen.
Massives Mauerwerk	zwei Lagen	15	
	drei Lagen	20	
Zweischaliges Mauerwerk	zwei Lagen	15	
	drei Lagen	20	
Putzträger	drei Lagen	20[b]	

[a] Die Mindest-Gesamtputzdicke hängt von Form und Ebenheit des Putzgrundes ab
[b] Dicke gemessen ab Oberfläche Putzträger

Bild 4.59c Die Mauerwerksfugen sind im Putz sichtbar

Tabelle 4.60 Standzeiten (Anhaltswerte)

Putzart	Standzeit (Tage)
Normalputz	bei 15 mm Dicke mind. 14
Unterputz	bei 10 mm Dicke mind. 10
Leichtputz	bei 20 mm Dicke mind. 21
Wärmedämmputz	bei 35 mm Dicke mind. 25
Armierungsputz	bei 5 mm Dicke mind. 7

Grundsätzlich gilt: Die Angaben des Putzherstellers sind zu beachten.

Tabelle 4.61 Übersicht der Qualitätsstufen für Innenputzoberflächen (DIN V 18550 – Putz- und Putzsysteme)

Qualitäts-stufe[1]	abgezogene Putzoberfläche		Geglättete Putzoberfläche		Gefilzte/abgeriebene Putzoberfläche	
	Beschaffenheit/Eignung der Oberflächen	**Maßtoleranz**	**Eignung der Oberflächen**	**Maßtoleranz**	**Eignung der Oberflächen**	**Maßtoleranz**
Q1	Geschlossene Putzfläche	–	–	–	–	–
Q2 Standard	geeignet z. B. für: – Dekorative Oberputze > 2,0 mm – Wandbeläge aus Keramik (Fliesen), Natur- und Kunststein, etc.	Standardanforderungen an die Ebenheit	geeignet für: – Dekorative Oberputze > 1,0 mm – mittel- bis grob strukturierte Wandbekleidungen, z. B. Raufasertapeten (Raufaser mittel 32, 40 oder Raufaser grob 52, 70, 79. 80) – matte, gefüllte Anstriche/Beschichtungen (z. B. Dispersionsanstrich), die mit grober Lammfell- oder Strukturrolle aufgetragen werden.	Standard-anforderungen an die Ebenheit	Gefilzte oder abgeriebene Putzoberflächen sind geeignet für: – matte, nicht strukturierte Anstriche/Beschichtungen. Abgeriebene Putzoberflächen sind auch geeignet für: – grob strukturierte Wandbekleidungen, z. B. Raufasertapeten (Raufaser grob 52, 70, 79. 80)	Standardanforderungen an die Ebenheit
Q3	geeignet z. B. für: – Dekorative Oberputze > 2,0 mm – Wandbeläge aus Fein-Keramik, großformatige Fliesen, Glas, Natur- und Kunststein, etc.	erhöhte Anforderungen an die Ebenheit[2]	geeignet für: Dekorative Oberputze < 1,0 mm – fein strukturierte Wandbekleidungen z. B. Raufaser fein 20 – matte, fein strukturierte Anstriche/Beschichtungen.	Standard-anforderungen an die Ebenheit	Putzoberflächen der Qualitätsstufe 3 sind geeignet für: – matte, nicht strukturierte Anstriche/Beschichtungen.	Standardanforderungen an die Ebenheit
Q4	–	–	geeignet für glatte oder strukturierte Wandbekleidungen mit Glanz, z. B.: – Metall, Vinyl- oder Seidentapeten – Lasuren oder Anstriche/Beschichtungen bis zum mittleren Glanz. – Spachtel- und Glättetechniken.	erhöhte Anforderungen an die Ebenheit[3]	Diese Qualitätsstufe wird nur durch Aufbringen einer zusätzlichen Lage aus Dekor-Filzputz, ggf. mit Anstrich/Beschichtung, erreicht. Der Unterputz muss mindestens der Qualitätsstufe 3 von eben abgezogenen Putzen entsprechen.	erhöhte Anforderungen an die Ebenheit[3]

1 Bei den Qualitätsstufe Q2 bis Q4 muss immer die Ausführungsart „abgezogen oder geglättet oder gefilzt oder abgerieben“ zur der Herstellung der Putzoberfläche genannt werden, z. B. „Q2 – geglättet“

2 Ausführung mit Unterputzprofilen oder Putzleisten

3 Im Allgemeinen sind Unterputzprofile oder Putzleisten einzusetzen

So gilt für die Qualitätsstufe 1 (Q 1), dass keine Anforderungen bezüglich Optik, Ebenheit usw. gestellt werden. Es genügt demnach eine geschlossene Oberfläche herzustellen.

Die Qualitätsstufe 2 (Q 2 – geglättet) entspricht der Standardausführung. Hier werden die üblichen Anforderungen an Wand- und Deckenflächen erfüllt. Also für Raufasertapeten, dekorative Oberputze und matte Anstriche geeignet. Die Ausführung erfolgt durch das Abziehen und das Ausrichten des Mörtels. Der Putz wird anschließend gefilzt und die so aufgeschlämmte Oberfläche dann geglättet.

Bei der Anforderung Q 2 – gefilzt bzw. abgerieben erfolgt nach dem Putzauftrag das Abziehen und Ausrichten des Putzes und danach das Filzen.

Für dicklagige Oberputze gilt, wenn nichts anderes vereinbart wurde, dass mindestens ein Oberputz mit einer Korngröße von 3 mm verarbeitet werden muss. Bei werkseitig eingefärbten Oberputzen ist ein Egalisationsanstrich nur dann auszuführen, wenn dies vereinbart wurde. Dicklagige Oberputze sind als Kratzputz auszuführen, es sei denn es ist etwas anderes vereinbart worden.

Die Qualitätsstufe 3 (Q 3) ist nur durch zusätzliche Maßnahmen gegenüber Q 2 zu erreichen. Q 3 – geglättet ist geeignet für dekorative Oberputze $\leq$ 1,0 mm Korngröße, fein strukturierte Wandbekleidungen und matte, fein strukturierte Anstriche/Beschichtungen. Für die Ausführung gilt als Voraussetzung die Q 2. In einem weiteren Arbeitsgang wird die Putzoberfläche entweder mit einem Glättgang oder mit einem Glättputz überarbeitet.

Die Qualitätsstufe Q 3 – gefilzt, ist geeignet für matte, nicht strukturierte Anstriche/Beschichtungen. Bei gipshaltigen Putzen erfolgt die Oberflächenstruktur durch Vor- und Nachfilzen. Bei Kalk-, Kalkzement- und Zementputzen wird üblicherweise eine zweite Putzlage auf den Unterputz aufgezogen und gefilzt. Das Strukturbild muss gleichmäßig sein.

Eben abgezogene Putze Q 3 – abgezogen, sind geeignet für dekorative Oberputze $\geq$ 2,0 mm, und Wandbeläge aus Feinkeramik, Fliesen und Natur- und Kunststein. Werden erhöhte Anforderungen an die Ebenheit gestellt sind Unterputzprofile oder Putzleisten zu setzen.

Die Qualitätsstufe 4, geglättete Oberputze (Q 4 – geglättet) entspricht den höchsten Anforderungen an die Putzoberfläche. Sie wird durch zusätzliche über die Q 3-Stufe hinausgehende Maßnahmen hergestellt. Der Putz erfüllt erhöhte Anforderungen an die Ebenheit. Das heißt, es sind durchweg Unterputzprofile oder Putzleisten zu setzen. Die Unterputzprofile sind gegebenenfalls zu entfernen und materialgleich zu ersetzen. Solche Oberflächen sind geeignet für Metall-, Vinyl- oder Seidentapeten, Anstriche bis zu mittlerem Glanz, Spachtel- und Glättetechniken. Um dies zu erreichen ist es erforderlich, die Oberfläche nach Q 3 durch vollflächiges Überarbeiten mit Spachtel- oder Glättputzmaterial zu behandeln. Um Schattenbildungen weitgehend einzuschränken, müssen die späteren Beleuchtungsverhältnisse bekannt sein. Idealerweise sollten sie bereits vorhanden sein. Für glänzende Beschichtungen, Lackierungen und Lacktapeten sind weiter Maßnahmen zu ergreifen.

Q 4 gefilzt verlangt Q 3 gefilzt als Voraussetzung. Es gelten die Voraussetzungen wie bei Q 4 – geglättet. Um diese Qualität zu erstellen ist es erforderlich eine zusätzliche Lage aus Dekor-Filzputz, gegebenenfalls mit Anstrich aufzubringen. Die Filzstruktur muss absolut gleichmäßig sein.

Witterungshinweise. Putzausführung bei hohen Temperaturen. Bindemittel benötigen zur Erreichung der maximalen Festigkeit ausreichend Feuchtigkeit. Deshalb ist sicherzustellen, dass dem Frischputz bei hohen Lufttemperaturen (starker Sonnenschein, hohe Oberflächentemperaturen) und/oder durch Wind das Wasser nicht zu schnell entzogen wird. Negative Folgen solcher Einflüsse können sein:

- Absanden des Putzes. Das Bindemittel kann infolge des raschen Wasserentzuges nicht aushärten;
- Netzartig verlaufende Schwindrisse;
- Unzureichende Haftung des Putzes am Putzuntergrund;
- Ablösen der Putzschalen (Y-Risse);
- Unzureichende Putzfestigkeit;
- Sichtbare Putzansätze im Bereich der Gerüstlagen;
- Fleckenbildung bei Silikatputzen.

Zur Vermeidung solcher Probleme muss bei extremer Sonneneinstrahlung eine Beschattung (Achtung: Das Gerüst muss dafür aber auch berechnet worden sein!) oder das öftere Benetzen (Besprühen) des Putzes mit Wasser erfolgen. Es gilt auch die Putzregel zu beachten: Immer mit der Sonne, aber nicht in der Sonne verputzen.

Putzausführung bei niedrigen Temperaturen. Bei Temperaturen unter 5 °C kommt die hydraulische Erhärtung mineralischer Putze zum Erliegen. Dies gilt auch für Kunstharzputze und Silconharzputze. Hier wird die chemisch physikalische Reaktion (Trocknung, Erhärtung) verhindert. Es erfolgt keine Filmbildung. Dies führt zu Struktur- und Oberflächenbeeinträchtigungen. Temperaturen bis zu 0 °C führen zu verminderten Druckfestigkeiten und infolge der Volumenvergrößerung des gefrierenden Wassers zu irreparablen Schäden. Wichtig ist also, Putze nur dann zu verarbeiten, wenn die Luft- und Putzuntergrundtemperatur > 5 °C beträgt und bis zum Erhärten des Putzes nicht darunter absinkt. Negative Auswirkungen können sein:

- Unzureichende Putzfestigkeit;
- Frostschäden (Abblättern des Putzes);
- Gefügezerstörung;
- Minderung bzw. fehlender Haftverbund zwischen den Putzlagen (vor allem bei gefrorenem Putzuntergrund);
- Fleckenbildung bei Silikatputzen.

Zur Vermeidung solcher Probleme sollte grundsätzlich bei Temperaturen < 5 °C kein Putz aufgetragen werden. Das Zumischen von Frostschutzmitteln ist nicht zulässig, weil dadurch die Eigenschaften des Mörtels verändert werden. Es gilt die Verarbeitungsrichtlinien der Produktanbieter strikt zu beachten. Als Alternative werden modifizierte Oberputze angeboten, die bis zu einer Temperatur von 1 °C verarbeitet werden können. Nachteilig ist, dass diese Putze bei höheren Temperaturen (> 5 °C) nicht mehr gut und bei Temperaturen > 15 °C nicht mehr verarbeitet werden können. Die Luft- und Putzuntergrundtemperaturen sollten mit geeigneten Messgeräten erfasst und protokolliert werden.

Schlagregenbeanspruchung. Durch das Einwirken von Regen und Wind, sogenannter Schlagregen, kann Wasser über Risse in den Putz und in die Wände gelangen. Folgen können sein: Wärmeverluste und Frostschäden. Um die Gefahr der Schlagregenbeanspruchung zu erfassen ist das Bundesgebiet in 3 Beanspruchungsgruppen eingeteilt worden (Bild siehe Anhang):

- *Beanspruchungsgruppe I*: geringe Schlagregenbeanspruchung
  - Jahresniederschlagmengen unter 600 mm
  - besonders windgeschützte Lagen
- *Beanspruchungsgruppe II*: mittlere Schlagregenbeanspruchung
  - Jahresniederschlagmengen 600 bis 800 mm
  - windgeschützte Lagen in Gebieten mit straken Niederschlagmengen
  - Hochhäuser in exponierter Lage mit wenig Niederschlag
- *Beanspruchungsgruppe III*: starke Schlagregenbeanspruchung
  - Jahresniederschlagmengen über 800 mm und starker Wind
  - Hochhäuser in exponierter Lage mit mittlerer Schlagregenbeanspruchung 0.

Die Schlagregenbeanspruchung von Gebäuden hängt nicht allein von den vorgenannten Bedingungen ab, sondern auch von der Gebäudeform und -höhe. Die Schlagregenbeanspruchung in Abhängigkeit von der Gebäudehöhe verdeutlicht Bild **4**.62.

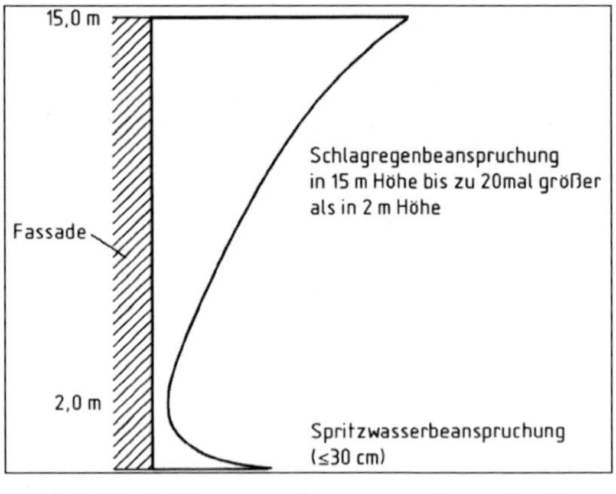

Bild 4.62 Schlagregenbeanspruchung in Abhängigkeit von der Gebäudehöhe

Die Wasseraufnahmeeigenschaften von Putz werden mit dem w-Wert (Wasseraufnahmekoeffizient) beschrieben (siehe auch Abschnitt

3.2.6). Dabei unterscheidet die Norm zwei Arten:

- Wasserhemmende Putze mit $w \leq 2$ kg/($m^2h^{0,5}$) und
- Wasserabweisende Putze mit $w \leq 0,5$ kg/($m^2h^{0,5}$) mit $s_d \leq 2$ m und $wsd \leq 0,2$ kg/($m^2h^{0,5}$).

Wärmeschutz. Putze haben im Allgemeinen einen so geringen Einfluss auf den Wärmedurchgang, dass dieser vernachlässigbar ist. Das liegt zum einen an der relativ guten Wärmeleitfähigkeit des Mörtels und zum anderen daran, dass eine relativ dünne Schicht aufgetragen wird. Putze tragen aber dazu bei, dass das Mauerwerk eine geschlossene Schicht erhält. Lüftungsverluste durch offene Fugen werden ausgeschlossen. Sollten Putze dennoch zur Wärmedämmung beitragen, kann dies durch Wärmedämmputze geschehen. Sie weisen günstige Wärmeleitzahlen auf und werden in einer dicken Schicht aufgetragen (siehe Abschnitt 4.11.5).

Dauerhaftigkeit. Putze müssen in ihrer Gesamtheit so erstellt werden, dass sie dauerhaft sind. Das heißt, bereits bei der Planung müssen die Einflussfaktoren berücksichtigt werden, denen der Putz ausgesetzt ist.

Einfluss auf die Dauerhaftigkeit haben beispielsweise:

- Auswahl des geeigneten Putzes/Putzsystems für den vorgesehenen Zweck (Beschädigung durch Abrieb, Korrosion von eingebettetem Metall),
- Verträglichkeit des Putzes mit dem Putzgrund und ausreichende Haftung;
- Verformung von angrenzenden Elementen und Gebäudeteilen (Rissbildung, Bildung von Haarrissen, Eindringen von Regenwasser, aufsteigende Feuchtigkeit, lösliche Salze, Auswirkungen von Luftverschmutzung und Frosteinwirkung).

Die Dauerhaftigkeit wird aber auch beeinflusst von der Art des Putzgrundes, der Putzart, der Putzzusammensetzung und dem Auftragsverfahren.

Art des Oberputzes. Rau oder glatt? Dies ist abhängig davon in welcher Lage sich das Gebäude befindet. Dort wo mit viel Staub zu rechnen ist (Gebäude an einer stark befahren Straße, im Einflussbereich eines Industriegebietes) ist es empfehlenswert möglichst glatte Putze zu verwenden. Hier hat der Staub nicht die Möglichkeit sich in den groben Strukturen des Putzes festzusetzen. Bei Regen werden die Staubanteile zum Teil aus der Putzoberfläche herausgelöst, es entstehen Schmutzfahnen die unansehnlich sind (Bild **4**.63). Vorteil eines rauen Putzes ist es, dass die fast unvermeidlichen Haarrisse nicht oder kaum zu sehen sind.

Bilder 4.63 Schmutzfahnen: Beide Häuser stehen an einer stark befahrenen Straße. Der Putz ist relativ rau.

Farbe des Oberputzes. Die Farbe des Oberputzes ist mitentscheidend für die Beanspruchung des ganzen Putzsystems. Dunkle Putze heizen sich thermisch stärker auf als helle. Dies gilt insbesondere für Wärmedämm-Verbundsysteme. So können im Sommer an dunklen Fassaden Temperaturen bis zu 70 °C gemessen werden. Putze die in helleren Tönen gehalten werden erreichen Werte bis 50 °C, weiße Fassaden dagegen lediglich ca. 30 °C (Bild **4**.64)

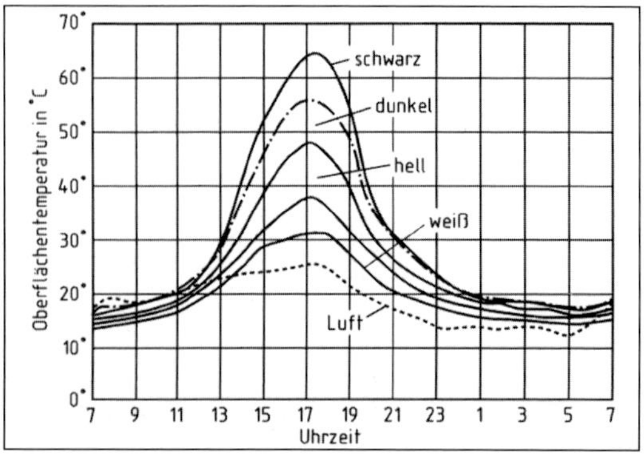

Bild 4.64 Oberflächentemperaturen an einer Putzfassade in Abhängigkeit von der Farbe des Putzes

Egalisationsanstrich. Um Farbtonunterschiede bei Edelputzen zu vermeiden sollten grundsätzlich Egalisationsanstriche aufgetragen werden. Von den einzelnen Putzherstellern werden Farbtöne die dem Putzton entsprechen angeboten. Diese sind so aufgebaut, dass sich die Wasserdampfdiffusionseigenschaften nicht verschlechtern. Es erfolgt durchweg ein einmaliger Anstrich, der frühestens 3 Tage nach Erreichen der Oberflächentrocknung des Putzes durchgeführt werden darf.

Hinweispflicht. Der Auftragnehmer hat bei festgestellten Mängeln dem Auftraggeber Bedenken nach VOB B, § 4, Nr. 4 unverzüglich mitzuteilen. Dort heißt es: *„Hält der Auftragnehmer die Anordnungen des Auftraggebers für unberechtigt oder unzweckmäßig, so hat er seine Bedenken geltend zu machen, die Anordnungen jedoch auf Anordnung auszuführen ...“* Dies könnte z. B. sein, wenn beim geplanten Vergipsen einer Betondecke eine Bauteilfeuchte > 3 Gew.-% ermittelt wird, oder wenn die Temperaturen unter 5 °C liegen und dennoch verputzt werden soll. Grundsätzlich sollte ein Protokoll bezüglich der Bedenken angefertigt werden. Zur Dokumentation sind auch Fotografien hilfreich.

4.11 Putzausführung

4.11.1 Allgemeine Regeln

Außenputzarbeiten dürfen nicht durchgeführt werden, wenn Frost oder Schlagregen den Putz bzw. die Putzoberfläche beschädigt. Zugluft, Wind und starke Sonneneinstrahlung auf frischem Verputz führen zu ungewollt schnellem Wasserentzug. Das Bindemittel kann nicht mehr ausreichend erhärten, der Putz verbrennt.

Vorbeugende Maßnahmen:

- Beschatten der zu verputzenden Fläche durch Anbringen geeigneter Folien (*Achtung:* Das Gerüst muss nun erhebliche Windkräfte aufnehmen),
- Nach alter Putzregel verfahren: Nicht in, immer mit der Sonne putzen!
- Als Nachbehandlung empfiehlt sich das Feuchthalten des Putzes durch gelegentliches Besprühen.

Putzregel: Nicht in, immer mit der Sonne putzen!

Innenputzarbeiten dürfen erst durchgeführt werden, wenn die Raumtemperatur nicht unter 5 °C liegt, bzw. während der Putzarbeit auch nicht darunter absinkt. Zugluft ist auszuschließen. Alle Öffnungen sind zumindest behelfsmäßig mit Folien o. a. zu verschließen. Besser ist es, zunächst die Fenster und Türen einbauen zu lassen. Nach Beendigung der Innenputzarbeiten ist es jedoch unbedingt notwendig, die Räume häufig kurzzeitig zu durchlüften.

4.11.2 Verarbeitung

Der Mörtel kann von Hand oder mit einer Maschine aufgetragen werden. Wichtig ist in jedem Fall die Putzlage möglichst gleichmäßig dick aufzubringen und auf eine gute Verzahnung des Mörtels mit dem Putzgrund zu achten. Das nachfolgende Abziehen des aufgebrachten Mörtels ist immer noch Handarbeit. Beim Abziehen ist darauf zu achten, dass die Fläche lot- und fluchtrecht hergestellt wird, wobei die erforderliche Mindestdicke des Putzes nicht unterschritten werden darf. Wird eine besonders ebenmäßige Putzfläche verlangt, z. B. bei nachfolgendem Fliesenauftrag, empfiehlt es sich, Putzlehren (Pariser Leisten) oder Putzleisten vorzusehen. Dies gewährleistet auch, dass die Mindestputzdicke eingehalten wird. Putzlehren sind etwa 10 cm breite Mörtelstreifen, die vor dem flächigen Putzauftrag in Abständen von ca. 1,50 m in der vorgesehenen Putzdicke angebracht werden. Das Anfertigen von Putzlehren kann in die folgenden Schritte gegliedert werden (**4.**65):

1. Einschlagen und ausrichten (ausloten) von Nägeln in den Wandecken, möglichst senkrecht übereinander (**4.**65a).
2. Von Nagel zu Nagel eine Schnur spannen (waagerecht, senkrecht, diagonal) und die vorgegebene Mindestputzdicke überprüfen, falls zu gering, korrigieren.
3. In Dicke der herausstehenden Nägel Mörtelpunkte setzen (B = 100 mm) und sauber einebnen.
4. Latte auf den so hergestellten und übereinander liegenden Mörtelpunkten befestigen (mit Putzhaken). Latte und Putzgrund annässen und den Zwischenraum mit Mörtel auswerfen.
5. Nach dem Abbinden des Mörtels die Latte entfernen. Es zeigt sich eine ebene Fläche, auf der später abgezogen werden kann.
6. Im Abstand von etwa 1,50 m weitere Putzlehren anlegen (**4.**65b).

Nachdem die Putzlehren so hergestellt worden sind, können die Zwischenfelder mit Mörtel ausgeworfen und es kann auf den Putzlehren mit einem Richtscheit abgezogen werden. Üblicherweise werden heute Schnellputzleisten gesetzt, auf denen dann abgezogen wird. Zu beachten ist dabei, dass bei einer nachfolgenden Fliesenverlegung die Schnellputzleisten keinesfalls hervorstehen dürfen, gegebenenfalls ist nachzuglätten. Handauftrag und Maschinenauftrag unterscheiden sich in der Art der Mörtelaufbringung und im Mörteltransport.

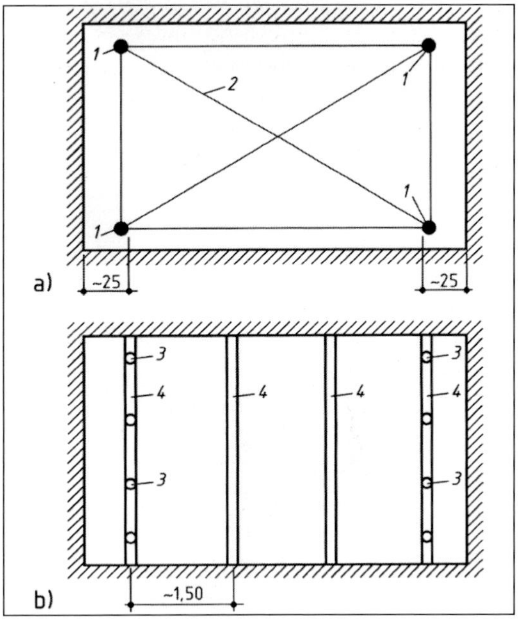

Bild 4.65 Anfertigen von Putzlehren
a) Ausfluchten der Wand,
b) Putzlehren

1 Nägel
2 Fluchtschnur
3 Mörtelpunkte zum Auflegen der Latte
4 Putzlehren

Handauftrag. Der Mörtel wird in üblichen Freifall- bzw. Zwangsmischern (Bild 4.66a, b) angemacht, mit einer Schubkarre oder in Eimern (früher mit dem „Vogel") zum Verarbeitungsort gebracht und dort mit einer Kelle angeworfen oder mit einem Brett aufgezogen (Bild 4.67a, b).

Diese Arbeitsweise wird heute, abgesehen von bestimmten Putzweisen und bei kleinen Reparaturarbeiten, aus wirtschaftlichen Gründen nicht mehr durchgeführt.

Maschinenauftrag. Seit den 60er Jahren hat sich die Verarbeitungsweise mit Putzmaschinen – anfangs im Innenputz, später auch im Außenputz mehr und mehr durchgesetzt. Es ist die heute übliche Art Putz aufzutragen. Im

Bild 4.66a Freifallmischer

Bild 4.66b Zwangsmischer

Vergleich zum Handauftrag ergeben sich folgende Vorteile:

- wesentlich höhere Putzleistung, was zu einer wesentlichen Kosteneinsparung führt (Personalkosten, Standkosten des Gerüsts usw.),
- bessere Mörtelhaftung durch den größeren Anwurfdruck (der Mörtel dringt tiefer in die Poren des Putzgrundes ein),
- höhere Putzfestigkeit und geringere Schwindneigung, weil die groben Zuschlagkörner tiefer in die Mörtelschicht eindringen.

Bild 4.67a Anwerfen von Putz

Bild 4.67b Aufziehen von Putz

Mit Putzmaschinen können sowohl Baustellenmörtel wie auch Werkmörtel verarbeitet werden. Jedoch ist nicht jede Maschine geeignet, Baustellenmörtel und Werkmörtel zu verarbeiten.

Mit welcher Technik das Verputzen erfolgt, ist von den Baustellenbedingungen abhängig. Der werkgemischte Gips-Trockenmörtel kann als Trockenmörtel im Container, Silo (Bild **4**.68a) oder als Sackware zur Baustelle angeliefert werden. Bei größerem Materialbedarf empfiehlt sich die Anlieferung in drucklosen Freifallsilos. So können pro Silo bis zu 22 m^3 Trockenmörtel angeliefert werden. Die Silo-

Bild 4.68a Siloanlieferung

Bild 4.68b Silo, Förderanlage, Putzmaschine

Bild 4.68c Putzmaschine

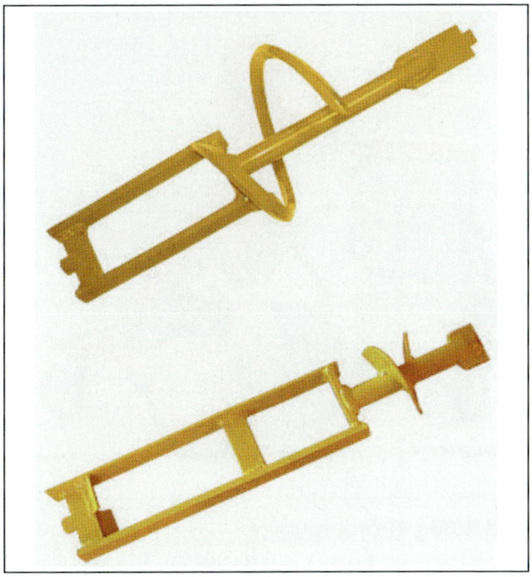

Bild 4.68d Mischwedel

Bild 4.68e Förderschnecke

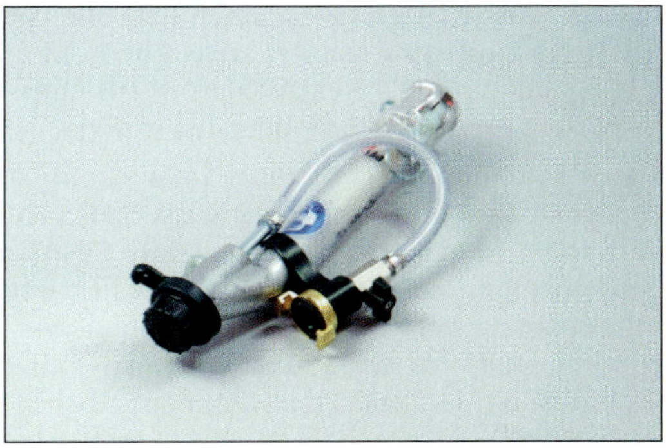

Bild 4.68f Spritzkopf, Feinputzgerät

Bild 4.68g Förderpumpe

entleerung erfordert das Anbringen eines Rüttlers. Zur Förderung aus dem Silo benötigt man eine pneumatische Förderanlage. Beim Aufstellen des Silos sind die „Richtlinien für das Aufstellen und Benutzen von Baustellensilos" unbedingt zu beachten. Durch die Förderanlage (Bild **4**.68b) wird der Trockenmörtel vollautomatisch und staubfrei mittels Druckluft durch Schläuche bis zur Putzmaschine (Mischpumpe) transportiert. Nach Herstellerangaben sind so Förderlängen bis zu 150 m und Förderhöhen bis zu 80 m möglich. Um Entmischungen im Schlauch zu vermeiden, ist dieser entsprechend sorgfältig zu verlegen. Bei langen Förderstrecken sollte der Förderschlauch nicht nur eben verlegt werden. Es sollen Erhöhungen z. B. an den Schlauchkupplungen geschaffen werden. Dies kann dadurch erfolgen, dass zwei Paletten hochkant gestellt werden über die der Förderschlauch dann geführt wird. Die Förderleitung sollte mittels Schlauchhaken am Querholm des Containers hochgebunden werden.

Die Trockenmörtelversorgung kann natürlich auch mit Sackware erfolgen. Wird Sackware verwendet ist darauf zu achten, dass das Sicherheitsgitter auf dem Vorratsbehälter der Putzmaschine befestigt ist. Wird Containerware eingesetzt, ist auf die Mischpumpe eine Einblashaube als Staubschutz zu montieren.

In der Putzmaschine (Bild **4**.68c) wird der Trockenmörtel mit Wasser gemischt. Putzmaschinen benötigen in aller Regel Kraftstromanschluss (400 V). Auf eine ausreichende Absicherung des Anschlusses ist zu achten. Empfohlen wird 3 x 32 Ampere. Um der Putzmaschine ausreichende Mengen Wasser liefern zu können sollte eine ¾" Wasserschlauch zur Verfügung stehen. Der Wasserdruck sollte mindestens 2,5 bar betragen. Notfalls ist eine Druckerhöhungsanlage notwendig. Die benötigte Wassermenge, die abhängig ist von dem zu verarbeiteten Trockenmörtel und der Förderleistung der Maschine, kann an der Maschine genau eingestellt werden.

Der verwendete Mischwedel (Bild **4**.68d) ist abhängig von der Art des zu verarbeiteten Putzes (Normalputz, Feinputz, Leichtputz ...). Mit dem Mischwedel wird der Trockenmörtel mit dem Wasser in der Mischzone zu der gewünschten Konsistenz gemischt. Mittels einer Schneckenpumpe wird der angemischte Mörtel in den Förderschlauch gepresst. Schneckenpumpen sind vollkommen stoßfrei arbeitende Pumpensysteme, die ein sehr gleichmäßiges Fördern des Mörtels ermöglichen. Sie sind sehr einfach zu bedienen und zu warten. Die Schneckenpumpe setzt sich zusammen aus dem Schneckenmantel (Stator) und der eigentlichen Förderschnecke (Rotor, Bild **4**.68e). Unterschieden wird zwischen Schneckenmantel mit und ohne Spannschelle. Bei Schneckenmantel mit nachspannbaren Pumpen (Schneckenmantel mit Spannschelle) kann bei nachlassendem Förderdruck der Druck reguliert werden. Dies geschieht durch Anziehen der Spannschrauben. Schneckenpumpen sind geeignet für Werktrockenmörtel und Baustellenmörtel mit rundkörniger, gut abgestufter Gesteinskörnung. Bei Verwendung von gebrochener Gesteinskörnung und hohem Pumpendruck unterliegen die Bauteile allerdings einem starken Verschleiß.

Die Versorgung mit Druckluft erfolgt über einen Kompressor der der Putzmaschine zugehörig ist. Die Leistung beträgt ca. 250 l/min. Die Druckluft wird über einen separaten Druckluftschlauch zum Spritzkopf geführt. Wegen der Reibungsverluste, und damit auch Leistungsverluste, sollte der Förderschlauch nur so lang sein wie unbedingt nötig. Bei Förderweiten bis 25 m wird ein Schlauch eingesetzt mit einem Innendurchmesser von 25 mm.

Dabei beträgt der Betriebsdruck im Schlauch ca. 25 bar. Bei größeren betriebsdrücken empfiehlt es sich dickere Schläuche zu verwenden. Am Spritzkopf (Bild **4**.68f) werden Mörtel und Druckluft zusammengeführt.

Mit Förderpumpen (Bild **4**.68g) können pumpfähige Mörtel, Spachtelmassen und Flüssigkeiten transportiert und gespritzt werden. Das zu verarbeitende Material wird in den Trichter eingefüllt, durch die Schneckenwelle der Mörtelpumpe zugeführt und mittels Mörtelschlauch zum Spritzgerät geführt.

Die Mörtelbeförderung erfolgt generell in flexiblen Schläuchen. Parallel zum Mörtelschlauch verläuft ein Druckluftschlauch. Am Spritzkopf, der sich am Ende des Mörtelschlauches befindet, wird die Druckluft in den Mörtel eingepresst, der dann tropfenförmig auf die zu verputzende Fläche gespritzt (geschleudert) wird. Der Mörtel wird gleichmäßig dick in Querreihen aufgebracht (Bild **4**.69) und anschließend mit einer Kartätsche eingeebnet. Eine Auswahl von Werkzeugen für die Be- und Verarbeitung des Mörtels zeigt Tabelle **4**.70.

Bild 4.69 Spritzvorgang

Mit Putzmaschinen lassen sich neben den üblichen Putzarbeiten auch eine Vielzahl anderer Arbeiten ausführen:

- Verfüllen von Schalsteinen, Fugen usw.
- Vergussarbeiten bei der Mauerwerksanierung, Estricharbeiten usw.
- Verpressen von Hohlräumen im Mauerwerk, von Spannstahl-Hüllrohren usw.
- Pumpen von Bentonitschlämmen usw.
- Injektionen für rückwärtige Verankerungen, Fahrbahnsanierung usw.
- Spritzbeton bei Gebirgssicherungsarbeiten, Betonsanierung usw.

4.11.3 Allgemeine Anforderungen an Putze

Für Innen- und Außenputze gelten folgende allgemeine Anforderungen:

- gute Haftung auf dem Putzgrund,
- bei mehreren Lagen gute Haftung untereinander
- gleichmäßiges Gefüge der einzelnen Putzlagen,
- die Festigkeit des Putzes muss auf den Putzgrund abgestimmt werden,
- Festigkeit, Abriebfestigkeit und Oberflächenbeschaffenheit müssen den Anforderungen gerecht werden,
- bei mineralisch gebundenen Putzen sollte die Festigkeit des Oberputzes immer niedriger sein als die des Unterputzes,
- Putze müssen hinsichtlich der Wasserdampfdurchlässigkeit auf den gesamten Wandaufbau abgestimmt werden,
- bei Außenputzen darf in keiner Putzlage die diffusionsäquivalente Luftschichtdicke s_d = 2,0 m überschreiten,
- bauaufsichtliche Forderungen hinsichtlich des Brandschutzes müssen eingehalten werden
- Innenputze mit mineralischen Bindemitteln, als Träger von Anstrichen, Tapeten und Kunstharzputzen, müssen eine Mindestdruckfestigkeit von 1 N/mm^2 aufweisen.

Putzregel: Nie hart auf weich putzen!

Tabelle 4.70 Werkzeuge und Geräte zum Verputzen

 Gipserkelle	 Glättkelle	 Inneneckspachtel	 Außeneckspachtel
 Eckspachtel	 Kantenhobel	 Gipserbeil	 Gipserspachtel
 Schweizer Traufel	 Gitterrabot	 Katzenzungenkelle	
 Putzkamm	 Mörtelkübel	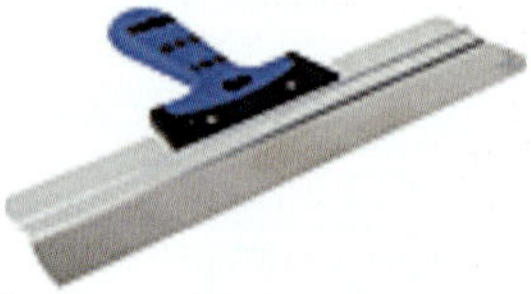 Flächenspachtel	
 Mörtelquirl	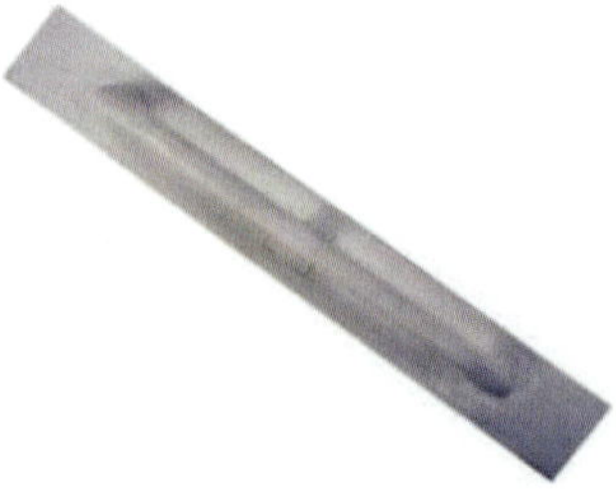 Kartätsche	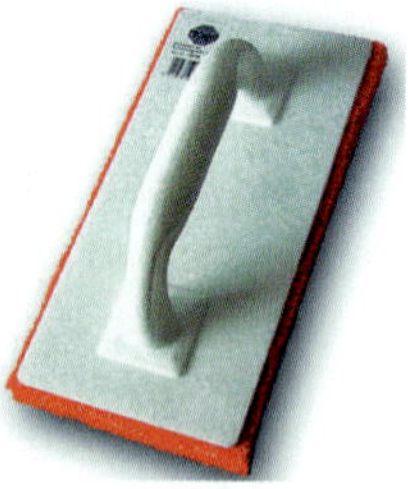 Schwammscheibe	

Tabelle 4.71 Putzsysteme für Außenputze

Zeile	Anforderung bzw. Putzanwendung	Mörtelgruppe für Unterputz	Druckfestigkeitskategorie des Unterputzes nach DIN EN 998-1	Mörtelgruppe bzw. Beschichtungsstoff-Typ für Oberputz	Druckfestigkeitskategorie des Oberputzes nach DIN EN 998-1
1	ohne besondere Anforderung	–	–	P I	CS I
2		P I	CS I	P I	CS I
3 a		–	–	P II	CS II
3 b		–	–	P II	CS III
4 a		P II	CS II	P I	CS I
4 b		P II	CS III	P I	CS I
5 a		P II	CS II	P II	CS II
5 b		P II	CS III	P II	CS II
5 c		P II	CS III	P II	CS III
6		P II	CS III	P Org 1	–
7		–	–	P Org 1 [a]	–
8		–	–	P III	CS IV
9	wasserhemmend	P I	CS I	P I	CS I
10		–	–	P I	CS I
11 a		–	–	P II	CS II
11 b		–	–	P II	CS III
12 a		P II	CS II	P I	CS I
12 b		P II	CS III	P I	CS I
13 a		P II	CS II	P II	CS II
13 b		P II	CS III	P II	CS II
13 c		P II	CS III	P II	CS III
14		P II	CS III	P Org 1	–
15		–	–	P Org 1 [a]	–
16		–	–	P III	CS IV
17	wasserabweisend	P I	CS I	P I	CS I
18 a		P II	CS II	P I	CS I
18 b		P II	CS III	P I	CS I
19		–	–	P I	CS I
20 a		–	–	P II	CS II
20 b		–	–	P II	CS III
21 a		P II	CS II	P II	CS II
21 b		P II	CS III	P II	CS II
21 c		P II	CS III	P II	CS III
22		P II	CS III	P Org 1	–
23		–	–	P Org 1 [a]	–
24		–	–	P III	CS IV
25	Kellerwandaußenputz	–	–	P III [b]	CS IV
26	Außensockelputz	–	–	P III [b]	CS IV
27		P III	CS IV	P III [b]	CS IV
28		P III	CS IV	P II [b]	CS III
29		P II	CS III	P II [b]	CS II [c]
30 [d]		P II	CS II [c]	P II [b]	CS II [c]

a Nur bei Beton mit geschlossenem Gefüge als Putzgrund.
b Ein Sockelputz sowie ein Kellerwandaußenputz ist im erdberührten Bereich immer abzudichten. Der Putz dient als Träger der vertikalen Abdichtung.
c > 2,5 N/mm2
d Gilt nur für Sanierputze.

4.11.4 Anforderungen an Außenputze

Neben den allgemeinen Forderungen haben Putze für besondere Anwendungszwecke zusätzliche Forderungen zu erfüllen.

Witterungsbeständigkeit

Außenputze müssen witterungsbeständig sein, das heißt, sie sind so zusammenzusetzen, dass sie der Einwirkung von Feuchtigkeit, Frost und Hitze widerstehen können. Nach DIN 18550-1 gelten solche Putzsysteme als witterungsbeständig, die nach Tabelle **4.**71 aufgebaut sind.

Regenschutz

Mit zu den wichtigsten Anforderungen, die Außenputze zu erfüllen haben, gehört der Regen-, insbesondere der Schlagregenschutz. Nach den Beanspruchungsgruppen (siehe Abschnitt 4.10) wird unterschieden zwischen wasserhemmenden und wasserabweisenden Putzsystemen.

Als Wasser hemmend gelten Putzsysteme, wenn sie nach Tabelle **4.**71, Zeilen 9 bis 16, aufgebaut sind, wobei mitunter hydrophobierende Zusatzmittel zu verwenden sind.

Als Wasser abweisend gelten Putzsysteme, wenn sie nach Tabelle **4.**71, Zeilen 17 bis 24, aufgebaut sind, wobei mitunter hydrophobierende Zusatzmittel zu verwenden sind.

Kellerwandaußenputz

Kellerwandaußenputze oder Sperrputze, auf die Beschichtungen aufgebracht werden (z. B. bituminöse Anstriche, Spachtelmassen oder Bahnen), sind aus Zementmörtel (Tab. **4.**71, Zeile 25) hergestellt. Eine abdichtende Wirkung wird auch durch Zugabe eines Dichtungsmittels erzielt. Zu achten ist auf eine sehr sorgfältige Zusammensetzung des Kornaufbaus, um ein möglichst dichtes Gefüge zu erreichen. Als Träger von Beschichtungen müssen Kellerwandaußenputze mit Mörteln der Kategorie CS IV nach DIN EN 998-1 hergestellt werden (Tabelle 4.71, Zeile 25). Bei Steinfestigkeitsklassen ≤ 6 sollte die Druckfestigkeit des Putzes nicht über 10 N/mm^2 liegen. Durch den relativ hohen Anteil an Fein- und Feinstkörnung neigen Sperrputze zur Rissebildung. Um diesen entgegenzuwirken, sollte der Putzauftrag nur in dünnen Schichten erfolgen, eventuell mehrlagig. Bei mehrlagigen Putzschichten müssen die Standzeiten unbedingt eingehalten werden. Grundsätzlich empfiehlt es sich, um eine gute Haftung mit dem Untergrund sicher zu stellen, einen Spritzbewurf aufzubringen.

Bild 4.72 Kellerwandaußenputz mit Dickbeschichtung

Außensockelputz

Die besondere Lage von Außensockelputzen erfordert Putze, die fest (bei mineralischen Bindemitteln mindestens 10 N/mm^2), gering wassersaugend und witterungsbeständig sind. Putzsysteme nach Tabelle **4.**71, Zeilen 26 bis 30, erfüllen diese Anforderungen. Sockelputze dürfen zum Erdreich keinen Kontakt haben. Durch Dränplatten, Kiesschichten usw. ist eine Trennung vorzunehmen (Bild **4.**73). Im zu verputzenden Sockelbereich vorhandene Verschmutzungen oder zu hoch aufgetragene Bitumenanstriche sind vollständig zu beseitigen. Auf den vorbereiteten Putzgrund wird dann ein vollflächiger Spritzbewurf aus reinem Zementmörtel aufgebracht. Nach ausreichend

Bild 4.73 Außensockelputz

langer Standzeit kann der Unterputz aufgebracht werden. Außensockelputze auf Mauerwerk aus Steinen der Druckfestigkeitsklasse # 8 sollen aus Mörteln der Kategorie CS III nach DIN EN 998-1 hergestellt werden und Wasser abweisend sein. Auf den aufgerauten Unterputz kann ein Zementmörtel oder auch ein Kunstharzputz (P Org 1) als Oberputz Verwendung finden.

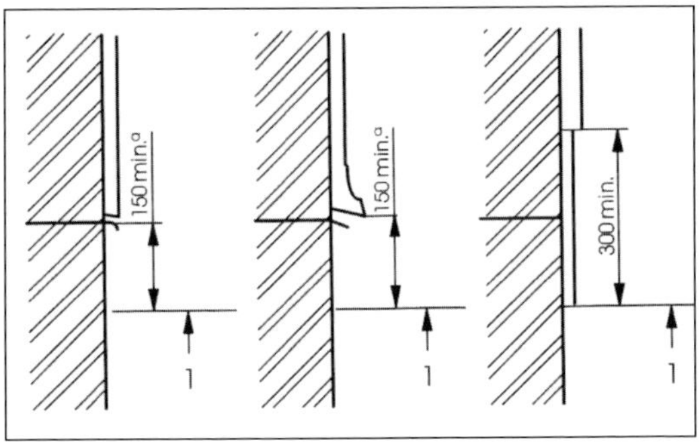

Bild 4.74 Sockelausbildung
1 Geländeoberfläche
a Mindestabstand abhängig von klimatischen Bedingungen

Sockelputze sollten grundsätzlich hinter dem Wandputz zurückspringen, können auch bündig mit diesem liegen, dürfen aber keinesfalls vorstehen (Bild **4**.74). Der Wandputz ist vom Sockelputz durch ein Sockelabschlussprofil bzw. eine Putztrennleiste abzusetzen. Der Sockelputz sollte > 30 cm über das Erdreich hochgeführt werden (Bild **3**.61).

Bild **4**.75 zeigt beispielhaft die Sockelausbildung nach DIN EN 13914-1. Weiterführende Informationen zur Sockelausbildung stehen im Merkblatt „Fassadensockel/Außenanlage".

Neben den allgemeinen Anforderungen gelten für Außenputze je nach Anwendungsgebiet zusätzliche Anforderungen, wie z. B. Witterungsbeständigkeit, Frostbeständigkeit, wasserabweisend bzw. wasserhemmend, wasserdampfdurchlässig, gering wassersaugend und erhöhte Festigkeit.

4.11.5 Ausführungshinweise für Außenputze

Sanierputz

Es handelt sich hierbei um mineralische Werktrockenmörtel nach DIN 18575 zur Herstellung von Putzen mit hoher Porosität und Wasserdampfdurchlässigkeit bei gleichzeitig erheblich verminderter kapillarer Leitfähigkeit. Sanierputze (Kurzzeichen R nach DIN EN 998-1) weisen eine besondere Beständigkeit gegen bauschädliche Salze auf. Die Wirkungsweise (Bild **4**.76) beruht auf der Lage der Verdunstungszone. Diese befindet sich im Gegensatz zu herkömmlichen Putzen – wo sie an der Putzoberfläche liegt – bei Sanierputzen innerhalb der Putzschicht. Da Wasserdampf keine Salze transportieren kann, verbleibt das Salz im Putz. Der hohe Porenanteil (30 bis 40 Vol.-%) wird dazu genutzt, die auskristallisierten Salze abzulegen (bei einer Putzdicke von etwa 20 mm können bis zu 5 kg Salz pro m^2 angelagert werden). Der Wissenschaftlich-Technische Arbeitskreis für Denkmalpflege und Bauwerksanierung (WTA) stellt folgende Anforderungen an Sanierputze:

- Luftporengehalt des Frischmörtels > 25 Vol.-%,
- Wasserdampfdiffusionswiderstand < 12,
- kapillare Wasseraufnahme (Wassereindringtiefe) nach 24 Stunden 3 bis 7 mm,
- Druckfestigkeit nach 28 Tagen < 6 N/mm^2,
- Verhältnis Druck- zu Biegezugfestigkeit nach 28 Tagen < 3,0,
- Frost und Salzbeständigkeit.

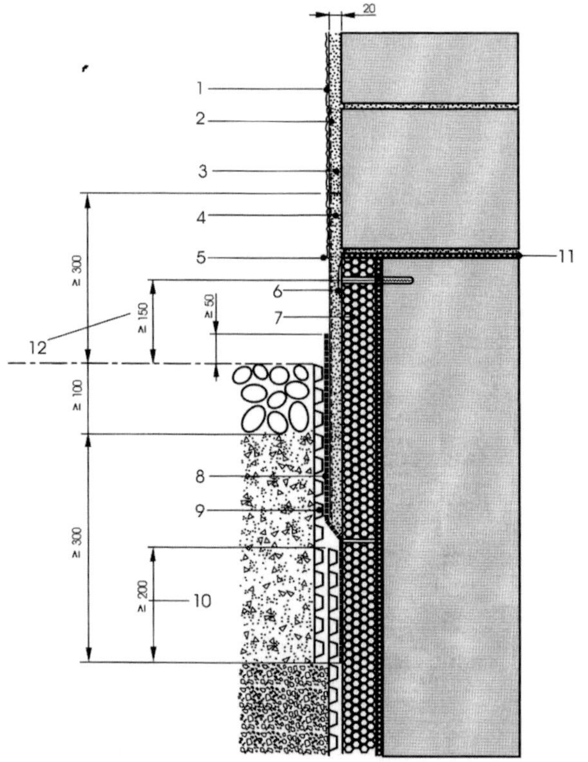

Legende

1 Oberputz
2 Putzträger oder Armierung
3 Unterputz
4 Spezieller Sockelputz (siehe 6.16.9)
5 Abschluss des Oberputzes
6 Spezielle Vorbehandlung (siehe Tabelle 4, Punkt m)
7 Dämmplatte
8 Abdichtung
9 Schutzlage gegen mechanische Beschädigung
10 Überlappen von zwei Schutzlagen
11 Horizontalsperre
12 Abstand der Befestigungen über dem Gelände

Bild 4.75 Beispiel für die Sockelausbildung nach DIN EN 13914-1

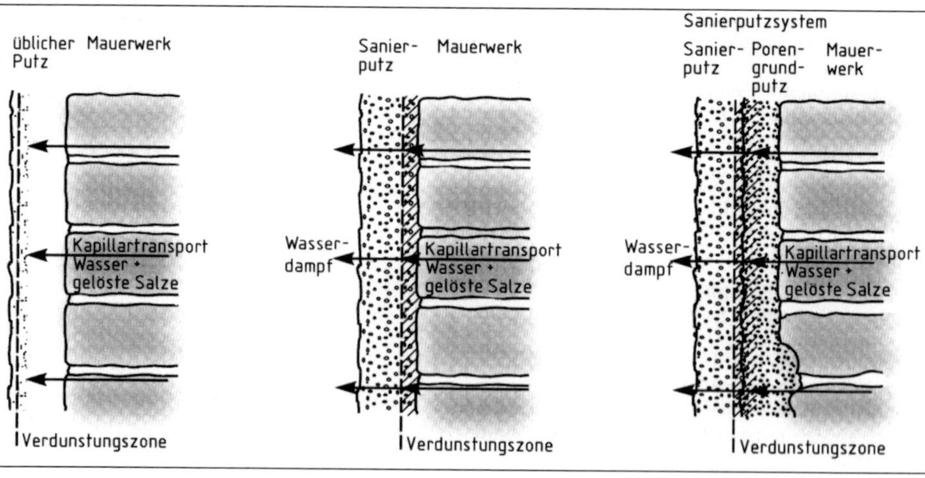

Bild 4.76 Wirkungsprinzip von Sanierputz

Durch Sanierputze wird demnach vermieden, dass die im Mauerwerk enthaltenen Salze infolge kapillar wandernder Feuchtigkeit im Bereich der Putzoberfläche abgelagert werden und dort durch Volumenvergrößerung bei der Kristallisation zerstörend wirken.

Bei Sanierputzsystemen handelt es sich um mehrere Komponenten, deren bauphysikalische und bauchemischen Eigenschaften aufeinander abgestimmt sind. Das hat zur Folge, dass nur Komponenten eines Systemherstellers zur Anwendung gelangen dürfen. Solche Systeme bestehen aus vier Komponenten:

- dem Spritzbewurf,
- dem Grundputz (Porengrundputz) oder Ausgleichsputz,
- dem Oberputz (dem eigentlichen Sanierputz) und dem
- Deckputz bzw. einem Anstrich.

Bei Sanierungsmaßnahmen ist zunächst der alte Putz vollständig bis etwa 1,00 m über den geschädigten Bereich abzuschlagen und sofort zu beseitigen. Nicht ausreichend fester Fugenmörtel ist etwa 2 cm tief auszukratzen. Schadhafte Steine sind durch neue gleicher Beschaffenheit zu ersetzen. Auf den vorbereiteten Putzgrund wird ein netzförmiger Spritzbewurf aufgebracht. Nach dem Aushärten des Spritzbewurfs wird ein mind. 10 mm dicker Grundputz (Porengrundputz) aufgetragen. Dieser dient zum einen als Ausgleichsschicht bei unebenem Mauerwerk, zum anderen aber auch als Pufferschicht. Er verhindert das Einwandern von schädlichen Salzen in der Abbinde- und Erhärtungsphase des nachfolgend aufzubringenden Sanierputzes (das früher übliche Umwandeln von leichtlöslichen Salzen in schwerlösliche Salze durch das Aufbringen einer Bleisalzlösung ist wegen der Giftigkeit und der Umweltbelastung nicht mehr zu empfehlen). Grundsätzlich ist darauf zu achten, dass die angegebenen Herstellerangaben bezüglich der Standzeiten eingehalten werden (*Richtwert:* pro Millimeter Putzdicke einen Tag). Auf den gründlich aufgerauten Grundputz wird der Sanierputz in einer Mindestdicke von 20 mm aufgetragen. Grundputz und Sanierputz können sowohl von Hand als auch maschinell verarbeitet werden. Nachfolgend aufgebrachte Oberputze bzw. Anstriche müssen sehr gut wasserdampfdurchlässig und im Außenbereich auch Wasser abweisend sein. Aufgrund der langsamen Erhärtungszunahme, insbesondere bei Sanierputzen auf Kalkbasis, ist bei trockener warmer Witterung eine Nachbehandlung erforderlich, um zu schnellen Wasserentzug zu verhindern. In Räumen mit sehr hoher Luftfeuchtigkeit (z. B. schlecht belüfteten Kellerräumen) kann Sanierputz nicht austrocknen. Salze können dadurch in den gesamten Putzquerschnitt eindringen und den Erfolg in Frage stellen. Durch Aufstellen von Raumtrocknern sind für einige Tage entsprechende Trocknungsbedingungen zu schaffen.

> Durch die besonderen Eigenschaften des Sanierputzes wird die Verdunstungszone von der Putzoberfläche in den Putzquerschnitt verlegt. Durchfeuchtungen im Putzbereich und Ausblühungen auf der Putzoberfläche werden dadurch verhindert.

Leichtputz

Durch die Verwendung von immer leichteren, großformatigen, hoch wärmedämmenden Steinen (Leichtlochziegel, Porenbetonsteine usw.), mit einem geringen E-Modul und niedriger Steinfestigkeit wurde es notwendig, spezielle Leichtputze zu entwickeln, die in ihrem Festigkeitsverhalten auf diese Untergründe abgestimmt sind. Mit herkömmlichen Putzen wurde gegen die Putzregel – nie hart auf weich zu putzen – verstoßen. Die Folge waren Ablöseerscheinungen. Mit DIN 18550-4 (Entwurf März 91) ist man diesen Problemen entgegengetreten und hat folgende Anforderungen an Leichtputze aufgestellt:

- Leichtputze (Kurzzeichen LW) sind Werktrockenmörtel nach DIN V 18550,
- die Druckfestigkeit beträgt > 2,5 N/mm^2 bis 5,0 N/mm^2, CS I bzw. CS II,
- das Putzsystem muss Wasser abweisend sein,
- die Rohdichte des Festmörtels beträgt ≥ 0,6 kg/dm^3 bis ≤ 1,3 kg/dm^3,
- Baustoffklasse A1,
- mittlere Dicke von Putzsystemen außen 20 mm (Mindestdicke 15 mm),
- mittlere Dicke als Unterputz außen 15 mm.

Tabelle 4.77 Putzsysteme für Außenputze mit Leichtputz

Anforderung bzw. Putzsystem	Unterputz Leichtputzmörtel entsprechend Mörtelgruppe	Druckfestigkeits-kategorie des Unterputzes nach DIN EN 998-1	Oberputz [a] entsprechend Mörtelgruppe	Druckfestigkeits-kategorie des Oberputzes nach DIN EN 998-1
Wasser abweisend	–	–	P I	CS I
	–	–	P II	CS II
	P II	CS II	P I	CS I
	P II	CS II	P II	CS II
	P II	CS III	P II	CS I/CS III [b]

a Leichtputze mit organischem Zuschlag mit porigem Gefüge sind außen nur als Unterputz zu verwenden.
b Wird ein Leichtputz als Sockelputz verwendet, ist er im erdberührtem Bereich immer zusätzlich abzudichten.

Die Anforderungen gelten als erfüllt, wenn Putzsysteme entsprechend Tabelle **4.**77 Verwendung finden.

In den „Leitlinien für das Verputzen von Mauerwerk und Beton“ geht man einen Schritt weiter. Es wird unterschieden zwischen Leichtputzen Typ I und Typ II (Tabelle T 15 im Anhang). Leichtmörtel Typ I umfasst die Rohdichteklassen 1.000 bis 1.300 kg/m^3. Der Typ II solche mit einer Rohdichte < 1.000 kg/m^3. Sie entsprechen den extrem leichten Wandbaustoffen mit einer Wärmeleitfähigkeit von 0,14 bis 0,18 W/m·K. Diese Mörtel werden angeboten als Superleichtputz, Ultraleichtputz oder Faserleichtputz. Bezüglich Elastizität und Schwindneigung sind sie optimiert worden. Sie weisen ein sehr günstiges Verhältnis E-Modul Putz / E-Modul Untergrund auf. Die Abstimmung auf die hoch wärmedämmenden Wandbaustoffe ist also optimal.

Leichtputze bestehen aus mineralischen, anorganischen und im begrenzten Maße aus organischen Leichtzuschlägen mit porigem Gefüge, sowie Luftporenbildern. Dies führt zu einer Reduzierung des Putzgewichtes und der Druckfestigkeit und damit auch zur Verringerung des E-Moduls.

Der Aufbau des Putzes ist abhängig von den Anforderungen, die an den Putz gestellt werden und von der Beschaffenheit des Putzgrundes. Es können universell einsetzbare Leichtputze oder Leichtputz-Systeme verarbeitet werden. Bei Leichtputz-Systemen gilt es zu beachten, dass nur komplette Systeme (Unterputz und Oberputz) zu Anwendung kommen dürfen. Diese müssen in ihren mechanischen und bauphysikalischen Eigenschaften aufeinander abgestimmt sein.

Ein Spritzbewurf ist grundsätzlich nicht erforderlich, wegen der erheblichen Unterschiede bezüglich Festigkeit und E-Modul zwischen Untergrund und Leichtputz eher schädlich. Bei vorhandenem Mischmauerwerk (ungleich saugender Putzgrund) empfiehlt es sich deshalb, den Unterputz in zwei Arbeitsgängen nass in nass aufzubringen, sonst erfolgt der Putzauftrag in einem Arbeitsgang. Ist eine Putzarmierung erforderlich, wird diese nach dem Ansteifen des Unterputzes in den Mörtel eingebettet. Auf den aufgerauten Unterputz wird nach ausreichend langer Standzeit der Oberputz aufgebracht. Dieser darf keinesfalls eine höhere Festigkeit aufweisen als der Unterputz. Die Schichtdicke muss – zur Vermeidung unterschiedlicher Spannungen – an allen Stellen gleichmäßig sein.

Der Oberputz ist Wasser abweisend auszuführen und muss gut wasserdampfdurchlässig sein. Es darf demnach auf Leicht-Unterputzen im Außenbereich kein Kunstharzputz aufgetragen werden.

> Leichtputze bestehen aus mineralischen, anorganischen und im begrenzten Maße aus organischen Leichtzuschlägen mit porigem Gefüge, sowie Luftporenbildern. Dies führt zu einer Reduzierung des Putzgewichtes und der Druckfestigkeit und damit auch zur Verringerung des E-Moduls.

Wärmedämmputz

Putze, die eine Wärmeleitfähigkeit von $\lambda \leq 0{,}20$ W/mK aufweisen, werden als Wärmedämmputze bezeichnet. Diese Anforderung gilt als erfüllt, wenn die Trockenrohdichte des erhärteten Mörtels $\delta \leq 600$ kg/m³ beträgt. Die Gesteinskörnungen weisen sich aus, durch eine porige Struktur und eine niedrige Rohdichte. Dies können sein:

- organische Beimengungen wie expandiertes Polystyrol,
- mineralische Gesteinskörnungen wie Blähton, -schiefer, -glimmer oder
- eine Kombination aus organischen und mineralischen Gesteinskörnungen.

DIN EN 98-1 unterscheidet bei Wärmedämmputzen die Wärmeleitfähigkeitsgruppen:

- T 1 mit $\leq$ 0,1 W/(m·K) und
- T 2 mit $\leq$ 0,2 W/(m·K).

Als Bemessungswerte deklariert DIN V 1850 für:

- T 1 mit λ = 0,12 W/(m·K) und
- T 2 mit λ = 0,24 W/(m·K).

Die kapillare Wasseraufnahme ist der Kategorie w 1 zugeordnet, der Koeffizient des Wasserdampfdurchlässigkeit (μ) beträgt $\leq$ 15.

Bedingt durch den wesentlich leichteren Mörtel, Putzschichtdicken zwischen 30 bis 100 mm und der höheren Festigkeit des Oberputzes gegenüber dem wärmedämmenden Unterputz unterscheiden sich Wärmedämmputze in der Zusammensetzung, ihrem physikalischen Verhalten und der Verarbeitung von den üblichen Außenputzen. Wärmedämmputze werden als Werktrockenmörtel hergestellt. Wegen der geringen Druckfestigkeit des Unterputzes hat der Oberputz auch die Aufgabe, diesen vor mechanischen Belastungen zu schützen. Der Oberputz ist unbedingt Wasser abweisend auszuführen. Besondere Sorgfalt ist beim Mischen des Wärmedämmputzes angebracht, da, bedingt durch die extrem unterschiedliche Rohdichte zwischen den Polystyrolschaumkügelchen und dem Bindemittel (Zement), die leichteren PS-Hartschaumkügelchen gerne aufschwimmen und somit nicht ausreichend mit Bindemittel umhüllt werden. Die Mischanweisungen des Herstellers sind deshalb unbedingt zu beachten.

Bei Wärmedämmputzsystemen nach DIN 18550 handelt es sich um ein Putzsystem aus aufeinander abgestimmten, wärmedämmenden Unterputz und Wasser abweisendem Oberputz aus Werktrockenmörtel. Als Bindemittel können Zement, Kalk und Mischbinder verwendet werden. Der Unterputz enthält mindestens 75 Vol.-% expandiertes Polystyrol als Zuschlag. Die Rohdichte des Festmörtels beträgt mindestens 0,20 kg/dm³, die Druckfestigkeit entspricht der Festigkeitskategorie CS I (0,4 bis 2,5 N/mm²). Der Unterputz ist Wasser hemmend herzustellen. Der Oberputz besteht aus mineralischem Zuschlag und mineralischem Bindemittel. Wärmedämmputze werden entsprechend der Druckfestigkeitskategorie CS I bis CS II hergestellt. Er ist Wasser abweisend herzustellen.

Im Normalfall ist ein Spritzbewurf nicht erforderlich, es sei denn, es handelt sich um unterschiedlich saugenden Untergrund. Hier ist ein volldeckender Spritzbewurf vorzusehen. Bei Gefahr von Rissbildung ist eine Putzarmierung in die obere Zone des Dämmputzes einzubetten. Bei Holzwolle-Leichtbauplatten ist ein Putzträger erforderlich (s. Abschn. 4.7). Der Wärmedämmputz wird in einem Arbeitsgang bis zu 60 mm dick aufgetragen und eben abgezogen. Eine weitere Bearbeitung erfolgt nicht. Ist ein dickerer Putzauftrag notwendig, kann nach ausreichend langer Standzeit (*Richtwert:* 1 Tag pro cm Putzdicke) eine weitere Lage aufgebracht werden. Zur Reduzierung von Spannungen sollte der Oberputz in einem hellen Farbton ausgeführt werden (Bild **4.**64). Die diversen Putzprofile erleichtern das Herstellen einer gleichmäßig dicken Putzschicht und tragen wesentlich zum Schutz der Putzkanten bei.

Wärmedämm-Verbundsystem

DIN V 18559 beschreibt Wärmedämm-Verbundsysteme (WDVS) als ein System zur Wärmedämmung aus Dämmstoffen und Beschichtungen, von denen mindestens eine armiert ist. Wärmedämm-Verbundsysteme bestehen aus mindestens 3 Schichten (Bild **4.**78):

- der Wärmedämmschicht,
- der armierten Beschichtung,
- der Schlussbeschichtung (Deckputz).

Die diversen Systeme unterscheiden sich hinsichtlich der verwendeten Dämmstoffe (Polystyrolhartschaum, Polyurethan-Hartschaum, Mineralfaserdämmstoffe, expandierter Kork), der Befestigungsart (Verklebung, Verdübelung, Verklebung + Verdübelung, Befestigung auf Schienen) und der Schlussbeschichtung (Kunstharzputz, Silikatputz, mineralischer Putz, Verblender). Wichtig ist, dass nur komplette Systeme eines Herstellers zur Anwendung kommen. Dabei sind die Verarbeitungsvorschriften unbedingt zu beachten.

Der Herstellungsablauf kann in folgende Schritte gegliedert werden:

- Untergrundvorbereitung
- Montage der Sockelschienen
- Befestigung der Dämmplatten
- Aufbringen der Armierungsschicht
- eventueller Zwischenanstrich
- Aufbringen der Schlussbeschichtung.

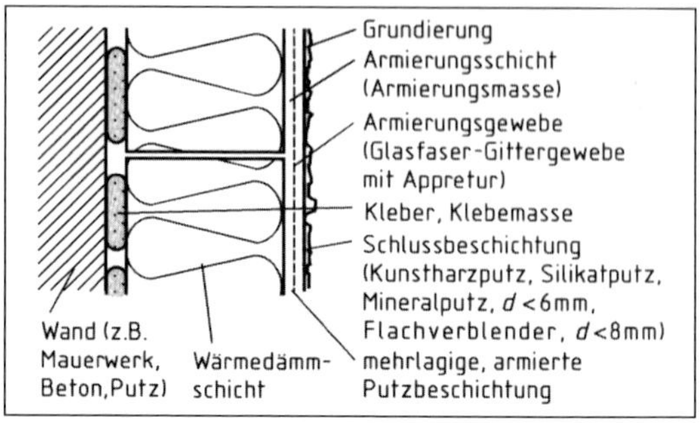

Bild 4.78 Aufbau eines Wärmedämm-Verbundsystems

Tabelle 4.79 Nachweis der Standsicherheit von Wärmedämm-Verbundsystemen [26]

1 **Gebäude mit Höhen < 8 m**	2 **Gebäude mit Höhen > 8 bis 20 m**	3	4 **Gebäude mit Höhen > 20 m**
ohne Nachweis	Variante 1 vereinfachter Nachweis ohne rechnerischen Nachweis	Variante 2 rechnerischer Nachweis	rechnerischer Nachweis
Für Gebäude mit Höhen < 8 m bzw. Wohngebäude bis zu 2 Vollgeschossen sind keine Nachweise für die Standsicherheit des WDVS vorzulegen.	Werden die vorgegebenen Anforderungen [1]) an – Verankerungsgrund – Kleber Mineralfaser-Dämmstoff – Dübel – Bewehrungsgewebe – Putzsystem erfüllt, braucht kein rechnerischer Nachweis geführt zu werden. Die Erfüllung der Anforderungen an das Putzsystem ist durch Gutachten zu belegen [2]).	Alternativ *kann* auch ein rechnerischer Standsicherheitsnachweis geführt werden. Die dem Standsicherheitsnachweis zugrunde zu legenden Materialeigenschaften sowie die vorgeschriebenen Bauteilversuche sind durch gutachterliche Äußerung zu belegen [2]).	Es *muss* ein rechnerischer Standsicherheitsnachweis geführt werden. Die dem Standsicherheitsnachweis zugrunde zu legenden Materialeigenschaften sowie die vorgeschriebenen Bauteilversuche sind durch gutachterliche Äußerung zu belegen [2]).
Je nach Erfordernis Verdübelung gemäß Ausschreibung bzw. Herstellerangabe	Ab Sockelkante sind je m^2 Wandfläche mind. 4 Dübel (durch das Gewebe) bzw. 5 Dübel (unter dem Gewebe) anzuordnen. Im Randbereich sind 8 bzw. 12 Dübel zu verwenden.	Unabhängig von den Materialeigenschaften und dem rechnerischen Ergebnis des Standsicherheitsnachweises darf die Mindestanzahl von 4 Dübeln/m^2 (durch das Gewebe gedübelt) nicht unterschritten werden. Die erforderliche Dübelanzahl im Randbereich richtet sich nach dem Ergebnis des Standsicherheitsnachweises.	

[1]) Für den vereinfachten Nachweis an Gebäuden mit Höhen < 20 m gibt die IfBt-Regelung [26] spezielle Parameter vor, die auf Basis wissenschaftlicher Untersuchungen festgelegt wurden.

[2]) Für entsprechende Gutachten und Untersuchungen sind autorisiert:
- Universität Dortmund, Institut für Beton und Stahlbetonbau
- Technische Universität Berlin, Institut für Baukonstruktion und Festigkeit.

Hinweis zu Tabelle 4.79:

Für WDVS mit Hartschaum-Dämmstoffen nach DIN 18164-1 und Eigenlasten bis 0,1 kN/m^2 darf auf zusätzliche Befestigung von Dübeln verzichtet werden, wenn eine Haftfestigkeit des Systems am Untergrund von mindestens 0,1 kN/m^2 (auch im durchfeuchteten Zustand) nachgewiesen wird.

Für WDVS, die nur mit Dübeln oder durch Schienen befestigt sind, d.h. ohne Verklebung mit dem Verankerungsgrund, gelten die vorgenannten Regelungen nicht, da hierfür bisher keine ausreichenden allgemeingültigen Erkenntnisse vorliegen.

systemzugehörigen Verbindungsstücken zu verbinden, an Gebäudeecken sind sie überlappend oder mit Gehrungsschnitt auszuführen.

Befestigung. Aufgabe des Klebers ist es, die Dämmplatten mit dem Untergrund kraftschlüssig zu verbinden. Dazu ist es bei stark saugenden Untergründen notwendig – insbesondere in der warmen Jahreszeit – mit einer Aufbrennsperre das Aufbrennen des Klebers zu verhindern. Als Klebstoffe kommen zur Anwendung:

- Kunststoffdispersionskleber, gefüllt, ohne weiteren Zusätze zu verarbeiten
- Kunststoffdispersionskleber, gefüllt, dem unmittelbar vor der Verarbeitung Zement zugegeben wird
- Kunststoffdispersionskleber mit Zement und Quarzsand als Baustellenmischung
- Reaktionsklebstoffe, ohne weitere Zusätze
- Klebemasse als Trockenmischung aus Zement, Quarzsand unter Zusatz von Kunststoffdispersionen
- Klebemassen in Pulverform, werkseitig gemischt, aus Quarzsand, Zement unter Zusatz eines Kunststoff-Dispersionspulvers.

Da der Kleber das wesentliche Bindeglied zwischen Dämmplatte und Untergrund darstellt, werden an ihn die folgenden Anforderungen gestellt: geringe Schwindneigung, hohe Haftzugfestigkeit, elastisch, gut haftend, wasserbeständig, alkalibeständig.

Bei bedenklichen Untergründen (alte Anstriche, Kunstharzputze, nicht ausreichend tragfähige Putze usw.) ist eine zusätzliche Verdübelung erforderlich. Eine Verdübelung ist auch grundsätzlich bei der Verwendung von Mineralfaserplatten erforderlich. Unter Umständen ist ein Nachweis der Standfestigkeit zu erbringen. Maßgebend sind hier die Regelungen zum Nachweis der Standsicherheit von WDV-Systemen, die das Institut für Bautechnik in Berlin (IfBt) herausgegeben hat (Tab. **4.**79). Um ein Verziehen oder Verrutschen der Dämmplatten zu vermeiden, darf die Verdübelung frühestens 1 Tag nach dem Verkleben erfolgen. Die Anordnung der Dübel erfolgt entsprechend den Herstellerangaben. Üblicherweise werden die Platten jeweils an den Plattenecken und zweimal in der Plattenmitte befestigt (Bild **4.**80a). Sollte nur ein Hausgiebel gedämmt werden, ist auch bei tragfähigem Untergrund eine Dübelreihe am seitlichen Abschluss vorzusehen (Bild **4.**80b).

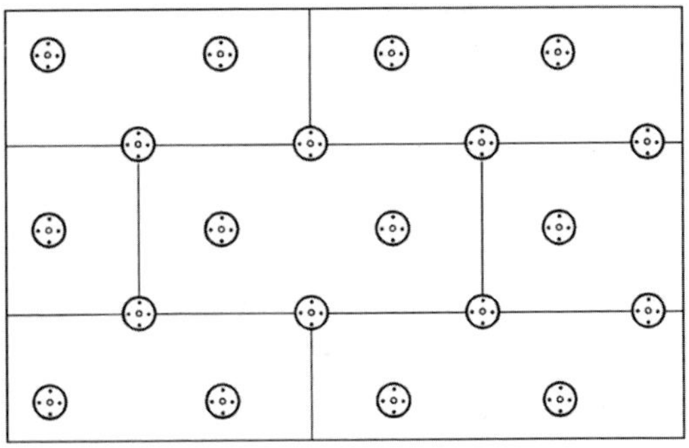

a)

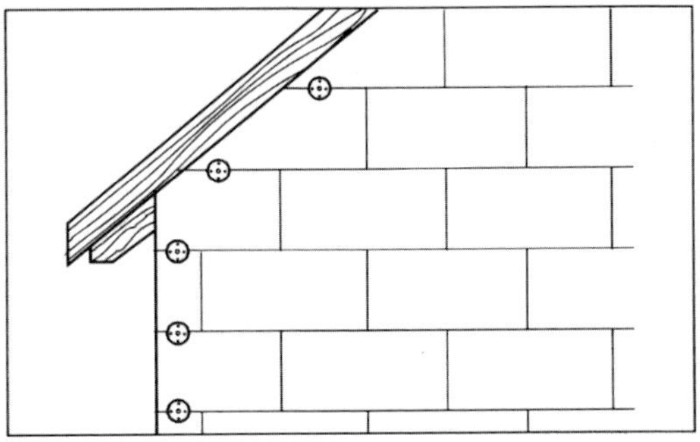

b)

Bild 4.80 a) Dübelschema für Dämmsysteme unter 0,1 kN/m^2
b) Wird nur ein Hausgiebel gedämmt, erfolgt die Befestigung auch bei festem Untergrund am seitlichen Abschluss mit Dübel

Die Dämmplatten können auch auf Hart-PVC-Schienen angebracht werden. Dieses Verfahren empfiehlt sich insbesondere bei Altbauten, speziell zur Montage auf nicht tragfähigem Untergrund. Ein Abschlagen des alten Putzes ist dabei nicht unbedingt notwendig. Die Dämmplatten werden hier mit ihrer umlaufenden Nut in die Schienen eingeschoben, die mit dem tragfähigen Mauerwerk fest verdübelt sind.

Verlegen der Dämmplatten. Der Kleber wird umlaufend auf der Plattenrückseite in einem etwa 5 cm breiten Streifen und 3 zusätzlichen, handtellergroßen Batzen im mittleren Plattenbereich aufgebracht („Wulst-Punkt-Methode"). Die Klebermenge richtet sich nach der Beschaffenheit des Untergrundes, da der Kleber im begrenzten Maße zum Ausgleich von Unebenheiten genutzt werden kann. Die Platten werden dann im Verband von unten nach oben verlegt, dicht gestoßen und sorgfältig angedrückt. Die Platten müssen fest an der vorderen Aufkantung der Sockelschiene anliegen (Bild **4.**81). Das fluchtgerechte Ausrichten erfolgt mit einem Richtscheit.

Ein eventueller Höhenversatz muss gegebenenfalls nachgeschliffen werden. Plattenzuschnitte erfolgen mit einem feinzahnigen Fuchsschwanz. Die Schnitte sollten grundsätzlich mit einer Anschlagschiene ausgeführt werden. Eine korrekte Eckausbildung wird erleichtert, wenn eine der beiden Randdämmplatten geringfügig über die Ecke hinausragt und die andere Platte dagegen gestoßen wird. Mit dem Fuchsschwanz wird dann das überragende Teil sauber abgeschnitten (Bild **4.**82). Im Bereich des Übergangs von 2 verschiedenen Materialien (z. B. Beton/Mauerwerk) sollten die Platten stets übergreifend geklebt werden (Bild **4.**83). Im Bereich von Fensterbrüstungen und Rolladenkästen dürfen die Plattenstöße nicht in der Ecke – den Schwachstellen des Untergrundes – angeordnet, sondern müssen übergreifend ausgebildet werden (Bild **4.**84).

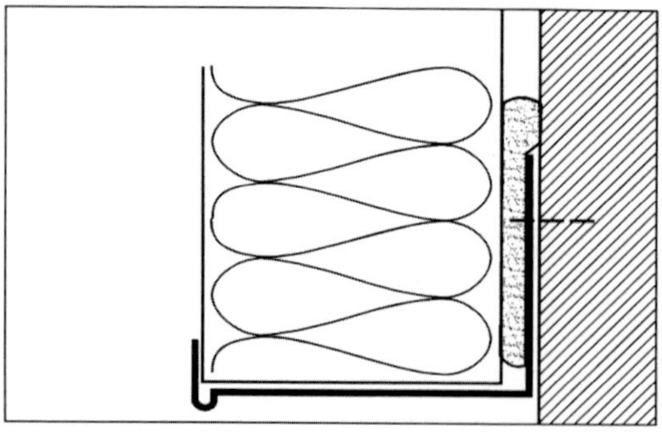

Bild 4.81 Die Dämmplatten müssen am vorderen Schenkel der Sockelschiene anliegen

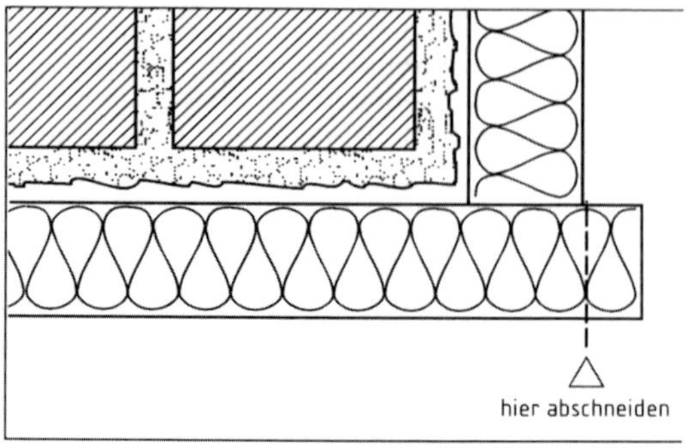

Bild 4.82 Eckausbildung

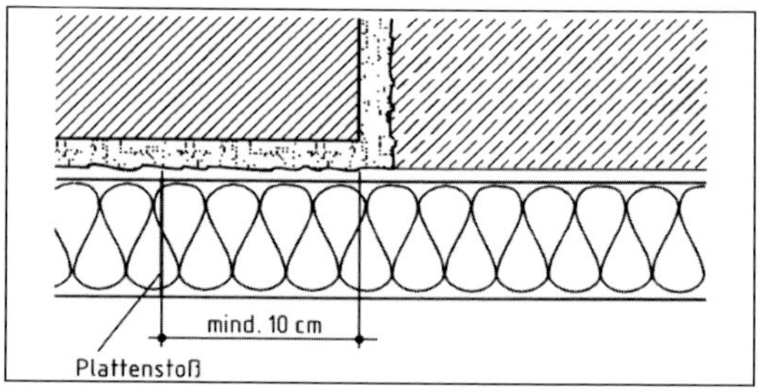

Bild 4.83 Überlappende Plattenverlegung beim Zusammentreffen zweier verschiedener Materialien

Armierungsschicht. Aufgabe dieser Schicht ist es, Schwindkräfte und thermisch bedingte Spannungen aufzunehmen und abzubauen. Auf die Dämmplatten wird die Armierungsmasse – die in der Regel der Klebermasse entspricht – zweilagig „nass in nass“ aufgebracht. Die erste Lage Armierungsmasse wird in Bahnenbreite etwa 3 bis 4 mm dick aufgetragen, in die anschließend das Armierungsgewebe eingebettet wird. Die einzelnen Gewebebahnen werden jeweils etwa 10 cm überlappt. Außenecken und Kanten sind mit einem besonderen Gewebeeckschutz zu sichern. An den Ecken von Öffnungen (Fenster, Türen) sind zusätzliche Gewebestreifen diagonal anzubringen (Bild **4.**85).

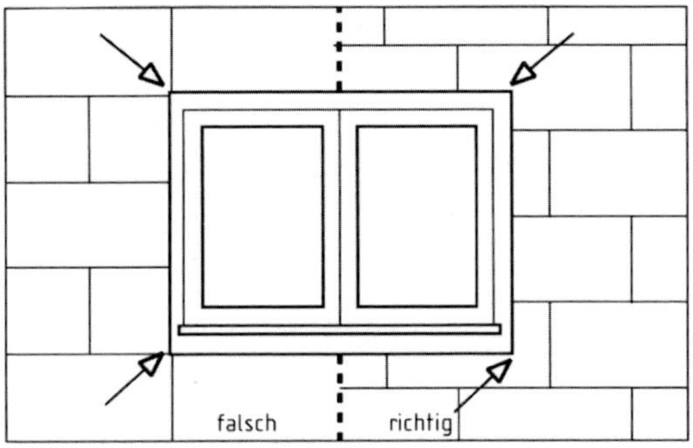

Bild 4.84 Plattenverklebung im Bereich von Fensterbrüstungen und Rolladenkästen

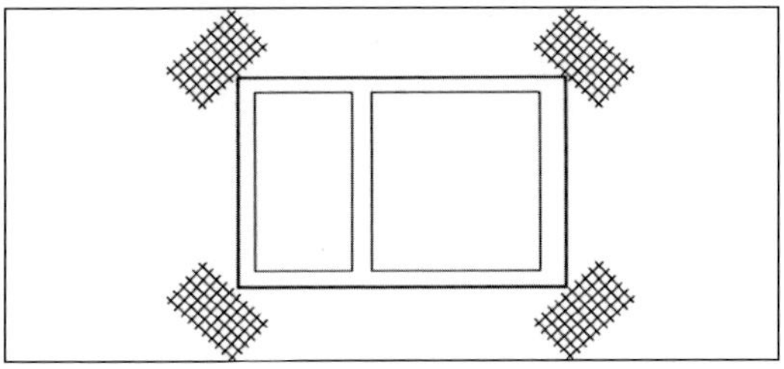

Bild 4.85 Diagonalarmierung an den Öffnungsecken

Nach dem Einbringen des Armierungsgeweges wird „nass in nass" die zweite Lage Spachtelmasse aufgezogen. Dabei ist auf eine vollflächige Überdeckung des Gewebes zu achten. In allen Anschlüssen der Armierungsmasse zu angrenzenden Bauteilen ist ein Kellenschnitt auszuführen, um einem unsauberen Abriss vorzubeugen.

Schlussbeschichtung. Die Schlussbeschichtung kann aufgezogen werden, sobald die Armierungsschicht ausgehärtet ist. Auch hier gilt – wie bei den Wärmedämmputzen – möglichst helle Farbtöne wählen, um zusätzliche thermische Spannungen zu vermeiden. Wie die Ausgleichsschicht ist auch die Schlussbeschichtung besonders diffusionsdurchlässig ausgebildet. Sie ist grundsätzlich wasserabweisend herzustellen.

Besonderer Aufmerksamkeit ist den Anschlüssen an angrenzende Bauteile zu schenken. So weisen die Hersteller von WDV-Systemen insbesondere auf die folgenden Punkte hin: Sockelausbildung, Übergang Fassaden-/Kellerdämmung, Fenster- und Türleibungen, Fensterbankanschlüsse, Rollladenkastenanschlüsse, Dachanschlüsse usw. Informationen zu diesen Punkten sind den jeweiligen Herstellerprospekten zu entnehmen. Bild **4.**86 und Tabelle **4.**87 weisen auf häufige Fehler und deren mögliche Ursachen hin.

> WDV-Systeme werden in erster Linie zur Verbesserung des Wärmeschutzes eingesetzt. Im Fertigteilbau bieten sie aber auch ausgezeichnete rissüberbrückende Eigenschaften. Sie bestehen aus der Wärmedämmschicht, einer armierten Beschichtung und der Schlussbeschichtung, dem Deckputz.

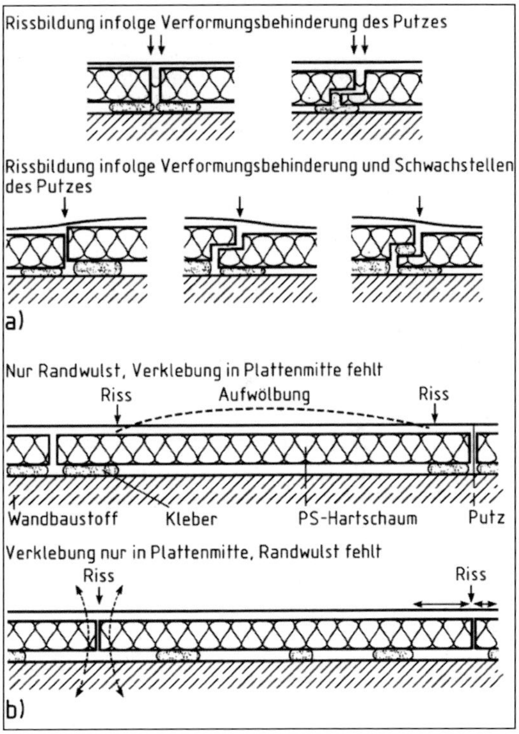

Bild 4.86 Verarbeitungsfehler an WDV-Systemen
a) Verlegemängel,
b) Verklebungsmängel

Kunstharzputze

Werden Kunstharzputze als Außenputz eingesetzt, dürfen nur die dem Beschichtungsstoff-Typ P Org 1 zugeordneten Putze verwendet werden. Diese allein sind ausreichend beständ-

Tabelle 4.87 Verarbeitungsfehler an Wärmedämm-Verbundsystemen

Fehler	Ursache
Witterungsbedingte Fehler	
Verdursten/Aufbrennen der Armierungsschicht/Schlussbeschichtung, Netzrisse	Verarbeitung bei hochsommerlichen Temperaturen
Langsame Erhärtung, Silikatputz verkieselt nicht	Verarbeitung bei niedrigen Temperaturen und hoher Luftfeuchtigkeit, Silikatputze verkieseln unter 8 °C nicht mehr
Putz haftet nicht	Verarbeitung bei Temperatur < 5 °C, gefrorener Untergrund
Oberfläche der Platten durch Sonneneinstrahlung zersetzt, Haftprobleme	PS-Hartschaumplatten zu lange der Witterung ausgesetzt
Verlegefehler (Bild **4.**86)	
durchlaufende Risse im Bereich der Plattenfugen	nicht im Verband verlegt, Kreuzfugen
klaffende Fugen	Klebemörtel zwischen den Dämmplatten
Platten lösen sich	zu wenig Kleber aufgetragen, nicht fest angedrückt
Platten wölben sich auf	fehlende Verklebung in der Plattenmitte, nicht fest angedrückt
Höhenversatz an den Plattenstößen	Kleber ungleichmäßig aufgetragen
Aufschusseln der Platten	es fehlt die randumlaufende Verklebung
Armierungsfehler	
Rissbildung im Putz	Armierung nicht oder nicht ausreichend überlappt
Hohlliegen, Ablösen der Beschichtung, Rissbildungen, Gewebe nimmt keine Spannungen auf	Armierungsgewebe liegt unmittelbar auf den Platten auf, nicht eingebettet
Rissbildungen im Putz	Falten im Armierungsgewebe, Falten wurden aufgeschnitten
Rissbildungen an den Plattenstößen	fehlende Armierung
Lösen der Beschichtung	zweitägige Armierungsschicht nicht nass in nass verarbeitet

dig gegen alkalische Einflüsse, Wasser- und Frosteinwirkung und UV-Strahlung. Kunstharzputze dürfen nur auf erhärtete und lufttrockene mineralische Unterputze aufgebracht werden. Die Wartezeit nach Beendigung der Grundierungsarbeiten ist abhängig von den Witterungsverhältnissen und der Zusammensetzung des mineralischen Putzgrundes. Unter günstigen Voraussetzungen beträgt sie jedoch mindestens 14 Tage. Zu beachten sind auch die Witterungsverhältnisse während des Aufbringens des Beschichtungsstoffes. Dies darf nicht geschehen bei starker Sonneneinstrahlung oder Wind- und Regeneinwirkung. Die Mindestverarbeitungstemperatur beträgt 5 °C. Auf Beton mit geschlossenem Gefüge kann der Beschichtungsstoff unmittelbar aufgebracht werden. Eine vorherige Grundierung ist erforderlich. Grundsätzlich ist – unabhängig ob Putz oder Beton als Untergrund vorliegen – ein Grundanstrich erforderlich. Dieser hat die Aufgabe, ein gleichmäßiges Saugverhalten zu gewährleisten, wodurch auch die Strukturierung wesentlich erleichtert wird.

Der pastöse Beschichtungsstoff wird verarbeitungsfertig angeliefert. Zur Regulierung der Konsistenz kann unter Beachtung der Herstellerangaben ein Verdünner zugegeben werden. Werkzeuge und Geräte zur Verarbeitung sind abhängig von der gewünschten Oberflächenstruktur und dem Aufbringverfahren. Die Schichtdicke richtet sich nach der Oberflächenstruktur und dem Zuschlag-Größtkorn. In der Regel liegen die Schichtdicke zwischen 3 und 10 mm. Wichtig ist, dass der Beschichtungsstoff nass in nass aufgetragen und nach dem Auftrocknen (Hautbildung) nicht mehr bearbeitet wird. Kunstharzputze werden nur als Oberputze ausgeführt. Auf Grund ihrer Zähigkeit und Elastizität eignen sie sich besonders gut zur Endbeschichtung auf WDVS. Sie können sich den thermisch bedingten Formveränderungen der Dämmplatten gut anpassen. In Abhängigkeit vom Beschichtungsstoff, des Auftragverfahrens und der Oberflächenbehandlung werden Kunstharzputze nach Oberflächenstrukturen und -effekten unterschieden in:

Kratzputz-Struktur. Hier ist entscheidend die Korngrößenverteilung; das Strukturkorn ragt aus der Putzfläche heraus; er ergibt sich ein ähnlicher Effekt wie beim mineralischen Kratzputz.

Reibeputz-Struktur. Durch Zugabe von Rundkorn werden beim Reiben des Beschichtungsstoffes in der sonst glatten Beschichtung rillenartige Spuren erzielt.

Rillenputz-Struktur. Ähnlich dem Reibeputz, statt des Rundkorns wird Splitterkorn eingesetzt; die Oberfläche ist weniger glatt.

Spritzputz-Struktur. Maßgebend für diese Struktur ist das variable Zuschlaggemenge und das Auftragverfahren.

Rollputz-Struktur. Der Beschichtungsstoff wird etwa 0,5 bis 3 mm dick aufgetragen und mit einer Rolle strukturiert.

Buntsteinputz. Das Zuschlaggemenge enthält naturfarbene oder gefärbte Materialien in unterschiedlichen Farben und Korngrößen, der Putz trocknet klar auf.

Modellierputz. Ähnlich dem Rollputz, der Beschichtungsstoff wird 0,5 bis 6 mm dick aufgetragen und mit Rolle, Traufel, Schwamm o. Ä. modelliert.

Streichputz. Ähnlich dem Modellierputz, die

Tabelle 4.88 Putzsysteme für Außenwandflächen mit Kunstharzputz als Oberputz nach DIN 18 558

Zeile	Anforderung	Mörtelgruppe für Unterputz	Beschichtungsstoff-Typ für Oberputz [1])
1	ohne bes. Anforderungen	P II	P Org 1
2		–	P Org 1 [1])
3	wasserhemmend	P II	P Org 1
4		–	P Org 1 [1])
5	wasserabweisend	P II	P Org 1
6		–	P Org 1 [1])
7	erhöhte Festigkeit	P II	P Org 1
8		–	P Org 1 [1])
9	Außensockelputz	P III	P Org 1
10		–	P Org 1 [1])

[1]) nur bei Beton als Putzgrund

Tabelle 4.89 Putzsysteme für Außendecken (Untersichten) mit Kunstharzputz als Oberputz nach DIN 18 558

Zeile	Mörtelgruppen bei Decken ohne bzw. mit Putzträger		Beschichtungsstoff-Typ für Oberputz
	Einbettung des Putzträgers	Unterputz	
1	–	P II	P Org 1
2	P II	P II	P Org 1
3	–	P III	P Org 1
4	P III	P III	P Org 1
5	P III	P II	P Org 1
6	–	–	P Org 1 [1])

[1]) nur bei Beton als Putzgrund

Auftragsdicke beträgt 0,5 bis 3 mm, die Beschichtung wird mit einer Bürste bearbeitet.

Anforderungen, die DIN 18558 an Kunstharzputze stellt, sind:

- Wasser abweisend
- Wasserdampfdurchlässigkeit ($w\, s_d \leq 0{,}2$ kg/mh^{0,5}; $w \leq 2{,}0$ m)
- geringe kapillare Leitfähigkeit
- frostbeständig
- alkalibeständig (z. B. Zement aus dem Untergrund)
- ausreichend fest (die Alkalibeständigkeit und die Festigkeit gelten als erfüllt, wenn als Untergrund Beton mit geschlossenem Gefüge oder mineralischer Putz der MG P II oder P III vorhanden sind.
- witterungsbeständig
- UV-beständig

Bei Verwendung von Putzsystemen mit Kunstharzputz als Oberputz gilt, dass die verschiedenen Lagen so aufeinander abgestimmt sind, dass die in den Berührungsflächen auftretenden Schwind- und Temperaturspannungen aufgenommen werden können. Die Anforderungen können als erfüllt angesehen werden, wenn die Putzsysteme nach den Tabellen **4.**88 und **4.**89 aufgebaut sind.

> Kunstharzputze sind organische Putze mit Kunstharz als Bindemittel, mineralischen Zuschlägen, Pigmenten und Zusätzen. Sie zeichnen sich durch gute Haftung und eine zähelastische, rissefreie Oberfläche aus. Außen darf nur der Beschichtungsstofftyp P Org 1 verwendet werden. Kunstharzputze werden nur als Oberputze eingesetzt.

Verputzen von HWL- bzw. ML-Platten

DIN 1102 regelt das Verputzen von Leichtbauplatten. Grundsätzlich ist eine ganzflächige Putzbewehrung (im Innen- und Außenbereich) notwendig. Es bieten sich folgende Möglichkeiten an:

Mineralischer Außenputz auf Leichtbauplatten mit Bewehrung aus geschweißtem und verzinktem Drahtgitter. Hier werden die Leichtbauplatten ganzflächig mit Drahtgitter überzogen (MW 20 × 20, 25 × 25; Stoßüberlappung > 50 mm, Übergreiflänge auf benachbarte Bauteile ≥ 100 mm). Die Befestigung der Bewehrung erfolgt mit verzinkten Haken- oder Breitkopfstiften, kann aber auch durch Einhängen in die Laschen von Spezialdübeln vorgenommen werden. Die Spezialdübel haben den Vorteil, dass sie den notwendigen Abstand zum Putzgrund durch eingebaute Abstandhalter sicherstellen.

Auf die so vorbereitete Fläche wird ein Spritzbewurf (MG PIII, Körnung 0 bis 4 mm) aufgebracht, der das Drahtgitter vollständig umhüllt. Die notwendige Standzeit (bis zu vier Wochen) ist unbedingt einzuhalten, bevor nachfolgende Putzschichten aufgebracht werden können. Es kann Baustellenmörtel verarbeitet werden.

Mineralischer Außenputz auf Leichtbauplatten mit Putzbewehrung aus alkalibeständigem Glasfaser-Armierungsgewebe (Bild 4.90). Auf die Leichtbauplatten erfolgt zunächst ein nicht volldeckender Spritzbewurf. Nach ausreichender Standzeit folgt das Aufbringen des Unterputzes bis zu 2/3 der vorgesehenen Putzdicke. In diese Schicht wird das Armierungsgewebe eingebettet (Stoßüberlappung ≥ 100 mm). Das restliche Drittel des Unterputzes wird nass in nass aufgezogen, wobei die Mörtelkonsistenz gleich bleiben muss. Es darf nur Werkmörtel verarbeitet werden.

Mineralischer Außenputz auf Leichtbauplatten mit Putzbewehrung aus alkalibeständigem Glasfaser-Armierungsgewebe auf den Unterputz aufgebracht. Um einen schnelleren Arbeitsfortschritt sicherzustellen (Vermeidung der langen Standzeiten) kann in Abweichung von DIN 1102 auf bereits bewährte, im einzelnen beschriebene Putzsysteme

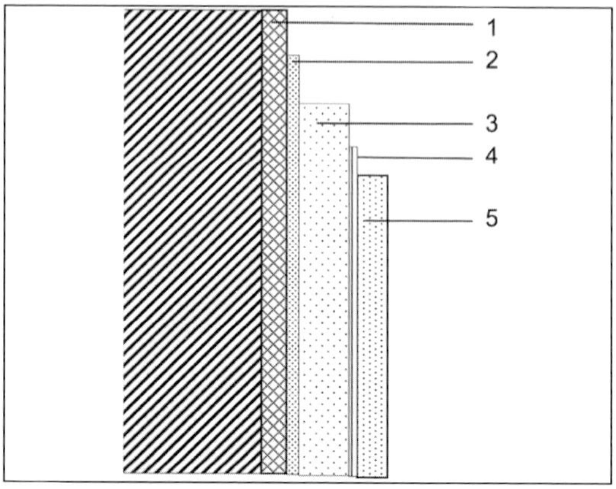

Bild 4.90 Aufbau Außenputz auf HWL-Platten

1 = HWL-Platte
2 = warzenförmiger Zementspritzbewurf (60 %, MG III
3 = Unterputz, z. B. Kalkzementleichtputz, MG P II
4 = Gewebespachtelung, vollflächig
5 = Oberputz, z. B. Kalkputz, MG P I

ausgewichen werden. Vorteil dieser Systeme ist der Verzicht auf einen Spritzbewurf. Das Armierungsgewebe wird nach dem Auftragen des Unterputzes auf diesen aufgespachtelt. Voraussetzung ist, dass Armierungsgewebe und Mörtelgruppe für Unterputz, Spachtel und Oberputz eine Systemeinheit darstellen.

Mineralischer Innenputz auf Leichtbauplatten.

Grundsätzlich ist im Innenbereich wegen der geringeren Anforderungen kein Spritzbewurf erforderlich. Die notwendige Putzbewehrung wird wie oben beschrieben in den Unterputz eingebettet. Bei Gipsputz wird Glasfaser-Armierungsgewebe mit einer Maschenweite von 5 mm eingesetzt.

4.11.6 Edelputz

Edelputz ist ein Sammelbegriff für werkmäßig hergestellte Oberputze, die mit kalkechten und zementechten oder farbigen Gesteinsmehlen durchfärbt sind und im Außen- und Innenbereich entsprechend DIN V 18550 eingesetzt werden. Die ausgewählten Zuschläge – farbige, gebrochene Natursande, farbige, runde Natursande, glitzernde Mineralien – bestimmen wesentlich das Erscheinungsbild und die Verarbeitungstechnik. Die geforderten Eigenschaften ergeben sich aus DIN V 18550: witterungsbeständig, wasserabweisend, wasserdampfdurchlässig, Edelputze eignen sich für alle Putzweisen. Sie sind einsetzbar als Oberputz auf Leichtputz, Wärmedämmputz und Wärmedämm-Verbundsysteme.

4.11.7 Sgraffito

Der Name Sgraffito kommt aus dem Italienischen: *sgraffiare* und bedeutet *kratzen*. Sgraffitto heißt in unseren Sprachgebrauch übersetzt: das Gekratzte. Die Sgraffitotechnik steht als Sammelbegriff für eine künstlerische Putzflächengestaltung. Es werden dabei verschiedenfarbige Mörtelschichten übereinander aufgebracht, wobei die unteren farbigen Schichten durch örtliches Abkratzen der oberen freigelegt werden (Bild **10**.20). Es handelt sich – einfach ausgedrückt – um eine Putzzeichnung. Der Vorteil gegenüber einer Bemalung ist, dass Sgraffitoarbeiten durch die vollständige Einfärbung von ganzen Mörtelschichten wesentlich dauerhafter und widerstandsfähiger sind.

Ein Sgraffito stellt an die handwerkliche Ausführung hohe Ansprüche. Daneben ist aber auch der künstlerische Ausdruck von größter Bedeutung. Es sollten möglichst einfache und klare Formen und Linien gewählt werden. Die Ausführung erfolgt in zwei Arbeitsschritten:

– die Putzarbeit und
– die Kratzarbeit.

Zunächst ist auf den vorbereiteten Putzgrund der Unterputz (in der Regel Kalk-Zementputz) ebenflächig aufzubringen, damit die nachfolgenden Mörtelschichten in gleichmäßiger Stärke aufgetragen werden können. Nach ausreichend langer Standzeit werden die eingefärbten Mörtelschichten aufgetragen. Es empfiehlt sich bei mehrlagigen Putzschichten, die erste Schicht am späten Nachmittag, die nächstfolgende am kommenden Morgen aufzutragen.

Um ein besseres Haften zu gewährleisten, ist die zuerst aufgebrachte Putzschicht leicht aufzurauen. Die Kratzschicht (Deckschicht) ist auf den noch feuchten Kratzgrund aufzuziehen und sauber zu glätten. Die Korngröße ist abhängig von der gewählten Arbeitstechnik, der gewünschten Wirkung und den Feinheiten der Darstellung. Sind besonders feingliedrige Arbeiten auszuführen, empfiehlt sich das Feinkorn (2 mm), sonst ist Mittelkorn (4 mm) zu verwenden. Die Dicke der Putzschichten liegt zwischen 5 und 8 mm.

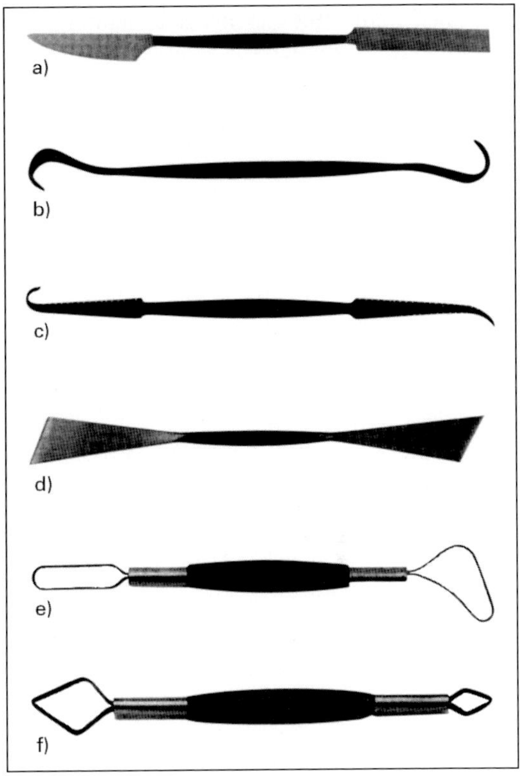

Bild 4.91 Sgraffitowerkzeuge
a) Messereisen mit Balleisen,
b) Schneckeneisen,
c) Kratzer,
d) Schneideeisen,
e) Antragschlinge,
f) Schlingenkratzer

Nach dem Verfestigen der Kratzschicht wird die auf Originalgröße vorbereitete Zeichnung, deren Linienführung zuvor perforiert wurde, in der vorgesehenen Lage an die Wand geheftet. Mit einem Staubbeutel wird die Linienführung auf den Putz übertragen.

Für die Kratzarbeit sind spezielle Sgraffito-Werkzeuge erforderlich (Bild **4**.91). Unmittelbar nach dem Übertragen der Zeichnung auf die Putzfläche werden die Umrisse der Zeichnung mit dem Schneidemesser bis auf den Kratzgrund ausgeführt. Alle Schnitte sind grundsätzlich schräg – im Winkel von 30° bis 45° – auszuführen, so dass das Regenwasser leichter abfließen kann.

Mit Sgraffitoschlingen und Kratzeisen wird der farbige Kratzgrund im gewünschten Maße freigelegt. Der Arbeitsverlauf erfolgt immer von oben nach unten.

Sind größere Sgraffitoarbeiten herzustellen, müssen die Flächen unterteilt werden. Sgraffitoarbeiten sollten nicht bei sommerlichen Temperaturen hergestellt werden. Besser ist es, diese Arbeiten im Frühjahr oder im Herbst einzuplanen.

> Sgraffito ist eine besondere Kratzputztechnik, die vorzüglich zur künstlerischen Gestaltung von Putzflächen eingesetzt werden kann.

4.11.8 Anforderungen an Innenputze

Neben allgemeinen Anforderungen haben Innenwand- und Innendeckenputze für besondere Anwendungsbereiche zusätzliche Anforderungen zu erfüllen:

Erhöhte Abriebfestigkeit

Wandflächen von Treppenhäusern und Fluren (z. B. in Schulen), die mechanisch besonders beansprucht werden, erfordern Putzoberflächen mit einer erhöhten Abriebfestigkeit.

Feuchträume

Für Räume, in denen mit langzeitig einwirkender Feuchtigkeit zu rechnen ist (z. B. Schwimmbäder, Saunen), kommen Putze aus Baugips und Anhydritbinder nicht in Betracht. Häusliche Küchen und Bäder zählen grundsätzlich nicht zu Feuchträumen. Deshalb können hier Gipsputze, Kalkputze und Lehmputze ohne Weiteres zum Einsatz kommen. Geeignet für Feuchträume sind alle Putzsysteme nach Tabelle **4**.92, Zeilen 10 bis 15.

> Neben den allgemeinen Anforderungen gelten für Innenputze, je nach Anwendungsgebiet zusätzliche Anforderungen, wie z. B. erhöhte Abriebfestigkeit und Feuchtraumbeständigkeit.

4.11.9 Ausführungshinweise für Innenputze

Aus physiologischen Überlegungen werden üblicherweise Gipsputze und Kalkputze verarbeitet. Diese zeichnen sich durch ein sehr gutes Atmungsverhalten aus. Infolge der porigen Struktur können Gips- und Kalkputze überschüssigen Wasserdampf aus der Ungebungsluft rasch aufnehmen und bei geänderten Bedingungen ebenso schnell wieder abgeben. Sie wirken demnach klimatisierend und fördern die Behaglichkeit der im Raum befindlichen Personen. Die in Betracht kommenden Innenputze werden grundsätzlich unterschieden in:

Maschinell zu verarbeitende Putze
- Gipsputz (Maschinengipsputz)
- Gips-Leichtputz
- Kalkputz
- Kalk-Gipsputz
- Kalk-Gipsputz als Leichtputz.

Von Hand zu verarbeitende Putze
- Universalputz (für Renovierungs- und Ausbesserungsarbeiten)
- Haftputzgips (für besseres Haften auf glattem Untergrund)
- Putzgips
- Stuckgips

Bei allen angebotenen Putzen handelt es sich um Werktrockenmörtel, der als Sackware, im Silo oder im Container zur Baustelle angeliefert wird. Wie für den Außenputz gilt auch für den Innenputz, dass die Auswahl des Putzsystems abhängig ist von seiner örtlichen Lage im Bauwerk (Wand oder Deckenputz), den daraus entstehenden Anforderungen (Stoß- und Abriebfestigkeit), sowie von der Beschaffenheit des Putzgrundes. Werden mehrere Putzschichten aufgebracht, müssen die gestellten Anforderungen vom Gesamtsystem – Putzgrund, Putzlagen, Armierung – erfüllt werden. Systeme, die allgemein anerkannt sind und ohne weiteren Nachweis verarbeitet werden können, sind in Tabelle **4.**92 enthalten.

Gipsputze werden in der Regel einlagig aufgebracht. Sie können auf allen trockenen und trockenbleibenden Untergründen verarbeitet werden.

Die Wahl der Gipssorte ist im wesentlichen von der Untergrundbeschaffenheit und den Anforderungen an die Oberfläche des Putzes abhängig.

Die unterschiedlichen Arten von Putzuntergründen verlangen auch besondere Lösungen. Nach VOB C ist der Putzuntergrund grundsätzlich zu prüfen auf:

Tabelle 4.92 Putzsysteme für Innenwandputze [1])

Zeile	Anforderung bzw. Putzanwendung	Mörtelgruppe bzw. Beschichtungsstoff-Typ für Unterputz	Druckfestigkeitskategorie des Unterputzes nach DIN EN 998-1	Mörtelgruppe bzw. Beschichtungsstoff-Typ für Oberputz [a)]	Druckfestigkeitskategorie des Oberputzes nach DIN EN 998-1
1	übliche Beanspruchung	–	–	P I	CS I
2		P I	CS II	P I	CS I
3		–	–	P II	CS II
4 a		P II	CS II	P I	CS I
4 b		P II	CS II	P II	CS II
4 c		P II	CS II	P IV	b
4 d		P II	CS II	P Org 1	–
4 e		P II	CS II	P Org 2	–
5		–	–	P III	CS IV
6 a		P III	CS III	P I	CS I
6 b		P III	CS III	P II	CS II
6 c		P III	CS IV	P II	CS III
6 d		P III	CS IV	P III	CS IV
6 e		P III	CS III	P Org 1	–
6 f		P III	CS III	P Org 2	–
7		–	–	P IV	b
8 a		P IV	b	P I [d]	CS I
8 b		P IV	b	P II [d]	CS II
8 c		P IV	b	P IV	b
8 d		P IV	b	P Org 1	–
8 e		P IV	b	P Org 2	–
9 a		–	–	P Org 1 [c]	–
9 b		–	–	P Org 2 [c]	–
10	Feuchträume	–	–	P II	CS II
11		P II	CS II	P I [d]	CS I
12 a		P II	CS II	P II	CS II
12 b		P II	CS III	P Org 1	–
13 a		–	–	P III	CS III
13 b		–	–	P III	CS IV
14 a		P III	CS III	P II	CS II
14 b		P III	CS IV	P III	CS IV
14 c		P III	CS III	P Org 1	–
14 d		P III	CS IV	P Org 1	–
15		–	–	P Org 1 [c]	–

a Oberputze dürfen mit abschließender Oberflächengestaltung oder ohne ausgeführt werden (z. B. bei zu beschichtenden Flächen).

b Druckfestigkeit $\geq$ 2,0 N/mm^2

c Nur bei Beton mit geschlossenem Gefüge als Putzgrund.

d Dünnlagige Oberputze.

- Verunreinigungen, Ausblühungen, Saugverhalten, Temperatur, Festigkeit …
- den vorhandene Feuchtigkeitsgehalt,
- Unebenheiten.

Werden Mängel festgestellt, sind diese vom Auftragnehmer dem Auftraggeber nach VOB B, § 4, Nr. 4 unverzüglich mitzuteilen (Tabelle **4**.93).

Tabelle 4.93 VOB Teil B, § 4 Ausführung, Absatz 4

Vergabe- und Vertragsordnung für Bauleistungen – Teil B **§ 4 Ausführung** … (4) Hält der Auftragnehmer die Anordnungen des Auftraggebers für unberechtigt oder unzweckmäßig, so hat er seine Bedenken geltend zu machen, die Anordnungen jedoch auf Verlangen auszuführen, wenn nicht gesetzliche oder behördliche Bestimmungen entgegenstehen. Wenn dadurch eine ungerechtfertigte Erschwerung verursacht wird, hat der Auftraggeber die Mehrkosten zu tragen.

Mauerwerk. In aller Regel ist einheitliches Mauerwerk problemlos zu vergipsen. Bei stark saugenden Untergründen, wie z. B. bei Porenbetonsteinen o. Ä. ist der Untergrund vorzubehandeln mit einer Grundierung bzw. Aufbrennsperre. Bei Mischmauerwerk ist es mitunter erforderlich ein Armierungsgewebe in den Putz einzubauen.

Beton. Bei Untergründen aus Beton oder Zementputzen muss beachtet werden, dass diese vor dem Verputzen vollständig ausgehärtet und trocken sind. Es entsteht sonst die Gefahr, dass die im Gipsmörtel enthaltene Calciumsulfatlösung ($CaSO_4$-Lösung) den Zement angreift und es so zum Sulfattreiben im Zement kommt. Insbesondere treten immer wieder Probleme beim Verputzen von Betondecken auf. Hier gilt grundsätzlich, dass bei Bauteiltemperaturen unter +5 °C und einer bei einer Bauteilfeuchte (Restfeuchte im Beton) > 3 Gew.-% nicht vergipst werden darf. Unter diesen Voraussetzungen kann Gipsputz keinen ausreichend festen Haftverbund mit einer Betondecke eingehen. Ursache sind die mit Wasser gefüllten Betonporen, die das Verkrallen des Gipses im Beton verhindern. Hinzu kommt, dass der frische Beton noch schwindet und dadurch Spannungen zwischen Beton und Putz entstehen. Der Beton trocknet weiter aus, es gelangen Salze und Porenflüssigkeit an die Oberfläche die den Haftverbund weiter stören und das Gipsgefüge durch Umkristallisation schädigen. Wenn dennoch vergipst werden soll: Befestigen eines Putzträgers an der Betondecke durch andübeln.

Holzwolle-Leichtbauplatten. Die Platten müssen vor dem vergipsen ausgetrocknet sein. In das obere Drittel der Putzlage ist ein vollflächiges Armierungsgewebe einzulegen. Die Mindestputzdicke beträgt 15 mm.

Polystyrolplatten und Hartschaumplatten. Die Platten sollten entweder aufgeraut oder mit einer Haftbrücke vorbehandelt werden. In den Putz ist vollflächig – nass in nass - ein Armierungsgewebe einzubauen. Die Mindestputzdicke beträgt 15 mm.

Altputz. Unter der Voraussetzung, dass er ausreichend tragfähig ist, empfiehlt es sich als Putzuntergrundvorbehandlung Tiefengrund aufzutragen.

Altanstrich. Lose, nicht festhaftende Anstriche sind zu entfernen. Auf tragfähige Anstriche wird eine Haftbrücke aufgetragen.

Holzteile, Stahlteile. Kein geeigneter Putzuntergrund. Die Bauteile sind mit dafür geeigneten Putzträgern zu überspannen (Bild **4**.94). Stahlteile sollten mit einem Korrosionsschutz versehen werden.

Bild 4.94 Holzstütze mit Putzträger

Einlagige Gipsputze werden im Mittel 10 mm dick aufgetragen. Bei mehrlagigen Putzen gilt auch hier die Regel, dass die Festigkeit des Unterputzes mindestens so hoch sein muss wie die des Oberputzes. Bei der Verarbeitung von Kalk-Gipsmörteln bzw. Gips-Kalkmörteln ist zu bedenken, dass mit zunehmendem Gipsanteil die Festigkeit des Putzes zunimmt. Wird also im Oberputz Gips verarbeitet ist dies auch im Unterputz zu tun. Damit Unterund Oberputz eine optimale Verbindung eingehen können, ist der Unterputz aufzurauhen. Die mittlere Putzdicke beträgt bei mehrlagigen Innenputzen 15 mm.

Maschinenputzgips. Es handelt sich um Baugips mit werkseitig beigegebenen Zusätzen, der besonders für das Herstellen von Innenputzen unter Einsatz von Putzmaschinen (Bild **4**.95) verwendet wird. Stellmittel ermöglichen dabei ein kontinuierliches maschinelles Verarbeiten. Dem Maschinenputzgips können Füllstoffe wie Sand oder Perlite zugesetzt werden.

Der Gips-Trockenmörtel wird der Maschine entweder per Hand als Sackware oder über

Bild 4.95 Putzmaschinen

Förderanlagen pneumatisch zugeführt und durch intensives Mischen angemacht. Die Konsistenz abhängig von dem Putzuntergrund und der Auftragsdicke ab. Die Wasserzugabe kann an der Putzmaschine eingestellt werden. Dies garantiert eine stets gleichbleibende Konsistenz. Über einen Schlauch wird der angemischte Mörtel zum Spritzkopf geführt. Mit der im Spritzkopf zugeführten Druckluft wird der Gipsmörtel in der gewünschten Dicke (die mittlere Putzdicke beträgt 10 mm) auf den Putzuntergrund gespritzt. Der hohe Anspritzdruck gewährleistet, dass der Mörtel in die Poren des Putzuntergrundes hineingepresst wird. Dies verbessert die Haftung gegenüber dem Handauftrag wesentlich. Der Auftrag erfolgt dabei von oben nach unten. Unterbrechungen sollten nicht länger als 10 Minuten dauern. Nach dem Anspritzen wird der Mörtel mit der Kartätsche oder einem Metallrichtscheit lot- und fluchtrecht abgezogen. Die Ecken werden ausgerichtet. Ist der Putz ausreichend versteift, die Oberfläche wird matt, wird er etwas angenässt und mit der Schwammscheibe gefilzt. Dabei soll ausreichend viel Schlämme erzeugt werden, um kleine Unebenheiten auszugleichen. Danach wird der Putz mit der Traufel geglättet. Die Schlämme wird dabei abgezogen. Soll die Oberfläche gefilzt werden, dann erfolgt nach etwas Standzeit das Nachfilzen. Sollte auf den Gipsputz ein Reibeputz oder sollten Fliesen als Endbeschichtung aufgebracht werden, darf die Oberfläche weder geglättet noch gefilzt werden. Sie wird dann mit dem Traufelrücken abgezogen, um so eine raue und feste Oberfläche zu erhalten.

Anschließend ist für eine gute Lüftung zur schnellen Austrocknung Sorge zu tragen. Als Richtwert für die Austrocknungszeit kann bei einer Putzdicke von 10 mm von einer Zeit zwischen 7 bis 14 Tagen ausgegangen werden. Wird nicht ausreichend gelüftet, besteht das Problem der Sinterbildung auf der Putzoberfläche. Diese Schicht ist relativ dicht und nicht saugend. Dadurch wird der Austrocknungsprozess weiter verzögert. Die Sinterschicht muss später durch Anschleifen entfernt werden.

Maschinenputzgipse zeichnen sich durch eine gleichmäßige Versteifung aus. Die Verarbeitungszeit beträgt ca. 2,5 Stunden.

Dünnlagenputz. Bei Putzuntergründen in sehr ebener Ausführung (planebenes Mauerwerk, Kalksandstein, Porenbeton als Blöcke oder Plansteine) ist es nicht erforderlich Normalputze in üblicher Dicke aufzubringen. Diese Putzgründe sind geeignet für Dünnlagenputz. Dies ist ein Innenputz auf Gips-, Gipskalk- oder Kalkzementbasis. Übliche Gipsputzen weisen eine mittlere Dicke von 10 mm auf. Dünnlagenputze werden im Mittel 4 mm (3 bis 5 mm) dick aufgetragen. Sollten Wandunebenheiten > 5 mm vorhanden sein, können diese mit Dünnlagenputzen nicht mehr ausgeglichen werden.

Voraussetzung ist auch, dass andere Bauteile wie Rollladenstürze, Tragstürze, Türzargen etc. entsprechend eingebaut sind. Heizungs- und Sanitäranlagen und Elektroleitungen müssen in Schächten oder Schlitzen untergebracht sein.

Dünnlagenputze können von Hand oder maschinell (Bild **4**.96a) aufgebracht werden. Leitungsschlitze und offene Fugen müssen vor dem Vergipsen geschlossen werden. Der Gips wird als Trockenmörtel als Sack- oder Containerware angeliefert.

Handgips. Für kleinere Flächen sowie für Ausbesserungs- und Renovierungsarbeiten können sogenannte Handgipse eingesetzt werden. Der Gips wird als Sackware angeliefert. Der Gips wird in sauberes Wasser eingestreut und nach kurzem Einsumpfen mit einem Motorquirl verarbeitungsgerecht angerührt. Die Verarbeitungszeit beträgt 60 bis 90 Minuten (abhängig auch von den baulichen Gegebenheiten). Der Gips wird mittels eines Gipserbrettes (Aufziehbrett, Bild **4**.96b) und einer Kelle auf die Wand aufgezogen und dabei fest an die Wand gedrückt. Anschließend wird er abgezogen, gefilzt und geglättet. Die mittlere Putzdicke beträgt auch hier 10 mm.

Spachtelgips. Hierbei handelt es sich um Gipsputze die sich auf „Null" ausziehen lassen. Sie sind gedacht für die Herstellung absolut glatter Bauteiloberflächen. Sie können auch zum Schließen von Fugen, Schlitzen und dergleichen verwendet werden. Neben der Handverarbeitung lassen sich Spachtelgipse auch maschinell verarbeiten. Zum Beispiel zur vollflächigen Verspachtelung von Gips-Wandbauplatten oder sehr ebenen Wandflächen. Sie sind auch geeignet für die Herstellung der Oberflächenqualitäten Q3 bis Q4 – geglättet, sowohl bei Putzen wie auch im Trockenbau. Spachtelgipse werden als Gips-Trockenmörtel als Sackware angeboten.

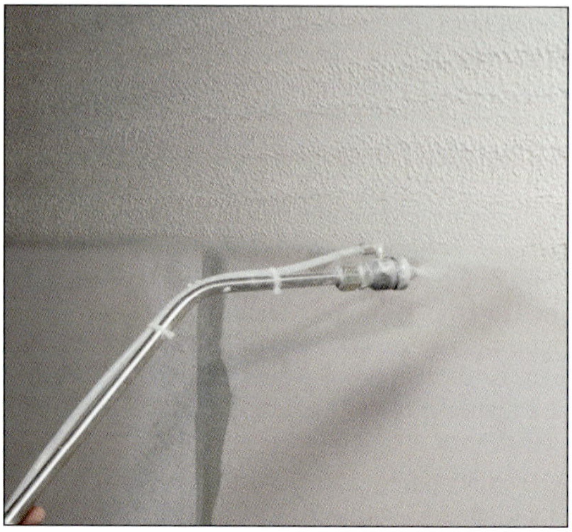

Bild 4.96 a Aufspritzen von Dünnlagengips

Bild 4.96 b Aufziehen von Gipsmörtel

Kalkputze. Bei der Verarbeitung ist das Erhärtungsverhalten des Kalkes besonders zu berücksichtigen. Da Kalk zur Erhärtung auf das CO_2 aus der Luft angewiesen ist, ist auf eine gute Raumlüftung zu achten. Das vorschnelle Austrocknen von Kalkputzen ist durch gelegentliches Nachnässen zu vermeiden.

Sollte auf einen Kalkputz ein Oberputz aufgebracht werden, ist die vollständige Aushärtung des Kalkputzes abzuwarten. Bei der Auswahl des Oberputzes ist unbedingt zu beachten, dass die Festigkeit des Oberputzes nicht größer sein darf als die des Unterputzes. Damit scheiden Gips-, Kalk-Zement- oder Zementputze als Oberputze aus.

> Gips- und Kalkputze sind wegen ihrer speziellen Eigenschaften vorzüglich geeignet für Innenputze. Sie werden ein- oder mehrlagig aufgebracht.

Drahtputzdecken

Decken aus Drahtputz sind nach DIN 4121 hängende Drahtputzdecken, Putzdecken mit Metallputzträgern und Rabitzdecken. Es sind eben oder anders geformte Unterdecken, die an tragfähigen Bauteilen befestigt werden. Sie bestehen aus den Abhängern, der Unterkonstruktion, dem Putzträger und dem Putz. Geeignete Putzträger sind Rippenstreckmetall, Drahtziegelgewebe u. a. Nach dem Herstellen der Unterkonstruktion (s . Abschn. 8) und dem Spannen des Rabitzgewebes kann auf die so vorbereitete Putzträgerfläche der Mörtel aufgetragen werden. Dazu muss der Mörtel sorgfältig in das Gewebe hinein gedrückt werden. Dieser verkrallt sich im Putzträger. Das Ausdrücken des Putzträgers erfolgt normalerweise mit Mörtel der MG PII oder PIV. Dem Mörtel können Haare oder Fasern beigemengt werden. Wichtig ist, dass beim Ausdrücken des Putzträgers mit Mörtel eine feste Umklammerung des Putzträgers erreicht wird. Der erste Auftrag ist kräftig aufzurauen, um für die nachfolgende Putzlage eine gute Haftung zu ermöglichen. Bei Ausführung mit Kalk- bzw. Kalk-Zementmörtel muss der erste Auftrag gut abgetrocknet und aufgeraut sein, bevor die nächste Putzlage aufgebracht wird. Bei dieser Ausführung sind bei Putzflächen > 25 m^2 Dehnungsfugen anzuordnen. Die Mindestüberdeckung des Putzträgers beträgt auf der Unterseite 15 mm. Die fertige Putzdecke soll einschließlich des eingebetteten Putzträgers zwischen 25 und 50 mm dick sein.

Mineralische Innenputze auf HWL- bzw. ML-Platten

Für mineralische Innenwand- und Innendeckenputze auf HWL- bzw. ML-Platten sind die gleichen Regeln einzuhalten wie beim Außenputz. Eine ganzflächige Putzbewehrung aus Glasfaser-Armierungsgewebe ist obligatorisch.

Kunstharzputz

Für Innenputz kommen die Kunstharzputze zur Anwendung, die dem Beschichtungsstoff-Typ P Org 2 entsprechen. Selbstverständlich können auch Produkte des Typs P Org 1 verarbeitet werden. Die Ausführung entspricht den Aussagen im Abschnitt Außenputz. Den Anforderungen genügen Putzsysteme nach DIN V 18558 Tabelle **4.**97, **4.**98).

Brandschutzputz

Die Anforderungen an brandschutztechnisch wirksame Putze sind in DIN 4102 festgelegt. Baustoffe werden dort in Brandschutzklassen, Bauteile in Feuerwiderstandsklassen eingeteilt (Abschn. 3.1.1). Als Putze kommen Putze der MG PII und besonders der MG PIV zur Anwendung. Übliche Baustoffe, Bauteile und Konstruktionen, die ohne weiteren Nachweis eingesetzt werden können, beschreibt DIN 4102-4.

Es gelten folgende Anforderungen:
- gute Haftung des Putzes am Putzgrund,
- bei glatten Untergründen sind Putzträger zu verwenden,
- die Stöße der Putzträger sind ≥ 100 mm zu überlappen und mit Draht zu verrödeln,
- Putze ohne Putzträger der MG PII oder PIVa, b, c erhalten einen voll deckenden Spritzbewurf als Putzgrund mit einer Dicke von > 5 mm,
- die Putzträger müssen ausreichend fest im Bauteil befestigt werden,
- der Putz muss den Putzträger ≥ 10 mm tief durchdringen.

Die Dicke der Putze richtet sich nach der geforderten Feuerwiderstandsklasse. Im Allgemeinen liegen die Putzdicken zwischen 15 und 80 mm. Näheres dazu s. Abschn. 3.1.2.

Akustikputz

Übliche Putze verbessern infolge ihrer Masse zwar die Luftschalldämmung, weisen aber aufgrund ihrer dichten Oberfläche kein Schallschluckvermögen auf. Um diesem Anspruch gerecht zu werden, wurden so genannte Akustikputze entwickelt.

Mineralisch gebundene Akustikputze – schallabsorbierende Putze – werden aus Leichtzuschlägen hergestellt und eignen sich zur unmittelbaren Beschichtung auf tragfähigem Untergrund, abgehängten Decken und Vorsatzschalen. Wesentlich für ihre Funktionsfähigkeit ist der Unterbau (wirkt sich in den einzelnen Frequenzbereichen unterschiedlich aus) und die poröse Oberfläche. Die mechanische Belastbarkeit ist bei hochabsorbierenden Akustikputzen gering. Akustikputze werden aus Werktrockenmörtel hergestellt.

Tabelle 4.97 Putzsysteme für Innenwandflächen mit Kunstharzputz als Oberputz nach DIN V 18 550

Zeile	Anforderung	Mörtelgruppe für Unterputz	Beschichtungsstoff-Typ für Oberputz 1)
1	übliche Beanspruchung 2)	P II	P Org 1, P Org 2
2		P III	P Org 1, P Org 2
3		P IV	P Org 1, P Org 2
4		–	P Org 1, P Org 2 3)
5	Feuchträume 4)	P II	P Org 1
6		P III	P Org 1

1) Bei mehreren genannten Typen ist jeweils nur eine als Oberputz zu verwenden.
2) Schließt die Anwendung bei geringer Beanspruchung ein.
3) Nur bei Beton als Putzgrund
4) Hierzu zählen nicht häusliche Küchen und Bäder.

Tabelle 4.98 Putzsysteme für Innendecken ohne Putzträger mit Kunstharzputz als Oberputz nach DIN V 28 299

Zeile	Anforderung	Mörtelgruppe für Unterputz	Beschichtungsstoff-Typ für Oberputz 1)
1	übliche Beanspruchung 2)	P II	P Org 1, P Org 2
2		P III	P Org 1, P Org 2
3		P IV	P Org 1, P Org 2
4		–	P Org 1, P Org 2 3)
5	Feuchträume 4)	P II	P Org 1
6		P III	P Org 1
7		–	P Org 1 3)

1) Bei mehreren genannten Typen ist jeweils nur eine als Oberputz zu verwenden.
2) Schließt die Anwendung bei geringer Beanspruchung ein.
3) Nur bei Beton als Putzgrund
4) Hierzu zählen nicht häusliche Küchen und Bäder.

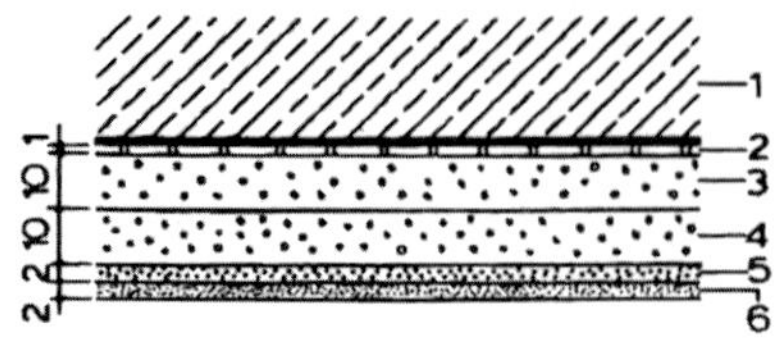

Bild 4.99 Schallabsorbierender Akustikputz mit Dekorbeschichtung
1 Putzgrund
2 Grundierung
3 erste Putzlage
4 zweite Putzlage
5 Feinschicht
6 Dekorschicht

Die Auftragstechnik bestimmt wesentlich die Wirksamkeit der Akustikputze. Sie werden entweder mehrlagig von Hand mit der Kelle aufgebracht oder maschinell mit geringem Druck aufgespritzt. Starkes Verdichten würde die Qualität merklich herabsetzen. Zu beachten ist, dass die einzelnen Putzlagen weitgehend durchgehärtet sein müssen, bevor eine weitere aufgetragen werden kann. Bild **4**.99 zeigt den Aufbau eines schallabsorbierenden Akustikputzes mit Dekorbeschichtung.

Strahlenschutzputz

Zur Abschirmung von Röntgenstrahlen finden Strahlenschutzputze Verwendung. Die Zusammensetzung und Dicke dieser Putze muss unter Beachtung der entsprechenden Richtlinien im Einzelfall festgelegt werden. Im Allgemeinen werden dem Putzmörtel neben den üblichen Zuschlägen auch Schwerspat beigemischt.

Lehmputz

Lehmputze bestehen aus Ton, Sand und Feinstsanden. Zur Verbesserung bestimmter Eigenschaften – z. B. besserer innerer Zusammenhalt, Reduzierung des Schwindverhaltens – können dem Gemisch natürliche Fasern beigemischt werden. Dies können sein: Stroh, Hanf, Seegras, Nadeln, Korkschrot, Tierhaare oder Holzhäcksel, aber auch mineralische Stoffe, wie Sand, Kies, Blähton oder Bims.

Die Zumischung von Farbpigmenten ermöglicht eine Vielzahl gestalterischer Möglichkeiten.

Als natürlicher Baustoff sind Lehmputze für die Gestaltung von Innenräumen aber auch von Außenwänden sehr gut geeignet. Spezielle Verarbeitungsmöglichkeiten ermöglichen interessante dekorative Wirkungen. Wegen seiner Wasserlöslichkeit ist die Verwendung im Außenbereich allerdings gewissen Beschränkungen unterworfen. In Innenräumen lassen sich Lehmputze fast unbegrenzt einsetzen, auch in häuslichen Bädern. Bei starker mechanischer Belastung der Putzoberfläche muss man im Einzelfall prüfen ob Lehmputze zur Verwendung kommen können.

Die Verfestigung von Lehmputzen erfolgt durch das Verdunsten des im Lehmmörtel enthaltenen Wassers. Die Tonbestandteile verkleben dabei sehr innig miteinander. Diese hohe Bindekraft kann durch die Zugabe von Pflanzenstärke noch verbessert werden. Die Haftung des Lehmputzes mit dem Untergrund erfolgt dadurch, dass Lehmteile beim Aufziehen des Mörtels in die Poren des Untergrundes hineingedrückt werden und sich dort in diesem verkrallen. Um eine möglichst harte, abriebfeste Oberfläche zu erzielen, müssen auch Lehmputze eine ausgewogene Sieblinie aufweisen.

Lehmbaustoffe weisen gegenüber anderen mineralischen Baustoffen ein deutlich höheres Luftfeuchtesorptionsvermögen auf. Da sie sehr viel Feuchtigkeit aufnehmen, speichern und auch wieder abgeben können gehören sie zu den diffusionsoffenen Baustoffen. Sie ermöglichen demnach auf ganz natürliche Art und Weise – übliche Feuchteverhältnisse vorausgesetzt – ein sehr behagliches Wohnklima.

Bei zu langsamer oder mangelhafter Austrocknung des Lehmputzes besteht die Möglichkeit der Schimmelbildung. Dies könnte witterungsbedingt aber auch bauseitsbedingt sein (bisher eingebaute Bauteile, z. B. Estrich, Wände, Putz sind noch nicht ausreichend ausgetrocknet). Ist eine baldige Austrocknung nicht zu erwarten oder sind Anzeichen von Schimmelwachstum bereits erkennbar, sind Trocknungsmaßnahmen einzuleiten. Das ist möglich mit Gebläsetrocknern. Die Geräte sind so aufzustellen, dass die Luft ungehindert an den Wandoberflächen vorbeistreichen kann. Die mit Feuchtigkeit angereicherte Luft muss dann aber auch aus dem Gebäude umgehend abgeführt werden. Eine andere Möglichkeit der Trocknung ist die Kondensationstrocknung. Das Wasser kondensiert an den Kühlflächen des Kompressors. Eine regelmäßige Entleerung des Auffangbehälters ist zu gewährleisten. Da die Anlage im Umluftbetrieb arbeitet, sind Fenster und Türen geschlossen zu halten.

Alle Trocknungsmaßnahmen sind sehr sorgfältig und nicht zu schnell durchzuführen. Zu schnell trocknende Lehmputze können erhebliche Spannungen im Putz aufbauen. Dies gilt insbesondere für dickere Putzschichten. Schwindrisse und mangelhafte Putzhaftung wären dann die Folgen.

Werden Trocknungsmaßnahmen eingeleitet, sollte ein Trocknungsprotokoll erstellt werden. In diesem sind alle eingeleiteten Maßnahmen festzuhalten (Datum, Tag, Protokollführer, eingesetzte Geräte, Laufzeiten, Fenster und Türen geschlossen/offen, Trocknungsfortschritt etc.).

Putzherstellung (Bild **4**.100). Der angelieferte Trockenmörtel kann bei sachgemäßer Lagerung unbegrenzt lange gelagert werden. Wird der Mörtel im erdfeuchten Zustand angeliefert (Big Bag) sollte er innerhalb von 3 Monaten aufgebraucht sein. In der kalten Jahreszeit ist er vor Durchfrieren zu schützen, da sonst eine Verarbeitung nicht möglich ist.

Der Untergrund muss wie bei allen anderen Putzarten auch tragfähig, sauber, trocken, frostfrei, frei von Ausblühungen und rau sein. Eine Putzgrundüberprüfung ist obligatorisch. Es empfiehlt sich mineralische Untergründe anzufeuchten (Sprühnebel), da so noch vorhandene Stäube gebunden werden können.

Üblicherweise kommen Trockenmörtel zur Verarbeitung. Beim Anmachen sind die Herstellerangaben zu beachten. Der Mörtel wird entweder erdfeucht oder plastisch mit handelsüblichen Freifallmischern oder Zwangsmischern angemischt. Kleinere Mengen können mit dem Motorquirl verarbeitungsfähig angemischt werden.

Lehmputze können einlagig oder auch mehrlagig hergestellt werden. Das Aufbringen des

a) Aufziehen des Grundputzes

b) Egalisieren

c) Kämmen

d) Einbauen des Glasseidengewebes

e) Aufziehen des Oberputzes

f) Egalisieren mit dem Gitterrabbott

g) Filzen

h) Strukturieren

Bild 4.100 Arbeitsablauf beim Herstellen von Lehmputz

Putzes kann maschinell oder von Hand erfolgen. Ob ein- oder zweilagig hängt von der Untergrundbeschaffenheit und von der vorgesehenen Oberflächenqualität ab. Bei einlagigen Putzen lässt die begrenzte Auftragsdicke auch nur eine begrenzte Ausgleichsmöglichkeit zu. Um Fugenabbildungen zu vermeiden, was im Altbestand wegen breiter Mauerwerksfugen durchaus möglich ist, ist hier dem zweilagigen Putzaufbau den Vorzug zu geben. Ist eine Gewebearmierung vorgesehen, ist der zweilagige Aufbau zwingend.

Beim einlagigen Putz erfolgt der Putzauftrag je nach Zusammensetzung bis zu 10 mm. Lehmmörtel ohne Strohzusätze werden bis zu 7 mm dick aufgetragen.

Beim zweilagigen soll der Unterputz in einer Dicke von 8 bis 15 mm aufgetragen werden. Je nach Untergrundbeschaffenheit kann bis zu 35 mm (Herstellerangaben beachten) dick aufgetragen werden. Die Auftragsdicke ist letztendlich von der Mörtelkonsistenz abhängig. Diese darf aber nicht zu steif eingestellt sein, da sonst keine innige Haftung mit dem Untergrund möglich ist. Eine zu breiige Konsistenz

– zu viel Anmachwasser – führt beim Trocknen zu verstärkter Schwindrissbildung.

Sind Unterputze mehrlagig aufzubringen, kann die nächste Lage aufgetragen werden, wenn die erste Lage angezogen hat und steht. Jede Lage wird mit einer Kartätsche o. Ä. eben abgezogen. Das mit dem Abziehen verbundene Andrücken bewirkt die Verdichtung des Mörtels. Dies reduziert das Schwindverhalten und fördert das Erhärten. Besteht das Mauerwerk aus unterschiedlichen Materialien, muss in den Bereichen der Übergänge Armierungsgewebe – nass in nass - eingelegt werden. Je nach Untergrundbeschaffenheit – z. B bei Untergründen aus Gipsplatten oder Lehm-Trockenputzplatten – kann auch eine flächige Armierung notwendig sein. Vorzugsweise werden Flachs- Jute- und Glasgewebe eingesetzt. Das Gewebe wird grundsätzlich auf den noch nassen Unterputz aufgelegt und eingearbeitet. Der Unterputz ist für den nachfolgenden Oberputz aufzurauen.

Bevor der Oberputz aufgetragen werden kann, muss der Unterputz vollständig durchgetrocknet sein. Es muss für eine gute Durchlüftung der Räumlichkeiten gesorgt werden. Die Dauer richtet sich nach den Gegebenheiten: Putzdicke, Umgebungstemperaturen, Untergrund, Lüftungsmöglichkeiten. Richtwert: Ein 1 cm dicker Putz auf einem normal saugenden Untergrund ist innerhalb einer Woche durchgetrocknet.

Die Dicke des aufzubringenden Oberputzes beträgt bei feinen Lehm-Oberputzen ca. 2 bis 3 mm, bei groben Putzen 7 bis 10 mm. Die Putzoberfläche kann abgerieben (Schwamm, Kunststoffreibebrett, Holzreibebrett) oder glatt (Glätter) hergestellt werden. Die Oberflächenstruktur (gröber, feiner) ist auch abhängig vom Zeitpunkt der Bearbeitung. Je länger die Standzeit umso feiner die Struktur. Dünne Oberputzlagen sollten vor zu schnellem Wasserentzug geschützt werden (Heizung, Zugluft), da sonst Schattierungen entstehen können.

Naturbelassene Lehmputze können mit Farbenwasserglas oder verdünntem Vorleim verfestigt werden. Es können aber auch Anstriche aufgebracht werden. Dies darf aber erst nach vollständiger Trocknung geschehen. Geeignete Anstriche sind: Lehmfarben, Kälkungen, Kalk-Kaseinfarben, Dispersions-Silikatfarben.

Lehmputze weisen folgende Eigenschaften auf:

- diffusionsoffen,
- feuchteausgleichend,
- raumklimaregulierend,
- gute Abriebfestigkeit,
- baubiologisch sehr empfehlenswert,
- mehrere Tage verarbeitbar,
- manuell und maschinell verarbeitbar,
- mehrlagig verarbeitbar,
- sehr gut verarbeitbar,
- ideal für spannungsarme und dampfdurchlässige Anstrichsysteme.

Schlitze

Zur Unterbringung der elektrischen Installation und der haustechnisch notwendigen Ver- und Entsorgungsleitungen ist es erforderlich Wandschlitze herzustellen. Diese werden entweder korrekterweise beim Mauern der Wand erstellt oder nachträglich durch Herausfräsen mit elektrischen Fräsmaschinen oder durch Herausstemmen hergestellt. Nach dem Verlegen der Leitungen und Rohre müssen die Schlitze so geschlossen werden, dass später die Wandoberfläche einheitlich, eben und rissefrei ist. Handelt es sich um Schlitze in denen elektrische Kabel verlegt worden sind, ist dies kein großes Problem. Die Schlitze weisen relativ kleine Abmessungen auf. Hier genügt es, diese vor dem eigentlichen Verputzen der Wand mit dem Putzmörtel oder auch mit Schlitzmörtel auszufüllen und wandeben abzuziehen. Vor dem Ausfüllen ist darauf zu achten, dass alle Leitungen ausreichend tief in den Schlitzen liegen, also nicht überstehen. Dies würde dazu führen, dass an dieser Stelle die geforderte Mindestputzdicke möglicherweise nicht mehr eingehalten wird.

Mehr Aufwand erfordern die Schlitze in denen sich haustechnische Ver- und Entsorgungsleitungen befinden (Wasserleitungen und Abwasserrohre). Die Abmessungen sind bereits erheblich. Hinzu kommt, dass es nicht zur Übertragung der Fließgeräusche in die Wand und damit auch in die Wohnräume kommen darf. Es müssen also schalltechnische Maßnahmen vorgenommen werden. Für die Wasserleitungen gibt es spezielle Ummantelungen, die vom

Installateur einzubauen sind. Bei den Abwasserleitungen fehlt oftmals der Schallschutz. Es bieten sich zwei Möglichkeiten an:

– Die herkömmliche Lösung (Bild **4**.101a): Die Rohre werden mit schalldämmenden Materialien (meist Mineralfaser) vollständig umhüllt, so dass keine Schallbrücken entstehen können. Über den gesamten Wandschlitz, beidseitig ca. 10 cm überstehend, wird ein Putzträger (z. B. RSM Flachripp mit rückseitiger Papierlage) angebracht und an der Wand befestigt. Das Papier verhindert, dass der aufzubringende Putz mit dem Dämmstoff in Berührung kommt. Dieser könnte die Putzlast nicht tragen und abrutschen. Anschließend wird der Putzträger mit dem Putz überzogen. Beim späteren Verputzen der Wand ist darauf zu achten, dass über dem Putzträger die Mindestputzdicke eingehalten wird. Dies bedingt oftmals, dass über die gesamte Wandfläche der Wandputz etwas stärker aufgetragen werden muss als üblich.

– Die wirtschaftlichere Lösung (Bild **4**.101b): Der Wandschlitz wird mit Dämm-Mörtel (Schlitzmörtel) verfüllt. Dies ist ein Leichtmörtel mit Zuschlägen aus Polystyrolkügelchen, Superlite o. Ä., der eine Rohdichte um die 300 kg/m^3 aufweist. Der Schlitzmörtel kann von Hand wie auch maschinell eingebaut werden. Er wird wandeben abgezogen. Nach entsprechender Standzeit (Herstellerangaben beachten) wird dann der normale Wandputz aufgespritzt und im Bereich des Schlitzes, mit ausreichender Überlappung, eine Putzbewehrung eingelegt.

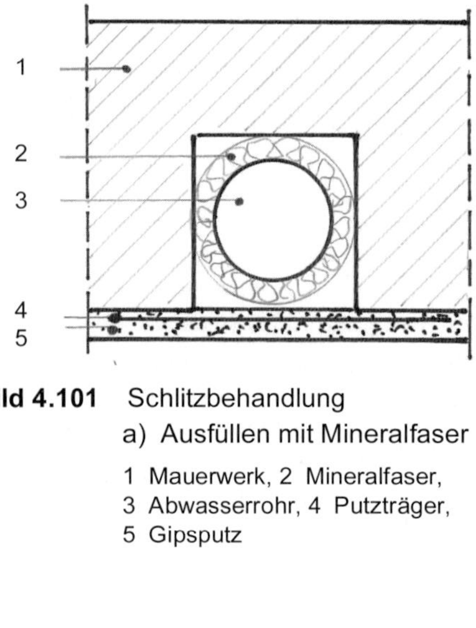

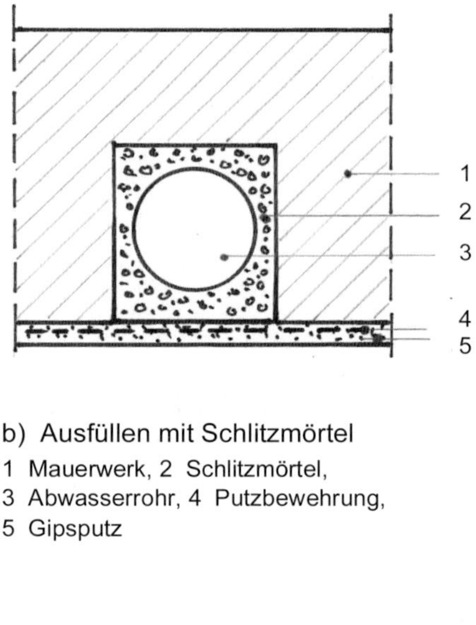

Bild 4.101 Schlitzbehandlung
a) Ausfüllen mit Mineralfaser
1 Mauerwerk, 2 Mineralfaser, 3 Abwasserrohr, 4 Putzträger, 5 Gipsputz

b) Ausfüllen mit Schlitzmörtel
1 Mauerwerk, 2 Schlitzmörtel, 3 Abwasserrohr, 4 Putzbewehrung, 5 Gipsputz

4.12 Putzweisen

Die Art der Oberflächenbehandlung und die dadurch entstehende Putzstruktur wird als Putzweise bezeichnet. Durch die Putzweise wird – neben der farblichen Gestaltung – das Erscheinungsbild eines Gebäudes sowie das der Innenräume wesentlich mitbestimmt. Sie ist aber auch hinsichtlich Verschmutzung und Witterungseinflüssen sorgfältig auszuwählen. Je nach den örtlichen Gegebenheiten – z. B. Staubbelastungen durch Industriebetriebe – müssen grobe Putzweisen ausgeschlossen werden, die zu starker Verschmutzung neigen. Dies gilt ebenso für Gebäude die in exponierter Lage der Witterung – vor allem Feuchtigkeitsbelastungen durch Niederschläge – ausgesetzt sind. Es ist Aufgabe des Fachmanns, hier beratend tätig zu werden.

Gefilzter (Bild **4.**102) **oder geglätteter Putz**

Der aufgetragene Putz wird hierbei mit einem Filzbrett (Filzputz) bzw. mit einer Glättkelle (glatter Putz) bearbeitet. So werden z. B. Gipsputze in der Regel geglättet. Die ausreichend versteifte Oberfläche des Gipsputzes wird zunächst angenässt, dann abgefilzt (um letzte Poren zu schließen) und anschließend mit der Glättkelle geglättet. Sie bieten damit den nachfolgenden Beschichtungen – Anstriche, Tapeten – einen optimalen Untergrund. Beim Filzputz ist es wichtig, den richtigen Zeitpunkt zu erwischen. Wird zu früh gefilzt, verschmiert der Putz. Bei zu spätem Filzen wird der Abbindeprozess gestört, es kommt zum Absanden, der Putz lässt sich nicht mehr in eine gleichmäßige Struktur hineinbringen. Bei Kalk- bzw. Kalk-Zementputzen wird auf die aufgebrachte Grundierung, die nicht zu rau ist, eine feinsandige Schlämme dünn aufgetragen und im richtigen Augenblick gleichmäßig abgefilzt. Grundsätzliches Problem bei gefilzten oder geglätteten Putzen ist, dass durch zu langes und zu kräftiges Verreiben eine Bindemittelanreicherung an der Putzoberfläche entsteht. Diese Schicht ist – wegen ihres hohen Bindemittelanteils – sehr dicht und sehr fett.

Folgen:

- es entstehen Schwindrisse,
- das Erhärten von Luftkalkmörtel in den tieferen Schichten wird gehemmt,
- die Wasserdampdiffusion wird behindert.

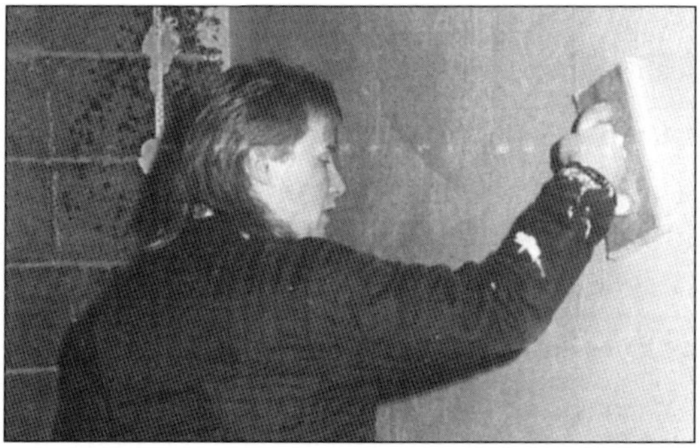

Bild 4.102 Gefilzter Putz

Geriebener Putz oder Reibeputz (Bild **4.**103)

Entscheidend für die Struktur dieser Putzweise ist die Zugabe von Rundkorn als Rollkorn in das Zuschlaggemenge. Der Oberputz wird in Größtkorndicke aufgezogen, mit einer Glättkelle eben abgezogen und anschließend durch Verreiben mit einem Holzbrett, der Kelle o. a. strukturiert. Durch waagerechtes, senkrechtes oder kreisförmiges Reiben können unterschiedliche Strukturen erzielt werden. Es sind diverse Bezeichnungen gebräuchlich: Münchener Rauputz, Rillenputz, Wurmputz, Madenputz, Rindenputz, Altdeutscher Putz u. a. Kunstharzputze werden üblicherweise als Reibeputz ausgeführt.

Bild 4.103 Reibeputz

Kellenwurfputz (Bild **4.**104)

Wird die sich ergebende Struktur beim Anwerfen des Putzes belassen, reden wir vom Kellenwurfputz. Maßgebend für das Erscheinungsbild sind die Kornzusammensetzung, die Mörtelkonsistenz und die Anwurftechnik. Da die Anwurftechnik sehr individuell ist, sollte

Bild 4.104 Kellenwurfputz

die Ausführung einer zusammenhängenden Fläche möglichst nur von einer Hand ausgeführt werden. Grundsätzlich sollte vor der Putzausführung eine Anwurfprobe durchgeführt werden. In der Regel wird der Mörtel für einen Kellenwurfputz mit einem hohen Grobkornanteil (6 bis 10 mm) angemacht. Durch die grobe Struktur wirken diese Putze ehrer rustikal und neigen mehr zum Verschmutzen.

Kellenstrichputz (Bild **4.**105)

Die Eigenart dieser Putzweise wird erreicht, indem der angeworfene und eben abgezogene Mörtel mit der Kelle fächer- oder schuppenartig verstrichen wird. Charakteristisch ist der sichtbar bleibende Kellenstrich. Der Kellenstrichputz wirkt ebenfalls rustikal und wird gerne bei Fachwerkbauten verwendet.

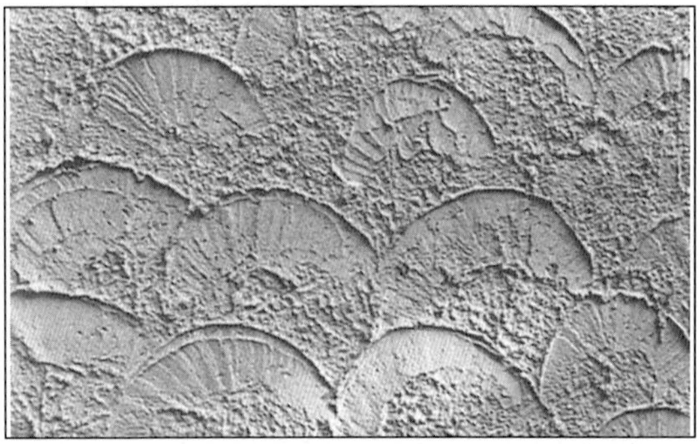

Bild 4.105 Kellenstrichputz

Spritzputz (Bild **4.**106)

Feinkörnige, dünnflüssige Mörtel werden mit einem speziellen Spritzputzgerät oder einer Spritzpistole ein- oder mehrlagig aufgesprenkelt. Ursprünglich wurde diese Putzweise mit

Bild 4.106 Spritzputz

Reisigbesen (Besenspritzputz) ausgeführt. Spritzputz findet Anwendung bei der Renovierung von Fassaden, die lediglich optisch unansehnlich geworden sind und bei Akustikputzen.

Kratzputz (Bild **4.**107)

Der individuelle Charakter eines Kratzputzes hängt im Wesentlichen von der Kornzusammensetzung der mineralischen Zuschläge ab. Der Mörtel wird aufgetragen und eben abgezogen. Nach dem teilweisen Erhärten des Putzes wird die Oberfläche mittels eines Nagelbrettes abgekratzt. Durch das herausspringende Korn wird die Struktur dieser Putzweise gebildet. Wichtig ist, zum rechten Zeitpunkt mit dem Kratzen zu beginnen. Dies ist abhängig vom Erhärtungsverlauf des Putzes. Dieser Zeitpunkt ist erreicht, wenn das Korn beim Kratzen aus dem Putz herausspringt und nicht im Nagelbrett hängen bleibt. Wesentlicher Vorteil eines Kratzputzes ist, dass durch das Abkratzen der obersten Schicht, die bindemittel- und spannungsreiche Schicht entfernt wird. Damit wird eine hohe Schutzfunktion und lange Lebensdauer erreicht. Nach dem Kratzen werden mit einer Ziehklinge eventuell vorhandene Unebenheiten (Wellen) beseitigt und die Putzoberfläche mit einem Handbesen sauber abgefegt. Sich später lösende Körner – z. B. durch Überstreichen mit der Hand – sind kein Beanstandungsgrund. Die verbleibende Putzstärke nach dem Abkratzen soll 8 bis 10 mm betragen.

Bild 4.107 Kratzputz

Waschputz (Bild **4.**108)

Mitbestimmend für das Erscheinungsbild des Waschputzes ist die Größe, die Form und die

Farbe der Zuschläge. Waschputz ist auf einen Unterputz der MG PIII aufzubringen. Nach dem Auftragen wird der Putz sorgfältig geglättet und durch Abwaschen der an der Oberfläche befindlichen Bindemittelschlämme die Steinstruktur freigelegt. Das Abwaschen kann mit Hilfe besonders geeigneter Spritzpistolen und/oder mit einer Bürste durchgeführt werden. Wichtig ist auch hier, den richtigen Zeitpunkt einzuhalten, in dem das Abwaschen durchzuführen ist. Zu frühes Abwaschen könnte zum Abschwemmen des Putzes führen, bei zu spätem Beginn könnte das bereits erhärtete Bindemittel nicht mehr ausreichend entfernt werden. Keinesfalls darf die Steinkörnung in ihrer gesamten Tiefe freigelegt werden.

Nach dem Aushärten des Putzes wird der sich auf der Putzoberfläche befindliche Zementschleier mit verdünnter Salzsäure entfernt, so dass die Farben der Zuschläge klar zum Vorschein kommen. Waschputze werden vor allem dort eingesetzt, wo es zu starken mechanischen und witterungsbedingten Beanspruchungen kommt, wie z. B. im Sockelbereich, in Fluren und Treppenhäusern öffentlicher Gebäude usw.

Unter Putzweise versteht man die Art der Oberflächenbehandlung des Putzmörtels und der dadurch entstehenden Putzstruktur.

Bild 4.108 Waschputz

4.13 Sockelausbildung

Planung. Alle im Sockelbereich verwendeten Baustoffe müssen den besonderen Anforderungen die dort auftreten gerecht werden. Sie müssen insbesondere gegen die auftretende Feuchtebelastung beständig sein, aber auch gegen verstärkte Stoßbelastungen.

Vor Beginn der Putzausführung muss auch geklärt sein, wie der Verlauf der Sockellinie erfolgen soll. Soll eine optische Trennung zwischen Fassadenputz und Sockelputz erfolgen oder kann darauf verzichtet werden. Befindet sich der Fassadenputz und der Sockelputz auf gleicher Ebene (Bild 4.109a) oder springt der Sockelputz etwas zurück (Bild 4.109b). Keinesfalls sollte der Sockel gegenüber der Fassade vorstehen (Bild 4.109c). Soll eine Sockellinie gesetzt werden, dann sollte diese nicht quer durch Kellerfenster verlaufen. Sinnvollerweise kann die Sockellinie im Bereich der Untergeschossdecke verlaufen, wie das oft bei älteren Gebäuden zu sehen ist. Es ist auch das Verhältnis zwischen Fassadenhöhe und Sockelhöhe zu berücksichtigen. Übermäßig hohe Sockel wirken störend (Bild 4.109d). Das Haus wirkt wie auf Stelzen gesetzt. Eine zu geringe Sockelhöhe kann möglicherweise den Anforderungen an den Spritzwasserschutz nicht gerecht werden.

Bild 4.109a Sockel in gleicher Ebene mit dem Fassadenputz

Bild 4.109b Gut: Sockel springt etwas zurück

Bild 4.109c Schlecht: Sockel steht vor

Generell gilt bei der Putzausführung zu beachten, dass Putze im Übergangsbereich Sockelerdberührter Bereich sowie im Spritzwasserbereich einer besonderen Auswahl unterliegen und durch geeignete Maßnahmen besonders zu schützen sind. Sockelputze müssen wasserabweisend sein. Das heißt, es werden nur Putze der Mörtelgruppen P II und P III eingesetzt. Die Druckfestigkeit sollte mindestens 10 N/mm² erreichen. Handelt es sich um Leichtmauerwerk, kommen nur Putze der Mörtelgruppe P II/CS III in Betracht. Empfehlenswert sind für:

Unterputze:

- mineralische Werktrockenmörtel P II/CS III
- mineralische Werktrockenmörtel P III
- Sanierputze nach WTA

Bild 4.109d Ungünstiges Verhältnis Fassadenhöhe: Sockelhöhe

Oberputze:

- mineralische Werktrockenmörtel P II
- mineralische Werktrockenmörtel P III
- Kunstharzputze P Org 1
- Silikatputze nach DIN 18550
- Silikonputze, wenn sie P Org 1 entsprechen

Putzuntergründe. Bei Wänden aus Beton oder schwerem Mauerwerk (KS, Betonsteine) in den Festigkeitsklassen > 6 N/mm² kann ein mineralischer Putzmörtel der Mörtelgruppe P III, bei Leichtmauerwerk in den Steinfestigkeitsklassen < 6 N/mm² eine Mörtel der Mörtelgruppe P II/CS III empfohlen werden.

Bei rauen (keine glatten!) XPS-Platten (extrudierte Polystyrol-Hartschaumplatten) kann die Ausführung entsprechend dem Merkblatt für das Verlegen und Verputzen von exdrutierten Polystyrol-Hartschaumplatten mit rauer Oberfläche als Wärmedämmung erfolgen:

1. Möglichkeit:

- dünnschichtigen Armierungsmörtel aufziehen und Armierungsgewebe einlegen,

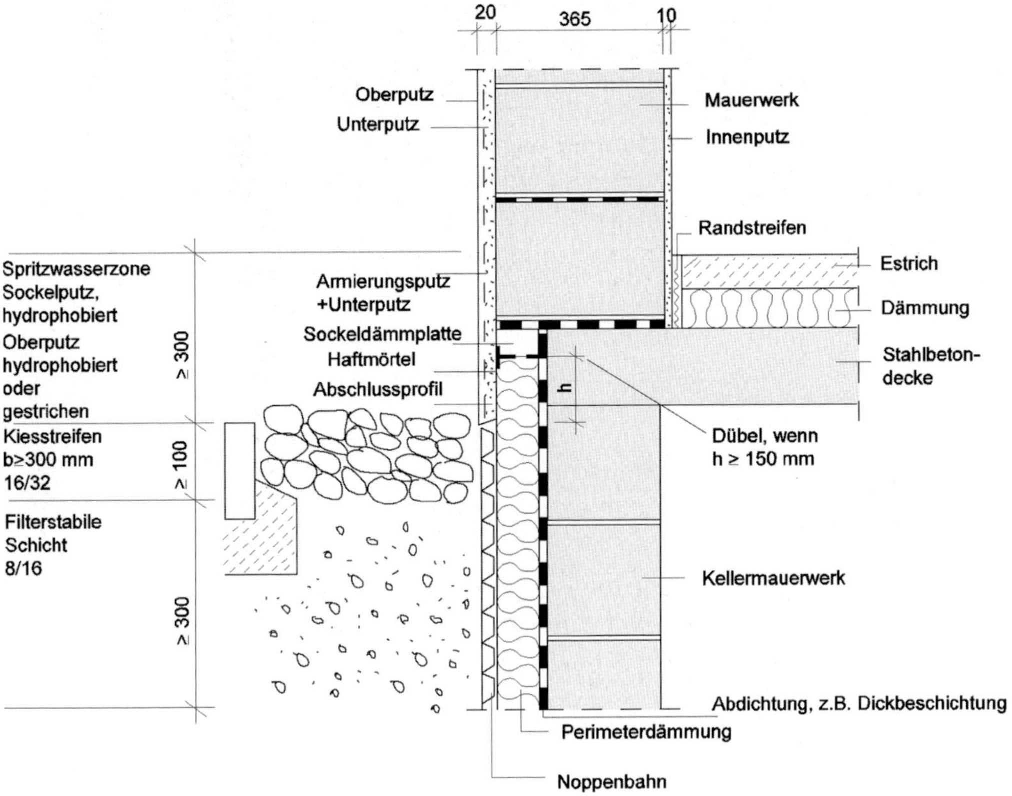

Bild 4.110a Sockelausbildung, geländeeben, mit Anschluss Kiesstreifen

- Standzeit einhalten, mindestens 1 Tag,
- bei Anforderungen mit erhöhter Stoßbelastung nochmaliges Aufziehen eines dünnschichtigen Armierungsmörtels und stoßversetztes Einlegen des Armierungsgewebes,
- Standzeit einhalten, mindestens 1 Woche (witterungsabhängig),
- Aufziehen des Oberputzes.

2. Möglichkeit:
- Aufbringen einer mineralischen, kunststoffvergüteten Putzhaftbrücke. Dies geschieht mit einer groben Zahntraufel in horizontaler Richtung, Dicke ca. 5 mm, in den Vertiefungen mindestens 2 mm,
- Standzeit einhalten, 1 bis 5 Tage (witterungsabhängig),
- Aufziehen eines 5 bis 8 mm dicken mineralischen Ausgleichsmörtels und Einbetten eines Armierungsgewebes,
- Standzeit einhalten, pro mm Putzdicke 1 Tag,
- Aufziehen des Oberputzes.

Ist ein mineralischer, tragfähiger Putzuntergrund vorhanden kann eine mineralische kunststoffvergütete Putzhaftbrücke mit einer groben Zahntraufel (ca. 5 mm) aufgezogen werden. In den Vertiefungen ist eine Auftragsdicke von ≥ 3mm einzuhalten. Nach ausreichender Standzeit kann dann ein Unterputz in einer mittleren Dicke von 15 mm mit zusätzlichem Armierungsgewebe aufgebracht werden. Nach dem Durchhärten des Unterputzes (Standzeit beachten) erfolgt dann das Auftragen des Oberputzes.

Mit Bitumenemulsionen beschichtete mineralische Untergründe sind keine geeignete Möglichkeit einen Putz aufzubringen. Entweder

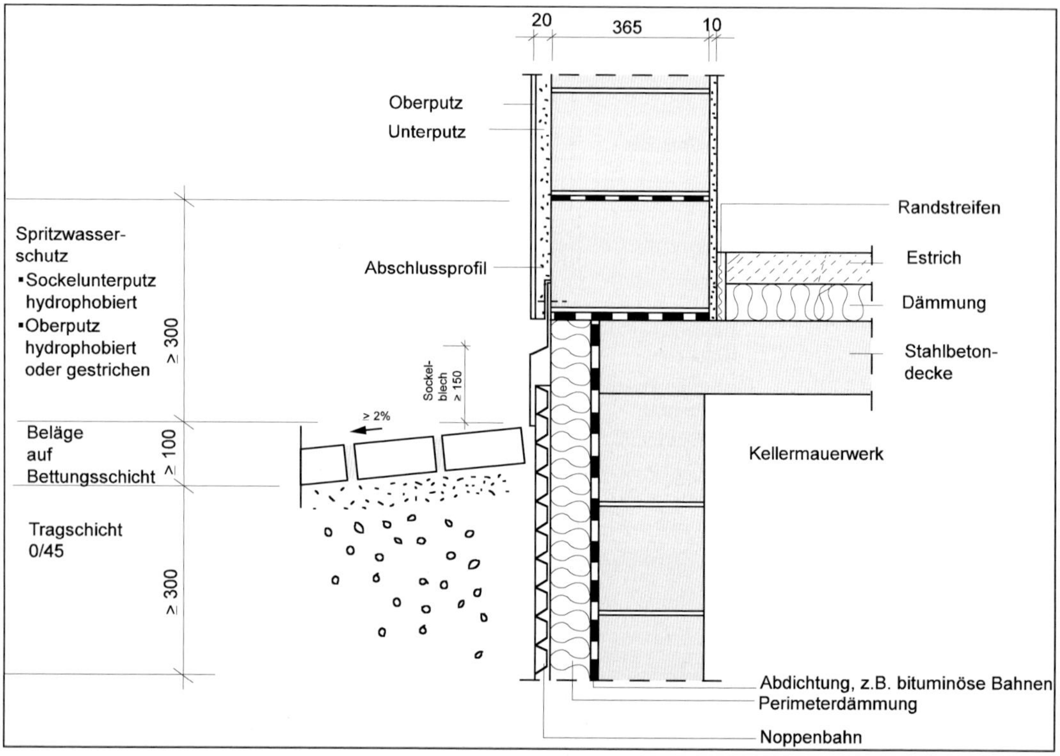

Bild 4.110b Sockelausbildung mit Anschlussprofil, Anschluss Belagfläche (Maße in mm)

muss hier die vorhandene Bitumenbeschichtung vollständig mechanisch entfernt werden oder es muss ein Putzträger befestigt werden.

Um die Dauerhaftigkeit der Maßnahmen im gesamten Spritzwasserbereich zu garantieren, sollte eine zusätzliche Beschichtung oder eine farblose Imprägnierung vorgesehen werden.

Die Zeichnungen **4**.110 zeigen beispielhaft die Sockelausbildung bei unterschiedlichen Gegebenheiten.

4.14 Putzschäden

Ursachen von Putzschäden können begründet sein in

- der Bauausführung,
- der Beurteilung des Untergrundes,
- der Behandlung des Untergrundes,
- der Auswahl und Mörtelzusammensetzung,
- der Putzausführung,
- der Nachbehandlung des Putzes.

Bei den vorbereitenden Arbeiten zur Putzausführung ist es unbedingt erforderlich, das Augenmerk auf vorhandene, in der bisherigen Bauausführung liegenden Mängel zu richten und diese dem Auftraggeber – am besten schriftlich – zur Kenntnis zu bringen. In der folgenden Übersicht (Tabelle **4**.111) ist eine Auswahl von Schäden und deren mögliche Ursachen aufgelistet.

> Putzschäden lassen sich durch eine sorgfältige Planung der Baukonstruktion, der sachgerechten Untergrundvorbehandlung und Putzausführung weitgehend vermeiden.

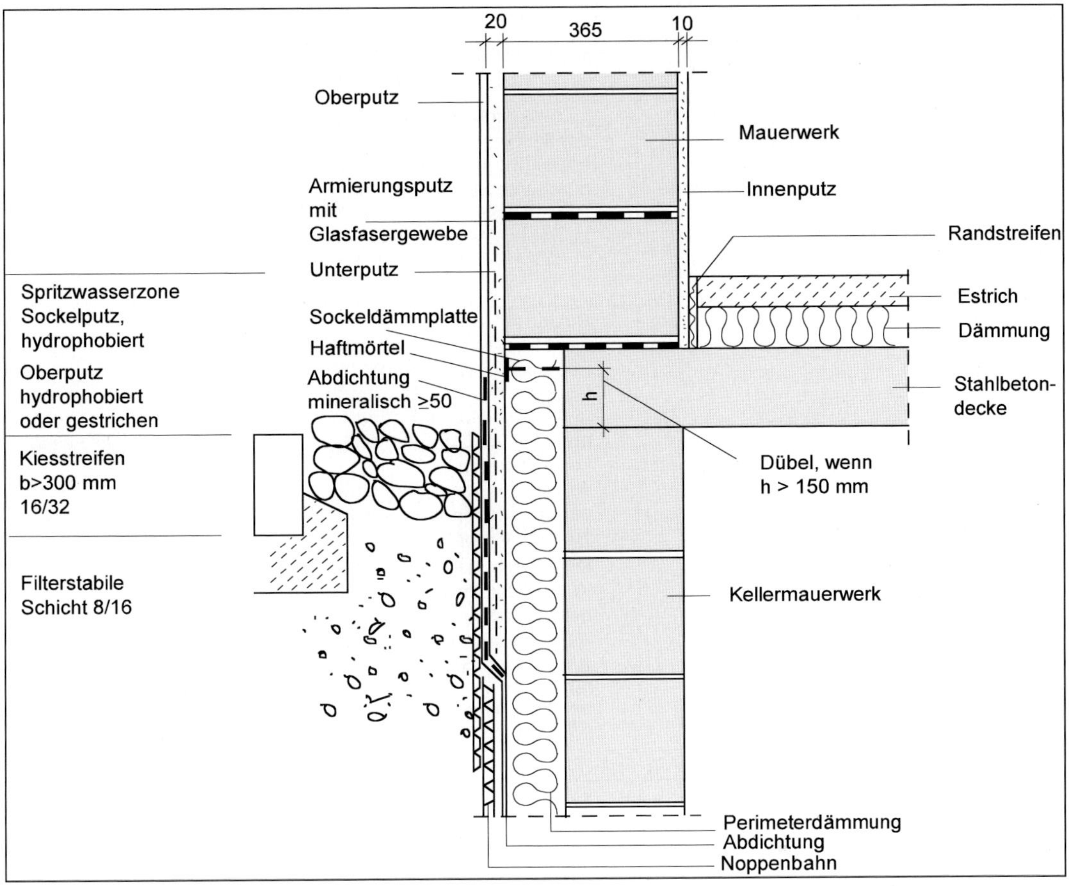

Bild 4.110c Sockelausbildung ohne Putzkante, Anschluss Kiesstreifen (Maße in mm)

Tabelle 4.111 Arten und Ursachen von Putzschäden

Schäden (Erscheinungsbild)	Mögliche Ursachen
Risse im Putz	
– *Setzrisse* gehen durch alle Putzlagen und das Mauerwerk; befinden sich an den Deckenstirnseiten, verlaufen schräg durch die Wand oder gehen von Fensterecken diagonal aus; sind bis zu mehreren mm breit	Setzung des Gebäudes durch – Mangelhafte Fundierung – geologische Setzungen (Bergbau) – Erschütterungen durch Verkehr
– Spannungsrisse gehen vom Putzträger aus, zeichnen sich in ihrer Entstehungsart auch an der Putzoberfläche ab; meist geradlinig verlaufende Risse unterschiedlicher Breite	– fehlende Bewegungsfugen – Bewegungen und Verformungen durch Zug- oder Druckspannungen oder Dehnung – thermische Spannungen – Mischmauerwerk – fehlende Putzträger an Stahl- oder Holzbauteilen (Balken oder Stützen)

Tabelle 4.111 Fortsetzung

Schäden (Erscheinungsbild)	Mögliche Ursachen
Risse im Putz	
– *Schwindrisse.* Kleine, feine Risse (< 0,2 mm) über die ganze Putzfläche verteilt; bei trockenem Putz nicht immer erkennbar; nur in der Putzoberfläche; meist bei glattem oder geriebenem Putz	– zu fette Mörtelmischung (zu viel Feinstsand oder zu viel Bindemittel) – hohe Bindemittelanreicherung in der obersten Putzlage (z. B. durch intensive Bearbeitung) – falsche oder fehlende Nachbehandlung – zu hoher Wasseranteil im Mörtel – zu dicker Mörtelauftrag in einer Schicht
Putz löst sich ab	
Hohlstellen, die sich beim Abklopfen durch einen hohlen dumpfen Klang erkennen lassen	– Putzgrund zu glatt – nicht tragfähiger Putzgrund – Putzgrund verunreinigt – feuchter nasser Putzgrund – unterschiedliches Spannungsverhalten von Putz und Putzgrund (z. B. Zementputz auf Mauerwerk mit geringer Festigkeitsklasse) – Sinterschicht auf dem Unterputz – harter Putz auf weichem Unterputz – zu dünner Putzauftrag
Durchfeuchten des Putzes	– fehlende horizontale und/oder vertikale Sperrschicht – Kondensatbildung (Tauwasserbildung) durch falschen Putz- oder Wandaufbau – Vermoosung oder Algenbildung – Anschlussfugen zu angrenzenden Bauteilen nicht abgedichtet – fehlendes Gefalle an Vorsprüngen – fehlende Wassernasen – Fehler in der Baukonstruktion
Ausblühungen	
Wasserlösliche Salze werden durch aufsteigende Flüssigkeit gelöst und kristallisieren an der Oberfläche aus	– im Mauerwerk (Mauersteinen) enthaltene Salze – verunreinigte Zuschlagstoffe (Sulfate, Nitrate, Chloride) – salzhaltiges Anmachwasser – unsachgemäße Verwendung von Zusatzmitteln – nicht abgebundenen Bindemittelüberschüsse (Calciumcarbonat) – übermäßiges Absäuern
Abplatzungen	– ungelöschte Kalkteilchen im Putz – Volumenvergrößerung durch Kristallisation von Salzausblühungen – Treiberscheinungen durch verunreinigte Zuschlagstoffe (Kohle, Kreide, Ton) – Gipsputz auf nicht ausreichend abgebundenem hydraulischem Unterputz – Frosteinwirkung bei durchfeuchteten Putzen
Absanden von Putz	– zu geringer Bindemittelanteil im Mörtel – Überwässerung des Mörtels – stark saugender Putzgrund – Frosteinwirkung auf noch nicht vollständig abgebundenen Mörtel – zu schneller Wasserentzug durch Witterungseinflüsse (Wind, Sonne) – zu starke künstliche Trocknung – unzureichende oder keine Nachbehandlung – falscher Aufbau mehrschichtiger Putze

Tabelle 4.111 Fortsetzung

Schäden (Erscheinungsbild)	Mögliche Ursachen
Ausblühungen	
Pilz- und Algenbefall	– hohe Oberflächenfeuchtigkeit des Putzes (z. B. durch unzureichende Lüftung oder Dämmmaßnahmen) – feuchtigkeitsspendende Baustoffe – Putze mit zu hohem Kunstharzgehalt – Außenputze können wegen zu naher Bepflanzung nicht austrocknen
Fleckenbildung, Verfärbungen	– zu geringe Putzdicke (Fugen zeichnet sich ab) – bei Gipsmörtel durch mehrmalige Feuchtigkeitsbelastung – unterschiedliche Struktur der Putzfläche durch Arbeitseinsatz oder auch durch Regeneinwirkung – Verschmutzung durch Spritzwasser auf Gerüstbohlen – Einwirkung von Chemikalien – Rostflecke durch nicht geschützte Metallbauteile, auch durch rostiges Werkzeug – Rußablagerungen im Untergrund, die nach außen wandern – schwefelkieshaltige Zuschläge – Mörtel nicht gleichmäßig durchgemischt – unterschiedliche Mörtelmischungen

Bild 4.112a Setzrisse, mit Spezialmörtel verpresst

Bild 4.112b Schwindrisse

Bild 4.112c Durchfeuchteter Putz

Bild 4.112 d Ausblühungen

Bild 4.112 e Großflächige Putzabplatzung

Bild 4.112 f Putzabplatzung

Bild 4.112 g Algenbildung

Bild 4.112h Durchscheinen der Fugen

4.15 Putzsanierung

Sanierungsaufgaben stellen einen hohen Anspruch an die ausführenden Firmen und Fachkräfte. Es ist daher unbedingt notwendig sich mit jedem einzelnen Projekt bereits im Vorfeld der Ausführung intensiv zu befassen. Eine nur nach außen hin offenbar gelungene Sanierung zeigt mitunter bereits nach kurzer Zeit, dass die Ursachen der Problematik nicht erkannt und schon gar nicht behandelt wurden. Dies führt sowohl bei dem Auftraggebern wie auch bei den bauausführenden Firmen zu viel Unzufriedenheit.

Bestandsaufnahme

Am Anfang jeder Sanierungsmaßnahme steht eine Bestandsaufnahme. Dadurch sollen die für die Sanierungsplanung notwendigen Erkenntnisse ermittelt werden: baulicher Zustand, Mängelliste, Gefahrenpotential (eventuell Gefahr durch herabfallende Putzteile), Sicherung alter Bausubstanz, Ursachenfeststellung etc. Bei denkmalgeschützten Bauwerken ist notwendigerweise auch der zuständige Landeskonservator rechtzeitig mit einzubeziehen.

Für die Bestandsaufnahme sind neben dem visuellen Eindruck auch messtechnische Werte zu erfassen. So werden möglicherweise benötigt:

- Messgeräte für die Längenmessung (Gliedermaßstab, Rollbandmaß, optische Geräte …)
- Fotoapparat (Spiegelreflexkamera, Digitalkamera …)

Bild 4.113 Feuchtemessung

- Feuchtemessgerät (elektrische Widerstandsmessung (siehe Bild **4.**113), Calciumcarbid-Methode, Darr-Methode)
- Temperaturfühler zur Feststellung der Oberflächentemperatur
- Teststäbchen zur Bestimmung der Salzbelastung
- Teststäbchen oder digitales Messgerät zur Bestimmung des pH-Wertes
- Thermografie-Gerät zur Ermittlung der Temperaturverteilung

Sinn macht auch eine Berechnung von bauphysikalischen Werten, wie z. B. U-Wert, Schichtentemperaturen oder auch Dampfsättigungsdruckverlauf (nach Glaser).

Abdichtungsmaßnahmen

In aller Regel resultieren die Putzschäden im erdnahem Bereich aus aufsteigender Feuchtigkeit. Die Ursachen können sein (Bild **4.**114):

- Spritzwasser,
- fehlende oder undichte vertikale Abdichtung der Kelleraußenwände und/oder
- fehlende oder undichte waagerechte Abdichtung der Kelleraußenwände,
- anfallendes Tauwasser.

Bevor demnach ein neuer Verputz aufgebracht werden kann, gilt es die eigentliche Ursache zu beseitigen: die ins Mauerwerk eindringende und kapillar aufsteigende Feuchtigkeit. Die nachträgliche Herstellung einer vertikalen Abdichtung erfolgt mittels Anstrichen, Abdichtungsbahnen, Spachtelmassen oder Dichtungsmassen. Zuvor ist es allerdings in aller Regel notwendig, einen Zementputz als Träger für die Abdichtungsstoffe aufzubringen. Mehr Aufwand erfordert eine nachträgliche, waagerechte Sperrschicht. Diese wird üblicherweise von darauf spezialisierten Firmen ausgeführt. In Frage kommen:

- Sägeverfahren: Einbau von bitumenkaschierten Metallfolien
- Einpressverfahren: Einpressen von Nirosta-Stahlplatten
- Injektionsverfahren: Einbringen von hydrophobierenden Stoffen in Bohrlöcher

Wichtig ist dabei, die vertikale und die horizontale Abdichtung so miteinander zu verbinden, dass eine lückenlose Abdichtung entsteht.

Sanierputz

Erst nach dem sichergestellt ist, dass keine weitere Feuchtigkeit mehr ins Mauerwerk gelangen kann, ist es sinnvoll einen neuen Putz aufzubringen. Hier kommt, bei noch vorhandenen Salzvorräten im Mauerwerk, richtiger weise ein Sanierputzsystem zur Anwendung. Dadurch wird gewährleistet, dass Ausblühungen und Putzschäden vermieden werden. Die Ausführungshinweise zu Sanierputzen sind im Abschnitt 4.11.5 dargestellt.

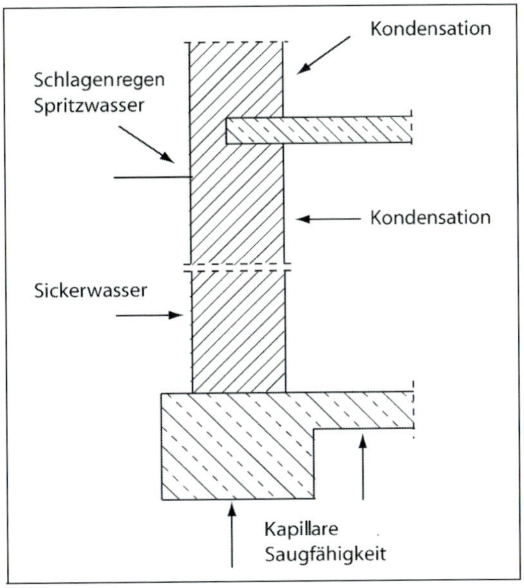

Bild 4.114 Ursachen der Mauerwerksdurchfeuchtung

Aufgaben zu Abschnitt 4

T

1. Beschreiben Sie die Verfahren zur Herstellung von Baugipsen.
2. In welchen Punkten unterscheiden sich die üblichen Gipsarten voneinander? Erstellen Sie eine Tabelle.
3. Nennen Sie die Anwendungsgebiete der üblichen Gipsarten.
4. In welchem wesentlichen Punkt unterscheidet sich Anhydrit von Gipsstein?
5. Beschreiben Sie die Herstellung von REA-Gips.
6. Beschreiben Sie den Kreislauf des Gipses.
7. Beschreiben Sie den Kreislauf des Kalkes.
8. Wodurch unterscheiden sich Luftkalke von hydraulischen Kalken?
9. Nennen Sie die Anwendungsgebiete von Luftkalken und hydraulischen Kalken.
10. Wie wirken sich ungelöschte Kalkteilchen im Putzmörtel aus?
11. Beschreiben Sie die Umwandlung von Kalkstein in Gipsstein durch Umwelteinflüsse.
12. Nennen Sie die Anwendungsgebiete der Normzemente.
13. Erklären Sie den Begriff „Karbonatisierung“.
14. Welche Baustoffe werden von frischem Kalk- bzw. Zementmörtel angegriffen?
15. Welche Bindemittel dürfen nicht miteinander verarbeitet werden? Begründen Sie Ihre Aussage!
16. Wie sind Putz- und Mauerbinder zusammengesetzt?
17. Wo kommen Putz- und Mauerbinder zum Einsatz?
18. Beschreiben Sie die Herstellung von Magnesiabinder.
19. Wo werden Magnesiabinder eingesetzt?
20. Was sind Silikate?
21. Für welche Arbeiten wird Wasserglas verwendet?
22. Was versteht man unter „Versteinerung“?
23. Aus welchen Ausgangsstoffen werden Kunstharze hergestellt?
24. Nennen Sie Anwendungsgebiete von Kunstharzdispersionen.
25. Nennen Sie die Vorteile von Kunstharzbindemitteln.
26. Was versteht man unter Lehm?
27. Nennen Sie Einsatzgebiete von Lehm.
28. Welche Aufgaben haben die Gesteinskörnungen im Mörtel?
29. Nennen Sie mineralische und organische Gesteinskörnungen.
30. Warum werden normalerweise gemischtkörnige Gesteinskörnungen eingesetzt?
31. Welche Bestandteile dürfen keinesfalls in den Gesteinskörnungen enthalten sein?
32. Nennen Sie Möglichkeiten, Gesteinskörnungen auf ihre einwandfreie Beschaffenheit hin zu überprüfen.
33. Welche Aufgaben hat das Anmachwasser in der Mörtelmischung?
34. Beschreiben Sie den Unterschied zwischen Zusatzstoffen und Zusatzmitteln.
35. Nennen Sie Beispiele für Zusatzstoffe und Zusatzmittel.
36. Welche Farbpigmente stehen dem Stuckateur zur Einfärbung von Putzmörtel zur Verfügung?
37. Wie definiert DIN V 18550 den Begriff „Putzmörtel“?
38. Womit beschäftigt sich DIN V 18550?
39. Nennen Sie Eigenschaften, Anwendungsgebiete und übliche Mischungsverhältnisse für Mörtel der Mörtelgruppe PI
40. Nennen Sie Eigenschaften, Anwendungsgebiete und übliche Mischungsverhältnisse für Mörtel der Mörtelgruppe PII.
41. Nennen Sie Eigenschaften, Anwendungsgebiete und übliche Mischungsverhältnisse für Mörtel der Mörtelgruppe PIII.
42. Nennen Sie Eigenschaften, Anwendungsgebiete und übliche Mischungsverhältnisse für Mörtel der Mörtelgruppe PIV.
43. Warum dürfen Gipsputze nach dem Erreichen des Versteifungsendes nicht mehr bearbeitet werden?
44. Wie setzt sich Lehm zusammen?
45. Nennen Sie Vor- und Nachteile von Lehmputzen.
46. Welche Nachteile ergeben sich bei Verwendung von Baustellenmörtel?
47. Unterscheiden Sie zwischen Werk-Trockenmörtel, Werk-Vormörtel und Werk-Frischmörtel.
48. Erklären Sie den Begriff „Beschichtungsstoff“.
49. Aus welchen Ausgangsstoffen werden Beschichtungsstoffe für Kunstharzputze hergestellt?
50. Nennen Sie Eigenschaften und Verarbeitungshinweise für kunstharzgebundene Beschichtungsstoffe.
51. Wie erhärten Silikatputze?
52. Erklären Sie den Begriff „Putzsystem“.
53. Welche Probleme können sich bei mehrschichtigen Putzen ergeben?
54. Wie muss ein guter Putzgrund beschaffen sein?

55. Wie kann der Putzgrund auf seine Eignung hin überprüft werden?
56. Beschreiben Sie die Möglichkeit der Putzgrundvorbereitung.
57. Nennen Sie Arten und Anwendungsgebiete eines Spritzbewurfes.
58. Erklären Sie den Begriff „Putzlagen".
59. Erklären Sie die Begriffe „Oberputz" und „Unterputz".
60. Um Probleme beim Zusammenwirken der einzelnen Putzlagen zu vermeiden, sind hinsichtlich der Mörtelzusammensetzung und Ausführung einige Regeln zu beachten. Nennen Sie diese.
61. Von welchen Faktoren ist das Spannungsverhalten eines Putzes abhängig?
62. Welche Aufgaben haben Putzträger?
63. Nennen Sie Arten von Putzträgern, ihre spezifischen Eigenschaften sowie ihre Einsatzgebiete.
64. Welche Arten von Putzbewehrungen gibt es?
65. Welche Aufgaben haben Putzbewehrungen?
66. Beschreiben Sie den Unterschied zwischen Putzträger und Putzbewehrung.
67. Nennen Sie Arten von Putzprofilen und ihre jeweilige Funktion.
68. Beschreiben Sie das Anbringen von Putzprofilen.
69. Auf welche Art und Weise können HWL-Platten befestigt werden?
70. DIN 1102 regelt das Verputzen von Leichtbauplatten. Beschreiben Sie eine der dort genannten Möglichkeiten.
71. Nennen Sie allgemeine Regeln zur Putzausführung.
72. Beschreiben Sie die Herstellung einer Putzlehre an einer Wandfläche.
73. Welche Vorteile bietet der Maschinenauftrag gegenüber dem Handauftrag?
74. Nennen Sie die grundsätzlichen Arten von Putzmaschinen.
75. Welche allgemeinen Anforderungen werden an Putze gestellt?
76. Erklären Sie den Unterschied zwischen „wasserhemmend" und „wasserabweisend".
77. Nennen Sie übliche Putzsysteme für Kelleraußenputze und Außensockelputze.
78. Was versteht man unter Sanierputzen?
79. Beschreiben Sie die Funktionsweise von Sanierputzen.
80. Welche Anforderungen stellt WTA an Sanierputze?
81. Aus welchen Komponenten bestehen Sanierputze?
82. Beschreiben Sie den Arbeitsablauf zur Herstellung einer Sanierungsmaßnahme mit Sanierputz.
83. Was versteht man unter Leichtputz?
84. Weshalb wurden Leichtputze entwickelt?
85. Welche Anforderungen stellt die Norm an Leichtputze?
86. Welche Beimengungen/Gesteinskörnungen werden für Wärmedämmputze eingesetzt?
87. Nennen Sie Ausführungshinweise zur Herstellung von Wärmedämmputzen.
88. Aus welchen Schichten bestehen Wärmedämm-Verbundsysteme?
89. Beschreiben Sie die Möglichkeit der Befestigung von Wärmedämm-Verbundsystemen.
90. Beschreiben Sie den Arbeitsablauf zur Herstellung von Wärmedämm-Verbundsystemen.
91. Welche Aufgaben hat die Armierungsschicht im Wärmedämm-Verbundsystem?
92. Auf welche Punkte ist beim Verlegen der Dämmplatten von Wärmedämm-Verbundsystemen besonders zu achten?
93. Welche Folgen (Schäden) können sich aus den im folgenden genannten Bedingungen bei Wärmedämm-Verbundsystemen ergeben?
    a) Die zweilagige Armierungsschicht wurde nicht nass in nass verarbeitet.
    b) Die Armierung fehlt.
    c) Die Armierung liegt auf den Dämmplatten auf.
    d) Die Armierung ist nicht überlappend verlegt.
    e) Das Armierungsgewebe bildet Falten.
    f) Die Armierungsschicht wurde bei großer Hitze eingebettet.
    g) Die Dämmplatten wurden nicht randumlaufend mit Kleber belegt.
    h) Die Dämmplatten wurden in der Plattenmitte nicht mit Kleber belegt.
    i) Es wurde zu wenig Kleber aufgetragen.
    j) Der Kleber wurde ungleichmäßig dick aufgetragen.
    k) Es befindet sich zwischen den Plattenstößen Kleber.
    l) Die Dämmplatten wurden nicht im Verband verlegt.
94. Nennen Sie Verarbeitungshinweise für Kunstharzputze.
95. Nennen Sie Möglichkeiten der Oberflächenstruktur von Kunstharzputzen.
96. Welche Anforderungen stellt DIN 18558 an Kunstharzputze?
97. Was versteht man unter Edelputz?
98. Was versteht man unter Sgraffito?
99. Welche Werkzeuge werden zur Herstellung eines Sgraffiti benötigt?

100. Welche besonderen Anforderungen werden an Innenputze gestellt?
101. Nennen Sie Ausführungshinweise für Gips- und Kalkputze.
102. Welche Anforderungen werden an die Ausführung von Brandschutzputzen gestellt?
103. Was versteht man unter Putzweise?
104. Beschreiben Sie die Eigenschaften/Merkmale/Probleme der verschiedenen Putzweisen.
105. Welche Folgen (Putzschäden) können sich aus den folgenden genannten Bedingungen ergeben?
   a) Zu viel Bindemittel im Mörtel,
   b) zu wenig Bindemittel im Mörtel,
   c) nachlöschende Kalkteilchen im Mörtel,
   d) Gipsmörtel auf Stahlteile aufgebracht,
   e) Gipsmörtel auf frischen Zementmörtel aufgetragen
   f) schwefelhaltiger Zuschlag,
   g) Mörtel ungenügend durchgemischt,
   h) unterschiedliche Mischungsverhältnisse,
   i) stark saugender Putzgrund,
   j) sehr glatter Putzgrund,
   k) Mauerwerk durchfeuchtet,
   l) Staubablagerungen auf dem Putzgrund,
   m) Schalölreste auf dem Beton,
   n) Mörtel wurde nicht angeworfen,
   o) unterschiedliche Putzschichtdicken,
   p) Oberputz härter als Unterputz,
   q) Sinterschicht auf dem Unterputz,
   r) Dehnfugen überputzt,
   s) Mischmauerwerk,
   t) Sockel steht vor,
   u) Verputzen bei hochsommerlichen Temperaturen,
   v) Verputzen bei Minustemperaturen,
   w) Verputzen auf gefrorenem Untergrund,
   x) Mörtel anmischen mit gefrorenem Sand,
   y) Bindemittel ist überlagert,
   z) Verputzen bei Zugluft.

M

1. Für eine Arbeit werden 17280 Arbeitsstunden bei einem Einsatz von 18 Arbeitern kalkuliert.
   a) In wie viel Tagen ist die Arbeit fertiggestellt?
   b) Wie viele Arbeiter werden benötigt, wenn die Arbeit in 90 Tagen, à 8 Stunden beendet sein soll?
   c) Wie lange benötigt eine Kolonne von 10 Arbeitern?
2. Drei Stuckateure vergipsen in 12 Tagen 21 gleich große Einheiten. Wie viel Stuckateure müssten eingesetzt werden, wenn die gleiche Arbeit in 9 Tagen bewältigt werden soll?
3. Das in der Ansicht skizzierte Teilstück einer Treppenhauswand (Bild **4.**115) soll vergipst werden.
   a) Wie viel Sack Gips müssen zur Baustelle angefahren werden? (1 Sack = 40 kg; 16 kg/m^2)
   b) Im Anschluss an die Decke soll eine Putzabschlussleiste eingebaut werden. Wie viel m Leiste werden benötigt?

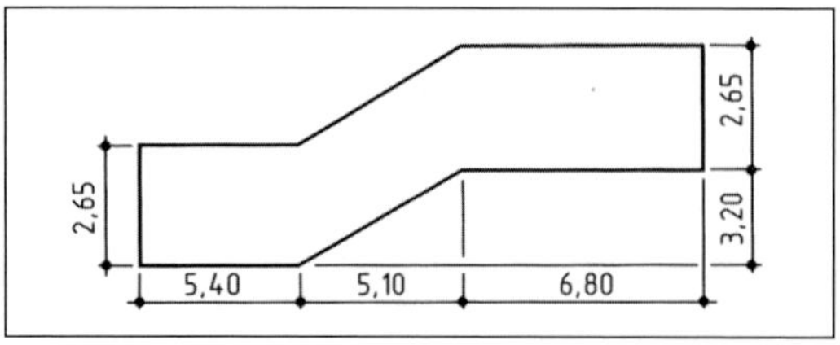

Bild 4.115 Treppenhauswand

4. Wie viel Sack Maschinenputzgips werden für den dargestellten Raum (Bild **4.**116) (Wände und Decken) benötigt? Für Fenster und Türen sind von der Wandfläche 20 % in Abzug zu bringen (1 Sack = 40 kg; 16 kg/m^2).

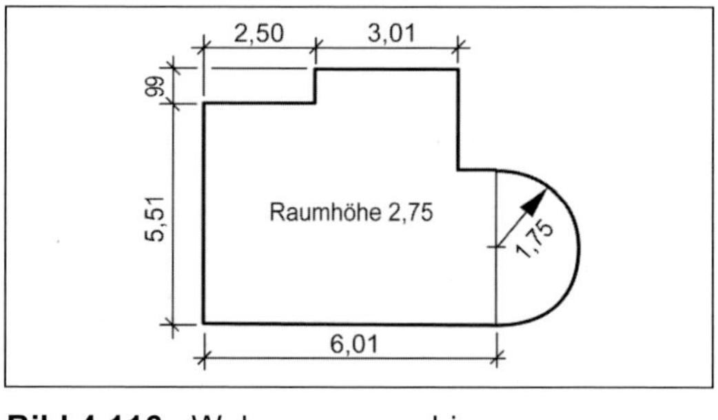

Bild 4.116 Wohnraumgrundriss

5. Die Wände und die Decke einer Garage (Bild **4.**117) sollen mit Maschinenputzgips vergipst werden.
   a) Wie viel Sack Maschinenputzgips werden benötigt?
   Die Leibungstiefe beträgt 12 cm. (1 Sack = 40 kg; 16 kg/m^2)
   b) Wie viel m Leisten werden eingebaut?
   c) Ermitteln Sie die Gesamtkosten nach VOB! (Die aktuellen Preise erfragen Sie bei ihrem Arbeitgeber.)

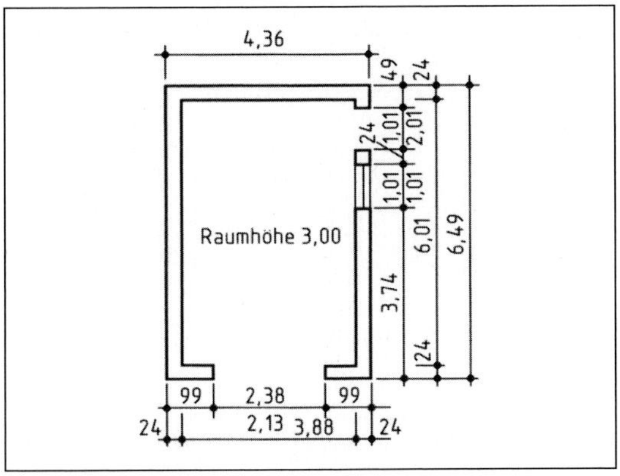

Bild 4.117 Garagengrundriss

6. Die Einfassungsmauer (Bild **4.**118) für eine Freisitzgruppe soll allseitig verputzt werden.
   a) Berechnen Sie die zu verputzenden seitlichen Flächen.
   b) Wie viel m² Abdeckung (als Waschputz) sind zu erstellen?
   c) Wie viel m Leisten sind einzubauen?
   d) Ermitteln Sie die Gesamtkosten nach VOB! (Die aktuellen Preise erfragen Sie bei ihrem Arbeitgeber.)

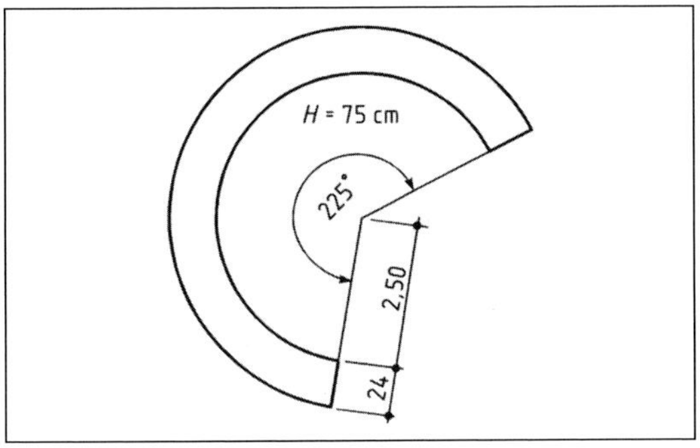

Bild 4.118 Freisitzgruppe

7. Die in Bild **4.**119 dargestellte Mauer ist allseitig zu verputzen. Links ist die Mauer an ein bestehendes Gebäude angebaut. Ermitteln Sie
   a) Wie viel m² Wandfläche der Wand und
   b) Wie viel m² Leibungsfläche sind zu verputzen?
   c) Wie viel m Leisten sind anzubringen?
8. Der dargestellte Giebel (Bild **4.**120) soll in Kratzputz, die Leibungen (einschließlich des Segmentbogens) als gefilzter Putz und der Sockel als Waschputz ausgeführt werden. Ermitteln Sie
   a) die m² Kratzputz,
   b) die m Filzputz,

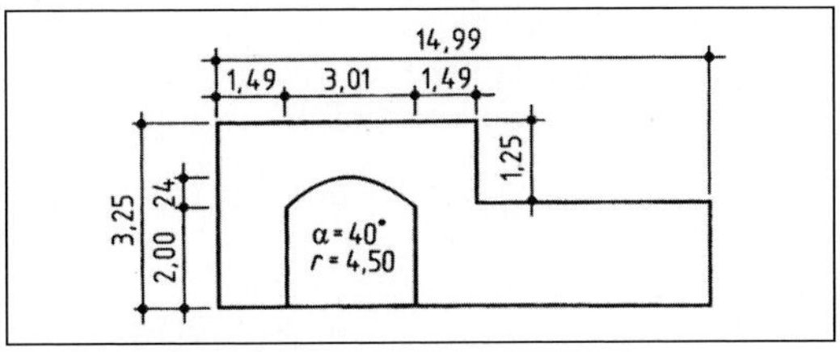

Bild 4.119 Gartenmauer

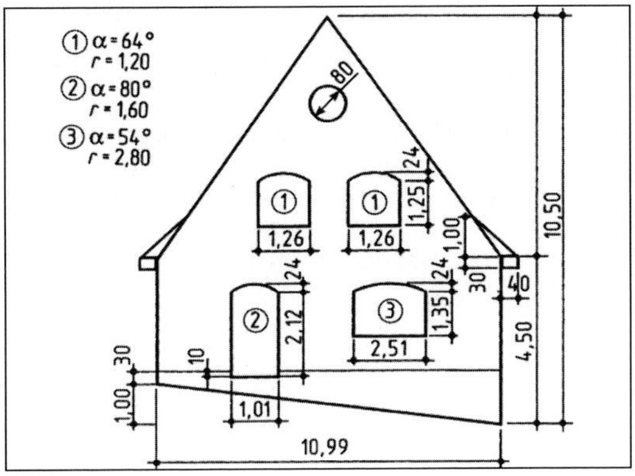

Bild 4.120 Wohnhausgiebel

   c) die m² Waschputz und
   d) die m Leisten (Eckleisten und Putztrennleisten).
   e) Ermitteln Sie die Gesamtkosten nach VOB! (Die aktuellen Preise erfragen Sie bei ihrem Arbeitgeber.)
9. Der Giebel des Hauses (Bild **4.**121) soll verputzt werden. Die Fenster haben einen Fertigrollladenkasten, die Tür nicht. (Sand 1,3 kg/*l*; Zement 1,2 kg/*l*; Kalk 0,9 kg/*l*). Berechnen Sie
   a) die zu verputzende Fläche, einschließlich der Leibungen (Leibungstiefe 10 cm)
   b) die Menge kg Sand und kg Zement, die für den Spritzbewurf benötigt werden (MG PIII,

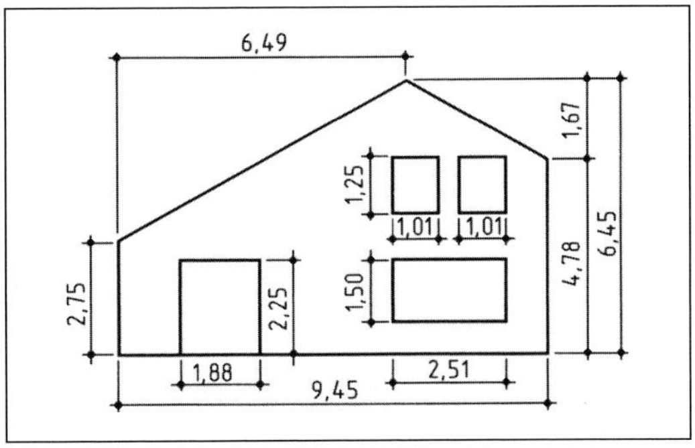

Bild 4.121 Wohnhaus mit Werkstatt

MV 1:3, EF 1,32, 5 l/m^2)
c) die Menge kg Sand, kg Zement und kg Kalk für die Grundierung (MG P IIb, MV 1:2:9, EF 1,4, 20 l/m^2)
d) die Menge Edelputz (1 Sack = 40 kg; 1 Sack = 5 m^2)
e) den Bedarf an Putzleisten in m
f) die abzurechnende Fläche nach VOB!

10. Das in Bild **4.**122 skizzierte gotische Stadttor soll einen neuen Verputz erhalten. Leibungstiefe des Portals 30 cm, die der Rosette 20 cm. Ermitteln Sie
a) die zu verputzende Fläche, einschließlich der Leibungen
b) die Menge kg Sand und kg Zement, die für den Spritzbewurf benötigt werden (MG PIII, MV 1:3, EF 1,32, 5 l/m^2
c) die Menge kg Sand, kg Zement und kg Kalk für die Grundierung (MG PIIb, MV 1:2:9, EF 1,4, 20 *l*/m^2)
d) die Menge Edelputz (1 Sack = 40 kg; 1 Sack = 4 m^2)
e) die abzurechnende Fläche nach VOB!

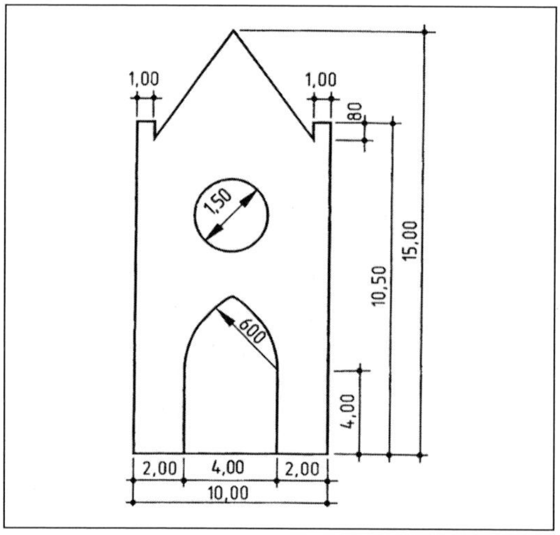

Bild 4.122 Gotisches Stadttor

11. Die abgebildete Fläche (Bild **4.**123) soll einschließlich der Bogenleibung verputzt werden. Ermitteln Sie
a) die gesamte Putzfläche in m^2
b) den Bedarf an Werktrockenmörtel (Anzahl der Säcke):
– Spritzbewurf(1 Sack = 4,8 m^2; 1 Sack = 40 kg)
– Grundierung (1 Sack = 2,1 m^2; 1 Sack = 40 kg)
– Oberputz (1 Sack = 1,6 m^2; 1 Sack = 40 kg)
c) Ermitteln Sie die Gesamtkosten! (Die aktuellen Preise erfragen Sie bei Ihrem Arbeitgeber.)

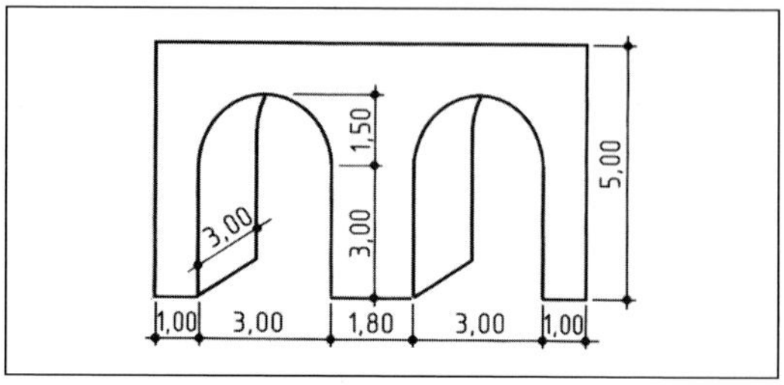

Bild 4.123 Toreinfahrt

12. Das gezeichnete Bauteil (Bild **4.**124) stellt die Rückwand einer Kapelle mit Altarnische dar. Berechnen Sie die zu verputzende Fläche in m^2.

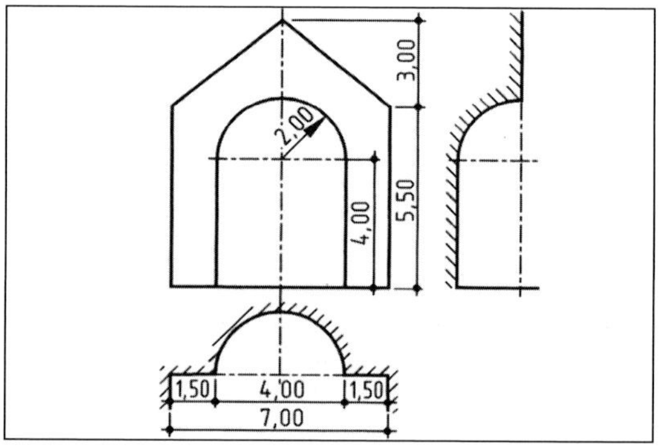

Bild 4.124 Kapelle

13. Der skizzierte Gebäudegiebel (Bild **4.**125) soll verputzt werden. Der Giebelmittelteil (schraffiert) – der 12 cm zurücksteht – erhält einen farbigen, der übrige Teil einen weißen Kratzputz als Oberputz. Die Leibungstiefe beträgt 12 cm.
Berechnen Sie
a) den Bedarf an Werktrockenmörtel (Anzahl Säcke):
– Unterputz (1 Sack = 2,2 m^2; 1 Sack = 40 kg)
– Oberputz weiß (1 Sack = 1,4 m^2; 1 Sack = 40 kg)

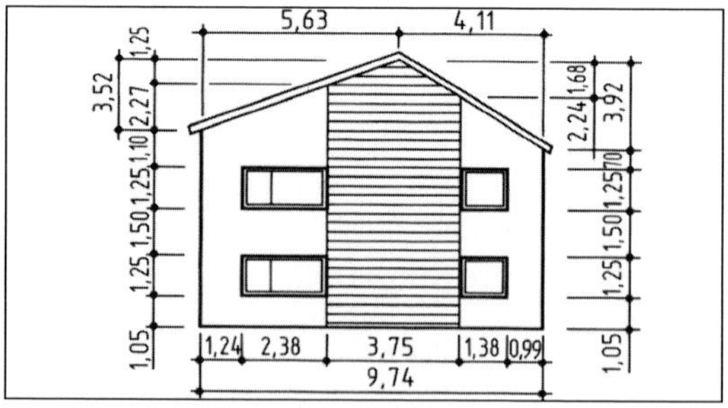

Bild 4.125 Zweigeschossiges Wohnhaus

– Oberputz farbig (1 Sack = 1,4 m²; 1 Sack = 40 kg)
b) den Bedarf an Leisten in m.
c) die abzurechnende Fläche nach VOB!
d) Ermitteln Sie die Gesamtkosten! (Die aktuellen Preise erfragen Sie bei ihrem Arbeitgeber.)

14. Der skizzierte Gebäudegiebel (Bild **4.**126) mit angebauter Garage soll verputzt werden. Der Giebelmittelteil (schraffiert) – der 12 cm zurücksteht – erhält einen farbigen, der übrige Teil einen weißen Kratzputz als Oberputz. Der Sockel wird als Scheibenputz ausgeführt. Die Leibungstiefe beträgt 12 cm. Die Garagenvorderseite hat eine Tiefe von 3,51 m (Garagentor: 2,26 m auf 3,01 m; Leibungstiefe 20 cm).
Berechnen Sie
a) den Bedarf an Werktrockenmörtel (Anzahl der Säcke):
– Unterputz (1 Sack = 2,2 m²; 1 Sack = 40 kg)
– Oberputz weiß (1 Sack = 1,4 m²; 1 Sack = 40 kg)
– Oberputz farbig (1 Sack = 1,4 m²; 1 Sack = 40 kg)
– Scheibenputz (1 Sack = 10 m²; 1 Sack = 40 kg)
b) den Bedarf an Putzleisten in m
c) die abzurechnende Fläche nach VOB!
d) Ermitteln Sie die Gesamtkosten! (Die aktuellen Preise erfragen Sie bei Ihrem Arbeitgeber.)

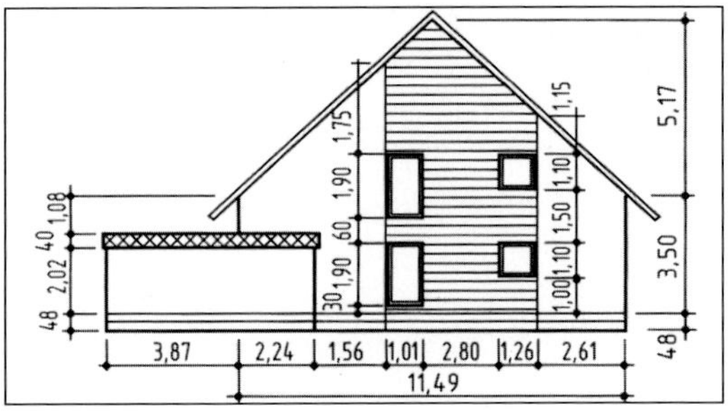

Bild 4.126 Giebel mit Garage

Z

1. Zeichnen Sie im Maßstab 1:2 den Systemaufbau von
a) einem Wärmedämm-Verbundsystem,
b) einem Wärmedämm-Putzsystem, auf ein DIN-A3-Blatt in isometrischer Projektion. Benennen Sie alle wesentlichen Teile. Orientieren Sie sich an Prospektunterlagen der Hersteller.

2. Zeichnen Sie im Maßstab 1:2 die unten formulierten Detail-Lösungen für Wärmedämm-Putzsysteme auf ein DIN A3-Blatt.
Außen: Wand-Spritzbewurf-Dämmputz-Oberputz. Orientieren Sie sich an Prospektunterlagen der Hersteller. Benennen Sie sich alle wesentlichen Teile mittels einer Legende.
Blatt 1: Gebäudedehnfugen
– Ausbildung im Eckbereich
– Ausbildung im geraden Wandbereich
Blatt 2: Fensteranschlüsse
– Seitlicher Fensteranschluss
– Anschluss Fensterbank
Blatt 3: Anschlüsse nach unten
– Sockelanschluss (zum Erdreich hin)
– Anschluss bei Terrassen, Loggien, Balkone
Blatt 4: Dachanschlüsse
– Pultdach-Wandanschluss
– Flachdach-Attikaanschluss
Blatt 5: Sonstige Anschlüsse
– Fertigteilrollladenanschluss
– Außenecke

3. Zeichnen Sie im Maßstab 1:2 die unten formulierten Detail-Lösungen für Wärmedämm-Verbundsysteme auf ein DIN-A 3-Blatt. Aufbau: Wand – Dämmplatten – Oberputz. Orientieren Sie sich an den Prospektunterlagen der Hersteller. Benennen Sie alle wesentlichen Teile mittels einer Legende.
Blatt 1: Gebäudedehnfugen
– Ausbildung im Eckbereich
– Ausbildung im geraden Wandbereich
Blatt 2: Fensteranschlüsse
– Seitlicher Fensteranschluss
– Anschluss Fensterbank
Blatt 3: Anschlüsse nach unten
– Sockelanschluss (zum Erdreich hin)
– Anschluss bei Terrassen, Loggia, Balkone
Blatt 4: Dachanschlüsse
– Pultdach-Wandanschluss
– Flachdach-Attikaanschluss
Blatt 5: Sonstige Anschlüsse
– Fertigteilrollladenanschluss
– Außenecke

4. Skizzieren Sie (Freihand) auf ein DIN-A3-Blatt die drei Schnitte zur Verdeutlichung des Wirkungsprinzips von Sanierputzen entsprechend Bild **4.**76. Benennen Sie alle wesentlichen Teile.

5. Skizzieren Sie (Freihand) die in Bild **4.**86a und **4.**86b dargestellten Verlegemängel bzw. Verklebungsmängel auf ein DIN-A3-Blatt. Benennen Sie alle wesentlichen Teile.

6. Übertragen Sie auf ein DIN-A 3-Blatt die graphischen Darstellungen entsprechend Bild **4.**64 (Oberflächentemperaturen an einer Putzfassade in Abhängigkeit von der Farbe des Putzes) und Bild **4.**62 (Schlagregenbeanspruchung in Abhängigkeit von der Gebäudehöhe).

5 Estriche

5.1 Einteilung, Bestimmungen und Kennzeichnung

„Estrich ist ein auf einem tragenden Untergrund oder auf einer zwischenliegenden Trenn- oder Dämmschicht hergestelltes Bauteil, das unmittelbar als Boden nutzfähig ist oder mit einem Belag, gegebenenfalls frisch in frisch, versehen werden kann“ (DIN 18560). Unterschieden werden Estriche:

- **nach der Konstruktion**

  Verbundestrich (V)
  Estrich auf Trennschicht (T)
  Estrich auf Dämmschicht (S)
- **nach dem Material**

  Zementestrich (CT)
  Anhydritestrich (CA)
  Magnesiaestrich (MA)
  Gussasphaltestrich (AS)
- **nach der Funktion**

  Heizestrich
  Hartstoffestrich

Im weitesten Sinn lassen sich auch Trockenunterböden (Trockenestriche) hier einordnen.

Für die Ausführung von Estrichen gelten vor allem die Bestimmungen

- der DIN 18560 Estriche im Bauwesen,
- der DIN EN 13813
- der VOB, Teil C, DIN 18353,
- die Verarbeitungsrichtlinien und technischen Vorschriften der Hersteller

Die Kurzbezeichnung gibt in dieser Reihenfolge Estrichmaterial, Festigkeits- und Härteklasse, Konstruktionsart und Estrichdicke an.

Beispiel Estrich DIN 18560 – CA 12 – V 35
Anhydritestrich (CA)
Nennfestigkeit in N/mm^2 (12)
Verbundestrich (V)
Nenndicke in mm (35)

Bei Hartstoffestrichen dient das Kurzzeichen F für „hochbeanspruchbar“. Bei mehrschichtigen Hartstoffestrichen (z. B. zweischichtig) stehen bei der Estrichdicke zwei Ziffern: die erste für die Dicke der Übergangsschicht, die zweite für die Hartstoffschicht. Die Hartstoffgruppen ergeben sich aus Tabelle **5**.8.

Estriche lassen sich einteilen nach Konstruktion, Materialien und Funktion.

5.2 Konstruktionsarten

DIN 18560 fordert im Teil 1 für alle Estrichkonstruktionen: „Ein Estrich muss in jeder Schicht in Dicke, Rohdichte und mechanischen Eigenschaften möglichst gleichmäßig sein und eine ebene Oberfläche aufweisen“. Deshalb ist es wichtig, zuerst die gleichmäßige Beschaffenheit des Untergrunds zu prüfen. Dies geschieht mit Hilfe des Meterrisses oder eines Lasers. Flächige Unebenheiten sind durch Ausgleichsestrich oder Ausgleichsschüttungen auszugleichen (**5**.1), punktuelle Erhöhungen abzustemmen (**5**.2).

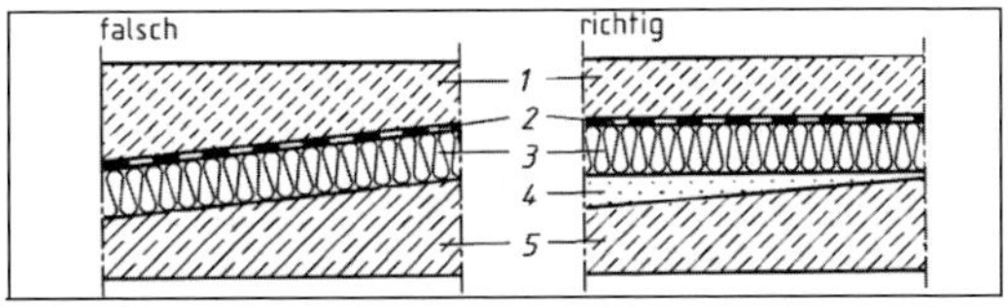

Bild 5.1 Ausgleich flächiger Unebenheiten im Untergrund
1 Estrich,
2 Folie oder Bitumenpapier,
3 Dämmung,
4 Ausgleichsschüttung oder -estrich,
5 Rohdecke

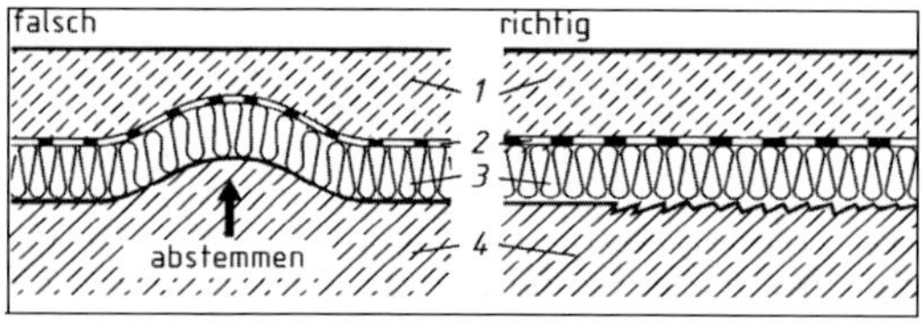

Bild 5.2 Ausgleich punktueller Unebenheiten im Untergrund
1 Estrich, *2* Folie, *3* Dämmung, *4* Rohdecke

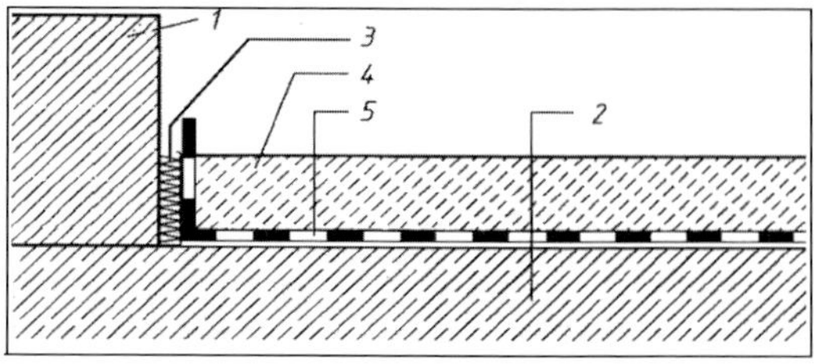

Bild 5.4 Estrich auf Trennschicht
1 Wand, *2* Decke, *3* Randdämmstreifen mit Folie, *4* Fließestrich, *5* Bitumenpapier

Verbundestrich. Kennzeichen ist ein fester Verbund mit dem tragenden Untergrund. Hergestellt wird er bei Baumaßnahmen ohne Anforderungen an Schall-, Wärme und Feuchtigkeitsschutz (z. B. Abstellräume, Industriebauten, **5**.3). Voraussetzungen für eine normgerechte Ausführung sind:

- Ebener, sauberer und fester Untergrund,
- evtl. Aufbringen einer Haftbrücke,
- Wässern vor Beginn der Estricharbeiten,
- Bauwerksfugen berücksichtigen,
- Mindestdicke beachten (> als das Dreifache des Größtkorns),
- Nachbehandeln.

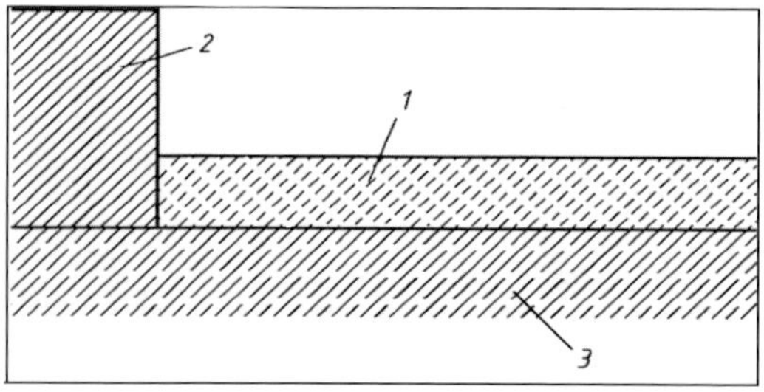

Bild 5.3 Verbundestrich
1 Estrich,
2 Wand,
3 Decke

> Nach DIN 18560-3 ist Verbundestrich ein mit dem tragenden Untergrund fest verbundener Estrich.

Beim Estrich auf Trennschicht wird ein kraftschlüssiger Verbund zwischen Untergrund und Estrich, wie er beim Verbundestrich vorhanden ist, durch eine Trennschicht unterbunden. Trennschichten sind in der Regel zweilagig auszuführen. Man verwendet dafür eine Polyethylenfolie (Mindestdicke 0,1 mm), kunststoffbeschichtetes Papier (Mindestdicke 0,15 mm), bitumengetränktes Papier (Schrenzpapiereinlage mind. 100 g/m^2), Rohglasvlies (mind. 50 g/m^2) oder gleichwertiges. Aufgabe der Trennschicht ist es, unterschiedliche Verformungen des Baukörpers und des Estrichs (elastische Verformungen, Temperaturverformungen) auszugleichen (**5**.4).

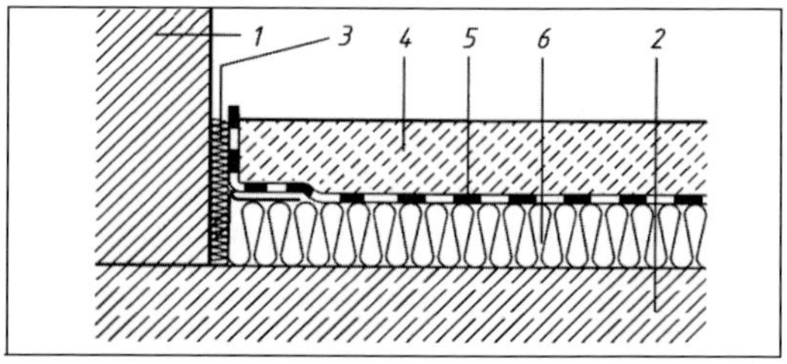

Bild 5.5 Estrich auf Dämmschicht (schwimmender Estrich)
1 Wand, *2* Decke, *3* Randdämmstreifen mit Folie, *4* Estrich, *5* Bitumenpapier, *6* Dämmschicht

Voraussetzungen für eine normgerechte Ausführung sind:

- Ebener und fester Untergrund,
- glatter Untergrund, um das Gleiten zu ermöglichen,
- Trennlage ausreichend überlappen (mind. 80 mm, besser 100 bis 150 mm), verkleben oder verschweißen,
- angrenzende aufsteigende Bauteile durch Dämmstreifen vom Estrich trennen,

Tabelle 5.6 Symbole und Kurzzeichen

Kurzzeichen für die Estriche in Abhängigkeit vom gewählten Bindemittel	
CT	Zementestrich
CA	Calciumsulfatestrich
MA	Magnesiaestrich
AS	Gussasphaltestrich
SR	Kunstharzestrich
Kurzbezeichnung für die Eigenschaften	
C	Druckfestigkeit („**C**" aus dem engl. „**C**ompression" = Druck-)
F	Biegezugfestigkeit („**F**" aus dem engl. „**F**lexural" = Biege-)
A	Verschleißwiderstand nach Böhme („**A**" aus dem engl. „**A**brasion" = Abrieb)
RWA	Verschleißwiderstand gegen Rollbeanspruchung („**RWA**" aus dem engl. „**R**olling **W**heel **A**brasion" = Abrieb durch Rollbeanspruchung)
AR	Verschleißwiderstand nach BCA („**AR**" aus dem engl.. „**A**brasion **R**esistance" = Abriebbeständigkeit)
SH	Oberflächenhärte ("**SH**" aus dem engl. „**S**urface **H**ardness" = Oberflächenhärte)
IC	Eindringtiefe in Würfeln („**I**" aus dem engl. „**I**ndentation" = Eindringen; „**C**" für „**C**ube" = Würfel))
IP	Eindringtiefe in Platten („**P**" aus dem engl. „**P**late" = Platte)
RWFC	Widerstand gegen Rollbeanspruchung von Estrichen mit Boddenbelägen („**RWFC**" aus dem engl. „**R**olling **W**heel **F**loor **C**overing" = Bodenbeläge für Rollbeanspruchung)
E	Biegeelastizitätsmodul („**E**" aus dem engl. „**E**lasticity" = Elastizität)
B	Haftzugfestigkeit („**B**" aus dem engl. „**B**ond" = Haftung)
IR	Schlagfestigkeit („**IR**" aus dem engl. „**I**mpact **R**esistance" = Schlagfestigkeit)

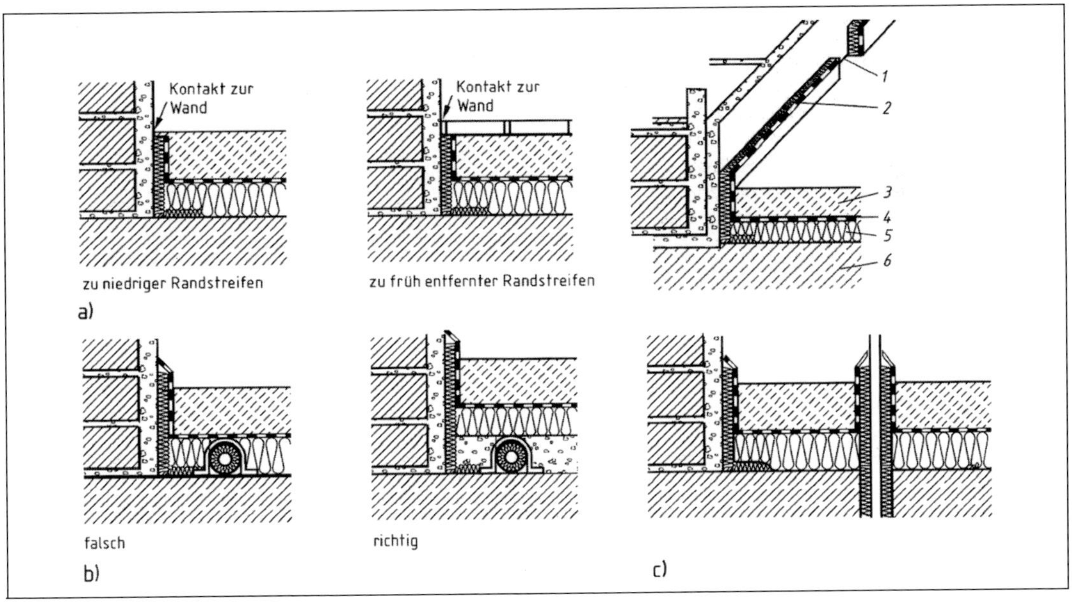

Bild 5.7 Anschlüsse
a) Schallbrücken durch fehlerhaft ausgeführte Randstreifen, b) Rohrüberdeckung bei Estrich auf Dämmschicht, c) Ummantelung von Steigleitungen bei Estrich auf Dämmschicht
1 Schallbrücke *4* Folie oder Bitumenpapier *7* Steigleitung
2 Randstreifen *5* Dämmung
3 Estrich *6* Rohdecke

- Bauwerksfugen berücksichtigen,
- Scheinfugen berücksichtigen (max. 8 m Feldlänge)
- Mindestdicke beachten,
- Nachbehandeln.

Nach DIN 18560-4 ist Estrich auf Trennschicht ein durch eine Trennschicht vom tragenden Untergrund getrennter Estrich.

Der Estrich auf Dämmschicht (schwimmender Estrich) ist weder mit dem tragenden Untergrund noch mit den seitlich anschließenden Bauteilen direkt verbunden. Er kann sich frei bewegen; statisch oder physikalisch bedingte Verformungen werden nicht auf die angrenzenden Bauteile übertragen. Vor allem dient der schwimmende Estrich zur Trittschall- und Wärmedämmung (Bild **5**.5).

Um beide Forderungen zu erfüllen, ist bei *Auswahl des Dämmstoffs* für den Trittschallschutz auf eine geringe dynamische Steifigkeit, für den Wärmeschutz auf eine möglichst geringe Wärmeleitzahl zu achten. Bei dickeren Dämmschichten empfiehlt sich eine Kombination von Trittschall (T)-und Wärmedämmplatten (WD). Als Dämmstoffe dienen Faserdämmstoffe nach DIN 18165 bzw. Schaumkunststoffe nach DIN 18164 (z. B. Glas- oder Steinwolle in Platten oder Bahnen, Kunstharz-Schaumstoff in Platten oder Korkplatten).

Die *Estrichdicke* richtet sich nach der Dicke der Dämmstoffe (im zusammengedrückten Zustand) und der vorhandenen Belastung. Die Dämmstoffdicke gibt der Hersteller mit zwei Ziffern an, z. B. 25/20. Die erste bezeichnet die Matten- bzw. Plattendicke im Einbauzustand (hier 25 mm), die zweite im zusammengedrückten, eingebauten Zustand (hier 20 mm).

Besonders sorgfältig sind Anschlüsse (z. B. an Wände, Säulen, Pfeiler, Rohrleitungen und Stahltürzargen) herzustellen. Schon vereinzelte, vermeintlich geringe Schallbrücken genügen, um die Trittschalldämmung erheblich zu verschlechtern (Bild **5**.7). Voraussetzungen für eine normgerechte Ausführung sind:

- Ebener und fester Untergrund,
- Wände und Pfeiler vor dem Verlegen der Dämmschicht verputzen,
- Dämmschichten vollflächig und möglichst zweilagig verlegen,
- bei mehrlagigem Verlegen Stöße versetzen,
- Stöße dicht schließen,
- Bauwerksfugen berücksichtigen,
- Randstreifen über die Konstruktionshöhe des Fertigfußbodens hinausführen,
- Dämmschichten gegen die feuchte Estrichmasse durch Folien schützen, Folien bis über den Randstreifen hinausführen,
- Estrichfelder von max. 40 m^2 und 8 m Länge bilden,
- Mindestdicke beachten,
- Nachbehandeln.

Die Bewehrung von Estrichen auf Dämmschicht kann bei Stein- und keramischen Belägen sinnvoll sein. Grundsätzlich kann eine Estrichbewehrung die Rissbildung nicht verhindern, aber in Grenzen halten (Verbreiterung von Rissen, Höhenversätze).

Ein Estrich auf Dämmschicht ist ein durch eine Schall- und Wärmedämmung vom Untergrund und den angrenzenden Bauteilen getrennter, sich frei bewegender Estrich.

5.3 Estricharten

5.3.1 Zementestrich

Die Ausgangsmaterialien sind Normzement nach DIN EN 197-1, gemischtkörnige Gesteinskörnungen (0 bis 8 mm < 40 mm Estrichdicke und 0 bis 16 mm > 40 mm) und Anmachwasser. Zusatzstoffe und -mittel können beigegeben werden.

Festigkeitsklassen (Mindestfestigkeit = Nennfestigkeit nach 28 Tagen in N/mm^2): C5 bis C80 (siehe Anhang-Tabellen).

Die Oberfläche von Zementestrichen kann geglättet, abgerieben oder mit geriffelten Walzen profiliert werden. Um die geforderte Qualität zu erreichen, ist eine Nachbehandlung notwendig:

- Estrich etwa 10 Tage vor Austrocknung, Zugluft und direkter Sonnenbestrahlung schützen,
- Temperatur nicht schlagartig ändern (z. B. durch Aufheizen),
- Estrich frühestens nach 3 Tagen begehen und nach 7 Tagen belasten.

Zementestriche sind allen Belastungen gewachsen, neigen jedoch zum Schwinden und damit zur Rissebildung.

Tabelle 5.8 Hartstoffgruppen nach DIN 1100

Gruppe	Stoffe
A	Natursteine und/oder dichte Schlacke oder Gemische davon mit den Gruppen M oder KS
M	Metalle
KS	Elektrokorund und Siliziumcarbid

Zur Vermeidung von unkontrollierten Schwindrissen sind Scheinfugen herzustellen (s. Abschn. **5**.4). Zementestriche gibt es auch als selbstverlaufende und selbstnivellierende Ausgleichsestriche bis 15 mm Dicke.

Zementgebundene *Hartstoffestriche* werden meist als Verbundestriche ausgeführt, können aber auch als Estrich auf Trennschicht oder Dämmschicht hergestellt werden. Hartstoffe sind nach DIN 1100 natürliche und/oder künstliche mineralische Stoffe oder Metalle (**5**.8). Die Dicke der Hartstoffschicht liegt zwischen 8 und 15 cm und richtet sich nach Beanspruchungsgruppen.

Beispiele für die normgerechte Bezeichnung

1. Estrich DIN 18560 - CT - C25 - F5 - T 40

- Zementestrich
- Druckfestigkeitsklasse 25 (25 N/mm^2)
- Biegezugfestigkeitsklasse F5 (5 N/mm^2)
- Estrich auf Trennsicht
- Nenndicke 40 mm

2. EN DIN 13813 - CT - C60 - F10 - A1,5 - V 35

- Zementestrich
- Druckfestigkeitsklasse 60 (60 N/mm^2)
- Biegezugfestigkeitsklasse F10 (10 N/mm^2)
- Verschleißfestigkeitsklasse nach Böhme A1,5 (cm^3/50 cm^2)
- Verbundestrich
- Nenndicke 35 mm

5.3.2 Anhydritestrich

Ausgangsmaterialien sind Anhydritbinder (synthetischer oder natürlicher Anhydrit, wasserfreier Gips), gemischtkörnige Gesteinskörnungen (0 bis 8 mm) und Anmachwasser. Zusätze können beigegeben werden (Herstellerangaben beachten). Die Oberfläche kann abgerieben oder geglättet werden. Nässen ist unzulässig! Der eingebaute Estrich ist mindestens 2 Tage lang vor Wärme, Schlagregen und Zugluft zu schützen.

Ein Nachteil des Anhydritestrichs ist seine Empfindlichkeit gegenüber dauernder Feuchtigkeit. Er ist deshalb nicht geeignet für Feuchträume. Vorteile sind seine Raumbeständigkeit (kein Schwinden, ohne Dehnfugen bis zu 1000 m^2 große Fläche verlegbar), seine kurze Trocknungszeit, die frühzeitige Begehbarkeit (nach 2 Tagen) und Belastbarkeit (nach 5 Tagen) sowie seine günstige Wärmeleitzahl (fußwarm).

> Anhydritestrich ist nicht beständig gegen Dauerfeuchtigkeit.

Arbeitsablauf zur Herstellung eines Fließestrichs (5.9)

- Randdämmstreifen mit Folie anbringen *1* (auch an Rohren, Heizungsständern usw.). Dämmung unter die Folie des Randdämmstreifens schieben und Reihe für Reihe im Verband verlegen *2*.
- Bei Rohrleitungen ausgleichen (z. B. mit Polystyrolplatten PS 20 und Schüttung). 2. Lage durchgehend verlegen (Trittschallschutz).
- Schrenzlage ausrollen, mindestens 10 cm überlappen. Am Wandanschluss Schrenzlage auf die Folie des Randdämmstreifens legen – nicht am Rand hochstehen lassen *3*, *4*.
- Nivellierböckchen aufstellen und ausrichten *5*.
- Fließmaß mit der Konsistenzprüfdose (Fließmaßdose) *6*, *7* feststellen und regelmäßig kontrollieren: FE 80 bis 52 cm, FE 50 bis 43 cm, FE 25 bis 45 cm. Der Estrich darf bei der Verarbeitung kein Wasser abstoßen!
- Vergießen in Richtung der Überlappung. Eingebrachten Fließestrich mit Spezialbesen (Fließ estrichbesen) durchschlagen und dadurch ebnen *8*, *9*.

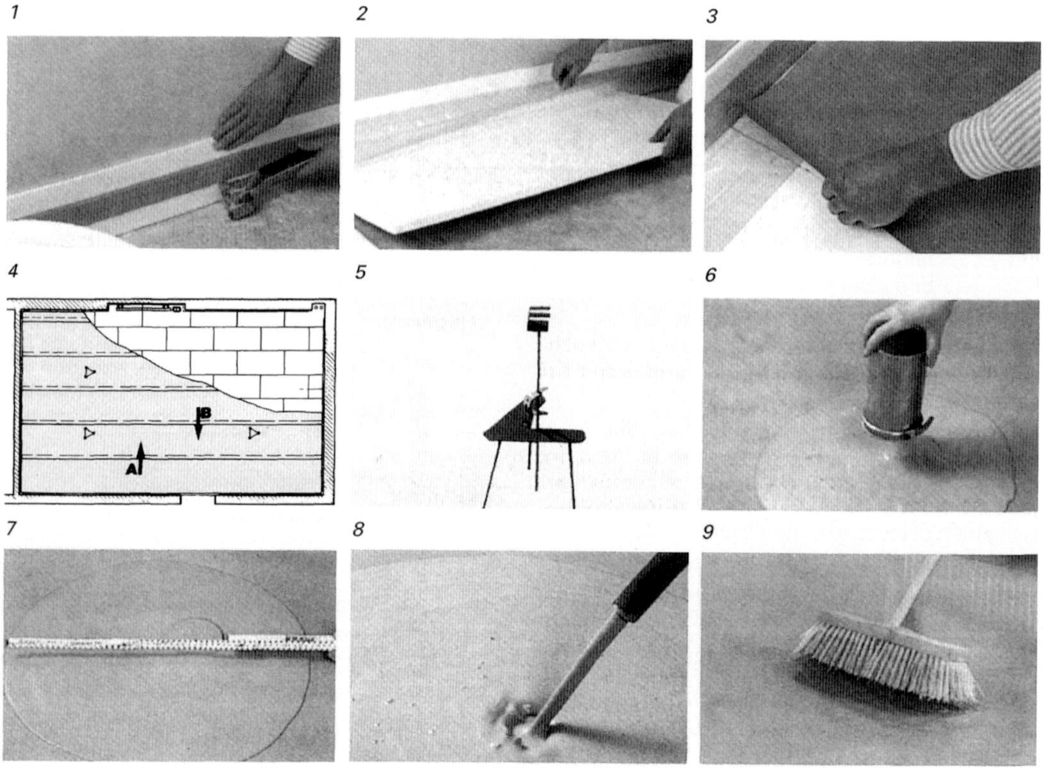

Bild 5.9 Arbeitsablauf zur Herstellung eines Fließestrichs

Anhydritestrich als Fließestrich. Die Herstellung von Fließestrichen gehört im Gegensatz zu den anderen Estricharten (Zementestrich, Magnesiaestrich, Gussasphaltestrich), primär zum Aufgabengebiet des Stuckateurs. Einerseits, weil es sich um das Ausgangsmaterial Gips handelt (z. B. Naturanhydrit + basische Silikate), andererseits weil dem Stuckateur die dafür erforderlichen Maschinen und Geräte zur Verfügung stehen. Zur Herstellung von Fließestrichen brauchen wir Putzmaschine, Mischpumpe, Fließmaßdose, Schwabbelstange, Fließestrichbesen, Meterstab, Schere, Niveautaster und -lehren, Abstellleisten und Keile, Tacker.

Fließestriche sind fix und fertig vorgemischte Werktrockenmörtel, die als Sackware, durch Container oder Silo angeliefert werden. An der Baustelle wird lediglich noch Wasser zugegeben. Mit Fließestrich lassen sich alle Estrichkonstruktionen (Verbundestrich, Estrich auf Trennschicht, Estrich auf Dämmschicht einschließlich Heizestrich) herstellen.

Heizestrich. Wegen seiner hohen Dichte eignet sich Fließestrich vorzüglich für Heizestriche (geringe Aufheizzeit). Heizestriche gibt es als *Nass- und Trockensystem* (**5.**10). Für beide gelten die gleichen Forderungen wie für Estriche auf Dämmschicht. Hinzu kommen diese Besonderheiten:

- Heizrohre vor dem Einbringen des Estrichs mit Wasser füllen.
- Beim Nasssystem müssen die Heizrohre vollständig vom Estrich umschlossen werden (optimale Wärmeübertragung).
- Um ein Aufschwimmen der Heizrohre zu vermeiden, wird der Estrich in zwei Schichten eingebracht, wobei die 1. Schicht die Heizrohre zu drei Vierteln einbettet.
- Die Bewegungsfugen müssen mindestens 5 mm Bewegung der Estrichplatten zulassen.
- Die Aufheizzeiten sind entsprechend den Herstellerangaben zu beachten.

Vorteile des Fließestrichs

- Selbstverlaufend und selbstnivellierend, absolut waagerecht und ebene Oberfläche,
- kein Schwinden,
- homogener, gleichmäßiger Kornaufbau,
- hohe Druck- und Biegefestigkeit,
- nach 24 Stunden bzw. 3 Stunden begehbar,
- keine Sinterhaut,
- kurze Aufheizzeit, dann sind Fußbodenheizungen sofort betriebsfähig.

Beispiel für normgerechte Bezeichnung

Estrich DIN 18560 - CA - C20 - F4 S40 H45

Calciumsulfatestrich (CA)
Druckfestigkeitsklasse (20 N/mm^2) (C20)
Biegezugfestigkeitsklasse (4 N/mm^2) (F4)
Estrich auf Dämmschicht (S)
Nenndicke in mm (40)
Rohrüberdeckung der Heizelemente 45 mm (H45)

Fließestrich als Anhydritestrich ist vor allem Aufgabe des Stuckateurs. Er wird als Werktrockenmörtel an die Baustelle geliefert und mit den üblichen Putzmaschinen verarbeitet.

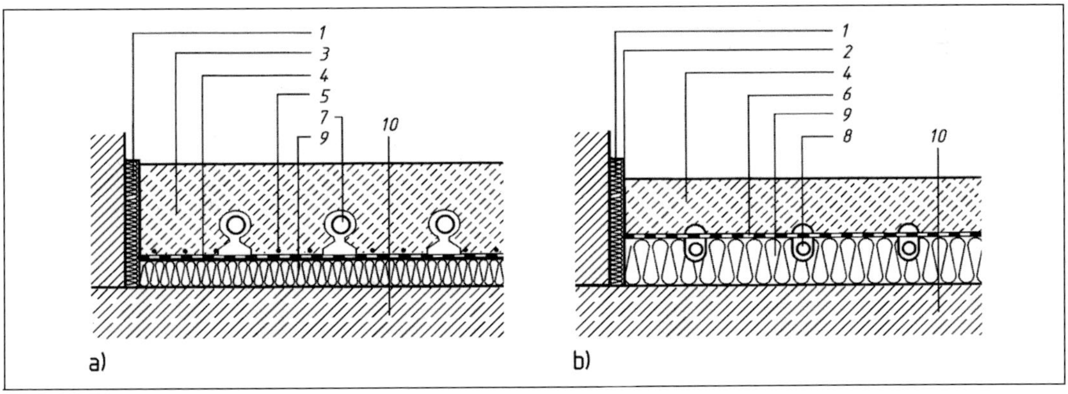

Bild 5.10 a) Nass und b) trocken verlegtes Heizungssystem
1 Randdämmstreifen ≥ 10 mm,
2 Folie, Schrenzlage, Bitumenpapier,
3 Fließestrich, *4* Fließestrich,
5 Trägermatte,
6 Wärmeverteilungsblech,
7 Heizrohre, vom Estrich umschlossen,
8 Heizrohre, in Dämmung gelegen,
9 Wärme-/Trittschalldämmung,
10 Rohdecke

5.3.3 Gussasphaltestrich

Ausgangsmaterial sind Bitumen und gemischtkörniger Zuschlag. Zusätze können beigegeben werden. Die Einbautemperatur beträgt 220 bis 250 °C.

Wegen der hohen Gießtemperatur sind nur bestimmte Dämmstoffe einsetzbar!

Die Oberfläche des noch heißen Estrichs wird mit Sand abgerieben und ist nach dem Abkühlen (etwa 2 Stunden) begeh- und belastbar.

Gussasphaltestriche werden von Spezialfirmen durchgeführt.

5.3.4 Magnesiaestrich

Ausgangsstoffe sind Magnesiumoxid (gebrannter und gemahlener Magnesit), Magnesiumchloridlösung und Zuschlagstoffe (Quarzsand, Sägemehl, Korkschrot u.a.). Zusätze können beigegeben werden.

Festigkeitsklassen für Magnesiaestrich: C5 bis C80 Alle Stahlteile sind sorgfältig zu schützen (*Korrosionsgefahr!*). Magnesiaestrich ist feuchtigkeitsempfindlich und deshalb nicht für Feuchträume geeignet. Der eingebaute Estrich ist mindestens 2 Tage vor Wärme, Schlagregen und Zugluft zu schützen. Dann ist er begehbar, nach 5 Tagen auch belastbar. Hergestellt wird er von Spezialfirmen.

5.4 Fugen

Bei den Fugenkonstruktionen sind Bewegungs- und Scheinfugen zu unterscheiden.

Zu den Bewegungsfugen gehören die des Gebäudes, des Estrichs (*Randfugen*) und des Heizestrichs. Die Bewegungsfugen des Gebäudes müssen durch alle Bauteile hindurchgeführt werden. Randfugen gewährleisten die freie Ausdehnung des Estrichs auf der Dämmschicht oder Trennschicht und des Heizestrichs (z. B. bei Temperaturänderungen, Bild **5**.11). Für Randfugen und Randstreifen gelten besondere Anforderungen.

- Randfugen müssen bis auf den tragenden Untergrund reichen.
- Randstreifen sind gegen die Feuchte des Estrichs zu schützen und müssen über die Konstruktionshöhe des Fußbodens hinausreichen.
- Bei harten Belägen (z. B. Fliesen) dürfen die Randstreifen erst nach dem Ausfugen, bei Verlegung elastischer Beläge (z. B. Teppiche) nach dem Aufbringen des Klebers entfernt werden.
- Die geforderte Schalldämmung ist sicherzustellen.

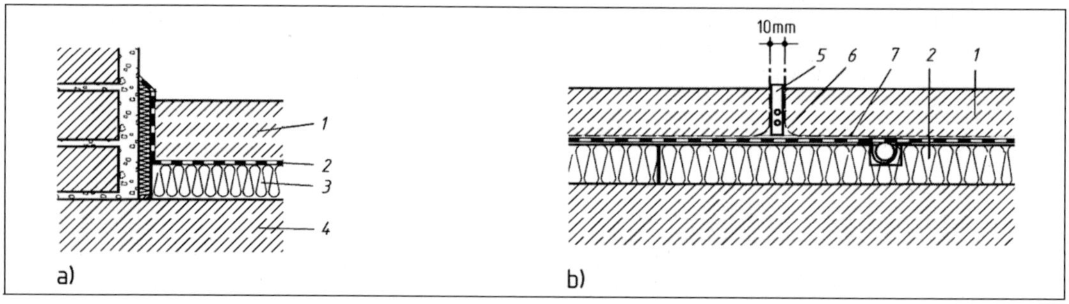

Bild 5.11 a) Randfugenbildung bei Estrich auf Dämmschicht, b) Bewegungsfugenausbildung bei Heizestrich

1 Estrich
2 Folie oder Bitumenpapier
3 Dämmung
4 Rohdecke
5 Fugenband
6 Schrenzlage
7 Wärmeverteilungsblech

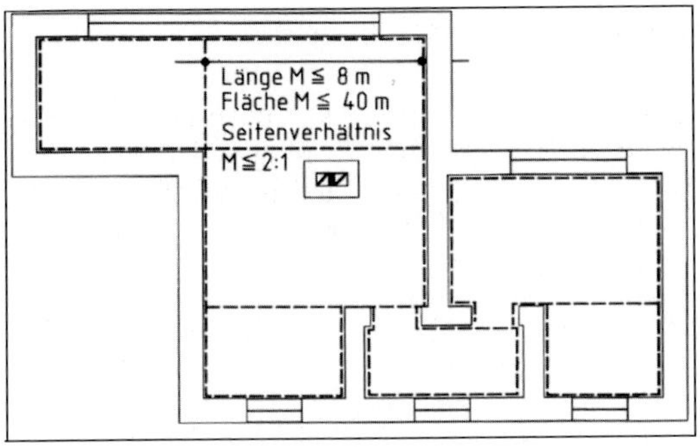

Bild 5.12 Scheinfugen bei Estrich auf Dämmschicht und auf Trennschicht

Scheinfugen durchschneiden den Estrich höchstens bis zur Hälfte (bei Heizestrichen maximal bis zu einem Drittel) seiner Dicke. Es sind Sollbruchstellen, die einer unkontrollierten Rissebildung (z. B. durch Abbindungsspannungen bei Zementestrichen) vorbeugen. Vor dem Aufbringen des endgültigen Belags sind die Scheinfugen kraftschlüssig mit Kunstharz oder ähnlichem zu verschließen. Erforderlich sind Scheinfugen bei

- Seitenlänge > 8,00 m,
- Estrichflächen > 40,00 m^2,
- Seitenverhältnissen > 2:1,
- Änderungen in der Estrichdicke,
- stark vorspringende Flächen (z. B. an Türen, Durchgängen, Bild **5**.12).

Die Fugenanordnung gibt der Planende dem Ausführenden in einem Fugenplan zur Kenntnis. Der Fugenplan ist Bestandteil des Leistungsverzeichnisses.

> Bewegungsfugen sichern die Ausdehnung der Estriche, Scheinfugen verhindern unkontrollierte Rissebildung im Estrich.

5.5 Prüfungen

An mechanischen Kennwerten ermittelt man die Kennwerte entsprechend Tabelle **5**.13. Dazu dienen die Eignungs-, Güte-, Erhärtungs- und Bestätigungsprüfung.

Die Eignungsprüfung führt der Estrichhersteller durch. Sie stellt fest, ob die geforderten Eigenschaften mit den vorgesehenen Ausgangsstoffen und der gewünschten Zusammensetzung erreicht werden.

Zur Güteprüfung entnimmt man Proben während der Estrichherstellung, um die geforderten Eigenschaften nachzuweisen. Diese Prüfung wird nur nach Vereinbarung vorgenommen.

Die Erhärtungsprüfung gibt Auskunft über die Eigenschaften des Estrichs zu einem bestimmten Zeitpunkt. Sie wird nur in Ausnahmefällen durchgeführt (z. B. bei Zweifeln an der Festigkeit).

Die Bestätigungsprüfung weist Dicke, Festigkeit und Verschleißwiderstand des Estrichs nach und wird nur in Sonderfällen erbracht.

Tabelle 5.13 Estrichmörtel und Prüfungen für alle Estrichmörtelarten

Estrichmörtel auf der Basis von:	Druckfestigkeit (C)	Bigezugfestigkeit (F)	Verschleißwiderstand nach Böhme (A)	Verschleißwiderstand nach BCA (AR)	Verschleißwiderstand gegen Rollbeanspruchung (RWA)	Oberflächenhärte (SH)	Eindringtiefe (IC), (IP)	Widerstand Rollbeanspruchung und bei gegen Estrichen mit Bodenbelägen (RWFC)	Verarbeitungszeit	Schwinden und Quellen	Konsistenz	ph-Wert	Elastizitätsmodul (E)	Schlagfestigkeit (IR)	Haftzugfestigkeit (B)
Zement (CT)	N	N	N 1) (eine von drei)			**?**	--	**?**	**?**	**?**	**?**	**?**	**?**	**?** 1)	**?**
Calciumsulfat (CA)	N	N	**?**	**?**	**?**	**?**	--	**?**	**?**	**?**	**?**	N	**?**	--	**?**
Magnesit (MA)	N	N	**?**	**?**	**?**	N 1)	--	**?**	--	**?**	**?**	**?**	**?**	--	**?**
Gussasphalt (AS)	--	--	**?**	**?**	**?**	--	N	**?**	--	--	--	--	--	--	--
Kunstharz (SR)	**?**	**?**	--	N 1) (eine von zwei)		**?**	--	**?**	--	**?**	**?**	--	**?**	N 1)	N

N = nach Norm; **?** = wenn gefordert ; **--** = nicht zutreffend;
1) = nur für Estrichmörtel, die für Nutzflächen vorgesehen sind

5.6 Trockenunterboden (Trockenestrich)

5.6.1 Aufbau und Eigenschaften

Trockenunterböden sind eine interessante Alternative zum herkömmlichen Estrich. Besonders bei der Altbausanierung und -modernisierung, bei Umbauten, aber auch in Neubauten werden die Vorzüge dieses Systems immer mehr genutzt. Der Trockenunterboden besteht aus zwei bzw. drei miteinander verklebten Gipskartonplatten (Herstellung s. Abschn. 7.2.1). Die Verleimung erfolgt werkseitig bzw. bauseits. Im Unterschied zu Gipskarton-Bauplatten weisen Unterbodenplatten eine höhere Dichte des Gipskerns und ein höheres Flächengewicht des Kartons auf. Dies bewirkt auch die höhere Belastbarkeit. Sie ist für alle normalen Belastungsfälle gewährleistet (*nicht für Industriebauten!*). Angegeben wird die Belastung durch die *Durchbruchlast*. Man ermittelt sie durch eine Stempelbelastung (Stempel 4 × 4 cm). Bei einer mindestens 2 mm dicken Spachtelung mit Fließspachtel (z. B. Spezialfließspachtel 415) eignen sich die beschriebenen Trockenunterböden auch für das Befahren mit Rollstühlen. Die Gründe für die Entscheidung, einen Trockenunterboden einzubauen, sind die bessere Wohnqualität (keine abgenutzten, knarrenden Holzdielen, durchhängende Fußböden und Decken), die Energieeinsparung (bessere Wärmedämmung

Arbeitsablauf, 1. Möglichkeit

- Untergrund überprüfen, evtl. Höhe ausgleichen (Trockenschüttung, Ausgleichsestrich).
- Polyethylenfolie 0,2 mm dick auslegen und an den Wänden bis über die Konstruktionshöhe des Fußbodens hochziehen (Überlappung mindestens 20 cm). Die Folie verhindert, dass im Beton enthaltene Feuchtigkeit in die Trockenschüttung bzw. die UB-Platten eindringt.
- Beim Verlegen auf den Rohboden Wellpappe unterlegen, um geringfügige Unebenheiten auszugleichen.
- Bei schwimmender Verlegung sind Mineralfaser-Dämmstreifen anzubringen; Trockenschüttung bzw. Dämmplatten in gewünschter Dicke einzubauen (**5**.14).
- 1. Plattenlage verlegen, mit ganzer Platte beginnen, Kreuzfuge bilden,

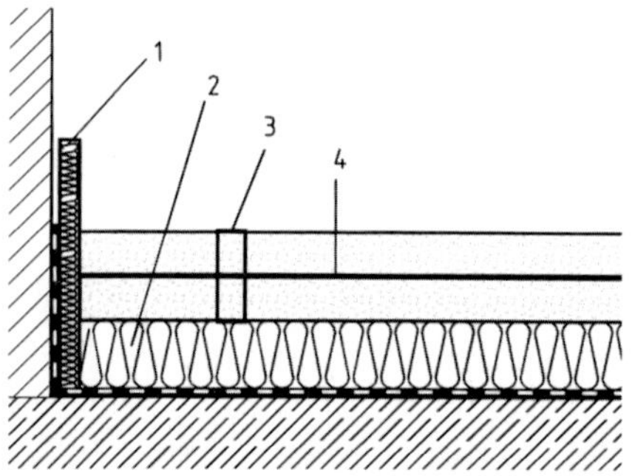

Bild 5.14 Wandanschluss
1 Mineralfaser-Randdämmstreifen
2 Styropor *3* Klammern
4 Trockenunterboden

- Kleber aufbringen.
- 2. Plattenlage verlegen, mit halber Platte bzw. im Eckbereich mit Viertelplatte beginnen, Kreuzfuge bilden (**5**.15).
- Platten durch Begehen fest andrücken und verklammern, Plattenstöße verspachteln.

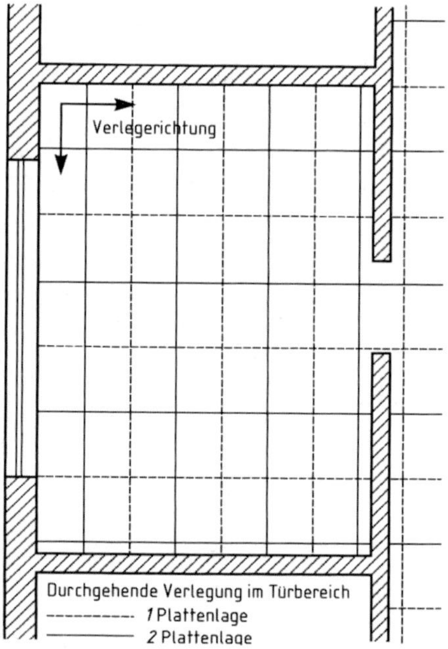

Bild 5.15 Verlegeplan ohne Fuge im Türbereich

zwischen Etagenwohnung und Decke über dem obersten Vollgeschoss), Schallschutz nach den Mindestanforderungen der DIN 4109 (Trittschallschutz) sowie wirtschaftliche Überlegungen (Erhöhung des Gebäude- und Mietwerts).

Für den Bauherrn ergeben sich wesentliche Vorteile gegenüber einem Nassestrich:

- Es wird weniger Feuchtigkeit eingebaut, Trockenwohnen entfällt,
- Einbau unabhängig von der Witterung,
- Oberbeläge lassen sich unmittelbar nach der Fertigstellung aufbringen, mithin verkürzte Gesamtbauzeit
- gute Wärme- und Schalldämmung, fußwarm;
- geringes Eigengewicht, geeignet für alle Konstruktionshöhen;
- Einbau auch nach den Maler- und Tapezierarbeiten möglich.

Arbeitsablauf, 2. Möglichkeit

Die ersten vier Schritte sind mit der 1. Möglichkeit identisch. Dann:

- Mit dem Plattenverlegen von links nach rechts beginnen. Im Bereich des Wandanschlusses den durch die Feder gebildeten Plattenüberstand abschneiden.
- Das Reststück einer Verlegereihe ist das Anfangsstück der nächsten Reihe.
- Fugenversatz mindestens 25 cm. Keine Kreuzfuge bilden (**5.**18)!
- Vor dem Zusammenschieben der Elemente nach Bild **5.**19 im Nut- und Federbereich Kleber aufbringen, Fugen anschließend mit dem Kleber verspachteln.

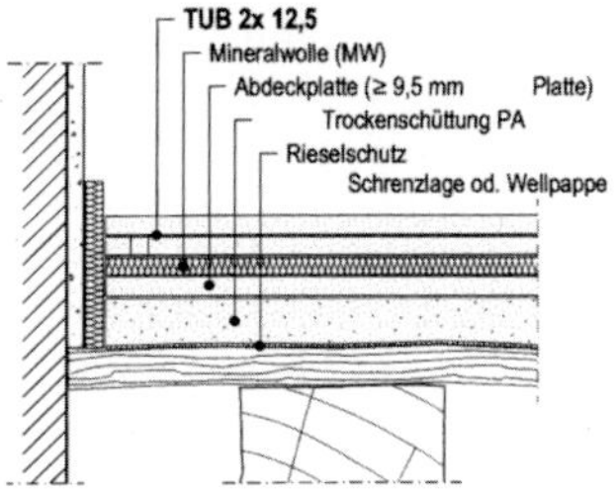

Bild 5.16 Anschluss an Hartbelag
1 Mineralfaser, *2* Trockenunterbodenelement, *3* Winkelschiene, *4* Silikondichtungsmasse, *5* Bodenfliese

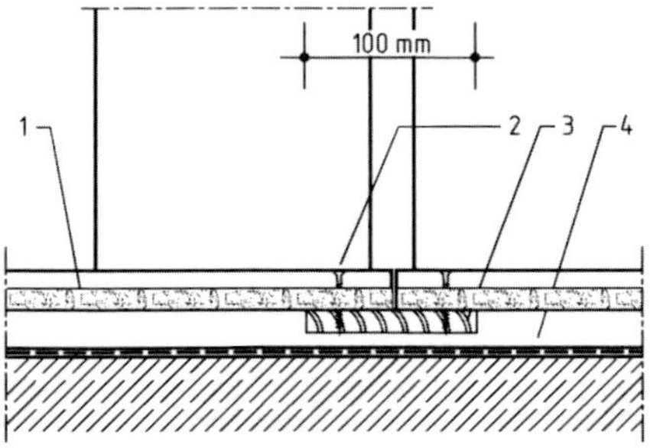

Bild 5.17 Konstruktive Ausbildung im Türbereich
1 Trockenunterboden, *2* Schnellbauschraube, *3* Spanplatte mit Trockenunterboden verklebt, *4* Trockenschüttung

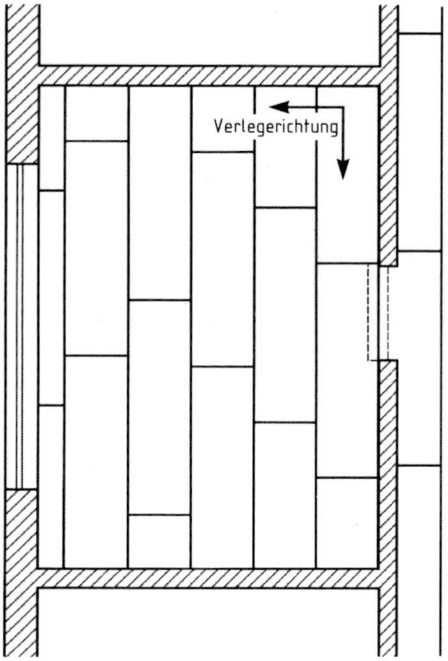

Bild 5.18 Verlegeplan mit Fuge im Türbereich

5.6.2 Konstruktionsarten

Trockenunterböden sind vielseitig einsetzbar. Drei unterschiedliche Lieferformen ermöglichen außerdem eine den Baumaßnahmen angepasste Konstruktion.

1. Möglichkeit: 2 Lagen Trockenunterbodenplatten 12,5 mm dick

Plattengröße 1250 × 900 mm, Gesamtdicke 25 mm. Die Platten werden bauseits verklammert und verklebt.

Die Bilder **5.**14 und **5.**16 verdeutlichen die Anschlüsse von UB-Platten im Wandbereich bzw. mit einem Hartboden. Bild **5.**17 zeigt die konstruktive Ausbildung bei einem Plattenstoß im Türbereich. Die Durchbruchslast beträgt bei 2 Lagen GK + 20 mm PS 4,5 kN (Herstellerangabe).

2. Möglichkeit: 3 Lagen Trockenunterbodenplatten GK 8 mm dick in Nut- und Federausführung miteinander verklebt (Verbundelement)

Plattengröße 600 × 2000 mm, Gesamtdicke 25 mm.

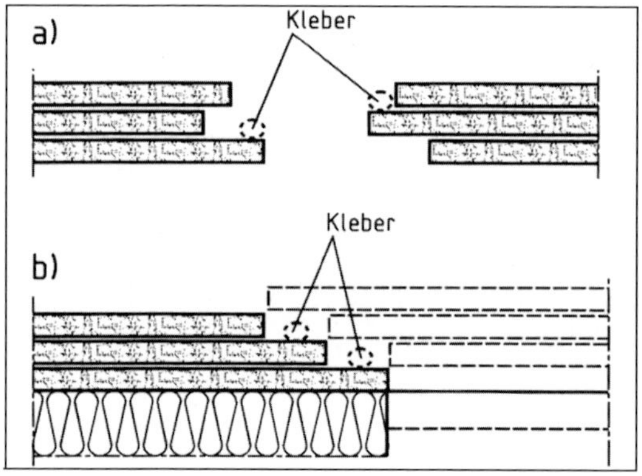

Bild 5.19 Kleberauftrag
a) Nut und Feder (Längsstöße),
b) Stufenfalz (Querstöße)

Den Anschluss an Hartbeläge zeigt Bild **5.**16, Stöße im Türbereich Bild **5.**17.

Die Durchbruchlast beträgt bei 3 Lagen UB + 20 mm PS 5,2 kN (Herstellerangabe).

3. Möglichkeit: 3 Lagen Trockenunterbodenplatten GK 8 mm dick in Nut- und Federausführung mit Hartschaumplatte miteinander verklebt (Verbundelement)

Plattengröße 600 × 2000 mm, Gesamtdicke 25 mm. Herstellung und Belastbarkeit entsprechen der 2. Möglichkeit.

Für alle drei Konstruktionsarten gilt: Beim Verlegen auf Holzbalkendecken darf keine Polyethylenfolie verlegt werden. *Grund:* Um Kondensation und damit Feuchtschäden zu vermeiden, darf die Wasserdampfdiffusion nicht unterbrochen werden. Soll ein Trockenunterboden in Feuchträume (z. B. Bäder) eingebaut werden, müssen der angrenzende Wandbereich und der Unterboden abgedichtet werden (**5.**20).

Trockenestriche (Trockenunterböden) sind vielseitig einsetzbar und bieten besonders bei der Altbausanierung und -modernisierung erhebliche Vorteile gegenüber konventionellen Estrichen.

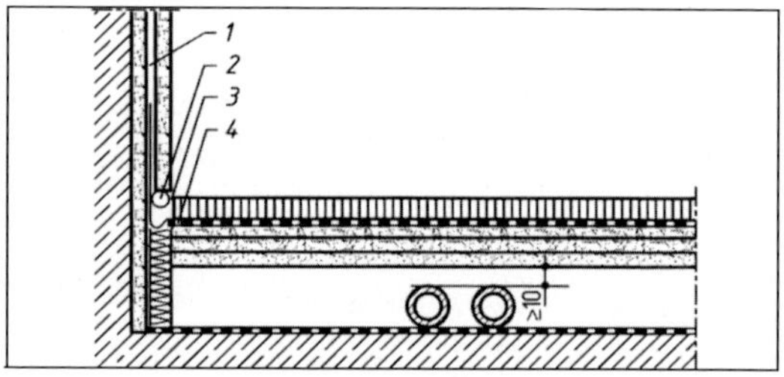

Bild 5.20 Konstruktive Ausbildung in Feuchträumen
1 Feuchtigkeitssperre,
2 Hinterfüllung,
3 Silikondichtungsmasse,
4 Flächendichtband

Aufgaben zu Abschnitt 5

T

1. Nach welchen Gesichtspunkten lassen sich Estriche einteilen?
2. In welchen Bestimmungen finden Sie die maßgeblichen Hinweise/Vorschriften zur Herstellung von Estrichen?
3. Welche Forderungen stellt DIN 18560 Teil 1 an alle Estrichkonstruktionen?
4. Wie muss der Untergrund für den Estricheinbau beschaffen sein?
5. Nennen Sie Merkmale des Verbundestrichs und des Estrichs auf Trennschicht.
6. Welchen Zweck hat die Trennfuge?

7. Welche Materialien sind für Trennschichten zulässig?
8. Welche Vorteile bietet ein Estrich auf Dämmschicht?
9. Wovon hängt die Estrichdicke bei Estrichen auf Dämmschicht ab?
10. Aus welchen Materialien stellt man Zementestrich her?
11. Was versteht man unter dem Nachbehandeln von Estrichen?
12. Welche Zuschläge erhalten Hartstoffestriche?
13. Nennen Sie die besonderen Eigenschaften des Hartstoffestrichs.
14. Erklären Sie die Kurzbezeichnungen
    a) Estrich DIN 18560-CT-C30-F6-A15-V25,
    b) Estrich DIN 18560-CT-C50-F7-T30.
15. Woraus bestehten Anhydritestriche?
16. Welche Vor- und Nachteile haben Anhydritestriche?
17. Beschreiben Sie die Herstellung eines Fließestrichs.
18. Wodurch unterscheiden sich Nass- und Trockensysteme bei Heizestrichen?
19. Welche Besonderheiten müssen Sie beim Herstellen eines Heizestrichs als Estrich auf Dämmschicht beachten?
20. Nennen Sie Vorteile des Fließestrichs.
21. Erklären Sie die Kurzbezeichnungen
    a) Estrich DIN 18560-CA-C25-F6-S35 H30,
    b) Estrich DIN 18 560-MA-C50-F10-SH150-S45.
22. Beschreiben Sie den Unterschied zwischen Bewegungs- und Scheinfugen.
23. Welche Forderungen haben Randfugen/Randstreifen zu erfüllen?
24. Wann sind Scheinfugen notwendig?
25. Wozu dienen
    a) Eignungsprüfungen,
    b) Güteprüfungen,
    c) Erhärtungsprüfungen,
    d) Bestätigungsprüfungen?
26. Welche Vorteile haben Trockenestriche gegenüber Nassestrichen?
27. Welche 3 Konstruktionsarten gibt es bei Trockenunterböden?
28. Beschreiben Sie die Herstellung eines Trockenunterbodens auf einer nicht mehr waagerechten Holzbalkendecke mit noch tragfähigen Holzdielen.
29. Warum darf man auf einer Holzbalkendecke keine Polyethylenfolie als Unterlage für den Trockenboden verlegen?
30. Welche Funktion übernimmt die Lage Wellpappe beim Trockenunterboden?

M

1. Die Garage **5.**21 soll einen Verbundestrich erhalten. Berechnen Sie
   a) die Estrichfläche in m^2,

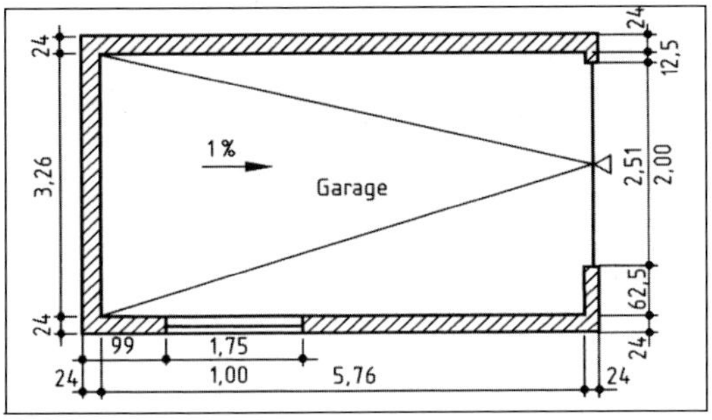

Bild 5.21 Garage (Maße in m, cm)

   b) die Estrichdicke an der Garagenrückwand (Dicke am Garagentor = 30 mm),
   c) den Estrichbedarf (Bestellmenge) in m^3 einschließlich Verlust von 8 %.

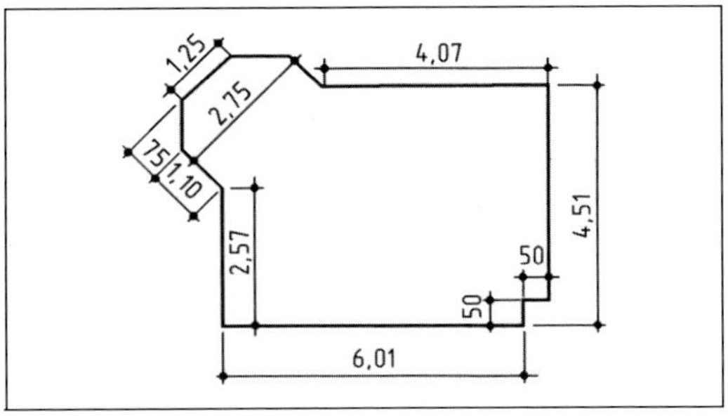

Bild 5.22 Wohnraum (Maße in m, cm)

2. Für den Wohnraum **5.**22 ist ein Estrich auf Trennschicht vorgesehen. DIN 18560-CA-C20-F5-S35. Zu berechnen sind
   a) die Estrichfläche in m^2,
   b) der Randstreifen in m,
   c) die Trennschicht in m^2 (Polyethylenfolie, Überlappung 20 cm, Bahnbreite 2,0 m, Aufkantung 15 cm)
   d) der Bedarf an Estrich (Bestellmenge) in m^3 einschließlich 8 % Verlust.

3. Der Wohnraum **5.**23 soll einen Estrich auf Dämmschicht als Fließestrich erhalten: DIN 18 560-CA-C25-F4-S35, Dämmschichtdicke 30 mm. Ermitteln Sie
   a) die Estrichfläche in m^2,
   b) den Randstreifen in m,
   c) die Trennschicht in m^2 (Polyethylenfolie, Überlappung 20 cm), Bahnbreite 2,0 m, Aufkantung 15 cm)
   d) die Dämmplatten in m^2,
   e) den Bedarf an Anhydritestrich (Bestellmenge) in Sack; für 1 cm Estrichdicke braucht man 18 kg/m^2 Trockenmörtel, 1 Sack = 40 kg.

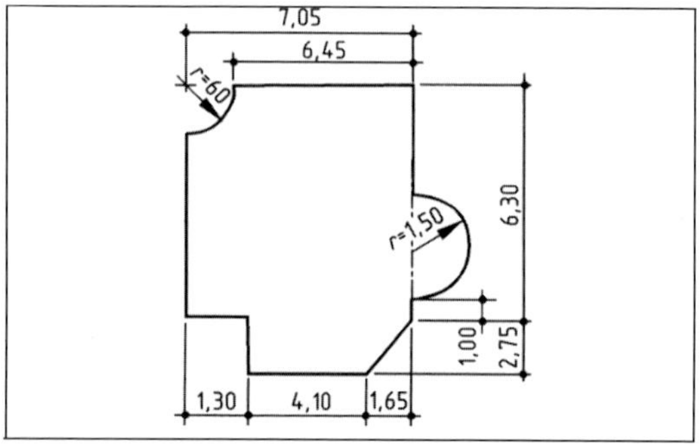

Bild 5.23 Wohnraum (Maße in m, cm)

4. Ausschreibung von Estricharbeiten als Anhydritfließestrich für eine Sporthalle:
   300 m^2 Schutzestrich auf Fußbodenheizung in den Nassbereichen, 30 mm dick
   1000 m^2 Fließestrich auf Fußbodenheizung für die Sporthallenfläche, 90 mm dick
   460 m^2 Fließestrich auf Fußbodenheizung in den Umkleideräumen, auf den Tribünen und im Gemeinschaftsbereich, 65 mm dick
   155 m^2 Fließestrich in Geräte- und Krafträumen, 100 mm dick
   50 m^2 Fließestrich im Tribünenbereich als Estrich auf Trennschicht, 110 mm dick
   Wie viel Werktrockenmörtel sind zu bestellen, wenn man 18 kg/m^2 je cm Estrichdicke braucht?
5. Im Erdgeschoss **5.**24 ist ein Trockenunterboden, Verbundelement GK + Dämmung (Dicke 55 mm) zu verlegen. Berechnen Sie
   a) den Randstreifen in m,
   b) die Trennschicht in m^2 (Polyethylenfolie, Überlappung 10 cm, Bahnbreite 2,0 m, Aufkantung 10 cm),

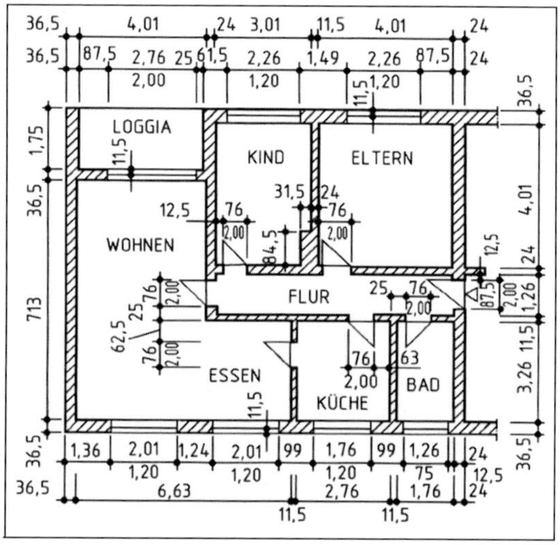

Bild 5.24 Erdgeschoss (Maße in m, cm)

   c) den Bedarf an Verbundelementen in m^2 (Verschnitt 6 %),
   d) die Anzahl der Kartuschen für Kleber (1 Kartusche reicht für 3 m^2)
   e) die Belastung des Trockenunterbodens auf die Decke (Masse 26 kg/m^2).

Z

1. Zeichnen Sie auf ein DIN-A3-Blatt (Hochformat) einen Verbundestrich, einen Estrich auf Trennschicht und einen Estrich auf Dämmschicht (jeweils mit Wandanschluss). Maßstab 1:2
   Vorgabe: Estrichdicke 40 mm, Dämmschichtdicke 30 mm, Randstreifen 5 mm.
   Schraffieren, benennen und bemaßen Sie die Zeichnung.
2. Erstellen Sie für den Wohnraum **5.**25 einen Verlegeplan für Trockenunterbodenplatten (Verbundelemente), Dicke 45 mm (25 + 20), Plattengröße 600 × 2000 mm
   a) mit,
   b) ohne Stoß im Türbereich.
   Zeichnen Sie beide Verlegepläne auf ein DIN-A3-Blatt, Maßstab 1:50.
3. Zeichnen Sie auf ein DIN-A3-Blatt (Hochformat) den Wandanschluss für einen Trockenunterboden
   a) in einem Wohnraum,

b) in einem Feuchtraum. Vorgaben: Trockenunterboden mit Dämmplatte (Verbundelement), Dicke 55 mm (25 + 30), Stahlbetondecke.
Schraffieren, benennen und bemaßen Sie die Zeichnung. Maßstab 1:2.

4. Zeichnen Sie auf ein DIN-A3-Blatt die folgenden Details für einen Trockenunterboden mit Dämmplatte (Verbundelement), Dicke 55 mm (25 + 30), Stahlbetondecke:
   a) Elementstoß im Türbereich,
   b) Anschluss an einen Hartbelag,
   c) Türstopper-Befestigung.

   Schraffieren, benennen und bemaßen Sie die Zeichnung, Maßstab 1:2.

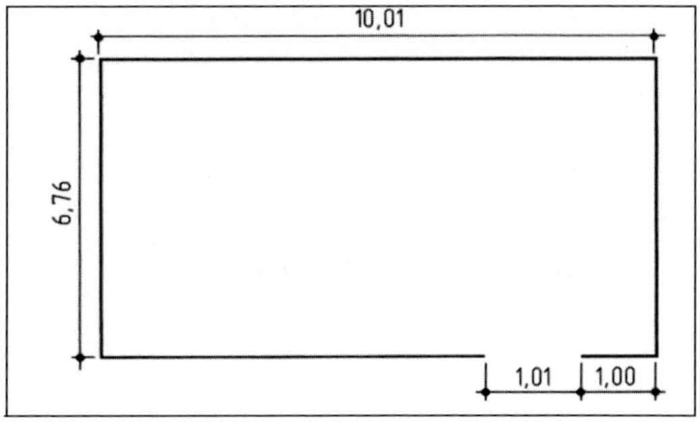

Bild 5.25 Wohnraum (Maße in m, cm)

6 Stuckarbeiten

6.1 Geschichte

Die Geschichte des Stucks lässt sich bis ins Altertum zurückverfolgen. Dort war die Verwendung von Stuck als handwerkliches und künstlerisches Gestaltungselement weit verbreitet. In *Griechenland* wurden bereits im 4. Jahrhundert vor Chr. Zierglieder aus Stuck angefertigt Säulen, Balken und Wände mit Stuck überzogen, Quaderwände durch Stuckverkleidungen vorgetäuscht.

Bekannt sind aus dieser Zeit auch Stuckplastiken (Bild **6**.1) und Stuckmasken. Aus *Italien* sind aus dem antiken Caere (*Etruskerzeit*, 2. Jahrhundert v. Chr.), heute Cervelari, bedeutende Stuckarbeiten bekannt.

Bild 6.1 Stuckplastik (Griechenland, 4. Jh. v. Chr.)

In Pompeji wurden marmorne Wandbekleidungen durch polierte Stuckierungen nachgeahmt. Stuckreliefe lassen sich bis in die Spätantike nachweisen (*Ägypten*, *Kreta*).

In der *Renaissance* (15. und 16. Jh. n. Chr.) lebte die antike Stuckkunst in Italien wieder auf. Durch wandernde Stuckateure verbreitete sich die Stucktechnik ausgehend von Italien über Frankreich, im 17. Jh. auch in Deutschland (St. Michaelskirche, München, um 1600; Hofkapelle der Residenz München, um 1630, Schloss Ludwigsburg, um 1730 (Bilder **6**.2, **6**.3, **6**.4).

Bild 6.2 Innenraum St. Michael, München (um 1590)

Bild 6.3 Stuckgalerie im Schloss Ludwigsburg (um 1730)

Bild 6.4 Alte Hofkapelle der Residenz München (um 1630)

Es bildeten sich in der Folgezeit im deutschsprachigen Raum bekannte „Stukkadorer Schulen“ heraus, z.B. in Miesbach (um 1690), Wessobrunn (1620 bis 1785) und Würzburg (1740 bis 1777).

Zunächst wurden die Techniken und Arbeitsweisen der italienischen Stuckadoren übernommen, später setzte eine eigenständige Entwicklung in Deutschland ein.

Der Übergang zum *Barock* wurde eingeleitet durch die Auflockerung klassizistischer Formen mit Rollwerk und Stäben, die ausgefüllt wurden mit Rosetten, Blatt- und Rankenornamenten, Bildern und Figuren. Um 1700 n. Chr. erreichte die Stucktechnik ihren handwerklichen und künstlerischen Höhepunkt (Bild **6.**5).

Bild 6.5 Kartusche in der Schlosskirche Friedrichshafen a.B.

Die *klassizistische Architektur* (um 1800 n. Chr.) forderte von den Stuckateuren ein Umdenken. Gefragt waren wieder Stilformen der Antike. Formenreichtum wurde wieder durch klare, einfache, gesetzmäßig gebundene Formen ersetzt (Bild **6.**6a, b).

a) Fassade

b) Decke (um 1840)

Bild 6.6 Residenz München

Die kurze Zeit des *Jugendstils* (um 1900 n. Chr.) führte wieder zu schwingenden, blumigen Formen und Linien (Bild **6.**7).

Heute gilt es vor allem, die durch die Kriege ganz oder teilweise zerstörten Stuckarbeiten wieder zu restaurieren bzw. noch erhaltene zu konservieren.

Bild 6.7 Ausschnitt Chor, Schlosskirche Friedrichshafen a.B.

6.2 Stuckarten

Stuckarbeiten können zum einen im Innenbereich, zum anderen an Fassaden ausgeführt werden. Wir sprechen daher von *Innenstuck* und von *Fassadenstuck.* Besonders Fassaden aus der Zeit der Renaissance, des Barocks und Rokokos bieten prächtige Beispiele für Fassadenstuck. In erster Linie unterscheiden sich die Stuckarten durch ihre unterschiedliche Beanspruchung infolge Umwelteinflüssen. Das drückt sich aus in der Verwendung unterschiedlicher Bindemittel und in der Beachtung bestimmter Regeln beim Gestalten des Fassadenstucks.

Bei der Herstellung von Fassadenstuck ist folgendes zu beachten:

- Die Oberfläche muss weitgehend glatt sein,
- Das Eindringen von Wasser muss durch sorgfältiges Verdichten (Spachteln, Glätten) vermieden werden.
- Unterschneidungen sind so herzustellen, dass das Wasser unmittelbar abfließen kann.
- Grundsätzlich darf es nicht zu Wasseransammlungen kommen.
- Bei mehrlagigem Aufbau darf keine Lage unter 5 mm aufgetragen werden. Wie bei jedem mehrschichtigen Putzaufbau gilt, dass die folgenden Putze weicher sein müssen als die vorhergehenden. *Standzeiten beachten!*

Als Mörtel für den Grobzug empfiehlt sich bei Fassadenstuck Trass-Kalk-Mörtel (Mischungsverhältnis Trass:Kalk = 1:1,5). Für den Scharfzug wird Feinkalkmörtel verwendet. Im Innenbereich finden die mannigfachen Gipssorten Verwendung (z.B. Stuck-, Alabaster- oder Modellgips, alaunisierte Gipse wie Marmorgips).

> Grundsätzlich unterscheidet man Innen- und Fassadenstuck. Fassadenstuck ist ständig Umwelteinflüssen ausgesetzt. Deshalb sind hier die konstruktiven, handwerklichen und technischen Regeln besonders zu beachten.

6.3 Zugarbeiten

Unter Ziehen versteht man die Herstellung gerader, bogenförmiger oder kreisrunder profilierter Stuckstäbe mit Hilfe von Schablonen. Deshalb besteht das Ziehen aus zwei voneinander unabhängigen Teilarbeiten.

- dem Herstellen der Schablone und
- dem eigentlichen Ziehen, der Formgebung des Profils.

6.3.1 Schablonenherstellung und -arten

Eine Schablone besteht aus dem am Sattelholz befestigten Profil (*der Erzeugenden*), dem Schlitten, Handgriff und Läufer. Zur Herstellung brauchen wir Stichsäge, Fuchsschwanz, Flach-, Rund-, Halbrund- und Dreikantfeile, Glaspapier, Holzraspel, Blechschere, Ahle und Hammer.

Blechprofil (Bild **6**.8). *Material:* Zinkblech Dicke = 0,5 bis 1,0 mm, Blechbreite = Profilbreite + 2,5 cm beidseitig. Blechhöhe = Profilhöhe + 4 cm.

Das Profil wird mit der Reißnadel auf das Zinkblech übertragen und mit der Blechschere ausgeschnitten oder mit der Stichsäge ausgesägt. Mit Feilen arbeitet man die endgültige Form heraus, mit Glaspapier werden letzte Unebenheiten, Riefen und Schlieren geglättet. Die Ecken dürfen dabei nicht abgerundet werden!

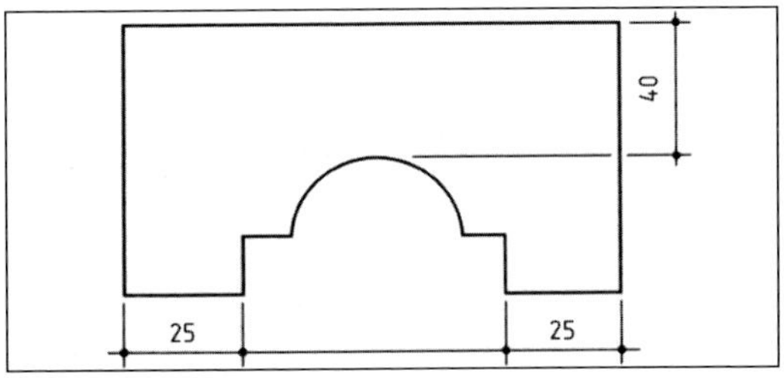

Bild 6.8 Blechprofil

Holzteile. *Sattelholz-Material:* Weichholz 20 bis 25 mm (*die Maserung muss wegen der Bruchgefahr des Holzes stets senkrecht stehen*) oder wasserfest verleimtes Sperrholz. Sattel-

Tabelle 6.9 Schablonenarten

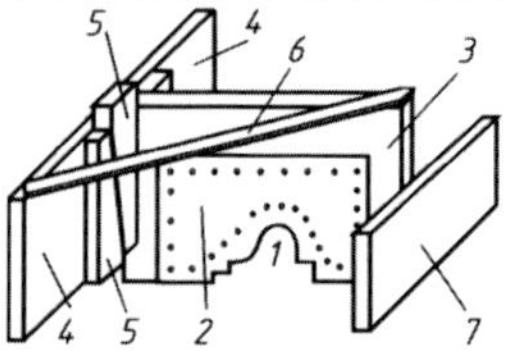

Normal- oder Mittelschablone
für den geraden Zug auf dem Tisch oder an Wand und Decke

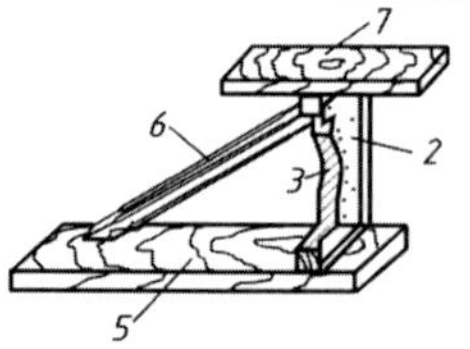

Kopfschablone
für umlaufende Gesimse und Hohlkehlen. Das Sattelholz mit der Blechschablone wird an einem Ende des Schlittens befestigt

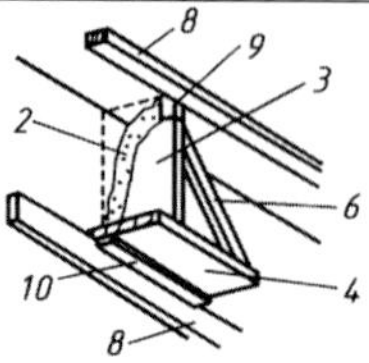

Eckschablone
für Hohlkehlen, die sowohl an die Wand als auch in die Decke einbinden. Sie haben zur Wand und zur Decke hin eine Profilierung

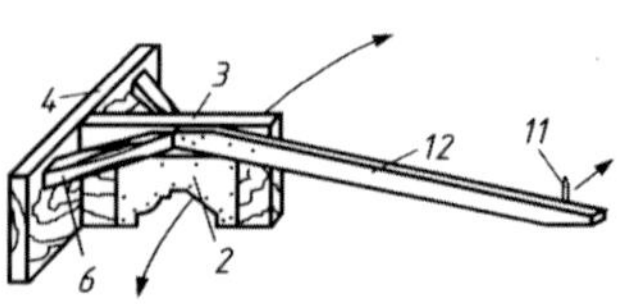

Radiusschablone
für kreisrunde Profilglieder bzw. Bögen mit wechselnden Einsatzpunkten (z.B. Korbbogen mit 3 oder 5 Einsatzpunkten)

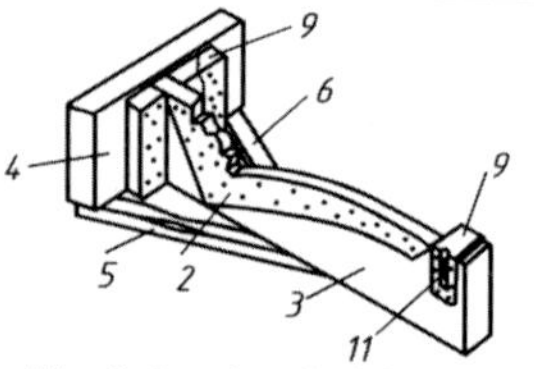

Hochdruckschablone
für Deckenprofile

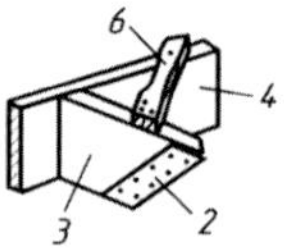

Halbschablone
für Zugarbeiten an sich verjüngenden Profilen, meist Kopfschablone mit halbem Profil

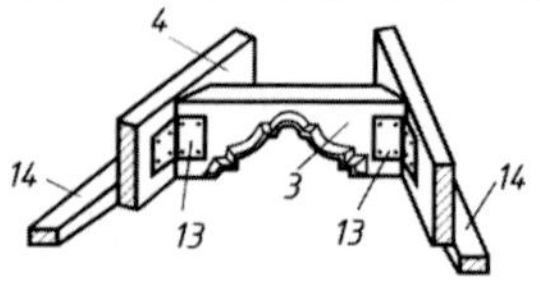

Scharnierschablone
für Zugarbeiten an sich verjüngenden Profilen. Das Sattelholz mit dem Profilblech ist durch Scharniere beweglich verbunden.

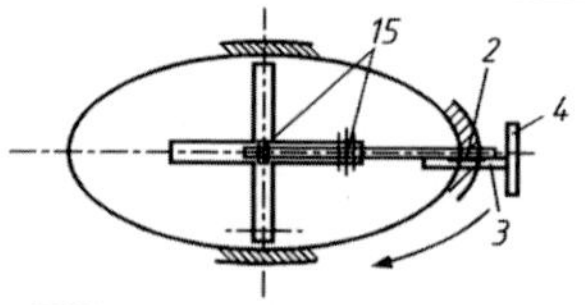

Ellipsen- oder Andreaskreuz
für elliptische Profilglieder; ähnlich der Radiusschablone, aber mit der Führungsstange

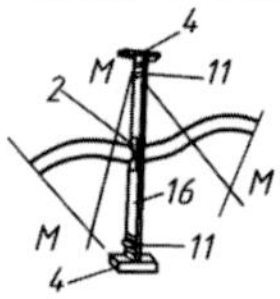

Karniesschablone
für geschweifte Profilglieder

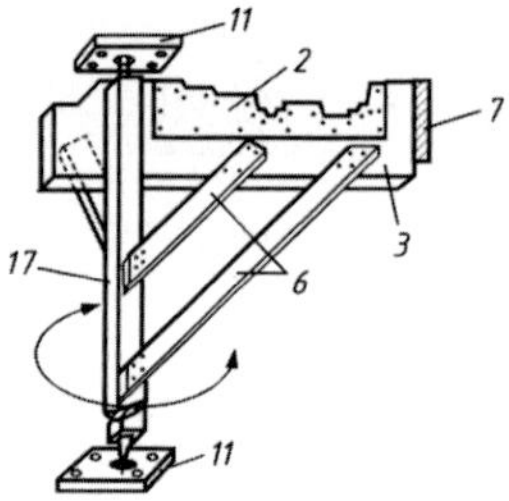

Fügelschablone
für kreisförmige Profilglieder an Decken

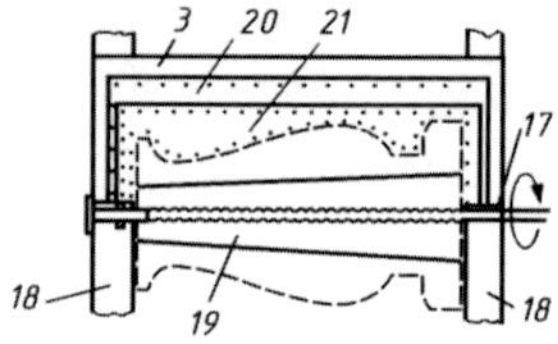

Drehbank
zum Leiern von Gipsbauteilen, Herstellen von Säulen, Balustern und Vasen

1 Profil
2 Blechschablone
3 Sattelholz
4 Schlitten
5 Keilverschluss
6 Handgriff, Verstrebungen
7 Läufer
8 Zuglatten
9 Gleitblech
10 Anschlagholz
11 Einsatz-, Drehpunkt
12 Führungslatte, -stange
13 Scharnier
14 Lattengang
15 Schiffchen
16 Karniesplatte
17 Drehachse
18 Bockauflagen
19 Gipskern
20 Kernschablone
21 Profilschablone

holzlänge = Blechbreite + 3 cm beidseitig, Sattelholzhöhe = Blechhöhe + 3 cm.

Das Profil wird mit Hilfe der Blechschablone auf das Sattelholz übertragen und mit einer Stichsäge 3 bis 5 mm größer ausgesägt. Zur Rückseite hin fast man das Profil unter einem Winkel von 60° ab und arbeitet mit Holzraspel und Glaspapier den Schnitt sauber und glatt nach. Dann wird die Blechschablone auf dem Sattelholz justiert (etwa 3 mm Überstand am Zuggrund) und mit breitköpfigen Nägeln im vollen Holz befestigt. Die Nägel setzen wir so, dass das Blechprofil nicht mehr federn kann.

Der *Schlitten* soll etwa 1/3 länger und genau so hoch sein wie das Sattelholz. Er hält das Sattelholz in der Senkrechten und dient als Führung. Das Sattelholz wird in gleicher Höhe mit der Unterkante des Blechprofils an den Schlitten genagelt oder mit Hilfe einer Keilvorrichtung eingespannt.

Der *Handgriff* wird aufgenagelt oder aufgeschraubt. Er bildet mit dem Schlitten und dem Profilholz ein unverschiebliches Dreieck. Dieses dient zum Aussteifen und zur besseren Führung der Schablone.

Der *Läufer* wird auf gleicher Höhe mit dem Profilblech und dem Schlitten am freien Ende des Sattelholzes mit einem Stichnagel beweglich befestigt. Er soll das Führen der Schablone erleichtern. Schablonen sind Einzelanfertigungen. Sie werden für die jeweils anstehende Arbeit speziell angefertigt (Tab. **6.**9).

> Wesentliche Teile der Schablone sind: Sattelholz mit Profilblech, Schlitten, Läufer und Handgriff.
>
> Schablonen gibt es für gerade, konische und kreisförmige Züge.

6.3.2 Profilglieder

Profile sind gliedernde, gestaltende und schmückende Bauteile. Sie tragen wesentlich dazu bei, Räume und Fassaden zu betonen und durch ihren Schattenwurf zu beleben. Zu unterscheiden sind

- fußbildende und bekrönende,
- symmetrische und asymmetrische,
- überhöhte und gedrückte Profilglieder.

Die verschiedenartigen Profilierungen lassen sich auf wenige Grundprofile zurückführen (**6.**10).

Tabelle 6.10 Grundprofile

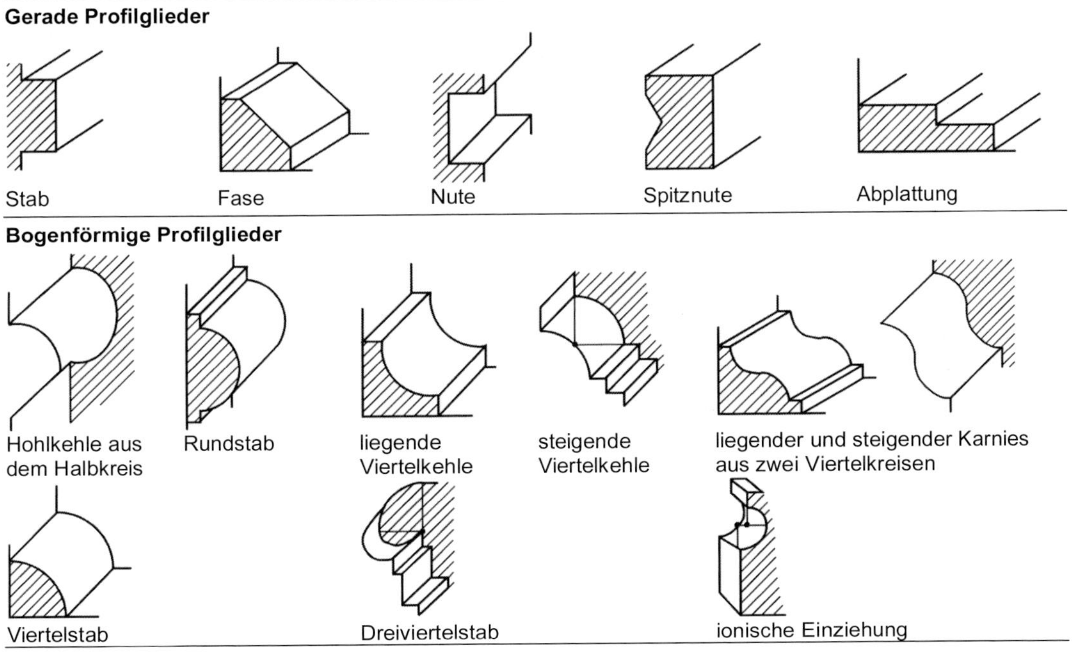

6.3.3 Herstellen der Stuckprofile

Für die Herstellung von Stuckprofilen brauchen wir verschiedene Kellen, Japanspachtel, Ziehklingen, Stuck-, Antrag- und Sägeeisen sowie einen Fuchsschwanz. Dabei bieten sich zwei Möglichkeiten an:

- der Tisch- oder Bankzug,
- der Wand- oder Deckenzug.

Beim Wand- und Deckenzug wird das Profil unmittelbar am Ort und Stelle gezogen, beim Tisch- oder Bankzug werden die Profile vorproduziert und später am Ort montiert. Die Zugarbeit am Tisch ist naturgemäß leichter durchzuführen als direkt an der Wand oder gar an der Decke. Der Wand- oder Deckenzug bietet dagegen die Vorteile einer passgenauen Anbringung und besseren Verbindung mit dem Bauteil.

Tisch- oder Bankzug. Der *Ziehtisch* besteht in fest eingerichteten Werkstätten aus Beton-, Kunststein- oder Marmorplatten. Diese haben eine absolut glatte Oberfläche, die nicht aufgerissen werden kann, und lassen die Schablonen gut gleiten. Ferner haben sie eine geschliffene Vorderkante als Führung und biegen nicht durch. Oft, auf der Baustelle in aller Regel, werden aber Tischler- bzw. Spanplatten verwendet.

Der Ziehtisch muss sorgfältig unterbaut, waagerecht ausgerichtet und eben sein. Als Führung für den Schlitten befestigt man eine Führungsschiene (*Bei Holz Faserrichtung beachten: nicht gegen die Faser ziehen!*)

> Gips dehnt sich beim Abbinden etwa 1 % aus. Deshalb rechtzeitig zu Ende kommen!

Arbeitsablauf (Bilder **6**.11, **6**.12, **6**.13)

- Alte Gipsreste auf dem Ziehtisch restlos beseitigen (sie wirken abbindebeschleunigend).
- Profilbreite mit Hilfe der Schablone entlang der Führungsschiene aufzeichnen.
- Auftragfläche mit Weißkalkmilch, mit Öl oder mit Schmierseife einstreichen (verhindert Festkleben des Gipses auf dem Tisch).
- Eventuell Festpunkte aus Gips anlegen, um ein Wegrutschen des Profilstabs zu vermeiden.
- Gipsmörtel sachgemäß anmachen (saubere Gefäße und Werkzeuge, sauberes Anmachwasser, Gips gleichmäßig einstreuen, kräftig durchschlagen, ausreichend viel Gips anmachen), gleichzeitig etwas Stehgips zur späteren Nachbehandlung anmachen.
- Den Gipsmörtelbrei mit einem Gefäß entnehmen und auf die vorgezeichnete Fläche gießen. Den Brei immer vom Rand des Anmachgefäßes entnehmen, nicht aus der Mitte!
- Durch mehrmalige Schleppzüge (abgefaste Seite des Sattelholzes vorn) erhält das Profil seine Grobform. Die Fase bewirkt, dass Unebenheiten und Löcher eingeebnet werden und der Mörtel verdichtet wird.
- Beim Scharfzug (Schablonenblech befindet sich vorn) wird überstehender Gipsmörtel abgeschert; der Stab erhält seine endgültige Form.
- Letzte Unschärfen durch Auftragen des Stehgipses und einen letzten Scharfzug beseitigen.
- Die Ränder zum leichteren und auch sicheren Abheben des Stuckstabs mit einer Spachtel anritzen und in Längsrichtung abschieben.
- Stuckstäbe eben lagern, um ein Verziehen zu vermeiden.

Bild 6.11 Ziehen eines Stuckstabes

Bild 6.12 Rundzug

Bild 6.13 Leiern

Wand- oder Deckenzug. Die Arbeit verläuft weitgehend wie beim Tischzug. Nach dem Aufzeichnen der Profilbreite muss dieser Bereich gut aufgeraut und angenässt werden, um eine innige Verbindung zwischen Decke/Wand und Stuckprofil zu erreichen.
Beim Herstellen größerer Profile empfiehlt sich, zur Material- und Masseneinsparung *auf Kern zu ziehen*. Das kann beim Tischzug ein Sand- oder Gipskern (Bild **6.**14) oder ein Kern aus Schaumkunststoff sein. Bei Eckgesimsen können ein schräg eingebauter Gipskarton-

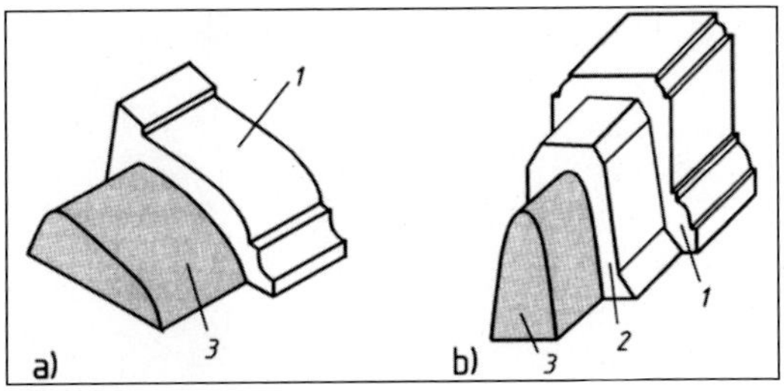

Bild 6.14 Profil a) über Sandkern, b) über Sand- und Gipskern
1 Profil, *2* Gipskern, *3* Sandkern

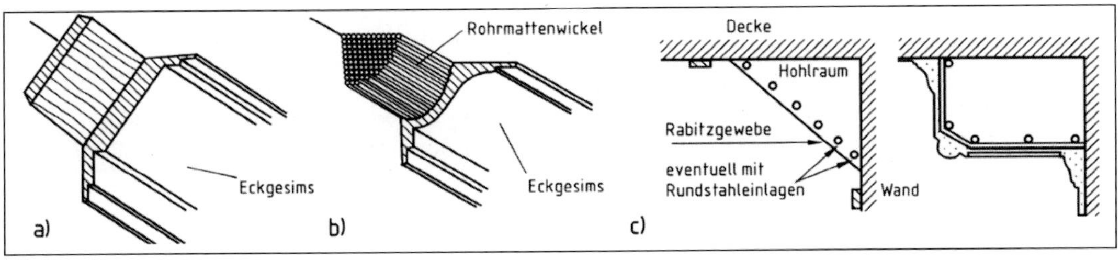

Bild 6.15 Materialeinsparung durch a) Gipsbrett, b) Rohrmattenwickel, c) Rabitzbauweise

Plattenstreifen, ein Rohrmattenwickel oder Rabitzkasten eingebaut werden (Bild **6.**15). Bei weit ausladenden Gesimsen im Außenbereich sind auch Vormauerungen üblich. Der Mindestabstand zwischen Kern und Profil der Blechschablone beträgt je nach Profilgröße 2 bis 3 cm. Um die Stabilität der auf Kern gezogenen Profile (besonders beim Transport) zu gewährleisten, ist eine „*Bewehrung*" einzulegen (z.B. Jute-, Kunststoff- oder Glasfasergewebe).

Beim Tischzug werden die Profile vorproduziert, beim Wand-/Deckenzug dagegen an Ort und Stelle angefertigt.

6.3.4 Versetzen fertiger Stuckelemente

Arbeitsablauf

- Decke oder Wand auswinkeln, Ungenauigkeiten korrigieren.
- Aufriss aufzeichnen, nachdem die Stuckelemente zu versetzen sind.
- Die Rückseite der zu versetzenden Stuckelemente und die markierten Flächen des Decken-/Wandaufrisses gründlich aufrauen, Stuckelemente von Verunreinigungen (Öl, Kalkmilch) befreien.
- Als Anlagehilfen können Gipserlatten bzw. Drahtstifte angebracht werden.
- Gipsbrei (Ansetzgips) cremig dünn anmachen und auf das Stuckelement aufbringen (nicht auf Wand oder Decke).
- Stuckelemente justieren und andrücken. Schwere Stuckelemente zusätzlich mit nichtrostenden Schrauben befestigen (*vorher Dübel setzen!*). Hohlprofile mit nichtrostendem Draht verankern.
- Verputzen (Bilder **6.**16, **6.**17, **6.**18).

Gehrungslinien. Stoßen zwei oder mehr Stuckprofile gleichen Querschnitts stumpf-, spitz- oder rechtwinklig zusammen, entstehen Gehrungslinien. Sie ergeben sich aus der Winkelhalbierenden des eingeschlossenen Winkels und können gerade oder bogenförmig sein.

Bild 6.16 Stuckrosette

Bild 6.17 Verputzen einer Stuckplastik

Bild 6.18 Werkzeuge

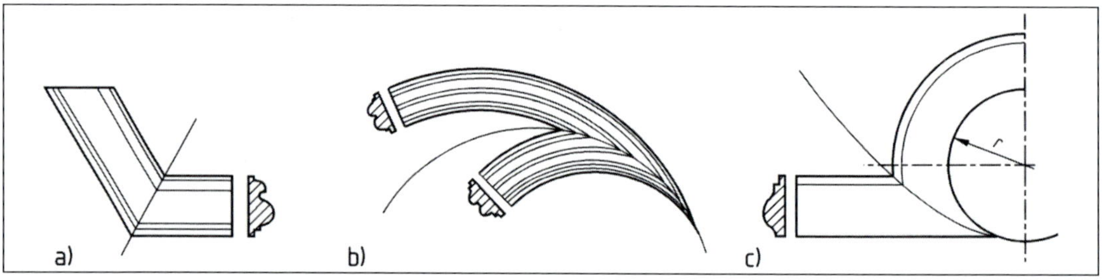

Bild 6.19 Gehrungslinien a) beim Zusammenstoß gerader Stuckprofile, b) beim Zusammenstoß kreisförmiger Stuckprofile mit unterschiedlichem Radius, c) beim Zusammenstoß gerader und kreisförmiger Stuckprofile

Bild 6.20 Sockelgesims
1 Totlauf, *2* äußere, *3* innere Wiederkehr

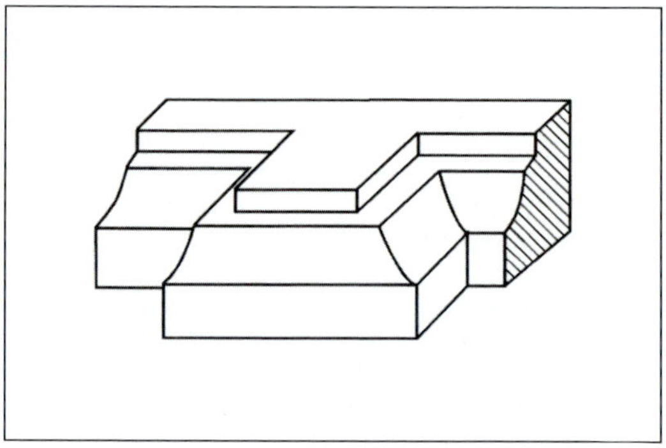

Bild 6.21 Kropfförmiger Wandvorsprung

Es entstehen

- **gerade Gehrungslinien** beim Zusammenstoß-gerader Stuckprofile (**6.**19a) und kreisförmiger Stuckprofile mit gleichen Radien. Dies aber nur, wenn Innenkreiskante auf Innenkreiskante und Außenkreiskante auf Außenkreiskante treffen.
- **Elliptische Gehrungslinien** beim Zusammenstoß kreisförmiger Stuckprofile mit gleichen oder verschiedenen Radien – jedoch nur, wenn Innen- und Außenkreiskante aufeinandertreffen (Bild **6.**19b).
- **parabelförmige Gehrungslinien** beim Zusammenstoß gerader Stuckprofile mit kreisförmigen Stuckprofilen (Bild **6.**19c).
- **hyperbelförmige Gehrungslinien** beim Zusammenstoß kreisförmiger Stuckprofile mit verschiedenen Radien, jedoch nur, wenn Innenkreiskante auf Innenkreiskante und Außenkreiskante auf Außenkreiskante treffen.

Der Gehrungsschnitt wird mit einem Fuchsschwanz durchgeführt. Eine *äußere Profilwiederkehr* bildet sich beim Zusammenstoß zweier Stuckprofile gleichen Querschnitts im Bereich der Außenecke. Im Bereich der Innenecke handelt es sich entsprechend um eine *innere Profilwiederkehr* (Bild **6.**20). Beim Zusammenstoß gleichförmiger Profile an einer vorspringenden Ecke entsteht eine *Verkröpfung* (Bild **6.**21), ein Kropfschnitt im Gegensatz zum Eckschnitt, der beim Zusammenstoß gleichförmiger Profile an einer einspringenden Ecke entsteht.

> Beim Zusammentreffen von Stuckprofilen ergeben sich in Abhängigkeit von der Form der Stöße und der Form des Zusammentreffens gerade, elliptische, parabelförmige oder hyperbelförmige Gehrungslinien.

6.4 Herstellen gegossener Stuckteile

Außer den gezogenen Stuckprofilen stellt der Stuckateur auch Abgüsse, Duplikate (z.B. bei der Restauration) von plastischem Schmuck her. Entweder handelt es sich dabei um speziell von Fachhandwerkern (Steinmetze, Bildhauer) für einen bestimmten Zweck hergestellte Modelle oder um bereits vorhandene Originale.

Sie bestehen aus sehr unterschiedlichen Werkstoffen (z. B. Stein, Gips, Ton, Holz, Metall, Wachs, Plastilin). Entsprechend sind beim Ab guss besondere Vorarbeiten zum Schutz der mitunter sehr wertvollen Originale bzw. Vorlagen sowie zum Lösen der Modelle vom Abgussmaterial erforderlich.

Die gebräuchlichsten Formen sind:

- Leimspiegelform,
- Leimform in Schale,
- Stückform,
- verlorene Form.

Tabelle 6.22 Trennmaterialien in Abhängigkeit vom Modellwerkstoff (Abgussmaterial Gips vorausgesetzt)

Modellwerkstoff	Trennmittel
Gips	3- bis 4malige Schelllackbeschichtung (Schelllack in Spiritus gelöst)
Stein	wie Gips, aber auch Seifenlösung (geraspelte Kernseife mit Rübölzusatz) möglich
Ton, Keramik	wie Gips
Holz	wie Stein
Metall	einfetten mit Rüböl, Olivenöl oder Vaseline
Wachs	dünne Beschichtung mit Schelllacklösung, Überzug mit Sikkativ, vor dem Gießen einölen
Plastilin	wie Wachs
Leim	ein/zwei Leinölfirnisbeschichtungen
Silikonkautschuk	Herstellerangaben beachten, bei wertvollen Modellen grundsätzlich Vorversuche durchführen

6.4.1 Materialien

Trennmittel (s. **6.**22).

Gips. Wichtig ist die Wahl des richtigen Gipses. Wir unterscheiden:

- Stuckgips, besonders für verlorene Formen, Formschalen und Stückformen,
- Modellgips für Formen von besonders hoher Festigkeit,
- Alabastergips für reine Gussarbeiten,
- Alabastermodellgips für sehr feine Gussarbeiten,
- Marmorgips für sehr hohe Festigkeit und Abgüsse mit marmorähnlicher Struktur.

Um eine möglichst hohe Auflösung des abzubildenden Gegenstands zu erreichen, muss der Gips dünnflüssig und sämig angerührt werden. Die Eigenschaft der Volumenvergrößerung um etwa 1 Vol.-% trägt dazu bei, dass auch die letzten Feinheiten auf den Gips übertragen werden. Allerdings besteht dabei die Gefahr, dass die Form zerstört wird. Das lässt sich vermeiden, wenn man dem Gipsbrei eine geringe Menge Weißkalk zugibt (*1 Handvoll auf 10 l Wasser*).

Wird eine längere Verarbeitungszeit gewünscht, kann man dem Gips einen Verzögerer beimischen z.B. Weißkalk, Leimwasser,

Borax oder saure Milch). Umgekehrt lässt sich der Abbindeprozess beschleunigen mittels warmem Anmachwasser oder durch Zugabe geringer Mengen (2 %) fein gemahlenem, abgebundenem Gips.

Vor allem bei dünnwandigen oder flächigen Abgüssen ist es erforderlich, zur Aussteifung und Stabilisierung Glasfasergewebe, Jutestreifen, Gazegewebe, Tierhaare oder verzinktes Drahtgeflecht einzubauen.

Leim ist ein wichtiges und häufig gebrauchtes Material. Leime sind organische Bindemittel tierischer oder pflanzlicher Herkunft. Angeboten werden sie als wasserlösliches Pulver. Wir verwenden normale *Tischlerleime* oder auch *Gelatine.*

In sauberen Gefäßen wird der Leim in kaltem Wasser aufgeweicht, bis er ganz aufgequollen ist. (*Keine Holzgefäße verwenden – die Gerbsäure verfärbt den Leim!*). In einem leicht eingeölten Doppelkessel (*nicht unmittelbar über der Wärmequelle!*) wird der Leim bis auf maximal 80 °C erhitzt. Um eine verarbeitungsgerechte Konsistenz zu erreichen, können wir mit heißem Wasser verdünnen. Gebrauchsfertig ist der Leim, wenn alle Klumpen aufgelöst sind und eine Gießtemperatur von 40 °C erreicht ist. Durch ständiges Umrühren vermeiden wir eine Hautbildung. Leim kann wieder verwendet werden. Dazu erhitzt man ihn und filtriert ihn im flüssigen Zustand durch ein nasses Tuch. Verunreinigungen verbleiben auf dem Tuch. Den filtrierten Leim setzt man vermischt mit neuem Leim an.

Silikonkautschuk ist ein Kunststoff auf Zweikomponentenbasis: Grundmasse und Härter (Vernetzer). Unter Chemikalienzusatz bilden sich Kettenmoleküle, die miteinander vulkanisieren. Darunter versteht man die Verwandlung der fadenförmigen Kautschukmoleküle durch Anlagern von Schwefel oder Verknüpfung der Kohlenstoffatome zu dreidimensionalen Raummolekülen. Das Vulkanisieren gewährleistet Zähigkeit und Elastizität in einem weiten Temperaturbereich.

Angeboten wird Silikonkautschuk von flüssiger bis knetbarer Konsistenz und variabler Topfzeit (Verarbeitungszeit). Seine Vor- und Nachteile:

Vorteile

- einfache Verarbeitung
- sehr gute Zeichnungsschärfe
- sehr hohe Abgusszahlen
- geringes Schrumpfen und Kriechen
- hohe Zugfestigkeit
- kein Austrocknen, kein Faulen,
- Schichtdicken um 1/3 geringer als bei Leimformen
- unempfindlich gegen die beim Gipsabbinden entstehende Abbindewärme.

Nachteile

- verhältnismäßig teuer
- nicht wieder verwendbar
- gesundheitsschädlich beim Verarbeiten – unbedingt Verarbeitungsvorschriften beachten!

Die wichtigsten Abgussmaterialien für den Stuckateur sind Gips, Leim und Silikonkautschuk.

6.4.2 Herstellen der Formen und Abgüsse

Die im Folgenden beschriebenen Leimformen werden heute meist aus Silikonkautschuk hergestellt. Wesentlicher Nachteil bei Verwendungen von Leim ist der früher oder später eintretende Fäulnisprozess.

Die Leimspiegelform verwendet man für kleinere Arbeiten (z. B. flache Reliefs). Der Name stammt aus dem sich ergebenden „Spiegelbild" des abzubildenden Gegenstands.

> Zum Ausbessern bzw. zum Retuschieren nimmt man den gleichen Gips wie für den Abguss und hält auch den gleichen Wassergipsfaktor ein.

Arbeitsablauf Leimspiegelform

- Modell mit Trennmittel vorbehandeln (s. Abschn. **6**.4.1).
- Ton-, Blech- oder Kunststoffrahmen, der die höchste Stelle um > 20 mm überragt und die Ränder um mindestens 20 mm umschließt, anbringen und sorgfältig abdichten, um ein Abfließen des Leims zu verhindern.
- Modell und Rahmen leicht einschmieren.
- Den vorbereiteten Leim (s. Abschn. **6**.4.1) blasen frei von einer Stelle aus aufgießen, ohne den Leimfluss zu unterbrechen (Bild **6**.23).
- Nach etwa 12 Stunden den Rahmen entfernen und die Leimform vom Modell abheben. Die Form mit Talkum von der anhaftenden Schmiere befreien. Zweimal mit Alaunlösung (1:10) einpinseln, um sie haltbarer zu machen.

Wirkungsvoller ist zweimaliges Einpinseln mit Leinölfirnis, dem ein Sikkativ beigegeben wird. So wird ein weiteres Aufquellen der Leimeiweißkörper unterbunden und bleiben die Konturen der Form scharf.
- Nach dem Trocknen die Form einschmieren und mit Gipsbrei ausgießen (Bild **6**.23).
- Vor Erreichen der vollen Abbindewärme des Gipses den Abguss aus der Form entnehmen. Sonst besteht die Gefahr, dass die Form „läuft", d. h. flüssig oder zumindest plastisch wird (Bild **6**.23).

Sollten sich trotz aller Sorgfalt Luftblasen oder andere Unsauberkeiten zeigen, müssen sie nachbehandelt werden.

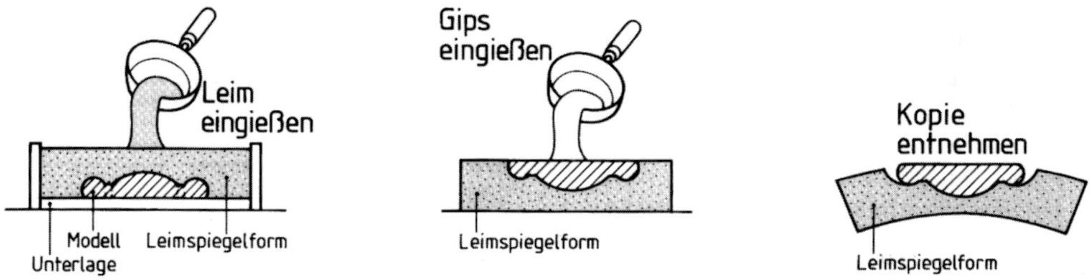

Bild 6.23 Leimspiegelform

Die Leimform in Schale dient für plastische Modelle.

Arbeitsablauf Leimform in Schale

- Modell mit Trennmittel vorbehandeln (s. Abschn. **6**.4.1) und auf der Arbeitsplatte befestigen, anschließend mit weichem Papier oder feuchtem Tuch abdecken, um es nicht zu beschädigen.
- Eine etwa 15 mm dicke Tonschicht über das Modell ziehen. Einen umlaufenden Tonstreifen als späteren Halt für die Leimform anlegen und daneben einige etwa 5 mm große Löcher als spätere Arretierungspunkte zum Einpassen der Schale bohren (oder Kerben einritzen, **6**.24).
- Mehrere Tonkegelstümpfe formen und als Luftaustrittsöffnungen auf den Hochpunkten der Tonschale aufsetzen. Am höchsten Punkt einen etwas größeren Tonkegel von etwa 3 cm Durchmesser als spätere Eingießöffnung anbringen.
- Tonschale sorgfältig einschmieren und danach eine 3 bis 4 cm dicke Gipsschicht aufgießen. Die Tonkegelstümpfe müssen alle aus dem Gips herausragen! Falls notwendig, Gipsschale mit Jute oder Glasfasergewebe verstärken (**6**.24).
- Nach dem Erstarren des Gipses die Gipsschale abheben, ohne die Arretierungspunkte in der Grundplatte zu zerstören. Die dem Modell und der Schale anhaftenden Verschmutzungen vorsichtig entfernen, Eingießloch und Luftaustrittsöffnung nachschneiden.
- Modell und Gipsschale dreimal schelllackieren und einschmieren. Gipsschale über das Modell mit Hilfe der Arretierungspunkte justieren und sorgfältig zur Grundplatte hin mit Ton abdichten. Dabei Schale gegen mögliches Aufschwimmen sichern (Zwingen anbringen oder mit Spreizen befestigen (**6**.24).
- Aufbereiteten Leim durch Gießloch eingießen. Fließt er aus den Luftaustrittsöffnungen heraus, diese mit den Tonstöpseln verschließen.
- Nach etwa 12 Stunden Leimform abheben, Leim zapfen am Gießloch und an den Luftaustrittsöffnungen abschneiden und entfetten.

Weitere Arbeitsschritte wie bei der Leimspiegelform.

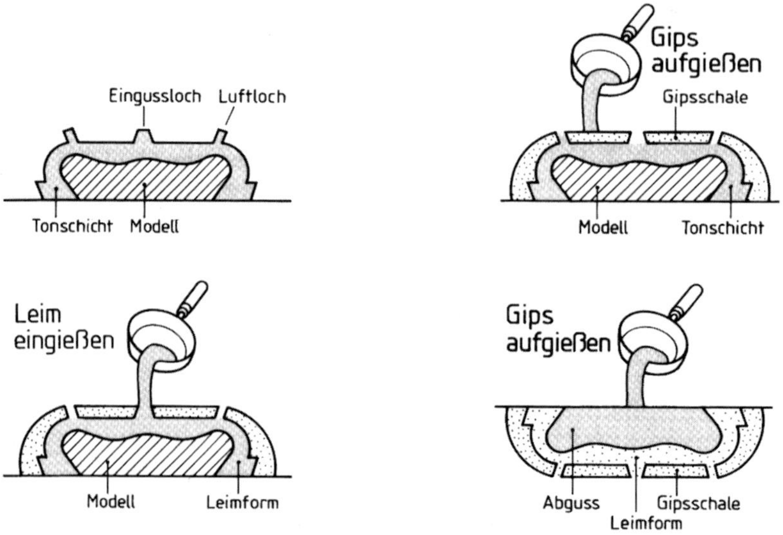

Bild 6.24 Leimform in Schale

Arbeitsablauf Stückform

- Modell mit Trennmittel vorbehandeln (s. Abschn. **6**.4.1) und Trennlinien auf das Modell aufzeichnen.
- Den abzuformenden Abschnitt in die Waagerechte bringen und die umgebenden Flächen mit gleichmäßig dicken (etwa 25 mm) Tonstreifen rechtwinklig zur Modellfläche abtrennen (Bild **6**.19). (Statt mit Ton kann man auch mit Teilungsblechen arbeiten). Tonstreifen einschmieren.
- Gipsbrei mit gerade noch fließendem Weißkalkzusatz einbringen.
- Nach dem Erhärten Formteil abnehmen, reinigen und an den umlaufenden Kanten zuschneiden. Zur optimalen späteren Anpassung der einzelnen Flächen Marken oder Narben einschneiden (Bild **6**.19). Anschließend das Teil schelllackieren, einschmieren und wieder in die abgeformte Teilfläche zurücksetzen. Mit den anderen Teilflächen ebenso verfahren.
- Wenn alle Teilflächen hergestellt sind, eine Mutterschale aus Gipsmörtel fertigen, die die einzelnen Teile zusammenhält. Diese alle Flächen umgebende Schale sollte etwa 40 bis 50 mm dick und mit Einlagen (z. B. Glasfasergewebe) versehen sein. Bei runden Modellen kann diese Schale, auch *Kappe* genannt, aus zwei oder mehr Teilen bestehen.
- Teilfläche nach bekannter Vorbehandlung in die Mutterschale einsetzen und zusammenschnüren oder mit Klammern verbinden. Abguss durchführen wie schon beschrieben (Bild **6**.25).

Zur Herstellung von Abgüssen wird die Leimform immer wieder in die Gipsschale gelegt. Bei sorgfältiger Behandlung lassen sich bis zu 50 Gipsabgüsse mit einer Leimform herstellen.

Um ein Verziehen der Leimform während der Aufbewahrungszeit zu vermeiden, sollte man einen Abguss in der Form belassen.

Stückform. Mit den beiden beschriebenen Leimformen lässt sich das Problem der Unterschneidung nicht lösen. Hier bietet sich die Stückform an. Sie ähnelt der Leimform in Schale, doch handelt es sich um mehrteilige Leimformen. Dazu teilt man das Modell in Abschnitte ein, so dass sich beim späteren Abnehmen der Formteile keine Beschädigungen des Abgusses und des Modells ergeben. Auf diese Weise gibt es bei keinem Formteil – für sich betrachtet – Unterschneidungen.

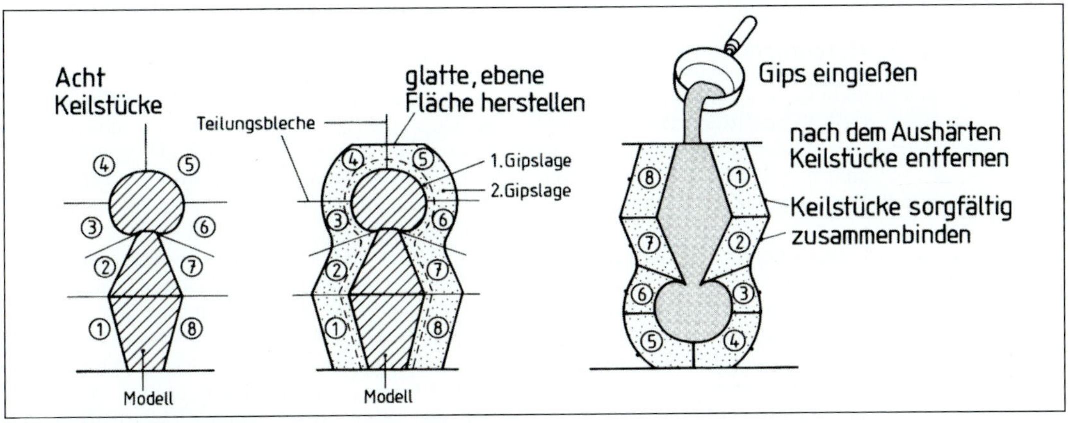

Bild 6.25 Stückform

Bild 6.26 Gesichtsabdruck

Die verlorene Form kann nur einmal benutzt werden – sie wird beim Lösen des Abgusses zerstört. Angewendet wird sie bei weichen, plastischen Modellen mit vielen Überschneidungen. Man stellt sie auch als notwendige Übergangsform her, um von Wachs- oder Tonmodellen erst einen harten Abguss zu erhalten, aus dem dann mit der Stückform weitere Abgüsse erstellt werden können. Auch Abgüsse von menschlichen Körperteilen (Kopf, Fuß, Hand) Bild **6**.26, lassen sich mit der verlorenen Form herstellen.

Auf ähnliche Weise kann man auch von Körperteilen Verlorenformen herstellen. Um z.B. eine Hand oder einen Fuß zu kopieren, braucht man eine zweiteilige Form. Zum Abformen eines Fußes streicht man eine etwa 2 cm dicke gefärbte Gipsbreischicht auf den Boden und stellt während des Versteifens den Fuß darauf. Er darf nicht zu tief eindringen, sonst wird die Gipsschale zu dünn. Zuvor wird ein feiner Draht oder eine Perlonschnur unter der Fußsohle durch über den großen Zeh gelegt, der einerseits bis zur Wade, und andererseits bis ans Schienbein reicht. Nachdem der Fuß halt gefunden hat, streicht man

den eingefärbten Gips über den restlichen Teil des Fußes. Dann kann normaler Gips 2 bis 3 cm dick aufgebracht werden. Sobald er zu erhärten beginnt, trennt man die Gipsschale mit Hilfe des Drahtes bzw. der Schnur in zwei Teile. Nach dem Erhärten wird die Form abgenommen und wie beschrieben weiterverarbeitet.

> Grundsätzlich gilt bei diesen Arbeiten: Haut sehr sorgfältig mit Vaseline einfetten, Haare möglichst abrasieren oder mit Pomade glatt streichen. Bei Gesichtsmasken Luftröhrchen in die Nase einsetzen. Draht und Schnur nicht zu früh reißen, da sonst der Gips wieder zusammenläuft.

Arbeitsablauf Verlorenform

- Modell vorbehandeln (s. Abschn. **6**.4.1).
- Rahmen aus Ton, Blech oder Kunststoff, der die höchste Stelle um > 20 mm übersteigt und die Ränder um >20 mm umschließt, anbringen und sorgfältig abdichten, damit der Gipsbrei nicht abfließt.
- Eine erste, etwa 3 mm dicke, rot eingefärbte Gipsschicht aufbringen (Bild **6**.27). Sie dient beim späteren Entfernen der Gipsformschale als Hinweis auf den dann unmittelbar darunterliegenden Abguss. Würde der Abguss beschädigt oder zerstört, stünde kein Originalmodell mehr zur Verfügung, um eine Verlorenform anzufertigen.
- Auf die eingefärbte Gipsschicht folgt der übliche Gipsbrei. Wegen der Erschütterungen beim Herauslösen des Originalmodells empfiehlt es sich, Einlagen (z. B. Jutegewebe) einzubauen.
- Nach dem Erhärten des Gipses Originalmodell durch Zerstören herauslösen. Verlorenform reinigen, schelllackieren, einschmieren und gießen (Bild **6**.27).
- Mit Meißel und Klopfholz auf einer weichen Unterlage vorsichtig die Form abschlagen (Bild **6**.27). Wenn die Warnschicht (der rote Gips) sichtbar wird, sehr vorsichtig weiterarbeiten, damit der Abguss nicht beschädigt wird. Bei Bedarf lassen sich von diesem Modell nach einer der schon beschriebenen Möglichkeiten Kopien anfertigen.

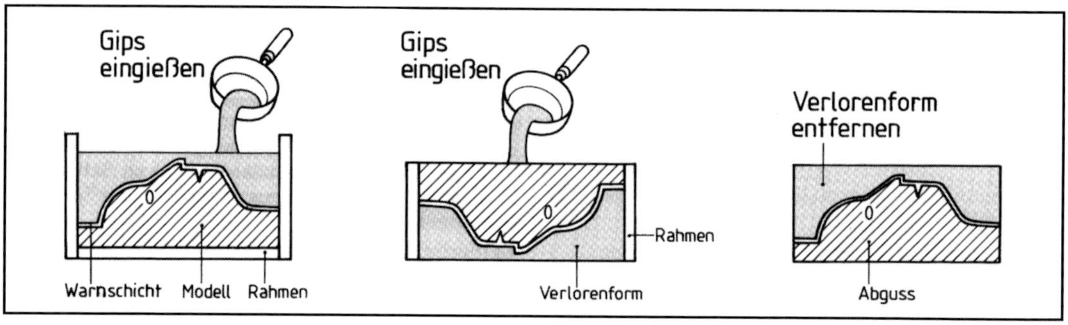

Bild 6.27 Verlorenform

6.4.3 Stuckdecken

Vor allem im Barock und Rokoko wurden die Decken in Wohn-, Aufenthalts- und Repräsentationsräumen mit reich gegliederten Stuckstäben und Ornamenten gestaltet. Aber auch heute besteht Nachfrage nach solchen individuellen Gestaltungsmitteln, zunehmend im Restaurationsbereich.

Bei einer Deckenneuplanung ist auf eine gerade und ebene Putzfläche zu achten. Dazu dienen Putzlehren (z. B. die *Pariser Leiste*). Mit Gips und evtl. Leimwasser als Verzögerungsmittel wird die Decke abgestuckt. Dann erstellt man nach den vorliegenden Plänen an der Decke den Aufriss im Maßstab 1:1 (Bild **6**.28). In die Werkzeichnung werden die Hauptachsen, die Diagonalen und die zur Maßübertragung nötigen Hilfslinien eingezeichnet und nummeriert. Bevor man die Zeichnung überträgt, sollte man die Decke auswinkeln (*langschenklige Winkel*, *Pythagoras*). Mit langen Richtscheiten oder mit Hilfe einer eingefärbten Schnur (*Schnurschlag*) werden dann die Raumachsen, -diagonalen und Hilfslinien auf die Decke übertragen. Zur besseren Orientierung beim Ansetzen der Profile werden die Linien entsprechend der Werkzeichnung mit Nummern versehen. Bei alten Decken werden wir im Zug von Restaurationsarbeiten oft feststellen, dass die Räume nicht rechtwinklig sind. Hier nehmen wir die Winkelhalbierenden der Raumecken als maßgebende Bezugslinien für die Hauptachsen und den Deckenmittelpunkt. Dann können die gekennzeichneten Flächen aufgeraut und die Profile wie schon beschrieben versetzt werden.

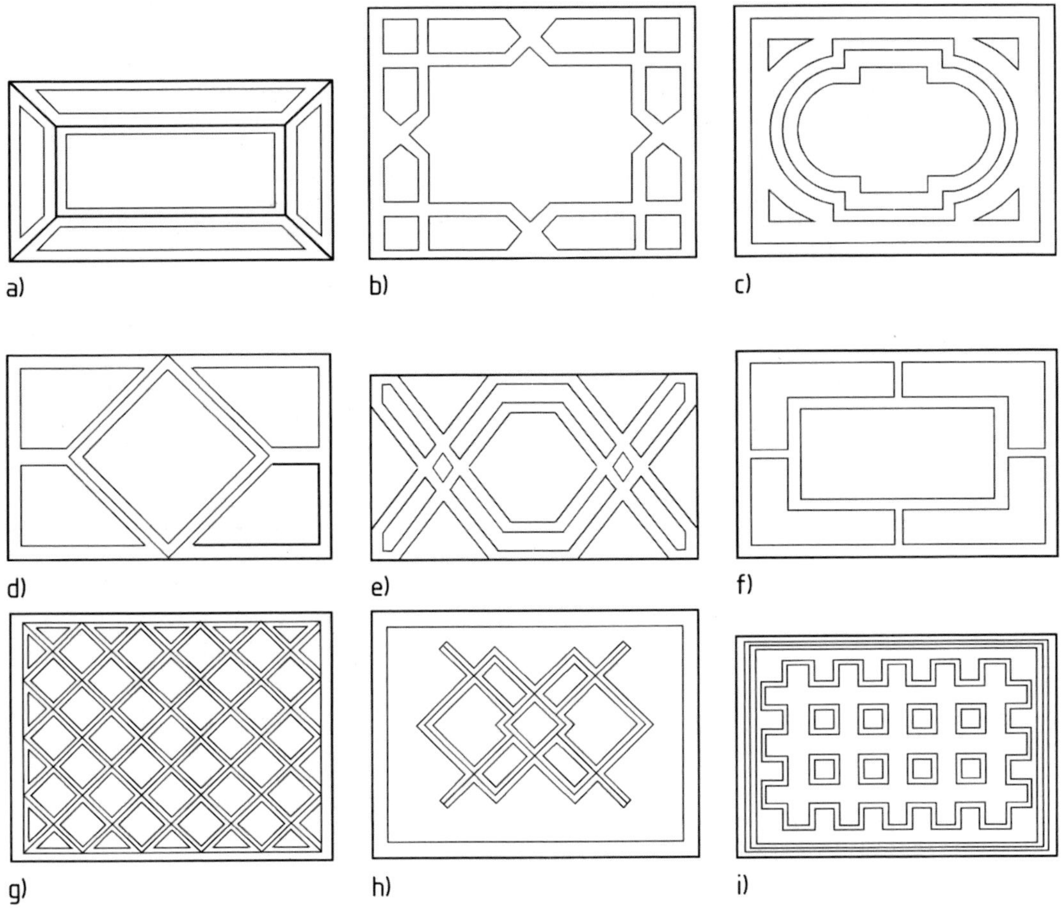

Bild 6.28 Deckenaufrisse

6.5 Kunstmarmor

Als Kunstmarmor bezeichnet man die Nachbildung natürlichen Marmors. Dies ist allerdings kein einfacher „Abklatsch“ oder billiges Imitieren des Naturmarmors, sondern ein künstlerischer Schaffensprozess mit den dem Stuckateur eigenen Materialien wie Gips oder Kalk in einer besonderen, arbeitsintensiven Technik.

Wir unterscheiden Stuckmarmor, Stuccolustro, Scagliola und Poliergips. Scagliola ist eine Intarsientechnik, auf die wir hier nicht weiter eingehen. Poliergips ist ein einfarbiger weißer Stuckmarmor. Hergestellt wird er im Prinzip wie der im Folgenden beschriebene Stuckmarmor.

6.5.1 Stuckmarmor

Die Technik des Stuckmarmors wurde in der Renaissance in Italien entwickelt. Ganz einfach ausgedrückt, ist Stuckmarmor ein mit Pigmentfarben eingefärbter Gipsmörtel, der durch Schleifen und Polieren eine marmorähnliche Oberfläche erhält. Er besteht aus Gipsmörtel, Leimwasser und Pigmentfarben.

Als Gips verwendet man Alabastergips oder doppelt gebrannten alaunisierten Gips.

Als Leim dient der schon beschriebene Tischlerleim (*Knochenleim*) oder – besonders für weißen Marmor (*Poliergips*) – Gelatine. Der Leim verlängert die Verarbeitungszeit (*Abbindezeit*) des Gipses. Er wird im Wasser zum Aufquellen gebracht und im Wasserbad (*Doppelkessel*) auf maximal 80 °C erhitzt. Um ein Gelatieren des Leims beim Abkühlen zu verhindern, gibt man Weißkalkhydrat zu und rührt sorgfältig durch.

Zur Einfärbung des Gipses dienen künstliche Mineralfarben oder auch natürliche Erdfarben. Sie müssen lichtecht und kalkbeständig sein.

> Um die Härte des Gipses nicht zu beeinflussen, dürfen maximal 20 % der Gipsmasse an Farbstoffen zugesetzt werden.

Entscheidend für den Erfolg ist die farbliche Abstimmung. Sie setzt Fachkenntnis und Erfahrung über das Zustandekommen der einzelnen Farben und die Farbverträglichkeit voraus. Klar ist, dass sich aus den Grundfarben Gelb, Blau und Rot theoretisch jede Farbe mischen lässt. Schwarz und Weiß stehen zum Abdunkeln bzw. Aufhellen zur Verfügung. Daneben gibt es zur Einfärbung eine ganze Palette natürlicher Pigmente.

Grundlage für die Mischfarben ist der *Farbkreis* (s. Abschn. 10). Sind klare Mischfarben gewünscht, mischen wir die Farben, die im Farbkreis nahe beieinander liegen. Farben können auch gebrochen werden. Das geschieht mit der *Komplementärfarbe*, also einer im Farbkreis gegenüberliegenden Farbe. Ob kalte Farbtöne (überwiegend Blauanteile) oder warme (überwiegend Gelb- oder Rotanteile) gewählt werden, hängt von der Raumart, den Lichtverhältnissen, der Zweckbestimmung, der modischen Entwicklung und nicht zuletzt von der zu Grunde liegenden Intention ab.

Herstellung

Für den Unterputz kommen Gips-Sand-Mörtel und Zement-Kalk-Mörtel in Frage. Der Unterputz muss lot- und fluchtrecht, mindestens so fest sein wie der Stuckmarmor und eine raue Oberfläche aufweisen, um eine gute Haftung zu ermöglichen. Die Standzeiten sind einzuhalten. Vor dem Auftragen des Stuckmarmors muss der Unterputz vollständig durchgetrocknet sein.

Den Mörtel macht man auf einem großen Tisch an. Der Gips wird auf den Tisch geschüttet, eine ringförmige Mulde ausgebildet und das vorbereitete Anmachwasser hineingegossen. Zuvor ist der richtige Leimzusatz durch eine Abbindeprobe zu ermitteln. Er ist maßgebend für die zur Verfügung stehende Verarbeitungszeit. Mit der Hand und der Marmorierkelle wird das Gemenge gründlich durchgemischt, bis eine gleichmäßige, dickbreiige Teigmasse entstanden ist. Sie wird gedrittelt. Zwei Drittel mischen wir mit den gewünschten Farbpigmenten und kneten sie sorgfältig durch. Ein Drittel steht zum Aufhellen zur Verfügung. Durch mehrmaliges Teilen und Zumischen neuer Farbpigmente ergeben sich nach und nach verschiedene Tonstufen und die markanten Adern, die auch der Marmor hat. Die Tonstufen werden nun vorsichtig zu einem Gesamtkuchen zusammengebracht und in etwa 12 mm dicke Scheiben geschnitten.

Ansetzen. Auf den Putzgrund tragen wir einen dünnen Verbindungsmörtel aus den Resten der Marmormasse unter Zugabe von Leimwasser auf. Entsprechend der gewünschten Struktur setzen wir die zuvor mit einer Messingkelle geklopften Scheiben an. Das sorgfältige Zusammenfügen der Scheiben entscheidet später mit über das Gesamterscheinungsbild.

Schleifen. Mit einem Schneideisen wird die Fläche nach ausreichender Erhärtung begradigt. Fehlstellen, Löcher und Poren werden durch Überspachteln mit dem Grund- oder Mittelton geschlossen und nach dem Erhärten nochmals geschnitten. Dann folgt der wichtigste Arbeitsteil: das Schleifen. Hierzu brauchen wir verschiedene Bimssteine (I bis IV) und Nassschleifpapier mit den Körnungen 600 und 1200. Zwischen den Schleifgängen muss gründlich gespachtelt werden.

Das Schleifen beginnt mit dem Bimsstein I oder II. Dazu ist immer wieder Wasser erforderlich. Der entstehende Schlamm wird mit einem Schwamm entfernt. Nach dem Trocknen wird gespachtelt und eine 12stündige Standzeit eingehalten. Es folgen zwei weitere Schleifgänge mit den Bimssteinen III und IV. Nach diesen drei Schleifgängen müsste die Fläche vollkommen geschlossen sein. Wir lassen sie durchtrocknen und beginnen dann mit dem Feinschliff. Früher dienten dazu Schlangenstein, Gelbstein, ein erster und zweiter Zieher sowie der Blutstein. Heute verwenden wir dazu Nassschleifpapier.

Polieren. Bevor die geschliffene Fläche gewachst (bei weißem Stuckmarmor) bzw. gleichmäßig mit Leinöl eingeölt wird, muss der Stuckmarmor austrocknen.

Überschüssiges Öl entfernt man mit einem weichen Tuch und lässt die eingeölte Fläche trocknen. Danach wird sie gewachst und mit einem weichen Tuch poliert.

Stuckmarmor ist ein mit Pigmentfarben eingefärbter Gipsmörtel, dem als Erstarrungsverzögerer Leim zugesetzt wird. Durch Schleifen, Waschen und Polieren erhält er seine marmorähnliche Struktur.

6.5.2 Stuccolustro

Stuccolustro ist ein seit dem Barock verwendeter marmorierter, gefärbter Innenputz aus Kalk und Marmormehl. Der Putzgrund muss gleichmäßig saugend sein, sonst ergeben sich arbeitstechnische Probleme und Mängel (Fleckenbildung). Als Unterputz dient ein Kalkputz, Mischungsverhältnis 1:2 bis 1:3, möglichst aus Sumpfkalk. Das Zuschlaggrößtkorn soll maximal 1/3 der Putzdicke betragen.

Auf den Unterputz wird eine etwa 5 mm dicke Feinputzschicht als eigentliche Malschicht aufgetragen. (*Ob die Putzschicht nass in nass oder nach Zwischen- bzw. Austrocknung aufgetragen werden, ist unter Fachleuten umstritten*). Diese Feinputzschicht aus Sumpfkalk (*je älter, desto besser*), Marmormehl (*kein Quarzsand!*) und Farbpigmenten wird aufgezogen, geglättet und marmoriert (*Stupfen mit Pinsel und Schwamm*). Darauf können die Malereien aufgetragen werden. Anschließend wird venezianische Seife (*im Prinzip Kernseife*) aufgestrichen. Mit einem Bügeleisen (50 bis 60 °C) bügelt man die Fläche auf Glanz. Nach vollständiger Austrocknung bringt man eine Wachsschicht auf und poliert mit einem weichen Tuch auf Hochglanz. Außer dieser Arbeitsweise gibt es eine Reihe anderer Techniken.

Aufgaben zu Abschnitt 6

T

1. Aus welchen Ländern/Regionen sind uns aus dem Altertum Stuckarbeiten bekannt?
2. Welche Stilepochen sind für die Geschichte des Stucks wesentlich? Nennen Sie zu jeder drei Kennzeichen und ein Bauwerk.
3. Der Begriff Stuck kommt aus dem italienischen „stucco“. Was ist darunter zu verstehen?
4. Beschreiben Sie die Unterschiede zwischen Fassadenstuck und Innenstuck.
5. Worauf ist beim Herstellen von Fassadenstuck besonders zu achten?
6. Welche Mörtelzusammensetzung wählt man beim Fassadenstuck für den Grob-, welche für den Feinzug?
7. Was versteht man unter „Ziehen“?
8. Aus welchen Teilarbeiten besteht das Ziehen?
9. Welche Werkzeuge brauchen Sie, um eine Schablone herzustellen?
10. Wie ergibt sich die Größe des Blechprofils?
11. Beschreiben Sie die Herstellung des Blechprofils.
12. Beschreiben Sie die Herstellung des Sattelholzes.
13. Worauf müssen Sie beim Befestigen des Blechprofils auf das Sattelholz achten?
14. Welche Aufgaben hat der Schlitten?
15. Welcher Vorteil bietet die Keilvorrichtung?
16. Der Handgriff hat zwei wichtige Funktionen. Welche?
17. Nennen Sie die Teile einer Normalschablone.
18. Mit welchen Schablonen erstellt man gerade Züge?
19. Sie sollen ein konisches Profil ziehen. Welche Schablonen bieten sich dazu an?
20. Welche Schablonen können Sie für kreisförmige Züge nehmen?
21. Was versteht man unter Leiern von Gipsbauteilen?
22. Nennen Sie die Vorteile des Decken- und Tischzugs.
23. Wie soll ein Ziehtisch beschaffen sein?
24. Mit welchen Trennmitteln unterbindet man das Anhaften der Stuckstäbe auf dem Ziehtisch?

25. Welche Werkzeuge benutzen Sie, um Stuckprofile herzustellen und zu bearbeiten?
26. Beschreiben Sie die Anfertigung eines Stuckstabs auf dem Ziehtisch.
27. Das richtige Anmachen des Gipses ist sehr wichtig. Beschreiben Sie es.
28. Gipsmörtelbrei sollte immer vom Rand des Anmachgefäßes entnommen werden. Begründen Sie das.
29. Was erreicht man mit einem Schleppzug?
30. Wozu dient der Scharfzug?
31. Worauf achten Sie, wenn Sie einen fertigen Stuckstab zum Trocknen ablegen?
32. Nennen Sie Möglichkeiten der Material- und Massenersparnis beim Ziehen auf dem Tisch und beim Ziehen von Ecksimsen.
33. Wie viel Raum müssen Sie beim Ziehen auf Kern zwischen Kern und Profil mindestens lassen?
34. Warum haben besonders auf Kern gezogene Profile eine Einlage („Bewehrung“)? Woraus besteht diese?
35. Beschreiben Sie das Versetzen eines Stuckprofils an die Decke.
36. Wie werden schwere Stuckelemente und Hohlprofile an der Decke befestigt?
37. Wie stellt man Gesimsecken bei einem Wand- oder Deckenzug her?
38. Was sind Gehrungslinien? Welche Arten sind zu unterscheiden?
39. Warum ist beim Schneiden der Gehrung die Schnittstelle anzunässen?
40. Was versteht man unter a) äußerer und innerer Profilwiederkehr, b) Totlauf, c) Verkröpfung?
41. Welche Trennmittel gibt es für Abgüsse?
42. Was ist Schmiere?
43. Für welche Gussarbeiten werden die verschiedenen Gipsarten eingesetzt?
44. Wie wirkt sich die Volumenvergrößerung des Gipses bei Gussarbeiten aus?
45. Durch welche Maßnahmen lässt sich das Ausdehnen des Gipses verhindern?
46. Wie kann man die Verarbeitungszeiten des Gipses a) verlängern, b) verkürzen?
47. Beschreiben Sie das Anmachen von Leim.
48. Was ist Silikonkautschuk? Welche Vorteile hat er gegenüber Leim?
49. Für welche Arbeiten verwendet man a) die Leimspiegelform, b) Leimform in Schale, c) Stückform, d) Verlorenform?
50. Welchen negativen Einfluss kann die Abbindewärme des Gipses auf die Leimform haben?
51. Was ist eine Überschneidung?
52. Wozu stellt man bei der Stückform eine Mutterschale her?
53. Welche Bedeutung hat die rote Schicht bei einer Verlorenform?
54. Was ist eine Pariser Leiste?
55. Beschreiben Sie das Übertragen der Werkzeichnung an die Decke.
56. Was ist Kunstmarmor, welche Arten gibt es?
57. Dem Stuckmarmor wird Leimwasser zugesetzt. Begründen Sie das.
58. Welche Anforderungen erfüllen Pigmentfarben?
59. Warum ist der mengenmäßige Anteil der Farbstoffe in der Gipsmasse begrenzt?
60. Erklären Sie die Begriffe Grundfarben, Farbkreis und Komplementärfarben.
61. Nennen Sie Mörtelarten und Mischungsverhältnisse für den Unterputz von Stuckmarmor.
62. Welche Anforderungen stellt man an den Unterputz von Stuckmarmor?
63. Wie stellt man Stuckmarmor her?
64. Was ist a) Poliergips, b) Stuccolustro?
65. Wie stellt man Stuccolustro her?

Z

1. Zeichnen Sie die Draufsicht der Profilstäbe **6.**29 auf ein DIN – A4 – Blatt (Querformat). Länge Stabstäbe = 5 cm, Zwischenabstand = 15 mm. Machen Sie zu jedem Profilstab zwei Profilvorschläge (Querschnitt).
2. Zeichen Sie auf ein DIN – A4 – Blatt (Querformat) das Profil **6.**30 mit den Gehrungslinien.
3. Vier Profilstäbestoßenentsprechend Bild **6.**31 zusammen. Zeichnen Sie die Gehrungslinien im Maßstab 1:2 auf ein DIN – A4 – Blatt (Querformat).
4. Zeichnen Sie eine Stuckrosette als Dreipass mit dem Radius r = 1,50 m entsprechend dem Profil nach Bild **6.**32 im Maßstab 1:20 auf ein DIN – A4 – Blatt. Den Profilquerschnitt zeichnen Sie im Maßstab 1:1.
5. Zeichnen Sie eine Stuckrosette als Vierpass mit dem Radius r = 1,60 m entsprechend dem Profil nach Bild **6.**33 im Maßstab 1:20 auf ein DIN – A4 – Blatt. Den Profilquerschnitt zeichnen Sie im Maßstab 1:1.

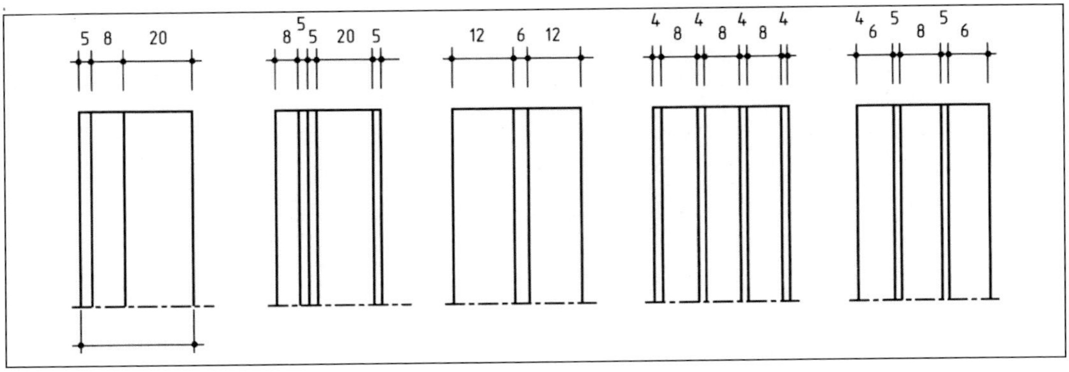

Bild 6.29 Profilstäbe

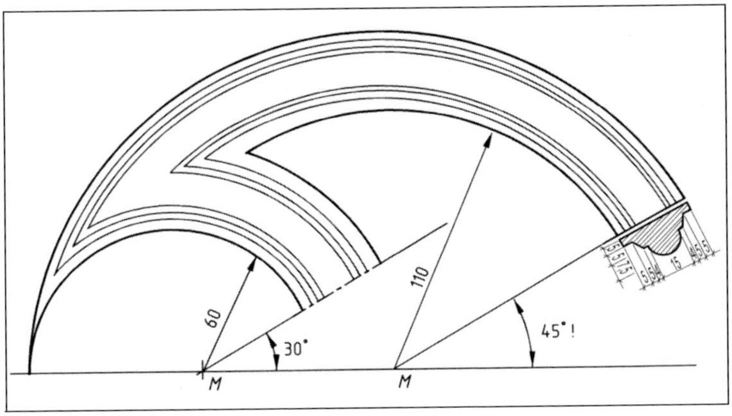

Bild 6.30 Zusammenstoß kreisförmiger Profilstäbe

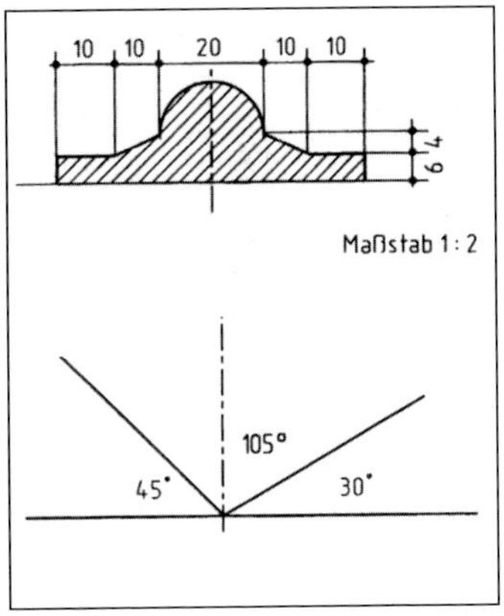

Bild 6.31 Zusammenstoß gerader Profilstäbe

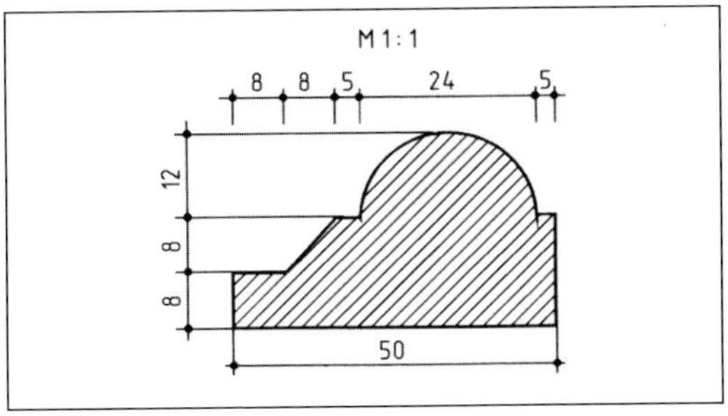

Bild 6.32 Profilstab mit Fase und Rundstab

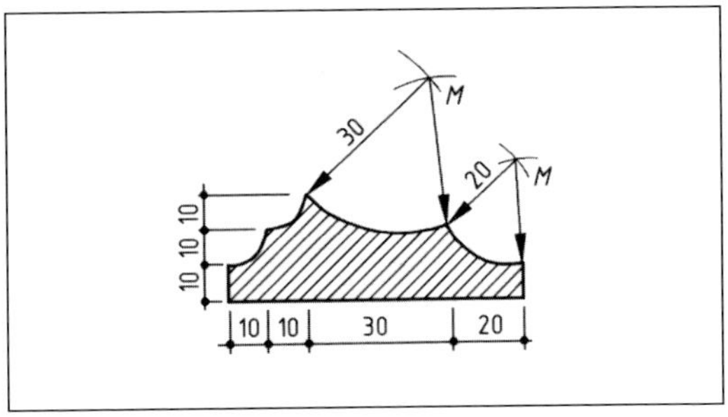

Bild 6.33 Profilstab mit verschiedenen Kehlen

6. Zeichnen Sie den Deckenausschnitt **6.**34 und die Details A, B, C auf ein DIN – A3 – Blatt (Maßstab 1:10, 1:2).
7. Zeichnen Sie auf ein DIN – A3 – Blatt die Kassettendecke **6.**35 in Maßstab 1:20.
8. Skizzieren Sie auf ein DIN – A4 – Blatt beliebig zusammengestellte Wand- oder Deckenprofile im Querschnitt (Maßstab 1:1).
9. Skizzieren Sie auf ein DIN – A4 – Blatt beliebig zusammengesetzte Gesimsprofile im Querschnitt (M 1:1).
10. Zeichnen Sie die Stuckdecke **6.**28 h auf ein DIN – A3 – Blatt. Wählen Sie dazu ein Profil. Stuckdecke 6,00 × 4,00 m (Maßstab 1:20), Profilquerschnitt im Maßstab 1:1.

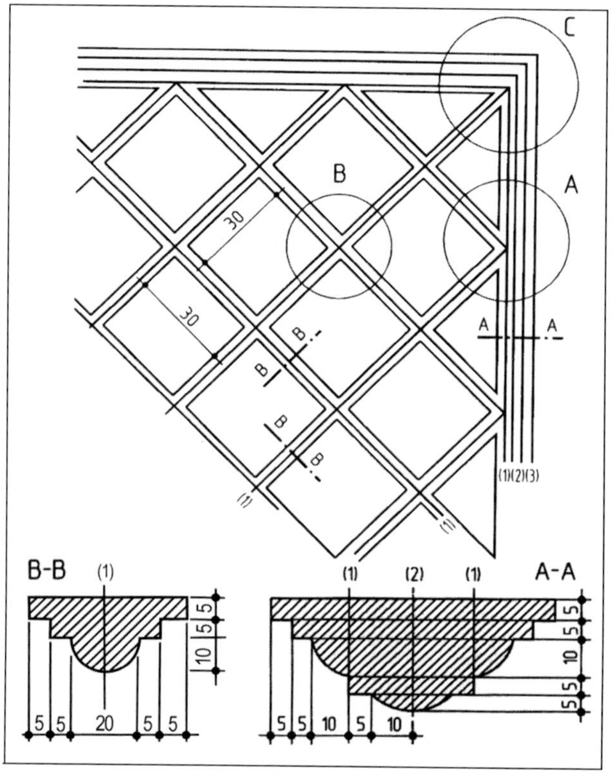

Bild 6.34 Deckenausschnitt

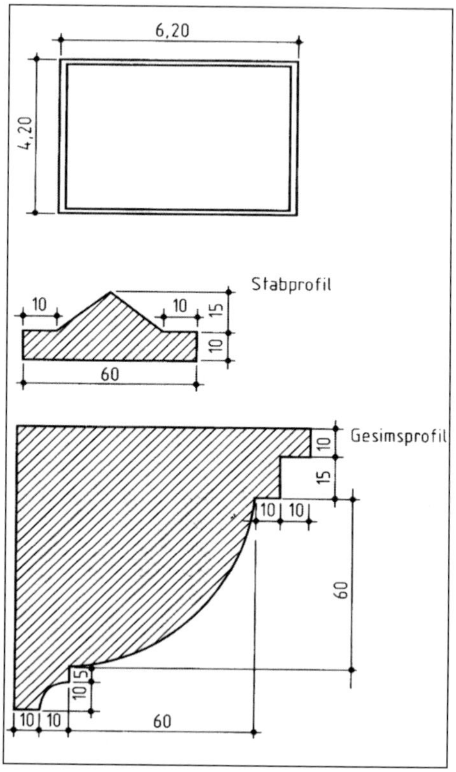

Bild 6.35 Kassettendecke

M

1. Berechnen Sie zur Zeichenaufgabe 7 den Gipsmörtelbedarf
   b) Wie viel l Wasser und kg Gips sind dafür erforderlich?
2. Berechnen Sie die Querschnittfläche der beiden Stuckprofile aus der Zeichenaufgabe 6.
3. a) Berechnen Sie die Querschnittsfläche des Stuckstabs aus der Zeichenaufgabe 5.
   b) Wie viel cm Stuckstab sind für die Rosette herzustellen?
4. a) Berechnen Sie die Querschnittsfläche des Stuckstabs aus der Zeichenaufgabe 4.
   b) Die Oberfläche soll mit einer Lösung gehärtet werden. 1 *l* Lösung reicht für 2,5 m^2. Wie viel *l* Lösung müssen Sie ansetzen?
5. Bemaßen Sie ihre gezeichneten Stab- und Gesimsprofile aus den Zeichenaufgaben 8 und 9 und berechnen Sie die Querschnittsfläche.

7 Nichttragende innere Trennwände

Nichttragende innere Trennwände (kurz Trennwände oder auch Leichtbauwände genannt) sind nach DIN 4103-1 Bauteile „die nur der Raumtrennung dienen“. Nicht zulässig sind also statische Funktionen (z. B. Belastungen aus Decken oder Gebäudeaussteifung). Trennwände können aber auch Aufgaben des Wärme-, Schall-, Brand- und Feuchtigkeitsschutzes übernehmen. Von ihrer Konstruktion her gibt es ein- und mehrschalige Trennwände. Sie sind umsetzbar, können aber auch fest eingebaut werden. In diesem Abschnitt behandeln wir ausschließlich nichttragende innere Trennwände und Vorsatzschalen aus Gipsbaustoffen. Hierbei sind zu unterscheiden:

- Leichtbauwände aus Gipsplatten, Gipsfaserplatten bzw. Gips-Verbundplatten,
- Leichtbauwände aus Gips-Wandbauplatten,
- Putzwände.

Anforderungen

- An Lasten müssen Trennwände außer ihrer Eigenlast die Belastungen der Putzschicht oder einer anderen Wandbekleidung, die auf ihre Fläche wirkenden Kräfte (z. B. Windkräfte), leichte Konsollasten (z. B. Bücherregale, Bilder) aufnehmen und auf tragende Bauteile (Decken, Wände) übertragen können.
- Widerstandsfähigkeit gegen stoßartige Belastungen. Dabei dürfen die Wände nicht aus ihrer Verankerung (Befestigung) herausgerissen, dürfen Menschen nicht durch herabfallende Bauteile verletzt und darf die Wand in Ihrer vollen Dicke nicht durchstoßen werden.
- Es dürfen nur genormte Baustoffe, Bauteile, Verbindungen und Befestigungen verwendet werden.
- Bei umsetzbaren Trennwänden muss gewährleistet sein, dass nach dem Einbau alle Teile wieder lösbar und erneut verwendbar sind. Auch Einzelteile müssen austauschbar sein.

Die Standsicherheit erhalten Trennwände durch die Anbindung an die angrenzenden Bauteile wie Wände und Decke.

Grundsätzlich unterscheiden wir zwei Einbaubereiche:

Einbaubereich 1 mit geringer Menschenansammlung (z. B. Wohnungen, Hotelzimmer, Büros, Krankenräume).

Einbaubereich 2 mit verstärkter Menschenansammlung (z. B. Versammlungsräume, Schul- und Hörsäle, Verkaufsräume).

7.1 Leichtbauwände aus Gipsplatten

7.1.1 Gipsplatten

Gipsplatten sind nach DIN EN 520 „ebene rechteckige Platten, die aus einem Gipskern und einer daran fest haftenden Ummantelung aus einem festen, widerstandsfähigen Karton bestehen; die Kartonoberflächen können in Abhängigkeit vom Verwendungszweck der jeweiligen Plattenart variieren, und der Kern kann Zusätze enthalten, die der Platte zusätzliche Eigenschaften verleihen; die Längskanten sind kartonummantelt und dem Verwendungszweck entsprechend ausgebildet.“

Sie können werkmäßig mechanisch (z. B. durch Zuschneiden, Bohren, Anfasen) oder in einer anderen Weise (z. B. durch Beschichten) weiterbearbeitet werden.

Herstellung. Ausgangsmaterialien sind gebrannter Gips, Wasser und verschiedene Zuschlagstoffe zur Beeinflussung der Festigkeit, der Härte, des Porenanteils und der Abbindezeit des Gipses. Bild 7.1 verdeutlicht den Herstellungsablauf von Gipsplatten.

Über eine zentrale Regelung werden die Ausgangsmaterialien dem Mischer zugeführt und zu Gipsbrei vermengt. Zuerst läuft der Ansichtsseitenkarton mit hochgestelltem Rand auf die Bandstraße. Auf ihn wird der Gipsbrei dosiert aufgebracht und mittels Walzen in der gewünschten Dicke verteilt. Der hochgestellte Rand des unterseitigen Ansichtskartons wird umbörtelt und der Rückseitenkarton von oben aufgezogen. Nun läuft der in seiner Dicke und Breite bereits geformte Plattenstrang als End-

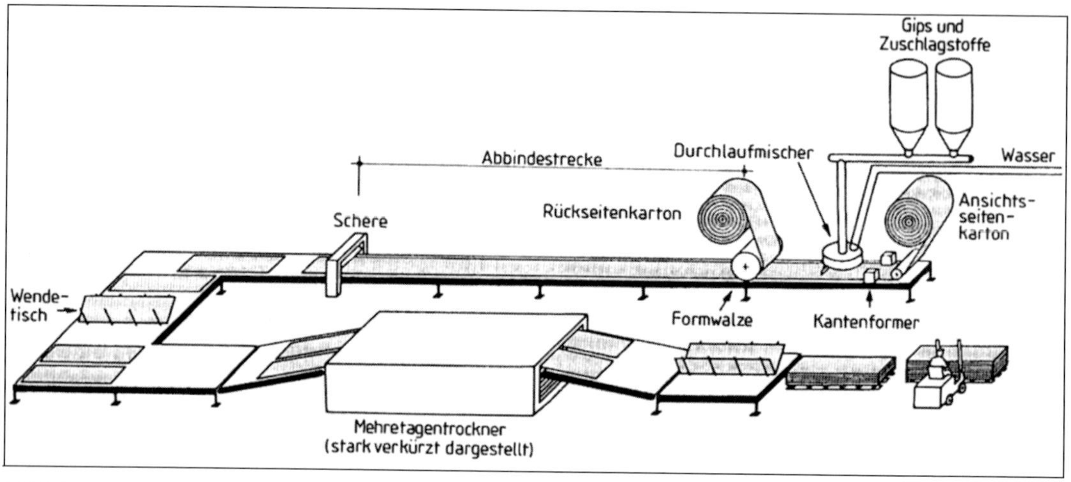

Bild 7.1 Produktionsschema von Gipsplatten

losplatte über die Abbindestrecke. Die Länge der Abbindestrecke (200 m und mehr) ist abhängig von der Versteifungszeit des Gipses und der Bandgeschwindigkeit. Nach dem Abbinden des Gipskerns wird der Plattenstrang am Ende der Abbindestrecke mit einer Schere auf die gewünschte Plattenlänge zugeschnitten, gleichzeitig jede Platte gestempelt und gekennzeichnet. Über eine Wendevorrichtung werden die zugeschnittenen Platten der Trocknungsanlage (Mehretagentrockner) zugeführt. (Verweildauer etwa 1 Stunde). Sie entzieht dem Gips das überschüssige Kristallwasser, so dass nur eine Restfeuchte von cirka 0,5-Gew.-% verbleibt. Es folgt das scharfkantige Besäumen der Plattenschmalseiten. Zum besseren Erkennen der danach zu stapelnden Platten werden je zwei Platten mit einem farbigen Papierstreifen gebündelt.

Plattenarten. DIN EN 520 kennt folgende Plattenarten:

- **Gipsplatten Typ A** sind Platten, auf deren Ansichtsseite Gipsputz oder andere Beschichtungen aufgetragen werden können.
- **Gipsplatten Typ H** kennzeichnet Zusätze, die die Wasseraufnahmefähigkeit reduzieren. Sie werden in die Wasseraufnahmeklassen H1, H2 und H3 gegliedert.
- **Gipsplatten Typ E** sind besonders für die Beplankung von Außenwandelementen geeignet. Sie müssen eine der Wasseraufnahmeklassen H1, H2 oder H3 erfüllen. Die Wasserdampf-Diffusionswiderstandszahl darf den Wert von 25 nicht überschreiten.
- **Gipsplatten Typ F** weisen einen besseren Gefügezusammenhalt bei hohen Temperaturen auf. Dieser wird erreicht durch die Zugabe von mineralischen Fasern. Wie bei Typ A kann die Ansichtsseite vergipst oder sonstwie beschichtet werden.
- **Gipsplatten Typ P** sind Putzträgerplatten. Sie haben eine für den Auftrag von Gipsputzen vorgesehen Ansichtsseite. Zur besseren Haftung des Gipsputzes können sie bei der Herstellung auch perforiert werden.
- **Gipsplatten Typ D** sind Platten mit definierter Dichte. Die Ansichtsseite kann vergipst oder sonstwie beschichtet werden. Durch die garantierte Mindestdichte gewährleisten diese Platten einen besseren Schallschutz.
- **Gipsplatten Typ R** sind in Längs- und Querrichtung mit einer höheren Bruchfestigkeit ausgestattet. Einsatzgebiet sind Bereiche mit erhöhter Stoßbeanspruchung. Sie können auf der Ansichtsseite vergipst oder sonst wie beschichtet werden.
- **Gipsplatten Typ I** weisen eine erhöhte Oberflächenhärte auf. Sie können auf der Ansichtsseite vergipst oder sonst wie beschichtet werden.

Tabelle 7.2 Arten von Gipsplatten nach DIN EN 520

Plattentyp	Merkmale/Verwendung	Anforderungen	Abmessungen		
			übliche Breiten in mm	übliche Längen in mm	Nenndicken in mm
Typ A	Gipsputz oder Beschichtung möglich		600/625/900/1200/1250; weitere Breiten möglich	DIN EN 520 keine Angaben	9,5/12,5/15
Typ H	Platte mit reduzierte Wasseraufnahme; geeignet zur Verwendung in Feuchträumen	Wasseraufnahmeklassen: H1 = Wasseraufnahme ≤ 5 % H2 = Wasseraufnahme ≤ 15 % H3 = Wasseraufnahme ≤ 25 % Wasseraufnahme der Plattenoberfläche ≤ 180 g/m^2	wie Typ A	wie Typ A	wie Typ A
Typ E	Platte für Beplankungen für Außenwandelemente; nicht für Beschichtungen vorgesehen; reduzierte Wasseraufnahme	Wasserdampf-Diffusionswiderstandzahl ≤ 25; muss die Anforderungen der Wasseraufnahmeklassen H1,H2 oder H3 erfüllen	wie Typ A	wie Typ A	wie Typ A
Typ F	Platte mit verbessertem Gefügezusammenhalt des Kerns bei hohen Temperaturen; Gipsputz oder Beschichtung möglich; für Brandschutzaufgaben	enthält mineralische Fasern	wie Typ A	wie Typ A	wie Typ A
Typ P	Putzträgerplatte zum Aufbringen eines Gipsputzes	Oberfläche kann perforiert sein	400/600/900/1200; weitere Breiten möglich	1200/1500/1800/2000; weitere Längen möglich	9,5/12,5
Typ D	Platte mit definierter Dichte; für Schallschutzaufgaben; Gipsputz oder Beschichtung möglich	Dichte ≥ 800 kg/m^3 (ca. 10 kg/m^2 bei Dicke 12,5 mm)	wie Typ A	wie Typ A	wie Typ A
Typ R	Platte mit erhöhter Festigkeit; Gipsputz oder Beschichtung möglich		wie Typ A	wie Typ A	wie Typ A
Typ I	Platte mit erhöhter Oberflächenhärte; Gipsputz oder Beschichtung möglich		wie Typ A	wie Typ A	wie Typ A

Die Gipsplatten D/E/F/H/I/R können miteinander kombiniert werden, z. B.:
- Gipsplatte Typ DFH2 = Gipsplatte Typ D; verbesserter Gefügezusammenhalt; reduzierte Wasseraufnahme von max. 10 % (entspricht einer Feuerschutzplatte GKFI nach DIN 18180)
- Die Typen A und P können nicht kombiniert werden.

Tabelle 7.2 benennt zu den einzelnen Arten und deren Merkmale auch die Anforderungen und die üblichen Abmessungen. Um das Verwechseln der Platten zu vermeiden, haben die Platten einen unterschiedlich eingefärbten Karton und erhalten eine unterschiedliche farbige Stempelung (Tabelle 7.3).

Tabelle 7.3 Farbliche Kennzeichnung der Gipsplatten

Gipsplattentyp nach DIN EN 520	Kartonfarbe	Farbe des Aufdrucks
A	weiß bis gelblich	blau
DF	Rückseite grau	rot
H2	grünlich	blau
DFH2	grünlich	rot
P	grau	blau,rot

Die Gipsplatten Typ A dienen als Wandtrockenputz (Befestigung mit Ansetzgips), werden verarbeitet auf Unterkonstruktionen für Wand- und Deckenbekleidungen sowie als Decklagen für Unterdecken und Deckenbekleidungen. Sie dienen auch zur Herstellung von Verbundplatten und zur Beplankung von Montagewänden. Für die Herstellung bogenförmiger Flächen gibt es Gipsplatten

- als gebogene Platten (12,5 mm für einen Mindestradius r ≥ 800 mm 9,5 mm für einen Mindestradius r ≥ 400 mm),
- mit Parallelschlitzung (Schlitzbreite 4,8 mm, Stegbreite 9,8 mm, Radius bei Sichtseite außen ≥ 200 mm,
- Sichtseite innen ≥ 100 mm).

Gipsplatten Typ F (DF) haben eine höhere Feuerwiderstandsfähigkeit. Der Gipskern enthält Zusätze von mineralischen Fasern (Armierung: 0,2 Gew.-%, 3 bis 30 mm lange Glasseidenrovings), die einen besseren Gefügeverbund unter Hitzeeinfluss bewirken. Die mineralischen Fasern halten den Gips auch nach der Entwässerung zusammen (ansonsten würde er zerbröseln). Der Gips wirkt nun als Dämmschicht. Eine spezielle Platte ist die Fireboard-Platte. Ihr Kernbesteht aus Spezialgips und ist von einem nicht brennbaren Glasvlies umschlossen. Diese Technik führt auch zu einer erheblich besseren Biegezugfestigkeit und verringert die Rohdichte.

Mitentscheidend für die Stabilität ist, dass Ober- und Unterkante miteinander verklebt sind.

Je nachdem, ob die Platten beschichtet werden oder unbeschichtet bleiben, gehören sie nach DIN 4102 in die Baustoffklasse A2-s1,d0. Beispiele für die Anwendung sind: Stützen- und Trägerbekleidung bei Tragkonstruktionen, Kabelummantelungen, Schutz feuergefährdender Stoffe, Wandbekleidungen bis 9,00 m Höhe.

Eine Feuerschutzplatte könnte entsprechend der CE-Kennzeichnung so gekennzeichnet sein:

Gipsplatten GmbH DF-DIN EN 520 A2-s1, d0(B)

Darin bedeutet: Name der Firma; DF = Plattenart; DIN EN 520 = Normverzeichnis; A2 = nichtbrennbar; s1 = kein Rauch; d0 = kein brennendes Abfallen/Abtropfen; B = Brandverhalten nach DIN 4102.

Gipsplatten Typ H weisen durch die Imprägnierung des Kartons und des Gipskerns eine verzögerte Wasseraufnahme (stark reduzierte Kapillarität) auf. Zugleich aktivieren sie die Wasserabgabe. Wegen dieser Eigenschaften eignen sich imprägnierte Gipsplatten besonders für den Einbau in Feuchträumen (z.B. Bädern). Unterschieden werden dabei die Wasseraufnahmeklassen H1, H2 und H3 (Tabelle 7.4). Sie lassen sich auch mit Folie beschichten, z. B.

- mit einer PVC-Folie zur dekorativen Gestaltung von Räumen,
- mit einer Alufolie als Dampfsperre,
- mit einer Bleifolie als Dampfsperre und für den Strahlenschutz.

- Versuch: Stellen Sie je eine Gipsplatte Typ A und eine Gipsplatte Typ H in einen flachen Wasserbehälter, so dass beide gleich tief in das Wasser eintauchen. Ermitteln Sie die kapillare Steighöhe nach 24 Stunden Eintauchzeit. Vergleichen Sie die ermittelten Werte mit den Herstellerangaben.

Tabelle 7.4 Wasseraufnahmeklassen

Wasseraufnahme-klasse	Gesamte Wasser-aufnahme in %
H1	≤ 5
H2	≤ 10
H3	≤ 25

Gipsplatten Typ P, Putzträgerplatten, dienen als Putzträger auf Unterkonstruktion. Der graue Ansichtsseitenkarton bietet einen guten Putzuntergrund für den aufzubringenden Gipsputz (siehe Abschnitt 7.3). Die Kantenausbildung bei den Putzträgerplatten erfolgt entweder als volle Kante oder als runde Kante.

Neben diesen bandgefertigten Platten gibt es auch noch werkmäßig mechanisch bearbeitete Platten (DIN EN 14190 und DIN 18180):

Zuschnittplatten sind rechteckig zugeschnitten. Bei quadratischem Zuschnitt heißen sie Kassettenplatten. Verwendet werden sie für Wand- und Deckenbekleidungen.

Lochplatten bzw. Schlitzplatten haben durchgehende Lochungen bzw. Schlitzungen unterschiedlicher Form und Anordnung (Bild 7.5). Bei quadratischem Zuschnitt heißen sie Lochkassettenplatten bzw. Schlitzkassettenplatten. Durch die Lochung bzw. Schlitzung wirken sie dekorativ. Hinterlegt sind sie mit einer Vliesauflage. Durch die Hinterlegung mit Mineralfaserplatten ergibt sich eine gute Schallabsorption (Schallschluckung/Akustikdecke).

Gipsplatten-Verbundelemente (DIN EN 13950) bestehen aus werkseitig miteinander verklebten Gipsplatten Typ A und Dämmstoffplatten aus Polystyrol-Hartschaum (PS) oder Polyurethan-Hartschaum (PUR). Verbundplatten setzt man vorzugsweise für Wärmeschutzmaßnahmen ein. Um Wärmebrücken zu vermeiden, empfiehlt es sich die Platten in Klebetechnik zu befestigen. Die Dämmstoffplatten stehen ein- oder zweiseitig maximal

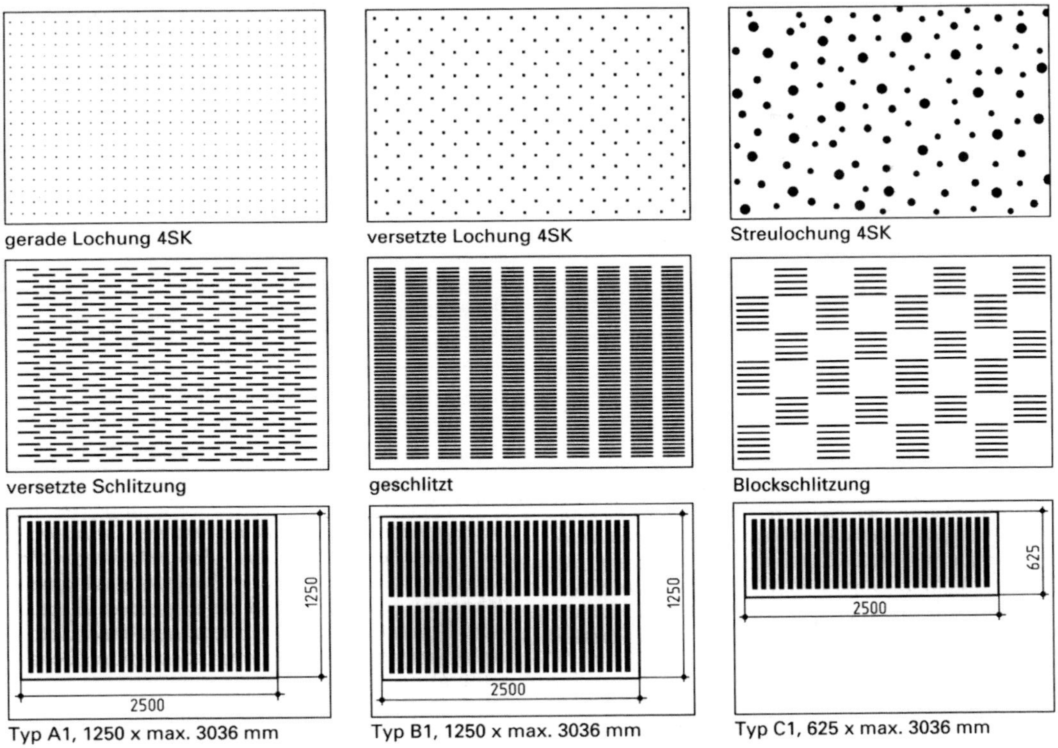

Bild 7.5 Loch und -Schlitzplatten

10 mm über. Dies sichert beim Zusammenfügen der Platten einen dichten Fugenstoß. Die Dämmschichtdicken betragen bei einer Gipsplatte

- von 9,5 mm 20 bzw. 30 mm,
- von 12,5 mm: , 20, 40, 50 bzw. 60 mm.

Bei Verwendung für Schallschutzmaßnahmen ist zu bedenken, dass Dämmstoffe mit hoher dynamischer Steifigkeit (wie z. B. PS) sich negativ auswirken können.

Ohne besonderen Nachweis werden Verbundplatten der Baustoffklasse B2 zugeordnet.

Die Tabellen 7.6 bis 7.8 geben weitere Hinweise auf technische Eigenschaften der Gipsplatten.

Tabelle 7.6 Maße und Grenzabstände von Gipsplatten nach DIN EN 520

Breite in mm	Länge in mm	Dicke in mm
Typ P		
400 600 900 1200	1200 1500 1800 2000	9,5 12,5
Typen: A, H, D, E, F, I, R		
600 625 900 1200 1250	keine Angaben	9,5 12,5 15

Die Rechtwinkligkeit darf 2,5 mm je m Breite nicht überschreiten

Tabelle 7.7 Biegebruchlast von Gipsplatten

Dicke	Nenndicke in mm	Biegebruchlast in N in Querrichtung	Biegebruchlast in N in Längsrichtung
	Plattentypen: A, D, E, F, H, I		
übliche Dicke	9,5	160	400
	12,5	210	550
	15,9	250	650
andere Dicken	t	16,8 x t	43 x t
	Platten mit erhöhter Festigkeit, Typ R		
übliche Dicke	12,5	300	725
	15,0	360	870
andere Dicken	t	24 x t	58 x t
	Putzträgerplatten: Typ P		
	9,5	125	180
	12,5	165	235

Tabelle 7.8 Technische Eigenschaften von Gipsplatten

Technische Eigenschaft	senkrecht zur Oberfläche in N/mm^2	parallel zur Oberfläche in N/mm^2
Druckfestigkeit	5,0 bis 10,0	5,0 bis 10,0
Scherfestigkeit	3,0 bis 4,5	2,5 bis 4,0
	quer zur Kartonfaser (Plattenquerrichtung) in N/mm^2	parallel zur Kartonfaser (Plattenlängsrichtung) in N/mm^2
Zugfestigkeit	1,0 bis 1,2	1,8 bis 2,5

Kantenausbildung. Bei den bandgefertigten Gipsplatten sind die Längskanten – die, wie bei der Herstellung beschrieben, im Gegensatz zu den Querkanten ummantelt sind – entsprechend ihrem Verwendungszweck unterschiedlich geformt. Die besondere Ausbildung der Längskanten ist erforderlich, um später eine planebene Oberfläche herstellen zu können. Der abgeflachte Bereich dient zur Aufnahme des Armierungsstreifens und der notwendigen Spachtelmasse. Die Spachtelmassen lassen sich alle auf Null ausziehen, so dass bei vorschriftsmäßiger Verspachtelung eine absolut ebene Fläche im Bereich der Plattenstöße entsteht.

Gipsplatten sind zu bezeichnen mit:
- dem Wort „Gipsplatte",
- dem entsprechenden Gipsplattentyp: A, D, E, F, H (1,2,3), I, P, R oder Kombinationen davon,
- dem Hinweis auf die Norm (DIN EN 520),
- den Plattenabmessungen in der Reihenfolge breite, Länge, Dicke in mm und
- der Ausbildung der Längskanten: volle Kante, Winkelkante, abgeflachte Kante, halbrunde Kante, halbrunde,
- abgeflachte Kante, runde Kante.

Beispiel:
- Gipsplatte A/EN 520 – 1200/2400/9,5 abgeflachte Kante
- Gipsplatte DFH2/En 520 – 1250/3000/12,5 volle Kante

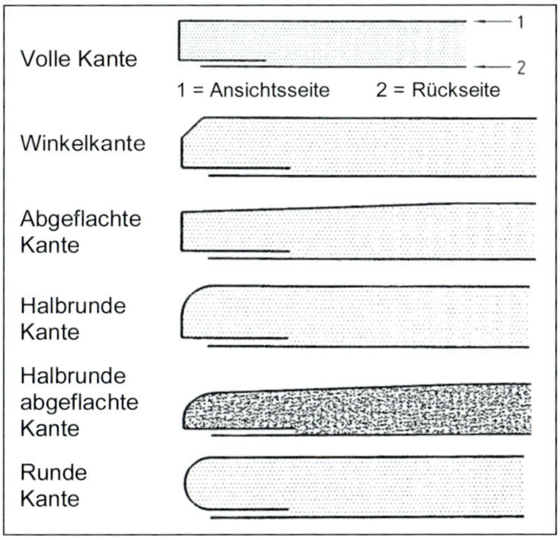

Bild 7.9 Längskantenausbildung

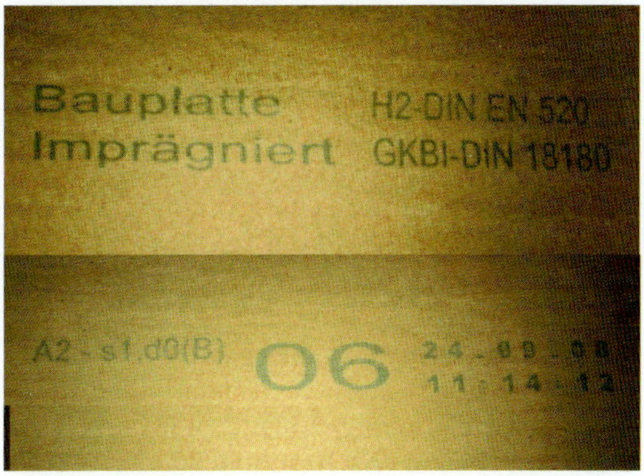

Bild 7.10 Kennzeichnung von Gipsplatten

Die Kennzeichnung (Bild 7.10) erfolgt entweder unmittelbar auf der Platte oder auf dem Etikett oder auf der Verpackung oder in den Begleitdokumenten, und zwar:
- Verweis auf die Norm,
- Name oder Markenzeichen des Herstellers,
- Herstellungsdatum,
- Identifizierung (Plattenart, Abmessungen).

Lagerung, Transport und Verarbeitung

Lagerung und Transport. Gipsplatten sind auf einer ebenen Unterlage (Kanthölzer, Palette) flach aufliegend zu lagern (**7**.11) und vor Feuchtigkeit (Durchfeuchtung) zu schützen (*evtl. mit Folie abdecken*). Beim Transport tragen zwei Personen mit Hilfe eines Plattenträgers die Einzelplatten hochkant. Zum Transport mehrer Platten kann man einen Plattenroller oder einen Transport- und Arbeitswagen einsetzen.

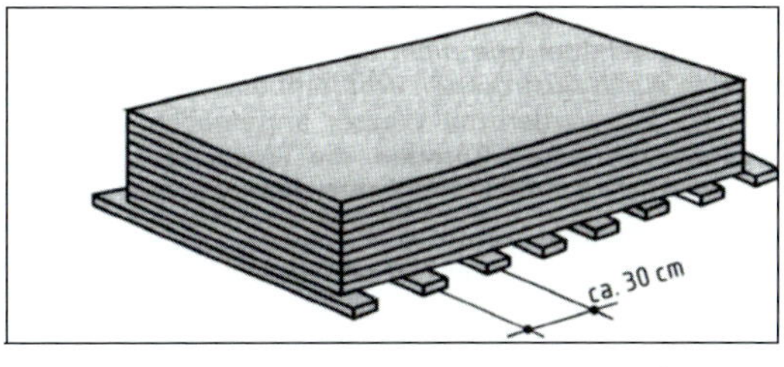

Bild 7.11 Sachgerechte Lagerung von Gipsplatten

> Gipsplatten sind auf einer ebenen Unterlage, durch Kanthölzer vom Boden getrennt, trocken zu lagern. Die Stapelhöhe hängt von der Deckentragfähigkeit ab.

Bearbeitung. Wesentlicher Vorteil der Gipsplatten ist ihre einfache Bearbeitung. So lassen sich die Platten problemlos zuschneiden, fasen und bohren. Zugeschnitten wird (*nach vorheriger Markierung*) entweder durch Einschneiden des Sichtseitenkartons mit einem Plattenmesser, Brechen der Platte und Einschneiden des Rückseitenkartons an der Knickstelle oder aber mit einem eigens konstruierten Plattenschneider. Man kann die Platten auch mit einem Fuchsschwanz durchsägen. Die zugeschnittene bzw. gesägte Kante wird anschließend mit einem Surformhobel oder einem Kantenhobel begradigt. Der Karton darf entlang der Schnittstelle nicht abgerissen werden!

Zum Ausschneiden von Plattenteilen für das Setzen von Hohlwanddosen, zum Einführen von Leitungen, Leerrohren oder Kabeln kann man Dosenschneider, Stichling oder Stichsäge benutzen.

> Beim Zuschneiden bzw. Sägen, Brechen und Hobeln darf der Karton nicht ein- oder gar abgerissen werden.

Verspachtelung

Vor dem Verspachteln der Fugen sind klaffende Fugen und Beschädigungen mit Spachtelmasse zu schließen, vorstehende Befestigungsmittel zu versenken und vorhandener Staub auf den Fugen zu beseitigen. Verspachtelt wird erst, wenn feststeht, dass bei den Platten keine wesentliche Längenänderungen durch Temperatur- und Feuchteveränderungen mehr auftreten. Die Raumtemperatur darf – 10 °C nicht unterschreiten. Zum Verspachteln stehen verschiedene Spachtelmassen zur Verfügung:

- **Gipshaltige Fugenfüller** werden mit Wasser angemacht. Verarbeitungszeit 30 bis 40 Minuten; geeignet für die Verspachtelung von Hand.
- **Gipsfreie Fugenfüller** (Jointfiller) enthalten organische Bindemittel (*die nicht abbinden, sondern z. B. Kasein durch Austrocknen erhärten*) und armierende Fasern. Sie werden mit Wasser angemacht. Verarbeitungszeit etwa 8 Stunden, die Trockenzeit sollte innerhalb 24 Stunden abgeschlossen sein. Geeignet für die maschinelle Verarbeitung.
- **Kunststoffangereicherte Spachtelmassen** sind gebrauchsfertig, erhärten durch Trocknung und lassen sich auf Null ausziehen.

Zum Spachteln dienen Spachtelkasten, verschiedene Spachtel, Glättkelle, Hand- und/oder Stielschleifer sowie das Verspachtelungsgerät.

Zur Fugenbewehrung liefert die Industrie

- **Papierbewehrungsstreifen**, hochwertige, perforierte Spezialpapierfasern mit Kantenschliff; geeignet für die Hand- und Maschinenverarbeitung;
- **Glasfaserbewehrungsstreifen** für die Handverspachtelung;
- **selbstklebende Bewehrungsgitterstreifen**. Sie sind extrem dünn und hoch reißfest. Innerhalb 24 Stunden sind sie mit Spachtelmasse zu überziehen und werden von Hand bzw. mit einem Abrollgerät aufgeklebt. Ein Verfüllen der Fugen mit Spachtelmasse ist nicht erforderlich.

Arbeitsschritte beim Verspachteln von Fugen mit Bewehrungsstreifen:

- **Vorspachteln**. Ausdrücken der Fugen mit Spachtelmasse (entfällt bei selbstklebenden Bewehrungsstreifen).
- **Einlegen der Bewehrungsstreifen** in die Fugenmulde Eindrücken mit Glättkelle oder Spachtel in die Spachtelmasse, glatt streichen und dünn überspachteln, überschüssige Spachtelmasse entfernen. Über die Querfugen möglichst dünne Bewehrungsstreifen verlegen. Vor dem nächsten Arbeitsgang Spachtelmasse aushärten lassen.
- **Nachspachteln**. Überstehende Grate entfernen und die Spachtelmasse mit der Glättkelle aufziehen. An den Rändern bis auf Null ausziehen.
- **Feinspachteln** bei hohem Anspruch an das Fugenbild. Die ausgehärtete Spachtelmasse wird mit einem Hand- oder Stielschleifer nachgeschliffen (*ohne dabei den Karton aufzurauen!*) und mit kunststoffvergüteteten Spachtelmassen (die sich auf Null ausziehen lassen) fein gespachtelt.

Zum Verspachteln ohne Bewehrungsstreifen gibt es Spezialspachtelmassen mit armierenden Fasern. Beim manuellen Verspachteln ohne Fugendeckstreifen sind die Kartonkanten von Platten mit werkseitig gefasten Stirnkanten mit Schleifpapier zu brechen. Nach den Verarbeitungsrichtlinien folgen Anmachen, Füllen und mehrmaliges Verspachteln der Fugen. In den Innenecken baut man am einfachsten Papierbewehrungsstreifen und in die Außenecken aluverstärkte Papierbewehrungsstreifen oder Kantenschutzleisten aus Aluminium ein.

Bei zweilagiger Beplankung sind die Fugen der unteren Plattenlage aus Brandschutzgründen mit Spachtelmasse auszudrücken. Bewehrungsstreifen sind nicht erforderlich. Auf Flächen, die einen keramischen Belag erhalten, dürfen nur die Fugen verspachtelt werden. Das Überziehen über die Abflachung hinaus ist zu vermeiden.

Befestigung

Die Befestigung der Gipsplatten hängt von der Verarbeitung ab.

Bei der Verarbeitung ohne Unterkonstruktion (Wandtrockenputz) verbindet man die Platten durch Ansetzgips mit der Wand. Dabei wird der Gips „in Batzen" auf die Platte bzw. das Mauerwerk aufgebracht, die Platte an die Wand gedrückt und ausgerichtet. Auf ebenen Wandflächen kann man die Platten im Dünnbettverfahren ansetzen (s. Abschn. **7**.2).

Bei der Verarbeitung auf Unterkonstruktion in Holz oder Metall erfolgt die Befestigung maschinell mit Schnellbauschrauben (nach DIN 18182-2), mit Klammern (18182-3), Nägeln (18182-4) oder von Hand mit Gipskartonnägeln. Für lösbare Verbindungen dienen Klammern.

Um eine sorgfältige Verspachtelung zu ermöglichen, müssen die Befestigungsmittel ausreichend tief in die Platten eindringen. Sie dürfen jedoch nur so tief versenkt werden, wie es für die Verspachtelung nötig ist – sonst besteht die Gefahr, dass die Platte aus der Befestigung herausreißt. Um Stauchungen der Platten zu vermeiden, befestigt man sie entweder von der Mitte her nach außen oder von einer Seite über die Fläche hinweg zur anderen Seite. Beim Eintreiben der Befestigungsmittel ist darauf zu achten, dass die Gipsplatten immer fest an die Unterkonstruktion gedrückt werden.

Die Eindringtiefe der Befestigungsmittel in die Unterkonstruktion beträgt

- für Schnellbauschrauben = 5 dN,
- für Klammern = 15 dN,
- für glatte Nägel 12 dN,
- für gerillte Nägel = 8 dN.

d_N = Nenndurchmesser der Schrauben, Drahtdurchmesser der Klammern, Schaftdurchmesser der Nägel.

Die *Mindestlänge* der Befestigungsmittel ist abhängig von der Eindringtiefe und der vorgesehenen Beplankung. Im Deckenbereich (einschließlich Dachschrägen) dürfen nur Klammern mit Beharzung oder gerillte Nägel verwendet werden. Die Schrauben-, Nägel- und Klammer*nabstände* ergeben sich aus Tabelle **7**.12. Der Abstand der Befestigungsmittel vom Plattenrand beträgt bei kartonummantelten Kanten mindestens 10 mm, bei geschnittenen Kanten mindestens 15 mm.

Tabelle **7**.13 nennt Formen, Maße und Anwendung von Schnellbauschrauben, Tabelle **7**.14 gibt die Reihenfolge der normgerechten Bezeichnung der Befestigungsmittel an.

Gipsplatten können befestigt werden mit Ansetzgips aus Batzen, Fugenfüller im Dünnbettverfahren, Schnellbauschrauben, Klammern oder Nägeln (maschinell oder von Hand).

Tabelle 7.12 Maximale Abstände der Befestigungsmittel in mm

Plattenart	Schnellbauschrauben	Klammern	Nägel
Gipsplatten mit geschlossener Oberfläche	250	80	120
Lochplatten	170	80	120

Tabelle 7.13 Schnellbauschrauben nach DIN 18182

Form Schnell-bauschraube	Kopf-form	Gewin-deart	Nenn-durch-messer	Kopfdurch-messer d_k max.	Schrau-benlänge *l* Nenn länge *l*	Gewinde-länge *b* min	Anwendung
TN 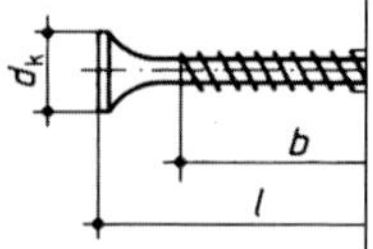	Trom peten kopf	doppel-gängig doppel-oder eingän-gig	3,5 4,5 4,3 5,1 5,5	8,5 8,5	25 35 45 55 70 80 90 100 110 bis 130	16 26 30 30 45	Gipsplatten nach DIN 18180 auf Unterkonstruk-tion aus Holz oder Profilen aus Stahlblech bis 0,7 mm Dicke
TB 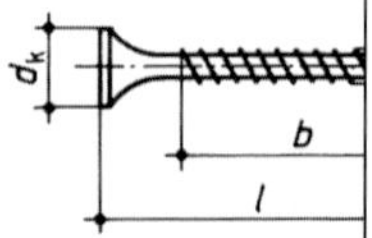	Trom peten kopf	Blech-schraube ngewin-de ST 3,5 nach DIN 7970	3,5	8,5	25 35 45 55	16 26 30 30	Gipsplatten nach DIN 18180 auf Unterkonstruk-tion aus Profi-len aus Stahl-blech 0,7 bis 2,25 mm Dicke
SN 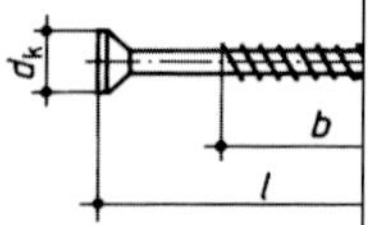	Senk kopf	Blech-schraube ngewin-de ST 3,5 nach DIN 7970	3,5	6,0	30 35	21	Lochplatten nach DIN 18180 auf Unterkonstruk-tion aus Holz oder Profilen aus Stahlblech 0,7 mm Dicke
FN 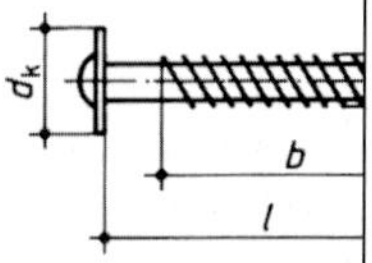	Flach rund-kopf	doppel-oder eingän-gig	4,3 5,1 5,5	11,5	35	29	Abhänger aus Profilen aus Stahlblech an Holz
LB 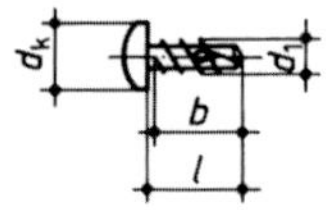	Linse nkopf nach DIN 7891	Blech-schraube ngewin-de ST 3,5 nach DIN 1970	3,5	6,9	9,5	2,85	Profilverbin-dung

Tabelle 7.14 Kurzbezeichnung der Befestigungsmittel

Schnellbauschrauben	**Nägel**	**Klammern**
– Benennung – DIN-Nummer – Form – Nenndurchmesser – Nennlänge	– Benennung – DIN-Nummer – Nagelkurzzeichen – Nagellänge – Schaftausbildung (**7**.13)	– Benennung – DIN-Nummer – Klammertyp (**7**.14) – Klammerlänge
Beispiel	**Beispiel**	**Beispiel**
Schnellbauschraube DIN 18182-TB-3,5 × 45 = Trompetenkopf Blechschraubengewinde 3,5 mm, Nenndurchmesser (Dicke), 45 mm Nennlänge	Nagel DIN 18182-22-50 G = Nagelkurzzeichen 22, 50 mm lang, glatter Schaft	Klammer DIN 18182-C-35 = Klammertyp C, 29 mm lang

Tabelle 7.15 Maße und Schaftausbildung von Nägeln nach DIN 18182-4

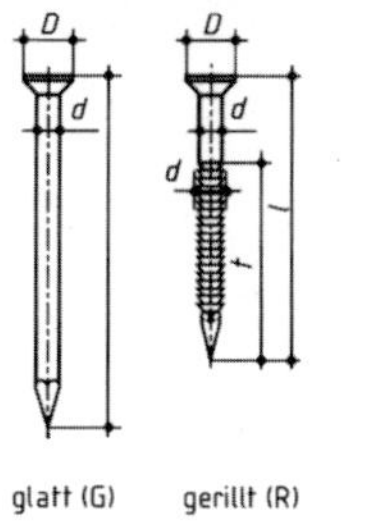

Nagelkurzzeichen	**Nageldurchmesser d_n ± 0,1**	**Schaftausbildung**[1]	**Nageldurchmesser *D* min.**	**Nagellänge l^{+3}_{0}**
22	2,2	R G	5,0	28 bis 50 37 bis 50
25	2,5	R G	5,5	30 bis 70 40 bis 70
28	2,8	R G	6,0	41 bis 70 52 bis 70

1) Nagelköpfe nach Wahl des Herstellers flach oder mit kugelförmiger Vertiefung

Tabelle 7.16 Typen und Maße von Klammern nach DIN 18182-3

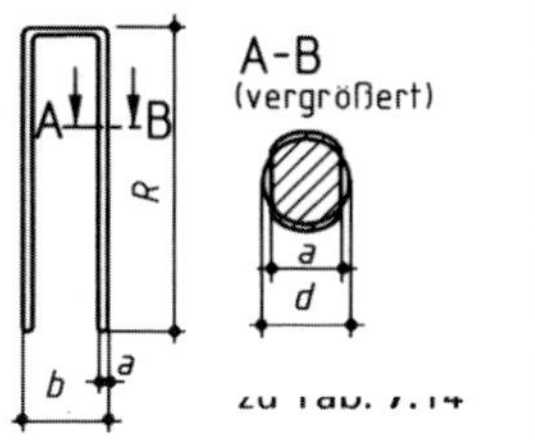

Klammertyp	**Drahtdurchmesser d_n** [1)2)]	**Rückenbreite b_R** [1)]	**Klammerlänge l_n** [3)]	**angewalzter Draht *a***
A	1,0 bis 1,3	5,0 bis 8,4	29 bis 32	
B	1,0 bis 1,3	8,5 bis 11,5	29 bis 40	$< d_n$
C	1,31 bis 1,49	9,0 bis 12,0	35 bis 40	
D	1,5 bis 1,6	9,0 bis 12,0	37 bis 65	

1) je nach Eintreibgerät
2) Für die Herstellung von Klammern werden Runddrähte im Regelfall zu einem ovalen Profil angewalzt.
3) Abweichung von +2 mm zulässig

Montage

Gipsplatten können parallel oder quer (rechtwinklig) zur Faserrichtung des Kartons befestigt werden. Empfehlenswert ist die Verlegung quer zur Lattung. Dabei wird die Gipsplatte parallel zur Kartonfaser belastet und kann deshalb die Belastung optimal aufnehmen. Die Fasern wirken wie die Stahlbewehrung im Beton. Verlaufen Lattung und Kartonfaser parallel, ergibt sich eine Biegebeanspruchung rechtwinklig zur Faser – die Gipsplatte verformt sich leichter und hängt durch (**7**.17). Rechtwinklig zur Faser ist die Bruchlast von Gipsplatten rund dreimal so groß wie parallel zur Faser.

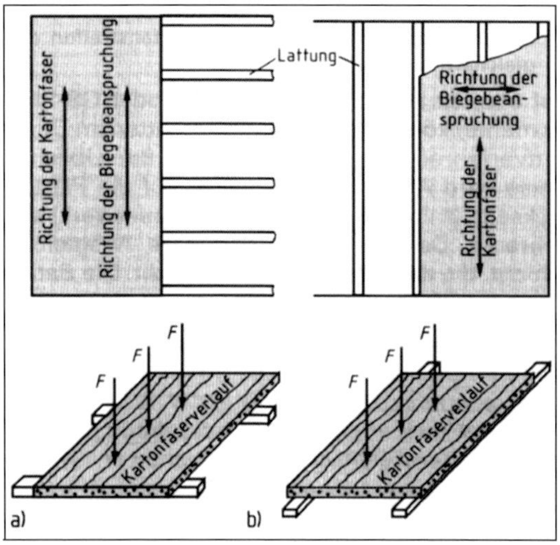

Bild 7.17 Befestigen von Gipsplatten a) quer(rechtwinklig), b) längs (parallel) zur Lattung

> Gipsplatten sind vorzugsweise quer zu den Trageprofilen zu montieren.

Die Faser verläuft immer in Längsrichtung der Gipsplatte. Dies ist auch aus der rückseitigen Plattenkennzeichnung zu ersehen, die nach DIN 18180 stets in Längsrichtung der GK-Platte und somit in Faserrichtung anzubringen ist. Bei Querbefestigung sind die Platten mit einem Versatz von mindestens 400 mm anzubringen. Die Querstöße müssen dabei stets auf einem Tragprofil liegen. Bei Raumhöhe > 2,60 m und Längsbefestigung sind die Platten auch mit > 400 mm Versatz zu verlegen.

Entsteht eine Fuge in Verlängerung des Türstiels, besteht die Gefahr der späteren Rissbildung. Deshalb sollen Gipsplatten gegenüber dem Türstiel um etwa 15 cm versetzt angeordnet werden (**7**.18).

Gipsplattenkonstruktionen sind wegen der Temperatur- und Feuchtigkeitsänderungen grundsätzlich von anderen Bauteilen zu trennen. Dies geschieht durch Trennstreifen, offene oder verdeckte Fugen oder durch eine mit elastoplastischem Material geschlossene Fuge. Bei Wandlängen > 15,00 m sind Bewegungsfugen anzuordnen. Sind Brandschutzanforderungen zu erfüllen, muss die Fugenausbildung auch diesen Bedingungen genügen. Auch Bewegungsfugen

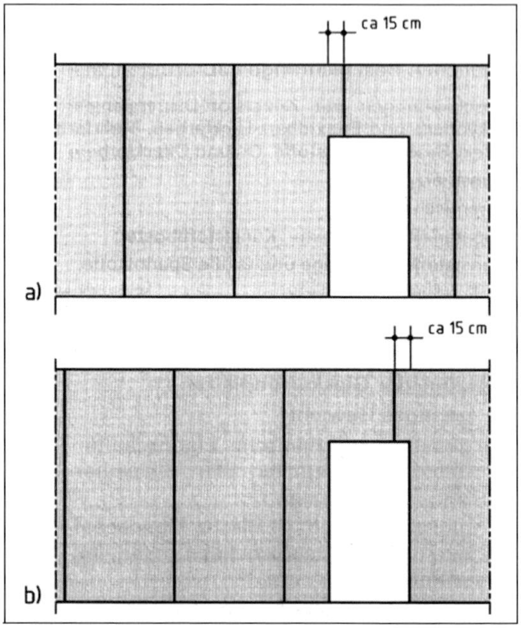

Bild 7.18 Plattenanordnung im Türbereich Beplankung a) der Vorderseite, b) der Rückseite

des Gebäudes müssen durch die Trennwände bzw. Vorsatzschalen hindurchgeführt werden.

Die Maßgenauigkeit der Ebenheit ergibt sich aus den Anforderungen nach DIN 18202 (**7**.19).

Tabelle 7.19 Maßgenauigkeit der Plattenkonstruktion

Abstand der Messpunkte	maximale Abweichung
1,00 m	2 mm
4,00 m	8 mm
10,00 m	15 mm
15,00 m	20 mm

Zwischenwerte werden interpoliert

> Gipsplatten werden stets von angrenzenden Bauteilen getrennt, weil sich ihre Länge infolge Temperatur- und Feuchtigkeitseinwirkung ändert.

Oberflächengestaltung. Auf Gipsplatten lassen sich nach entsprechender Vorbehandlung alle üblichen Beschichtungen aufbringen, also

- Beschichtungen mit Kunststoff-Dispersionsfarben, Alkydharz- und Epoxidharz-Lackfarben, Mehrfarbeneffekt-Beschichtungsstoffe, Öl- und Öllackfarben;
- Kunstharzputze;
- keramische Beläge;
- Tapeten (Papier-, Textil-, Kunststofftapete);
- Kunststoffwandbeläge und textile Spannstoffe.

Gipsplatten bieten viele Vorzüge, die für ihren Einsatz sprechen.

Vorzüge der Gipsplatten
- geringes Gewicht
- günstige mechanische Eigenschaften (Elastizität, Biegeverhalten, Belastbarkeit, Formgebung),
- günstige bauphysikalische Eigenschaften (wärme- und schalldämmend, feuerhemmend),
- einfach zu bearbeiten,
- Einbau ohne Feuchtigkeit und witterungsunabhängig,
- verkürzte Bauzeiten,
- flexible Bauweise (umsetzbar),
- geeignet für fast alle Beschichtungen,
- Wiederverwertung von Altstoffen (Altpapier, REA-Gips).

Konstruktion

Gipsplatten werden ohne oder auf einer Unterkonstruktion verarbeitet. Unterkonstruktionen bestehen aus Holz oder Metall.

ohne Unterkonstruktion	auf Unterkonstruktion
Wandtrockenputz	Vorsatzschalen
angesetzte	Einfachständerwand
Vorsatzschalen	Doppelständerwand

Wandtrockenputz nennt man das Ansetzen von Gipsplatten mit Ansetzgips an Wände („senkrechte Bauteile“ nach DIN 18181). Dabei muss der Untergrund

- ausreichend tragfähig (lose Putze und Beschichtungen entfernen), staubfrei, trocken und frostfrei sein;
- rau (glatten Putzgrund vorbehandeln) und normal saugend sein (evtl. vorbeschichten);
- gegen Feuchtigkeit geschützt sein (waagerechte und senkrechte Sperrschichten vorsehen);
- eben sein (Unebenheiten bis 20 mm sind zulässig, größere durch Ausfüllen mit Ansetzgips oder – Materialeinsparung – Gipskartonplattenstreifen ausgleichen).

Auf *ebenen Wandflächen* (z. B. KS- oder GS-Planelemente) können die Gipsplatten im Dünnbettverfahren angesetzt werden (**7**.20a). Üblicherweise wird Ansetzgips *in Batzen* auf die Plattenrückseite (mitunter auch auf das Mauerwerk) aufgebracht. Dadurch ergibt sich eine Ausgleichsschicht, die das Ausrichten ermöglicht. Die *Batzen* sind umlaufend zu setzen, bei 9,5 mm dicken Platten in 4 Reihen, bei > 12,5 mm dicken Platten in 3 Reihen. An Längskanten und am unteren Platten- ende setzt man die Batzen enger (**7**.20b). Zu zweit wird jede Platte angehoben, an die Wand gedrückt und mit einem Richtscheit ausgerichtet (**7**.21).

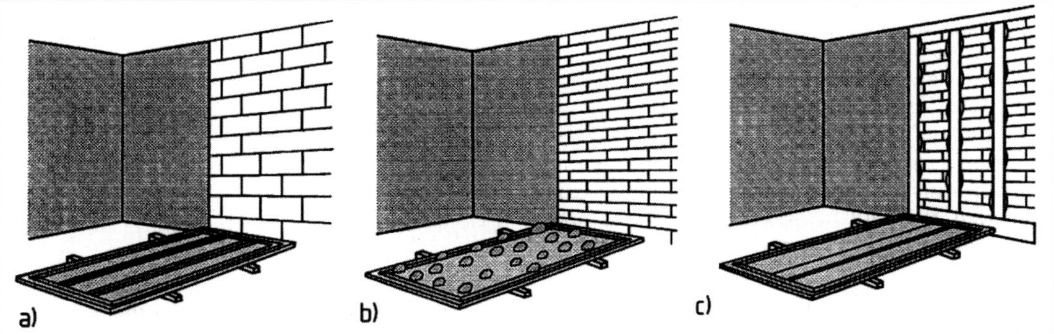

Bild 7.20 Befestigung von Gipsplatten a) im Dünnbettverfahren auf ebenem Grund, b) mit Batzen aus Ansetzgips auf unebenem Grund < 20 mm, c) mit Gipsplattenstreifen auf stark unebenem Grund > 20 mm

Bild 7.21 a) Ansetzen, b) Ausrichten von Gipsplatten

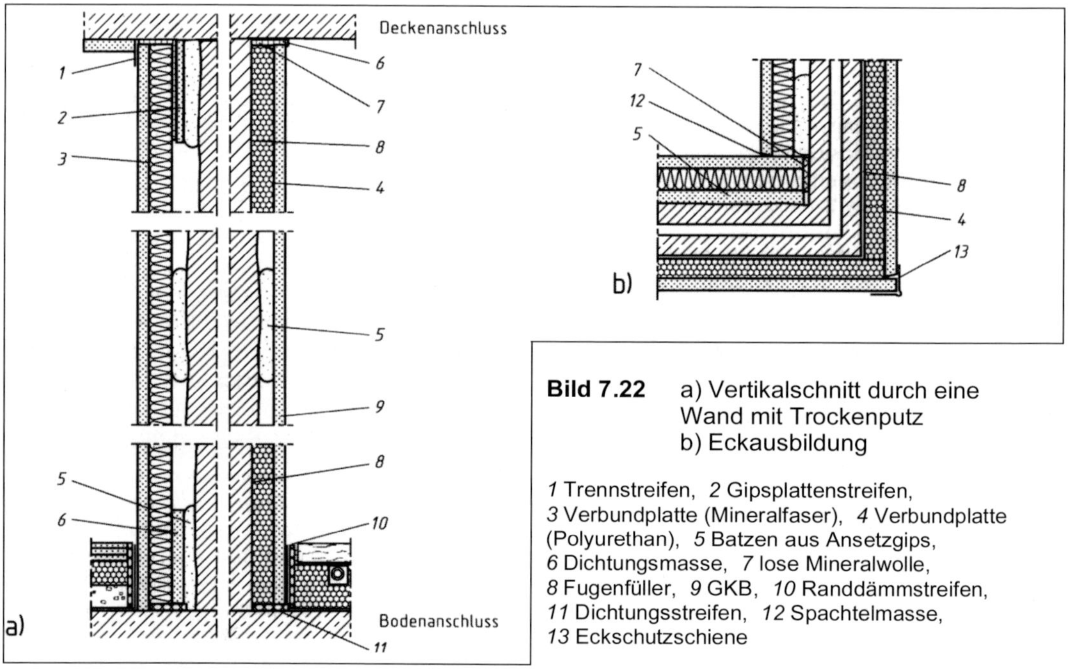

Bild 7.22 a) Vertikalschnitt durch eine Wand mit Trockenputz
b) Eckausbildung

1 Trennstreifen, *2* Gipsplattenstreifen, *3* Verbundplatte (Mineralfaser), *4* Verbundplatte (Polyurethan), *5* Batzen aus Ansetzgips, *6* Dichtungsmasse, *7* lose Mineralwolle, *8* Fugenfüller, *9* GKB, *10* Randdämmstreifen, *11* Dichtungsstreifen, *12* Spachtelmasse, *13* Eckschutzschiene

Bei *größeren Unebenheiten* (> 20 mm), hohen Räumen (die Platten müssen stirnseitig gestoßen werden) und beschichteten Gipsplatten ist ein Unterbau mit Gipsplattenstreifen erforderlich (7.20c). Er sorgt für den notwendigen Niveauausgleich und erleichtert außerdem das Ansetzen und Ausrichten der Platten. Im Abstand von 62,5 cm werden dazu etwa 10 cm breite Gipsplattenstreifen senkrecht sowie waagerecht am Plattenkopf und Plattenfuß mit Ansetzgips befestigt und sorgfältig ausgerichtet. Nach dem Erhärten dieser Ausgleichsschicht werden die Gipsplatten im Dünnbettverfahren aufgebracht. Das Anbringen im Dünnbettverfahren bedingt, dass die Ausgleichsschicht eben lot- und fluchtrecht aufgestellt wurde.

An Schornsteinwangen oder Stellen, wo Waschbecken, Konsolen und ähnlich gelagerte Wandbelastungen (Druck) auftreten, sowie bei Anschlüssen an Fenstern, Außentüren und Rollladenkästen werden die Platten grundsätzlich vollflächig mit Ansetzgips angebracht. Aussparungen für die Steckdosen, Schalter und Kabeldurchführungen sind vor dem Auftragen des Ansatzgipses genau einzumessen und mit geeigneten Werkzeugen herzustellen. Dabei darf der Karton um die Aussparung herum nicht abgerissen oder beschädigt werden. Bild 7.22 zeigt den Schnitt durch eine Wand mit Trockenputz.

Der Untergrund für Wandtrockenputz muss ausreichend tragfähig, staubfrei, trocken, frostfrei, rau, normal saugend und eben sein. An besonders beanspruchten Stellen (Stoßbelastungen, Druck) ist unbedingt darauf zu achten, dass die Gipsplatten vollflächig mit Ansetzgips unterlegt sind.

7.1.2 Konstruktionsarten

Angesetzte Vorsatzschalen sind Gipsplattenverkleidungen mit werkseitig bzw. bauseitig aufgebrachten Dämmstoffplatten. Werkseitig hergestellt handelt es sich um *Gips-Verbundplatten* VB (7.2). Die Verarbeitung erfolgt wie beim Wandtrockenputz.

Bei getrennter Anbringung der Dämmstoff- und Gipsplatten sind die Dämmstoff platten mit Ansetzgips fugendicht an die Wand anzusetzen und auszurichten. Auf diese Fläche setzt man die Gipsplatten im Dünnbettverfahren mit Fugenfüller, bei Unebenheiten mit Ansetzgips in Batzen an. Faserdämmstoffplatten müssen vor dem Anbringen der Gipsplatte vollflächig mit Ansetzgips überzogen werden.

Vorsatzschalen sind Wandbekleidungen und werden vor allem erstellt, um den Wärme- und Schallschutz zu verbessern. Man kann sie direkt auf die Wand montieren oder unmittelbar vor einer Wand aufstellen – freistehend oder durch Zwischenabstützungen mit ihr verbunden. Die Vorsatzschalen erhalten eine einseitige Beplankung mit Gipsplatten. Während sich die Wärmedämmung mit allen drei genannten Systemen verbessert, erhöht sich die Schalldämmung nur bei den freistehenden Vorsatzschalen. Bei Außenwänden ist darauf zu achten, dass sich der Temperaturverlauf und damit die Lage des Frostpunkts in der Wand verändert. Hier besteht Gefahr für wasserführende Leitungen. Ein weiteres Problem kann sich durch Wasserdampfdiffusion ergeben. Deshalb ist zu klären, an welcher Stelle im Wandsystem sich der Taupunkt befindet bzw. Tauwasser ausfallen und Bauschäden verursachen kann. Solche bauphysikalischen Fragen sind bei allen Änderungen in Wand- und Deckensystemen zu beachten.

Tabelle 7.23 Achsabstand der Holzstiele nach DIN 18181

Plattendicke in mm	Achsabstand in mm bei	
	Querbefestigung	Längsbefestigung
12,5	625	625
15,0	750	625
18,0	900	625
25,0	1250	625

Die Einfachständerwand besteht aus der in einer Ebene angeordneten Unterkonstruktion mit Ständern und ist beidseitig mit Gipsplatten beplankt. Es sind Raumtrennwände, die je nach Anforderung an den Brand-, Schall- und Wärmeschutz mit Mineralfaser-Dämmstoff

Tabelle 7.24 Mindestquerschnitte der Holzstiele bei 625 mm Achsabstand nach DIN 4103-4

	Einbaubereich 1			Einbaubereich 2		
Wandgröße in mm	2600	3100	4100	2600	3100	4100
einseitige Beplankung GKB mechanisch verbunden	40/60	40/60	60/60	60/60	60/60	60/60
einseitige Beplankung GKB mechanisch verbunden	40/40	40/60	40/80	40/60	40/60	40/80

ausgelegt werden. Wegen ihrer geringen Masse lassen sie sich an jeder Stelle der Decke errichten.

Doppelständerwände bestehen aus der Unterkonstruktion mit in zwei Ebenen angeordneten Ständern und sind auf den Außenseiten mit Gipskartonplatten beplankt. Sie bieten einen erhöhten Schallschutz und eignen sich (bei doppelter Beplankung) als Wohnungstrennwand. Vorteilhaft ist, dass man auch umfangreiche Installationen darin verlegen kann. Durch die getrennte Anordnung von zwei Ständerreihen ergibt sich vor allem eine erheblich bessere Schalldämmung. Die beiden Ständerreihen sind schalltechnisch entkoppelt. Die Ständer können mit beidseitig selbstklebenden Filzstreifen paarweise oder im Abstand von mindestens 1 cm verbunden werden. Größere Wandhöhen erreicht man bei gleicher Profilstärke, wenn die Ständer in den Drittelspunkten mit Laschen aus Gipsplatten verbunden werden.

Die Unterkonstruktion besteht in der Regel aus Holz oder Metall.

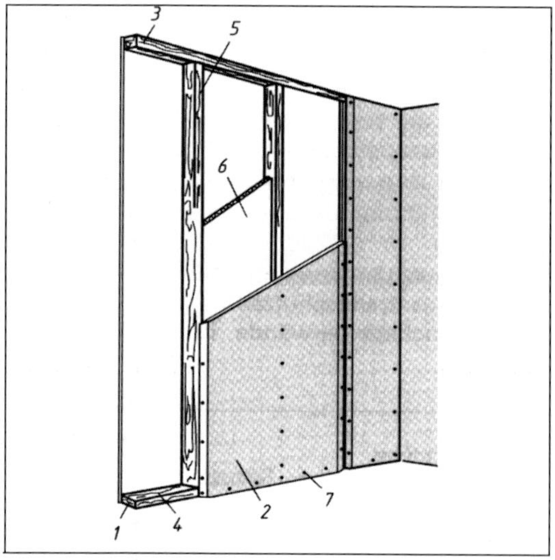

Bild 7.25 Teile der Holzkonstruktion
1 Anschlussdichtung,
2 Bauplatten GKB,
3 Rähmhölzer,
4 Schwellhölzer,
5 Ständer,
6 Mineralfaserdämmstoff,
7 Schnellbauschrauben

Unterkonstruktionen aus Holz

Alle Holzteile müssen der Güteklasse II nach DIN 4074-1 entsprechen. Das Holz soll beim Einbau einen Feuchtegehalt von maximal 20% aufweisen, im eingebauten Zustand eben und verwindungsfrei sein. Ölhaltige Holzschutzmittel als vorbeugender Holzschutz sind nicht zulässig.

Der Achsabstand der Holzstiele (Ständer) ist abhängig von der Beplankung und Plattenanordnung (Quer- oder Längsbefestigung, **7**.23). Bei keramischen Bekleidungen beträgt der maximale Achsabstand bei einlagiger Beplankung 500 mm, bei mehrlagiger 625 mm. Die erforderlichen Mindestquerschnitte ergeben sich aus Tabelle **7**.24.

Die waagerechten Hölzer (Schwelle und Rahm) werden in den Dimensionen den Stielen (Ständern) angepasst. Bild **7**.25 zeigt Teile einer Holzunterkonstruktion. Die Ständer sind mit Schwelle und Rahm zur Fixierung durch zwei Stichnägel verbunden. Standsicher wird die Trennwand durch Anbindung an Decke und Wand (**7**.26). Der Deckenanschluss kann gleitend oder fest sein (**7**.27). Den gleitenden An-

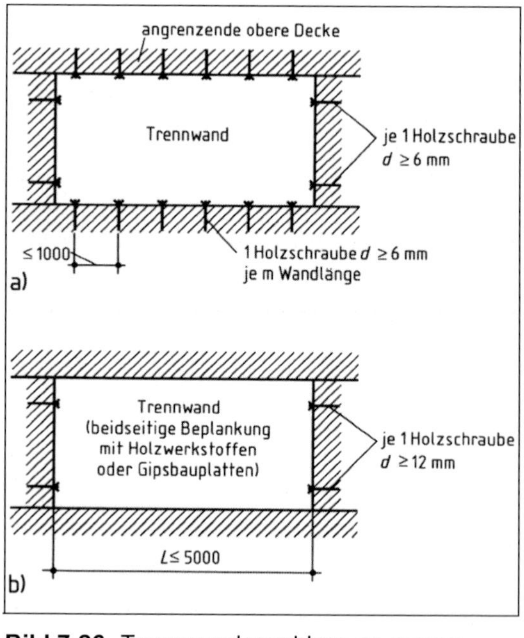

Bild 7.26 Trennwandanschluss an angrenzende Bauteile
a) Normalfall, b) Sonderfall

schluss wählt man, wenn man mit einer größeren Durchbiegung der Decke rechnen muss.

Der Achsabstand der Holzstiele (Ständer) ist abhängig von der Beplankung (entweder einfach oder doppelt), der Plattenanordnung (Längs- oder Querbefestigung) und dem Einbaubereich.

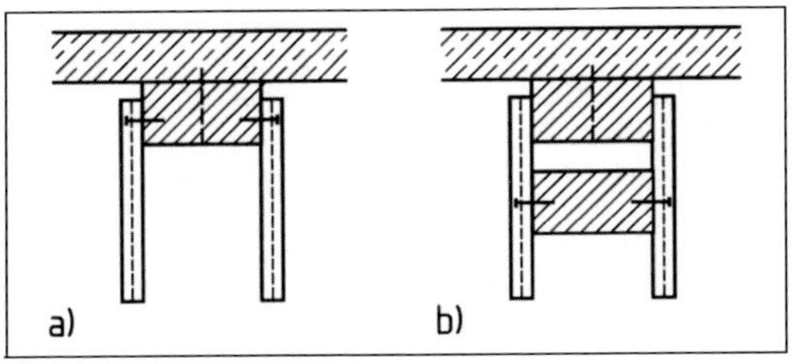

Bild 7.27 Deckenanschluss der Holzkonstruktion
a) fest, b) gleitend

Vorsatzschalen aus Holz können *fest mit der Wand verbunden* und je nach der Beschaffenheit des Untergrundes mit einfacher oder doppelter Lattung verlegt werden. Die Lattung ist so zu dimensionieren, dass am Plattenstoß eine Mindestauflagerfläche von 24 mm je Gipsplatte vorhanden ist. Das bedeutet eine Mindestlattenbreite von 48 mm. Mithin lassen sich die üblichen Latten mit einem Querschnitt von 48/24 mm verarbeiten.

Zum Befestigen der Grundlattung dienen Dübelsysteme. Durch Unterlegen von Doppelkeilen kann man die Lattung fluchtgerecht herstellen. Ist eine zweite Lattenlage vorgesehen (Doppellattung), werden Grund- und Traglatte an jedem Kreuzungspunkt durch eine Holzschraube verbunden. Die Eindringtiefe der Holzschraube beträgt 5 d_N, mindestens jedoch 24 mm. Zur Verbesserung der Wärmedämmung können die Lattenzwischenräume mit Dämmstoffplatten ausgekleidet werden. Auf dieser ausgerichteten Lattenlage bringt man die Gipsplatten mit den üblichen Befestigungsmitteln an.

Eine Alternative zur unmittelbaren Befestigung der Unterkonstruktion auf die Wand bietet die Vorsatzschale *vor der Wand mit Zwischenabstützungen*. Schwelle, Rahm und Stiele werden im vorgesehenen Wandabstand (mindestens aber 5 mm) flucht- und lotrecht erstellt und an Wand und Decke befestigt. Zur Aussteifung der Stiele ordnet man in halber Stielhöhe (≤ 150 cm) Stahlblechwinkel an. Alle bauteilberührenden Konstruktionsteile sind zur Begrenzung der Schallübertragung mit Trennwandkitt oder Dichtungsband zu unterlegen. Es folgen der Einbau des Mineralfaserdämmstoffs, die Beplankung der Gipsplatten und das abschließende Verspachteln.

Als dritte Möglichkeit einer Vorsatzschale gibt es die *vollständige Trennung von der Wand.* Diese Vorsatzschale entspricht einer nur einseitig beplankten Holzständerwand als Einfachständerwand.

Vorsatzschalen aus Holz werden
- mit unmittelbar auf der Wand angebrachter Lattung,
- vor der Wand stehend, jedoch mit Zwischenabstützungen,
- frei stehend ohne Verbindung mit der Wand montiert.

Holz-Einfachständerwand (7.28). Bestehen hinsichtlich des Brandschutzes keine Bedenken, kann man Einfachständerwände in Holzkonstruktion erstellen.

Die Montage beginnt mit dem Anreißen des Wandverlaufs an Boden, Decke und Wand. Anschließend werden die bauwerksberührenden Holzteile (Schwelle, Rahm, Wandstiele) mit Trennkitt oder Dichtungsstreifen unterlegt und durch Dübelsysteme mit dem Gebäude verbunden. Im Normalfall werden dann die Zwischenstiele im Achsabstand von 625 mm eingeschoben und ausgerichtet. Im Bereich von Fenstern und Türen oder ähnlichen Öffnungen baut man als obere Begrenzung Riegel ein. Nun kann eine Seite mit Gipsplatten beplankt werden. Der nächste Arbeitsschritt ist das Ausfachen der Stielzwischenräume mit Mineralfaserdämmstoff. Um eine optimale Wirkung zu erzielen, wird der Dämmstoff fugenlos an die Holzstiele angeschmiegt. Beim Beplanken der noch offenen Wandseite ordnet man die Gipsplatten gegenüber den Platten der bereits geschlossenen Wandseite um einen Stiel versetzt an. Abschließend können die Platten verspachtelt werden.

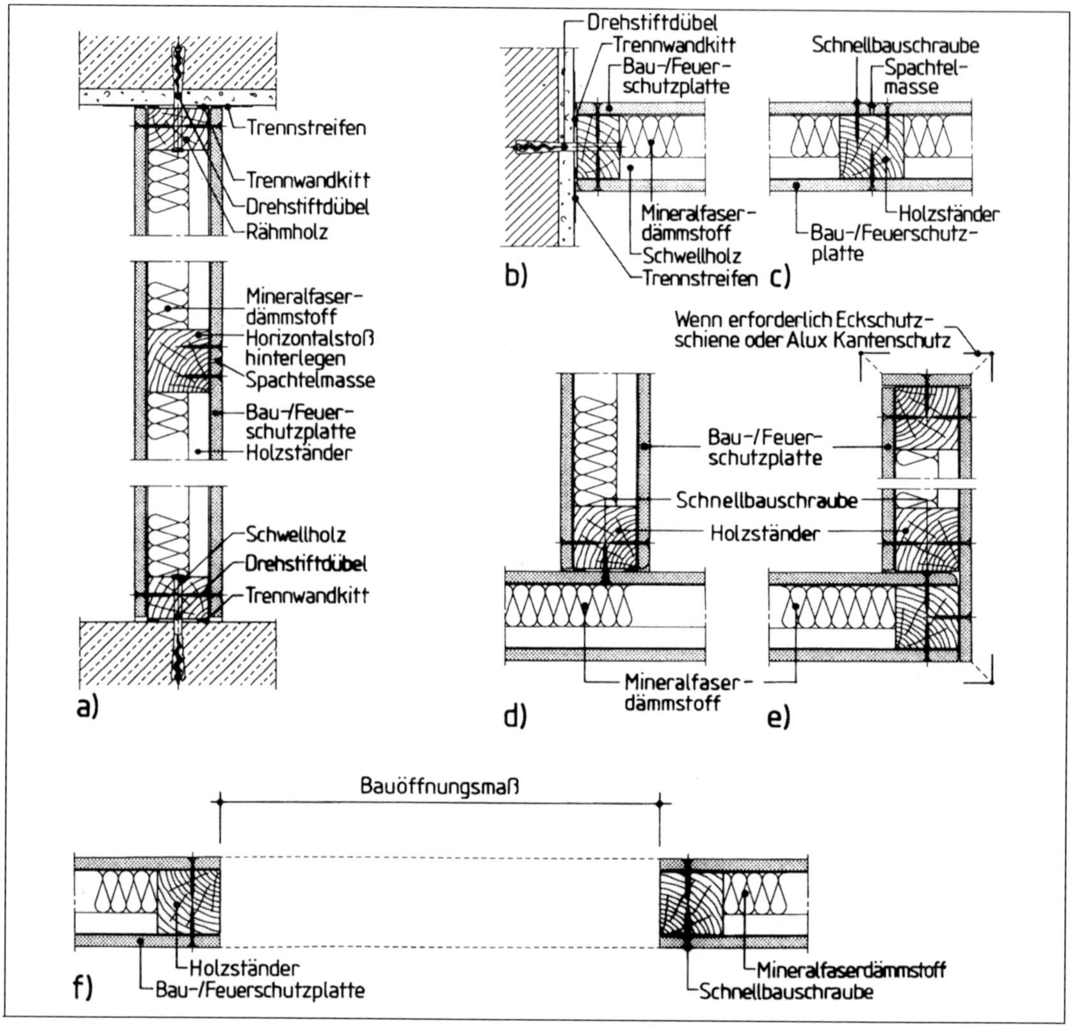

Bild 7.28 Schnitte durch eine Holz-Einfachständerwand, einfach beplankt
a) Vertikalschnitt, b) Anschluss an eine Massivwand, c) Plattenstoß, d) T-Verbindung, e) Eckausbildung freistehendes Wandende, f) Türausbildung

Zu beachten ist, dass ein Plattenstoß in Verlängerung des Türstiels vermieden werden soll (Gefahr der Rissbildung). Installationen sind rechtzeitig, am besten vor dem Einbau der Mineralfaser durchzuführen. Wird die Holzständerwand jeweils nur mit einer Gipsplatte je Wandseite beplankt sprechen wir von *einfacher*, bei zwei Platten je Wandseite von *doppelter Beplankung*. Eine doppelte Beplan-kung kann erforderlich sein bei erhöhten Anforderungen an den Schall- und Brandschutz oder höheren Ansprüchen an die Stoßfestigkeit und Stabilität der Wand. Bei doppelter Beplankung sind Stöße in den einzelnen Lagen gegeneinander zu versetzen. Bild **7**.28 veranschaulicht Einzelheiten einer Holzständerwand als Einfachständerwand, einfach beplankt.

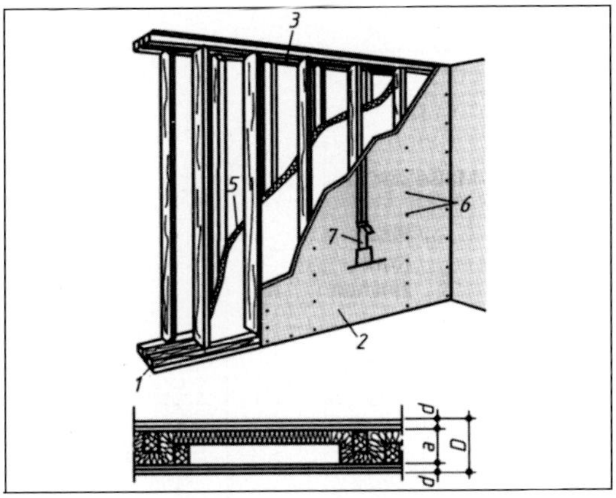

Bild 7.29 Holz-Doppelständerwand
1 Anschlussdichtung, *2* Bauplatte GKB 12,5 mm, *3* Rahm, *4* Schwelle, *5* Mineralfaserdämmstoff, *6* Schnellbauschrauben, *7* Verspachtelung

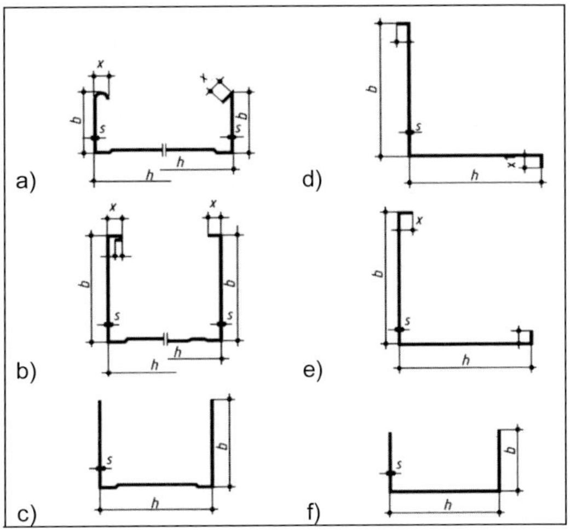

Bild 7.30 Profilarten
a) C-Deckenprofil (CD),
b) C-Wandprofil (CW),
c) U-Wandprofil (UW) und U-Deckenprofil (UD),
d) L-Wandinneneckprofil (LWi),
e) L-Wandaußeneckprofil (LWa),
f) U-Aussteifungsprofil (UA)

Die Unterkonstruktion einer Holz-Einfachständerwand besteht aus Kanthölzern (Schwelle, Rähm, Ständer), auf die eine einfache Beplankung beidseitig aufgebracht wird. Um die Schall- und Wärmedämmung zu verbessern und eine erhöhte Feuerwiderstandsdauer zu erreichen, kann man eine Dämmschicht einbauen.

Holz-Doppelständerwand (7.29). Wenn Wert auf einen erhöhten Schallschutz der Trennwand gelegt wird, empfiehlt sich die Doppelständerwand. Nachteilig ist, dass sich die Nettogrundrissfläche (Nutzfläche) verkleinert. Bei der Montage liegt der einzige Unterschied gegenüber der Einfachständerwand im Aufstellen einer zweiten Ständerreihe. Bei Installationen bringt man die Stiele in einem entsprechenden Abstand paarweise gegenüber an oder ordnet sie ohne Zwischenraum versetzt an. Unterkonstruktionen aus Holz haben aus Gründen der Rationalität und der ungünstigeren bauphysikalischen Eigenschaften (Schall- und Brandschutz) gegenüber den Metallkonstruktionen nur untergeordnete Bedeutung.

Unterkonstruktionen aus Metall

Hierfür verwendet man Profile aus verzinktem Stahlblech.

DIN 18182-1 unterscheidet dabei:

- C- und U-Deckenprofil (CD bzw. UD)
- C- und U-Wandprofile (CW bzw. UW)
- L-Wandinnen- und -außeneckprofile (LWi bzw. LWa)
- U-Aussteifungsprofil (UA).

Bild **7**.30 zeigt Beispiele, Tabelle **7**.31 enthält die Maße und Bezeichnungen.

Die Kurzbezeichnung der Profile erfolgt in dieser Reihenfolge:

- DIN-Nummer
- Profilkurzzeichen
- Flanschbreite
- Kurzzeichen der Blechdicke
- Zinkauflage.

Beispiel DIN 18182 – UW 100 × 40 × 05 – 100
U-Wandprofil
Steghöhe in mm
Flanschbreite in mm
Blechdicke in mm
Zinkauflage in g/m²

Die Blechdicken können auch durch Farben gekennzeichnet werden (**7**.32).

Tabelle 7.31 Maße der Profile

Profil-Arten	Profil Kurzzeichen	Steghöhe *h* + 0,2	Flanschbreite gleichschenklig *b*	Blechdicke Kurzzeichen 04	05	06	07	10	20	Stanzung Länge × Breite max.
C-Deckenprofil	CD 48	48	27	•	•	•	•	–	–	–
	CD 60	60		•	•	•	•	–	–	–
U-Deckenprofil	UD 28	28	27	–	–	•	–	–	–	–
C-Wandprofil	CW 30	28,2		•	•	•	–	–	–	–
	CW 40	28,8		•	•	•	–	–	–	50 × 30[2])
	CW 45	43,8		•	•	•	–	–	–	50 × 35[2])
	CW 50	43,8		•	•	•	•	•	•	50 × 35[2])
	CW 60	58,5	35[1])	–	–	•	•	•	•	
	CW 75	73,8	50[1])	–	–	•	•	•	•	50 × 50[2])
	CW 85	83,8		–	–	•	•	•	•	
	CW 100	98,9		–	•	•	–	–	–	50 × 50[3])
	CW 125	123,8		–	•	•	–	–	–	
U-Wandprofil	UW 30	30	30	–	•	•	–	–	–	–
	UW 40	40	40	–	•	•	–	–	–	–
	UW 45	45		–	•	•	–	–	–	–
	UW 50	50		–	•	•	–	–	–	–
	UW 60	60		–	•	•	–	–	–	–
	UW 75	75		–	•	•	–	–	–	–
	UW 85	85		–	•	•	–	–	–	–
	UW 100	100		–	•	•	–	–	–	–
	UW 125	125		–	•	•	–	–	–	–
L-Wandinneneckprofil	LWi 50	50	50	–	–	•	–	–	–	–
	LWi 60	60	60	–	–	•	–	–	–	–
L-Wandaußeneckprofil	LWa 50	50	50	–	–	•	–	–	–	–
	LWa 60	60	60	–	–	•	–	–	–	–
U-Aussteifungsprofil	UA 30	28,8		–	–	–	–	–	•	
	UA 40	38,8		–	–	–	–	–	•	
	UA 45	43,8		–	–	–	–	–	•	40 × 8,2[4])
	UA 50	48,8		–	–	–	–	–	•	
	UA 60	58,8	27	–	–	–	–	–	•	
	UA 75	73,8	40	–	–	–	–	–	•	
	UA 85	83,8		–	–	–	–	–	•	40 × 8,2[5])
	UA 100	98,8		–	–	–	–	–	•	
	UA 125	123,8		–	–	–	–	–	•	

[1]) Bei ungleichschenkliger Ausführung unterscheiden sich die Flanschbreiten mindestens um das Maß 2 · *s* (*s* = Blechdicke).

[2]) Stanzung einreihig; senkrechter Mindestabstand der Stanzung 500 mm, im Bereich der Profilenden darf der Abstand geringer sein.

[3]) Stanzung einreihig; senkrechter Mindestabstand der Stanzung 300 mm, im Bereich der Profilenden darf der Abstand geringer sein.

[4]) Stanzung einreihig; senkrechter Mindestabstand der Stanzung 10 mm

[5]) Stanzung zweireihig; senkrechter Mindestabstand der Stanzung 10 mm, Mittenabstand der Stanzung 34 mm

Tabelle 7.32 Farbkennzeichnung der Blechdicken

Blechdicke in mm	Farbe
0,4	rot
0,5	weiß
0,6	blau
0,7	gelb
0,8/1,0	grün
2,0	schwarz

Wird mit einer Deckendurchbiegung von ≥ 10 mm gerechnet, sind *gleitende Deckenanschlüsse* vorzusehen. Dabei werden über die Deckenprofile Gipsplattenstreifen gelegt. Bild **7**.33a zeigt einen gleitenden Deckenanschluss, **7**.33b die Ausbildung einer horizontalen Bewegungsfuge.

Zur Aussteifung der Türzargen-Anschlussständer dienen verschachtelte CW-Profile oder passgenaues Holz, das in das Profil eingeschoben wird. Bei Raumhöhen > 2,60 m, einer Türbreite > 0,90 m und einem Türblattgewicht > 25 kg (einschließlich Beschläge) wird die Zarge an verstärkten, 2 mm dicken U-Aussteifungsprofilen befestigt.

Die U-Aussteifungsprofile sind über gesonderte Anschlusswinkel oben und unten mit dem Bauwerk zu verdübeln. Wenn wandhängende Lasten vorgesehen sind (z. B. WC), baut man Hilfskonstruktionen ein (Riegel, Traverse, Tragständer).

Zum Befestigen der bauwerksberührenden Profile dienen üblicherweise Dübelsysteme. Dabei beträgt der maximale Abstand der Befestigungspunkte ≤ 1000 mm. Bei seitlicher Befestigung sind mindestens drei Befestigungspunkte vorzusehen. Bei Befestigungen an Deckenbekleidungen bzw. Unterdecken können besondere Maßnahmen erforderlich werden.

Vorsatzschalen aus Metall sind auch als Kombination von Holztragteilen und Stahlblechprofilen möglich. In der einfachsten Form und bei geringstem Raumverlust wird die Vorsatzschale *unmittelbar* auf die Wand aufgebracht. Dazu richtet man eine Grundlattung flucht- und lotrecht aus und schraubt daran Federschienen als Metallprofil. Das System besteht dann aus einer schweren biegesteifen Schale (der Wand) und einer biegeweichen Vorsatzschale (der Gipsplatte). Die Federschiene ist als notwendige konstruktive Verbindung so ausgebildet, dass möglichst wenig Schallenergie auf die darunterliegenden Bauteile übertragen wird. Montiert wird wie bei der Holzvorsatzschale (**7**.34).

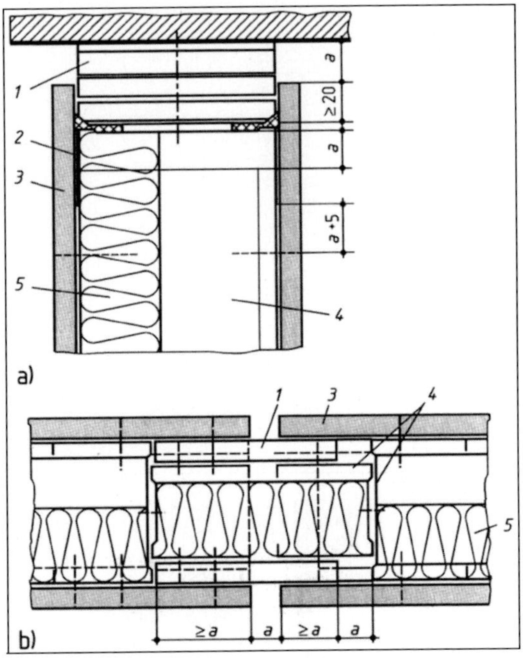

Bild 7.33 a) Gleitender Deckenanschluss
b) Dehnfuge für horizontale Längenänderungen (zu erwartende Deckendurchbiegung *a* = 20 mm)
1 Gipsplattenstreifen,
2 U-Wandprofil UW,
3 Gipsplatte,
4 C-Wandprofil CW,
5 Mineralfaserdämmstoff

Eine bessere Schalldämmung bewirkt die Vorsatzschale mit *Metallkonstruktion und Zwischenabstützung*. UD-Profile werden im gewünschten Wandabstand (mindestens jedoch5 mm) flucht- und lotrecht an Boden, Decke und Wand montiert. CW-Profile werden als Ständerreihe (Achsabstand 625 mm) in die UD-Profile eingeschoben und mit Direktabhänger an der Wand befestigt (**7**.35). Alle bauwerksberührenden Konstruktionsteile (*auch die Direktabhänger!*) sind mit Dichtungsband zu hinterlegen.

Um eine optimale Schalldämmung zu erreichen, trennt man die Schale *vollständig von*

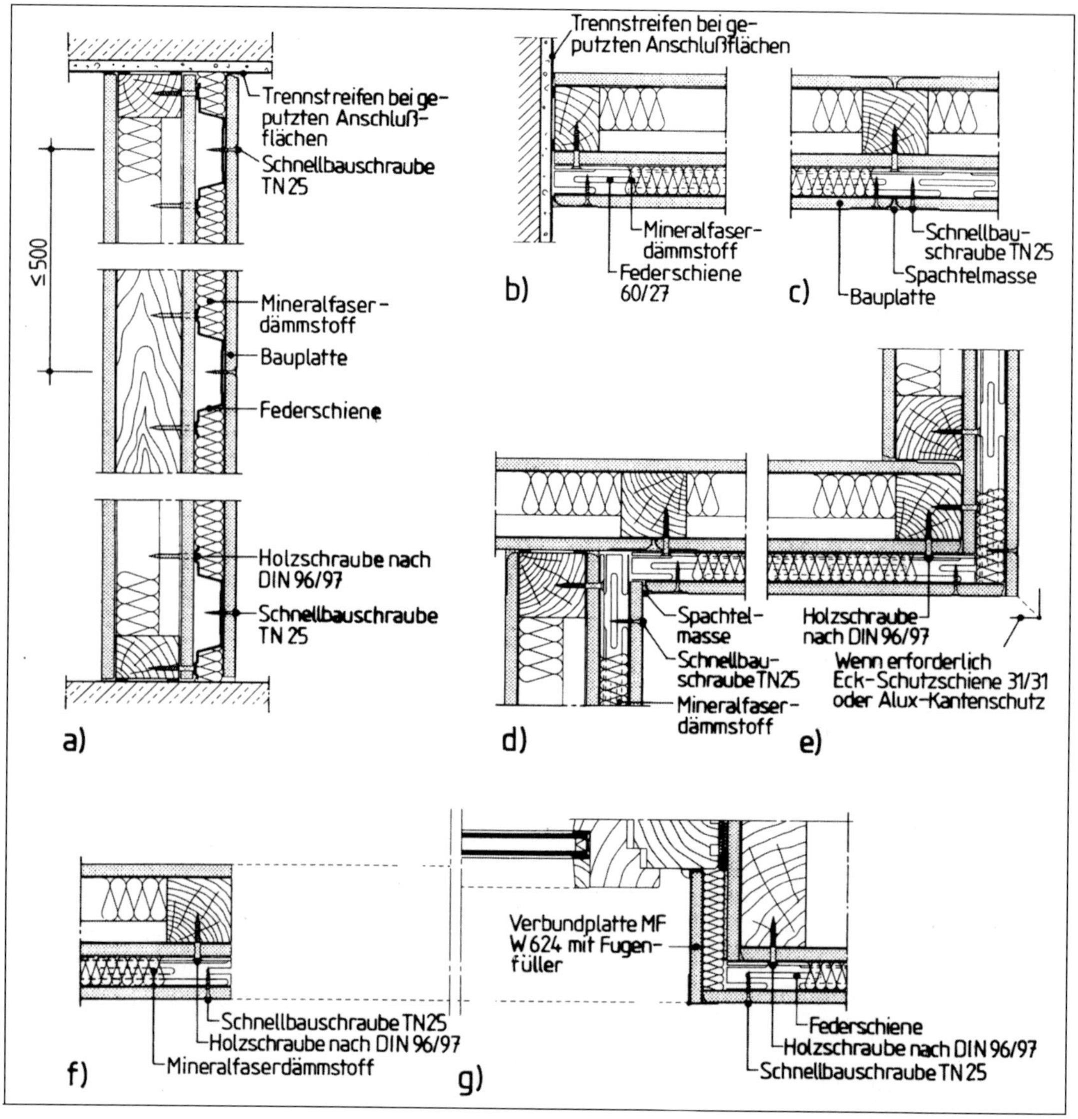

Bild 7.34 Schnitte durch eine Vorsatzschale mit Federschiene
a) Vertikalschnitt, b) Anschluss an eine Massivwand, c) Plattenstoß, d) T-Verbindung, Innenecke, e) Eckausbildung, Außenecke, f) Türausbildung, g) Fensterleibung

der Wand. Diese Vorsatzschale entspricht einer nur einseitig beplankten Metallständerwand als Einfachständerwand.

Metall-Einfachständerwand (7.36). Die Montage läuft wie in Bild **7**.37 dargestellt ab.

- Aufzeichnen des Wandverlaufs an Boden, Decke und Wand (Schnurschlag).
- Andübeln der Wand-, Boden- und Deckenprofile (*Dichtungsstreifen nicht vergessen!*).
- Einstellen der CW-Profile in die Boden- und Deckenprofile. Eine besondere Fixierung ist nicht erforderlich. Um die Plattenbefestigung zu erleichtern, ist darauf zu achten, dass alle Profilöffnungen in Montagerichtung eingestellt werden.

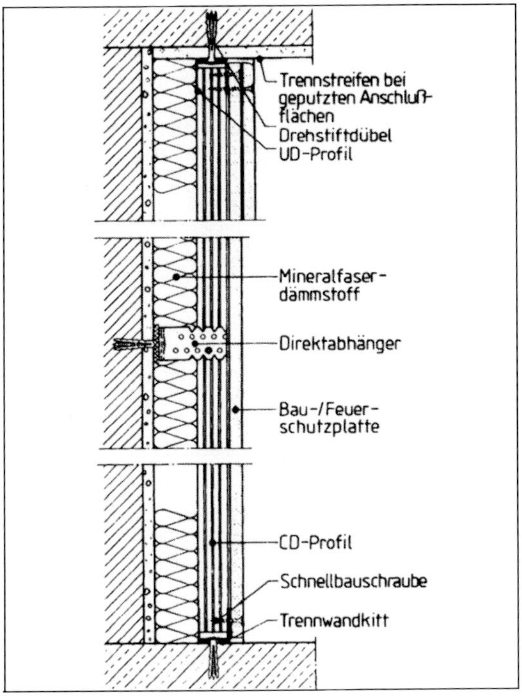

Bild 7.35 Vertikalschnitt durch eine Vorsatzschale mit Zwischenabstützung

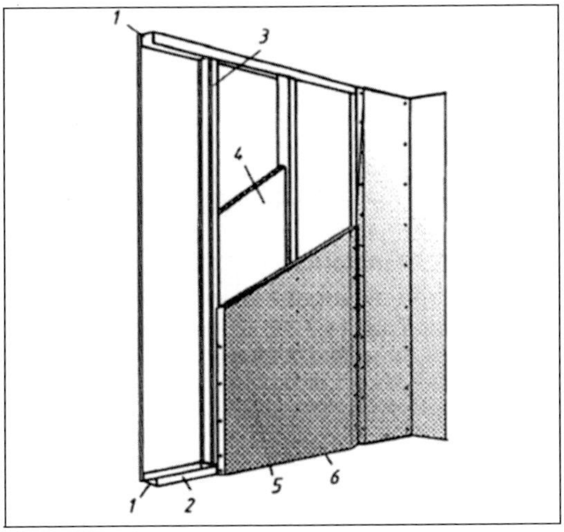

Bild 7.36 Teile der Metall-Einfachständerwand *1* Anschlussdichtung, *2* UW-Bodenprofil, *3* CW-Ständerprofil, *4* Mineralfaserdämmstoff, *5* Gipsplatten *6* Schnellbauschrauben

Bild 7.37 Montage einer Metallständerwand a) Aufzeichnung des Wandverlaufs, b) Dichtungsstreifen unterlegen und andübeln, c) Einsetzen der CW-Profile, d) Beplankung der ersten Wandseite, e) Einbau der Dämmstoffplatten, f) Beplankung der zweiten Wandseite

Tabelle 7.38 Maße von Metallständerwänden nach DIN 18183 (Auswahl)

Kurzzeichen der Wand	Profil nach DIN 18182-1	Dicke der Beplankung je Seite [1]) in mm	Dicke der Wand in mm	maximale Wandhöhe h in mm im Einbaubereich [2]) 1	2	Durchbiegung f der Wand infolge Belastung nach DIN 4103-1 für die Einbaubereiche [2]) 1	2
Einfachständerwände							
CW 50/100	CW 50 × 50 × 06	12,5+ 12,5	100	4000	3500	[5])	[7])
	CW 50 × 50 × 07				2600	[5])	[5])
CW 75/100	CW 75 × 50 × 06	12,5	100	4500	3750	[5])	[5])
CW 75/100	CW 75 × 50 × 06	12,5+12,5	125	5500	5000	[5])	[7])
					3750	[5])	[5])
CW 100/125	CW 100 × 50 × 06	12,5	125	5000	4250	[5])	[5])
CW 100/125	CW 100 × 50 × 06	12,5+12,5	150	6500	5750	[5])	[5])
Doppelständerwände (gegeneinander abgestützte Ständer)							
CW 75 + 75/205	CW 75 × 50 × 06	12,5+12,5	205	6000	5500	[5])	[5])
CW 100 + 100/255	CW 100 × 50 × 06	12,5+ 12,5	255	6500	6000	[5])	[5])
Doppelständerwände (getrennte Ständer) und freistehende Vorsatzschalen [3])							
CW 75 + 75/...	CW 75 × 50 + 06	12,5	...[4])	3000	2500	[5])	[6])
CW 75 + 75/...	CW 75 × 50 × 06	12,5+12,5	...[4])	3500	2750	[5])	[6])
CW 100+ 100/...	CW 100 × 50 × 06	12,5+ 12,5	...[4])	4250	3500	[5])	[5])

[1]) Bei Vorsatzschalen nur einseitige Beplankung

[2]) Nach DIN 4103-1 werden folgende Einbaubereiche unterschieden:
Einbaubereich 1: Bereiche mit geringer Menschenansammlung, wie sie z. B. in Wohnungen, Hotel-, Büro- und Krankenräumen und ähnlich genutzten Räumen einschließlich der Flure vorausgesetzt werden müssen.
Einbaubereich 2: Bereiche mit großer Menschenansammlung, wie sie z. B. in größeren Versammlungsräumen, Schulräumen, Hörsälen, Ausstellungs- und Verkaufsräumen und ähnlich genutzten Räumen vorausgesetzt werden müssen. Hierzu zählen auch stets Trennwände zwischen Räumen mit einem Höhenunterschied der Fußboden ≥ 1 m.

[3]) Beispiel für das Kurzzeichen einer Vorsatzschale: V-CW 75/87,5; es setzt sich zusammen aus dem Buchstaben V (für Vorsatzschale), dem verwendeten C-Wandprofil CW und der jeweiligen Dicke der Vorsatzschale.

[4]) abhängig vom Abstand der Ständerreihen

[5]) $f < h/500$

[6]) $h/500 < f < h/350$

[7]) $h/350 < f < h/200$

- Beplankung der ersten Wandseite (maximaler Abstand der Schnellbauschrauben s. Tabelle 7.12).
- Einbau der Installationen und Dämmstoffplatten.
- Beplankung der zweiten Wandseite (Gipsplatten gegenüber der zuerst montierten Wandseite versetzt anordnen).
- Verspachteln.

Tabelle **7**.38 nennt die Abmessungen von Metall-Einfachständerwänden, Bild **7**.40 zeigt die konstruktive Durchbildung.

Metall-Doppelständerwand (7.39). Sie wird wie die Einfachständerwand erstellt, nur dass die zweite Ständerreihe hinzukommt. Wie schon erwähnt, können die Ständerreihen verbunden oder mit Abstand errichtet werden. Die sich daraus ergebenden zulässigen Wandhöhen zeigt Tabelle **7**.38. Die konstruktive Durchbildung geht aus Bild **7**.41 hervor.

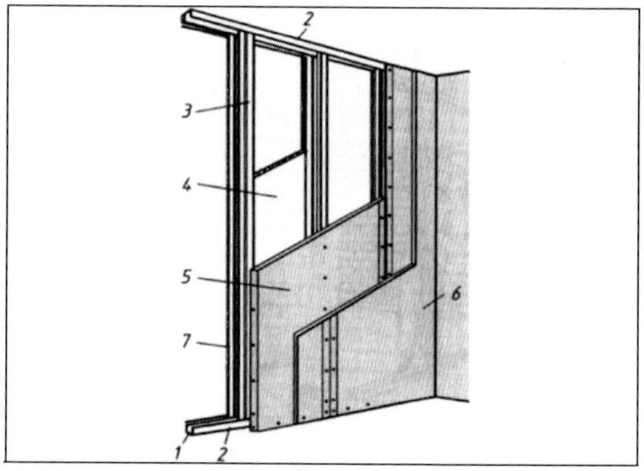

Bild 7.39 Teile der Metall-Doppelständerwand *1* Anschlussdichtung, *2* UW-Randprofil, *3* CW-Ständerwand, *4* Mineralfaserdämmstoff, *5* Gipsplatten, 1 Lage, *6* Gipsplatten, 2 Lagen

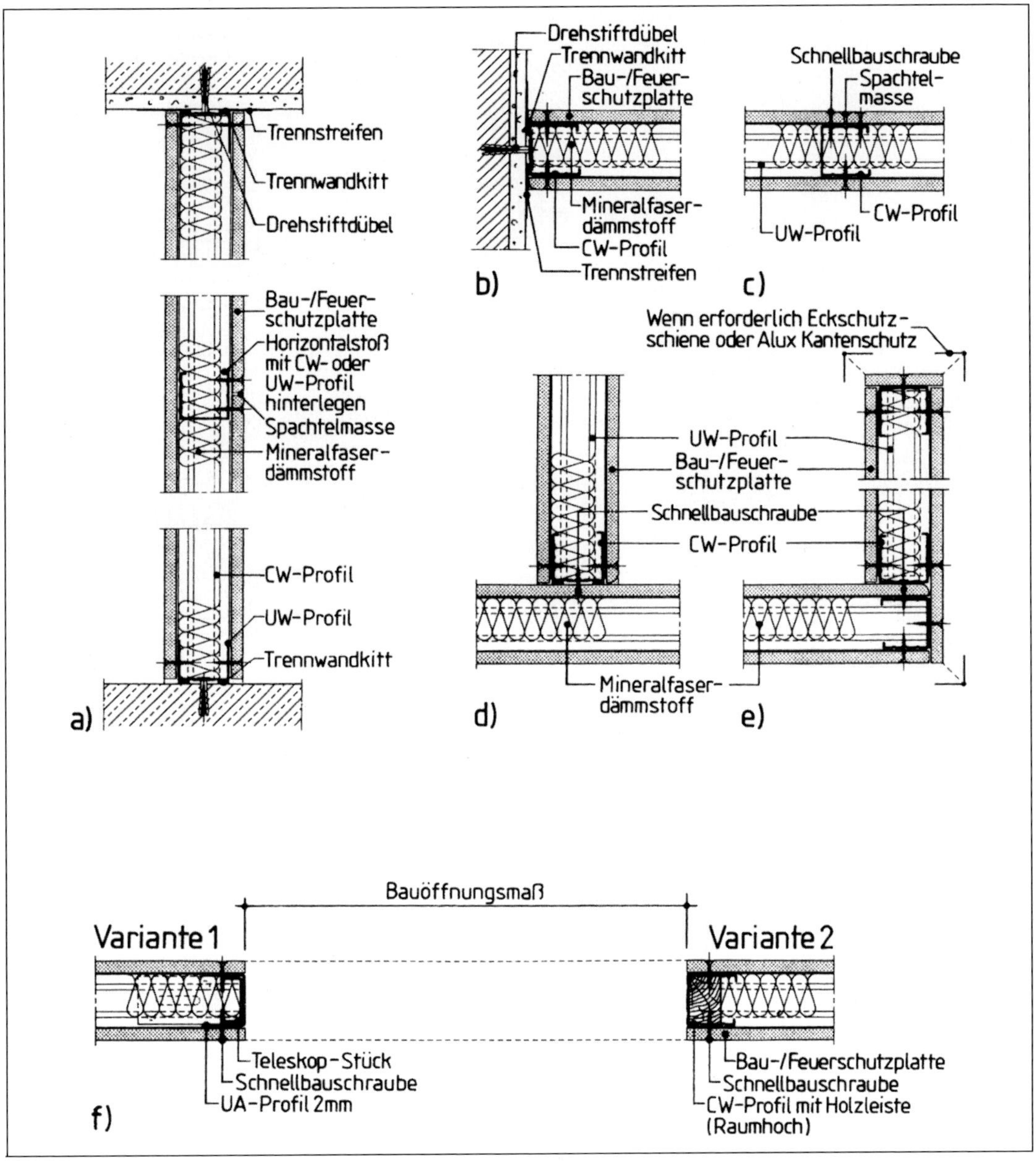

Bild 7.40 Schnitte durch eine Metall-Einfachständerwand, einfach beplankt
a) Vertikalschnitt,
b) Anschluss an Massivwand,
c) Plattenstoß,
d) T-Verbindung,
e) Eckausbildung frei stehendes Wandende,
f) Türausbildungen

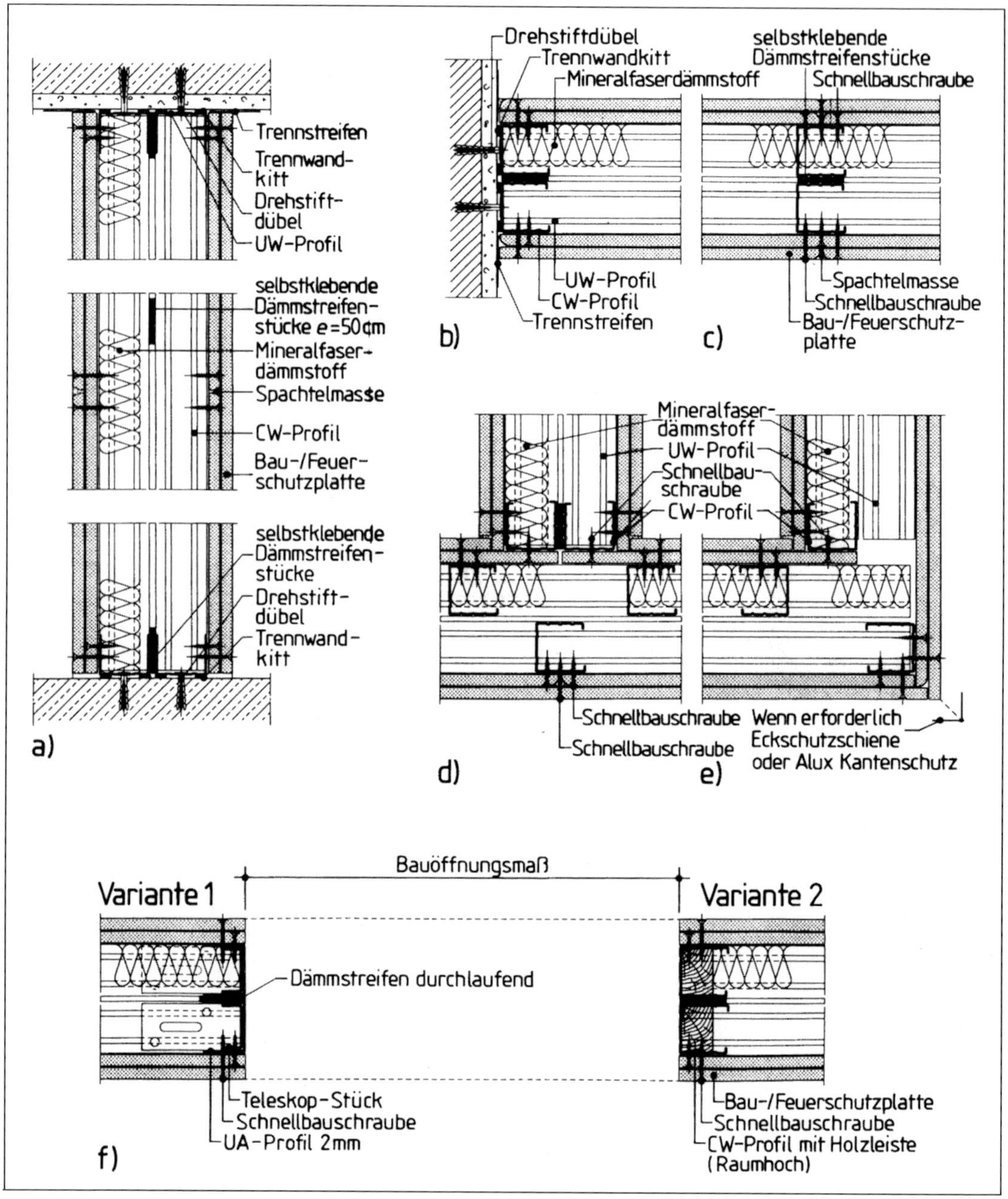

Bild 7.41 Schnitte durch eine Metall-Doppelständerwand, doppelt beplankt
a) Vertikalschnitt,
b) Anschluss an eine Massivwand,
c) Plattenstoß,
d) T-Verbindung,
e) Eckausbildung frei stehendes Wandende,
f) Türausbildungen

Die zulässigen Wandhöhen von Metallständerwänden sind abhängig von den Profilen, der Beplankungsdicke, dem Einbaubereich und der Wanddurchbiegung.

Kurzzeichen von Gipsplatten-Wandkonstruktionen

Sie gelten nur für Standardkonstruktionen, nicht für Sonderkonstruktionen. Verwendet werden

- die Kurzzeichen der Profilarten nach DIN 18182-1
- H für Ständer aus Holz
- W für Gipsplattenwand
- V für Gipskarton-Vorsatzschale.

Als Zahlenangaben erscheinen die Dimensionen der Ständer und die Gesamtdicke der Montagewand. Daraus kann man zurückrechnen auf die Beplankungsdicke.

Außerdem können in beliebiger Reihenfolge eingeführte Kurzzeichen wie Feuerwiderstandklasse, Baustoffklassifizierung, Schalldämmmaß und Wandhöhe angehängt werden.

Beispiel 1 CW 50/100

C-Wandständerprofil aus Metall
Dimension des CW-Ständers in mm
Gesamtdicke der Montagewand in mm

Beispiel 2 HW 60/85

Holzständer
Gipsplatten-Wand
Holzständer-Dimension in mm
Gesamtdicke der Montagewand in mm

Aus der Differenz von Gesamtdicke der Montagewand und Ständerdimension ergibt sich die *Beplankungsdicke.*

zu Beispiel 1 (100 mm – 50 mm) : 2 = 25 mm
Beplankung **12,5 mm je Wandseite**

zu Beispiel 2 (85 mm – 60 mm): 2 = 12,5 mm
Beplankung **12,5 mm je Wandseite**

Bei Doppelständerwänden, die paarweise miteinander verklebt sind, wird die Dimension der Ständerprofile mit einem Pluszeichen versehen.

Beispiel 3 CW 100 + 100/255

C-Wandständerprofil aus Metall
Dimension des 1. Ständers in mm
Dimension des 2. Ständers in mm
Gesamtdicke der Montagewand in mm
Beplankung = (255 mm – 200 mm – 5 mm für Klebestreifen) = 50 mm,
also **2 × 12,5 mm je Wandseite**

In der Regel werden Doppelständerwände doppelt beplankt erstellt, also ergibt sich auch bei größeren Differenzen als 55 mm (Beplankung + Filzstreifen) bzw. 50 mm der *Ständerreihenabstand.*

Beispiel 4 CW 50 + 50/250
Ständerabstand = 250 mm – 50 mm –
– 50 mm – 50 mm = **100** mm

Bei Vorsatzschalen werden die Dicke der Beplankung und die Ständerdimension angegeben.

Beispiel 5 V – HW 60/12,5

Vorsatzschale
Holzständer
Gipsplatten-Wand
Dimension des Holzständers in mm
Dicke der Beplankung in mm

7.1.3 Konsollasten

Trennwände aus Gipskartonplatten und Vorsatzschalen können nur begrenzt Konsollasten aufnehmen. Dabei ist zu unterscheiden, an welcher Stelle der Beplankung, Ständer oder Hilfskonstruktion die Lasten eingeleitet werden. Grundsätzlich gilt, dass Wände bis 1,5 kN/m und freistehende Vorsatzschalen bis 0,4 kN/m belastet werden dürfen, wenn die Ausladung von maximal 30 cm nicht über- und der Hebelarm von 30 cm nicht unterschritten werden (7.42). Befestigt wird die Beplankung mit handelsüblichen Hohlraumdübeln und Schrauben.

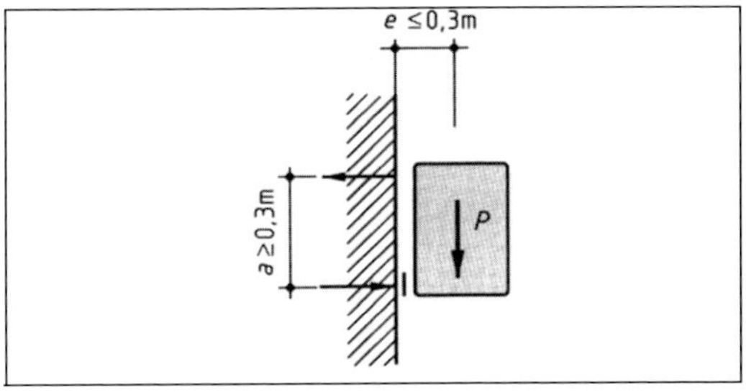

Bild 7.42 Ausladung und maximaler Hebelarm von Konsollasten

Leichte Konsollasten bis 0,4 kN/m kann man an jeder beliebigen Stelle der Wand bzw. Vorsatzschale einleiten. Ist die Ausladung (Exzentrizität) geringer als 30 cm, kann die zulässige Konsollast entsprechend Diagramm 7.43 erhöht werden.

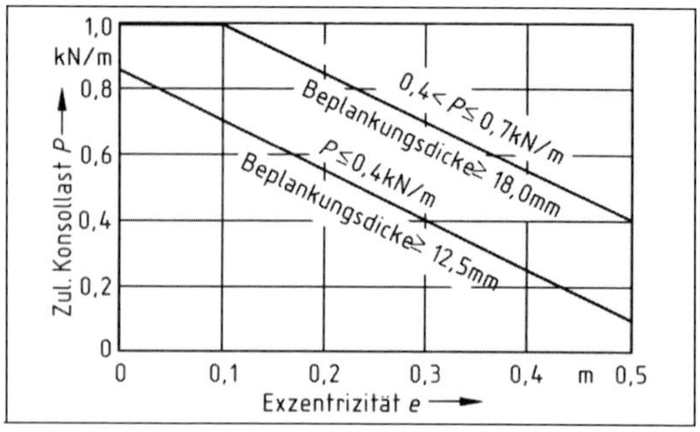

Bild 7.43 Zulässige Konsollasten *P* je Wandseite und Abstand des Lastangriffspunkts *e* von der Wandoberfläche

Mittlere Konsollasten. Beträgt die Mindestbeplankungsdicke 18 mm, kann man Konsollasten bis 0,7 kN/m bei 30 cm Ausladung an jeder beliebigen Stelle der Wand einleiten – bei Doppelständerwänden aber nur, wenn die beiden Ständerreihen durch Laschen verbunden sind. Bei einer Ausladung < 30 cm kann man die Belastung nach dem Diagramm **7**.43 erhöhen.

Schwere Konsollasten bis zu 1,5 kN/m (z. B. wandhängende WC, Waschtische, Rohrleitungen, Schulwandtafeln) erfordern eine besondere Konstruktion, damit die Lasten unmittelbar in die Ständer bzw. den Fußboden geleitet werden. Dazu dienen Tragständer oder Traversen. *Tragständer* sind rahmenartige Halterungen aus verzinkten Stahlprofilen. Sie lassen sich in das Rastermaß der Trennwände einbinden und werden sowohl mit den Ständern als auch mit dem Boden verschraubt. Die Hersteller liefern Tragständer komplett zur Montage an die Baustelle. *Traversen* aus verzinkten Stahlprofilen baut man zwischen die Ständer ein und befestigt sie mittels Klemmlaschen daran. Die Ständer leiten die Lasten in die Decken.

Für die Befestigung von Rohren stehen Rohrbefestigungsschienen zur Verfügung. Bei größeren Sanitäranlagen empfiehlt sich der Einbau von Installationswänden.

Konsollasten werden bei Gipsplatten-Montagewänden über die Beplankung, die Ständer oder eine besondere Tragkonstruktion (Tragständer, Traversen, Rohrbefestigungsschienen) abgeleitet.

7.1.4 Brand- und Schallschutz

Im Brandfall wirkt das durch die Hitzeentwicklung von einigen 100 °C frei werdende Kristallwasser als Wasserdampfschleier auf der Gipsplatte. Dies verhindert den raschen Temperaturanstieg auf der dem Feuer abgewandten Plattenseite (**7**.44) – die Temperatur kann hier, solange Wasserdampf frei wird, nicht über 100 °C ansteigen. Nach dem vollständigen Austreiben des Kristallwassers sichert der Faseranteil den Zusammenhalt des Gipskerns. Die durch die Verdampfung des Kristallwassers entstandenen Poren wirken sich positiv auf den Temperaturdurchgang aus – die poröse Struktur des Gipskerns der Gipsplatten wirkt wie eine Wärmedämmschicht.

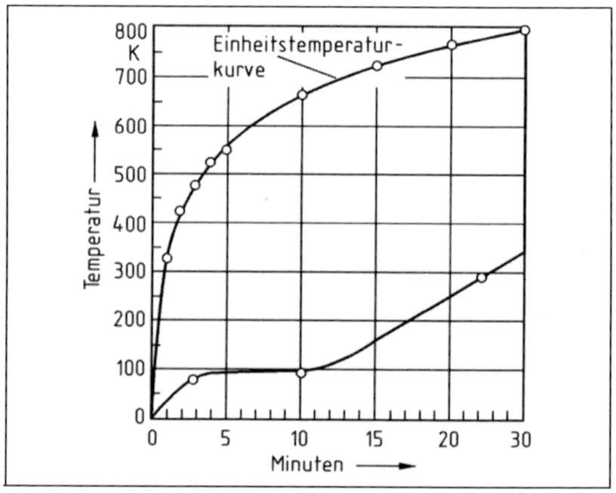

Bild 7.44 Temperaturdurchgang durch eine 12,5 mm dicke Feuerschutzplatte und verzögerte Temperaturerhöhung auf der Plattenrückseite durch Kristallwasser im Gipskern

Tabelle 7.45 Baustoffklasse in Abhängigkeit von der Oberflächenbeschaffenheit und Plattendicke

Gipsplatte	Baustoffklasse
mit geschlossener bzw. gelochter Oberfläche	B1 schwer entflammbar
mit geschlossener Oberfläche bei ≥ 12,5 mm Plattendicke	A2 nicht brennbar
mit geschlossener Oberfläche, 9,5 cm Plattendicke, bei Befestigung mit organischem Bindemittel auf mineralischem Untergrund	A2 nicht brennbar

Die Zuordnung der Gipsplatten in die Baustoffklassen nach DIN 4102 ist abhängig von der Oberflächenbeschaffenheit und der Plattendicke (**7**.45). Fireboard-Platten können, wenn sie unbeschichtet bleiben und ein besonderer Nachweis geführt wird, der Baustoffklasse A1 zugeordnet werden.

Tabelle 7.46 Zuordnung von Gipsplattenwänden in die Feuerwiderstandsklassen nach DIN 4102

Feuer-widerstands-klasse	Platte	Dicke in mm	Dämmschicht Dicke in mm Rohdichte in kg/m³		
Holzständerwände HW					
F 30-B	Typ A Typ F	18 2 × 9,5 12,5	40/40		
F 60-B	Typ F	2 × 12,5	40/40		
F 90-B	Typ F	2 × 12,5	80 × 100		
Metallständerwände CW					
F 30-A	Typ A Typ F	18 2 × 9,5 12,5	40/40		
F 60-A	Typ F	2 × 12,5	40/40		
F 90-A	Typ F	2 × 12,5 15 × 12,5	40/100 40/40	60/50	80/30
F 120-A	Typ F	2 × 15 2 × 18 3 × 12,5	60/100 40/40	80/50	
F 180-A	Typ F	3 × 12,5		60/100	80/50

Um die Brandschutzanforderungen zu erfüllen, verwendet man bei Trennwänden als Dämmstoff grundsätzlich Stein- oder Schlackenwolle. Sie gehören in die Baustoffklasse A nicht brennbar. Die Einbaudicke beträgt mindestens 40 mm bei einer Rohdichte von 40 kg/m³. Tabelle **7**.46 veranschaulicht an Beispielen die Zuordnung zu den Feuerwiderstandsklassen. Die Kurzbezeichnung für die Konstruktion gibt außer der Feuerwiderstandsdauer die Baustoffklasse an.

Beispiel Wandkonstruktion F 30-AB

Konstruktion der Feuerwiderstandsklasse F30, die in wesentlichen Teilen aus nicht brennbaren Baustoffen (A) besteht.

> Entscheidend für das günstige Brandverhalten von Gipsplatten ist der im Gips enthaltene Kristallwasseranteil. Nach dem vollständigen Austreiben des Kristallwassers wirkt die poröse Struktur des Gipses als Wärmedämmschicht.

Schallschutz. Massive, schwere, einschalige Wände bauen Schallenergie durch ihre Masse ab. Bei Wänden aus Gipsplatten fehlt die erforderliche Masse. Sie wirken als biegeweiche Schalen bei einer Plattendicke bis 15 mm. Die Schallenergie bauen sie durch die beiden Schalen aus Gipsplatten und die dazwischen angeordnete Hohlraumdämpfung aus Mineralfaserplatten ab. Die Schallwellen versetzen nämlich Materialien unterschiedlicher Masse, Dichte, Struktur und dynamischer Steife in Schwingung und geben dabei rasch ihre Energie ab. Hinzu kommt die schallschluckende Wirkung gelochter oder geschlitzter Platten mit hinterlegter Mineralfaser. Im Wesentlichen hängt eine gute Schallschutzwirkung der Gipsplatten-Montagewände von der Wahl der Unterkonstruktion, der Hohlraumgröße, Beplankungsdicke und Hohlraumdämpfung ab (**7**.47).

Beispiele

Unterkonstruktion. Die Holzständerwand HW 60/85 mit 40 mm Hohlraumdämpfung erreicht ein R'_W von 38 dB, die Metallständerwand CW 50/75 mit gleicher Hohlraumdämpfung 45 dB.

Hohlraumgröße. Die Metallständerwand CW 50/75 mit 50 mm Beplankungsabstand erreicht ein R'_W von 45 dB. Bei einer Abstandsvergrößerung auf 100 mm (CW 100/25) und sonst gleichen Voraussetzungen erhöht sich R'_W auf 49 dB.

Beplankungsdicke. Wird auf eine CW 50/75 mit R'_W = 45 dB noch eine Lage GK-Platten aufgebracht, also doppelt aufgeplankt, erhöht sich das R'_W dieser CW 50/100 auf 51 dB.

Hohlraumdämpfung. Eine CW 100/125 mit 40 mm Hohlraumdämpfung erreicht ein R'_W von 49 dB. Bei einer Verdoppelung auf 80 mm erhöht sich das R'_W auf 52 dB.

Tabelle 7.47 Bewertete Schalldämmmaße R'_W nach DIN 4109-3 (Auswahl)

Ausführung		Konstruktion Kurzzeichen	Hohlraum-dämpfung, Mineralfaser Dicke in mm	Mindestgewicht der		bewertetes Schall-dämmmaß R'_W in dB
				Rohwand in kg/m²	flankierenden Wände in kg/m²	
Gipsplatten-Vorsatzschalen in Verbindung mit Massivbauteilen						
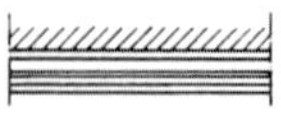	über Dämmstoff angesetzte Vorsatzschale	V ≥ 40/12,5 V ≥ 40/12,5	≥ 40 ≥ 40	200 400 300	200 300 200	48 50 54 56
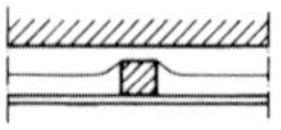	freistehende Vorsatzschale mit Metallständern	V-CW 50/12,5 V-CW 50/12,5	60 60	100 400	200 300 200 300	47 49 54 56
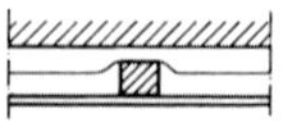	freistehende Vorsatzschale mit Holzständern	V-H 60/12,5 V-H 60/12,5	60 60	100 400	200 300 200 300	47 49 54 56
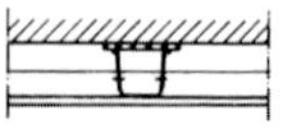	Vorsatzschale mit Metallständern punktweise über Bügel an Rohrwand befestigt	– –	60 60	100 400	200 300 200 300	46 48 53 55
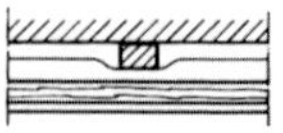	Vorsatzschale auf Holzlattung	V-H 40+30/12,5 V-H 40+30/12,5	60 60	100 500	200 300 200 300	46 48 55 57
Metall-Einfachständerwände						
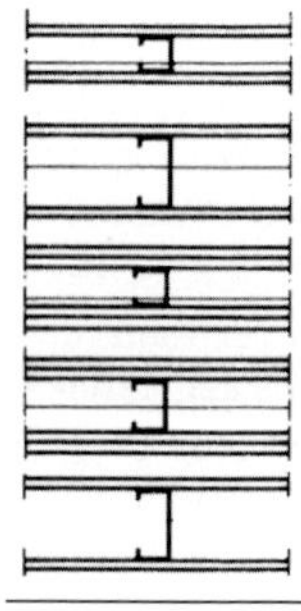		CW 50/75		40	–	45
		CW 100/125		40	–	49
		CW 100/125		80	–	52
		CW 50/100		40	–	51
		CW 75/125		60	–	53
		CW 100/125		80	–	55
Metall-Doppelständerwände						
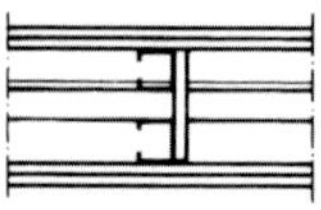	Ständer getrennt und verlascht	CW 50 + 50/≥ 160		40	–	53
		CW 75 + 75/205		80	–	56
		CW 75 + 75/250		80	–	56
Holz-Einfachständerwand						
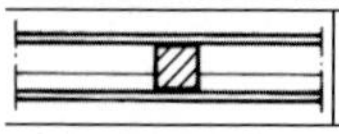		HW 60/85		40	–	38
Holz-Doppelständerwände						
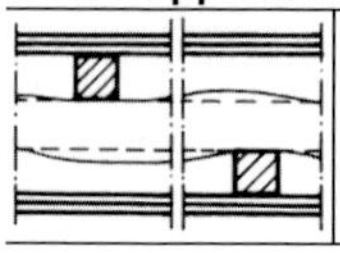		HW 60 + 60/250		80	–	53

Tabelle 7.48 Gipsplatten-Montagewandanschlüsse (Auswahl)

Ausführung	bewertete Schall-Längsdämmmaße R'_W in dB	max. erreichbare bewertete Luftschall-Dämmmaße der Trennwand R'_W in dB
an Fußböden		
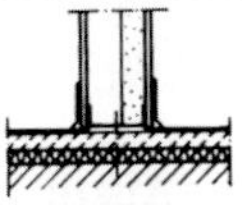	38 bis 44	37 bis 40 z. B. CW 75/100 Hohlraumdämpfung: 40 mm dicke Mineralfaser
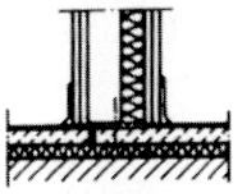	55	~ 52 z. B. CW 100/150 Hohlraumdämpfung: 80 mm dicke Mineralfaser
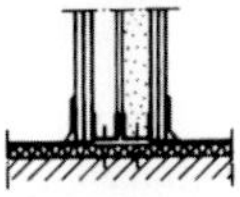	58 (bei 400 kg/m^2)	~ 55 z. B. CW 50 + 50/155 Hohlraumdämpfung: 40 mm dicke Mineralfaser
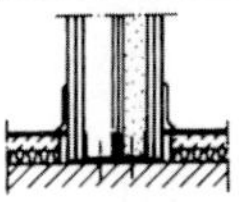	70	57 z. B. CW 100+ 100/255 Hohlraumdämpfung: 40 mm dicke Mineralfaser
an Montagewände		
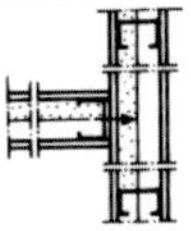	53	~ 49 z. B. CW 75/125 Hohlraumdämpfung: 60 mm dicke Mineralfaser
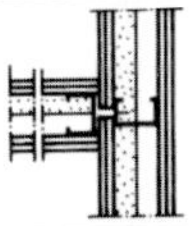	57	≤ 52 z. B. CW 100/150 Hohlraumdämpfung: 80 mm dicke Mineralfaser
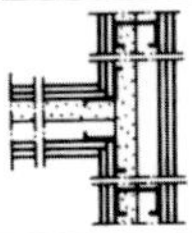	75	≤ 57 z. B. CW100+ 100/255 Hohlraumdämpfung: 40 mm dicke Mineralfaser
in Verbindung mit GK-Unterdecken		
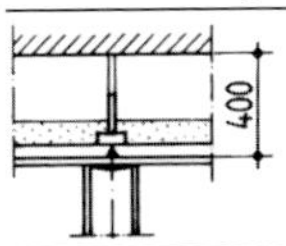	54	~ 47 z. B. CW 75/125 Hohlraumdämpfung: 40 mm dicke Mineralfaser
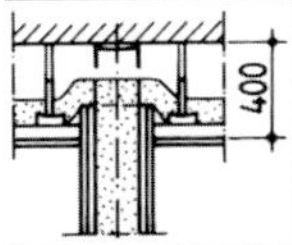	58	~ 52 z. B. CW 100/150 Hohlraumdämpfung: 80 mm dicke Mineralfaser
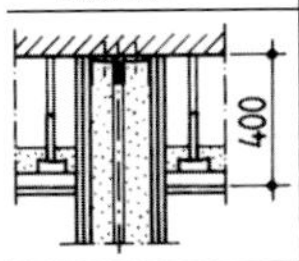	70	~ 57 z. B. CW 100+ 100/255 Hohlraumdämpfung: 40 mm dicke Mineralfaser

Die Schallschutzverbesserung von Gipsplatten-Montagewänden hängt ab

- von der Unterkonstruktion (Ständermaterial und -abstand),
- von der Hohlraumgröße (Abstand der Beplankungsschalen),
- von der Beplankungsdicke (Dicke und Masse der Gipsplatten),
- von der Hohlraumdämpfung (Ausführung und Material).

Beim Verringern des Ständerabstands von 625 mm (1/2 Plattenbreite) auf 417 mm (1/3 Plattenbreite) oder auf 313 mm (1/4 Plattenbreite) ergibt sich eine Schallschutzminderung von 2 bzw. 3 dB. Bei Profilen mit 2,0 mm Blechdicke (statt 0,6 mm) verringert sich das Schalldämmmaß ebenfalls um 3 dB.

Konstruktions- und Arbeitsregeln für den Schallschutz

- Anschlussdichtung sorgfältig und in gleicher Breite wie die Profile einbauen.
- Alle Anschlüsse müssen unbedingt dicht sein.
- Bei Anschlüssen an einen Wandtrockenputz Montagewand bis auf die Rohwand führen (Trockenputz aussparen).
- Sämtliche Aussparungen mit Dämmstoff ausfüllen und verspachteln.
- Die Mineralfaserplatten im Wandhohlraum gegen Abrutschen sichern,
- Zargen dicht an die Gipsplatten anschließen.
- Eine dichtende Bodenschwelle im Türbereich verbessert die Schalldämmung.
- Falzdichtung genau einpassen.
- Gegenüberliegende Installationsöffnungen vermeiden.
- Die Sanitärinstallationen so befestigen, dass kein Körperschall übertragen wird.
- Durchlaufende Installationsrohre schalltechnisch von der Unterkonstruktion und der Beplankung trennen.

Zu vermeiden ist die Schallübertragung über Nebenwege (Fußböden, Decken, flankierende Wände), Undichtigkeiten oder Schallbrücken. Wie aus der Tabelle **7**.48 hervorgeht, erzielen Wandkonstruktionen unmittelbar auf der Rohdecke die besten Werte für die Luftschalldämmung. Hier wirkt sich die hohe Masse der

Decke positiv aus. Wenn die Trennwand auf einen Estrich auf Dämmschicht gestellt wird, sollte man zumindest eine Trennfuge einbauen. Das gleiche gilt für Anschlüsse an Wand und Decke. Bei seitlich anschließenden Gipsplatten-Mon-tagewänden bzw. in Verbindung mit Gipsplatten-Unterdecken sollte man grundsätzlich die Beplankung im Anschlussbereich unterbrechen (**7**.48).

7.1.5 Oberflächenqualitäten

Um die auszuführende Arbeit den Anforderungen entsprechend planen und ausführen zu können, ist es erforderlich die gewünschte Oberflächenbeschaffenheit der Gipsplattenwände zu kennen. Dazu dienen die Qualitätsstufen. Durch diese wird eindeutig festgelegt ob die Platten mit einer abgezogenen, geglätteten oder sonstigen hochwertigen Oberfläche hergestellt werden soll. Tabelle 7.49 zeigt dies übersichtlich.

Ausschlaggebend für die richtige Wahl des Verspachtelungssystems (Spachtelmasse + Fugendeckstreifen) sind die Art der Ausführung (einlagige oder mehrlagige Beplankung), die Baustellenbedingungen (Temperatur, Luftfeuchtigkeit, feuchtebedingte Längenänderun-

Tabelle 7.49 Qualitätsstufen für Gipsplatten

Qualitätsstufe	Anforderung	Herstellung	Eignung der Oberflächen
Q1	Überstehendes Spachtelmaterial ist abzustoßen. Werkzeugbedingte Markierungen, Riefen und Grate sind zulässig.	Es genügt eine Grundspachtelung Umfang: - das Füllen der Stoßfugen - das Überziehen der sichtbaren Teile - der Befestigungsmittel	für Oberflächen, an die keine optischen Anforderungen gestellt werden für keramische Wandbeläge
Q2	Standardverspachtelung Sie genügt den üblichen Anforderungen. Streiflicht ist nicht auszuschließen.	Die Verspachtelung umfasst: - die Grundverspachtelung (Q1) - das Nachspachteln (Feinspachteln, Finish) bis zum Erreichen eines stufenlosen Übergangs zur Plattenoberfläche	- übliche Anforderungen an Wand- und Deckenflächen, - Raufasertapete (Körnung RM, RG), - matte, füllende, mittel- und grob strukturierte Anstriche/Beschichtungen - Oberputze (Korngröße über 1 mm)
Q3	Erhöhte Anforderungen an die Oberfläche. Streiflicht ist nicht auszuschließen.	Die Verspachtelung umfasst: - die Standardverspachtelung (Q2), - breites Ausspachteln der Fugen, - scharfes Abziehen der restlichen Kartonoberfläche zum Porenverschluss mit Spachtelmaterial - Im Bedarfsfall sind die gespachtelten Flächen zu schleifen	- fein strukturierte Wandbekleidungen, - matte, feinstrukturierte Anstriche/Beschichtungen, - Oberputze (Korngröße nicht mehr als 1 mm).
Q4	Höchste Ansprüche an die gespachtelte Oberfläche. Streiflicht wird weitgehend vermieden.	Die Verspachtelung umfasst: - die Standardverspachtelung Q2, - ein breites Ausspachteln der Fugen, - ein vollflächiges Überziehen und Glätten der gesamten Oberfläche mit einem dafür geeigneten Material (Schichtdicke > 1 mm).	- glatte oder strukturierte Wandbekleidungen mit Glanz (Metall- oder Vinyltapeten) - Lasuren oder Anstriche/Beschichtungen bis zu mittlerem Glanz - Stuccolustro oder andere hochwertige Glätttechniken

gen) sowie die Oberflächenqualität. Grundsätzlich ist darauf zu achten, dass zwischen den einzelnen Arbeitsgängen die notwendigen Standzeiten (Trocknungszeiten) einzuhalten sind. Es empfiehlt sich, die Lichtsituation vertraglich zu vereinbaren. Idealerweise sollten bereits bei der Ausführung der Verspachtelung, die für die spätere Nutzung vorgesehene Lichtverhältnisse vorhanden sein.

Für die **Qualitätsstufe 1 (Q1)** werden keinerlei optische Anforderungen gestellt. Eine Grundverspachtelung ist ausreichend. Es genügt dabei die Fugen zu schließen und die Befestigungsmittel mit Spachtelmasse zu überziehen. Riefe und Grate sind kein Reklamationsgrund. Fugendeckstreifen sind einzulegen, wenn dies konstruktiv erforderlich ist. Bei zweilagiger Beplankung müssen die Stoßfugen der unteren Plattenlage vollständig geschlossen werden. Die Befestigungsmittel müssen nicht verspachtelt werden. Sollen Fliesen o. Ä. auf die Platten aufgebracht werden, genügt das Verfüllen der Stoßfugen. Glätten ist zu vermeiden. Die Spachtelmasse wird nicht über den Fugenbereich hinaus gezogen.

Die **Qualitätsstufe 2 (Q2)** stellt die Standardverspachtelung dar. Es gilt einen stufenlosen Übergang von Platte zu Platte zu erreichen. Auch die Bereiche der Befestigungsmittel, der Innen- und Außenecken sind stufenlos herzustellen. Grate und Riefen sind nicht erlaubt. Eventuell kann es erforderlich sein die Oberfläche abzuschleifen. Q2 ist geeignet zum Aufbringen von mittel und grob strukturierten Wandbekleidungen, wie z. B. Raufasertapete. Ebenso können matte, füllende und grob strukturierte Anstriche (Dispersionsanstriche) und Beschichtungen mit einer Lammfell- oder Strukturrolle aufgetragen werden. Auch Oberputze mit einem Größtkorn über 1 mm – soweit diese dafür geeignet sind (Putzhersteller fragen) – sind möglich.

Bei der **Qualitätsstufe 3 (Q3)** werden erhöhte Anforderungen gestellt. Voraussetzung ist immer die Standardverspachtelung (Q2). Allerdings sind die Fugenbereiche breiter auszuspachteln. Die restliche Plattenfläche ist vollflächig scharf abzuziehen. So werden eventuell vorhandene Poren geschlossen. Bei Bedarf ist die Oberfläche flächig abzuschleifen. Die so hergestellte Oberfläche ist geeignet zur Aufnahme von fein strukturierten Wandbekleidungen, matten, feinstrukturierten Anstrichen und Beschichtungen sowie Oberputzen mit einer Körnung bis zu 1 mm.

Die **Qualitätsstufe 4 (Q4)** stellt die höchsten Ansprüche an die Oberfläche, aber auch an den Verarbeiter. Voraussetzung ist die Standardverspachtelung nach Q2, ein breites Ausspachteln der Fugenbereiche sowie ein vollflächiges Überziehen und Glätten der gesamten Oberfläche. Die vollflächige Überspachtelung der Plattenoberfläche ist > 1mm bis zu 3 mm dick auszuführen. Streiflicht ist dennoch nicht ganz auszuschließen. Solche Flächen sind handwerklich nicht herzustellen. Auf Q4-Flächen können glatte oder strukturierte Wandbekleidungen mit Glanz (Metall- oder Vinyltapeten), Lasuren, Anstriche und Beschichtungen bis zu mittlerem Glanz sowie Stuccolustro oder andere Glätttechniken aufgebracht werden. Für glänzende Beschichtungen, Lackierungen oder Lacktapeten sind eventuell weitergehende Maßnahmen zu ergreifen.

7.2 Gips-Wandbauplatten

7.2.1 Eigenschaften, Arten und Aufbau

Eigenschaften und Abmessungen. Massive Gips-Wandbauplatten bestehen aus Stuckgips. Zur Verbesserung der bauphysikalischen Eigenschaften können anorganische Zuschlag- und Füllstoffe bzw. porenbildende Zusätze beigemischt werden. In Abhängigkeit vom Wasser-Gips-Faktor, den beigemischten Zuschlag- und Füllstoffen bzw. Zusätzen ergeben sich die unterschiedlichen Rohdichten. Die Standardabmessungen betragen l = 666 mm, b = 500 mm, d = 60, 80 und 100 mm. Zur besseren Verzahnung beim Vermauern haben Gips-

Wandbauplatten ein umlaufendes Nut- und Federprofil (**7**.50).

Gips-Wandbauplatten sind auf einer ebenen Unterlage mit der Nut nach unten (sonst könnte die Feder zerstört werden) trocken zu lagern. Bei Lagerung im Freien sind sie mit einer Kunststoff-Folie gegen Feuchtigkeit zu schützen.

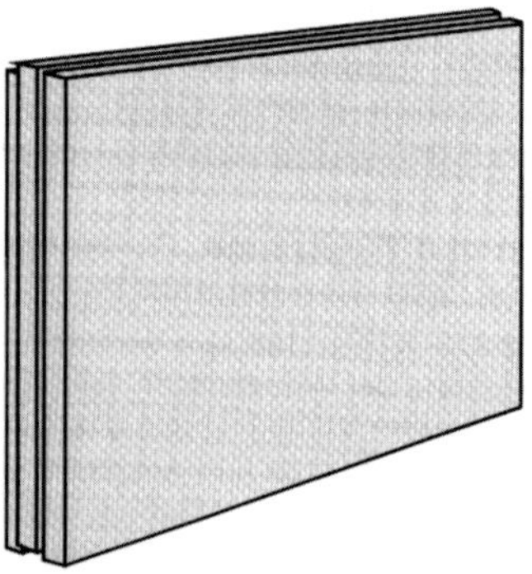

Bild 7.50 Gips-Wandbauplatte

> Gips-Wandbauplatten sind auf einer ebenen Unterlage trocken und mit der Nut nach unten zu lagern.

Gips-Wandbauplatten gibt es in 3 verschiedenen Dichteklassen (Tabelle **7**.51 a, b) mit und ohne Hohlräume und in den Abmessungen entsprechend Tabelle **7**.52. Die Platten können auch hydrophobiert sein. Die Klassen der Wasseraufnahmefähigkeit ergibt sich aus Tabelle 4.53. Gips-Wandbauplatten werden eingeteilt in Platten mit einem üblichen pH-Wert: $6{,}5 \leq pH \leq 10{,}5$ und mit einem niedrigen pH-Wert: $4{,}5 \leq pH < 6{,}5$.

Die normgerechte Bezeichnung einer Gips-Wandbauplatte setzt sich zusammen aus:

- dem Wort „Gips-Wandbauplatte“,
- der Angabe der Norm,
- den Abmessungen in mm,
- der Plattenart (massiv, mit Hohlräumen; Rohdichte-Klasse; Flächengewicht; hydrophobiert (falls zutreffend)
- und dem pH-Wert (unter oder über 6,5).

Tabelle 7.51a Rohdichteklassen der Gips-Wandbauplatten

Platten mit ...	Masse	Oberflächenhärte
hoher Rohdichte	≥ 1100 kg/m³ bis ≤ 1500 kg/m³	mind. 80 Shore C-Einheiten
mittlerer Rohdichte	≥ 800 kg/m³ bis < 1100 kg/m³	mind. 55 Shore C-Einheiten
niedriger Rohdichte	≥ 600 kg/m³ bis < 800 kg/m³	mind. 40 Shore C-Einheiten

Unter der Härte nach Shore wird der Widerstand gegen das Eindringen eines Körpers bestimmter geometrischer Form unter definierter Druckkraft in eine Probe verstanden. Der Eindringweg wird gemessen und an der 100-teiligen Shore-Skala angezeigt.

7.51b Dichteklassen der Gips-Wandbauplatten

Farbe	Dichteklasse
rosa [1)]	hohe Dichte
natur	mittlere Dichte
gelb[1)]	niedrige Dichte

[1)] = gilt nur für die Klasse H 3 der Wasseraufnahmefähigkeit

Beispiel: Gips-Wandbauplatte EN12859 100/666/500, massiv, mittlere Dichte, 60 kg/m2, hydrophobiert; pH > 6,5.

Materialien und Werkzeuge. Zur Herstellung von Wänden aus Gips-Wandbauplatten braucht man

- **Fugengips** zum Verkleben der Platten, zur Herstellung der Wandanschlüsse an vorhandene Bauteile und zum Überspachteln der Wandfläche.
- **Stuckgips** zum Ausgleich von Unebenheiten des Rohbodens. Das Gemisch Stuck- und Fugengipsdient zum Herstellen von Boden- und Deckenanschlüssen, zum Ausbessern größerer Beschädigungen sowie zum Schließen von Elektro- und Installationsschlitzen.
- **Haftputzgips** s. Stuckgips
- **Sperrstreifen** aus Dachpappe oder Kunststoff-Folie zur Vermeidung von Bauschäden durch aufsteigende Feuchtigkeit.

- **Randstreifen** aus Polyethylen, Bitumen(kork) filz, Mineralfaser, Presskork oder Hartschaum zum Unterbrechen der Schallübertragung und zum Herstellen elastischer Anschlüsse; Ausführung selbstklebend oder nichtklebend.
- **Schlitzbandeisen** (verzinkt) zur Bewehrung von Wänden ≥ 5,00 m und Stürzen ≥ 0,60 m.
- **Anschlussprofile** (U- bzw. L-Profile aus verzinktem Stahlblech, Kunststoff und Aluminium) für den Wand- und Deckenanschluss, für gleitende Anschlüsse (Dehnfugen) und Wandabschlüsse.
- **Eckschutzprofile**, verzinkt bzw. aus Aluminium oder Kunststoff, für den Kantenschutz.
- **Mineralfaserdämmstoffe** zur Schalldämmverbesserung bei zweischaligen Wänden und Wänden mit Vorsatzschalen.
- **Zargen als Stahlumfassungszargen**, sturzhoch, raumhoch mit Oberlicht oder raumhoch mit Vorrichtung für Blendenbefestigung.
- **Werkzeuge**. Grobzahniger Fuchsschwanz, evtl. elektrischer Fuchsschwanz, Bandsäge, Plattenschneidegerät, Gipserbeil, Gipshobel, Mischgefäß, Mischquirl, Kelle, Spachtel, Ziehwerkzeuge, Wasserwaage und Richtlatte.

Tabelle 7.52 Maße von Gips-Wandbauplatten

Dimension	Maße in mm	Vorzugsmaße in mm
Dicke	≥ 50 bis ≤ 150	50/60/70/80/100/
Länge	≤ 1000	666
Höhe	abhängig von der Länge, wobei die Sichtfläche ≥ 0,20 m^2 beträgt	500

Tabelle 7.53 Klassen der Wasseraufnahmefähigkeit für Gips-Wandbauplatten

Farbe	Wasseraufnahmefähigkeit	Etikett
natur	keine Anforderung	H 3 (maßgebend sind die Dichteklassen)
blau	≤ 5	H 2
grün	≤ 2,5 %	H1

Wandabmessungen. Die zulässigen Wandabmessungen (Länge und Höhe) ohne besonderen Nachweis sind begrenzt und auf die in Tabelle 7.55 ausgewiesenen Angaben. Bei größeren Wandlängen sind aussteifende Maßnahmen erforderlich.

> Die zulässigen Wandabmessungen sind abhängig von den Öffnungen, der Randlagerung, Plattendicke, Wandhöhe und dem Einbaubereich.

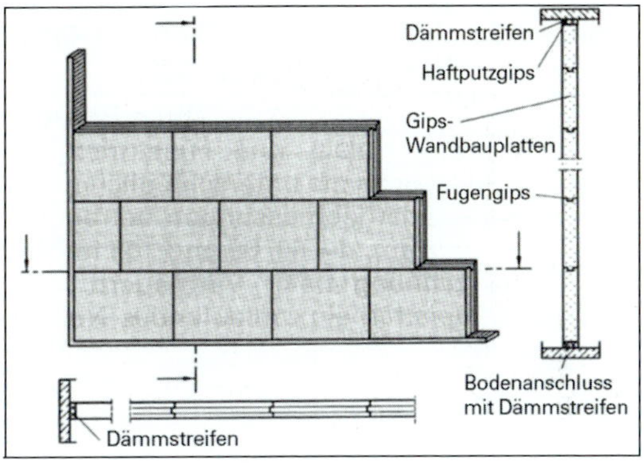

Bild 7.54a Wandaufbau

Bild 7.54b Wandstück mit Gips-Wandbauplatten

Wandaufbau. Trennwände aus Gips-Wandbauplatten können je nach Fußbodenkonstruktion und Schallschutzanforderungen unmittelbar auf die Rohdecke oder auf den Estrich gesetzt werden. Beim Aufbau verbindet man die waagerechten Lager- und senkrechten Stoßfugen der Platten mittels Fugengips. Die Stabilität der Wand wird durch das Verlegen der Gipsbauplatten im Verband (z. B. mittiger Verband) und das Anbinden an die flankierenden Bauteile gesichert. Weitere Maßnahmen sind bei Einhaltung der vorgeschriebenen Abmessungen nicht erforderlich (**7**.55). Es empfiehlt sich, Wandöffnungen rechtzeitig einzuplanen und beim Errichten der

Tabelle 7.55 Zulässige Wandhöhen und -längen (Auswahl) von Gips-Wandbauplatten nach DIN EN 12 859

Ohne Brandschutzanforderung

Einbaubereich [1]	Zulässige Wandhöhen bei einer Plattendicke in mm			Zweiseitige Randlagerung
	60	80	100	
Einbaubereich 1	3500	4500	7000	Zulässige Wandhöhen für Wände die mindestens oben und unten angeschlossen sind, eine beliebige Wandlänge besitzen und große Öffnungen aufweisen dürfen. 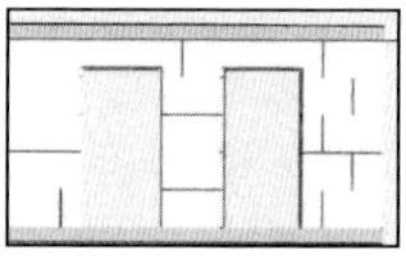
Einbaubereich 2	nur mit Nachweis	3500	5000	

Einbaubereich [1]	Höhe in mm	Zulässige Wandhöhen bei einer Plattendicke in mm			Vierseitige Randlagerung
		60	80	100	
Einbaubereich 1	3000	Wandlängen beliebig	Wandlängen beliebig	Wandlängen beliebig	Zulässige Wandlängen in Abhängigkeit von der Wandhöhe die keine großen Öffnungen aufweisen und vierseitig geschlossen sind. 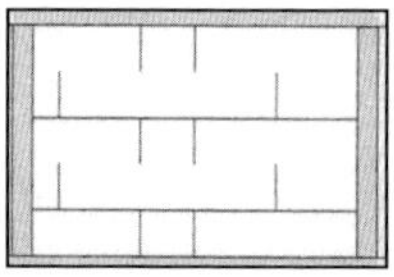
	3500	Wandlängen beliebig	Wandlängen beliebig	Wandlängen beliebig	
	4000	8000	Wandlängen beliebig	Wandlängen beliebig	
	4500	nur mit Nachweis	Wandlängen beliebig	Wandlängen beliebig	
	5000	nur mit Nachweis	12500	Wandlängen beliebig	
	5500	nur mit Nachweis	13750	Wandlängen beliebig	
	6000	nur mit Nachweis		Wandlängen beliebig	
	6500	nur mit Nachweis	nur mit Nachweis	Wandlängen beliebig	
	7000	nur mit Nachweis	nur mit Nachweis	Wandlängen beliebig	
Einbaubereich 2	3000	4500	Wandlängen beliebig	Wandlängen beliebig	
	3500	nur mit Nachweis	Wandlängen beliebig	Wandlängen beliebig	
	4000	nur mit Nachweis	10000	Wandlängen beliebig	
	4500	nur mit Nachweis	nur mit Nachweis	Wandlängen beliebig	
	5000	nur mit Nachweis	nur mit Nachweis	Wandlängen beliebig	
	5500	nur mit Nachweis	nur mit Nachweis	16500	

[1] DIN 4103-1 unterscheidet:
Einbaubereich 1 mit geringer Menschenansammlung (z. B. Wohnungen, Hotel-, Büro- und Krankenräume)
Einbaubereich 2 mit großer Menschenansammlung (z. B. Versammlungs-, Schul-, Ausstellungs- und Verkaufsräume, Hörsäle) sowie Trennwände zwischen Räumen mit Fußboden-Höhenunterschied ≥ 1,00 m.

Wand auszusparen. Doch auch das nachträgliche Aussägen von Öffnungen ist möglich. Der aus den Fugen herausquellende Fugengips dient zum Verspachteln.

Ein Verputzen der Gipsbauplattenwand ist normalerweise nicht erforderlich, da die Platten ausreichend glatt sind. Für besondere Ansprüche kann jedoch eine ganzflächige Verspachtelung vorgenommen werden. Sind keramische Endbeläge vorgesehen, dürfen die Platten dagegen nicht verspachtelt werden!

7.2.2 Anschlüsse an flankierende Bauteile

Um eine ausreichende Stabilität und Standsicherheit der Trennwand zu erreichen, muss die Wand an flankierende, feste Bauteile (Mauerwerk, Beton, Holzbalken, Stahlträger) stumpf angeschlossen werden. Die Anbindung erfolgt im Zug des fortschreitenden Wandaufbaus. Der Anschluss ist gleitend oder elastisch. Nur wenn gewährleistet ist, dass keine Kräfte auftreten, die das Bauteil verformen könnten, darf der Anschluss starr ausgeführt werden.

Elastische Anschlüsse. Weil in der Regel Zwängungskräfte nicht auszuschließen sind, erfolgt der Anschluss an flankierende Bauteile elastisch. Bei fachgerechter Ausführung mit den in DIN 4103-2 genannten Materialien (**7**.56) ist sichergestellt, dass die Trennwand ungewollten Belastungen und Verformungen widersteht. Die Randanschlüsse dürfen nicht mit Fugengips überspachtelt werden. Elastische Anschlüsse verhindern die Ausbreitung von Körperschall.

Bodenanschluss. Bei glattem und ebenem Boden verbindet man die Randstreifen unmittelbar mit dem Boden. Dazu verwendet man selbstklebende Randstreifen oder nichtklebende Randstreifen mit dünn aufgebrachtem Fugengips. Ist wegen Bodenunebenheiten eine Ausgleichsschicht erforderlich, gießt man den Gipsbrei auf die zuvor markierte Fläche, legt den Randstreifen auf die noch plastische Gipsmasse und richtet ihn mit Richtscheit und Wasserwaage aus. Die Randstreifen dürfen nicht überlappt verlegt werden, sondern werden dicht gestoßen.

Tabelle 7.56 Baustoffe für elastische Anschlüsse

Baustoff		Anschlussbereich		
		am Boden	an den Seiten	an der Decke
Bitumenfilz	$\rho \geq$	300 kg/m^3	300 kg/m^3	300 kg/m^3
Presskork	$\rho \geq$	250 kg/m^3	250 kg/m^3	250 kg/m^3
Bitumenkorkfilz	$\rho \geq$	200 kg/m^3	200 kg/m^3	200 kg/m^3
Mineralfaser-dämmstoff	$\rho \geq$	65 kg/m^3	40 kg/m^3	40 kg/m^3
Hartschaum	$\rho \geq$	30 kg/m^3	20 kg/m^3	20 kg/m^3
Dicke	$d \geq$	10 mm	6 mm	10 mm

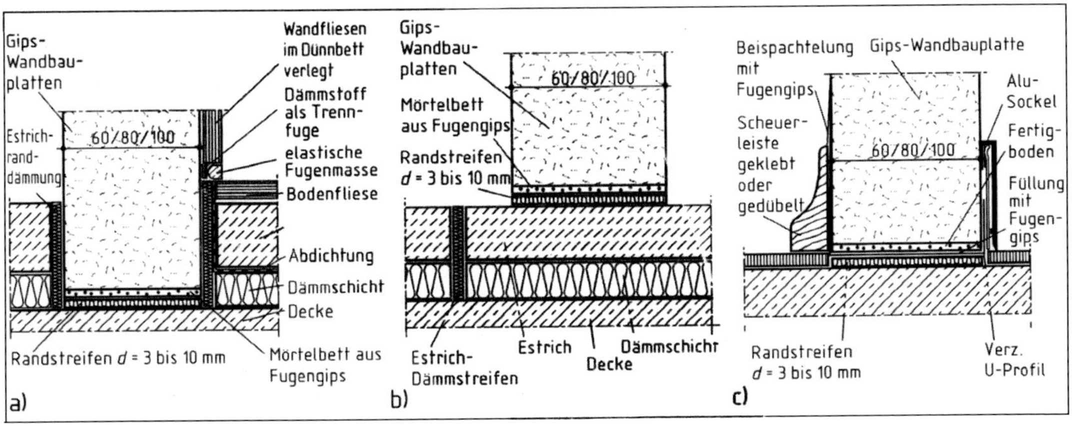

Bild 7.57 Elastischer Bodenanschluss
a) auf einer Rohdecke, links Aufenthalts-, rechts Feuchträume,
b) auf Estrich mit Dämmschicht,
c) mit U-Profil

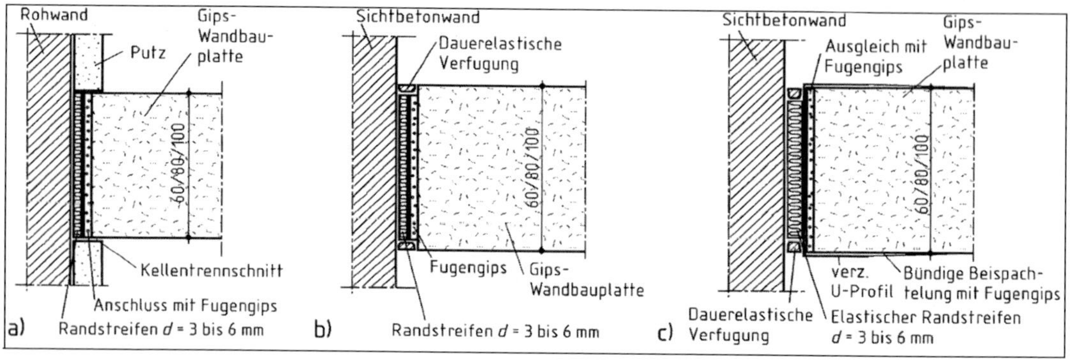

Bild 7.58 Elastischer Wandanschluss a) an eine verputzte Wand, b) an eine unverputzte Wand, c) mit U-Profil

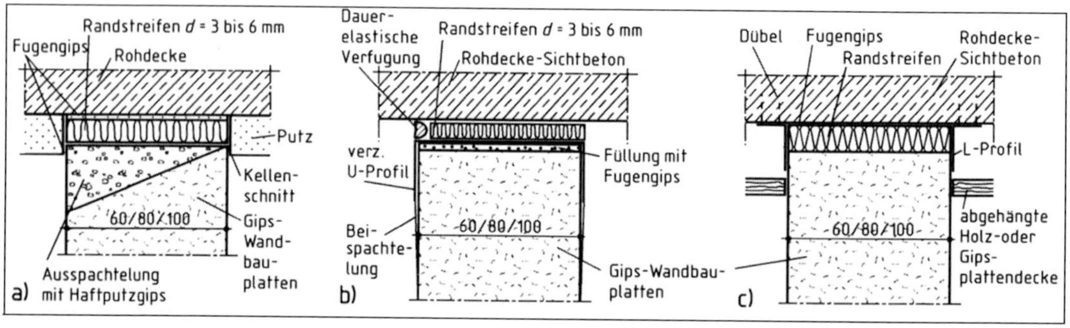

Bild 7.59 Elastischer Deckenanschluss a) an eine unverputzte Decke, b) an eine Sichtbetondecke mit U-Profil, c) an eine abgehängte GK-Plattendecke

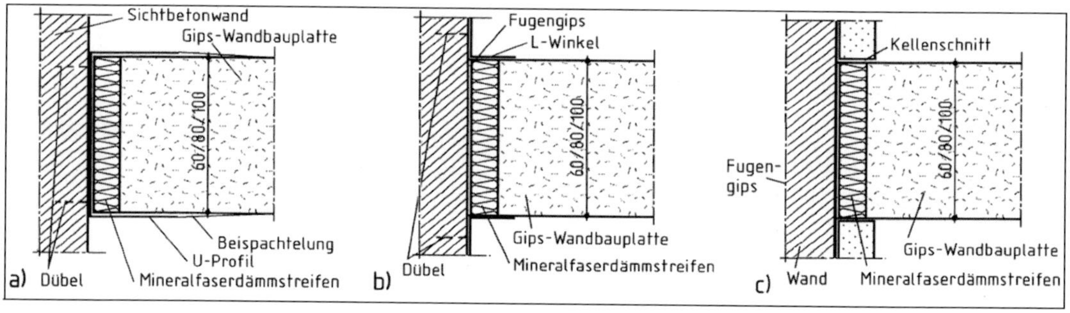

Bild 7.60 Gleitender Wandanschluss a) mit U-Profil an eine Sichtbetonwand, b) mit L-Profil an eine Wand, c) mit Putznute

U-Profile legt man auf die Randstreifen und befestigt sie im Abstand von etwa 1,00 m am Boden (**7**.57).

Wandanschluss. Selbstklebende bzw. mit dünn aufgetragenem Fugengips versehene nichtklebende Randstreifen bringt man auf die zuvor markierte Wandfläche auf und bindet dann die Gips-Wandbauplatte mit Fugengips an (**7**.58).

Deckenanschluss. Ebenso werden die Randstreifen an der Decke angebracht. Zweckmäßigerweise sollte man den Deckenrandstreifen jedoch erst vor dem Einbau der letzten Plattenreihe befestigen (**7**.59). Die oberste Plattenreihe kann man aus wirtschaftlichen Gründen auch senkrecht verlegen. Um eine sorgfältige Anbindung an den Randstreifen zu

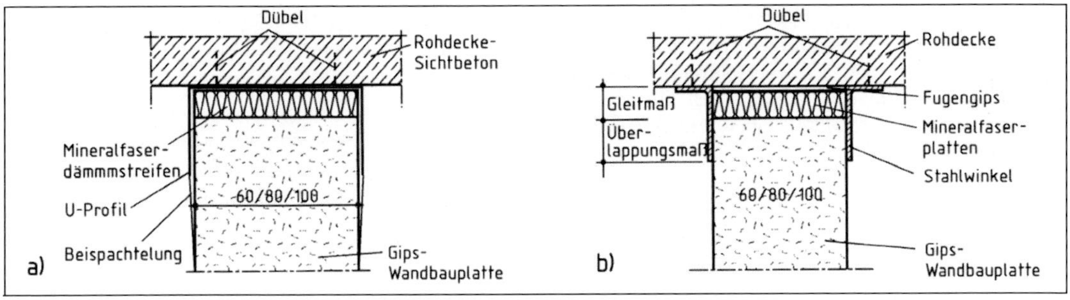

Bild 7.61 Gleitender Deckenanschluss a) mit U-Profil, b) mit L-Profil

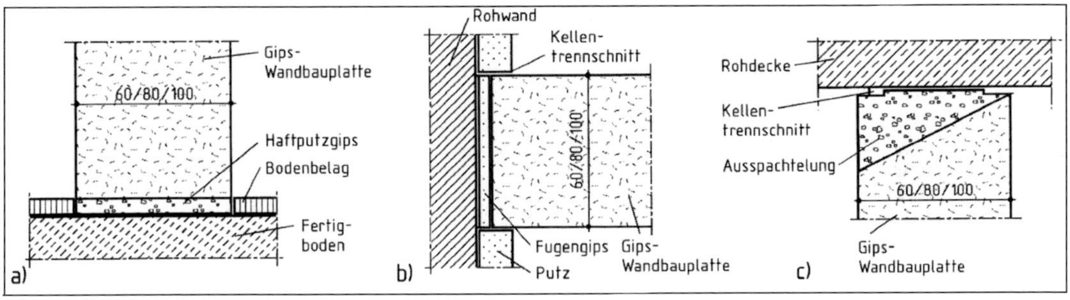

Bild 7.62 a) starrer Bodenanschluss, b) starrer Wandanschluss, c) starrer Deckenanschluss

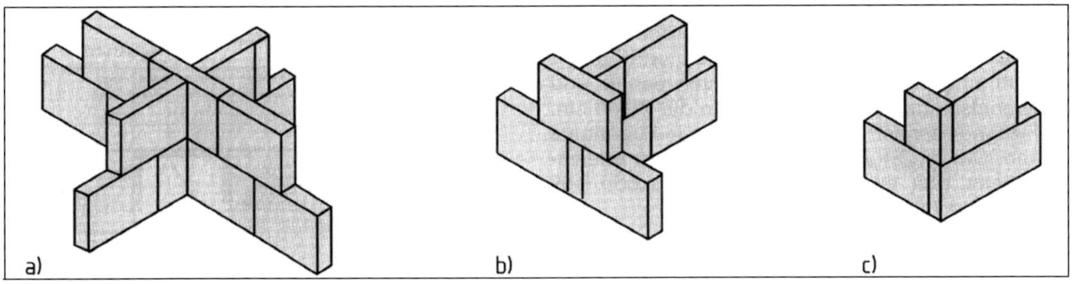

Bild 7.63 Verbindung von Gips-Bauplattenwänden als a) Wandkreuzung, b) Eckverbindung, c) T-Verbindung

erreichen, werden die Gipsbauplatten schräg abgeschnitten. Dadurch ergibt sich eine hohlraumfreie Verfüllung der Anschlussfuge mit Haftputzgips oder einem Gemisch aus Stuck- und Fugengips.

Gleitende Anschlüsse baut man ein, wenn Verformungen flankierender Bauteile zu erwarten sind (z. B. Deckendurchbiegungen). Sie gewährleisten, dass von den angrenzenden Bauteilen (Decke, Wand) keine Kräfte auf die Wand aus Gipsbauplatten übertragen werden. Durchbiegungen können schadlos im Bereich der Dämmstreifen erfolgen. Die konstruktive Ausbildung lässt sich mit U- oder L-Profilen ausführen. Das können Profile aus verzinktem Stahlblech oder Kunststoff sein.

Wandanschluss. Die U- bzw. L-Profile werden im Abstand von etwa 1,00 m an der Wand befestigt (Dübel, Schrauben). Die Profilabmessungen sind so zu wählen, dass die zu erwartende Verformung ganz aufgenommen werden kann. Die Gips-Wandbauplatten müssen ausreichend tief in die Profile eingreifen. Die Profiltiefe ergibt sich aus dem Überlappungsmaß und dem Gleitmaß. Statt der Profile kann man bei geringerer Verformung auch bauseits hergestellte Nuten wählen. In den Hohlraum zwischen Gips-Wandbauplatte und Wand - den Gleitraum - werden Mineralfaserplatten oder entsprechendes Material eingebaut (**7**.60).

Deckenanschluss. Hier werden die Profile ebenso befestigt und ausgebildet wie beim Wandanschluss. Bei Brandschutzanforderungen ist in Abhängigkeit von der Wandhöhe hinsichtlich Überlappungsmaß, Mineralfaserplatten und Profilbemessung DIN 4103-2 zu beachten (**7**.61).

Starre Anschlüsse sind nur zulässig, wenn keine bzw. unbedeutende Bewegungen des Bauwerks auftreten und keine Anforderungen an den Schallschutz bestehen.

Ein starrer Bodenanschluss erfolgt durch unmittelbares Versetzen der untersten Plattenreihe in das auf den Rohboden oder Estrich aufgebrachte Gipsmörtelbett (Bild **7**.62a). Bei größeren Bodenunebenheiten sollte vorher eine Ausgleichsschicht hergestellt werden.

Beim starren Wandanschluss verbindet Fugengips die Gips-Wandbauplatte mit der flankierenden Wand. Die Trennschicht des elastischen und gleitenden Wandanschlusses entfällt also. Zur Trennung von Bauplattenwand und Putz dient ein *Kellentrennschnitt* (Bild **7**.62b). Die Fuge kann mit dauerelastischem, streich- und tapezierfähigem Material ausgespritzt werden.

Deckenanschluss. Für eine vollflächige, hohlraumfreie Verbindung der obersten Plattenreihe mit der Decke schneidet man die Gipsbauplatten schräg an. Zum Verfüllen des Hohlraums verwendet man Haftputzgips oder ein Stuckgips-Fugengips-Gemisch. Ein Kellentrennschnitt sollte auch hier durchgeführt werden (Bild 7.62c).

Der elastische Anschluss ist die Regel. Er vermeidet ungewollte Wandbelastungen bei Verformungen flankierender Bauteile und unterbindet die Ausbreitung von Körperschall.

Der gleitende (Decken- und Wand-) Anschluss wird gewählt, wenn mit größeren bzw. wiederkehrenden Verformungen zu rechnen ist.

Der starre Anschluss wird ausgeführt, wenn keine oder nur unbedeutende Verformungen auftreten und keine Schallschutzanforderungen bestehen.

7.2.3 Wandverbindungen und -öffnungen

Die Verbindungen von Gips-Bauplattenwänden (Wandkreuzung, Eckverbindung, T-Verbindung) können stumpf gestoßen oder verzahnt hergestellt werden. Wenn sie aussteifende Aufgaben übernehmen (z. B. als Zwischenauflager bei Wandlängen größer als nach Tabelle **7**.50), ist eine Verzahnung (Verband) erforderlich, um die aufzunehmenden Kräfte biege- und verwindungssteif abzuleiten. An Verbindungen als Zwischenauflager werden folgende Anforderungen gestellt:

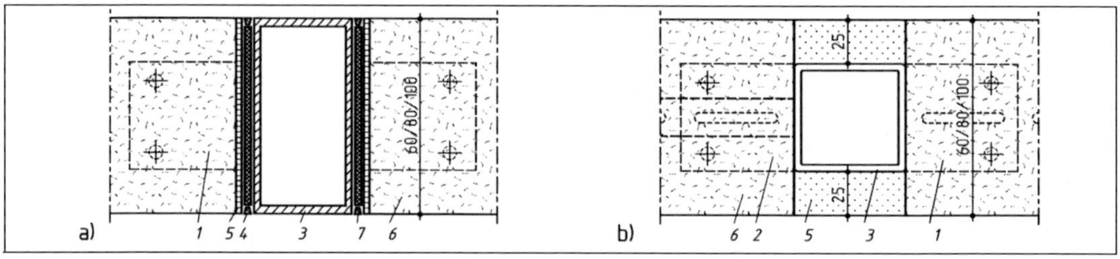

Bild 7.64 a) Vertikale, sichtbare, b) unsichtbare Wandaussteifung für Wandlängen abweichend von DIN 4103

1 verzinkter Stahlwinkel zur Profilbefestigung an Boden und Decke, über Langloch, Höhenausgleich bis 40 mm
2 verzinktes Schlitzbandeisen *3* rostgeschütztes Kastenprofil, an Boden und Decke befestigt
4 3 bis 5 mm dicker Dämmstreifen (Bitumenfilz oder Presskork)
5 Fugengips bzw. Fugengipsfüllung 6 Gips-Wandbauplatte 7 dauerelastische Verfugung

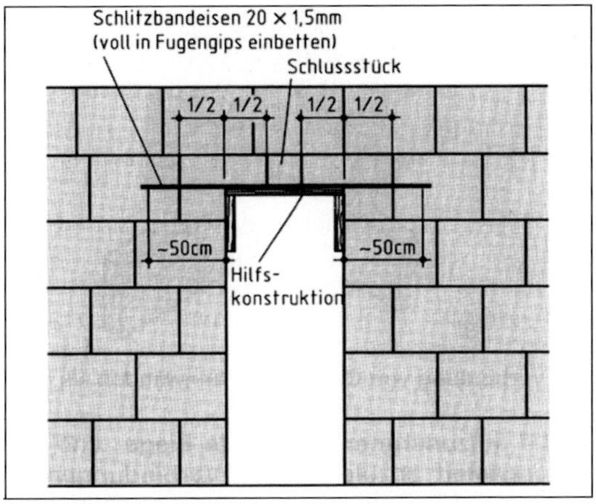

Bild 7.65 Wandöffnung mit armierter Sturzausbildung

Bei Wandkreuzungen müssen die Plattenreihen abwechselnd im Verband (z. B. mittiger Verband), gekreuzt oder zweiseitig stumpf gestoßen werden (Bild **7.**63a).

Bei T-förmiger Wandverbindung die Plattenreihen im Verband verzahnen und die überstehende Feder sauber absägen (Bild **7.**63b).

Bei Eckverbindungen mit den Plattenreihen abwechselnd an der Ecke beginnen, den Verband einhalten und vorstehende Feder sauber absägen (Bild **7.**63c).

Eine weitere Möglichkeit der Konstruktion von Zwischenauflagern bei großen Wandflächen bietet der Einbau von Metallprofilen (Bild 7.64).

Wandverbindungen sollten grundsätzlich im Verband (d. h. verzahnt) hergestellt werden.

Wandöffnungen < 1/4 der Geschosshöhe oder deren Wandlänge bzw. deren Fläche > 1/10 der Wandfläche (= kleine Öffnungen) kann man ohne Reduzierung der Maße nach Tabelle **7.**55 erstellen. *Kleine Öffnungen* können ausgesägt, ausgefräst oder gebohrt werden. Das Stemmen ist nicht zulässig, weil es das Gefüge der Wand erschüttert und zerstört. *Große Öffnungen* sind beim Erstellen der Wand zu berücksichtigen, können aber auch später ausgesägt werden. Die zulässige Wandhöhe bei beliebiger Wandlänge ergibt sich aus Tabelle **7.**55. Je nach Lage der Öffnung ist eine Armierung des Sturzbereichs mit Schlitzbandstahl oder T-Profilen notwendig.

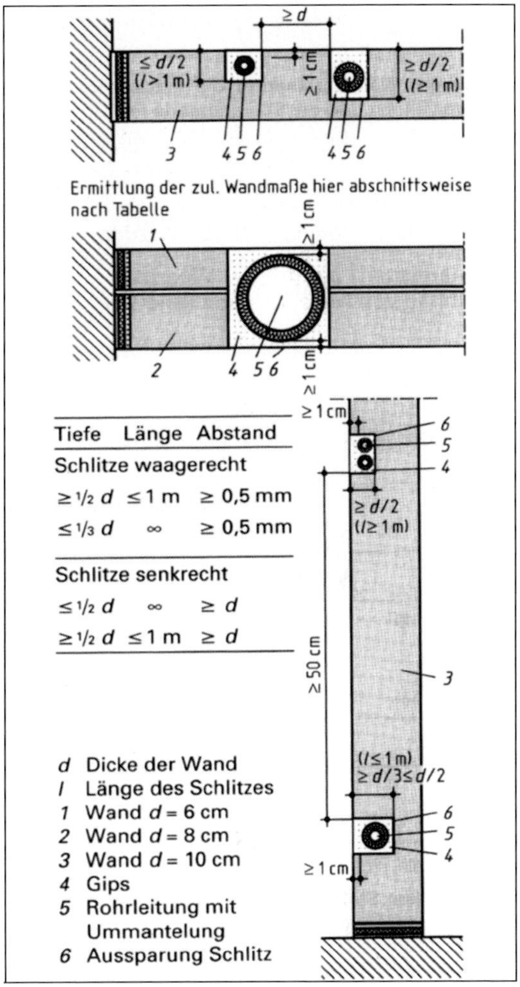

Bild 7.66 Beispiele für den Einbau von Installationen

Öffnungen können ausgesägt, ausgefräst oder gebohrt, dürfen aber nicht gestemmt werden.

Beim Überdecken der Öffnungen setzt man den gewählten Plattenverband fort. Der Verband wird so ausgeführt, dass die beiden Randplatten ungefähr mit der Hälfte ihrer Länge über der Öffnung liegen. Das Schlussstück wird passend zugeschnitten. Die Armierung legt man unmittelbar über die Öffnung in einen gefrästen Schlitz und bindet sie beidseitig etwa 50 cm in die Wand ein. Das Schlitzbandeisen ist vollständig in Fugengips einzubetten. Um die Sturzausführung zu erleichtern, empfiehlt sich eine Hilfskonstruktion aus Lattenteilen (Bild **7**.65).

Schlitze dürfen die Standsicherheit der Wand nicht beeinträchtigen und müssen deshalb erschütterungsfrei hergestellt werden. D.h. dass Schlitze für Installationsleitungen (Elektrokabel, wasserführende Leitungen usw.) nur gefräst oder eingeschnitten werden dürfen. Nach dem Verlegen der Installationen schließt man die Schlitze mit Fugen- oder Haftputzgips. Die Überdeckung der Einbauteile beträgt mindestens 1 cm. Außerdem sind diese Regeln zu beachten:

Regeln für die Schlitzausführung

- Waagerechte Schlitze, die in der Tiefe die halbe Wandbreite erreichen, dürfen maximal 1 m lang sein. Längere dürfen maximal 1/3 der Wandtiefe erreichen.
- Verlaufen waagerechte Schlitze parallel, sollte ihr Abstand mindestens 50 cm betragen.
- Senkrecht verlaufende Rohrleitungen sollten einzeln verlegt werden.
- Senkrechte Schlitze dürfen beliebig lang sein, wenn ihre Tiefe die halbe Wandbreite nicht überschreitet. Sonst sollten sie maximal 1 m lang sein.
- Verlaufen senkrechte Schlitze parallel, sollte ihr Abstand mindestens der Wanddicke entsprechen.
- Rundlöcher für Schalterdosen sollten mit einem Dosenfräser hergestellt werden.
- Schlitze können gefräst oder eingeschnitten, dürfen aber nicht gestemmt werden.

Die zulässige Bemessung der Wand nach Höhe und Länge hängt von der Wanddicke ab. Sie ergibt sich aus der Plattendicke bzw. der Schlitzbehandlung. Werden die Schlitze mit Fugen- oder Haftputzgips geschlossen, ist die Plattendicke die Bezugsgröße. Bei nicht geschlossenen Schlitzen ist die verbleibende Restdicke der Wand maßgebend für die zulässigen Wandabmessungen (Bild **7**.66). Bei zweischaligen Wänden verlegt man die Installationen im Wandzwischenraum.

Konsollasten ≤ 0,4 kN/m (z. B. Bilder, kleine Regale oder Hängeschränke) lassen sich ohne Weiteres an jeder beliebigen Stelle an der Wand anbringen. Konsollasten > 0,4 kN/m bis 1,0 kN/m dürfen ohne Nachweis befestigt werden, wenn der Hebelarm maximal 50 cm von der Wand entfernt ist, die Wanddicke mindestens 8 cm beträgt und die Wandhöhe maximal 2/3 der Werte nach Tabelle **7**.55 aufweist. Konsollasten > 1,0 kN/m bzw. einem Hebelarm > 50 cm sind nur zulässig, wenn die Bedingungen nach DIN 4103-1 nachgewiesen werden (Bild **7**.67).

Tabelle 7.67 Befestigen von Gegenständen an Gipszwischenwänden

Gegenstand und Gewicht	Befestigungsmittel	Gewicht je Befestigung
z. B. Bilder, Kleiderhaken, kleine Spiegel **bis 15 kg**	Bilderhaken, 1 Nagel Bilderhaken, 2 Nägel Bilderhaken, 3 Nägel	5 kg 10 kg 15 kg
z. B. Handtuchhalter, Griffe, Halterungen für Zahnbecher, Duschvorhänge, Ablagen, Regale, kleine Hängeschränke, Wärmestrahler, Durchlauferhitzer, Beleuchtungskörper [1]) **10 bis 40 kg**	Dübel S 4 Dübel S 5 Dübel S 6 Dübel S 8 Dübel S 10	10 kg 15 kg 20 kg 30 kg 35 kg
z. B. Bücherregale, Wandschränke, Heißwasserspeicher, große Spiegel, Haltegriffe [1]) **40 bis 100 kg**	Dübel S 12 Dübel S 14	50 kg 60 kg
z. B. große Hängeschränke und Regale, Waschbecken, Heizkörper, größere Heißwasserspeicher und Boiler, Wandklappbette **bis 150 kg**	Pilzdübel Pi 10 Pildübel Pi 14 mit Stockschraube Injektionsanker M 10 Metallkippbalken KM 10	75 kg 120 kg 120 kg 120 kg
z. B. Hänge-WC, Bidet **bis 400 kg** **nur an 8 und 10 cm dicken Wänden**	Injektionsanker M 10	120 kg

[1]) Schwerpunkt ≤ 30 cm senkrecht vor Wand, Last ≤ 40 kg je Wandlänge

7.2.4 Montage

Arbeitsablauf

- Aufzeichnen des Wandverlaufs an Boden, Wand und Decke (Schnurschlag).
- Aufstellfläche auf Ebenheit prüfen, ggf. Bodenausgleich herstellen.
- Bei Gefahr von aufsteigender Feuchtigkeit Sperrstreifen verlegen (etwa 20 cm breit).
- Randstreifen auf Boden und Wand verlegen.
- Fugengips anmachen (*Verarbeitungshinweise beachten!*) und aufbringen.
- Erste Plattenreihe mit der Nut nach unten versetzen, dabei auch auf die Stoßfugen Fugengips auftragen und Wandbauplatten dicht stoßen.
- Plattenreihe lot- und fluchtrecht ausrichten.
- Die folgenden Platten im Verband versetzen, dabei Fugengips auf die Feder und die Stoßfläche auftragen. Aus den Fugen herausquellenden Fugengips abstreichen bzw. im Fugenbereich verstreichen. (*Nicht verstreichen, wenn die Wand gefliest wird!*).
- End- oder Passstück mit dem Fuchsschwanz zuschneiden.
- Vor dem Versetzen der letzten Plattenreihe Deckenrandstreifen anbringen. Die letzte Plattenreihe verlegen (*aus wirtschaftlichen Gründen auch hochkant*), evtl. schräg zuschneiden.
- Schlitze ausfräsen bzw. einschneiden.
- Installationen verlegen und Schlitze schließen.
- Abschließende Oberflächenbehandlung: Fugen verspachteln (nur im Bereich der Fugen und Schlitze) und Flächen verspachteln (ganze Wandfläche mit Fugengips oder Fugengips-Stuckgips-Gemisch).

Zargen baut man beim Anlegen der Wand ein. Beim nachträglichen Einbau ist das Öffnungsmaß ausreichend groß zu bemessen, um ein späteres Nacharbeiten zu vermeiden. Einbau und Befestigung von *Eckschutzprofilen* erfolgt bei Metallprofilen mit Fugengips, bei Kunststoffprofilen mit Kunststoffkleber nach Grundierung der Ansetzfläche.

Auf Wände aus Gips-Wandbauplatten lassen sich alle üblichen Oberflächenbehandlungen ausführen. Da sie bis auf den Fugengips trocken erstellt werden, kann man die Endbeschichtung (Beschichtungen, Tapeten, Fliesen) kurz nach der Wandfertigstellung aufbringen.

Vorzüge der Gips-Wandbauplatten

- glatte Oberfläche, maßhaltig, scharfkantig,
- einfach zu versetzen (Nut und Feder),
- massive Bauweise, einfach zu bearbeiten,
- günstige mechanische und bauphysikalische Eigenschaften,
- Einbau ohne Feuchtigkeit, geeignet für alle Beschichtungen,
- verkürzte Bauzeiten, Wiederverwertung von Altstoffen (REA-Gips).

7.2.5 Zweischalige Gips-Wandbauplattenwände

Sie erfüllen erhöhte Anforderungen an den Schall- und Brandschutz und dienen als Installationswände. Der Wandzwischenraum nimmt die Faserdämmstoffe bzw. Installationen auf. Auch hier wird jede Wand getrennt hochgezogen. Nach Erstellen der ersten Wandschale werden die Installationen montiert. Die Faserdämmstoffe bringt man zweckmäßig beim fortschreitenden Aufbau der zweiten Wandschale ein. Notfalls sind die Dämmstoffplatten mit Fugengips gegen Abrutschen zu befestigen. Der Abstand der Wandschalen ist an keine Vorgabe gebunden. Zu beachten ist jedoch,

Tabelle 7.68 Feuerwiderstandsklassen der Gips-Bauplattenwände nach DIN 4102-4

Wanddicke in mm	Feuerwiderstandsklasse	bauaufsichtliche Benennung
60	F30-A	feuerhemmend
80	F90-A F120-A	feuerbeständig
100	F180-A	hochfeuerbeständig

dass die Rohrleitungen die Wand nicht berühren dürfen (Schallübertragung). Die Wandhalterungen für Rohre sind schalldämmend zu befestigen.

Brandschutz. Wände aus Gips-Wandbauplatten werden in Abhängigkeit von der Plattendicke (Wanddicke) nach DIN 4102-4 in Feuerwiderstandsklassen geordnet (**7**.68).

Die Tabelle berücksichtigt die Wandschwächung durch eingebaute Installationen. Sie gilt nur unter diesen Bedingungen:

- Es dürfen nur Gips-Wandbauplatten nach DIN EN 12 859 verwendet werden.
- Beim Versetzen der Platten ist auf vollfugigen Verbund mit Fugengips zu achten.
- Bei elastischen Anschlüssen dürfen nur Mineralfaser-Streifen (< 10 mm) verwendet werden.
- Bei gleitenden Anschlüssen ist entsprechend Bild **7**.69 zu verfahren.
- Die Mineralfaserplatten müssen die Rohdichte von > 30 kg/m^3 haben, zur Baustoffklasse A1 gehören und einen Schmelzpunkt > 1000 °C aufweisen. Sie sind gestaucht einzubauen (Stauchung > 10 mm).

Für einen optimalen Brandschutz ist außer den Baustoffen die konstruktive Ausführung wesentlich.

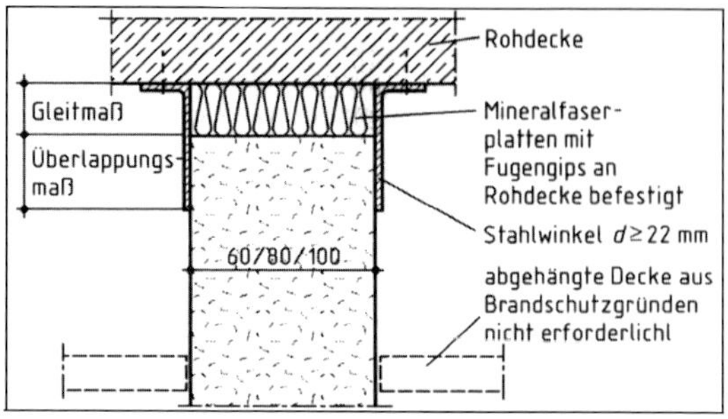

Bild 7.69 Gleitender Deckenanschluss bei Brandschutz

Die Luftschalldämmung einschaliger Wände hängt von der Plattenrohdichte und der inneren Materialdämpfung ab. Je größer die Rohdichte, desto besser die Luftschalldämmung. Um den Körperschall über flankierende Bauteile zu vermindern, trennt man sie durch gleitende bzw. elastische Anschlüsse. Eine verbesserte Schalldämmung bringt die zweischalige Bauweise. Eine Kombination der zweischaligen Bauweise mit zusätzlicher Faserdämmschicht verbessert das Schalldämmmaß R'_W noch mehr. Eine andere Möglichkeit bietet die Kombination der Gips-Bauplattenwand mit Gipskartonplatten (Bild **7**.73).

Tabelle 7.70 Zulässige Wandhöhen für Wände aus Gips-Wandbauplatten nach DIN EN 12 859

Mit Brandschutzanforderung						
Konstruktionsart gemäß	Wandhöhe in m	Mindestwanddicke für die Feuerwiderstandsklassen in mm				
		F 30	**F 60**	**F 90**	**F 120**	**F 180**
DIN 4102-4	≤ 5,00$^{1)}$	60	80	80	80	100
mit Prüfzeugnis	= 5,53	100	100	100	100	100
	≤ 7,00$^{1)}$	100	100	100	100	–
	≤ 9,00$^{3)}$	100	100	100	–	–

1) Wandhöhen gemäß DIN 4103-2 dürfen nicht überschritten werden (s. Tabelle 7.55)
2) Maximal zulässige Wandhöhe nach DIN 4103-2
3) Für Sonderfälle, die über Angaben von DIN 4103-2 hinausgehen.

Tabelle **7**.70 benennt beispielsweise die Mindest-Wanddicken für Gips-Wandbauplatten in Abhängigkeit von der Wandhöhe die Brandschutzanforderungen zu erfüllen haben. Dabei gilt, dass bei Wandhöhen über 5,0 m die Deckenanschlüsse gemäß einem Prüfzeugnis zu erstellen sind.

Mit Gips-Wandbauplatten kann man auch Stahl- und Holzstützen wirkungsvoll gegen Brandgefahr schützen. Solche Bekleidungen können sehr wirtschaftlich erstellt werden. Es ist darauf zu achten, dass die Platten im Verband verklebt werden. Holzstützen können bis zu einem Feuerwiderstand von F 60-B, Stahl-

Tabelle 7.71 Stützenverkleidungen mit Gips-Wandbauplatten mit Brandschutzanforderungen

Stützenaufbau	Bekleidungsdicke in mm	Feuerwiderstandsklasse der bekleideten Stütze
Stahlstützen nach DIN 18800 mit $U/A < 300\ \mathrm{M}^{-1}$ bei bis zu vierseitiger Brandbeanspruchung		
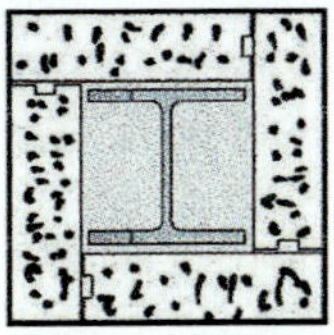	60	F 60-A
	80	F 90-A
	100	F 120-A
Stahlstützen wie vor, jedoch als Hohlprofil ausbetoniert oder als offenes Profil ausbetoniert, vermörtelt oder ausgemauert.		
	60	F 90-A
	80	F 120-A
	100	F 180-A
Holzstütze nach DIN 1052-1, mindestens Sortierklasse S 10 bzw. MS 10 nach DIN 4074-1		
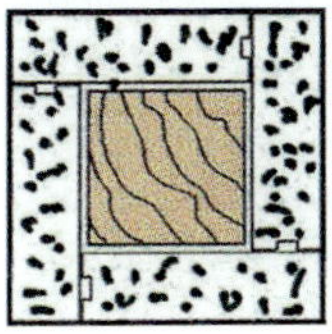	60	F 60-B
	80	F 60-B
	100	F 60-B

stützen bis F 180-A ausgeführt werden (Tabelle 7.71).

Oberflächenqualitäten. Durch die Qualitätsstufen ist es möglich, eindeutige Merkmale zu benennen, um die gewünschte Oberflächenbeschaffenheit zu beschreiben. Durch diese wird eindeutig festgelegt ob die Platten mit einer abgezogenen, geglätteten oder sonstigen hochwertigen Oberfläche hergestellt werden soll (Tabelle 7.72).

Als Spachtelmassen finden Spachtelgips nach DIN EN 13963 oder andere dafür geeignete Spachtelmassen (z. B. Dispersionsspachtel) Verwendung. Ausschlaggebend für die richtige Wahl des Verspachtelungssystems (Spachtelmasse + Fugendeckstreifen) sind Art der Ausführung, die Baustellenbedingungen (Temperatur, Luftfeuchtigkeit, feuchtebedingte Längenänderungen) sowie die Oberflächenqualität.

Grundsätzlich ist darauf zu achten, dass zwischen den einzelnen Arbeitsgängen die notwendigen Standzeiten (Trocknungszeiten) einzuhalten sind. Es empfiehlt sich, die Lichtsituation vertraglich zu vereinbaren. Idealerweise sollten bereits bei der Ausführung der Verspachtelung, die für die spätere Nutzung vorgesehene Lichtverhältnisse vorhanden sein.

Für die **Qualitätsstufe 1 (Q1)** werden keinerlei optische Anforderungen gestellt. Es genügt das satte Verkleben der Stoß- und Lagerfugen sowie das Ausgleichen von Fehlstellen. Die Oberfläche darf in der Q1 nicht überglättet werden. Das Setzen von Eckprofilen ist nicht erforderlich. Überstehender Fugenkleber wird mit der Spachtel abgestoßen. Die so geschaffene Oberfläche ist geeignet für keramische Wandbekleidungen, Natursteinplatten u. Ä.

Tabelle 7.72 Qualitätsstufen für Gips-Wandbauplatten

Qualitäts-stufe	Anforderung	Herstellung	Eignung der Oberflächen
Q1	Es genügt das satte Verkleben der Stoß- und Lagerfugen; Kratzer, Riefen und Grate sind zulässig; Keine Profile an den Ecken erforderlich	Sattes Verfüllen der Plattenfugen; Schließen von Fehlstellen; Abstoßen von überstehendem Gipskleber:	Keramische Wandbeläge sowie Natur- und Kunststeine
Q2	Standardverspachtelung; Übliche Anforderungen an Wandflächen; Stufenlose Übergänge; Im Streiflicht sind sichtbare Schattierungen möglich	Voraussetzung Q1; Nachspachteln bis zum Erreichen eines stufenlosen Übergangs zur Plattenoberfläche	Mittel- und grobstrukturierte Wandbekleidungen (Raufaser, mittel 32, grob 52); Matte, füllende Anstriche oder Beschichtungen (Dispersionsfarben); Deckputze und Oberputze > 1,0 mm Dicke
Q3	Erhöhte Anforderungen an die Oberfläche; Im Streiflicht sind sichtbare Schattierungen nicht auszuschließen aber im Gegensatz zu Q2 geringer	Standardverspachtelung nach Q2; Vollflächiges Überziehen und Glätten der gesamten Oberfläche mit Spachtelmasse; Eventuell Schleifen und erneutes Spachteln	Fein strukturierte Wandbekleidungen (Raufaser, fein 20); Matte, nicht strukturierte Anstriche oder Beschichtungen; Oberputze bis max. 1,0 mm Dicke
Q4	Höchste Anforderungen an die Oberfläche; Abstucken der Oberfläche; Streiflicht wird minimiert	Standardverspachtelung nach Q2; Vollflächiges Überziehen und Glätten der gesamten Oberfläche mit Spachtelmasse; Nochmaliges Spachteln und Glätten der gesamten Oberfläche	Glatte oder strukturierte Wandbekleidungen mit Glanz (Metalltapeten, Glasgittergewebe, Seidentapeten); Lasuren, Anstriche oder Beschichtungen bis zu mittlerem Glanz: Stuccolustro oder andere hochwertige Glätttechniken

Die **Qualitätsstufe 2 (Q2)** stellt die Standardverspachtelung dar. Es gilt einen stufenlosen Übergang von Platte zu Platte zu erreichen. Sichtbare Schattierungen bei Streiflicht sind nicht auszuschließen. Voraussetzung für die Herstellung ist die Q1. Nach entsprechender Standzeit erlogt das Nachspachteln bis zum Erreichen eines stufenlosen Übergangs zur Plattenoberfläche. Auf solche Flächen kann man Raufaser (mittel 32, 40 und grob 52, 70, 79, 80), matte, füllende Dispersionsanstriche oder Beschichtungen die mit grober Lammfell- oder Strukturrolle verarbeitet werden, auftragen. Aber auch Deck- oder Oberputze mit einer Korngröße von größer 1,0 mm, soweit die Putzhersteller diese für Gips-Wandbauplatten freigegeben haben.

Bei der **Qualitätsstufe 3 (Q3)** werden erhöhte Anforderungen gestellt. Voraussetzung ist immer die Standardverspachtelung (Q2). Es ist aber erforderlich die gesamte Wandoberfläche mit Spachtelmasse zu überziehen und zu glätten. Bei Bedarf ist die Wandoberfläche abzuschleifen und erneut zu spachteln. Bei Streiflicht sind Schattierungen nicht ganz auszuschließen.. Im Vergleich zu Q2 sind sie aber merklich geringer. Diese Oberflächenbeschaffenheit ist geeignet für fein strukturierte Wandbekleidungen, wie z.B. feine Raufaser (20), matte, nicht strukturierte Anstriche oder Beschichtungen und Oberputze mit einer maximalen Korngrößen von 1,0 mm, soweit diese vom Putzhersteller für Gips-Wandbauplatten zugelassen sind.

Die **Qualitätsstufe 4 (Q4)** stellt die höchsten Ansprüche an die Oberfläche, aber auch an den Verarbeiter. Voraussetzung ist die Standardverspachtelung nach Q2. Zur Erreichung dieser Qualität muss die Wandfläche vollflächig überspachtelt (Spachtelmaterial nach Q3) und geglättet werden. Danach erfolgt ein nochmaliges Spachteln und Glätten (Abstucken). Auf diese Art und Weise werden bei Streiflicht Schattierungen minimiert. Auf Q4-Flächen können glatte oder strukturierte Wandbekleidungen mit Glanz (Metall- oder Vinyltapeten, Glasgittergewebe, Glasvlies, Seidentapeten), Lasuren, Anstriche oder Beschichtungen bis zu mittlerem Glanz sowie hochwertige Glätttechniken (Stuccolustro) aufgetragen werden.

Für glänzende Beschichtungen, Lackierungen oder Lacktapeten sind eventuell weitergehende Maßnahmen zu ergreifen.

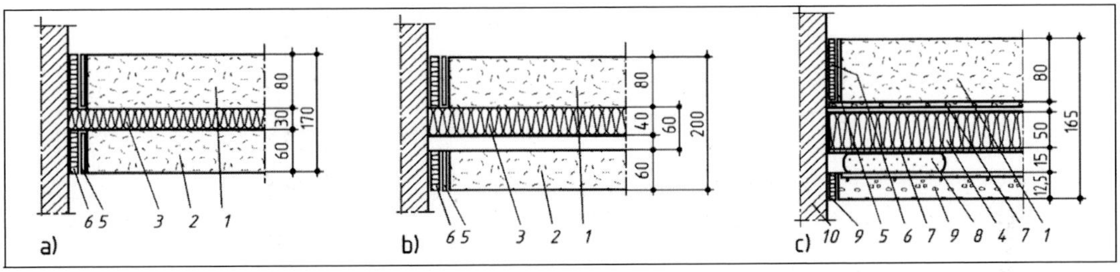

Bild 7.73 Verbesserte Schalldämmung

a) zweischalig, massiv mit Faserdämmplatten (Wanddicke = 170 mm, 150 kg/m^2, R'_W = 51 dB)

b) zweischalig, massiv mit Faserdämmplatten und Luftschicht (Wanddicke = 200 mm, Wandgewicht = 150 kg/m^2, R'_W = 52 dB)

c) Kombination einer biegesteifen Gips-Bauplattenwand mit einer biegeweichen Vorsatzschale (Wanddicke = 165 mm, Wandgewicht 100 kg/m^2, Luftschallschutzmaß = ± 0 dB)

1 Gips-Wandbauplatten, Rohdichte 1,2 kg/dm^3, d = 80 mm, *2* Rohdichte 0,9 kg/dm^3, *d* = 60 mm, *3* halbsteife Mineralfaserplatten a) *d*= 30 mm, b) *d*= 40 mm, *4* Mineralfaserplatten 4,9 kg/m^2, *d* = 50 mm, *5* Fugengips, *6* Wandanschluss a) aus Presskorkstreifen, d=10 mm b) aus Bitumenfilzstreifen, *d* = 3 mm, c) aus Bitumenfilzstreifen, 7 Gipsüberzug, *8* GK-B-Ansetzbinder, *9* GK-B 12,5 mm dick, *10* GK-B Fugenspachtel

Regeln für den optimalen Schallschutz

- Keine starren Anschlüsse, alle Fugen vollfugig ausführen.
- Anschlussdichte (Randstreifen) in der Breite der Wanddicke anpassen (Ausnahme: dauerelastischer Anschluss und evtl. Schattennut).
- Randstreifen lückenlos (aber nicht überlappt) verlegen, fugenlos an die Bauteile und die Wand anschließen, nicht mit Gips überziehen.
- Angrenzende Putzschichten durch Kellentrennschnitt von der Wand trennen.
- Gegenüberliegende Installationsöffnungen vermeiden, Installationen in Installationswänden schalltechnisch von der Wand trennen.
- Mineralfaserplatten im Wandhohlraum gegen Abrutschen sichern.
- Zargen dicht anschließen.

7.3 Gipsfaserplatten

Dem Äußeren nach unterscheiden sich Gipsfaserplatten von Gipsplatten dadurch, dass diese keine Kartonummantelung haben. Sie werden aus einem Gemisch von calciniertem Gips, Papierfasern (Zellulosefasern), Recycelmaterial (aus Produktionsrückständen) und Wasser hergestellt. Die Bestandteile kommen in einen Mischer (Bild **7**.74), werden anschließend geformt, getrocknet und geschnitten. Ihre Stabilität erhalten sie durch die in den Gips eingemischten Fasern Sie enthalten also keine weiteren Bindemittel wie Leime o. Ä. Sie gelten baubiologisch als problemlos. Gipsfaserplatten gehören der Baustoffklasse A2 – nicht brennbar (EN 13501-1 und DIN 4102-1) – an. Die Platten können in Feuchträumen aber auch als Feuerschutzplatte eingesetzt werden. Einsatzgebiete sind auch Trockenestriche bzw. Trockenunterböden.

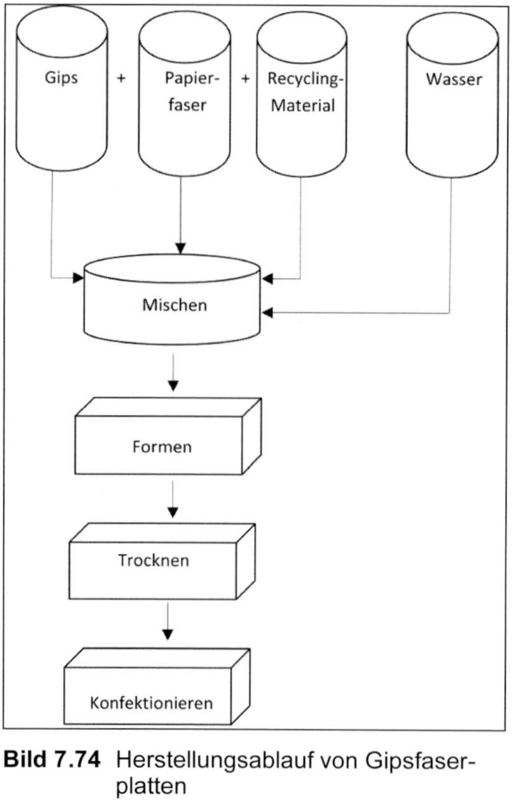

Bild 7.74 Herstellungsablauf von Gipsfaserplatten

Gipsfaserplatten sind bestens für Brandschutzbekleidungen geeignet. Tabelle **7**.75 benennt einige technische Eigenschaften von Gipsfaserplatten. Je nach Beplankungsdicke (siehe Herstellerangaben) können Feuerwiderstandsklassen von F30 bis F180 erreicht werden.

Die Platten gibt es in den Dicken 10, 12,5 und 15 mm, in den Breiten 1000 bis 1250 mm und in den Längen 1500 bis 3000 mm.

Die Lagerung, der Transport und die Bearbeitung entspricht denen der Gipsplatten. Die Befestigung erfolgt bei Ständerkonstruktionen mit speziellen Schrauben. Im Gegensatz zu den Gipsplatten werden bei einlagiger Beplankung die Platten in Richtung der geschlossenen Profile und mit gegenüberliegenden Fugen verlegt.

Gipsfaserplatten unterscheiden sich von Gipsplatten auch hinsichtlich der Längskantenausbildung. Die Kanten gibt es in der Ausbildung Vollkante (scharfkantig geschnitten) und profiliert. Üblich ist die Verarbeitung von scharfkantig geschnittenen Platten. Die Platten werden entweder mit einer offenen Fuge von 5 bis 7 mm oder auf Stoß (Klebefuge) verlegt. Bei der Verlegung auf Stoß wird die Fuge vollständig mit Fugenfüller verfüllt. Fugendeckstreifen sind bei Bedarf einzubauen. Bei der Verarbeitung auf Stoß wird auf die bereits montierte Platte Fugenkleber aufgetragen und die nächste Platte fest dagegen gestoßen. Es ergibt sich eine Fugenbreite von maximal 1 mm. Herausquellender Fugenkleber wird innerhalb einer Stunde mit einer Spachtel flächenbündig abgestoßen.

Gipsfaserplatten können auch unmittelbar – wie Gipsplatten auch - auf das Mauerwerk geklebt werden.

Das Verspachteln der Fugen darf erst erfolgen wenn:

- keine größeren Längenänderungen der Platten mehr auftreten,
- die Luftfeuchtigkeit zwischen 40 und 75 % liegt,
- die Raumtemperatur mindestens 10 ° C beträgt.

Die Qualitätsstufen entsprechen denen der Gipsplatten.

Tabelle 7.75 Technische Werte von Gipsfaserplatten

Eigenschaft	Zeichen	Wert
Wärmeleitfähigkeit	λ	0,29 bis 0,44 W/mK
Wasserdampf-Diffusionswiderstandszahl	μ	13 bis 20 (bis 50)
Feuchtegehalt bei 20 °C/65 % rel. Luftfeuchte		1 bis 1,3 %
Biegezug senkrecht zur Plattenebene[1)]	σ	$\geq$ 4,5 N/mm^2
Zug parallel zur Plattenebene[1)]	σ	$\geq$ 2,2 N/mm^2
Druck parallel zur Plattenebene[1)]	σ	$\geq$ 7,5 N/mm^2
Abscheren senkrecht zur Plattenebene[1)]	τ	$\geq$ 3,5 N/mm^2
Abscheren parallel zur Plattenebene[1)]	τ	$\geq$ 1,4 N/mm^2

[1)] Gilt für Plattendicken von 10 bis 18 mm

7.4 Putzwand

Putzwände bestehen aus Putzwandelement und Putz. Die Elemente sind raumhohe, 25 mm dicke Gipskartonplatten (GK-Putzträgerplatten GKP). Sie bilden die Putzwand-Kernschalung. Der Putz (Maschinenputzgips) wird beidseitig in einer Stärke von 17,5 mm aufgetragen. Somit beträgt die Gesamtdicke der Putzwand 25 mm + 2 × 17,5 mm = 60 mm. Die maximale Wandhöhe ist in beiden Einbaubereichen 3,00 m. Die 60 mm dicke Putzwand hat die Feuerwiderstandsklasse F 90-A. Zur Verbesserung des Brand- und Schallschutzes kann die Wand auch 80 mm dick konstruiert werden. Dann wird der beidseitige Putzauftrag 27,5 mm dick ausgeführt (25 mm + 2 × 27,5 mm = 80 mm). Diese Wand entspricht der Feuerwiderstandsklasse F 180-A.

Der Wandaufbau erfolgt mit einer Montagehilfe aus Dachlatten (Holzleisten). Zunächst wird der Wandverlauf an Boden, Decke und Wand markiert, dann die Montagehilfe entlang der Markierung befestigt. Auf die vorgesehene Aufstellfläche der Putzwand verlegt man einen 5 mm dicken Bitumenfilzstreifen, auf den man die Putzträgerplatten stellt. (*Achtung: Der Bitumenfilzstreifen ist entlang der Montagehilfe mindestens um das Maß der Putzdicke hochzuführen! Nach entfernen der Montagehilfe wird dieser hochgezogene Filzstreifen umgeklappt und dient als Trennstreifen zwischen Putz und Decke*). Die Putzwandelemente werden senkrecht stehend eingebaut. Ihre Höhe beträgt Raumhöhe – ~ 25 mm. Plattenzuschnitt mit üblichen Werkzeugen bzw. Geräten.

Das erste Plattenelement wird an einer Wandseite beginnend mit etwa 20 mm Wandabstand aufgestellt und mit einem Heftnagel justiert. Das zweite und die folgenden Elemente bringt man mit jeweils 30 mm Fugenabstand zur vorhergehenden Platte an. Zur Stabilisierung der Elemente verklebt man die Fugen in den Drittelspunkten der Wandhöhe mit Stuckgipsbatzen (Bild **7.**77). Um einer Rissbildung in Verlängerung des Türstiels vorzubeugen, werden die Platten gegenüber dem Türstiel um etwa 15 cm versetzt angeordnet. Wenn die Platten angebracht sind, folgen die Elektro- bzw. Sanitärinstallation.

An allen offenen Schnittkanten, bei Installationsaussparungen, Eckausbildungen, Eck- und T-Anschlüssen an Innen- und Außenecken sowie im Sturzbereich ist beidseitig mit mindestens 20 cm Überlappung *Glasfasergewebe* anzubringen (Bild **7.**78).

Die Befestigung des Glasfasergewebes erfolgt durch Einbetten in Fugenfüller oder Maschinenputzgips. Es folgt der beidseitige Maschinenputzauftrag. Zu beachten ist, dass beide Wandseiten an einem Tag zu verputzen sind. Bei Putzdicken > 25 mm ist ein zweilagiger Auftrag nass in nass vorzunehmen. Bild **7.**76 zeigt Details zur konstruktiven Ausbildung einer Putzwand. Soll die Putzwand als Brand-

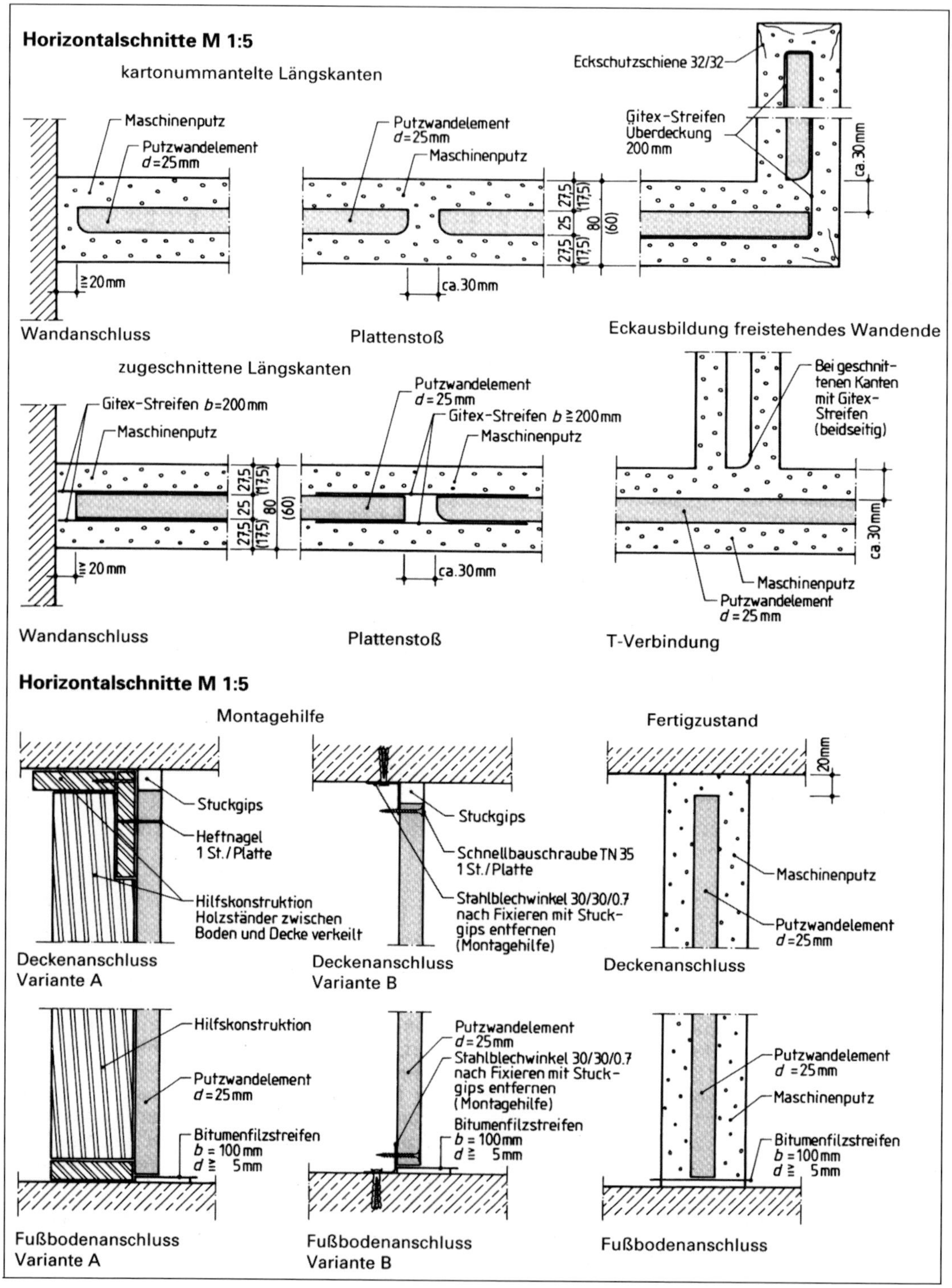

Bild 7.76 Putzwand

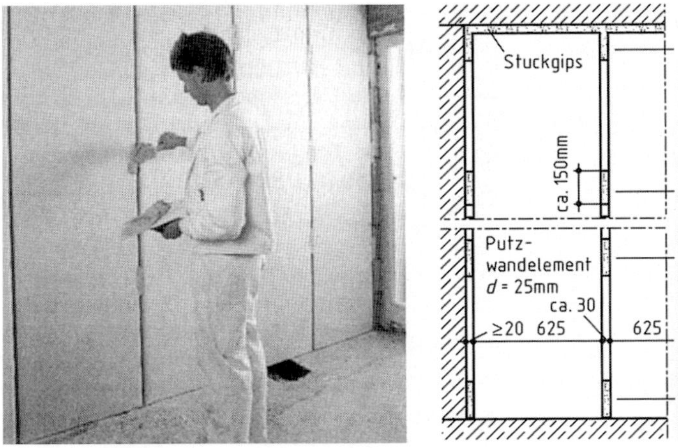

Bild 7.77 Stabilisierung der Elemente mit Stuckgipsbatzen in den Drittelspunkten der Wand

Bild 7.78 Anordnung der Stuckgipsbatzen und des Glasfasergewebes

schutzwand ausgeführt werden, beträgt der Plattenabstand 40 mm, die maximale Wandbreite 6,00 m. Bei Brandschutzwänden sind waagerechte Elementstöße und das Einbauen von Elektrodosen o. a. nicht zulässig.

Putzwände zeichnen sich aus durch:

- geringen Grundflächenbedarf,
- geringes Gewicht,
- vielseitige Anwendungen (auch runde Wände sind möglich),
- problemlose Elektroinstallation (Stegleitung),
- Wirtschaftlichkeit.

7.5 Massivbau-Plattenwand

Als Alternative zu den diversen Möglichkeiten von Ständerwänden in Metall- und Holzausführung, bietet die Industrie die Massivplattenwand an. Diese besteht aus einer Metallunterkonstruktion und einer beidseitigen Beplankung aus 62,5 cm breiten und 25 mm dicken Gips-Massivbauplatten. Die Verbindung erfolgt durch Verschraubung.

Montageablauf. Der Wandverlauf ist an den umgebenden Bauteilen (Decke, Wand, Boden) zu markieren. Dichtungsband oder Trennwandkitt aufbringen, Profile darauf verlegen (UD 28/27) und befestigen. Die erste Wandseite wird mit den senkrecht angebrachten Massivbauplatten beplankt. In halber Wandhöhe wird zur noch fehlenden Beplankungsseite hin ein gleiches Profil horizontal angeschraubt. Notwendige Installationen sind jetzt zu verlegen. Im Fugenbereich werden Batzen aus Ansetzgips (Abstand < 50 cm) angebracht und die Massivbauplatte angedrückt. Auch diese Plattenlage wird mit den Rand- und Aussteifungsprofilen verschraubt. Es folgt die übliche Fugenverspachtelung. Bild **7**.79 zeigt einen Vertikal- und mehrere Horizontalschnitte.

Die maximale Wandhöhe beträgt bei dieser Bauart 3,00 m. Die Wanddicke ergibt sich aus dem gewählten Profil und der Beplankungsdicke. Neben der beschriebenen Ausführung kann zur Verbesserung des Wärme-, Schall- und Brandschutzes, bei Verwendung breiterer Profile, Mineralfaserdämmstoff eingebaut werden.

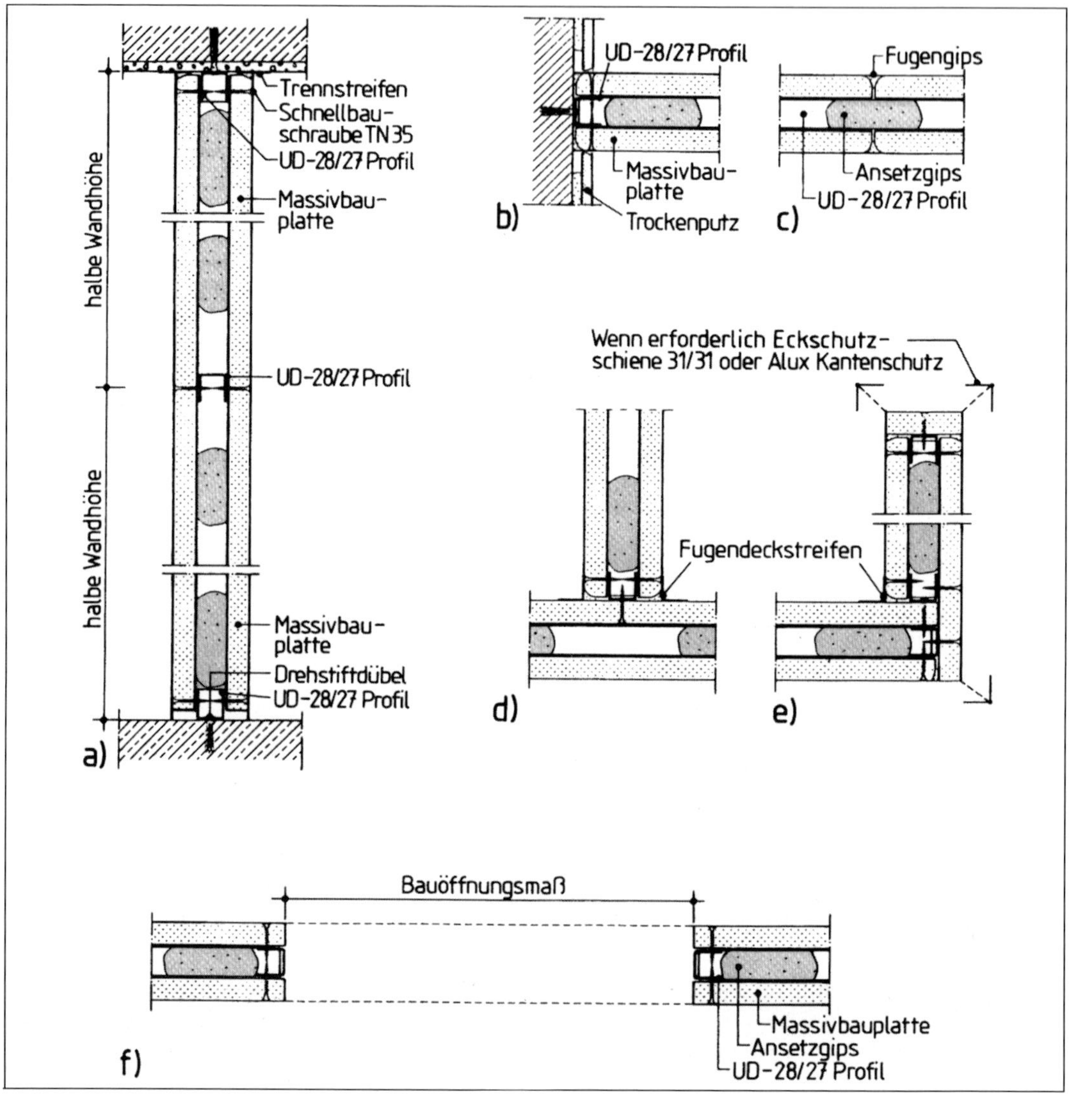

Bild 7.79 Vertikal- und Horizontalschnitte einer Massivbau-Plattenwand
a) Vertikalschnitt, b) Anschluss an eine Massivwand, c) Plattenstoß, d) T-Verbindung, e) Eckausbildung, frei stehendes Wandende, f) Türausbildung

7.6 Paneelwand

Eine weitere Möglichkeit einer nichttragenden Trennwand ist die Paneelwand. Diese besteht aus einer Holzunterkonstruktion (möglich sind auch Metallprofile) mit einer beidseitigen Beplankung aus 60 cm breiten und 20 mm dicken Paneelelementen.

An Boden, Decke und Wand wird die Holzunterkonstruktion (Holzlatten 30/50; 40/60; 50/30; 60/40), an den zuvor markierten Stellen, befestigt. Notwendige Installationen werden nun verlegt. Das erste Paneelelement zuschneiden und befestigen (Nägel, Schrauben).

Als nächstes das gegenüberliegende Element anbringen. Zur Wandaussteifung werden in den Viertelspunkten der Wandhöhe, 30 cm lange, mit Weißleim bestrichene Lattenstücke, die den gleichen Querschnitt haben wie Raumhölzer, waagerecht bis zur Hälfte ihrer Länge zwischen die beiden Elemente geschoben, mit Schraubzwingen vorgespannt und von beiden Plattenseiten her verschraubt. Auf diese Art und Weise erfolgt die weitere Montage. Im Bereich von Türen wird ein Lattenrahmen erstellt, deren seitlichen Teile vom unteren bis oberen Rahmenholz reichen. Die Verbindung erfolgt auch hier durch Verleimen und Verschrauben. Bei Wandlängen > 3,00 m ohne Unterbrechung durch Türen, Ecken etc., ist ein Abstand von ≤ 2,50 m ein senkrechter Holzstiel vom unteren bis zum oberen Rahmenholz einzubauen. Die Wanddicke ist abhängig vom gewählten Holzquerschnitt und der Beplankungsdicke. Die Wandhöhe ist auf die übliche Raumhöhe (2,60 m) begrenzt. Zur Verbesserung des Wärme-, Schall- und Brandschutzes kann in den Wandzwischenraum Faserdämmstoff eingebaut werden.

Aufgaben zu Abschnitt 7

T

1. Aus welchen Materialien stellt man Gipsplatten her?
2. Beschreiben Sie stichwortartig die Herstellung von Gipsplatten.
3. Wodurch unterscheiden sich Gipsplatten Typ A von Typ H und von Typ F?
4. Wie sind diese Platten gekennzeichnet?
5. Nennen Sie Anwendungsbereiche für Gipsplatten vom Typ H, Typ E und Typ F.
6. Woraus bestehen Gips-Verbundplatten?
7. Wozu dienen Gips-Zuschnitt-, Gips-Loch-, Gips-Schlitz- und Gips-Verbundplatten?
8. Welche Kantenarten unterscheidet DIN EN 520?
9. In welcher Kantenausführung gibt es Gipsplatten vom Typ P?
10. Erkären Sie diese Kurzbezeichnungen:
    a) Gipsplatte A/EN 520-1200/2400/9,5 abgeflachte Kante
    b) Gipsplatte FH_2/EN 520-1250/3000/12,5 halbrunde abgeflachte Kante.
    c) Gipsplatte DFH_2/EN 520-1250/3000/12,5 runde Kante.
11. Wie sind Gipsplatten zu transportieren und zu lagern?
12. Beschreiben Sie das Zuschneiden einer Gipsplatte.
13. Nennen Sie die Arten der Spachtelmassen und der Bewehrungsstreifen.
14. Welche Arbeiten gehen dem Verspachteln voraus?
15. Beschreiben Sie das Verspachteln von Fugen ohne Bewehrungsstreifen.
16. In welchen Einzelschritten lässt sich das Verspachteln von Gipsplatten gliedern?
17. Nennen Sie Befestigungsmittel für Gipsplatten.
18. Worauf müssen Sie beim Befestigen von Gipsplatten achten?
19. Wovon hängt die Mindestlänge der Befestigungsmittel ab?
20. In welchen Mindestabständen sind die verschiedenen Befestigungsmittel anzubringen?
21. Wie groß muss der Abstand des Befestigungsmittels vom Plattenrand mindestens sein? Begründen Sie diese Regel.
22. Erklären Sie diese Kurzbezeichnungen:
    a) Schnellbauschraube DIN 18182 - SN - 3,5 × 35
    b) Schnellbauschraube DIN 18182 - TN - 4,0 × 45
    c) Nagel DIN 18182 - 28 - 70 R
    d) Klammer DIN 18182 - B - 29.
23. Weshalb wird empfohlen, Gipsplatten quer zu den Tragprofilen zu befestigen?
24. Begründen Sie die Forderung, dass Gipsplatten gegenüber dem Türstiel um etwa 15 cm versetzt angeordnet werden sollen.
25. Welche Beschichtungen können Sie auf Gipsplatten aufbringen?
26. Formulieren Gipsplatten als Trennwände sprechen.
27. Was versteht man unter Wandtrockenputz?
28. Welche Anforderungen werden beim Verarbeiten von Wandtrockenputz an den Untergrund gestellt?
29. Welche beiden Befestigungsarten bieten sich für Wandtrockenputz an?
30. Welche besonderen Maßnahmen sind beim Befestigen von Wandtrockenputz im Bereich von Waschbecken und Schornsteinwangen zu berücksichtigen?
31. Nennen Sie die beiden Möglichkeiten zum Verarbeiten von Gipsplatten auf Unterkonstruktion.
32. Erklären Sie die Begriffe Vorsatzschale, Einfach- und Doppelständerwände.

33. Zählen Sie die Vorteile von Doppelständerwänden gegenüber Einfachständerwänden auf.
34. Welche Forderungen müssen Holz-Unterkonstruktionen erfüllen?
35. Aus welchen Teilen bestehen Holz-Unterkonstruktionen?
36. Wodurch erhält eine Trennwand mit Holz-Unterkonstruktion ihre Standsicherheit?
37. Nennen Sie die drei Konstruktionsarten von Vorsatzschalen.
38. Erklären Sie die einfache und die doppelte Beplankung.
39. Welche Profilarten nennt DIN 18182 für Metall-Unterkonstruktionen?
40. Erklären Sie diese Kurzbezeichnungen
    a) DIN 18182-CD 60 × 27 × 06-100
    b) DIN 18182-CW 75 × 50 × 10-100
    c) DIN 18182-UA 125 × 40 × 20-100
41. Wie kann man die Türzargen-Anschlussständer versteifen?
42. Beschreiben Sie in Stichworten die Montage einer Metall-Einfachständerwand.
43. Von welchen Faktoren hängen die zulässigen Wandhöhen von Metallständerwänden ab?
44. Erklären Sie folgende Kurzbezeichnungen für Gips-Wandkonstruktionen und berechnen Sie jeweils die Beplankungsdicke
    a) CW 75/125
    b) HW 60/110
    c) CW 125 + 125/305
    d) CW 75 + 75/300.
45. Über welche Konstruktionsteile werden Konsollasten in das Bauwerk eingeleitet?
46. Welche besonderen Konstruktionen sind nötig, um schwere Konsollasten abzuleiten?
47. Weshalb kann man Gipsplatten für Brandschutzaufgaben einsetzen?
48. Wovon hängt eine gute Schallschutzwirkung bei Gipskarton-Montagewänden ab?
49. Welche Arbeitsregeln sollten Sie hinsichtlich des Schallschutzes bei Gips-Montagewänden besonders beachten?
50. Aus welchen Materialien bestehen Gips-Wandbauplatten?
51. Welche Wandbauplattenarten unterscheidet die DIN EN 12 859?
52. Welches Kennzeichen gilt als Unterscheidungsmerkmal der Wandbauplatten?
53. In welchen Bereichen setzt man hydrophobierte und hochverdichtete Gips-Wandbauplatten ein?
54. Wozu verwendet man Fugengips, Stuckgips, Randstreifen und Schlitzbandstreifen bei der Verarbeitung von Gips-Wandbauplatten?
55. Von welchen Faktoren hängt die zulässige Länge von Wänden aus Gips-Wandbauplatten ab?
56. Durch welche Maßnahme erreicht man eine ausreichende Stabilität der Gips-Wandbauplattenwand?
57. Welche Baustoffe empfiehlt DIN 4103 für elastische Anschlüsse?
58. Wann sind ein elastischer, gleitender und starrer Anschluss durchzuführen?
59. Welche Regeln müssen Sie beim Herstellen einer Wandkreuzung, einer Eckausbildung und eines T-förmigen Wandanschlusses beachten?
60. Womit lassen sich kleine Wandöffnungen herstellen.
61. Beschreiben Sie das Überdecken großer Öffnungen (z. B. einer Tür).
62. Formulieren Sie Regeln für die Herstellung von Schlitzen.
63. Beschreiben Sie das Erstellen einer Gips-Bauplattenwand.
64. Durch welche Maßnahmen ist ein optimaler Brandschutz bei Gips-Wandbauplattenwänden zu erreichen?
65. Welche Regeln gelten für den Schallschutz bei Gips-Wandbauplattenwänden?
66. Was versteht man unter einer Putzwand?
67. Welche maximale Höhe dürfen Putzwände haben?
68. Sie sollen zwei Putzwände 60 mm bzw. 80 mm dick herstellen. Wie dick tragen Sie den Putz auf?
69. Beschreiben Sie die Herstellung einer Putzwand.
70. Wie befestigt man das Glasfasergewebe bei Putzwänden?

M

1. Für die Wohnanlage **7.**80 ist folgende Arbeit ausgeschrieben:
   Nichttragende, innere Trennwände als Putzwand, 60 mm dick erstellen.
   – Putzträger aus Gipsplatten Typ P, Plattendicke 25 mm mit 30 mm Fugenabstand, Wand- und Deckenanschlüsse mit 20 mm Fugenbreite, auf Bitumenfilzstreifen erstellen und mit Batzen aus Stuckgips fixieren. Putzauftrag je Seite 17,5 mm als Maschinenputzgips nach DIN 18550, Oberfläche glätten.
   – Eckschutzschienen aus verzinktem Stahlblech (32/32 mm) einbauen.
   Ermitteln Sie getrennt für die einzelnen Wohnungen **7.**80a bis d die Materialien. Raumhöhe 2,60 m.

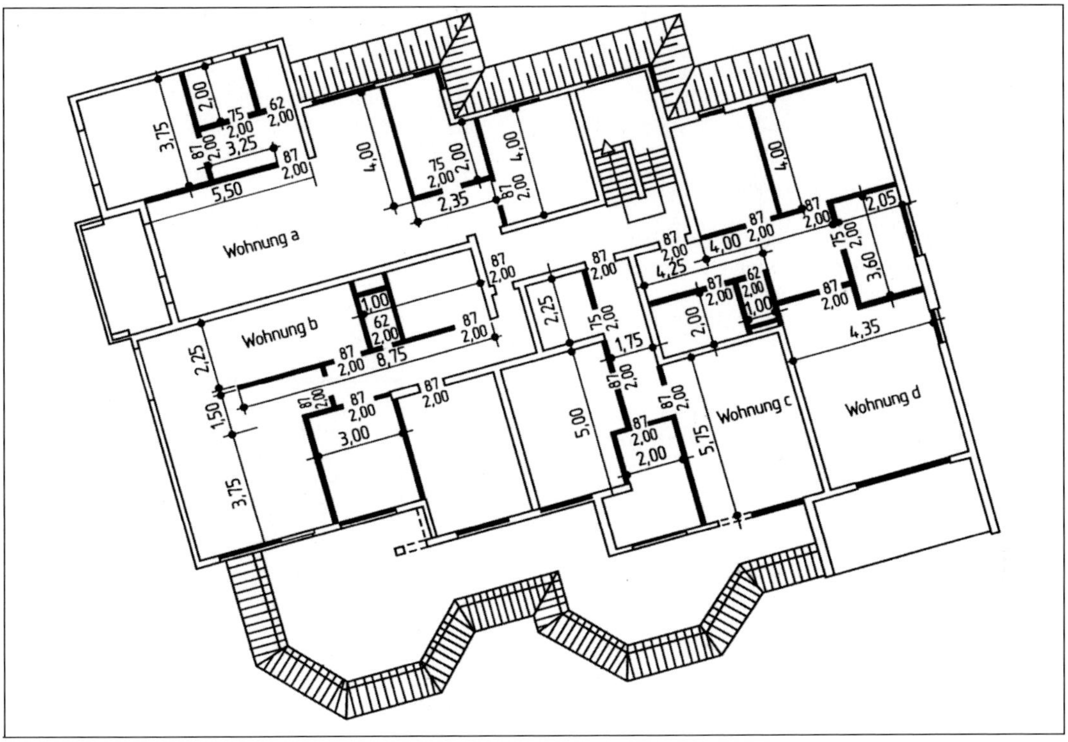

Bild 7.80 Wohnanlage

2. In der Wohnung **7.**81 sind nichttragende Wände als Gips-Bauplattenwände auszuführen. Gips-Wandbauplatte DIN EN 12 859-SW-80.
   a) Wie viele Platten sind zu bestellen? (3 Platten/m², Verschnitt 4 %)
   b) Ermitteln Sie den Bedarf an lfm Bitumenfilzstreifen (*d* = 3 mm) und Fugengips (1,8 kg/m², Sack = 20 kg).
   c) Welche Belastung üben die Trennwände auf die Decke aus? (s. Tab. **7.**48) – nur die Gipsbauplatten berücksichtigen.
3. Ein Wohnraum soll durch eine Trennwand (Bild **7.**82) in zwei Räume geteilt werden. Der Stuckateurmeister weist den Bauherrn auf folgende konstruktive Möglichkeiten hin:

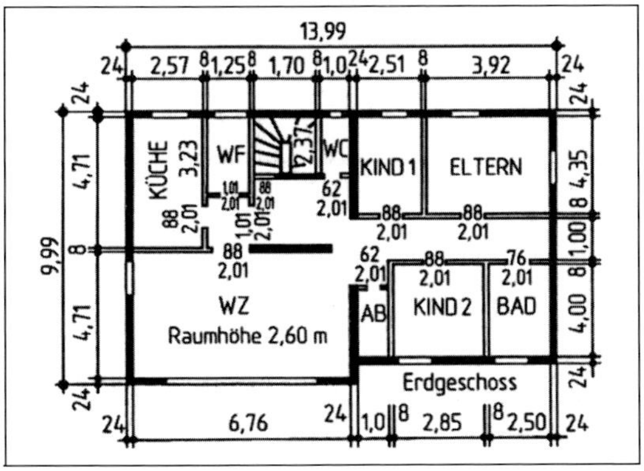

Bild 7.81

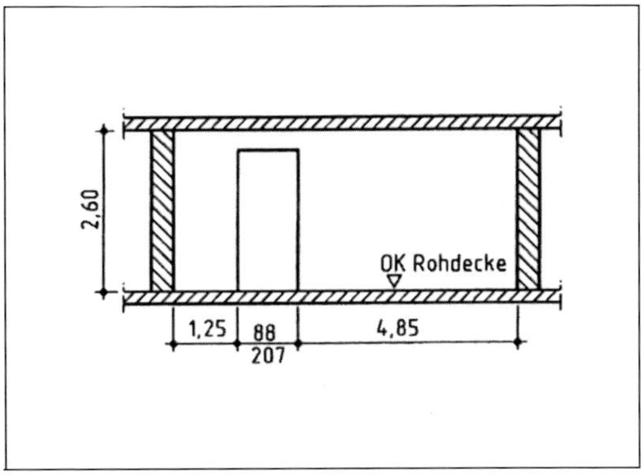

Bild 7.82

– Trennwand als Metallständerwand, einfach beplankt CW 50/75
– Trennwand als Gips-Bauplattenwand, Gips-Wandbauplatte DIN 18163-SW-60
– Trennwand als Putzwand, GKP 25 mm, Putzauftrag je Wandseite 17,5 mm

a) Erstellen Sie für jede Konstruktion eine Materialliste.

b) Berechnen Sie die Material- und Erstellungskosten (Lohnkosten). Erfragen Sie dazu die aktuellen Preise bei ihrem Arbeitgeber.

c) Welche Kosten ergeben sich jeweils für den Bauherrn ?

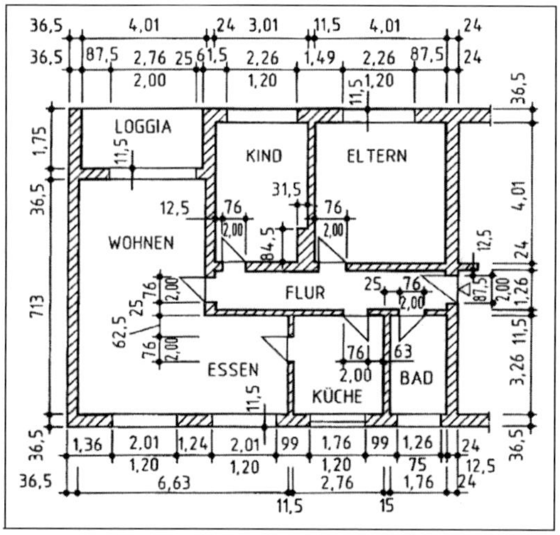

Bild 7.83

Tabelle 7.84 Materialbedarf für Ständerwahl je m^2 Wandfläche

Unterkonstruktion	Bedarf/m^2	Einheit
UW-Profil 75 × 50 × 0,6	1,5	m
CW-Profil 75 × 50 × 0,6	4,0	m
Trennwandkitt Kartusche 310 ml	1,0	Stück
Drehstiftdübel	3	Stück
Dichtungsband Rolle 30 m	0,5	Stück
Mineralfaserdämmstoff 75 mm	1,0	m^2
Beplankung	2,0	m^2
GKB 12,5 mm je Seite	12,5	Stück
Schnellbauschrauben		
Verspachtelung		
Uniflott 25 kg Sack	0,8	kg
Kantenschutzprofil	n. Bedarf	m
Eckschutzschienen	n. Bedarf	m

4. In der dargestellten Wohnung (Bild 7.83) sind Außen- und tragende Innenwände mit Gipskarton-Bauplatten im Ansetzverfahren zu verkleiden. Die nicht tragenden Trennwände werden als Ständerwände erstellt: Metallständerwände als Einfachständerwand CW 75/125; Profil CW 75 × 50 × 0,6; Kantenausbildung HRAK; Papierfugendeckstreifen, Mineralfaserdämmstoff 75 mm.

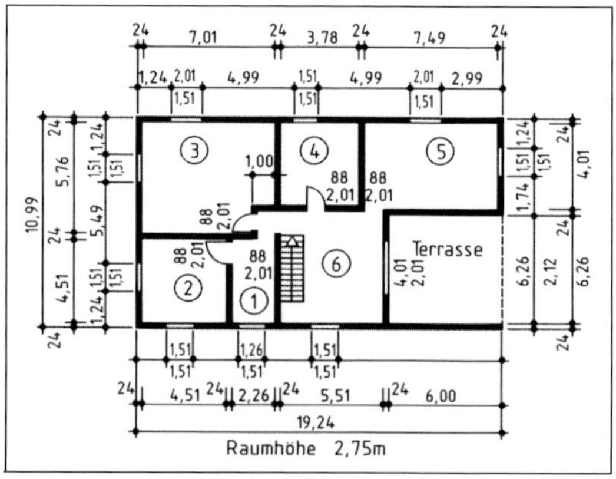

Bild 7.85

1.1 Wie viel m^2 Gipsplatten werden im Ansetzverfahren verklebt (Raumhöhe 2,60 m)?

1.2 Erstellen Sie für alle benötigten Materialien eine Materialliste. Ansetzgips 3,5 kg/m^2, Sackinhalt 40 kg; Uniflott 0,8 kg/m^2 25-kg-Sack; Papierfugendeckstreifen in 75 m Rolle.

2.1 Wie viel m^2 Ständerwände werden erstellt ?

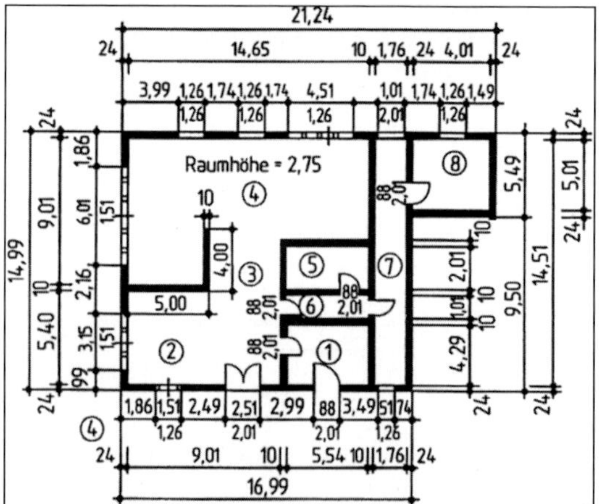

Bild 7.86

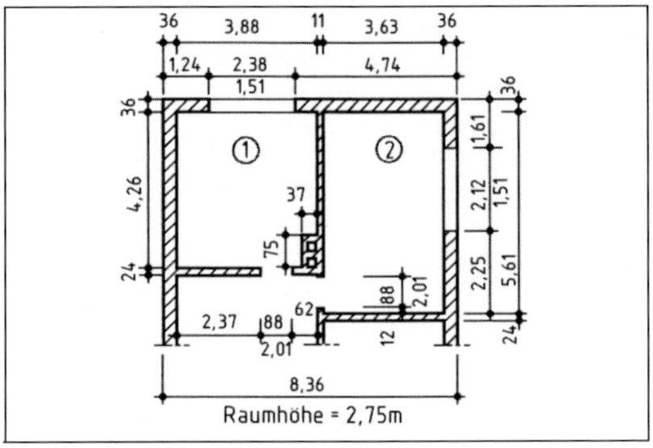

Bild 7.87

2.2 Erstellen Sie für alle benötigten Materialien eine Materialliste (Materialbedarfs. Bild 7.84).

5. Die Wände und Decken der skizzierten Wohnung (Bild 7.85) sollen mit Gipsplatten 12,5 mm verkleidet werden. Die Befestigung erfolgt an der Wand im Dünnbettverfahren, an der Decke auf einfacher Lattung. Alle Materialien sind vom Auftragnehmer zu liefern. Erstellen Sie eine Materialliste!

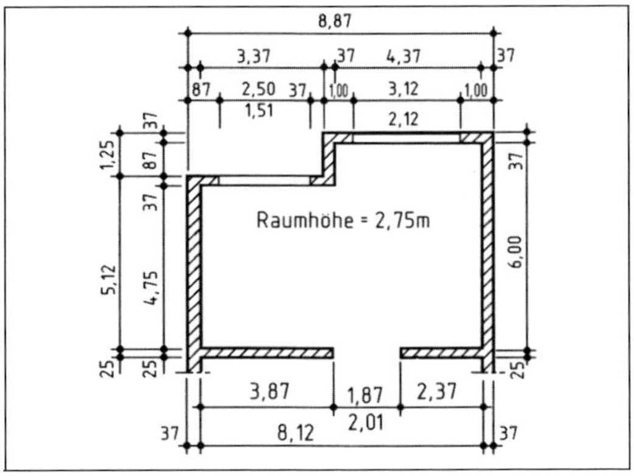

Bild 7.88

6. Die Wände und Decken der Wohnung nach Bild 7.76 sollen mit Gipsplatten 12,5 mm verkleidet werden. Die Befestigung erfolgt an der Wand im Dünnbettverfahren, an der Decke auf doppelter Lattung. Erstellen Sie eine Materialliste!
7. Die beiden Räume (Bild 7.87) sind mit Gipsplatten 12,5 mm zu verkleiden. Im Bereich der Außenwände werden Gips-Verbundplatten mit 20 mm Dämmung verwendet. Die Befestigung an den Wänden erfolgt im Ansetzverfahren, an der Decke auf einfacher Lattung. Erstellen Sie eine Materialliste!

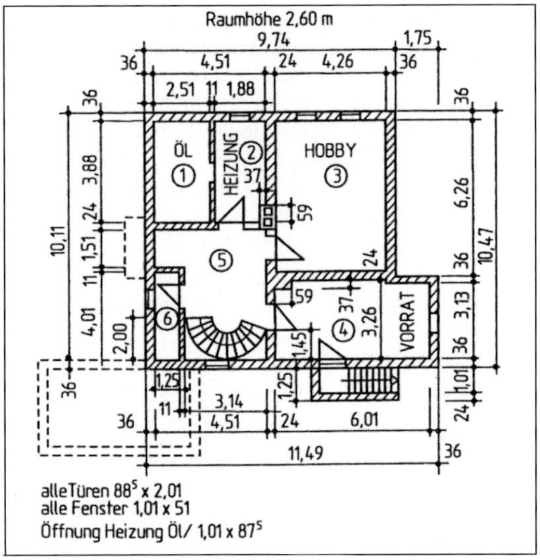

Bild 7.89

8. Der skizzierte Raum (Bild 7.88) soll mit Gipskartonplatten 12,5 mm verkleidet werden. Im Bereich der Außenwände werden Gips-Verbundplatten mit 20 mm Dämmung verwendet. Die Befestigung erfolgt im Wand- und Deckenbereich auf Metallschienen. Erstellen Sie eine Materialliste!
9. Im dargestellten Kellergrundriss (Bild 7.89) soll der Heizungsraum mit 18 mm starken Gipsplatten Typ F verkleidet werden. Im Deckenbereich erfolgt die Befestigung auf Metallschienen, an

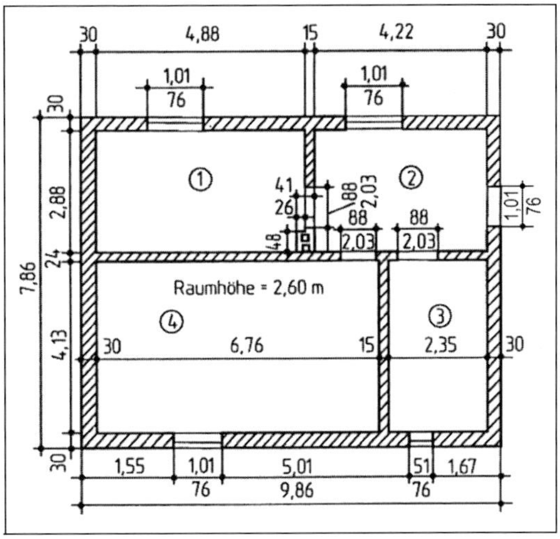

Bild 7.90

den Wänden im Ansetzverfahren. Die Außenwände der anderen Räume (außer Raum 1) werden mit Gips-Verbundplatten (20 mm Dämmung, 12,5 mm GKB), die Innenwände (außer Raum 1) mit Gipsplatten, 12,5 mm, im Ansetzverfahren verkleidet. Die Decken (auch Raum 1) werden ebenfalls mit Gipsplatten, 12,5 mm, verkleidet. Die Befestigung erfolgt auf Metallschienen. Erstellen Sie eine Materialliste und ermitteln Sie die Gesamtkosten der Maßnahmen. Die aktuellen Preise erfragen Sie bei ihrem Arbeitgeber.

10. Der gesamte Kellerbereich (Bild **7**.90) soll mit Gipsplatten 12,5 mm verkleidet werden. Im Bereich der Außenwände werden Gips-Verbundplatten mit 20 mm Dämmung eingebaut. Die Befestigung erfolgt an den Außenwänden auf Metallschienen, im Deckenbereich auf einfacher Lattung und an den Innenwänden im Ansetzverfahren. Erstellen Sie eine Materialliste und ermitteln Sie die Gesamtkosten der Maßnahmen. Die aktuellen Preise erfragen Sie bitte bei ihrem Arbeitgeber.

Z

1. Von den im Folgenden genannten Wandkonstruktionen ist ein horizontaler Schnitt zu zeichnen. Maßstab der Wandlänge 1:5, Maßstab der Wanddicke 1:2. Es ist jeweils ein Plattenfeld mit den angrenzenden Ständern zu zeichnen. Der Ständerabstand beträgt bei allen Konstruktionen 62,5 mm. Alle Teile sind zu benennen.

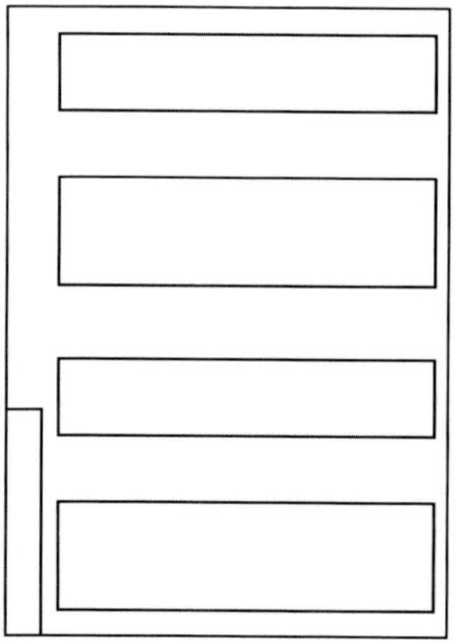

Bild 7.91 Blattaufteilung DIN A3 zu Aufgabe 1

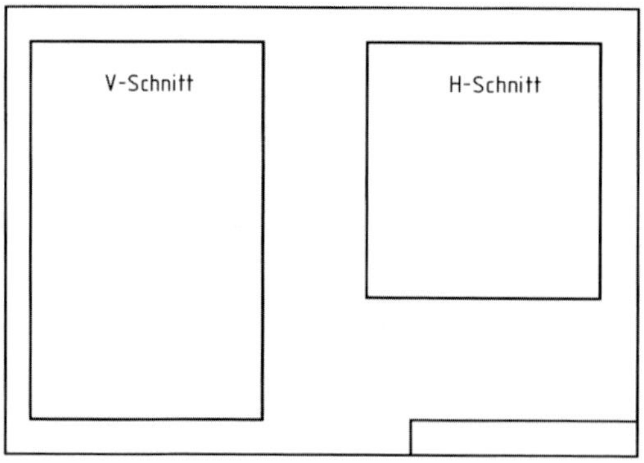

Bild 7.92 Blattaufteilung DIN A3 zu Aufgabe 2

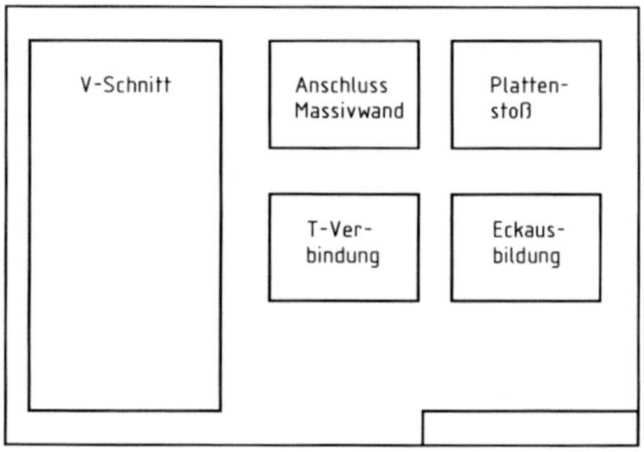

Bild 7.93 Blattaufteilung DIN A3 zu Aufgabe 3

a) Holzständerwand als Einfachständerwand, Holzständer 60/60, GKB 12,5 mm, Mineralfaser 40 mm

b) Holzständerwand als Doppelständerwand, Angaben wie a) die Ständerreihen überschneiden sich um 20 mm, doppelte Beplankung

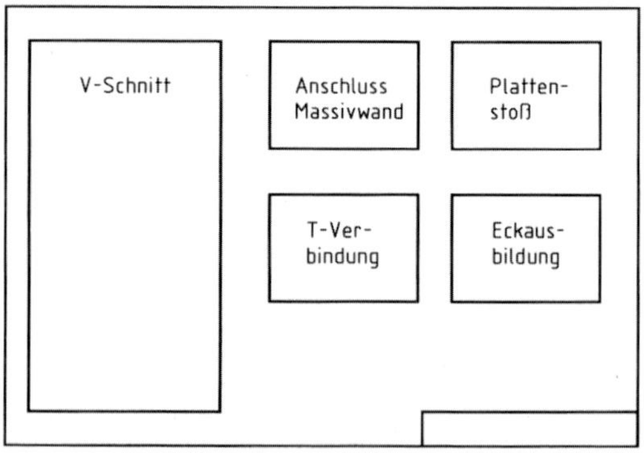

Bild 7.94 Blattaufteilung DIN A3 zu Aufgabe 4

c) Metallständerwand als Einfachständerwand CW 75, GKFI 18 mm, Mineralfaser 40 mm
d) Metallständerwand als Doppelständerwand CW 75 + 75/250, Mineralfaser 40 mm.

2. Zeichnen Sie auf ein DIN-A3-Blatt die beiden Schnitte durch eine angesetzte Vorsatzschale (Plattendicke 12,5 mm; die Wand besteht aus Mauerwerk; die Befestigung erfolgt mit Batzen aus Ansetzgips);

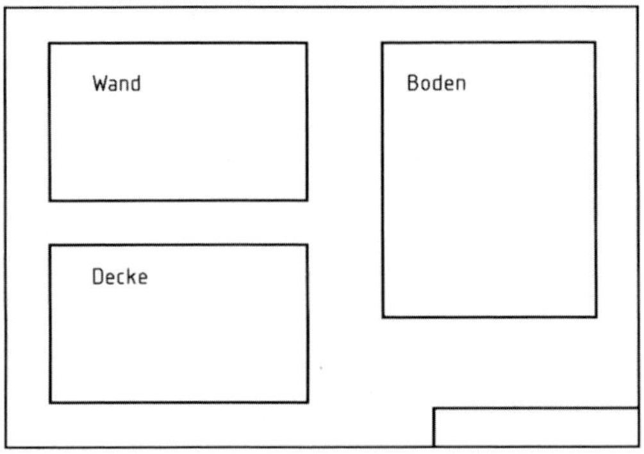

Bild 7.95 Blattaufteilung DIN A3 zu Aufgabe 5

a) Vertikalschnitt, Maßstab 1:2, mit Deckenanschluss (Stahlbetondecke vergipst), Wandmittelteil und Bodenanschluss (die Wand steht auf dem Estrich),
b) Horizontalschnitt als Eckausbildung, Maßstab 1:2, (die Wand wird nur angerissen entsprechend Bild **7**.22).
Benennen Sie alle Teile.

3. Für eine Holzständerwand als Einfachständerwand sind Vertikalschnitt, und als Horizontalschnitte der Anschluss an eine Massivwand, ein Plattenstoß, eine Eckausbildung und eine T-Verbindung zu zeichnen. Fertigen Sie die Zeichnung auf einem DIN-A3-Blatt an. Maßstab 1:2.

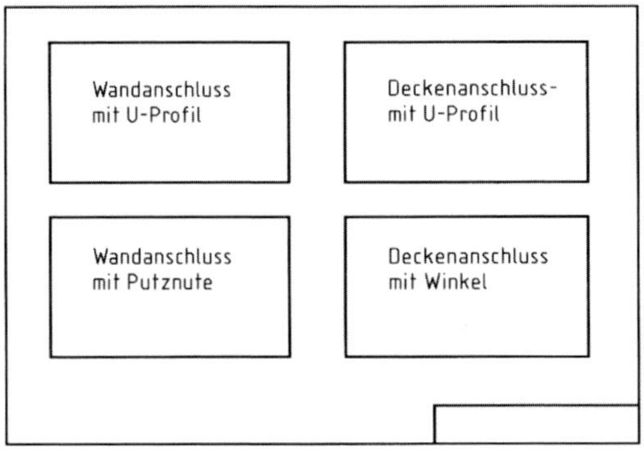

Bild 7.96 Blattaufteilung DIN A3 zu Aufgabe 6

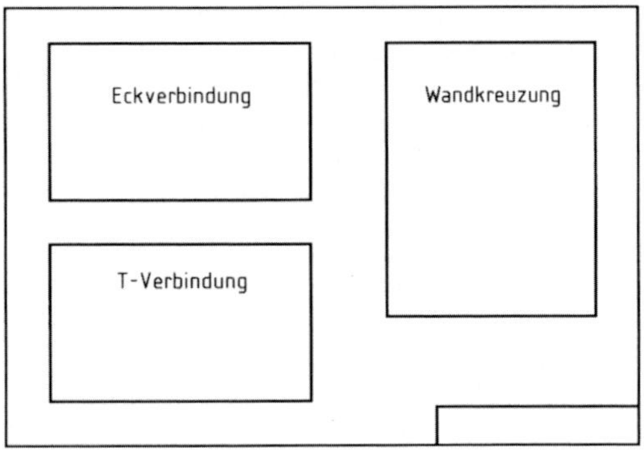

Bild 7.97 Blattaufteilung DIN A3 zu Aufgabe 7

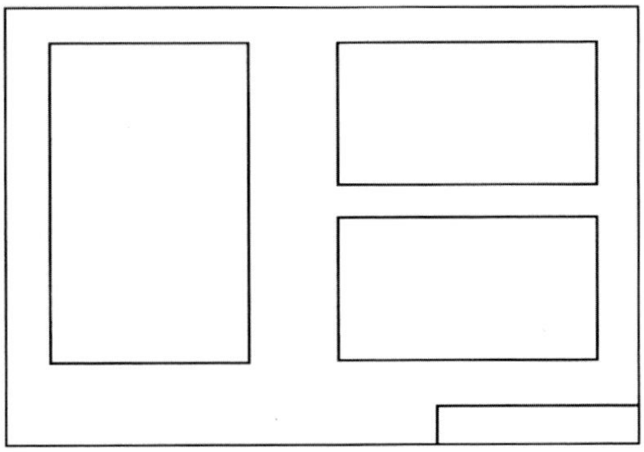

Bild 7.98 Blattaufteilung DIN A3 zu Aufgabe 8

Holzständer 60/60, Gipsplatten Typ A 12,5 mm, Mineralfaserdämmstoff 40 mm. Die Wand steht auf dem Estrich auf und schließt an eine ver-

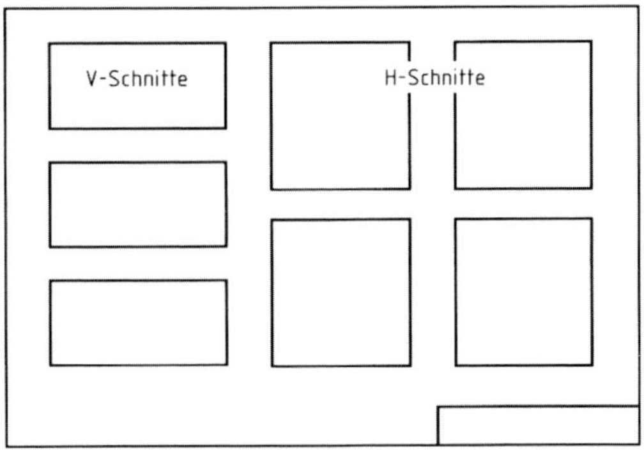

Bild 7.99 Blattaufteilung DIN A3 zu Aufgabe 9

gipste Stahlbetondecke an. Alle Konstruktionsteile sind zu benennen.

4. Für eine Metallständerwand als Einfachständerwand sind Vertikalschnitt, und als Horizontalschnitte der Anschluss an eine Massivwand, ein Plattenstoß, eine Eckausbildung und eine T-Verbindung zu zeichnen. Fertigen Sie die Zeichnung auf einem DIN-A 3-Blatt an. Maßstab 1:2. Profile CW 60, UW 60, Gipsplatte 18,0 mm, Mineralfaserdämmstoff 40 mm. Die Wand steht auf Estrich auf und schließt an eine vergipste Stahlbetondecke an. Alle Konstruktionsteile sind zu benennen.
5. Zeichnen Sie auf ein DIN-A3-Blatt im Maßstab 1:1,
   a) einen elastischen Bodenanschluss, entsprechend Bild **7**.57,
   b) einen elastischen Wandanschluss, entsprechend Bild **7**.58,
   c) einen elastischen Deckenanschluss, entsprechend Bild **7**.59.
   Benennen Sie alle Teile.
6. Zeichnen Sie auf ein DIN-A3-Blatt im Maßstab 1:1
   a) einen gleitenden Wandanschluss mit U-Profil, entsprechend Bild **7**.60,
   b) einen gleitenden Wandanschluss mit Putznute, entsprechend Bild **7**.60,
   c) einen gleitenden Deckenanschluss mit U-Profil, entsprechend Bild **7**.61,
   d) einen gleitenden Deckenanschluss mit Stahlwinkel entsprechend Bild **7**.61.
   Benennen Sie alle Teile.
7. Zeichnen Sie auf ein DIN-A3-Blatt in isometrischer Projektion (DIN 5) eine Wandkreuzung, eine Eckverbindung und einen T-förmigen Wandanschluss (s. Bild **7**.63). Maßstab 1:20, Plattenabmessung in mm: *L/B/H* 666/80/50
8. Zeichnen Sie auf ein DIN-A3-Blatt die Beispiele für den Einbau von Installationen entsprechend Bild **7**.66. Maßstab 1:5.
   Benennen und bemaßen Sie.
9. Zeichnen Sie auf ein DIN-A3-Blatt die Vertikal- und Horizontalschnitte durch eine Putzwand entsprechend Bild **7**.76 im Maßstab 1:2.
   a) Horizontalschnitte, kartonummantelte Längskante
   – Wandanschluss
   – Plattenstoß
   – Eckausbildung
   b) Vertikalschnitte
   – Deckenanschluss (Variante A)
   – Deckenanschluss (Fertigzustand)
   – Fußbodenanschluss (Variante B)
   – Fußbodenanschluss (Fertigzustand).
10. Zeichnen Sie auf ein DIN-A3-Blatt die möglichen Bodenanschlüsse entsprechend Bild **7**.48. Wählen Sie einen geeigneten Maßstab. Benennen Sie alle Teile.
11. Zeichnen Sie auf ein DIN-A3-Blatt die Wandanschlüsse nach Bild **7**.48 und die Deckenanschlüsse nach Bild **7**.48. Wählen Sie einen geeigneten Maßstab. Benennen Sie alle Teile.
12. Zeichnen Sie auf ein DIN-A3-Blatt die Ausführungsarten (nur grundsätzliches Prinzip nach Tabelle **7**.47) der folgenden Ständerwandkonstruktionen:
    a) Metall-Doppelständerwände (Ständer getrennt und verlascht; Ständer verklebt; Ständer getrennt)
    b) Metall-Einfachständerwände (einfach beplankt; doppelt beplankt)
    c) Holzständerwände (Einfachständerwände; Doppelständerwände)
    Die Wanddicken können frei gewählt werden.
    Benennen Sie alle Teile anhand einer Legende.

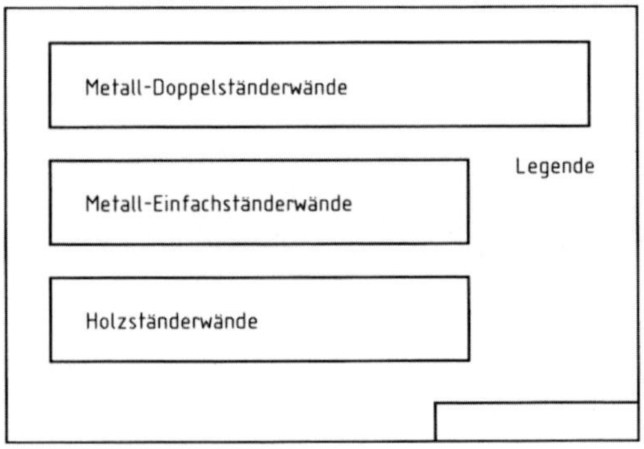

Bild 7.100 Mögliche Blattaufteilung zu Aufgabe 12

8 Deckenbekleidungen und Unterdecken

8.1 Leichte Deckenbekleidungen und Unterdecken nach DIN 18168

Dies sind eben oder anders geformte Decken mit glatter oder gegliederter Fläche, die aus einer Unterkonstruktion und einer flächenbildenden Decklage bestehen. Deckenbekleidungen unterscheiden sich von Unterdecken durch die Verbindung zum tragenden Bauteil. Die Unterkonstruktion wird unmittelbar am tragenden Bauteil befestigt (**8.**1), während Unterdecken über Abhänger (**8.**2) mit dem tragenden Bauteil verbunden sind. Solche Deckenbekleidungen und Unterdecken besitzen keine wesentliche Tragfähigkeit. Sie dürfen keinesfalls betreten werden. Ihr maximales Flächengewicht (Eigenlast + Einbauten) ist auf 50 kg/m^2 begrenzt. Hängende Drahtputzdecken sind davon nicht betroffen; diese sind in DIN 4121 erfasst.

Während früher Deckenbekleidungen und Unterdecken aus Putz auf Putzträger erstellt wurden, werden sie heute fast ausnahmslos in Trockenbauweise konstruiert.

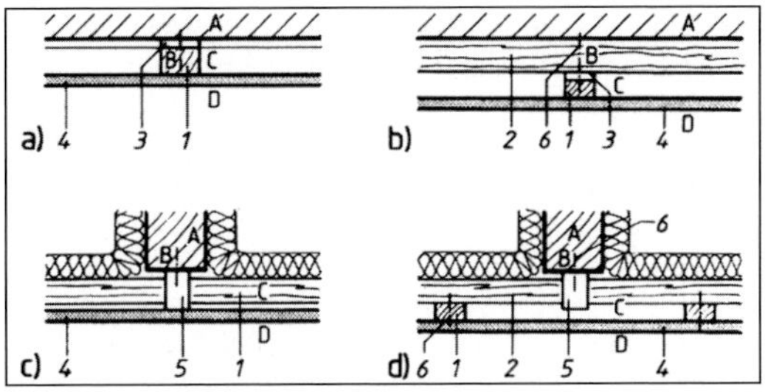

Bild 8.1
Leichte Deckenbekleidung nach DIN 18168. Die Unterkonstruktion ist unmittelbar am tragenden Bauteil befestigt
a) mit Traglattung (Massivdecke)
b) mit Trag- und Grundlattung (Massivdecke)
c) mit Traglattung (Holzbalkendecke)
d) mit Trag- und Grundlattung (Holzbalkendecke)

1 Traglattung
2 Grundlattung
3 Distanzhöhe
4 Decklage
5 Federbügel Metall
6 Verbindungselement
A Rohdecke
B Verankerung
C Unterkonstruktion
D Decklage

8.1.1 Anforderungen

Leichte Deckenbekleidungen und Unterdecken können je nach Bauart und Baumaterial eine Vielfalt von Aufgaben übernehmen. Einige Aufgabengebiete sind:

Deckengestaltung (Raumgestaltung). Zu berücksichtigen ist dabei Raumkonzept, Gliederung der Decke, Oberflächenbeschaffenheit, Material, Farbe, Größe und Form der Platten, Anordnung der Beleuchtungskörper, der Zu- und Abluftelemente, Lichtwirkung usw.

Schallschutz. Schalldämmung bei leichten Rohdecken oder Massivdecken durch Konstruktion einer biegeweichen Schale in Form einer Unterdecke. Schallabsorption zur Senkung des Lärmpegels oder zur Regulierung der Nachhallzeit durch sogenannte Akustikdecken. Näheres zum Thema Schallschutz s. Abschn. 3.

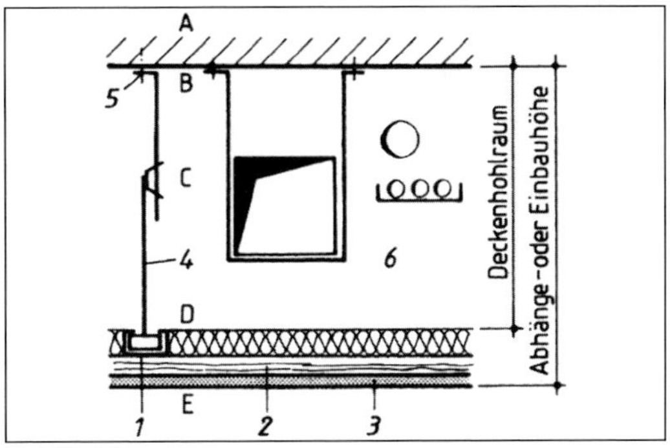

Bild 8.2
Leichte Unterdecke nach DIN 18168. Die Unterkonstruktion ist vom tragenden Bauteil abgehängt

1 Grundprofil Metall
2 Tragprofil Metall
3 Decklage
4 Abhänger
5 Verankerungselement
6 Raum für Versorgungsleit.

Brandschutz als vorbeugende Maßnahme. Grundsätzlich sollten nur schwer entflammbare bzw. nicht brennbare Baustoffe zur Verwendung kommen. Die DIN 4102 unterscheidet diesbezüglich 3 Konstruktionsarten, die ohne besonderen Nachweis erstellt werden können:

1. Tragdecken, die allein einer Feuerwiderstandsklasse angehören.
2. Tragdecken, die eine Feuerwiderstandsklasse nur mit Hilfe einer Unterdecke erreichen.
3. Unterdecken, die bei Brandbeanspruchung von unten einer Feuerwiderstandsklasse angehören.

Dabei sind insbesondere zu beachten:

- die Anschlüsse von Unterdecken an Massivwände und an nicht tragende Trennwände,
- Einbauten in die Unterdecke,
- Anbringen zusätzlicher Bekleidungen,
- Brandlast im Deckenhohlraum,
- Dämmschichten.

Näheres s. Abschn. 3.

Trennwandanschlüsse. Leichte Deckenbekleidungen und Unterdecken bieten eine größtmögliche Vielfalt an Raumvariationen. Leichte Trennwände können ohne Probleme im Deckenbereich (z.B. Befestigung, Anschluss technischer Einrichtungen) versetzt werden.

Integration von Deckeneinbauten, z.B. *Beleuchtungsanlagen:* Dazu stehen Einbauelemente zur Verfügung, deren Formate dem Deckenraster angepasst sind. Zu beachten ist, dass bei Brandschutzdecken die Einbauleuchten rückseitig ummantelt sein müssen.

Klimatechnische Anlagen: Beim *Niederdrucksystem* (Lüftungsdecken), wird der gesamte Zwischendeckenbereich als Luftreservoir genutzt. Beim *Hochdrucksystem* werden Zu- und Abluft über ein Kanalsystem im Deckenzwischenraum geleitet.

Heizungstechnische Anlagen: Die Unterdecke kann als Heizungsfläche eingesetzt werden (Deckenstrahlungsheizungen).

Sichtschutz. Unterzüge, Träger, Elektroinstallationen, Klimaanlagen, Be- und Entlüftungsanlagen, Rohrleitungen und sonstige technische Einrichtungen, die im Deckenhohlraum verlegt sind, können verdeckt werden.

Leichte Demontierbarkeit. Unterdecken, in denen Deckeneinbauten vorhanden sind, müssen jederzeit für Wartungsarbeiten zugänglich sein (durch Herausheben der Platten oder Revisionsöffnungen). Auch das Umstellen von Trennwänden erfordert je nach Rastersystem die problemlose Demontierbarkeit von Deckenelementen.

Aufnahme von Druckkräften. Die Unterdecken müssen gegen Druckkräfte von unten ausreichend stabil sein (Ballwurfsicherheit, Winddruck bei geöffneten Fenstern).

Wirtschaftlichkeit. Bei der Entscheidung für leichte Unterdecken ist die Wirtschaftlichkeit der angebotenen Systeme ein sehr wesentlicher Gesichtspunkt (z.B. industrielle Vorfertigung, Trockenbauweise, demontabel, Unterbringung technischer Anlagen, Austauschbarkeit der Elemente, geringer Montageaufwand, geringer Unterhaltungsaufwand, variable Trennwandanschlüsse, niedriges Flächengewicht).

> Auf folgenden Gebieten sind leichte Deckenbekleidungen und Unterdecken eine sinnvolle Alternative zu herkömmlichen Deckensystemen: Raumgestaltung, Brand- und Schallschutz, Sichtschutz, Anschluss leichter Trennwände, Integration und Unterbringung haustechnischer Anlagen, einfache Demontierbarkeit, Wirtschaftlichkeit.

8.1.2 Bauteile für leichte Deckenbekleidungen und Unterdecken (8.1 und 8.2)

Verankerungselemente sind die Teile, die die Abhänger (bei Unterdecken) oder die Deckenbekleidungen unmittelbar mit dem tragenden Bauteil verbinden.

Abhänger verbinden die Verankerungselemente mit der Unterkonstruktion (nur bei Unterdecken).

Unterkonstruktion dient als Träger für die Decklage.

Decklage bildet den sichtbaren Raumabschluss.

Verbindungselemente sind die Teile, die Verankerungselemente, Abhänger, Unterkonstruktion und Decklage mit- oder untereinander verbinden.

Leichte Deckenbekleidungen und Unterdecken nach DIN 18168 bestehen aus: Verankerungselementen, Abhängern, Unterkonstruktion, Decklagen und Verbindungselementen.

8.1.3 Verankerung

Die Verankerung gewährleistet die sichere und feste Verbindung der Unterkonstruktion mit dem tragenden Bauteil. Die Anzahl der Verankerungspunkte ist so zu bemessen, dass die zulässige Tragkraft der Verankerungselemente und die zulässige Verformung der Unterkonstruktion nicht überschritten wird. Mindestens ist jedoch für je 1,5 m^2 Deckenfläche ein Verankerungspunkt anzuordnen. Das bedeutet, dass jeder Verankerungspunkt maximal mit 75 kg (1,5 m^2 × 50 kg/m^2) belastet werden darf. Bei Massivdecken kann die Verankerung an zuvor einbetonierten Halterungen (Ankerschienen Bild **8.**3), an nachträglich eingesetzten Dübeln oder an nachträglich mit Bolzensetzwerkzeugen eingetriebenen Setzbolzen erfolgen. Bei der Verwendung von Setzbolzen sind die in DIN 18168-1 (s. Abschn. 8.2.4) formulierten Verarbeitungshinweise unbedingt zu beachten. Einbetonierte Holzlatten sind keine zulässigen Befestigungsteile. Bei Holzkonstruktionen erfolgt die Verankerung in der Regel durch Anschrauben, bei Stahlprofilen mittels Bügel oder Schellen aus Flachstahl, die angeschweißt, geschraubt (Blechschrauben, Gewindeschrauben) genietet oder mit Setzbolzen befestigt werden.

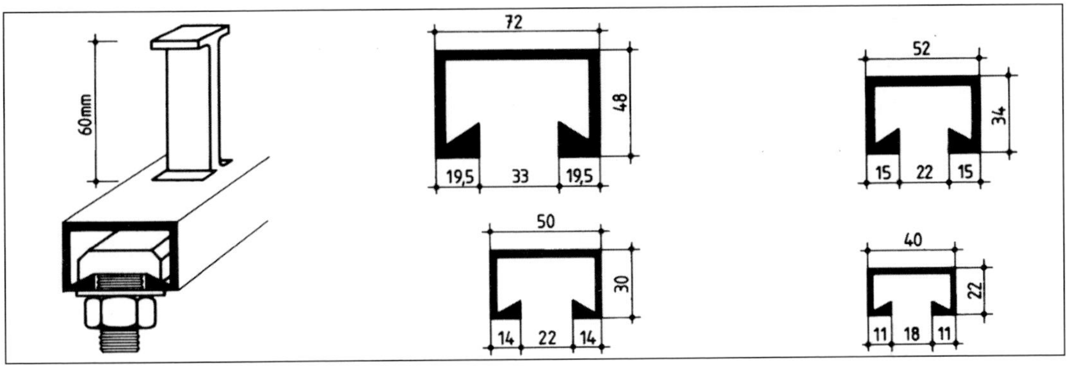

Bild 8.3 Verankerung mittels Ankerschienen

Bei Massivdecken erfolgt die Verankerung an zuvor einbetonierten Ankerschienen oder an nachträglich gesetzten Dübeln. Die Verankerung an in Decken einbetonierte Holzlatten ist nicht zulässig!

8.1.4 Abhänger

Aufgabe der Abhänger ist es, die Lasten aus Unterkonstruktion, Decklage und eventuellen Einbauten aufzunehmen und die fixierte Höhenlage dauerhaft einzuhalten. Zur Einstellung der genauen Höhenlage empfiehlt es sich, stufenlos einstellbare Abhänger zu verwenden.

Abhänger für Holz- oder Metallkonstruktionen bestehen nach DIN 18168-1, Tab. 1 aus

- Drähten,
- Federstahl,
- Gewindestäben,
- Stahlblech oder Aluminium.

Alle Metallteile müssen gegen Korrosion (chemische Korrosion und Kontaktkorrosion) geschützt werden. Abhänger aus Holz (Mindestdicke 20 mm, Mindestquerschnitt 10 cm^2) können ebenfalls eingesetzt werden, sind aber eher die Ausnahme. Die Befestigung der Abhänger erfolgt mit den Verankerungselementen.

Die gebräuchlichsten, höhenverstellbaren Abhängesysteme sind:

Abhänger mit Draht (Bild **8.**4a): umständliche Montage, nicht druckbelastbar von unten, Mindestdicke 2 mm, der Draht ist am unteren Ende entweder um das Profil zu schlingen oder

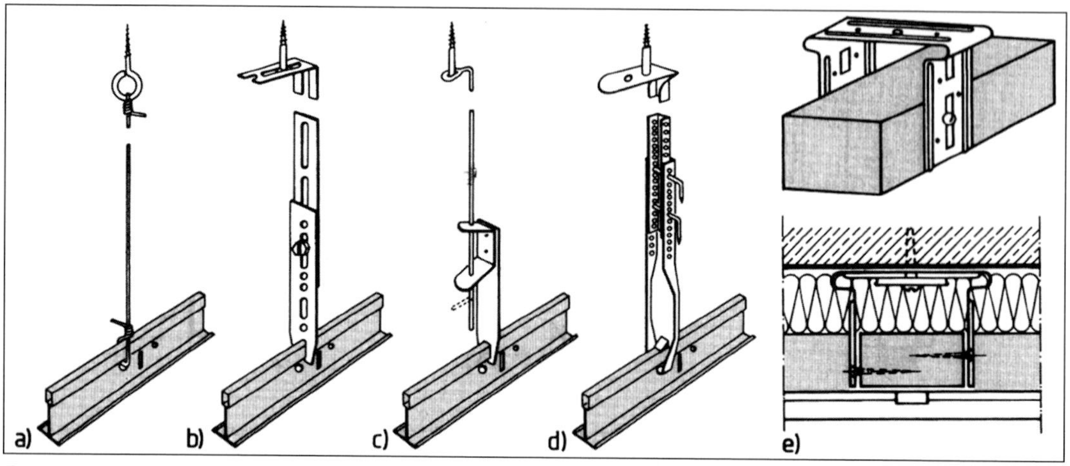

Bild 8.4 Abhänger
a) Drahtabhänger, b) Schlitzbandabhänger (für Metallschienen als Unterkonstruktion),
c) Schnellspannabhänger mit Feder, d) Noniusabhänger, e) Akustikschwingabhänger (für Holzunterkonstruktionen)

durch Löcher im Profilsteg zu führen und sorgfältig zu verrödeln.

Stahlblechabhänger (Bild **8**.4b): etwas umständliche Montage, druckbelastbar von unten, das Blech ist mit Löchern und Schlitzen zur Befestigung von Verlängerungen ausgerüstet, die Verlängerung ist möglich mit Schlitzband oder mit Draht (dann von unten nicht druckbelastbar), die Verbindung der Verlängerung erfolgt mit Schrauben mit Zackenring.

Schnellspannabhänger mit Feder (Bild **8**.4c): einfache Montage, stufenlos verstellbar, nicht druckbelastbar von unten, die Feder hat eine Lochung für 4-mm-Stab, die Spannfeder wird zusammengedrückt und der Stab in die Lochung eingeführt, durch loslassen der Spannfeder wird der Stab justiert, das untere Stabende sollte gegen Herausrutschen gesichert werden.

Noniusabhänger (Bild **8**.4d): einfache Montage, druckbelastbar von unten, es handelt sich um ein U-förmiges Stahlblech, das seitlich mit Nonius-Lochung versehen ist; die Verlängerung erfolgt mit einem passenden U-Profil ebenfalls mit seitlicher Nonius-Lochung; die Verbindung erfolgt mit Nägeln die durch Umbiegen der Enden gegen Herausrutschen gesichert werden. Daneben gibt es spezielle Abhänger, z. B.

Akustik-Schwingabhänger (Bild **8**.4e): für schalltechnisch wirksame Deckenbekleidungen.

> Als Abhänger werden in der Regel höhenverstellbare Metallabhänger eingesetzt, z.B. Drahtabhänger, Schlitzbandabhänger, Schnellspannabhänger mit Feder, Noniusabhänger.

8.1.5 Unterkonstruktion

Als Material für die Unterkonstruktion werden Metallprofile oder Holzlatten verwendet. Ihre Durchbiegung ist auf 1/500 der Stützweite (z.B. des Abhängerabstandes), maximal aber 4 mm, begrenzt. Die Anordnung und Bemessung der Unterkonstruktion (vor allem die Abstände der Tragkonstruktion) richtet sich nach der verwendeten Decklage (Unterdeckensysteme mit Achsraster, Längsbandraster oder Kreuzbandraster).

Unterkonstruktion aus Holz

Holz als Konstruktionsmaterial für die Unterkonstruktion wird üblicherweise bei Deckenbekleidungen, selten bei Unterdecken, eingesetzt. Das verwendete Holz muss mindestens der Güteklasse II nach DIN 4074-1 entsprechen, scharfkantig sein und einen maximalen Feuchtgehalt von u < 20 % aufweisen. Alle

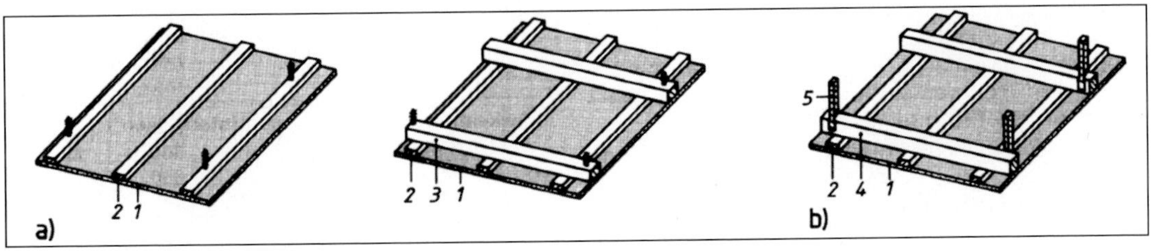

Bild 8.5 Schematische Darstellung von Holzunterkonstruktionen
a) bei Deckenbekleidungen
– einfache Lattung
– doppelte Lattung
b) bei Unterdecken
– doppelte Lattung mit Abhänger

1 Decklage
2 Traglattung
3 Grundlattung (flach)
4 Grundlattung (hochkant)
5 Abhänger

Holzteile müssen mit einem vorbeugenden chemischen Holzschutz (z.B. wasserlösliche, ölige oder schaumschichtbildende Anstriche) ausgerüstet sein.

Holzunterkonstruktion bei *Deckenbekleidung*

- *Einfache Lattung* (Bild **8.**5a), Mindestquerschnitt der Latten 24 × 48 mm, direkt am tragenden Bauteil befestigt, bevorzugt eingesetzt bei Holzbalkendecken und Räumen mit geringer Höhe.
- *Doppelte Lattung* (Bild **8.**5b), bestehend aus einer Grundlattung, die direkt am tragenden Bauteil befestigt wird und einer quer dazu angeordneten Traglattung, die die Deckenlage trägt. Die beiden Latten sind an jedem Kreuzungspunkt miteinander zu verschrauben. Einschraubtiefe 5 × Schaftdurchmesser mindestens jedoch 24 mm. Mindestquerschnitt der Latten 24 × 48 mm.

Holzkonstruktion bei *Unterdecken*

- *Doppelte Lattung* (Bild **8.**5c), Mindestquerschnitt der Grundlattung (die Grundlatte wird hochkant eingebaut) 40 × 60 mm, der Traglattung 24 × 48 mm oder beide Lattungen je 30 × 50 mm. Die Befestigung der Abhänger sollte stets an der Balkenseite erfolgen.

Unterkonstruktion aus Metall

Die verwendeten Metallprofile bestehen entweder aus feuerverzinkten Stahlblechen oder Aluminiumlegierungen.

Metallprofile finden in der Regel Verwendung bei Unterdecken. Das Konstruktionsprinzip entspricht dem der Holzkonstruktionen.

- *Niveaugleicher Kreuzrost* (Bild **8.**6a), die Verbindungselemente an den Knotenpunkten bewirken die Aussteifung der Konstruktion.
- *Zweitägiger Kreuzrost* (Bild **8.**6b), obere Lage als Grundprofil (im etwas größeren Abstand zu verlegen) und einer unteren Lage als Tragprofil, deren Abstände sich nach der Decklage richten. Die Aussteifung wird sichergestellt durch die kreuzweise Anordnung und Arretierung der beiden Lagen mittels Winkelanker.

  Holzunterkonstruktionen werden bevorzugt bei Deckenbekleidungen, Metallunterkonstruktionen bei Unterdecken eingesetzt.

8.1.6 Decklagen

Als Decklage kommen für den Stuckateur und Trockenbauer in erster Linie Gipskartonplatten u.a. gipshaltige Plattensysteme zur Anwendung. Daneben bieten sich auch andere Materialien wie z.B. Holz und Holzwerkstoffe, Faserplatten, Metall- und Kunststoffformteile an. Grundsätzlich lassen sich die Decklagen einteilen in:

- Fugenlose Decklagen und
- Rasterdecken.

Fugenlose Decklagen werden aus plattenförmigen Halbzeugen (z.B. Gipskarton-Bauplatten, Gipskarton-Putzträgerplatten) hergestellt. Die Fugen werden nach dem Anbringen der

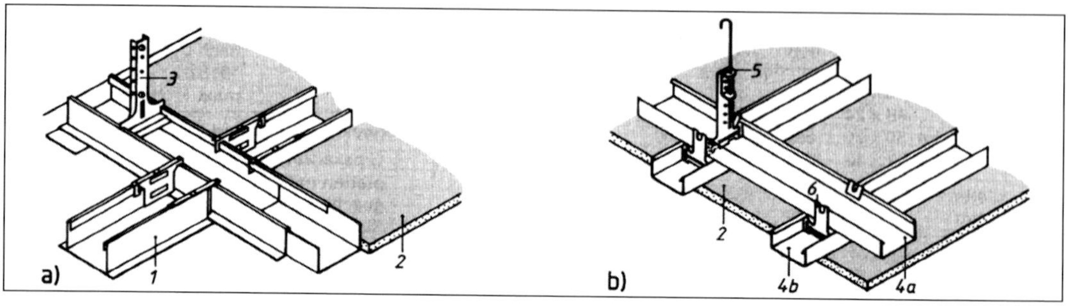

Bild 8.6 Schematische Darstellung von Metallunterkonstruktionen a) einlagiger Kreuzrost, b) zweilagiger Kreuzrost

1 Bandrasterprofil
2 Decklage
3 Abhänger (Nonius)
4a Grundprofil
4b Tragprofil
5 Abhänger (Schnellabhänger)
6 Profilverbinder

Tabelle 8.7 Zulässige Stützweiten für Unterkonstruktionen mit Beplankungsdicken von ≥ 12,5 mm

Zeile	Unterkonstruktionen		Zul. Stützweiten 1) 2) bei einer Gesamtlast bis 0,15 kN/m²	über 0,15 bis 0,30 kN/m²	über 0,30 bis 0,50 kN/m²
Profile aus Stahlblech nach DIN 18182-1					
1	Grundprofil CD 60 × 27 × 06		900	750	600
2	Tragprofil CD 60 × 27 × 06		1000	1000	750
Holzlatten (Breite × Höhe)					
3	Grundlatte, direkt befestigt	48 × 24	750	650	600
4		50 × 30	850	750	600
5		60 × 40	1000	850	700
6	Grundlatte, abgehängt	30 × 50 3)	1000	850	700
7		40 × 60	1200	1000	850
8	Traglatte	48 × 24	700	600	500
9		50 × 30	850	750	600

1) Unter Stützweite ist bei Grundprofilen oder Grundlatten der Abstand der Abhängungen und bei Tragprofilen oder Traglatten der Achsabstand der Grundprofile bzw. der Grundlatten zu verstehen.
2) Bei Anforderungen an den Brandschutz sind ggf. kleinere Stützweiten nach DIN 4102-4 einzuhalten.
3) Nur in Verbindung mit Traglatten von 50 mm Breite und 30 mm Höhe.

Platten so verspachtelt, dass eine ebene, fugenlose Unterschicht entsteht. Die Befestigung der Gipsplatten kann entweder quer oder

Tabelle 8.8 Spannweiten der Gipsplatten

Zeile	Plattenart	Plattendicke	Spannweite bei Plattenanordnung in Querbefestigung max.	Längsbefestigung max.
Deckenbekleidungen und Unterdecken 1)				
5	Gipsplatten mit geschlossener Sichtfläche	12,5	500	420
6		15	550	420
7		18	625	420
8	Gips-Lochplatten 2)	9,5	320	3)
9		12,5	320	3)
10	Gips-Putzträgerplatten	9,5	500	–

1) Anforderungen an den Brandschutz nach DIN 4102-4.
2) Angaben gelten auch für Vorsatzschalen.
3) Bei Gips-Lochkassetten mit einer Seitenlänge bis 625 mm ist Längsbefestigung mit einer Spannweite bis 320 mm zulässig.

längs zu den Tragprofilen mit der Unterkonstruktion vorgenommen werden. Bei der Querbefestigung (*Rückseitenstempelung beachten!*) erfolgt die Befestigung der Gipsplatten derart, dass die Kartonfaser rechtwinklig zu den Tragprofilen, bei der Längsbefestigung parallel zu diesen verläuft. Aufgrund der besseren Aussteifung sollte der Querbefestigung der Vorzug gegeben werden. Die Abstände der Trag- und Grundprofile bzw. der Lattung zeigt Tabelle **8**.7. Die maximale Spannweite der Gipsplatten in Abhängigkeit von der Plattenart und der Plattendicke geht aus Tabelle **8**.8 hervor.

Tabelle 8.9 Abstände der Befestigungsmittel

Zeile	Plattenart	Abstände der Befestigungsmittel		
		Schnellbauschrauben nach DIN 18182-2 max.	Plattenanordnung in Klammern[1)] nach DIN 18182-3 max.	Nägeln[2)] nach DIN 18182-4 max.
Deckenbekleidungen und Unterdecken [3)]				
3	Gipsplatten mit geschlossener Sichtfläche, Gips-Lochplatten	170	80	120

[1)] Klammern sind so einzutreiben, dass der Winkel zwischen Klammerrücken und Kartonfaserrichtung etwa 45° beträgt.

[2)] Die Abstände gelten auch für von Hand eingetriebene Gipsplattennägel.

[3)] Bei mehrlagiger Beplankung dürfen für die unteren Plattenlagen die Abstände der Befestigungsmittel bis zum 3fachen vergrößert werden.

Das Befestigen der Gipsplatten an den Tragprofilen erfolgt mit den Befestigungsmittel nach DIN 18182. Die Abstände der Befestigungsmittel ergeben sich aus Tabelle **8**.9. Näheres zur Verarbeitung von Gipsplatten finden Sie in Abschn. 7.

Bild **8**.10 zeigt Beispiele für mögliche Konstruktionen für Unterdecken mit Gipskartonplatten. Bei mehrlagigen Beplankungen sind die einzelnen Plattenlagen mit versetzten Stößen zu verlegen. Lampen, Vorhangschienen usw. werden mit Universaldübeln, Hohlraumdübeln oder Federklappdübeln befestigt. Werden an die Unterdecke besondere Brandschutzforderungen gestellt, dürfen an der Beplankung sowie der Unterkonstruktion keine Befestigungen vorgenommen werden. Dies muss dann unmittelbar an der Rohdecke geschehen.

Eine weitere Möglichkeit, eine geschlossene, fugenlose Decklage zu erstellen, ist die Verarbeitung von Gips-Putzträgerplatten. Die Platten werden wie in Abschn. 7.4 an der Unterkonstruktion befestigt, wobei ein Plattenabstand entlang der abgerundeten Längskanten von etwa 5 mm eingehalten wird. Die glatten Stirnseiten werden jeweils dicht gestoßen. Die offenen Fugen werden mit Gips ausgedrückt, bis sich auf der Plattenoberseite ein Wulst gebildet hat. Nach dem Versteifen des Gipswulstes werden die Platten ein- oder zweilagig mit Maschinenputzgips verputzt. Um einer Rissebildung vorzubeugen, wird im Anschlussbereich Decke-Wand ein Kellenschnitt ausgeführt und eine Trennung mittels Trennstreifen oder Randprofilen vorgenommen.

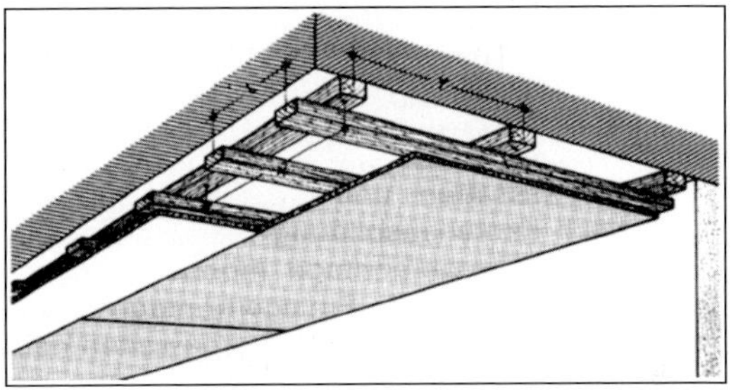

a)

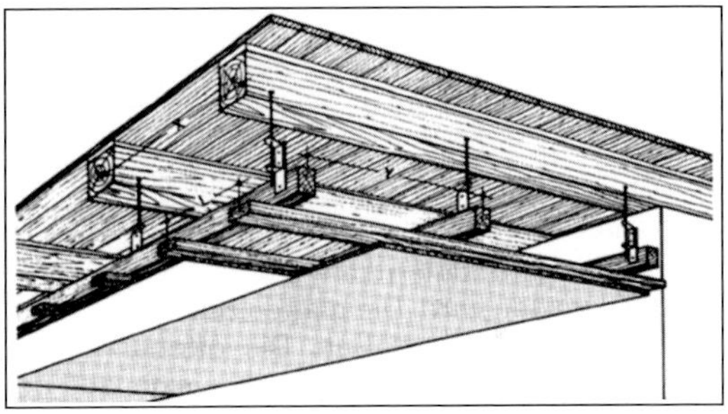

b)

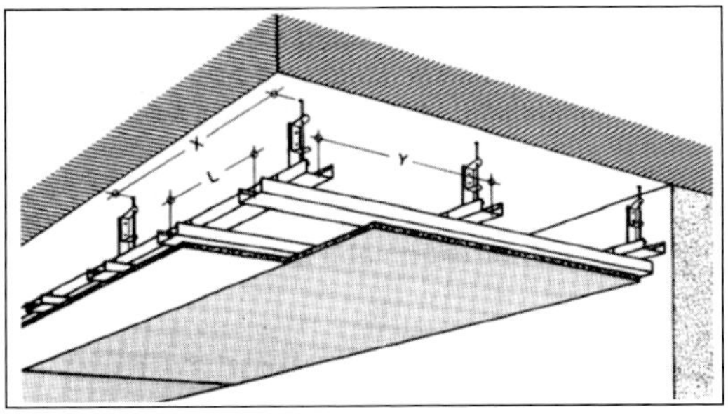

c)

Bild 8.10
a) Deckenbekleidungen unter Massivdecken auf Holzunterkonstruktion
b) Unterdecke unter Holzbalkendecke auf Holzunterkonstruktion
c) Unterdecke unter Massivdecke auf Metallunterkonstruktion

Bild 8.11 Unterdecke aus Gips-Putzträgerplatten mit nachträglicher Putzschicht auf Metallunterkonstruktion

1 Tragprofil
2 Drehklipp
3 Abhänger (Nonius)
4 Abhänger (Schnellabhänger)
5 Abhänger (Schnellabhänger mit Feder)
6 Verbindungsstift
7 Gips-Putzträgerplatten
8a offene Längsfuge
8b Längsfuge mit Putz ausgedrückt
9 Wandtrennstreifen
10 Putzlage

Bild **8.**11 zeigt ein Konstruktionsbeispiel für eine Unterdecke aus Gipskarton-Putzträgerplatten mit einer Unterkonstruktion aus Metallprofilen.

> Fugenlose Decklagen werden aus plattenförmigen Halbzeugen – wie Gipskarton-Bauplatten, Gips-Putzträgerplatten – hergestellt. Es entsteht eine ebene, glatte, fugenlose Deckansicht.

Rasterdecken

Unter dem Sammelbegriff Rasterdecken sollen hier alle die Systeme verstanden werden, bei denen Fugen und Struktur als flächengliederndes Element aus dekorativen akustischen, beleuchtungs- und lüftungstechnischen Gründen erforderlich sind. Im Gegensatz zu den fugenlosen Deckenbekleidungen und Unterdecken handelt es sich bei den verwendeten Elementen um werkmäßig vorgefertigte Platten, Paneele, Lamellen und Profile mit endbehandelter Oberfläche. Die Elemente werden lediglich noch montiert. Je nach System spricht man von Plattendecken, Paneeldecken, Lamellendecken, Rasterdecken, Wabendecken, Pyramidendecken usw. Im folgenden sollen nur die speziell für den Stuckateur interessantesten Systeme angesprochen werden.

Bei Rasterdecken werden die Fugen als flächengliederndes Element in die Deckengestaltung mit einbezogen. Es entstehen gegliederte und strukturierte Flächen.

Rasterdecken mit Gipsplatten

Zur dekorativen Gestaltung und zur Verbesserung der Schalldämpfung werden Gipskartonplatten mit Schlitzen und Lochungen und unterschiedlichen Kantenausbildungen angeboten. Die Platten sind in rechteckigen Abmessungen, überwiegend als quadratische Kassettenplatten mit einer üblichen Kantenabmessung von 625 mm im Handel. Gips-Kassetten- und Rechteckplatten können je nach Kantenausbildung in Schraub-, Ein-schub- oder Einlegemontage montiert werden. Für Gipsplatten in Einlegemontage (allseitig freie Auflagerung) sind die Spannweiten nach **Tabelle 8.**12 zu beachten. Bei Überschreiten dieser Spannweiten sind die Platten auszusteifen (es gelten dann die Spannweiten nach Tab. **8.**8).

Daneben gibt es Gipsplatten mit Paneeldesign. Hierbei handelt es sich um Gipsplatten, die

Tabelle 8.12 Spannweiten bei allseitig freier Auflagerung

Zeile	Plattenart	Plattendicke	Spannweite quadratische Platten max.	Spannweite rechteckige Platten max.
1	Gipsplatten mit geschlossener Sichtfläche	≥ 12,5	625	420
2	Gips-Lochplatten	12,5	420	320

[1]) Die Angaben gelten für die kürzere Spannrichtung.

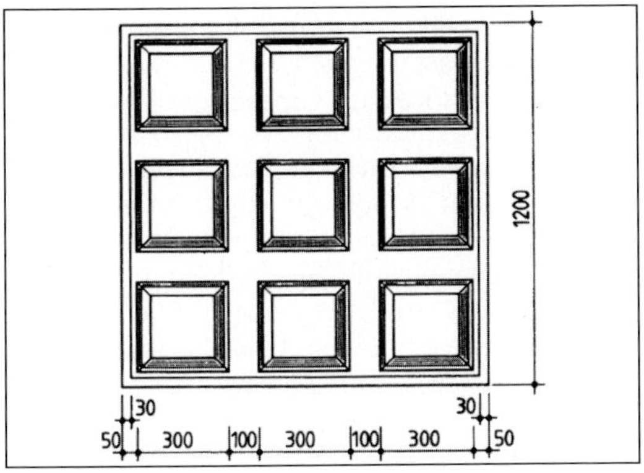

Bild 8.13 Fresco-Deckenpaneel mit quadratischen Füllungen

in einem zusätzlichen Bearbeitungsverfahren eine Reliefprägung mit Profilierungen und Füllungen erhalten (Bild **8.**13). Sie sind mit einer rundum versenkten Spachtelkante ausgestattet.

Wie bei allen Deckenbekleidungen mit Elementteilen ist eine sorgfältige Arbeitsvorbereitung erforderlich. Es empfiehlt sich vor Arbeitsbeginn eine maßstäbliche Deckenskizze anzufertigen und die Anordnung der Elemente zeichnerisch vorzunehmen. Elektrische Anschlüsse sind möglichst in der Plattenmitte einzuplanen. Die zeichnerische Festlegung ist dann maßgetreu auf die Decke zu übertragen. Zugeschnittene Kanten sind grundsätzlich gegen die Wand zu richten. Die Abbildungen **8.**14 zeigen Beispiele für eine mögliche Deckeneinteilung mit und ohne Anpassungsstücke aus glatten Gipsplatten. Die Befestigung der Platten erfolgt mit Schnellbauschrauben. Der Übergang Decke-Wand kann gespachtelt oder mit einer Stuckleiste o.a. vorgenommen werden.

> Mit Gips-Kassetten- bzw. Rechteckplatten ist praktisch jede Formgebung an der Decke möglich. Durch die Wahl der Lochbilder lässt sich exakt die gewünschte akustische Raumwirkung erzielen.

Rasterdecken mit Gipskassettenplatten

Gipskassettenplatten sind nach DIN 18169 genormt. Die Platten werden werkmäßig hergestellt und haben eine rückseitige Randverstärkung (Randwulst). Sie sind überwiegend

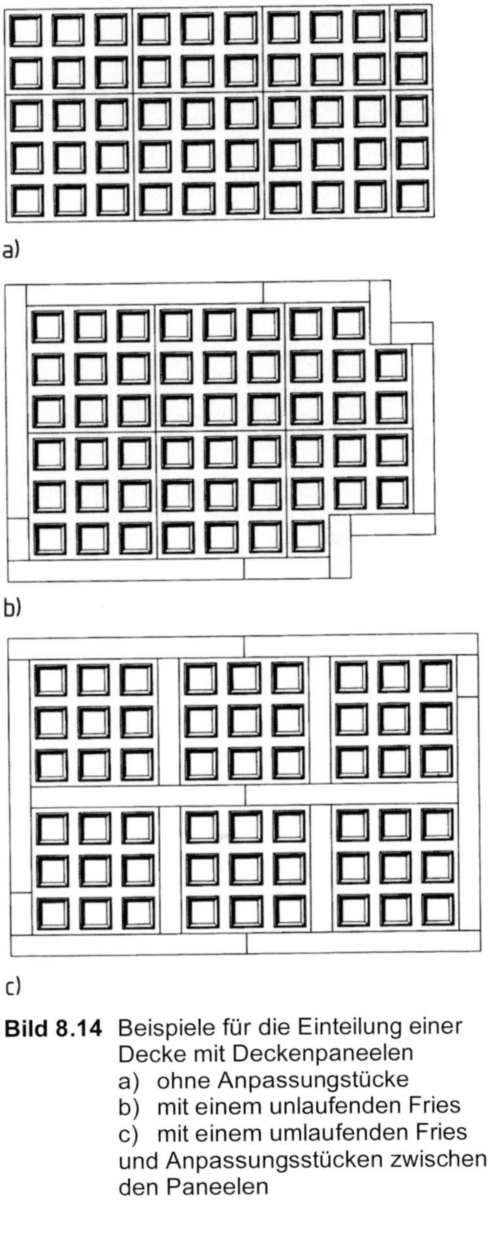

Bild 8.14 Beispiele für die Einteilung einer Decke mit Deckenpaneelen
a) ohne Anpassungstücke
b) mit einem unlaufenden Fries
c) mit einem umlaufenden Fries und Anpassungsstücken zwischen den Paneelen

quadratisch bei Kantenlängen von 500, 600 oder 625 mm. Die Plattendicke beträgt am Plattenrand ≥ 28 mm.

Der Gipskörper kann geschlossen oder auch durchbrochen (Schlitzung, Lochung) sein. Die Plattenoberfläche (Ansichtsfläche) wird glatt, profiliert und auch in vielen Dekoren angeboten. Gipskassettenplatten sind nicht brennbar.

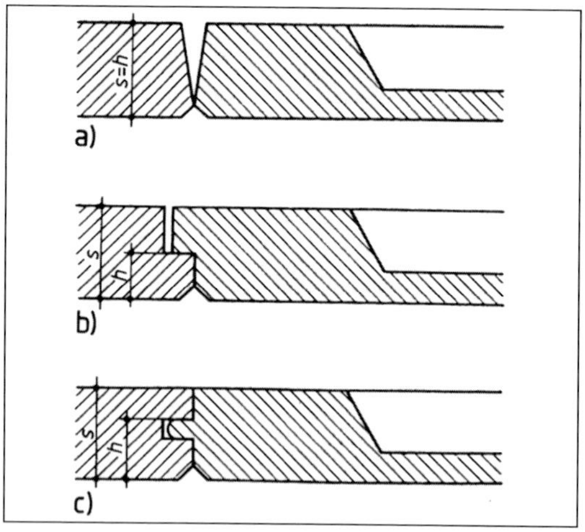

Bild 8.15 Randausbildung von Deckenplatten aus Gips a) stumpf, b) gefalzt, c) gespundet

Die Randausbildung kann entsprechend Bild **8.**15 ausgeführt werden.

Nach ihrer Verwendung und ihrem Aufbau können unterschieden werden:

- Dekor- und Deckenplatten mit geschlossenem Gipskörper in diversen Mustern für fugenlose (Platten pressverlegt) oder auch fugenbetonte Ansichten,
- Schallschluck- und Deckenplatten mit durchgehenden Öffnungen im Gipskörper (gelocht, geschlitzt). In die rückseitige, wannenförmige Vertiefung ist zur Verbesserung der Schalldämpfung, Schallschluckmaterial mit einer oberseitigen Alukaschierung und einem unterseitigen Rieselschutz eingelegt,
- Lüftungs- und Deckenplatten mit durchgehenden Öffnungen im Gipskörper.

Die Befestigung der Platten erfolgt in Abhängigkeit von der Randausbildung und der Deckengestaltung durch Anschrauben, in dafür vorbereiten Bohrungen, durch Hängebefestigung oder durch Einlegemontage (Bild **8.**16).

Bild **8.**17 zeigt ein Konstruktionsbeispiel für eine Gipskassettenplattendecke mit einem umlaufenden Fries aus Gipskarton-Bauplatten.

> Gipskassettenplatten werden angeboten als Dekorplatten, Schallschluckplatten und Lüftungsplatten. Die Befestigung erfolgt je nach Kantenausbildung in Schraub-, Einschub- oder Einlegemontage. Die Platten werden in vielfältigen Oberflächenstrukturen angeboten.

Rasterdecken mit Mineralfaserplatten

Hierbei handelt es sich um Mineralfaserplatten (Mineralfaserplatten – MF-Platten – bestehen nicht aus Glaswolle), die in der Regel an einer metallischen Unterkonstruktion befestigt werden und mit diesen ein System bilden. Mineralfaserplatten sind sehr gut schallabsorbierend (Senkung des Schallpegels, Regulierung der Nachhallzeit). Infolge ihres anorganischen Rohstoffes eignen sie sich – ebenso wie die Gips- und Gipskassettenplatten – vorzüglich für Aufgaben des vorbeugenden Brandschutzes.

Die Platten werden in diversen Standardformaten hergestellt. Die Standarddicke beträgt 15 mm. Übliche Plattendicken sind aber auch 19 mm und 20 mm. Die Plattenoberfläche ist in der Grundausführung mit einem mehrschichtigen weißen Farbauftrag versehen, der lichtecht und wischfest ist. Daneben werden die Platten in vielen Farbtönen angeboten. Die Oberfläche kann strukturiert, gelocht, gefräst oder für besonders hygienische Ansprüche mit einer speziellen glatten Beschichtung versehen sein. MF-Deckenplatten werden in den Baustoffklassen B1 (schwer entflammbar) und A2 (nicht brennbar) und in Abhängigkeit von der Unterkonstruktion in den Feuerwiderstandsklassen F30 bis F120 angeboten.

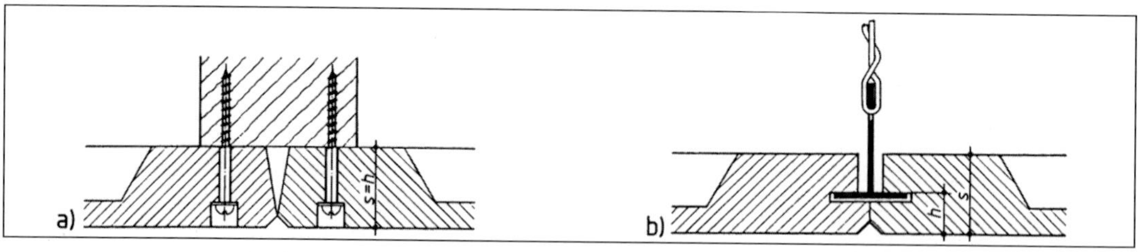

Bild 8.16 Gipskassettenplatten mit a) Schraubbefestigung, b) Hängebefestigung

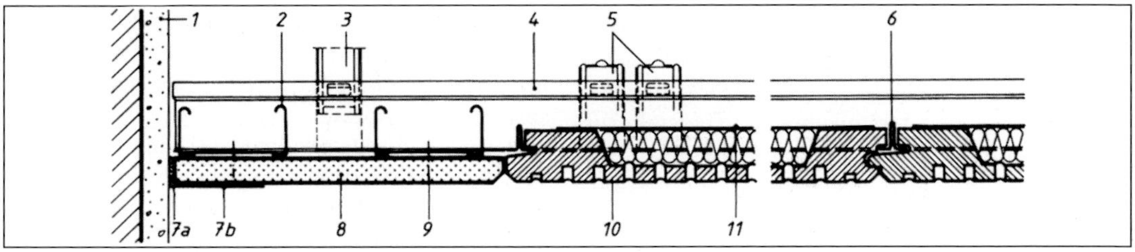

Bild 8.17 Konstruktionsbeispiel: Gipskassettenplatten mit Schalldämpfung und Friesausbildung mit Gipsplatten, Unterkonstruktion Metallprofile

1 Wandputz
2 Friesprofil (Tragprofil)
3 Schnellaufhänger für T-Profil
4 T-Profil
5 Distanzhalter
6 Zwischenstück für Brandbeanspruchung
7a Tesakreppstreifen, ggf. mit Fugenfüller
7b Papier-Fugendeckstreifen
8 Gipsplatten Typ A und F
9 Schnellbauschraube
10 Deckenplatten aus Gips gemäß DIN 18169
11 oberseitige Abdeckung mit Alu-Folie

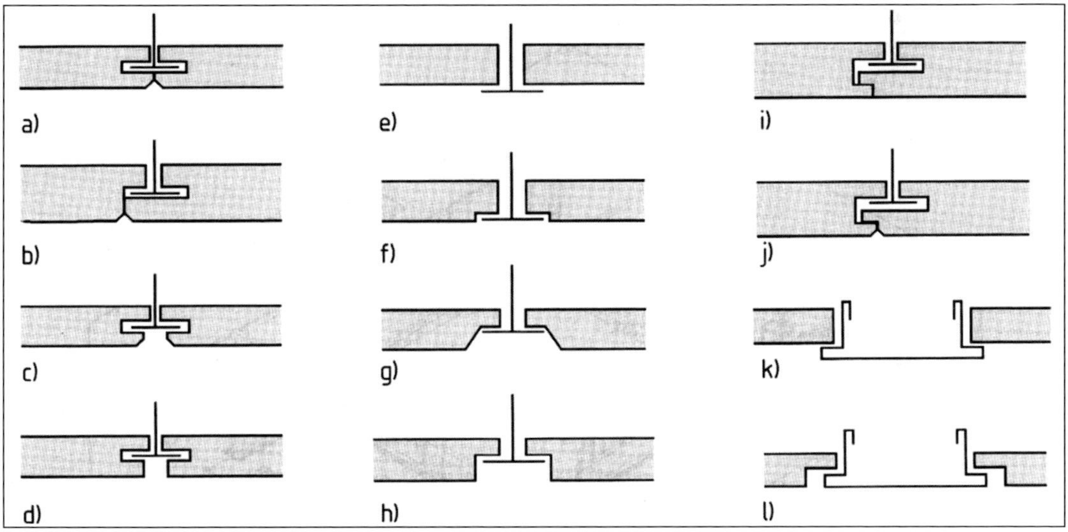

Bild 8.18 Kantenformen von Mineralfaser-Deckenplatten

a) genutet, gefast, Platten nicht herausnehmbar, verdeckte Konstruktion
b) genutet, gefast, Platten herausnehmbar, verdeckte Konstruktion
c) genutet, gefalzt, gefast, für Schattenfugen, nicht herausnehmbar
d) genutet, gefalzt, für Schattenfugen, nicht herausnehmbar
e) unbehandelt, scharfkantig, Platten herausnehmbar, sichtbare Konstruktion
f) rechtwinklig gefalzt, Platten herausnehmbar, sichtbare Konstruktion
g) schräg gefalzt, Platten herausnehmbar, für Schattenfugen
h) rechtwinklig, gefalzt, Platten herausnehmbar, für Schattenfugen
i) genutet, überfalzt, gefast, Platten nicht herausnehmbar, verdeckte Konstruktion
j) überfalzt, gefast, Platten nicht herausnehmbar, verdeckte Konstruktion
k) unbehandelt, scharfkantig, Platten herausnehmbar, sichtbare Konstruktion, für Rastersysteme zum Anschluss von Trennwänden
l) rechtwinklig, gefalzt, Platten herausnehmbar, sichtbare Konstruktion, für Rastersysteme zum Anschluss von Trennwänden

Die Platten sind formstabil und feuchtigkeitsbeständig.

Die Form der Kanten ist von dem Abhängesystem sowie den technischen und gestalterischen Anforderungen abhängig (Bild **8.**18). In Verbindung mit einer Metallunterkonstruktion ergeben sich zwei grundsätzliche Montagemöglichkeiten:

- **Verdeckte Montage.** Die Unterkonstruktion wird von den MF-Platten vollständig verdeckt.
- **Sichtbare Montage.** Die Unterseite des Tragprofils ist ganz oder teilweise sichtbar.

Unter Berücksichtigung der Fugenausbildung, den Montagemöglichkeiten und dem gewählten Rastersystem ergeben sich viele dekorative Gestaltungsmöglichkeiten. In Abhängigkeit von der Konstruktionsart können die Deckenelemente fest eingebaut oder durch Anheben leicht demontiert werden. Letztere Konstruktionsart sollte überall dort ausgeführt werden, wo der Deckenraum jederzeit für Installationsarbeiten zugänglich sein muss. Der Einbau von Beleuchtungsanlagen lässt sich – wie bei den anderen Systemen auch – ohne Probleme durchführen. Lüftungs- und klimatechnische Anlagen können jeweils in die Unterdecken integriert werden. Das Bild **8.**19 zeigt ein Konstruktionsbeispiel für eine Unterdecke aus MF-Platten mit einer Unterkonstruktion aus Metall.

Mineralfaserplatten sind sehr gut schallabsorbierend. Die Form der Plattenkanten ist abhängig vom Abhängesystem und den technischen und gestalterischen Anforderungen. Die Plattenoberfläche kann glatt, strukturiert, gelocht oder auch gefräst sein.

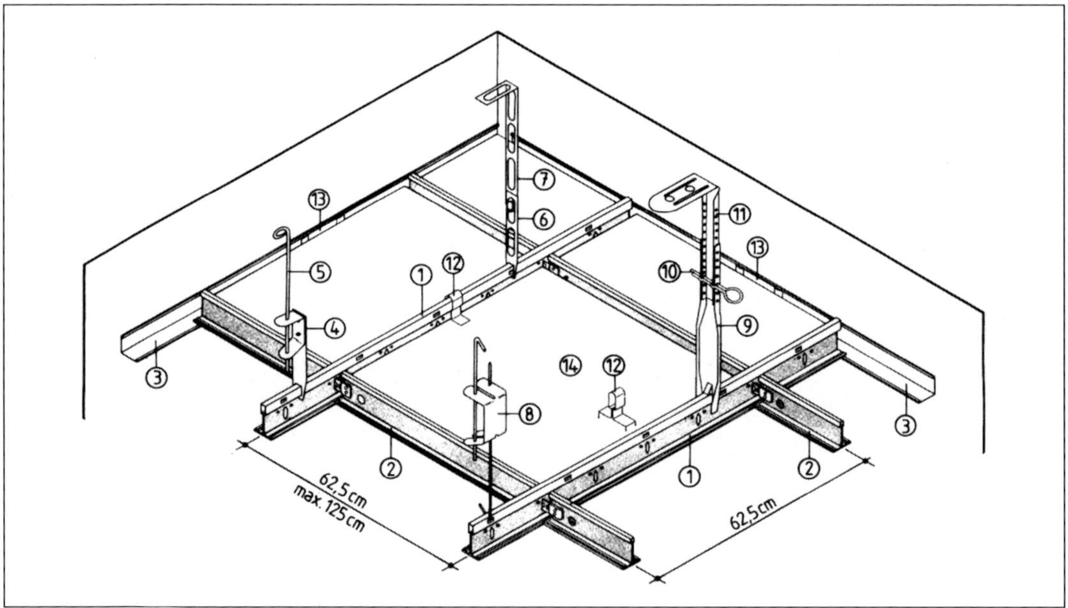

Bild 8.19 Konstruktionsbeispiel für eine Unterdecke aus MF-Platten mit einer Unterkonstruktion aus Metall

1 Tragschiene
2 Querschiene
3 Wandwinkel
4 Schnellabhänger mit Spannfeder
5 Abhängedraht mit Öse
6 Schlitzband-Schiebestück
7 Schlitzbandeisen
8 Schnellspannabhänger mit Haken
9 Noniusabhänger Unterteil
10 Sicherungsstift
11 Noniusabhänger Oberteil
12 Druckfeder
13 Wandfeder
14 Mineralfaserplatte

8.2 Rastertypen

Die Deckeneinteilung hat wesentlichen Einfluss auf die spätere Veränderbarkeit der Räume. Beim Umsetzen von Trennwänden ergeben sich je nach gewähltem Rastertyp Anschlussprobleme hinsichtlich elektrischer Installationen und lüftungs- und klimatechnischen Anlagen. Um den geeigneten Rastertyp zu ermitteln, ist es zunächst wichtig, sich mit der Modulordnung im Bauwesen (DIN 18000) vertraut zu machen. Basisgröße ist das Grundmodul M = 100 mm.

Neben diesem Grundmodul gibt es dann ausgewählte Vielfache davon, die Multimoduln, z.B.

- 3 M = 300 mm,
- 6 M = 600 mm,
- 12 M = 1200 mm.

Zur Ergänzung gibt es Teile davon, z.B. 25 mm, 50 mm, 75 mm.

Als Bezugsgrößen können im Koordinationssystem gewählt werden (Bild **8**.20):

- **Grenzbezug.** Die Koordinationsebene bildet die Begrenzung.
- **Achsenbezug.** Das Bauteil liegt mittig in der Koordinationsebene.
- **Randlage.** Die Begrenzung bildet hier eine Koordinationsebene.
- **Mittellage.** Die Achse eines Bauteils liegt mittig zwischen zwei Koordinationsebenen.

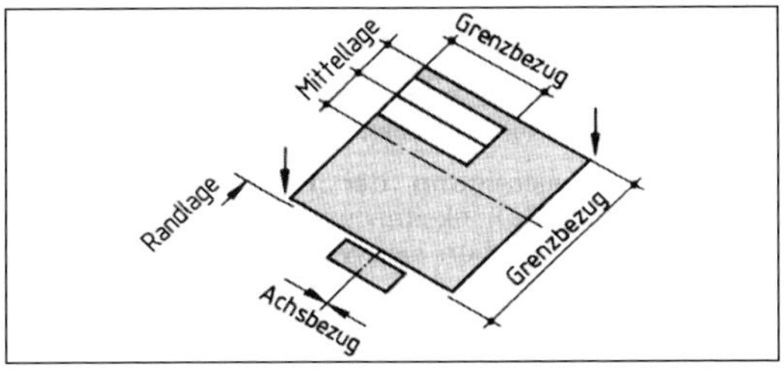

Bild 8.20 Bezugsarten im Koordinationssystem

Daneben kann es auch erforderlich sein, nichtmodulare Bereiche auszuweisen, an die dann mit Randlage angeschlossen wird.

Ist nun die Aufteilung einer Decke vorzunehmen, wird gemäß der Modulordnung eine Zuordnung in eine Koordinationsebene durchgeführt.

Koordinationsebene ist bei den hier auszuführenden Arbeiten die Deckenfläche, bei Wandflächen wäre es die Wandfläche. Dabei kann auf einem oder auch im Wechsel auf verschiedene Moduln aufgebaut werden (auch nicht modulare Bereiche können eingeplant werden).

Wird auf einem gleich bleibendem Modul aufgebaut, ergibt sich das *Linienraster* (Bild **8**.21a). Werden nicht modulare Zonen bzw. verschiedene Moduln in einer Richtung dazwischen geschoben, ergibt sich das *Längsbandraster* (Bild **8**.21b).

Das *Kreuzbandraster* (Bild **8**.21c) ergibt sich, wenn in beide Richtungen nichtmodulare Zonen bzw. verschiedene Moduln eingeplant sind.

Für die räumliche Veränderbarkeit hinsichtlich Anschlüsse technischer Einrichtungen und der Umsetzbarkeit von Trennwänden lässt sich folgendes für die genannten Rastertypen ableiten:

- **Linienraster.** Bei der Anordnung von Trennwandelementen bei Achsbezug werden die Deckenelemente im Wandbereich um 1/2 Wanddicke schmäler. Es müssen hier Sonderdeckenelemente verarbeitet werden. Ebenso im Bereich von anschließenden Seitenwänden. Beim späteren Umstellen der Trennwände müssen nochmals Anpassungen durch Sonderelemente vorgenommen werden (**8**.22a).
- **Längsbandraster.** Beim Längsbandraster (Grenzbezug) wird durch Einfügen nicht modularer Zonen (im Bereich und in der Dicke der Trennwand einschl. Fugen und Toleranzen) die Problematik etwas entschärft. Es ergeben sich in Richtung des Längsbandrasters überall gleich große Deckenelemente. Lediglich dort, wo Seitenwände anschließen, ergeben sich die gleichen Nachteile wie beim Linienraster (**8**.22b).
- **Kreuzbandraster.** Da beim Kreuzbandraster in beiden Richtungen nichtmodulare Zonen eingeplant sind, er geben sich hier keinerlei Sonderelemente, solange die Trennwände im Bereich der nichtmodularen Zonen errichtet werden. Wie Bild **8**.22c verdeutlicht, können im Bereich der nichtmodularen Zonen die Trennwände beliebig aufgestellt werden.

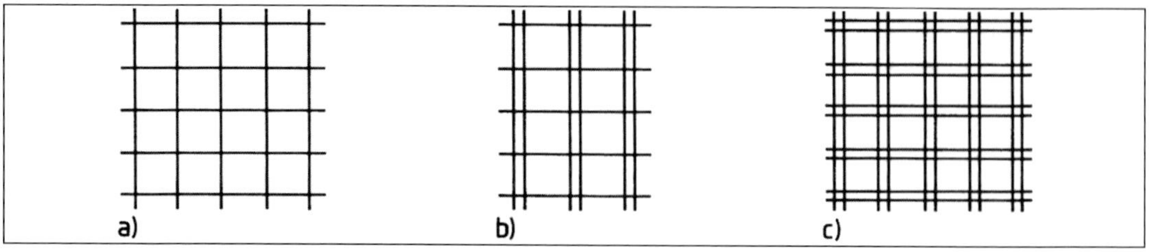

Bild 8.21 Schematische Darstellung von Rastertypen
a) Linienraster, b) Längsbandraster, c) Kreuzbandraster

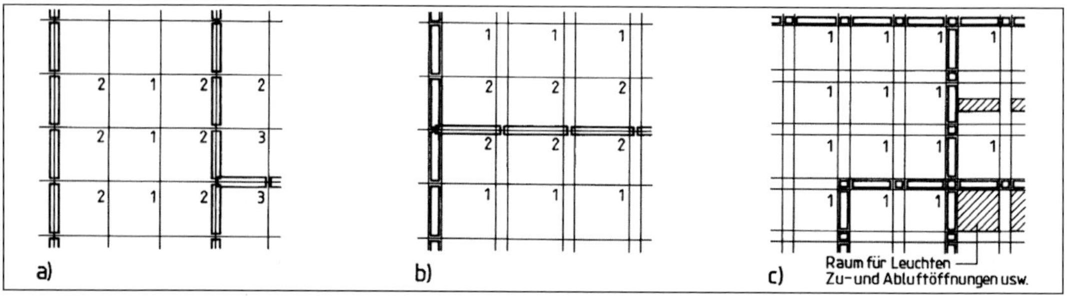

Bild 8.22 Notwendige Deckenelemente bei den unterschiedlichen Rastertypen
1 Standard-Deckenelement *2* Sonderdeckenelement *3* Sonderdeckenelement

Das Kreuzbandraster ermöglicht gleichbleibende Deckenelemente und eine optimale Austauschbarkeit. Die Trennwände können im Bereich der nicht modularen Zonen beliebig aufgestellt werden.

8.3 Hängende Drahtputzdecken nach DIN 4121

DIN 4121 beschreibt die Anforderungen und die Ausführung von abgehängten Putzdecken mit Metallputzträgern (Rabitzdecken). Es handelt sich um ebene oder anders geformte (z.B. gewölbeartige) Unterdecken mit geringer Tragfähigkeit, die an tragenden Bauteilen befestigt sind.

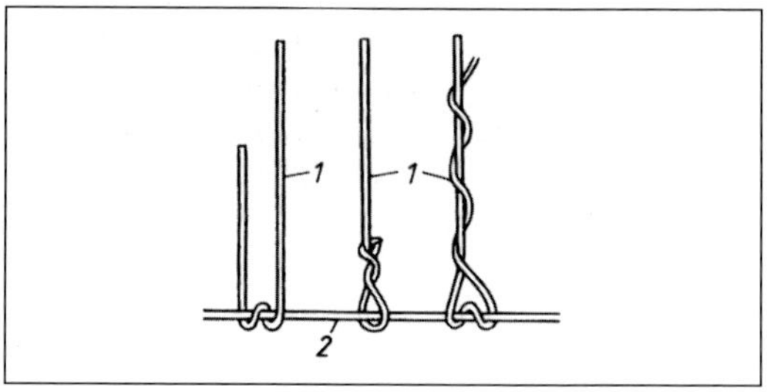

Bild 8.23 Mögliche Verrödelung, die ein nachträgliches Strecken ausschließen
1 Abhängeverrödelung
2 Tragstange

8.3.1 Bauteile

Hängende Drahtputzdecken bestehen aus

Abhängern. Sie verbinden die Verankerungselemente mit der Unterkonstruktion.

Unterkonstruktion. Diese besteht aus Trag- und Querstäben. Sie dient der Aufnahme für den Putzträger.

Putzträger. Es sind metallische Putzträger, die eine vom tragenden Bauteil unabhängige Putzkonstruktion ermöglichen.

Putz. Die Putzschicht bildet den sichtbaren Raumabschluss oder den Untergrund einer weiteren Beschichtung.

8.3.2 Abhänger

Nach DIN 4121 sind zulässige Abhänger

- Rundstähle mit einem Mindestdurchmesser von 5 mm,
- verzinkte Drähte mit einem Mindestdurchmesser von 3,1 mm, korrosionsgeschützte, gelochte und ungelochte Bandstähle mit einer Mindestdicke von 1,5 mm und einem Mindestquerschnitt von 10 mm^2,
- andere Abhänger (s. Abschn. 8.1.2) mit einer entsprechenden Zugfestigkeit und ebenbürtigem Korrosionsschutz.

In Abhängigkeit von der Tragfähigkeit und der Verformbarkeit der Unterkonstruktion ergibt sich die Anzahl der notwendigen Abhänger. Mindestens sind jedoch drei Abhänger pro m^2 Unterkonstruktion erforderlich. Sie sollen in möglichst gleichbleibendem Abstand angeordnet und lotrecht angebracht sein. Müssen Schlaufen am Abhängepunkt oder der Unterkonstruktion gebildet werden, sind diese so herzustellen, dass ein nachträgliches Strecken ausgeschlossen ist (Bild **8.**23). Die Abhänger sind sicher und fest durch geeignete Befestigungsmittel mit dem tragenden Bauteil zu verbinden. Befestigungsmittel sind: Nägel, Schrauben, Laschen, Krampen, Haken und Spezialhalterungen. Alle metallischen Befestigungsmittel müssen gegen Korrosion geschützt sein. Sind die tragenden Bauteile Holzbalken, sind die Abhänger mittels Schrauben, Rabitzhaken oder Krampen an den Seitenflächen der Balken einzuschrauben bzw. schräg von oben einzuschlagen (Bild **8.**24). Die Eindringtiefe beträgt mindestens 50 mm. An der Unterseite von Holzbalken darf nur bei gesundem, festem Holz eine Befestigung erfolgen. Hier sind mindestens 7 mm dicke Holzschrauben mit langem Gewinde zu verwenden. Die Eindringtiefe beträgt auch hier ≥ 50 mm (Bild **8.**25).

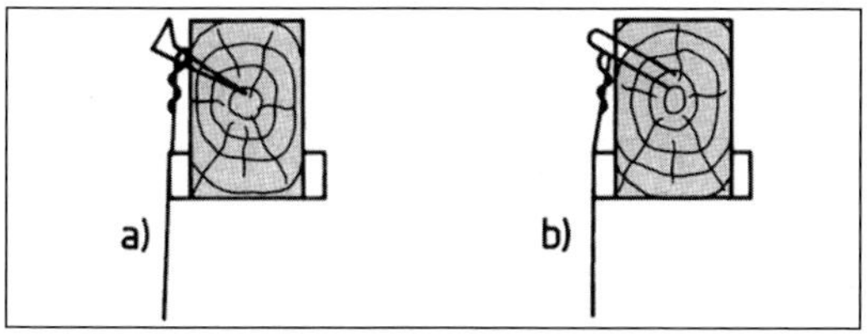

Bild 8.24 Befestigung der Abhänger an Holzbalken a) mittels Haken oder Schrauben, b) mittels Krampe

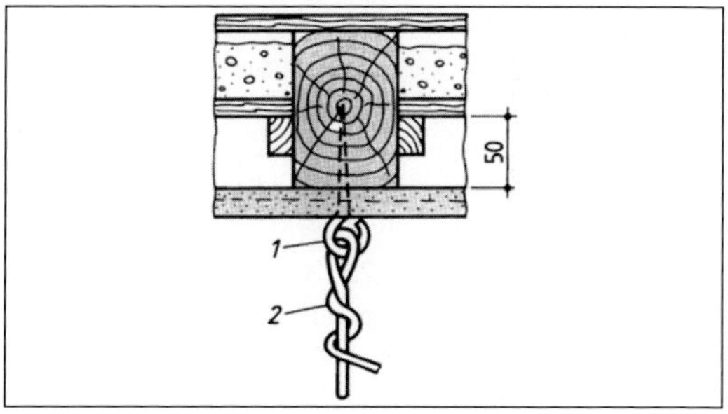

Bild 8.25 Befestigung an der Balkenunterseite
1 Holzschraube mit Öse
2 Drahtabhänger

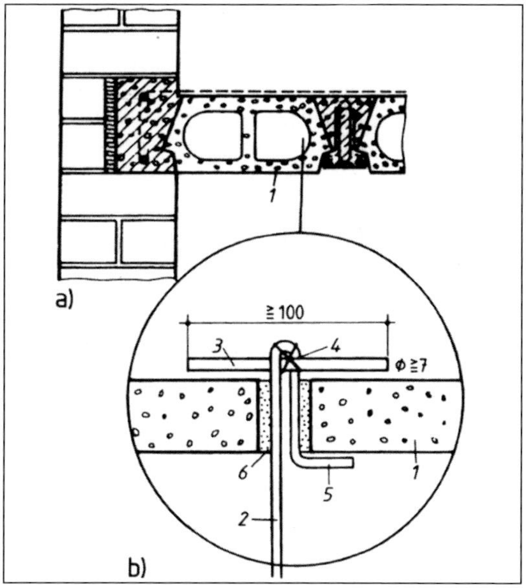

Bild 8.26 Abhängevorrichtung an einer Hohlkörperdecke
1 untere Wandung des Hohlkörpers
2 Abhänger
3 Splint (1 = ≥ 100 mm)
4 Verdrahtung
5 Umbiegung (Sicherung gegen Herausheben des Abhängers)
6 Mörtelverfüllung

Bei Massivdecken sollten bereits bei der Herstellung geeignete Aufhängevorrichtungen (z.B. Ankerschienen) eingebaut werden. Ausnahmsweise können auch nachträglich Aufhängevorrichtungen angebracht werden. Dies kann mittels eingetriebenen Metallbolzen (Voraussetzung: Betongüte B 25, vorwiegend ruhende Verkehrslasten, Bauteildicke ≥ 100 mm, Schaftdurchmesser ≥ 3,4 mm, Mindesteindringtiefe 25 mm, mindestens drei Bolzen/m^2) oder eingesetzten Metalldübeln (Belastung nach Herstellerangaben) geschehen.

Bei Hohlkörperdecken soll die Befestigung mit Kippdübel oder durch Rundstähle entsprechend Bild **8**.26 erfolgen. Die Löcher dürfen nur gebohrt, nicht eingeschlagen werden. Wegen der verhältnismäßig geringen Wandungsdicke ist eine Befestigung mit Bolzen in Hohlkörperdecken nicht zulässig.

Die Verbindung der Abhänger an Stahlprofilen erfolgt mittels Schellen und Flanschstahl (Mindestquerschnitt 25 × 4 mm) oder Rundstahl (Durchmesser ≥ 5 mm), durch Anschweißen oder Verschrauben.

> Als Abhänger für hängende Drahtputzdecken dienen Rundstähle, verzinkte Drähte, Bandstähle oder auch andere höhenverstellbare Abhänger.

8.3.3 Unterkonstruktion

Die Unterkonstruktion für Metallputzträger besteht aus Tragstäben und Querstäben. Die Tragstäbe werden an den Abhängern befestigt. Sie sind üblicherweise aus Rundstahl mit einem Durchmesser von ≥ 7 mm. Der Abstand der Tragstäbe soll möglichst gleichmäßig sein. Er ist abhängig von der Eigensteifigkeit des gewählten Putzträgers. Die Querstäbe (Durchmesser ≥ 5 mm) werden kreuzweise auf die Tragstäbe aufgelegt und mit mindestens 0,7 mm dickem verzinkten Draht oder gleichwertigem Material an den Kreuzungspunkten verbunden. Auf die Querstäbe kann verzichtet werden, wenn ein Putzträger verwendet wird, der eine so große Eigensteifigkeit aufweist, dass die Putzdecke nicht durchhängt.

Um ein seitliches Verschieben zu verhindern, sind alle Trag- und Querstäbe an den angrenzenden Wänden anzuschließen. Die Drahtputzdecke ist freischwebend zu erstellen, wenn sie erheblichen Temperaturschwankungen (z.B. Deckenstrahlheizungen) oder starken Erschütterungen ausgesetzt ist und der Putz aus Mörtel der Mörtelgruppe P II besteht. Bei freischwebender Ausführung ist eine umlaufende Trennfuge von mindestens 8 mm vorzusehen.

> Die Unterkonstruktion von hängenden Drahtputzdecken bestehen aus den Tragstäben und den auf diesen kreuzweise verlegten Querstäben.

8.3.4 Putzträger

Als Putzträger können die in Abschn. 4.7 beschriebenen metallischen Putzträger wie z.B. Rippenstreckmetall, Drahtgitter und Ziegeldrahtgewebe verwendet werden. Die Putzträger sind sorgfältig mit Rödeldraht an der Unterkonstruktion zu befestigen und straff zu spannen. Das Überdeckungsmaß ist abhängig von dem jeweils verwendeten Putzträger. Hier sind insbesondere die Herstellervorschriften zu beachten.

8.3.5 Putz

Der Putzträger wird mit Mörtel der MG PII bzw. PIV ausgedrückt oder von oben ausgegossen. Die Mindestüberdeckung des Putzträgers mit Putz beträgt auf der Sichtseite 15 mm. Die Gesamtdicke der fertigen Putzdecke einschließlich Putzträger beträgt mindestens 25 mm, jedoch nicht mehr als 50 mm. Näheres s. Abschn. 4.10.9.

Bogenförmige Drahtputzdecken werden im gleichen Prinzip wie ebene Drahtputzdecken hergestellt (Bild **8**.27). Notwendig ist hier die Herstellung eines Lehrbogens, um im gesamten Deckenbereich eine gleichmäßige Wölbung zu erzielen.

Die Herstellung des Lehrbogens kann in folgende Schritte gegliedert werden:

- Bogenlinie (Fertigmaß) und Spannweite im Maßstab 1:1 auf dem Reißboden aufzeichnen.
- Zwei Nagelreihen (Abstand = Dicke der Schwunglatte) entlang der Bogenlinien entsprechend einschlagen und Schwunglatte zwischen die beiden Nagelreihen einklemmen (Bild **8**.28a).

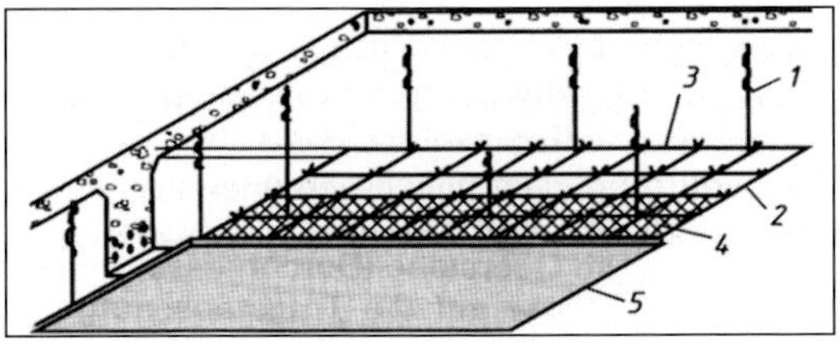

a)

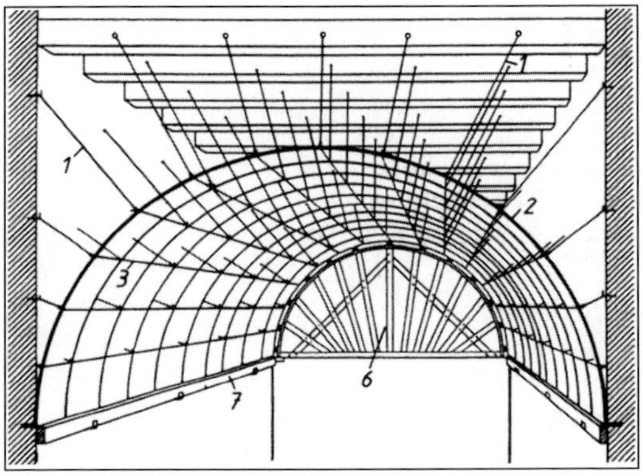

b)

Bild 8.27 Drahtputzdecke a) eben, b) bogenförmig
1 Abhänger
2 Tragestange
3 Querstab
4 Rippenstreckmetall
5 Putz
6 Lehrbogen
7 Kämpferlatte

Achtung: Die Schwunglatte ist zuvor ausreichend lange zu wässern.

- Waagerechte und radial angeordnete Aussteifung (Spreizen, Streben) befestigen (Bild **8.**28b).
- Holzklötzchen entsprechend der gewünschten Putzdicke (ca. 3 cm) auf der Schwunglatte befestigen (Bild **8.**28c).

Auf den Lehrbogen werden nun die Tragestangen (Rundstahl) mit Bindedraht befestigt (Bild **8.**28d).

Achtung: Die Tragestangen erhalten an ihren Enden eine waagerechte Abbiegung zum späteren Einbinden in das Mauerwerk.

Das Gewölbe wird nach dem Herstellen des Lehrbogens folgendermaßen erstellt:

- Einteilen und Befestigen der Abhänger an Decke und Wänden.
- Anbringen von Kämpferlatten in Höhe der Kämpferlinie (Bild **8.**29).
- Die Lehrbogen auf die Kämpferlatten aufsetzen und ausrichten. Tragestangen auflegen. Die waagerechten Abbiegungen werden dabei in die zuvor hergestellten Bohrungen eingeführt und eingeputzt.

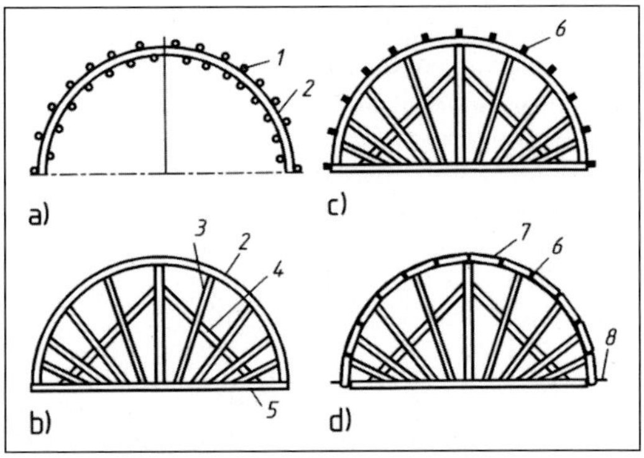

Bild 8.28 Herstellung eines Lehrbogens
a) Schwunglatte die durch zwei Nagelreihen gehalten wird
b) waagerechte und radial angebrachte Aussteifung
c) Fertiger Lehrbogen mit Holzklötzchen entsprechend der vorgesehenen Putzdicke
d) aufgespannte Tragestange über den Holzklötzchen
1 Nagelreihen
2 Schwunglatte
3 Spreize
4 Strebe
5 Lehrbogenbrett
6 Holzklötzchen
7 Tragstange
8 Tragstangenabbiegung

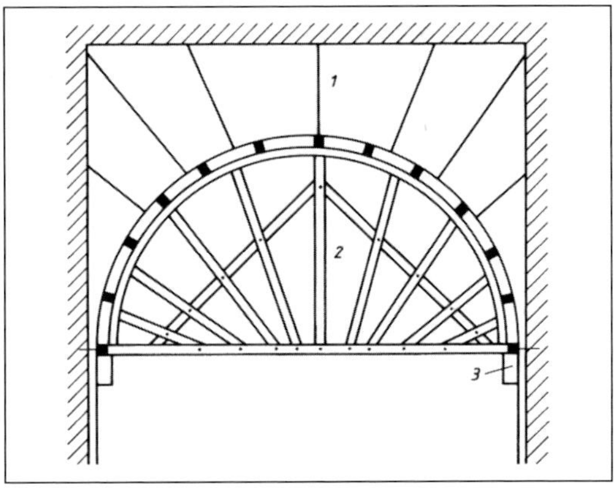

Bild 8.29 Einsetzen des Lehrbogens mit aufgspannter Tragstange
1 Abhänger
2 Lehrbogen
3 Kämpferlatte

- Tragestangen an den Abhängern radial zum Bogen befestigen. Lehrbogen entfernen.

- Die nächsten Tragestangen entsprechend befestigen
- Rechtwinklig zu den Tragestangen werden anschließend die Auflegestangen eingebaut und an den Kreuzungspunkten mit den Tragestangen mit Rödeldraht befestigt.
- Die so vorbereitete Putzfläche mit Mörtel ausdrücken und aufrauen.
- Mit Hilfe des Lehrbogens (die Klötzchen wurden entfernt) können nun Putzlehren erstellt werden.
- Danach kann die abschließende Putzschicht aufgetragen und auf den Putzlehren abgezogen werden.

Zeitgemäßere Varianten zeigen die Bilder **8**.30 und **8**.31. Hierbei werden die Rundstähle durch Profile ersetzt. Bogenförmige Profile werden über einen Lehrbogen, entsprechend dem geforderten Radius, unmittelbar auf der Baustelle gebogen. Die Abhängung erfolgt an Decke und Wand mit Noniusabhängern und Justierstäben. Wegen der wesentlichen Nachteile hängender Drahtputzdecken, wie z.B.

- hoher Lohnkostenanteil,
- hoher Feuchtigkeitsanfall durch Nassputz,
- Austrocknungszeiten (was zu Bauverzögerungen führt).

werden ebene und bogenförmige, abgehängte, fugenlose Decken heute vorzugsweise in *Trockenbauweise* hergestellt.

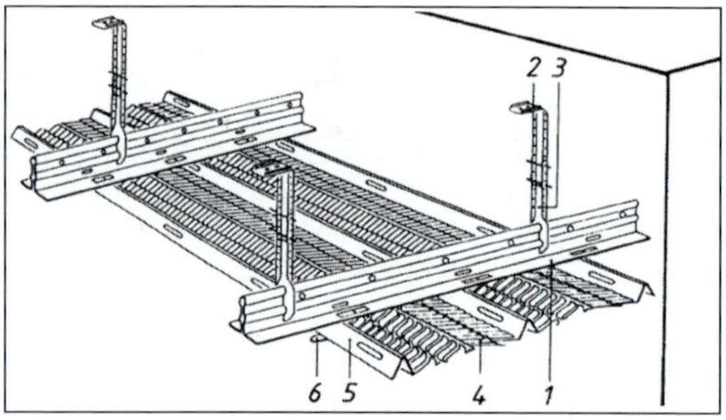

Bild 8.30 Hängende Drahtputzdecke mit einer Metallunterkonstruktion aus T-förmigen Tragschienen. Die Befestigung des Putzträgers (Rippenstreckmetall) erfolgt mittels angestanzter Laschen
1 T-förmige Tragschiene *2* Noniusabhänger *3* Justierstab *4* Rippenstreckmetall *5* Randrippe mit Loch *6* ungebogene Lasche

Hängende Drahtputzdecken bestehen aus Abhängern, der Unterkonstruktion, dem Putzträger und dem Putz. Sie haben wegen wesentlicher Nachteile gegenüber der Trockenbauweise aus Gipsplatten bzw. Gips-Putzträgerplatten an Bedeutung verloren.

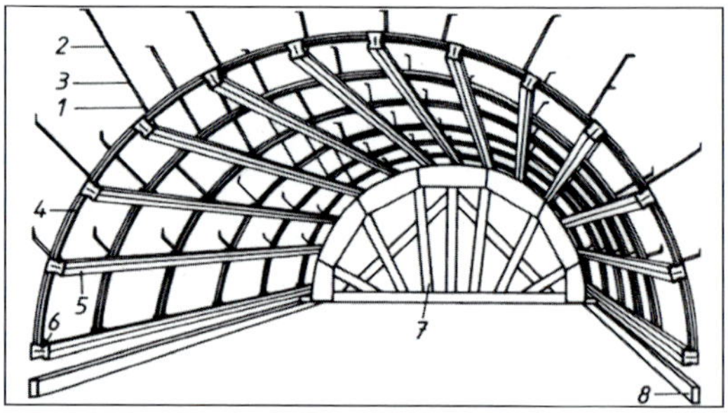

Bild 8.31a Verzinkte Metallunterkonstruktion in Gewölbeform für Trockenbauweise mit Gipsplatten
1 Noniusabhänger *2* Justierstab *3* Sicherungsklammer *4* Gewölbeprofil *5* CD-Profil *6* CD-Kreuzschnellverb. 7 Biegelehre *8* Kämpferlatte

Bild 8.31b Verzinkte Metallunterkonstruktion mit Stucanet-Putzträgern

Aufgaben zu Abschnitt 8

T

1. Unterscheiden Sie zwischen Deckenbekleidungen und Unterdecken.
2. Für welche Aufgabengebiete sind leichte Deckenbekleidungen bzw. Unterdecken eine sinnvolle bauliche Lösung?
3. Aus welchen Bauteilen bestehen leichte Deckenbekleidungen und Unterdecken?
4. Von welchen Gesichtspunkten ist die Anzahl der Verankerungspunkte abhängig?
5. Nennen Sie Möglichkeiten der Verankerung an den unterschiedlichen Bauteilen wie z.B. Massivdecke, Holzbalkendecke, Stahlprofildecke.
6. Weshalb ist es nicht zulässig, die Verankerung an einbetonierten Holzlatten durchzuführen ?
7. Nennen und beschreiben Sie die verschiedenen Abhängesysteme.
8. Welche Anforderungen werden bei Ausführung einer Holzunterkonstruktion an das Material Holz gestellt.
9. Weshalb soll die Befestigung der Abhänger stets an der Balkenseite erfolgen?
10. Beschreiben Sie die Herstellung einer Holzunterkonstruktion als Konterlattung.
11. Welche Konstruktionsprinzipien sind bei Metallunterkonstruktionen möglich?
12. Durch welche konstruktiven Maßnahmen wird die Aussteifung bei Metallunterkonstruktionen gewährleistet?
13. Welche Materialien werden als Decklagen üblicherweise eingesetzt?
14. Unterscheiden Sie zwischen fugenlosen Decklagen und Rasterdecken.
15. Beschreiben Sie die Herstellung einer Rasterdecke mit Gipskarton-Paneelplatten.
16. Erklären Sie die Ausführungsarten Schraub-, Einschub- und Einlegemontage.
17. Beschreiben Sie Gipskarton-Kassettenplattenarten. Orientieren Sie sich dabei an Herstellerunterlagen.
18. Welche Arten von Gipskassettenplatten werden im Handel angeboten?
19. Nennen Sie Eigenschaften von Gipskassettenplatten.
20. Nennen Sie Eigenschaften von Mineralfaserplatten.
21. Beschreiben Sie die Kantenformen von Mineralfaserplatten.
22. Für welche Anwendungsgebiete sind die unterschiedlichen Kantenformen gedacht?
23. Unterscheiden Sie zwischen verdeckter und sichtbarer Montage.
24. Verdeutlichen Sie mit Skizzen die Bezugsgrößen Grenz- und Achsenbezug sowie Rand- und Mittellage.
25. Wann sprechen wir von einem Linienraster, von einem Längsbandraster und von einem Kreuzraster?
26. Nennen Sie die Eigenarten der drei Rastertypen.
27. Aus welchen Bauteilen bestehen hängende Drahtputzdecken nach DIN 4121?
28. Welche Abhänger sind für Drahtputzdecken nach DIN 4121 zulässig?
29. Beschreiben Sie die Möglichkeiten der Befestigung der Abhänger an den tragenden Bauteilen.
30. Aus welchen Teilen besteht die Unterkonstruktion von hängenden Drahtputzdecken?
31. Durch welche konstruktiven Maßnahmen wird das seitliche Verschieben der Unterkonstruktion ausgeschlossen?
32. Beschreiben Sie die Herstellung eines Lehrbogens für eine bogenförmige Drahtputzdecke.
33. In welche Arbeitsschritte lässt sich die Herstellung einer bogenförmigen Rabitzkonstruktion gliedern?
34. Welche wesentlichen Nachteile haben hängende Drahtputzdecken gegenüber der Trockenbauweise?

M

Erstellen Sie für die im Abschnitt Zeichenaufgaben beschriebenen Arbeiten 2 und 3 die Materiallisten. Entnehmen Sie die erforderlichen Angaben den Herstellerprospekten.

Z

1. Zeichnen Sie auf ein DIN-A3-Blatt die in Abschn. 8.1 dargestellten Möglichkeiten von leichten Deckenbekleidungen nach DIN 18168 mit
   a) Traglattung an einer Holzbalkendecke,
   b) Trag- und Grundlattung an einer Holzbalkendecke,
   c) Traglattung an einer Massivdecke,
   d) Trag- und Grundlattung an einer Massivdecke. Benennen Sie alle Bauteile. Wählen Sie selbst einen geeigneten Maßstab.

2. Vorgegeben ist eine Decke entsprechend Bild **8.**32. Die Massivdecke soll als Unterdecke mit doppelter Lattung mit Paneelen und einem umlaufenden Fries aus glatten Gipsplatten, alternativ mit Anpassungsstücken zwischen den Paneelen, verkleidet werden (s. Bild **8.**14).
Zeichnen Sie auf ein DIN-A3-Blatt im Maßstab 1:20 Ihren Vorschlag.
Paneelabmessungen entnehmen Sie bitte den Herstellerprospekten.

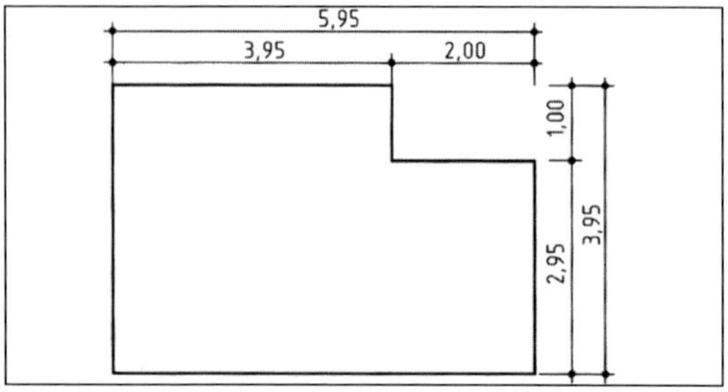

Bild 8.32 Wohnraumdecke

3. Die Decke eines Wohnraumes ist mit Mineralfaserplatten als leichte Unterdecke nach DIN 18168 herzustellen.
Abhängemaß 20 cm; Raumabmessungen 6,80 × 4,90 m; Deckenplatten 60 cm × 60 cm.
a) Für ein verdecktes System sind auf ein DIN-A3-Blatt zu zeichnen:
– Verlegeplan im Maßstab 1:50,
– Plattenstoß im Maßstab 1:1,
– Wandanschluss im Maßstab 1:1.
b) Für ein sichtbares System sind auf ein DIN-A3-Blatt zu zeichnen:
– Verlegeplan im Maßstab 1:50,
– Plattenstoß im Maßstab 1:1,
– Wandanschluss im Maßstab 1:1.
Orientieren Sie sich an den Prospekten der Hersteller.

9 Gewölbe

Bogenförmig bzw. kugelförmig ausgebildete Raumdecken werden als Gewölbe bezeichnet. Das Gewölbe besteht in der Regel aus Steinen, die sich zwischen den Widerlagern verspannen. Dies bewirkt, dass ein Gewölbe – statisch gesehen – nur auf Druck beansprucht wird. Gewölbe aus Rabitzkonstruktionen (abgehängte Drahtputzdecken, s. Abschn. 8) werden an der tragenden Decke und dem Raumumfassungswänden befestigt. Diese haben nur ihre Eigenlast zu tragen.

Die Bezeichnung der Gewölbeteile entspricht weitgehend dem der Mauerbögen (Bild **9**.1).

9.1 Bogenarten

Es gibt eine Vielzahl an Bogenarten. Grundsätzlich werden unterschieden:

Rundbogen, Halbkreisbogen (Bild **9**.2a)

Spitzbogen

- gedrückter Spitzbogen, die Bogenmittelpunkte liegen zwischen den Kämpferpunkten (Bild **9**.2b),
- überhöhter Spitzbogen, die Bogenmittelpunkte liegen außerhalb der Kämpferpunkte (Bild **9**.2c),
- normaler Spitzbogen, die Bogenmittelpunkte liegen in den Kämpferpunkten (Bild **9**.2d),

Segment- oder Flachbogen, die Kontur der Bogenform wird von einem Kreissegment gebildet. Das Kreissegment ist kleiner als beim Halbkreisbogen – Stichhöhe 1/6 bis 1/12 s (Bild **9**.2e),

Elliptischer Bogen (Bild **9**.2f),

Korbbogen, mit 3 (Bild **9**.2g) oder 5 Einsatzbögen (Bild **9**.2h), aus Kreisbogenstücken zusammengesetzt.

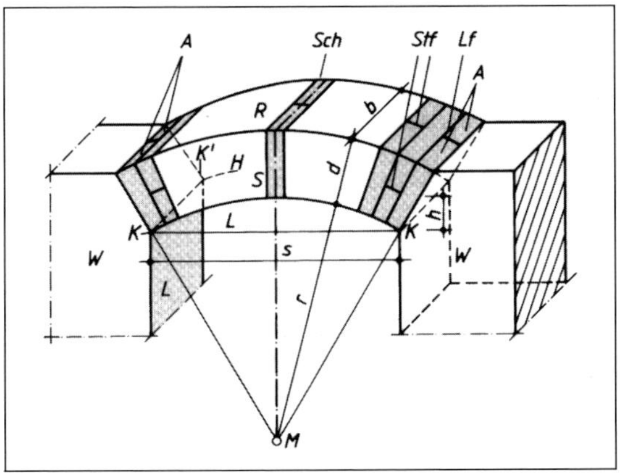

Bild 9.1
Benennung der Bogenteile

W Widerlager, die Mauerstücke zwischen denen sich der Bogen spannt
K Kämpferpunkte, die Punkte, an denen die Krümmung am Widerlager beginnt
K-K' Kämpferlinie, die Verbindungslinie zweier zugehöriger Kämpferpunkte oder Bogentiefe
s Sehne (Spannweite), der lichte, waagerechte Abstand der Widerlager
S Scheitel, der höchste Punkt des Bogens
L Leibung, die untere Bogenfläche bzw. die innere Wandung der Maueröffnung
R Rücken, die obere Bogenfläche
H Haupt oder Stirn, die Bogenansichtsfläche
h Stich- oder Bogenhöhe, die Höhe des Bogens über der Strecke K-K gemessen
r Bogenradius oder Bogenhalbmesser
M Mittelpunkt des Kreisausschnittes
b Bogentiefe
d Bogendicke, der Abstand zwischen der Leibung und dem Rücken

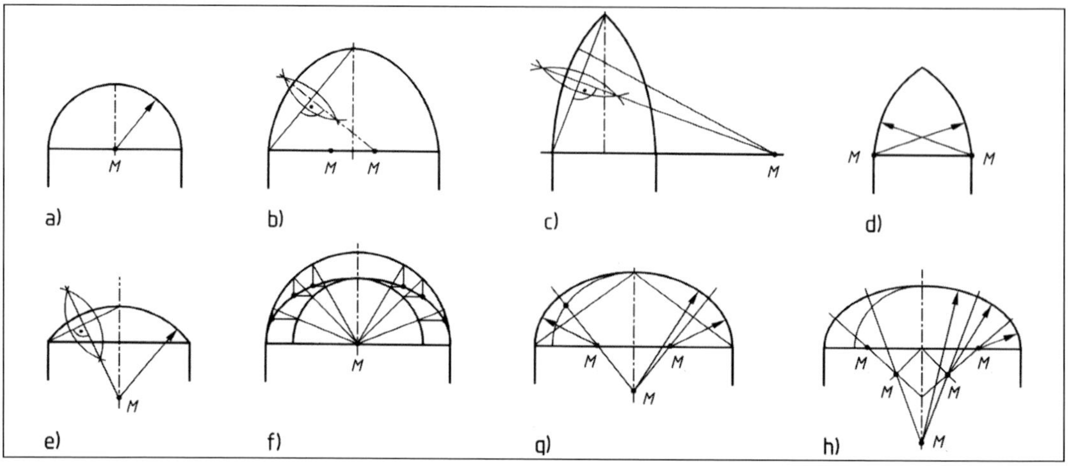

Bild 9.2 Bogenarten
a) Rundbogen, Halbkreisbogen, b) gedrückter Spitzbogen, c) überhöhter Spitzbogen, d) normaler Spitzbogen, e) Segmentbogen, Flachbogen, f) elliptischer Bogen, g) Korbbogen mit drei Einsatzpunkten, h) Korbbogen mit fünf Einsatzpunkten

9.2 Gewölbearten

Die Gewölbeformen können grundsätzlich auf zwei Grundformen zurückgeführt werden. Gewölbe mit

– *zylindrischer Wölbfläche,* dazu gehören: Tonnengewölbe, Klostergewölbe, Muldengewölbe, Spiegelgewölbe, römisches Kreuzgewölbe.

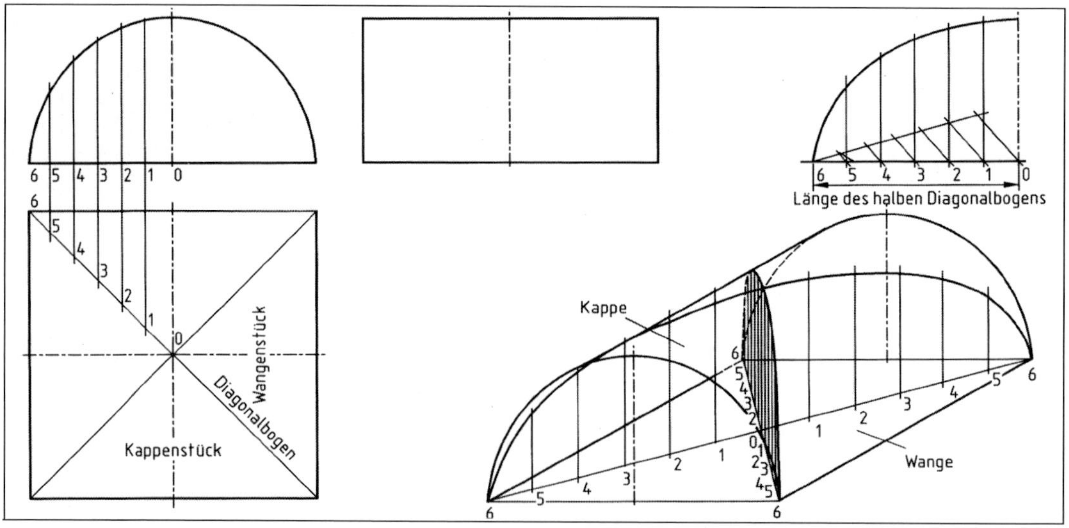

Bild 9.3 Tonnengewölbe über quadratischem Grundriss mit Vergatterung und perspektivischer Darstellung

- *kugelförmiger (sphärischer) Wölbfläche,* dazu zählen: Kuppelgewölbe, Hängekuppel, Zwischengewölbe, Böhmische Kappe.

Den Übergang von den zylindrischen zu den sphärischen Gewölben bilden:

- Kreuzgewölbe mit Bogenstich und Busung
- Sterngewölbe
- Netzgewölbe
- Fächergewölbe.

Im Folgenden werden nur einige der aufgeführten Gewölbeformen näher beschrieben und bildhaft dargestellt.

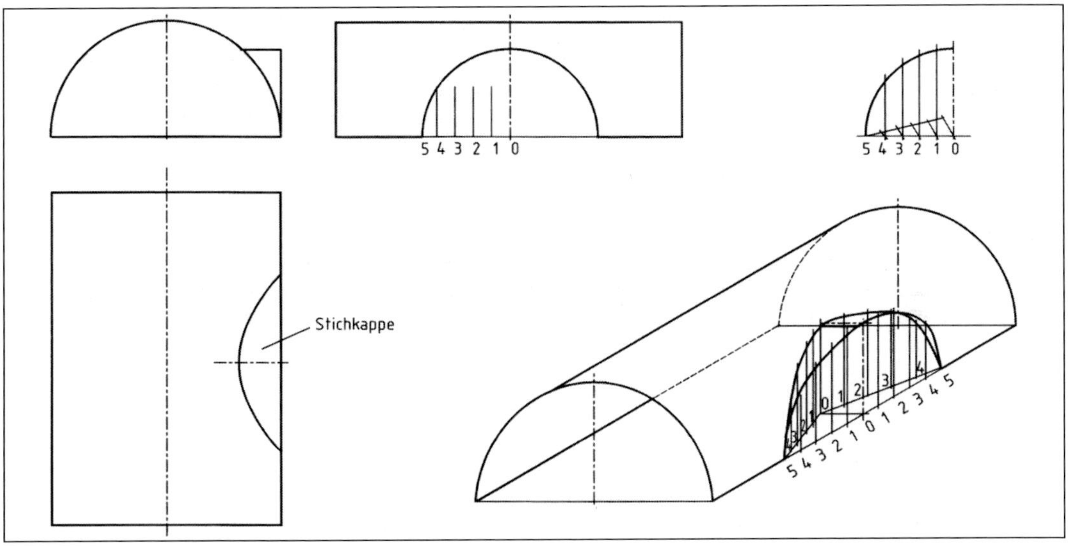

Bild 9.4 Tonnengewölbe mit Stichkappe über rechteckigem Grundriss mit Vergatterung und perspektivischer Darstellung

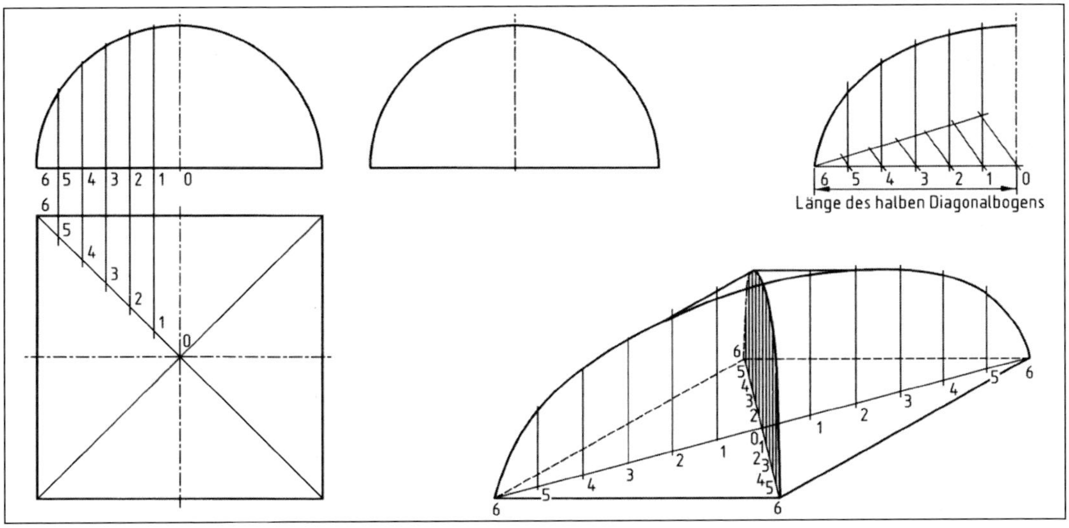

Bild 9.5 Klostergewölbe über quadratischem Grundriss mit Vergatterung und perspektivischer Darstellung

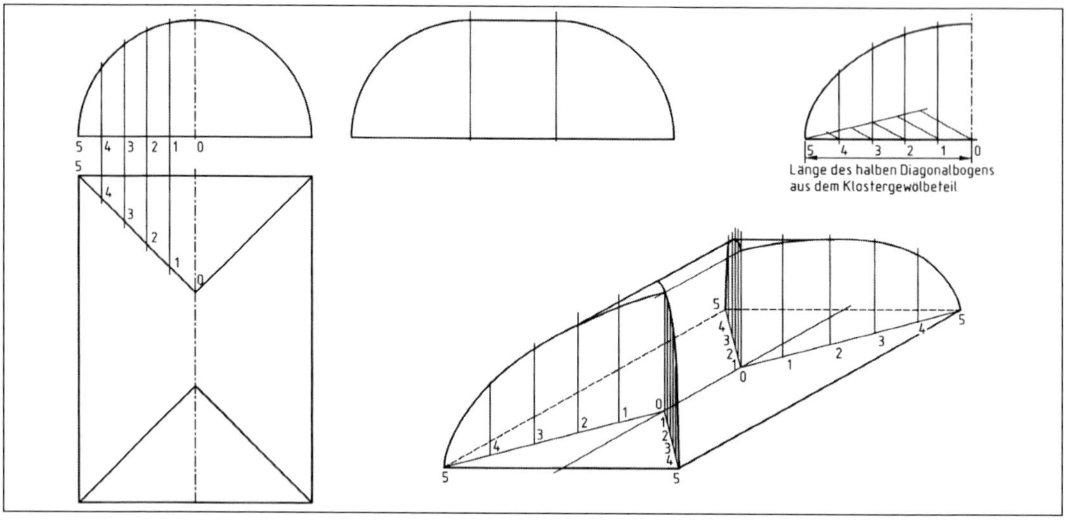

Bild 9.6 Muldengewölbe über rechteckigem Grundriss mit Vergatterung und perspektivischer Darstellung

9.2.1 Tonnengewölbe

Das Tonnengewölbe zählt zur einfachsten Form. Es handelt sich um ein Gewölbe mit längs einer Achse gleich bleibendem halbkreis-, segmentbogen- oder spitzbogenförmigen Querschnitt. Die dem Kämpfer zugeordneten Teile der Gewölbeschale werden als *Wangenstücke,* die der Öffnung nächsten *Kappenstücke* genannt. Das perspektivische Bild wird mittels Vergatterung der Diagonalbogen erstellt (Bild **9**.3). Zur Anordnung von Öffnungen müssen die *Wangenstücke* durchbrochen werden. Dann ergibt sich das Tonnengewölbe mit Stichkappe (Bild **9**.4).

9.2.2 Klostergewölbe

Vier zusammengesetzte Wangenstücke ergeben ein Klostergewölbe (Bild **9**.5). Die Wangen sind durch Grate voneinander getrennt. Klostergewölbe können nur auf einem quadratischen oder rechteckigen Grundriss entstehen. Ausgangsbogen ist der Diagonalbogen, der als Halbkreis-, Stich- oder Korbbogen ausgebildet sein kann.

9.2.3 Muldengewölbe

Das Muldengewölbe ist ähnlich dem Tonnengewölbe, dessen Öffnungen durch Wangenstücke geschlossen sind (Bild **9**.6). Es kann aber auch als ein auseinander gezogenes Klostergewölbe entstehen.

9.2.4 Spiegelgewölbe

Ein Spiegelgewölbe ist ein Muldengewölbe, bei dem der Scheitel durch eine waagerecht abgeschnittene Fläche ersetzt wird (Bild **9**.7).

9.2.5 Kreuzgewölbe

Vier zusammengesetzte Kappenstücke ergeben das Kreuzgewölbe (Bild **9**.8). Die dabei entstehen den Diagonalbogen heißen Gratbogen, die anderen Wand- oder Schildbogen. Kreuzgewölbe entstehen auch bei der Durchdringung zweier gleich hoher Tonnengewölbe. Ist der Scheitelpunkt eines Kreuzgewölbes höher als der Schild- oder Wandbogen, entsteht eine Busung.

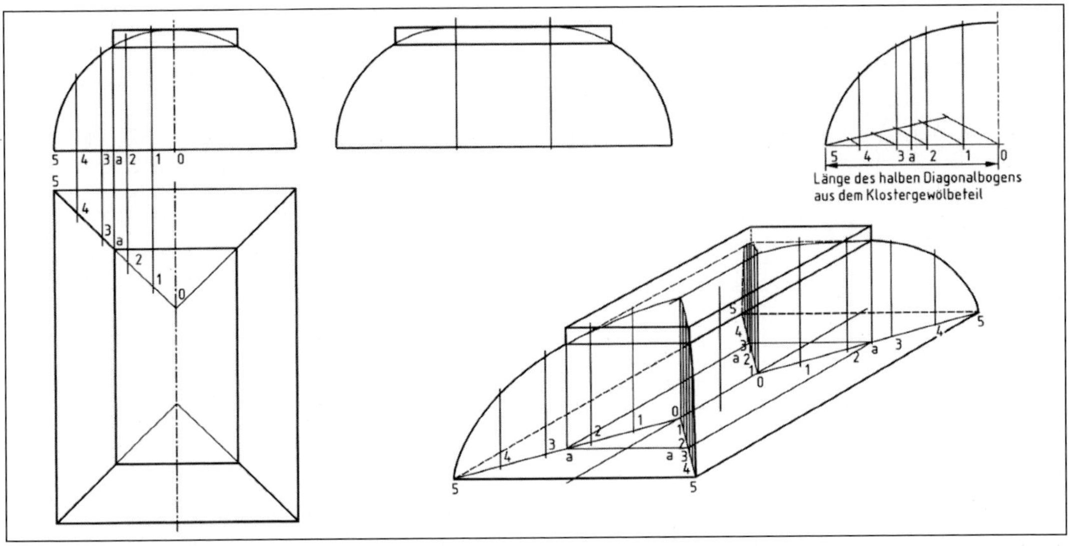

Bild 9.7 Spiegelwölbung über rechteckigem Grundriss mit Vergatterung und perspektivischer Darstellung

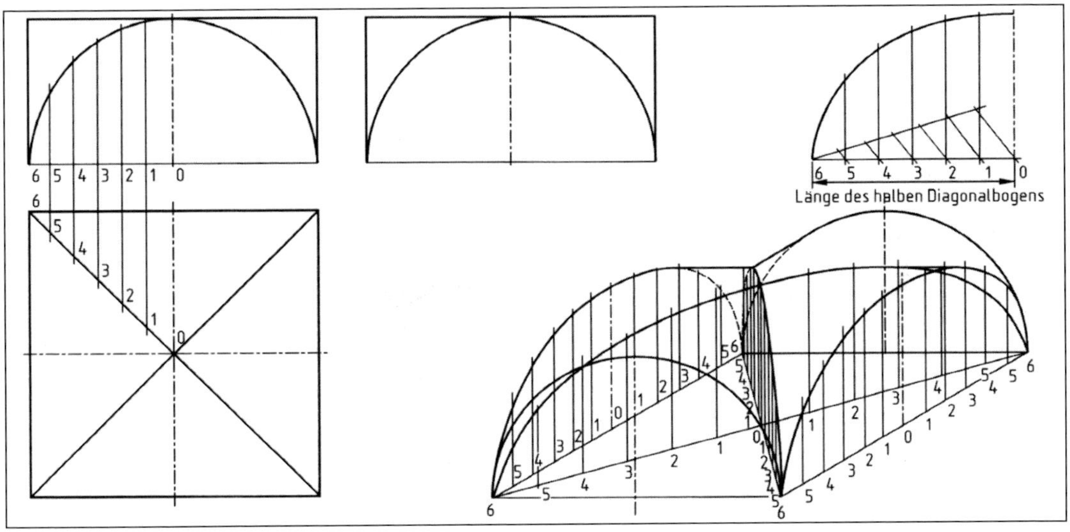

Bild 9.8 Kreuzgewölbe über quadratischem Grundriss mit Vergatterung und perspektivischer Darstellung

Gewölbe, bei denen im Verlauf der Grate tragende Rippen angeordnet werden, heißen Rippengewölbe. Werden beim Kreuzgewölbe die diagonalen Grate als tragende Rippen ausgebildet, sprechen wir vom Kreuzrippengewölbe.

9.2.6 Kuppelgewölbe

Gewölbe, deren Mantelfläche ein Kugelabschnitt darstellt, nennen wir Kuppel. Kuppeln sind typische Gewölbeformen für quadratische und kreisrunde Zentralbauten.

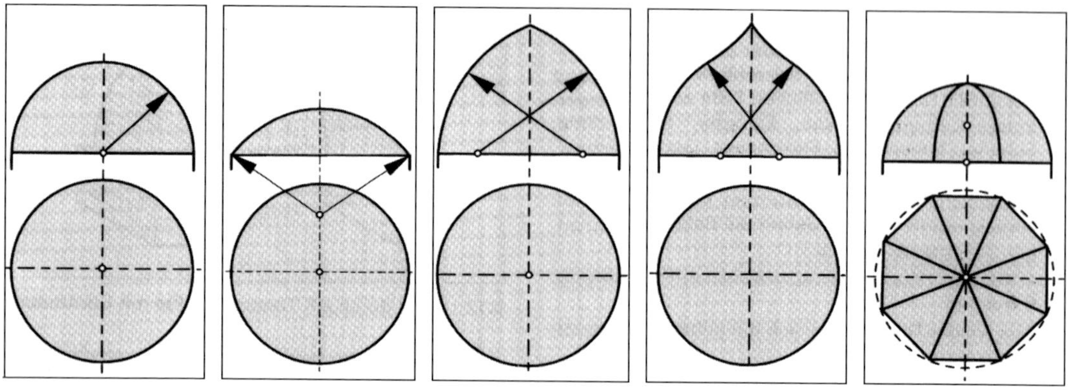

Bild 9.9 Rundkuppel

Bild 9.10 Flachkuppel

Bild 9.11 Spitzkuppel

Bild 9.12 Zwiebelkuppel

Bild 9.13 Hängekuppel

Bei einer *Rundkuppel* (Bild **9.**9) wird die Wölbung von einer Halbkugel, bei einer *Flachkuppel* (Bild **9.**10) von einem Kugelabschnitt (Kalotte) gebildet. *Spitzkuppeln* (Bild **9.**11) haben einen spitzbogigen, *Zwiebelkuppeln* (Bild **9.**12) einen zwiebelförmigen Querschnitt. Daneben können Kuppeln aber auch beliebige Vielecke als Grundrissform haben (Bild **9.**13). Von einer *Hängekuppel* (*Stützkuppel*) sprechen wir, wenn der Fußkreis der Wölbung in das Grundquadrat einbeschrieben wird (Bild **9.**14). Die außerhalb des Quadrats liegenden Wölbungsteile (vier Kugelabschnitte) werden abgeschnitten. Bei der *Byzantinischen Hängekuppel* (Bild **9.**15) wird die Überleitung vom quadratischen Grundriss zum kreisrunden Auflager der eigentlichen Kuppel mittels Pendentifs (Hängezwickel) vorgenommen. Pendentifs sind Eckzwickel in Form von Kugelausschnitten, die seitlich durch zwei Viertelkreise und oben durch ein Viertel des Fußkreises begrenzt sind. Unter einer *Böhmischen Kappe* versteht man ein Gewölbe über einer kleineren Fläche als dem Grundquadrat (Bild **9.**16). Die Stichhöhe beträgt 1/6 bis 1/10 der Spannweite.

Gewölbe sind räumlich gekrümmte Raumüberdeckungen, die so konstruiert sind, dass sie nur auf Druck beansprucht werden. Bei gemauerten Wölbungen sind die Fugen immer auf den Krümmungsmittelpunkt gerichtet.

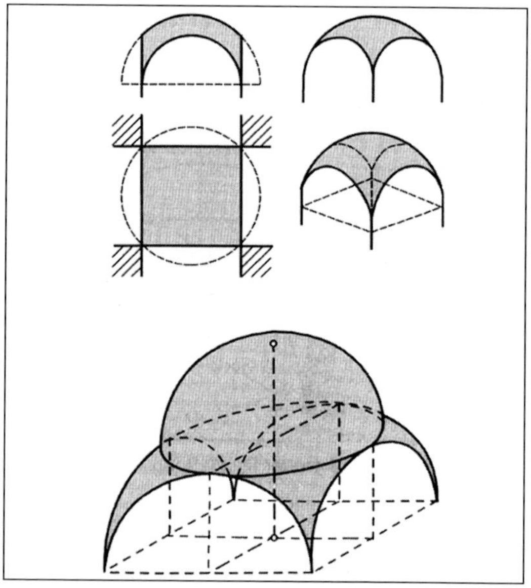

Bild 9.14 Kuppel über achteckigem Grundriss

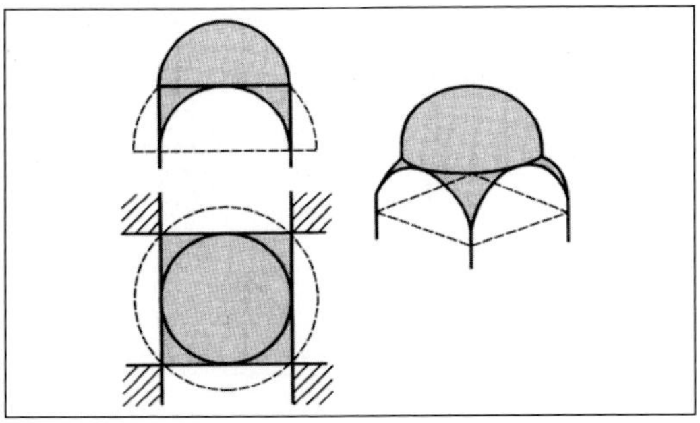

Bild 9.15 Byzantinische Hängekuppel

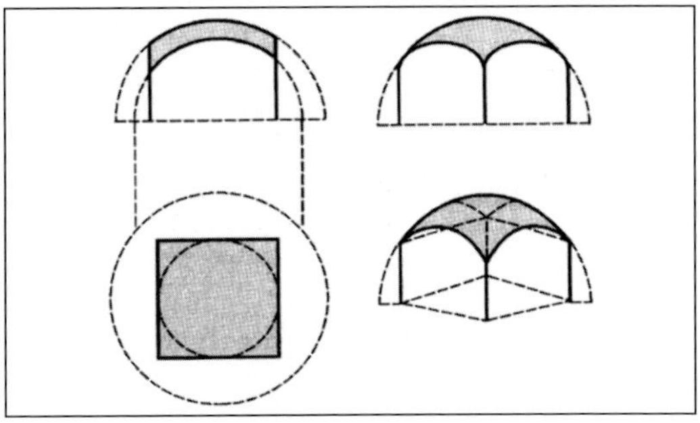

Bild 9.16 Böhmische Kappe

Aufgaben zu Abschnitt 9

T

1. Bild **9.**17 zeigt schematisch den Schnitt durch ein Tonnengewölbe mit Stirn- oder Schildmauer. Übertragen Sie die Abbildung skizzenhaft in Ihr Heft und benennen Sie die wesentlichen Teile wie Widerlager, innere Leibung, Rücken, Kämpfer, Kämpferlinie, Scheitel, Scheitellinie, Stirnmauer, Gewölbeachse, Stichhöhe, Schlussstein, Spannweite.
2. Auf welche beiden Grundformen können Gewölbe zurückgeführt werden? Geben Sie Beispiele dazu an.
3. Erklären Sie die Begriffe
   a) Kappe, b) Wange, c) Grat, d) Kehle,
   e) Vergatterung, f) Busung.
4. Aus welche Teilen setzen sich die genannten Gewölbe zusammen?
   a) Tonnen-, b) Kloster-, c) Mulden-, d) Kreuzgewölbe.
5. Bei welchen Gewölben entstehen Grate?

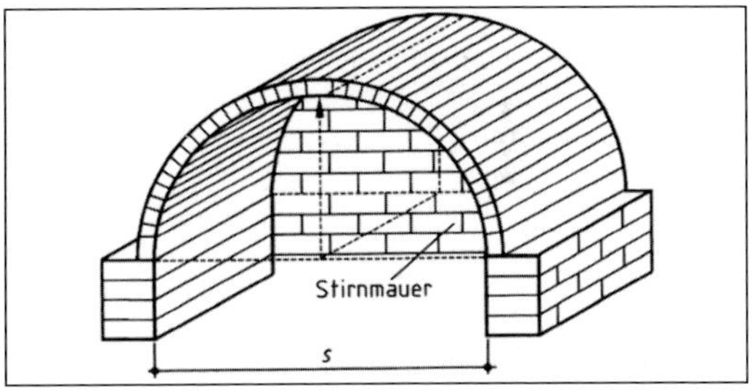

Bild 9.17 Schnitt durch ein Tonnengewölbe mit Stirnmauer

6. Wie entsteht ein Spiegelgewölbe?
7. Wodurch unterscheiden sich das Kreuzgewölbe vom Kreuzrippengewölbe?
8. Beschreiben Sie den Unterschied zwischen einer Hängekuppel und einer böhmischen Kappe.

Z

1. Zeichnen Sie für ein Tonnengewölbe über rechteckigem Grundriss
   a) die drei Ansichten,
   b) die Vergatterung des Diagonalbogens,
   c) das perspektivische Bild,
   Abmessungen: Spannweite 10 cm, Gewölbetiefe 12 cm
2. Zeichnen Sie für ein Klostergewölbe mit Halbkreisbogen über quadratischem Grundriss
   a) die drei Ansichten,
   b) die Vergattung des Diagonalbogens,
   c) das perspektivische Bild.
   Abmessungen: Grundriss 11 cm x 11 cm.
3. Zeichnen Sie für ein Muldengewölbe mit Halbkreisbogen über rechteckigem Grundriss
   a) die drei Ansichten,
   b) die Vergatterung des Diagonalbogens,
   c) das perspektivische Bild.
   Abmessungen: Spannweite 10 cm, Gewölbetiefe 12 cm.
4. Zeichnen Sie für ein Kreuzgewölbe mit Halbkreisbogen als Ausgangsbogen über quadratischem Grundriss
   a) die drei Ansichten,
   b) die Vergatterung des Diagonalbogens,
   c) das perspektivische Bild.
   Abmessung: Grundriss 11 cm × 11 cm.

M

1. Für die skizzierte Fußgängerunterführung (Bild **9.**18) sind zu berechnen:
   a) die m² Putzfläche der Unterführung,
   b) die beiden Stirnseiten in m².
   Länge der Unterführung 18,00 m.

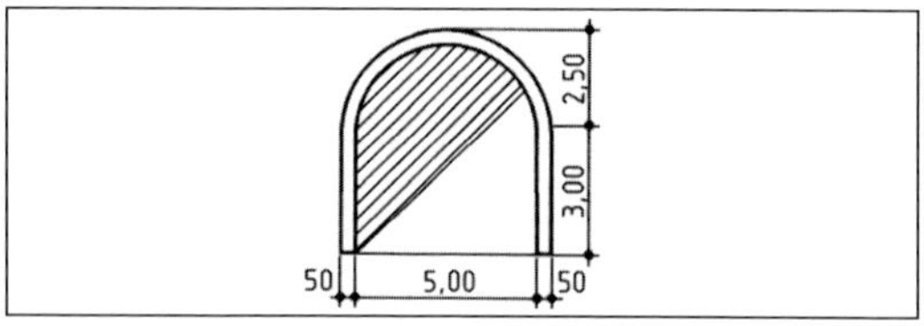

Bild 9.18 Fußgängerunterführung

2. Für den dargestellten Kuppelbau mit Oberlicht (Bild **9.**19) sind zu ermitteln
   a) die m² Innenwandfläche,
   b) die m² Deckenfläche einschließlich der Leibungsfläche des Oberlichtes,
   c) die m² Außenputz,
   Die Türleibung wird nicht verputzt.

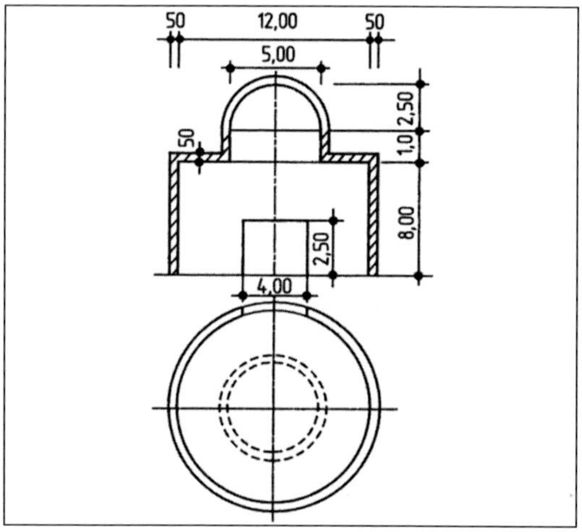

Bild 9.19 Rundbau mit Oberlicht

3. Die skizzierte Kellerdecke mit preußischem Kappengewölpe (Bild **9.**20) soll einen neuen Putz erhalten. Berechnen Sie die Deckenfläche in m². Die Decke besteht aus insgesamt 12 Deckensegmenten. Die Träger bleiben unverputzt. Mittelpunktswinkel $\alpha = 56{,}1°$, $h{:}s = 1{:}8$.
4. Ein Rundbau mit einer Kuppel (Bild **9.**21) soll innen verputzt werden. Wie viel m² Putzfläche (ohne Türleibung) sind auszuführen?
5. Die Decke eines Saales hat die Form entsprechend Bild **9.**22. In der Mitte erhebt sich eine ellipsenförmige Kuppel mit der Höhe 1,65 m. Berechnen Sie

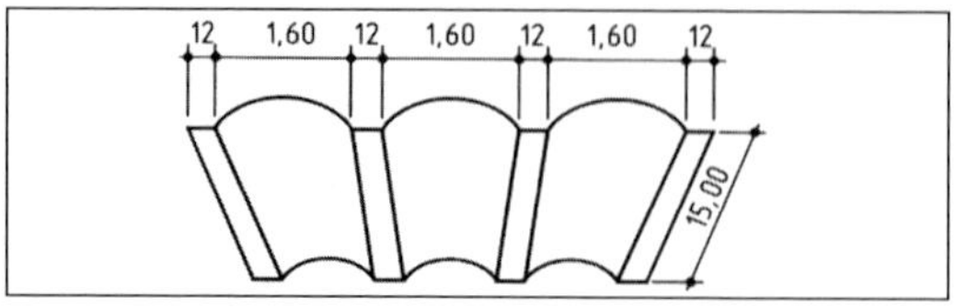

Bild 9.20 Kellerdecke

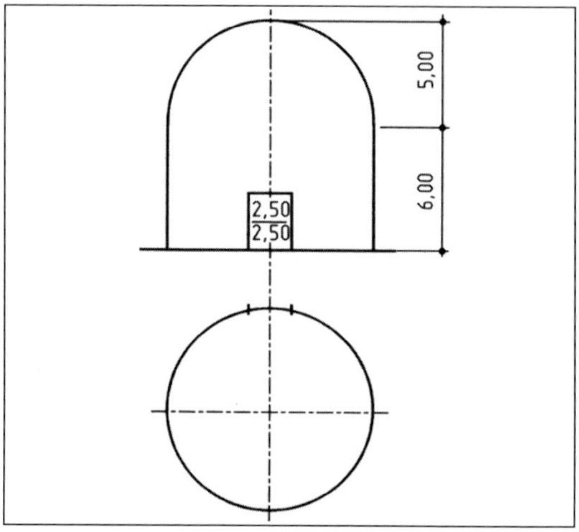

Bild 9.21 Rundbau mit Kuppel

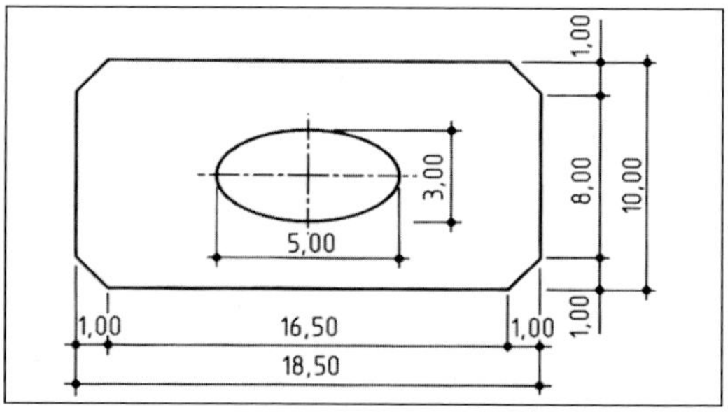

Bild 9.22 Saaldecke mit elliptischer Kuppel

   a) die m² Deckenfläche
   b) den Umfang der elliptischen Glaskuppel.
6. Ein Planetarium (Bild **9.**23) mit einer kalottenförmigen Kuppel (Kugelabschnitt) soll im Innern verputzt werden. Wie viel m² Putzfläche sind auszuführen?
7. Eine überdeckte Einkaufspassage hat die Querschnittform eines einhüftigen Bogens (Bild **9.**24). Die Länge beträgt 150,00 m. Berechnen Sie die Putzfläche in m²
   a) der beiden Stirnseiten,
   b) der Wand- und Deckenfläche.

8. Die Halle für eine Brunnenanlage ist entsprechend Bild **9**.25 konzipiert. Alle vier Seiten sind gleich gestaltet. Berechnen Sie
   a) die m^2 Wandputzfläche innen,
   b) die m^2 Deckenfläche (ohne Kuppel),
   c) die m^2 Kuppelfläche,
   d) die m^2 Leibungsfläche,
   e) die m^2 Wandputzfläche außen (ohne Kuppel).

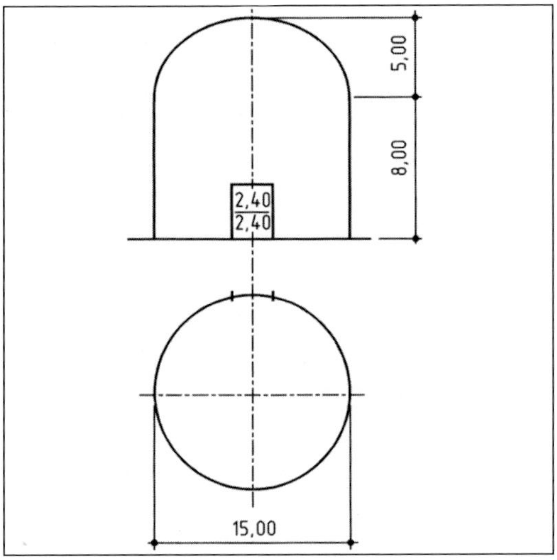

Bild 9.23 Planetarium

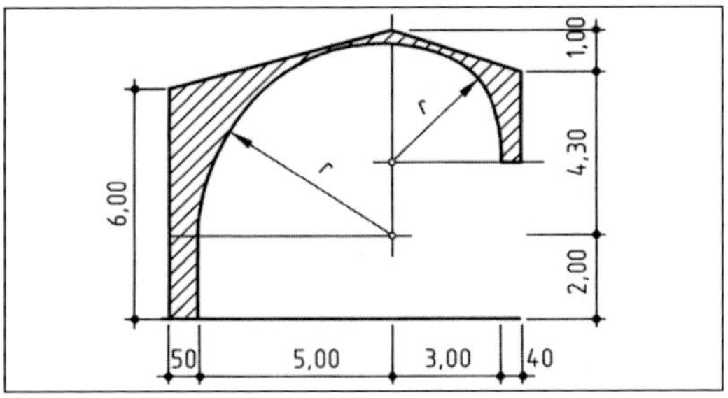

Bild 9.24 Einkaufspassage

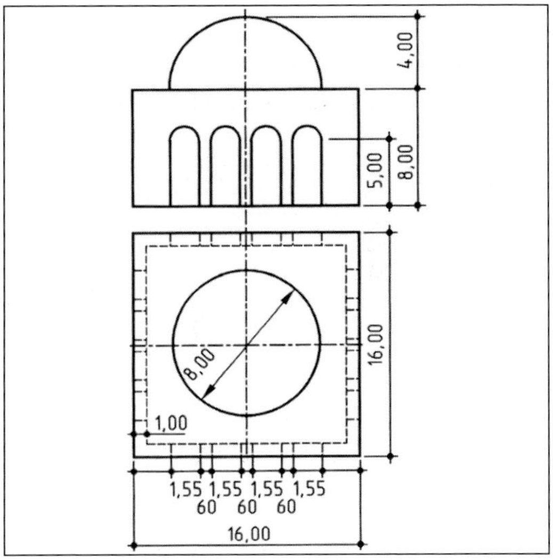

Bild 9.25 Brunnenanlage

10 Farbgestaltung

Farbe ist ein durch das Auge vermittelter Sinneseindruck, also eine Gesichtsempfindung. Eine Farbe ist durch Buntton, Sättigung und Helligkeit gekennzeichnet (DIN 5033-1).

Das Wort Farbe wird umgangssprachlich auch für Farbstoffe und Beschichtungsstoffe (z. B. ein Fassadenanstrich) verwendet. Solche Beschichtungsstoffe erhalten ihr farbiges Aussehen durch pulverartige Farbstoffe. Voraussetzung ist, dass die Farbstoffe deckfähig sind. Das heißt, es muss sich um körperhafte Pulver – man nennt sie Pigmente – handeln.

10.1 Begriffe

10.1.1 Farbmittel

Der Sammelbegriff für alle farbgebenden Substanzen – Pigmente und Farbstoffe – heißt Farbmittel. DIN 55944 unterscheidet dabei organische und anorganische Farbmittel.

Einteilung der Farbmittel

Weiß- und Schwarzpigmente	Buntpigmente	chemische Zusammensetzung
Bleiweiß	Ocker	Erdpigmente
Zinkweiß	Umbra	Kohlenstoffpigmente
Lithopone	Ultramarinblau	Metalleffektpigmente
Titanoxid	Chromgrün	natürliche organische Pigmente
Kreide	Zinkgrün	synthetisch-anorganische Pigmente
Rußschwarz	Chromgelb	
	Eisenoxidgelb	
	Eisenoxidrot	
	Bleimennige	

Farbmittel ist der Sammelbegriff für alle farbgebenden Stoffe. Neben den selten eingesetzten löslichen organischen Farbstoffen werden heute überwiegend unlösliche Pigmente verwendet.

10.1.2 Pigmente

Pigmente bestehen aus feinen, praktisch unlöslichen Substanzen, die das farbliche Aussehen eines Beschichtungsstoffes prägen. Pigmentform – pulver- oder blättchenförmig – und Pigmentgröße sind maßgebend für die Eigenschaften der Pigmente. Anorganische Pigmente besitzen ein gutes Deck- und Färbevermögen, sie sind licht-, wetter- und hitzebeständig und eignen sich für die Herstellung von Dispersions- und Silikatfarben. Organische Pigmente haben weniger Deckvermögen, sind weniger licht-, wetter- und hitzebeständig, besitzen aber eine bessere Leuchtkraft und eine größere Farbpalette. Sie werden hauptsächlich für die Pigmentierung von Lacken verwendet.

Eigenschaften von Pigmenten

Das Deckvermögen eines Stoffes bedeutet, die Farbe des Untergrundes zu verdecken. Es ist abhängig vom Lichtbrechungsvermögen des Pigments und dem Lichtbrechungsvermögen des ihn umgebenden Stoffes (Bindemittel, Luft). Mitentscheidend ist auch die Korngröße, die Form, die Menge, die Schichtdicke und der Kontrast der Beschichtung zum Untergrund.

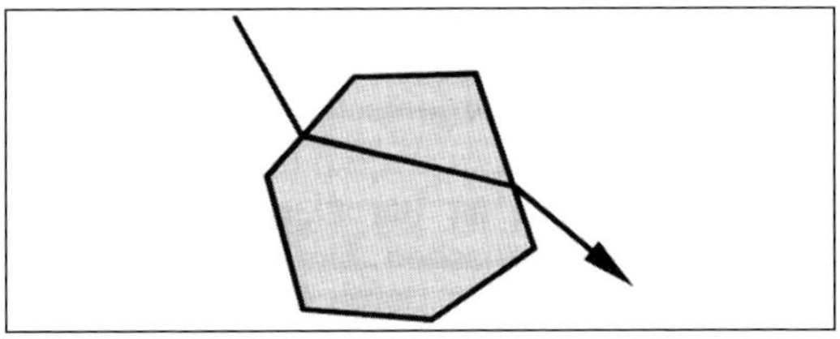

Bild 10.1 Lichtbrechung im Pigmentteilchen

Je größer die Lichtbrechung in einem Pigment ist, um so besser ist das Deckvermögen (Bild **10.**1). Ein hoher Pigmentanteil weist ein besseres Deckvermögen auf als geringere Pigmentmengen (Bild **10.**2). Günstig wirken sich ge-

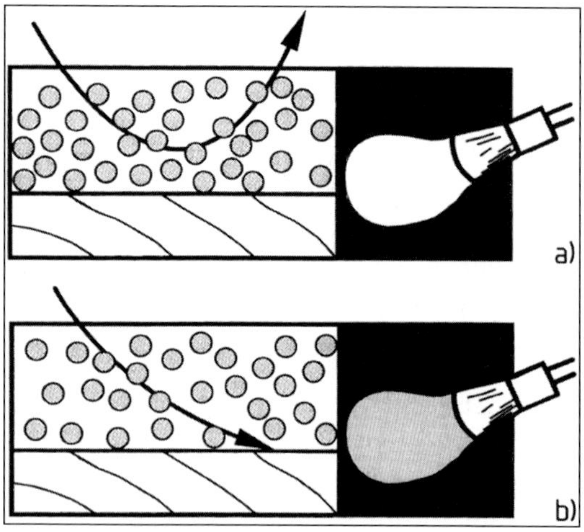

Bild 10.2 Deckvermögen
a) hoher Pigmentanteil = starke Lichtbrechung = gutes Deckvermögen des Anstrichs
b) geringer Pigmentanteil = schwache Lichtbrechung = schlechtes Deckvermögen des Anstrichs

mischt disperse Pigmente auf das Deckverhalten aus.

Färbevermögen ist die Eigenschaft eines Pigments, andere mit ihm vermischte Pigmente im Farbton zu verändern. Die Mischkraft kann beim Abtönen eines weißen Pigments ermittelt werden. Das Färbevermögen ist abhängig von der Teilchengröße, dem Reflexionsgrad und der Konzentration.

Lichtbeständigkeit ist die Fähigkeit eines Pigments gegenüber Lichteinfluss beständig zu bleiben. Pigmente müssen insbesondere für Außenarbeiten lichtecht sein, d.h. sie dürfen durch Lichteinwirkung (z.B. Sonnenlicht) nicht ausbleichen, vergilben oder nachdunkeln. Die Beurteilung erfolgt nach der internationalen Wollskala, die durch Werte von 1 bis 8 (1 = sehr gering; 3 = mäßig; 5 = gut; 8 = hervorragend lichtecht) gekennzeichnet ist. Organische Pigmente sind in der Regel lichtecht.

Alkalibeständigkeit ist die Eigenart eines Pigmentes, unter alkalischen Einflüssen, stabil zu bleiben. Pigmente, die durch Einwirkung alkalischer Substanzen (Kalk, Zement) ihren Farbton verändern, sind nicht alkalibeständig. So erfolgt z.B. beim Aufbringen von Chromgelb auf einen Kalkputz eine Rotfärbung, Kalkgelb dagegen verändert seinen Farbton nicht. Kalkgelb ist demnach alkalibeständig, Chromgelb nicht.

Wetterbeständigkeit ist grundlegende Voraussetzung für alle Pigmente, die für Außenbeschichtungen eingesetzt werden. Diese Pigmente müssen den Umweltbelastungen (Sonne, Regen, Hitze, Frost) weitgehend widerstehen.

Hitzebeständigkeit müssen nur solche Pigmente aufweisen, die bei der Herstellung und dem späteren Einsatz thermischen Belastungen über das normale Maß (80 °C bis 100 °C) ausgesetzt sind.

Pigmente müssen je nach Anwendung gut deckend und färbend, licht-, alkali-, wetter- und hitzebeständig sein.

10.1.3 Füllstoffe

Füllstoffe (z. B. Kreide, Schwerspat, Kaolin, Cellulose) sind praktisch unlösliche Substanzen zur Volumenvergrößerung. Sie beeinflussen und verbessern die optischen und technischen Eigenschaften. Sie werden dazu benötigt um das Einfallen von Beschichtungsstoffen – Spachtel- oder Verputzmassen – zu verhindern.

10.1.4 Verschnittmittel

Verschnittmittel werden zum Strecken teurer und farbstarker Weiß- und Buntpigmente verwendet. Es sind preiswerte, farblose oder weiße Stoffe, die man den wertvollen Pigmenten zumischt. Verschnittmittel sind z.B. Kalkspat (wird dem Titanweiß beigemischt) oder Schwerspat (in Bleimennige). Eine Beeinträchtigung der Qualität ergibt sich hieraus nicht. Verschnittmittel dienen auch als Füllstoffe zur Verbesserung der Eigenschaften.

10.1.5 Abtönfarben

Abtönfarben werden verwendet zum Einfärben von Beschichtungsstoffen. Es handelt sich um sehr feine Pigmente mit einem sehr hohen Färbevermögen. Sie werden pastenartig für wässerige, ölige und lackartige Anstrichstoffe angeboten. Die Anwendung erfolgt gemäß den Mischtabellen der Hersteller.

10.1.6 Bindemittel

Unter Bindemitteln versteht man den nicht flüchtigen Anteil eines Beschichtungsstoffes. Aufgabe des Bindemittel ist es, die Pigmentteilchen untereinander und mit dem Untergrund zu verbinden. Bindemittel, Pigmente und Füllstoffe bilden die fertige Beschichtung.

Wichtig ist, dass jedes Pigment- und Füllstoffteilchen vollständig mit Bindemittel umhüllt wird.

Bindemittel haben folgende Anforderungen zu erfüllen: farbmittelverträglich, verdünnbar, verlaufbar, trockenfähig, lichtbeständig, überarbeitbar.

Für den Stuckateur sind die beiden wichtigsten Gruppen von Bindemitteln die wässerigen Bindemittel und die Dispersion.

Wässerige Bindemittel

Diese werden eingeteilt in organische und anorganische Bindemittel (Tab. **10.**3).

Dispersionen

Dies sind relativ stabile Stoffgemenge, aus gleichmäßig fein verteilten (dispergierten) wässerigen und nicht wässerigen Stoffen. Handelt es sich dabei um zwei flüssige Stoffe (z.B. Wasser/Öl), sprechen wir von einer Emulsion, ist ein fester Stoff (z.B. ein Pigment) in einem flüssigen Stoff (z.B. Wasser) dispergiert, von einer Suspension. Um das Mischen zu ermöglichen, werden Emulgatoren zugesetzt. Diese wirken gleichzeitig als Stabilisatoren. Sie halten die gleichmäßige Verteilung aufrecht und verhindern eine Entmischung.

Ölhaltige Dispersionen haben heute praktisch keine Bedeutung mehr. Üblicherweise werden ölfreie Dispersionen aus Kunstharz verwendet. Dispersionen sind mit Wasser verdünnbar, nach dem Austrocknen aber wasserunlöslich. Sie werden als wasch-, scheuer- und wetterbeständig angeboten.

Dispersion

Emulsion (z.B. öl und Wasser)

Suspension (z.B. Kunstsoffteilchen und Wasser)

Tabelle 10.3 Wässerige Bindemittel

Bindemittel	Eigenschaften und Verwendung
Anorganische Bindemittel	
Kalk	erhärtet und Aufnahme von CO_2, stark alkalisch, auf kalkbeständige Pigmente achten, feuchtigkeits- und wasserbeständig, atmungsaktiv, keimtötend, für Innen- und Außenanstriche, sehr preiswert, Zusatz von Kasein ergibt wasserunlösliches Kalkkasein
Weißzement	hydraulisch erhärtend, stark alkalisch, mischbar mit Kalk, auf zementbeständige Pigmente achten (Eisenoxidgelb, -rot -schwarz, Chromoxidgrün), wasser- und wetterfest, keimtötend überwiegend für Außenanstriche
Wasserglas	chemisch und physikalisch erhärtend, stark alkalisch, verträglich nur mit Wasserglas beständigen Pigmenten, Dispersionen und Dispersions-Silikatfarben, wasser- und wetterfest, pilzhemmend, verkieselt mit dem Untergrund
Organische Bindemittel	
Kaseinleim	Erhärtung durch Wasserverdunstung, für Innenbeschichtungen, Restaurierungen, Dispersionszusätze (2 bis 3 %) erhöhen die Festigkeit, wenig widerstandsfähig gegen Abrieb und Feuchtigkeit
Zelluloseleim	Erhärtung durch Wasserverdunstung, für wischbeständige Innenbeschichtungen, mischbar mit anderen Leimen und Dispersionen

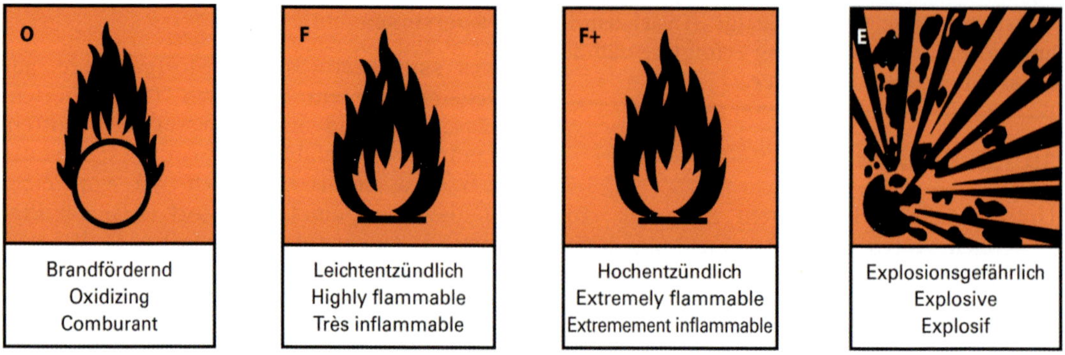

a) brandfördernd b) leicht entzündlich c) hoch entzündlich d) explosionsgefährlich

Bild 10.4 Gefahrensymbole (Beispiel)

Bindemittel verbinden die Pigmente mit dem Untergrund. Ihre wichtigsten Eigenschaften sind farbmittelverträglich, verdünnbar, verlaufbar, trockenfähig, lichtbeständig und überarbeitbar. Für den Stuckateur sind die wasserverdünnbaren Bindemittel von Bedeutung.

10.1.7 Verdünnungsmittel

Zur Erreichung der gewünschten Konsistenz werden dem Beschichtungsstoff bei der Herstellung oder unmittelbar vor der Verarbeitung Verdünnungsmittel zugegeben. Dadurch werden die Eigenschaften eines Beschichtungsstoffes der Verarbeitung angepasst. Die Verdünnungsmittel müssen mit dem jeweiligen Beschichtungsstoff verträglich und flüchtig sein. Verdünnungsmittel sind z.B. Wasser, Terpentin und Testbenzin, Alkohol, Ester, Xylol und Aceton. Verdünnungsmittel unterscheiden sich sehr in ihrer Verdunstungsgeschwindigkeit. Es wird unterschieden in schnell-, mittel- und langsamflüchtige Stoffe. Viele Verdünnungsmittel sind feuergefährlich und gesundheitsschädlich. Verdünnungsmittel-Luft-Gemische sind explosionsgefährlich! Bei der Verwendung sind unbedingt die Verarbeitungs- und Gefahrenhinweise (Bild **10.**4) zu beachten.

Die meisten Verdünnungsmittel sind feuergefährlich. Bestimmte Verdünnungsmittel-Luft-Gemische auch explosionsgefährlich. Verarbeitungshinweise und Gefahrensymbole sind unbedingt zu beachten.

10.2 Beschichtungsstoffe

DIN 55945 beschreibt den Begriff „Beschichtungsstoffe".

Beschichtungsstoffe

Anstrichstoffe	Lack	Kunsharzputz	Spachtelmasse
Dispersionsfarbe	Autolack	Rollputz	Dispersionsspachtel
Leimfarbe	Fensterlack	Reibeputz	Ölspachtel
Silikatfarbe	Klarlack		Füllmasse

Dies ist der Oberbegriff für Stoffe, die eine Beschichtung ergeben. Die im Folgenden behandelten Beschichtungsstoffe sind Anstrichstoffe, die in flüssiger bis pastenförmiger Form durch Streichen, Spachteln, Rollen oder Spritzen aufgetragen werden.

10.2.1 Leimfarben

Leime bestehen aus tierischen, pflanzlichen oder synthetischen Grundstoffen, denen Wasser als Lösungsmittel beigegeben wird. Leimfarben dürfen nur auf festen, porösen und trockenen Untergründen aufgetragen werden. Wegen ihrer Wasserlöslichkeit ist der Verwendungsbereich auf Innenräume begrenzt. Geeignete Untergründe sind Gips-, Kalk-, Kalkzement- und Zementputze sowie Beton und Bauplatten. Leimfarben sind wenig widerstandsfähig gegen Abrieb (Wischbeständigkeit) aber sehr gut wasserdampfdurchlässig.

Sie können mit den üblichen Abtönfarben beliebig eingefärbt werden. Leimfarben haben heute praktisch keine Bedeutung mehr.

10.2.2 Mineralfarben

Kalkfarben. Kalk nach DIN 1060 ist Bindemittel und zugleich Weißpigment für die Kalkfarbe. Ideal sind mehrjährige eingesumpfte Kalke. Aus wirtschaftlichen Gründen werden jedoch werkmäßig hergestellte Kalkfarben verarbeitet. Diese Kalke werden durch ein spezielles Aufbereitungsverfahren soweit aufgeschlossen, dass die Qualität denen des mehrjährig gelagerten Sumpfkalkes entspricht. Zum Abtönen können bis zu 10 % kalkbeständige Buntpigmente beigemischt werden. Besonders geeignet sind natürlich-anorganische Pigmente (Erdpigmente), die als farbige Erden vorkommen (Ocker, Terra di Siena, Rote Erdfarben, Umbra). Kalkfarben werden mit Wasser angemischt und sind wasserverdünnbar. Sie können auf allen mineralischen Untergründen der Mörtelgruppe PI, PII und PIII angewandt werden. Ideal ist es, Kalkfarbe auffrischen Kalkputz aufzustreichen. Kalkfarben ergeben wetter- und feuchtigkeitsbeständige, CO_2-durchlässige, sehr gut diffusionsfähige und gut deckende Beschichtungen. Empfehlenswert ist – zur Erzielung eines guten Fassadenschutzes – zusätzlich eine hydrophobierende Imprägnierung aufzubringen. Zur Verbesserung der Wetterbeständigkeit können auch geringe Mengen Leinölfirnis, Kasein, Quark oder Magermilch beigegeben werden. Ungeeignet ist die Verarbeitung von Kalkfarben in Gegenden mit starker Luftverschmutzung (schwefeldioxodhaltige Abgase aus Industrie, Kfz-Verkehr, Heizungsanlagen). Dabei bildet sich aus Regenwasser und dem Schwefeldioxid der Luft schwefelige Säure und Schwefelsäure, welche die Kalkfarbe löst und in nicht wasserbeständiges Calciumsulfat (Gips) umwandelt (Bild **4**.9).

Zementfarben. Weißzement und Kalk sind Bindemittel und zugleich Weißpigmente für die Zementfarbe. Wird abgetönt, ist auf zementbeständige Pigmente zu achten (Tab. **10**.3). Zementfarben werden mit Wasser angemacht und sind wasserverdünnbar. In der Regel werden Zementfarben heute als werkmäßig hergestellte Pulver in diversen Tönungen angeboten. Geeignete Untergründe sind alle mineralischen Putzgründe der Mörtelgruppen PI, PII und PIII, sowie Betone mit rauer, saugfähiger Oberfläche. Ungeeignet sind Untergründe mit filmbildenden Anstrichen (z. B. Kunststoffdispersionsanstriche) Kunststoffputze oder wasserabweisende Imprägnierungen. Zementfarben sind abriebfest, wetter- und feuchtigkeitsbeständig. Sie müssen innerhalb von 4 Stunden verarbeitet werden.

Silikatfarben. Bindemittel für Silikatfarben ist Wasserglas (Kaliwasserglas). Silikatfarben werden zum Abtönen mit wasserglasbeständigen Pigmenten angesetzt. Üblicherweise werden werkseitig hergestellte Silikatfarben verarbeitet. Geeignet sind alle mineralischen Untergründe außer Gips. Silikatfarben verkieseln mit dem mineralischen Untergrund, was zu einer hohen Beständigkeit führt. Ungeeignet als Untergrund sind Holz, Klinker, Kunststoffe, Öl- und Lackfarbanstriche, hier ist keine Verkieselung möglich. Wegen ihrer sehr guten Wasserdampfdiffusionsfähigkeit (sie sind nicht filmbildend, Bild **10**.5) sind Silikatfarben für Sanierputze besonders geeignet. Nachteilig ist die etwas problematische Verarbeitung (neigen zur Wolkenbildung), der mangelhafte Regenschutz und wegen der geringen Verformungsfähigkeit ihre Rissneigung. Um einen ausreichenden Regenschutz zu gewährleisten, sollte zusätzlich eine hydrophobierende Imprägnierung vorgenommen werden.

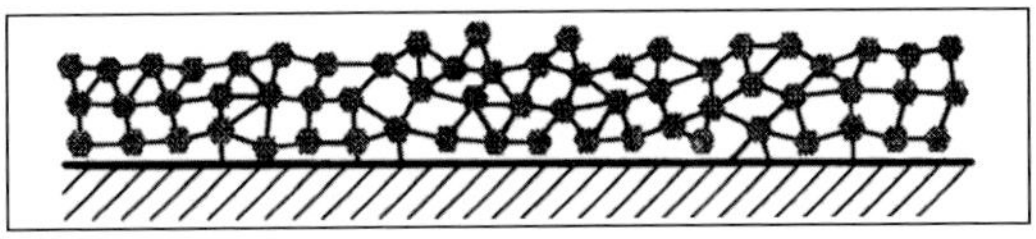

Bild 10.5 Silikatfarben bilden bei der Trocknung keine Filme aus

Dispersions-Silikatfarben sind eine Weiterentwicklung der reinen Silikatfarben. Im Unterschied zu den Silikatfarben wird den Dispersionssilikatfarben neben dem Kaliwasserglas eine hochpolymere Kunststoffdispersion als stabilisierendes Bindemittel beigemischt. Vorteile gegenüber den Silikatfarben sind: größere Lagerstabilität, tuchmatte Austrocknung, leichte Verarbeitbarkeit, mit hydrophobierenden Zusätzen wasserabweisend.

Silikonharzfarben. Bindemittel der Silikonharzfarben ist neben einer Kunststoffdispersion eine Silikonharzemulsion. Von Ihren Eigenschaften sind sie eine Kombination zwischen Silikatfarben und Dispersionsfarben. Die Wasserdampfdurchlässigkeit ist ähnlich gut den Silikatfarben, die wasserabweisende Wirkung entspricht den Dispersionsfarben. Sie sind geeignet für alle mineralischen Untergründe und wegen ihrer guten Wasserdampfdiffusion für feuchtigkeitsbelastete Untergründe, wie z.B. Sanierputz. Gegenüber Silikatfarben weisen Silikonharzfarben einen wesentlichen besseren Regenschutz auf. Wegen ihrer porösen Struktur sind sie nicht geeignet für Maßnahmen, die zähelastische Beschichtungen erfordern, wie z.B. Rissüberbrückungen.

Silikatfarben sind sehr ätzend. Bei ihrer Verarbeitung sind Augen und Haut vor Farbspritzern besonders zu schützen. Angrenzende Flächen, insbesondere Fensterscheiben und vorhandene Öl- und Lackanstriche, sind sorgfältig abzudecken.

10.2.3 Dispersionsfarben (Kunststoffdispersionsfarben)

Die heute am häufigsten verwendeten Anstrichstoffe für Fassaden sind die Dispersionsfarben. Die Herstellung erfolgt ausschließlich werkseitig. Als Bindemittel werden Polymerisatharze, insbesonder Acrylatharze verwendet. Zum Abtönen dienen Volltonfarben. Die Filmbildung erfolgt entsprechend Bild **10.6**.

Im Gegensatz zu den Dispersionsfarben der ersten Generation sind bei den neuesten Entwicklungen Probleme wie starke Filmbildung und geringe Wasserdampfdurchlässigkeit nicht mehr gegeben. Dispersionsfarben zeichnen sich aus durch sehr gute Haftung, Elastizität, gute Wasserdampfdurchlässigkeit, guter Regenschutz, einfache Verarbeitung und weitgehende Unempfindlichkeit gegen umweltschädigende Gase. Sie können auf fast allen Untergründen aufgebracht werden. Nicht geeignet sind sie auf Kalk- und Sanierputzen. Kalkputze benötigen den ständigen Austausch mit dem CO_2 der Luft- und Sanierputze funktionieren nur, wenn eine optimale Wasserdampfdurchlässigkeit gewährleistet wird. Beides kann mit Dispersionsfarben in dem Maße nicht gewährleistet werden.

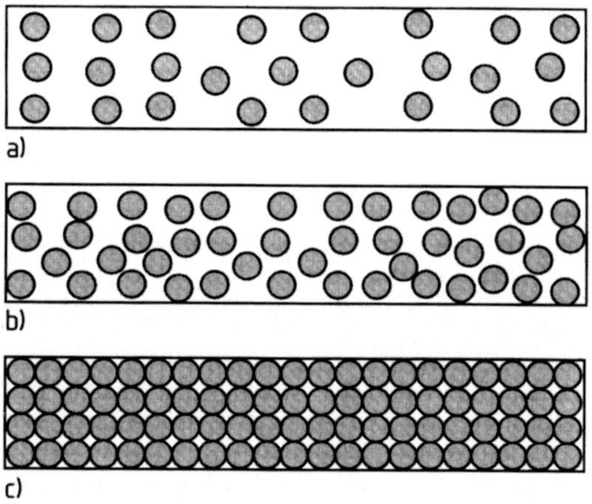

Bild 10.6 Trocknungsverhalten von Dispersionsfarben
a) frisch aufgetragener Anstrichfilm
b) Wasser verdunstet, zurück bleiben die festen Bestandteile
c) Kunststoffteilchen verkleben miteinander

Die Anwendungsgebiete von Dispersionsfarben sind vielfältig. U.a. werden sie angeboten als:

– **Nichtpigmentierte Dispersionen** (Dispersionsbinder), als Zusatz zu Leim- und Kalkfarben und zum Selbstansetzen mit Buntpigmenten.

– **Innenfarben,** in Weiß- und Bunttönen, in den Güteklassen „waschbeständig“ und „scheuerbeständig“ (der Unterschied liegt in der Bindemittelmenge). Während Mineralfarben nur matte Oberflächen ergeben, gibt es bei den Dispersionsfarben 5 Glanzstufen (Bild **10.**7). Innenfarben können zur Erzielung einer besonderen Struktur auch Zusätze (z.B. Holzspäne, so genannte flüssige Raufaser) beigemischt werden.

– **Außenfarben** erhalten einem erhöhten Bindemittelanteil gegenüber den Innenfarben. Sie sind wetter- und lichtbeständig.

– **Dispersionsputze,** das sind Dispersionstreichputze (zur Erziehlung putzähnlicher Strukturen), Dispersionskunstoffputze (dickschichtige Anstriche) und Dispersionsreibeputze.

– **Armierungpasten,** mit Glas- oder Kunstfaseranteilen für rissüberbrückende Beschichtungen.

Dispersionsfarben sind die am häufigsten eingesetzten Fassadenfarben. Sie zeichnen sich aus durch sehr gute Haftung, Elastizität, gute Wasserdampfdurchlässigkeit, guter Regenschutz, einfache Verarbeitung, weitgehende Unempfindlichkeit gegen umweltschädigende Gase und vielfältige Verwendungsmöglichkeiten.

HG	= hochglänzend
SG	= seidenglänzend
SM	= seidenmatt
G	= glänzend
M	= matt

Bild 10.7 Glanzstufen von Dispersionsfarben nach DIN 53778

10.3 Ausführung der Beschichtung

Steht man vor der Entscheidung, welches Anstrichsystem für die vorliegende Maßnahme das Richtige ist, sind zuvor einige grundsätzliche Fragen zu klären.

Zu bedenken ist zunächst einmal, welche Anforderungen das Anstrichsystem zu erfüllen hat: Farbgebung, Fassadenschutz, Regenschutz, Rissüberdeckung o.a. In der Regel handelt es sich bei den vom Stuckateur zu behandelnden Untergründen um noch herzustellende oder bereits vorhandene mineralische Putzgründe. Aufgabe des Unternehmers ist es, den Untergrund auf seine Eignung hin zu überprüfen. Ergeben sich Bedenken hinsichtlich Sauberkeit, Wandaufbau, Wärmebrücken, Festigkeit, Porosität, Oberflächenbeschaffenheit, Sinterschichten, Feuchtegehalt, Wasseraufnahme, Ausblühung, Vermoosung, Wasserdampfdurchlässigkeit, Rissigkeit usw., sind diese dem Bauherrn unbedingt mitzuteilen. Schadhafte Untergründe sind vorzubehandeln. In Tabelle **10.**8a sind für häufig vorkommende Probleme Vorbehandlungsmaßnahmen aufgelistet. Tabelle **10.**8b weist für übliche Putzgründe (nur Außenbereich) Anstrichsysteme als Erstbeschichtung, Tabelle **10.**8c solche für Überholungsbeschichtungen aus. Die Ausführung deckender Erstbeschichtungen ist nach DIN 18363 entsprechend Tabelle **10.**8d auszuführen.

Tabelle 10.8a Vorbehandlung von Untergründen

Problem	**Vorbehandlung**
Ausblühungen	fluatieren[1)] und nachwaschen
Kalksinterschicht	Fluatschaumwäsche
Schalölrückstände	Fluatschaumwäsche
nicht saugender Putzgrund und Beton	bei Beschichtung mit Silikatfarbe verätzen und nachwaschen
stark saugender Putzgrund	bei Beschichtungen mit Silikat- und Dispersions-Silikatfarbe vorbehandeln mit Fixativ
Lehmputz	Absperrmittel auftragen, die Aluminiumsalze (z. B. Alaun) enthalten
schadhafte Putzstellen	Ausbessern mit Putz der gleichen Mörtelgruppe, beispachteln, grundieren
schadhafte Kunstharzputze nach DIN 18558	Reinigen mit Heißwasser-Hochdruckreiniger, Ausbessern mit wasserverdünnbarem Grundbeschichtungsstoff

1) Fluate sind Verbindungen der Kieselflusssäure mit verschiedenen Metalloxiden. Beim Fluatieren erfolgt eine chemische Umwandlung. Dabei verbinden sich die wasserlöslichen Fluatbestandteile mit der Kalklauge zu wasserunlöslichen Kalksalzen. Sie werden eingesetzt als Absperrmittel bei vorhandenen Wasserflecken (z. B. Bleifluat), zur Neutralisation alkalischer Putze (z. B. Aluminiumfluat), zur Verfestigung nicht ausreichend fester Putze (z.B. Magnesiumfluat) und zur Behandlung von Ausblühungen und Pilzbefall (z. B. Zinkfluat). Fluate wirken nur auf kalkhaltigen Untergründen (nicht auf Gipsgrund!). Überschüssige Säure ist mit Wasser gründlich abzuwaschen.

Tabelle 10.8b Mögliche Anstrichsysteme für übliche Putzgründe im Außenbereich

Untergrund	Ausführung
Kalkputz MG PI	– Kalkfarbenanstrich mit Hydrophobierung – Zementfarbenanstrich – Silikatanstrich mit Hydrophobierung – Dispersions-Silikatanstrich – Silikonharzanstrich
Kalkzementputz MG PII	– Kalkfarbenanstrich mit Hydrophobierung – Zementfarbenanstrich – Silikatanstrich mit Hydrophobierung – Dispersions-Silikatanstrich – Dispersionanstrich – Silikonharzanstrich
Zementputz MG PIII	– Kalkfarbenanstrich mit Hydrophobierung – Zementfarbenanstrich – Dispersions-Silikatanstrich – Dispersionsanstrich – Silikatharzanstrich
Kunstharzputz P Org 1	– Dispersionsanstrich – Silikonharzanstrich
Silikatputz	– Dispersions-Silikatanstrich – Silikonharzanstrich
Sanierungsputz	– Silikatanstrich mit Hydrophobierung – Dispersions-Silikatanstrich – Silikonharzanstrich
Leichtputz	– Silikatanstrich mit Hydrophobierung – Dispersions-Silikatanstrich – Dispersionsanstrich – Silikonharzanstrich

Die aufgezeigten Möglichkeiten sind nur als Beispiele zu verstehen. Grundsätzlich sind bei allen Anstrichsystemen die Herstellerangaben über Untergrundbeschaffenheit sowie Aufbau und Ausführung der Beschichtung zu beachten.

Tabelle 10.8c Mögliche Anstrichsysteme zum Überstreichen vorhandener Altbeschichtungen im Außenbereich

Untergrund	Ausführung
Silikatanstrich	– Silikatanstrich mit Hydrophobierung – Dispersions-Silikatanstrich – Dispersionanstrich – Silikonharzanstrich
Dispersions-Silikatanstrich	– Dispersions-Silikatanstrich – Dispersionanstrich – Silikonharzanstrich
Dispersjonsanstrich	– Dispersionanstrich – Silikonharzanstrich
Silikonharzanstrich	– Dispersionanstrich – Silikonharzanstrich

Die aufgezeigten Möglichkeiten sind nur als Beispiele zu verstehen. Grundsätzlich sind bei allen Anstrichsystemen die Herstellerangaben über Untergrundbeschaffenheit sowie Aufbau und Ausführung der Beschichtung zu beachten.

Tabelle 10.8d Ausführung deckender Erstbeschichtungen nach DIN 18 363

Beschichtungsstoff	Ausführung
Kalkfarbe	– Annässen – Grundbeschichtung – Zwischenbeschichtung – Schlussbeschichtung
Zementfarbe	– Annässen – Grundbeschichtung – Schlussbeschichtung
Silikatfarbe	– Grundbeschichtung aus verdünntem Fixativ – Zwischenbeschichtung aus Silikatfarbe – Schlussbeschichtung aus Silikatfarbe
Dispersions-Silikatfarbe	– Grundbeschichtung – auf Gasbeton Grundbeschichtung aus Grundbeschichtungsstoff – Schlussbeschichtungsstoff
Dispersionsfarbe	– Grundbeschichtung aus lösemittelverdünnbarem Grundbeschichtungsstoff – Zwischenbeschichtung aus Dispersionsfarbe – Zwischenbeschichtung aus Dispersionsfarbe
Silikonharzfarbe	– Grundbeschichtung aus Silikonharz-Grundbeschichtungsstoff – Zwischenbeschichtung aus Silikonharzfarbe – Zwischenbeschichtung aus Silikonharzfarbe

10.4 Farbenlehre

10.4.1 Licht und Farbe

Die Optik, als die Wissenschaft vom Licht, erklärt den Begriff „Farbe“ als eine Wahrnehmung des menschlichen Gehirns. Dies entsteht dadurch, dass das Auge elektromagnetische Wellen einer bestimmten Wellenlänge aufnimmt und sichtbar werden lässt. Innerhalb des Spektrums elektromagnetischer Wellen (Bild 10.9) ist das ein sehr kleiner Bereich, der von ca. 380 nm bis ca. 780 nm reicht (nm = Nanometer; 1 nm = 1/1 000 000 mm, Bild 10.10). Im Auge sind dafür die lichtempfindlichen Sinneszellen (Photorezeptoren) verantwortlich. Diese in der Netzhaut eingebetteten Sinneszellen unterscheiden sich in zwei Ausführungen.

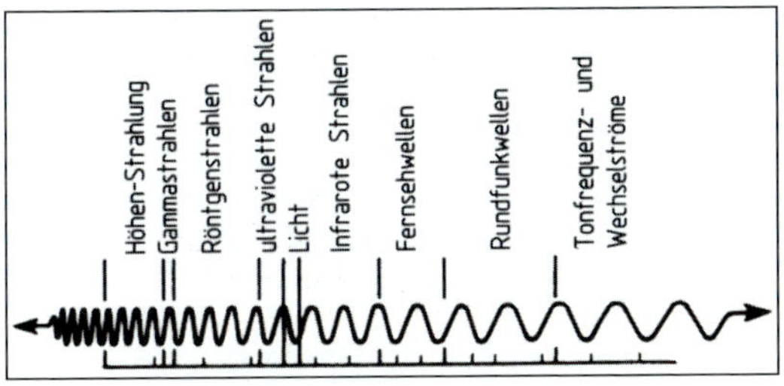

Bild 10.9 Elektromagnetische Wellen

- Die Stäbchen (etwa 130 Millionen), sie reagieren sehr empfindlich schon bei wenig Licht. Sie werden zum Hell-Dunkel-Sehen bei Nacht gebraucht. Stäbchen können Farben nicht erkennen, daher scheinen nachts sprichwörtlich alle Katzen grau.
- Die Zapfen (etwa 7 Millionen) sind für das Sehen bei Tage und hellem Kunstlicht zuständig und dienen zum Erkennen von Farben.

Im Spektrum des Sonnenlichts sind alle Farben annähernd gleich verteilt. Das Gehirn deutet diese Mischung aller Farben als weißes Licht. Das menschliche Auge ist in der Lage, in etwa 400 Bunttöne und 100 Grautöne sowie eine Vielzahl von Farbübergängen zu unterscheiden.

> Licht ist die Voraussetzung für Farben-Sehen und Farben-Empfinden.

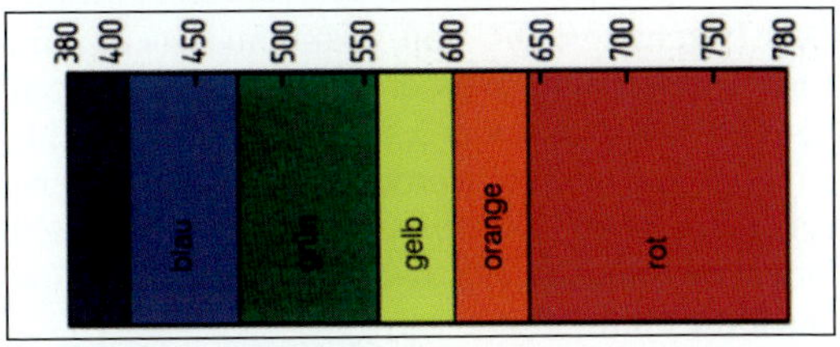

Bild 10.10 Das sichtbare Licht

10.4.2 Begriffe

Spektralfarben. Sonnenlicht wirkt weiß. Bricht man jedoch die Strahlen des Sonnenlichtes, z.B. mit Hilfe eines Prismas (**10.**11), entsteht ein Spektrum von Farben, die Spektralfarben. Es werden die Farben von rot, orange, gelb, grün, blau bis violett erkennbar. Dieselben Farben sind auch im Regenbogen zu erkennen, denn auch hier wird das Sonnenlicht in den einzelnen Wassertropfen gebrochen. Würde man, z. B. mit einer Sammellinse, die Spektralfarben bündeln, entstünde wieder weißes Licht.

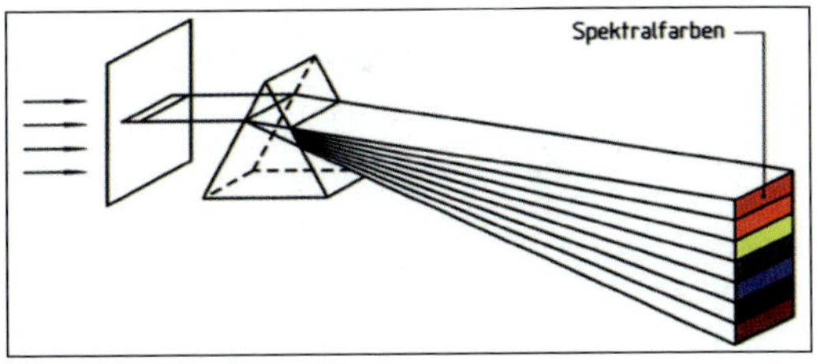

Bild 10.11 Zerlegung des Lichts in die Spektralfarben (Lichtbrechung)

> Weißes Licht besteht aus sechs Farben, den Spektralfarben: rot, orange, gelb, grün, blau und violett.

Lichtbrechung (Refraktion). Beim Übergang eines Lichtstrahls von einem Medium (z. B. der Luft) in ein anderes (z. B. Wasser), werden die Lichtstrahlen von ihrer bisherigen Richtung abgelenkt. Der Grad der Richtungsänderung ist abhängig vom Medium. Bei optisch dichten Stoffen wird der Lichtstrahl stärker gebrochen als bei optisch weniger dichten Stoffen. Wir sprechen von der Brechungszahl.

> Das Brechungsverhältnis eines Stoffes gegen das Vakuum ist seine Brechungszahl.

Die Brechungszahl von Vakuum ist 1, von Luft 1,0002, von Wasser 1,3, von Diamanten 2,4 und von Titanoxid 2,7. Je stärker die Lichtstrahlen gebrochen werden, um so größer ist seine Brechungszahl. Eine hohe Brechungszahl eines Pigments weist demnach auf eine gute Deckkraft hin.

> Pigmente mit großem Lichtbrechungsvermögen decken gut, mit kleinem Lichtbrechungsvermögen mäßig, sie lasieren.

Reflexion-Absorption. Körper mit einem hohen Lichtbrechungsvermögen decken nicht nur gut, sie haben auch die Eigenschaft, auftreffende Lichtstrahlen mehr oder weniger stark zurückzuwerfen. Wir sagen die Strahlen werden reflektiert. Trifft nun Sonnenlicht auf eine Fläche, die die Sonnenstrahlen vollständig zurückwirft, sprechen wir von voller Reflexion. Die Fläche erscheint demnach weiß (Bild **10.**12b). Werden die Strahlen nur minimal oder auch nicht reflektiert, sondern vollkommen absorbiert, erscheint uns eine solche Fläche als schwarz (Bild **10.**12a). Werden nur einzelne Wellenlängen durch die auftreffende Oberfläche geschluckt (absorbiert), ergibt sich eine Farbe entsprechend der reflektierten Wellenlängen (Bild **10.**12c bis e).

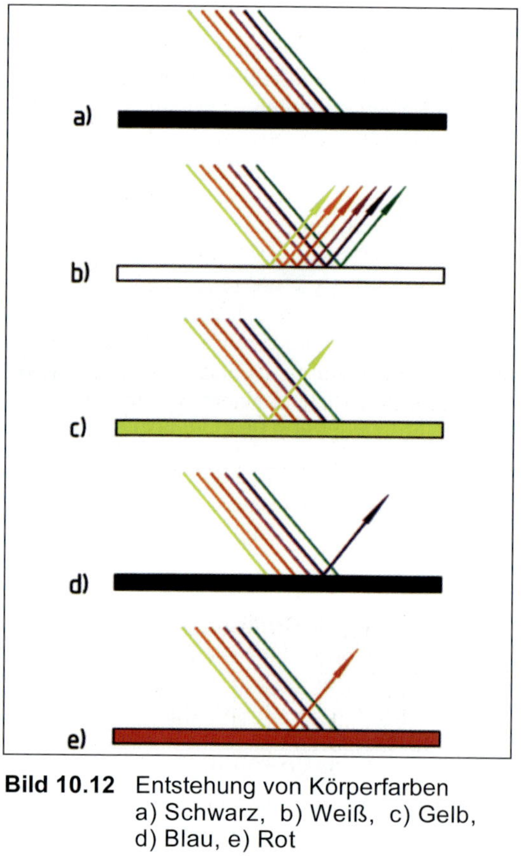

Bild 10.12 Entstehung von Körperfarben a) Schwarz, b) Weiß, c) Gelb, d) Blau, e) Rot

> Vollständige Reflexion vermittelt uns den Farbeindruck weiß, vollständige Absorption den Farbeindruck schwarz. Die anderen Farben ergeben sich aus dem Maß der Lichtzerlegung (teilweise Reflexion).

Glanz. Beschichtungsstoffe wirken matt oder glänzend. Dieser Eindruck ist abhängig davon, wie die auf eine Fläche auftreffenden Lichtstrahlen reflektiert werden. Ist der Einfallwinkel der Lichtwellen genau so groß wie der Ausfallwinkel der reflektierten Strahlen (gerichtete Reflektion), erscheint die Oberfläche glänzend (Bild **10.**13).

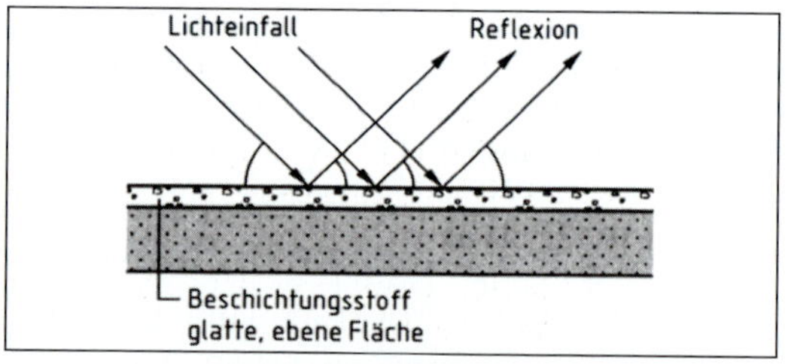

Bild 10.13 Einfallswinkel der Lichtstrahlen entspricht dem Ausfallswinkel: gerichtete Reflexion vermittelt den Oberflächeneindruck glänzend

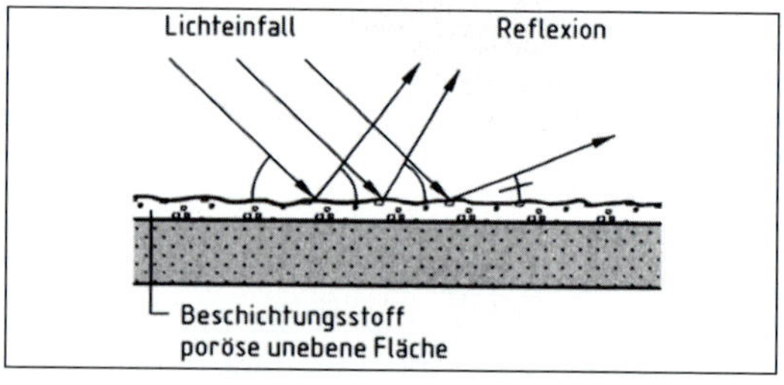

Bild 10.14 Einfallswinkel der Lichtstrahlen entspricht nicht dem Ausfallswinkel: diffuse (gestreute) Reflexion vermittelt den Oberflächeneindruck matt

Wird die reflektierte Strahlung nicht in der gleichen Richtung zurückgeworfen (diffuse Reflektion), erscheint die Oberfläche matt (Bild **10.**16).

> Glatte Oberflächen vermitteln einen glänzenden, porige, unebene Flächen einen matten Eindruck.

10.4.3 Farbmischung

Um subjektive Einflüsse bei der Bestimmung eines Farbtons auszuschalten, bestimmt man diesen mit technischen Methoden. Durch Farbmessung wird der Farbton, die Farbreinheit und der Reflexionsgrad ermittelt.

- Der Farbton wird festgelegt anhand der Wellenlängen. Maßgebend sind hier die Farbtonstufen Gelb, Rot und Blau der Spektralfarben.
- Die Farbreinheit (auch Sättigung oder Intensität) gibt den Anteil der beinhalteten reinen Farbe an. Je höher der Sättigungsgrad, desto reiner ist die Farbe.
- Der Reflexionsgrad (oder Helligkeit) weist den reflektierten bzw. absorbierten Lichtanteil aus. Die Helligkeit ist die Stärke einer Lichtempfindung. Das Spektrum umfasst alle Abstufungen von Weiß bis Schwarz. Der Reflexionsgrad 100 % entspricht dem reinen Weiß, Reflexionsgrad 0 % bzw. Absorptionsgrad 100 % dem reinen Schwarz. Wir sprechen dann von Dunkelstufen.

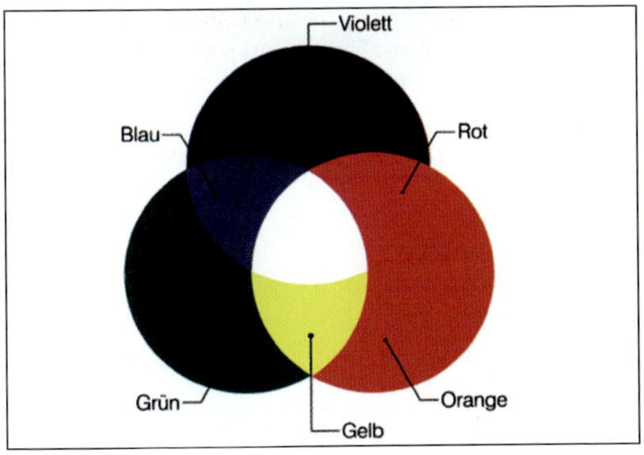

Bild 10.15 Additive Farbmischung

Unter Zugrundelegung der ermittelten Wellenlängen der Spektralfarben (der Lichtfarben) hat das DIN Normfarbtafeln aufgestellt. Diese sind Ausgangspunkt, um bestimmte Farbtöne nachmischen zu können.

Bei der Farbmischung wird unterschieden zwischen der additiven Farbmischung und der subtraktiven Farbmischung.

Additive Farbmischung. Diese beruht auf der Überlagerung (Addition) einzelner oder auch aller Spektralfarben.

■ **Versuch.** In einem total abgedunkelten Raum wird grünes, violettes und orangefarbenes Licht entsprechend Bild **10.**15 auf eine weiße Wandfläche projiziert.

Ergebnis Aus der Überlagerung der verschiedenen Farben ergibt sich folgendes
Orange + Violett → Rot
Violett + Grün → Blau
Grün + Orange → Gelb
Orange + Grün + Violett → Weiß

Die letzte Feststellung bestätigt wieder:

Die Summe aller Spektralfarben ist Weiß.

Auf dem Prinzip der additiven Farbmischung beruhen das Farbfernsehen und die Lightshow.

Subtraktive Farbmischung. Sie bezieht sich nicht auf die Lichtfarben, sondern auf die Körperfarben. Körperfarben sind Absorptionsfarben. Sie absorbieren (= abziehen, subtrahieren) Licht. Werden Körperfarben gemischt, wird immer Licht absorbiert. Das hat zu Folge, dass eine Farbmischung mit Körperfarben weniger lichtintensiv als die Ausgangsfarbe ist. Bild **10.**16 zeigt das Ergebnis, wenn die Farben Gelb, Rot und Blau übereinander gedruckt werden. Wichtigste Erkenntnis ist, dass das Mischen von Gelb, Rot und Blau in einem bestimmten Mengenverhältnis die Farbe Schwarz ergibt.

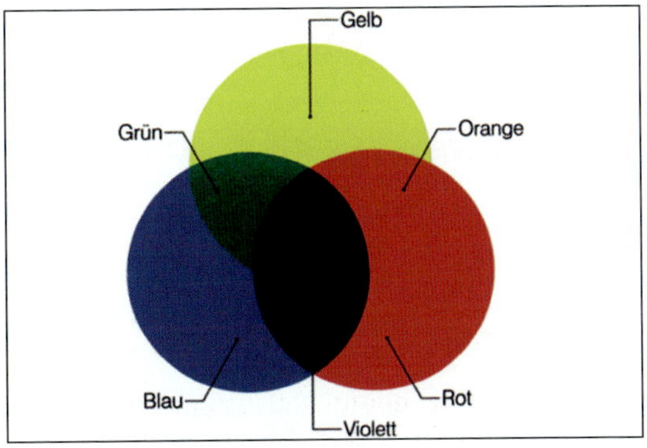

Bild 10.16 Subtraktive Farbmischung

Bei der additiven Farbmischung ergibt die Summe der Einzelfarben Weiß, bei der subtraktiven Farbmischung Schwarz.

Zur normgerechten Erfassung wurde die DIN-Farbtafel (DIN 6164) entwickelt. Das Mischen der Farbtöne erfolgt nach dem RAL (= Reichsausschuss für Lieferbedingungen) Als Grundlage dienen die Farbtonkarten des jeweiligen Farbenherstellers. Darauf sind Farbton, Dunkelstufen und Sättigung erfasst.

10.4.4 Farbordnung

Primärfarben. Ordnet man die Spektralfarben kreisförmig an, sprechen wir vom sechsteiligen Farbkreis (Bild **10.**17). Charakteristisch für den Farbkreis sind die drei Grundfarben Gelb, Rot und Blau. Da aus diesen drei Farben alle anderen Farbtöne durch Mischen hergestellt werden können, nennt man sie auch Primärfarben (= die Grundlage bildend, ursprünglich).

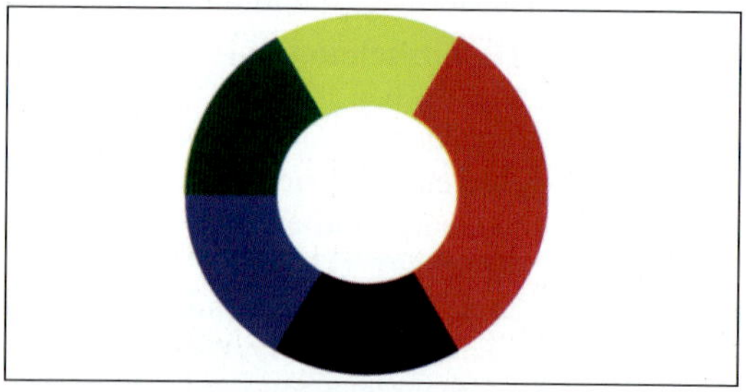

Bild 10.17 Sechsteiliger Farbkreis

Grund- und Primärfarben sind Gelb, Rot und Blau.

Sekundärfarben. Die drei weiteren, dem sechsteiligen Farbkreis zugehörigen Farben Grün, Orange und Violett entstehen durch Mischen von je zwei der drei Primärfarben

- Gelb + Rot → Orange
- Rot + Blau → Violett
- Blau + Gelb → Grün

Man nennt sie Sekundärfarben (zur zweiten Ordnung gehörend). Die Sekundärfarben liegen im Farbkreis jeweils zwischen den Primärfarben.

Werden je zwei Primärfarben miteinander gemischt, entsteht eine Sekundärfarbe. Sekundärfarben sind Orange, Violett und Grün.

Zwischenfarben. Werden Primär- mit Sekundärfarben gemischt, entstehen Zwischenfarben. Primär-, Sekundär- und Zwischenfarben ergeben kreisförmig angeordnet den zwölfteiligen Farbkreis (Bild **10.**18) mit den Farben Gelb – Gelborange – Rotorange – Rot – Rotviolett – Violett – Blauviolett – Blau – Blaugrün – Grün – Gelbgrün. Bild **10.**18 verdeutlicht dass mit zunehmendem Vermischen die Leuchtkraft immer geringer wird. Neben dem sechs- und zwölfteiligen Farbkreis gibt es noch den 24-teiligen Farbkreis. Er dient als Grundlage für die Bunttöne der DIN-Farbtafeln

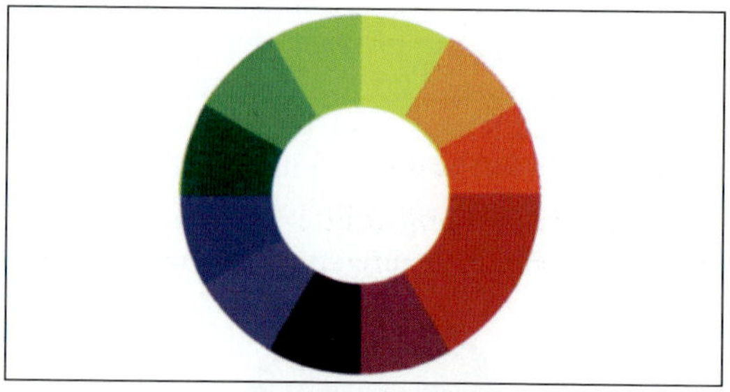

Bild 10.18 Zwölfteiliger Farbkreis

Bild 10.19 Graureihe

Komplementärfarben. Farben, die sich im Farbkreis gegenüberliegen, nennt man Gegenfarben oder Ergänzungsfarben (Komplementärfarben). Nach der additiven Mischweise ergeben Komplementärfarben immer weiß.

Komplementärfarben im sechsteiligen Farbkreis sind Gelb – Violett; Rot – Grün; Blau – Orange. Sie bestehen jeweils aus einer Primär- und einer Sekundärfarbe.

> Farben, die sich im Farbkreis gegenüberliegen, heißen Komplementärfarben.

Nichtfarben. Während die bunten Farben durch Farbtonstufen, Sättigungsstufen und Dunkelstufen gekennzeichnet sind, unterscheiden sich die unbunten Farben Weiß, Schwarz und Grau nur in den Dunkelstufen. Unbunte Farben erscheinen im Farbkreis nicht. Man nennt sie auch Nichtfarben. Die Abstufungen von Weiß nach Schwarz ergibt die Graureihe (Bild **10.**19).

> Nichtfarben sind Weiß, Schwarz und Grau. Abstufungen von Weiß nach Schwarz ergeben die Graureihe.

10.5 Fassadengestaltung

Neben der architektonischen Gliederung einer Fassade durch die Anordnung von Gebäudeöffnungen und einem mehr oder weniger differenzierten Gebäudegrundriss, hat der Stuckateur viele Mittel und Möglichkeiten, das äußere Erscheinungsbild eines Gebäudes zu gestalten. Diese Mittel sind plastischer und farblicher Art. Damit trägt der Stuckateur nicht nur zur Verschönerung, vielmehr auch zur Attraktivität und Wertsteigerung eines Gebäudes bei. Das Arbeitsgebiet reicht von der Fassadengestaltung moderner Wohnhäuser, bis hin zur stilgerechten Renovierung alter Bausubstanzen.

Plastische Gestaltung

Plastische Gestaltungsmittel sind senkrecht – Lisenen – oder waagerecht – Gesimse – verlaufende Profilierungen, die in vielfältigen Formen ausgeführt werden können. Diese Profile können an Ort und Stelle oder auch in der Werkstatt vorgefertigt werden. Ein weiteres Gestaltungsmittel ist das bei historischen Bauten verwandte Rustika-Mauerwerk, das oftmals durch geputzte Flächen vorgetäuscht wird. Fenster bieten weitere interessante Gestaltungsmöglichkeiten: entweder mittels Fensterumrahmungsprofilen oder durch die Veränderung der Putzweise. Dabei könnten z.B. die Fassade als Kratzputz, die Fensterleibungen einschließlich eines um die Leibung herumlaufenden Streifens in der Fassade als gefilzter Putz ausgeführt werden. Möglich ist auch, voneinander abgesetzte Putzflächen unterschiedlich zu strukturieren. Die Möglichkeiten der Sgraffitotechnik (Bild **10**.20) können bei

Bild 10.20 Plastische Gestaltung

Bild 10.21 Farbige Gestaltung

der Gestaltung und Gliederung von Fassadenflächen sehr bereichernd wirken. Zu bedenken ist jedoch, dass ein Zuviel eher störend und überladen wirkt.

Farbige Gestaltung (**10.**21)

Da in der Regel heute Werktrockenmörtel verarbeitet werden, stehen dem Stuckateur neben den verschiedenen Putzstrukturen und Putzarten auch fast alle denkbaren Farbtöne als farbiges Gestaltungsmittel zu Verfügung. Grundsätzlich gilt es aber auf eine gemäßigte Farbigkeit (nicht zu verwechseln mit Buntheit) mit dezent gesättigten Bunttönen zu achten. Durch die unterschiedliche Lichtbrechung in glatten, feinen und groben Putzen können sehr reizvolle Wirkungen auf Wandflächen entstehen. Solche Möglichkeiten wahrzunehmen und gezielt einzusetzen, gehört mit zum Tätigkeitsbereich des Stuckateurs. Bevor die Entscheidung für Farben und Farbkombinationen getroffen wird, gilt es die Randbedingungen zu berücksichtigen. So sollten große Gebäude möglichst in Pastelltönen gehalten werden, da intensive, großflächige Farbreize auf den Menschen reizend wirken. Grundsätzlich sind die Umgebungsfarben – farbiges Pflaster, vorhandene Baumaterialien, Nachbarbebauung, dominierende Farbrichtungen im Straßenzug – zu berücksichtigen. Gebäude mit plastischen Gliederungen benötigen nur wenig Farbe, da sonst die architektonische Wirkung gestört würde. Durch Farbe darf die Form optisch nicht zerstört werden. Allgemein gilt, dass die warmen Gelb-Rot-Töne angenehmer empfunden werden als die kühlen Blau-Grün-Töne. Bei Farbkombinationen wirken geringe Unterschiede der Hellbezugswerte dezent, große Unterschiede markant und hart. Generell ist zu empfehlen, Musterflächen an Ort und Stelle anzulegen, um die Wirkung der Farbtöne beurteilen zu können.

In der Fassadenfläche bieten sich Fensterleibungen, Balkone. Loggien, Sockelflächen, Hauseingänge usw. dazu an, farbig abgesetzt zu werden. Zu beachten ist dabei, dass alle farbigen Absetzungen mit dem Hauptfarbton harmonisieren müssen. Hell-Dunkel- oder Buntkontraste sind keine geeigneten Mittel, Fassaden zu gestalten. Beispielsweise könnten plastische Bauteile in zwei Farbtönen (Licht-Schatten-Wirkung) etwas dunkler von der

Fassade abgesetzt werden. Gebäudesockel sollten ebenfalls einen dunkleren Farbton erhalten. Dunklere Farbtöne wirken im Sockelbereich weniger störend hinsichtlich Spritzwasserverschmutzung und Staubablagerungen. Reihenhäuser sollten in ihren Hauptfarben miteinander harmonisieren. Bei Altbauten sind die Ansprüche der Denkmalpflege zu berücksichtigen. Die historischen Färb- und Putzgestaltungen sind hier Maßstab für die Ausführung. Eventuell ist ein Restaurator als Berater hinzuzuziehen.

Fassaden können vom Stuckateur plastisch (Gesimse, Lisenen, Sgraffito, Putzstruktur) und farbig gestaltet werden. Die farbige Gestaltung sollte dezent sein und sich an der Umgebung, bei alter Bausubstanz auch hinsichtlich des Denkmalschutzes, ausrichten.

Aufgaben zu Abschnitt 10

T

1. Erklären Sie die Begriffe „Farbmittel“, „Pigmente“, „Füllstoffe“ und „Verschnittmittel“.
2. Welche Anforderungen werden an Pigmente gestellt?
3. Was versteht man unter Alkalibeständigkeit eines Pigments?
4. Von welchen Faktoren hängt das Deckvermögen eines Pigments ab?
5. Welche Anforderungen werden an Bindemittel gestellt?
6. Nennen Sie die Eigenschaften der wässerigen Bindemittel Kalk, Zement und Wasserglas.
7. Erklären Sie die Begriffe „Dispersion“, „Emulsion“ und „Suspension“.
8. Nennen Sie Arten von Verdünnungsmittel.
9. Worauf ist bei der Verwendung von feuergefährlichen Verdünnungsmittel besonders zu achten?
10. Erklären Sie den Begriff „Beschichtungsstoff“.
11. Welche Eigenschaften sind den folgenden Beschichtungsstoffen zuzuordnen: Leimfarben, Kalkfarben, Zementfarben, Silikatfarben, Dispersions-Silikatfarben, Silikonharzfarben?
12. Auf welchen Untergründen können Leimfarben, Kalkfarben, Zementfarben, Silikatfarben, Dispersion-Silikatfarben und Silikonharzfarben verarbeitet werden?
13. Welche Eigenschaften zeichnen Dispersionsfarben aus?
14. Von welchen Faktoren ist die Entscheidung für ein bestimmtes Anstrichsystem abhängig?
15. Auf welche Eigenarten hin ist der Untergrund vor der Durchführung des Anstrichs zu überprüfen?
16. Worauf beruht das menschliche Sehvermögen?
17. Erklären Sie den Begriff „Spektralfarben“.
18. Wovon ist die Lichtbrechung abhängig?
19. Welche Bedeutung hat die Lichtbrechung hinsichtlich der Deckkraft von Pigmenten?
20. Erklären Sie die Begriffe „vollständige Reflexion“ und „vollständige Absorption“.
21. Wie ist die Empfindung „matt“ und „glänzend“ technisch zu erklären?
22. Erklären Sie die Begriffe „additive“ und „subtraktive“ Farbmischung.
23. Welche Farben sind charakteristisch für den sechsteiligen Farbkreis?
24. Wann sprechen wir von „Primärfarben“, wann von „Sekundärfarben“?
25. Aus welchen Primärfarben entstehen Orange, Violett und Grün?
26. Welche Zwischenfarben ergeben sich beim zwölfteiligen Farbkreis?
27. Wie heißen die Komplementärfarben zu Gelb, Blau und Orange?
28. Was versteht man unter Nichtfarben?
29. Nennen Sie plastische Gestaltungsmittel.
30. Formulieren Sie Regeln für die farbliche Gestaltung von Fassaden.

Z

Übertragen Sie die Bilder 10.22 bis 10.29 Freihand auf jeweils ein DIN-A3-Blatt und legen Sie die Fassadenfläche farbig an. Die Fenster hinterlegen Sie mit einem mittleren Grauton.

Bild 10.22 Villa

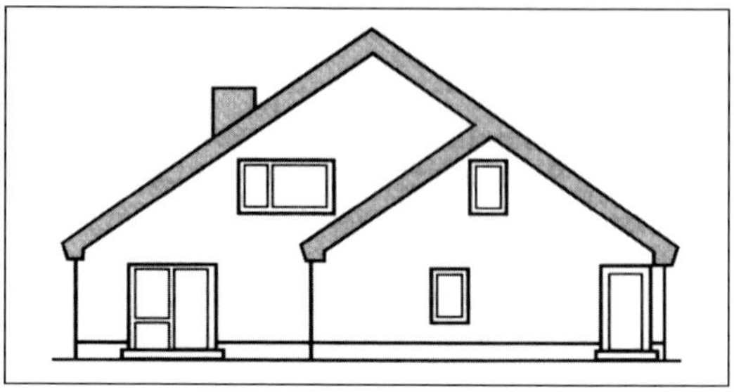

Bild 10.26 Wohnhaus

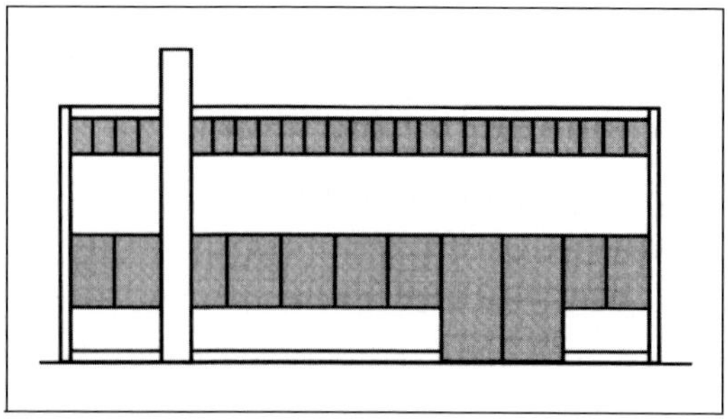

Bild 10.23 Bürogebäude

Bild 10.27 Reihenhäuser

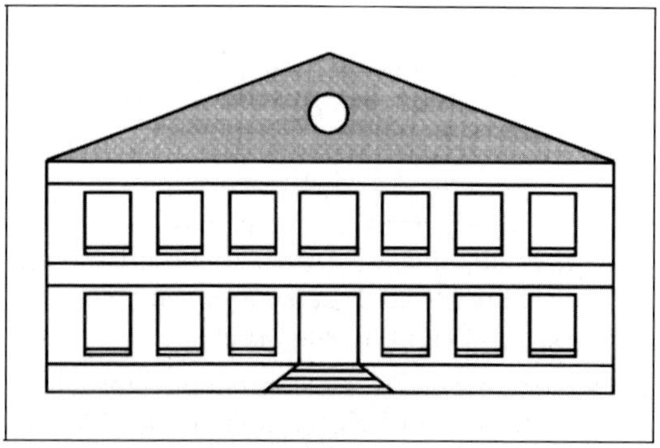

Bild 10.24 Geschäftshaus

Bild 10.28 Wohnhaus der 20er Jahre

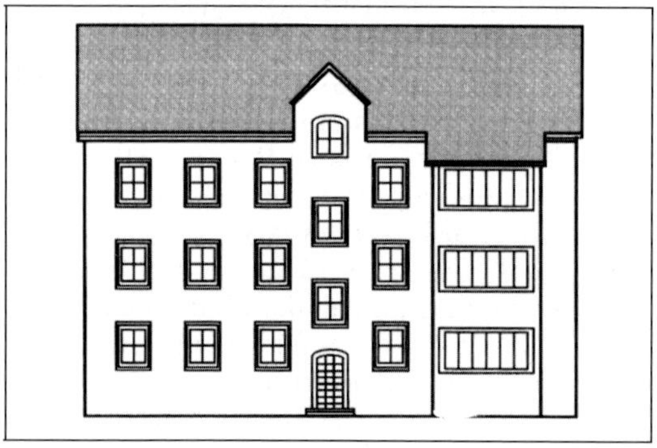

Bild 10.25 Mehrfamilienhaus

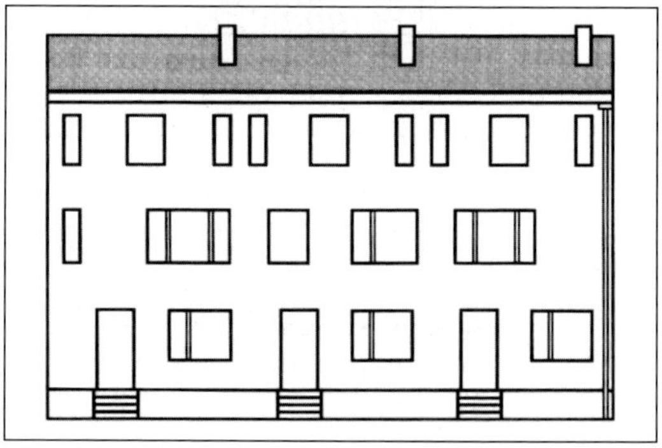

Bild 10.29 Häuserzeile

11 Baustilkunde

Der Stuckateur findet bei der Rekonstruktion bzw. der Sanierung alter Bausubstanz ein Arbeitsgebiet vor, das hohe Ansprüche an ihn stellt. Um eine fach-, sach- und stilgerechte Ausführung zu gewährleisten, ist es zwingend notwendig, sich mit den Stilelementen der verschiedenen Bauepochen zu beschäftigen. Aber nicht nur das Einordnen der Form in eine bestimmte Bauphase gilt es zu beherrschen, sondern auch der Umgang mit für uns heute ungewohnten Materialien und Arbeitstechniken. Das Wort „Stil“ stammt aus dem lateinischen „Stilus“ und bedeutet „Griffel“.

Ursprünglich verstand man darunter die persönliche Handschrift, aber auch die eigene Art und Weise wie sich der Schreibende mitteilt. Später übertrug man diesen Begriff auf die handwerkliche Eigenart. Neben dem persönlichen Stil prägte man in der Baukunst den epochalen Stil, also den Baustil einer bestimmten Zeit. In Abhängigkeit von gesellschaftlichen und wirtschaftlichen Verhältnissen prägte sich das Empfinden für die verschiedenen Baustile. Auch die geistige Verbindung mit der Vergangenheit und den Kulturepochen anderer Völker wirkten auf die Baukunst ein. Religion und Philosophie sind wichtige Quellen der stetigen Entwicklung und Veränderung. Auch der Stilverfall im 20. Jahrhundert weist auf den entsprechenden Zeitgeist hin.

Im Folgenden werden nur die abendländischen Baustile vorgestellt.

11.1 Griechisch (800 bis 200 v. Chr.)

Maßgebendes Gebäude der griechischen Baukunst ist der Tempel (Bild **11.**1). Dieser besteht aus dem rechteckigen Innenbereich, der Cella und einer Vorhalle. Den ganzen Tempel umgibt ein Säulenkranz, der die parallel verlaufenden, waagerechten Steinbalken trägt. Diese bilden den oberen Raumabschluss. Der Tempel erhält dann als oberen Abschluss ein leicht geneigtes Satteldach. Er steht nicht auf ebener Erde, sondern ist durch einen dreifach abgestuften, massiven Unterbau emporgehoben.

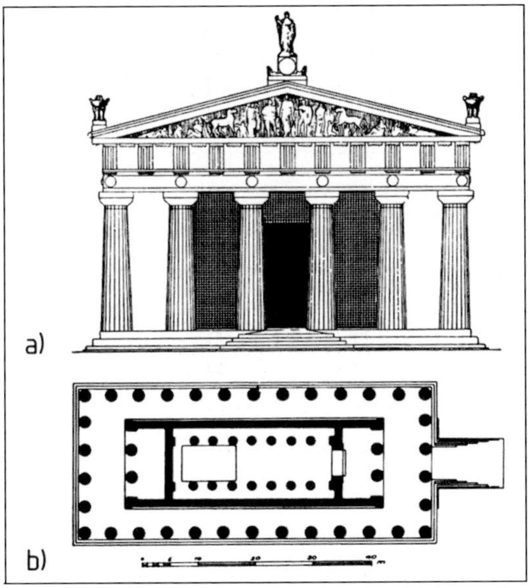

Bild 11.1 Olympia, Zeustempel
a) Ansicht, b) Grundriss

Die Unterschiede im griechischen Tempelbau lassen sich am deutlichsten anhand der Säulen dokumentieren.

Dorische Säule (Bild **11.**2a). Ein wesentliches Kennzeichen der dorischen Säule ist der fehlende Säulenfuß (die Basis). Die Säule ist ohne weiteren Übergang unmittelbar auf den Unterbau aufgestellt. Im unteren Bereich erfährt die Säule eine Ausbauchung (Schwellung) was sie etwas schwerfällig wirken lässt. In den Säulenschaft sind flache, senkrechte Hohlstreifen (Kanneluren, meist 20 an der Zahl) eingearbeitet, die scharfkantig aufeinanderstoßen. Zur Vergrößerung der Auflagerfläche des waagerechten Dachgebälks (Architrav) ist der Säulenkopf (Kapitell) mit der darauf befindlichen Deckplatte (Abakus) breiter ausgebildet.

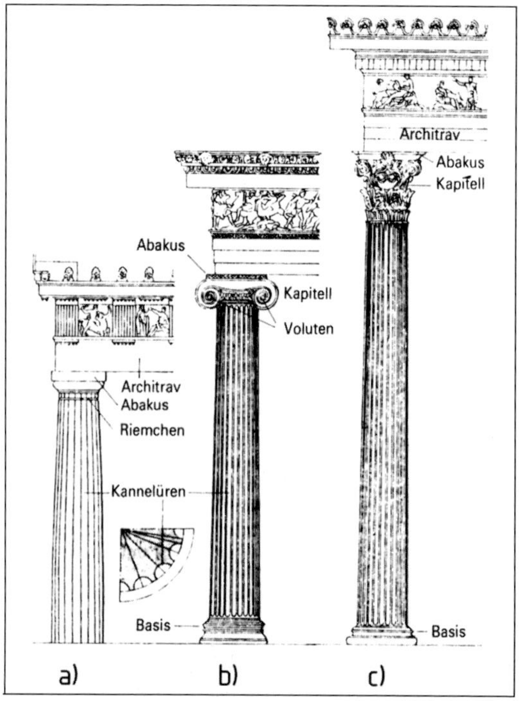

Bild 11.2 Griechische Säulenform
a) dorisch, b) ionisch, c) korinthisch

Ionische Säule (Bild **11**.2b). Die ionische Säule ruht stets auf einer Basis. Diese besteht aus einem Wulst mit zwei Hohlkehlen darunter oder aus zwei Wülsten und einer Hohlkehle dazwischen. Die Basis steht meist auf einer rechteckigen Platte. Im Gegensatz zur dorischen Säule wirkt die ionische schlanker, da die Ausbauchung nur mäßig ausfällt. Der Säulenschaft verjüngt sich nach oben. Er ist auf seiner Oberfläche durchfurcht von 24 annähernd halb kreisförmigen Kanneluren. Diese stoßen jedoch nicht wie bei der dorischen Säule scharfkantig aufeinander, sondern sind durch schmale Stege voneinander getrennt. Unter dem Kapitell und über der Basis schließen die Kanneluren halbkreisförmig ab. Die Grenze zwischen Säulenschaft und Kapitell wird durch den Perlstab bzw. Perlschnur (Astragal) gebildet. Das Kapitell wird dominiert durch die kräftig ausgebildeten Voluten (Schnecken). Wegen der Voluten sind Vorder- und Seitenansicht unterschiedlich, was zu dem Problem führte, dass die Ecksäule auf der Längsseite ein anderes Aussehen hat, wie die

Bild 11.3 Lineare Ornamente
a) Mäanderlinien, b) Wellenlinien

folgenden Säulen. Der ionische Abakus ist weniger wuchtig und mit Ornamenten versehen. Er wirkt im Gegensatz zum dorischen wesentlich unauffälliger.

Korinthische Säule (Bild **11**.2c). Die Weiterbildung der ionischen Säule führte zur korinthischen Säule. Beide unterscheiden sich im wesentlichen in der Ausbildung des Kapitells. Bei der korinthischen Säule hat es die Form eines großen, von acht Blättern der Akanthuspflanze gebildeten Kelchs. Ein zweiter Kranz von Blättern oder auch ausladende Voluten sind üblich. Während das ionische Kapitell in der Vorder- und Seitenansicht ein unterschiedliches Bild zeigt, bietet das korinthische Kapitell die Möglichkeit der symmetrischen Ausbildung. Korinthische Säulen ermöglichen also auch im Eckbereich ein harmonisches Bild.

Bild 11.4 Gegenständliche Ornamente
a Perlenschnur,
b Akanthusblattwerk,
c Lorbeerstab

Die Ornamente sind linear oder gegenständlich ausgebildet, z.B.

- *linear.* Mäanderlinien (Bild **11.**3a); Wellenlinien (Bild **11.**3b); Dreischlitzplatten (Triglyphe, Bild **11.**2) u.a.
- *gegenständlich:* Perlenschnur (Bild **11.**4a); Akanthusblattwerk (Bild **11.**4b); Lorbeerstab (Bild **11.**4c); Girlanden (durchhängendes Blumen oder Blattgewinde: Löwenköpfe, Greifen, Stierköpfe u.a).

Zierglieder wurden u.a. aus Stuck gefertigt, Säulen, Balken und Wände mit Stuck überzogen (s. Abschn. 6.1).

> Im Mittelpunkt der griechischen Baukunst steht der Tempelbau. Er ist gekennzeichnet durch die Säulenform dorisch, ionisch und korinthisch. Die Griechen betonten in ihrem Baustil die Waagerechte und Senkrechte.

11.2 Römisch (500 v. Chr. bis 450 n. Chr.)

Die römische Baukunst gründet sich in den Anfängen im Wesentlichen auf die Übertragung und Fortführung griechischer Techniken. Aus dem *Etruskischen* übernehmen die Römer den Rundbogen. Im Unterschied zum griechischen Baustil mit seiner waagerechten und senkrechten Betonung ist der römische Baustil insbesondere gekennzeichnet durch die Verwendung des Rundbogens und die Weiterentwicklung zum Tonnen-, Kreuz- und Kuppelgewölbe. Mit dem Einbringen des Gewölbes in die Bautechnik konnten Spannweiten erzielt werden, die zuvor undenkbar waren. Beispielhaft ist die ingenieurtechnische Meisterleistung des Pantheons in Rom mit einer Spannweite

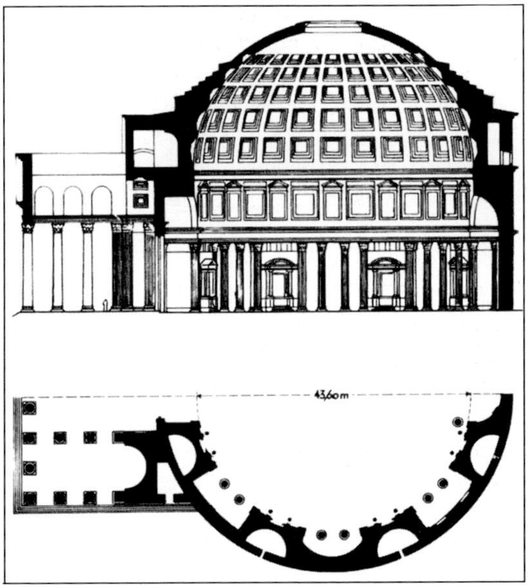

Bild 11.5 Pantheon in Rom

Bild 11.6 Kompositenkapitell

Bild 11.7 Verkröpftes Gebälk

von 43,60 m (Bild **11**.5). Die Säulen trugen nicht mehr waagerechte Balken, sondern die Gewölbebogen. Der griechische Säulenbau verlor mehr und mehr an Bedeutung. Ist der Tempelbau das prägende Bauwerk der Griechen, setzen die Römer die Schwerpunkte im Profanbau (Amphitheater, Badeanstalten, Triumphbögen, Basiliken). Auch Wohngebäude erhalten bei den Römern eine reichhaltige Ausschmückung (s. Abschn. 6.1).

Die drei griechischen Säulenordnungen werden an einem Gebäude, wie z.B. am Kollosseum in Rom, in verschiedenen Stockwerken eingesetzt. Säulen und Kapitelle sind oftmals vorgelagert und dienen lediglich als Zierde oder schmückendes Beiwerk. Das ionische und korinthische Kapitell münden im Kompositenkapitell (Bild **11**.6). Charakteristisch sind Verkröpfungen des Gebälks im Bereich der vorstehenden Säulen (Bild **11**.7). Die schmückenden Ornamente entsprechen denen der griechischen Vorbilder, übertreffen diese jedoch hinsichtlich ihrer prachtvollen Ausbildung.

Im Mittelpunkt der römischen Baukunst steht der Profanbau. Die Römer prägten den Ingenieurbau. Sie entwickelten die Gewölbetechnik (Tonnen-, Kreuz- und Kuppelgewölbe).

11.3 Romanik (750 bis 1250)

Nach Beendigung der Völkerwanderung entwickelte sich unter den veränderten politischen Verhältnissen der Baustil der Romanik. Der von den Römern übernommene Steinbau entwickelte sich parallel dazu. Der romanische Baustil ist gekennzeichnet durch die Verwendung römischer Formelemente wie Rundbogen, Pfeiler, Säulen, Gewölbe. Wesentlicher Unterschied zum römischen Baustil ist die Vielgliedrigkeit bzw. Gruppierung des Ganzen (Bild **11**.8). Während die frühchristlichen Basiliken Flachdecken erhielten (Bild **11**.9), erfolgte in der Romanik die Fortführung der

Bild 11.9 Schnitt durch eine frühchristliche Basilika

Bild 11.8 Klosterkirche Maria Laach

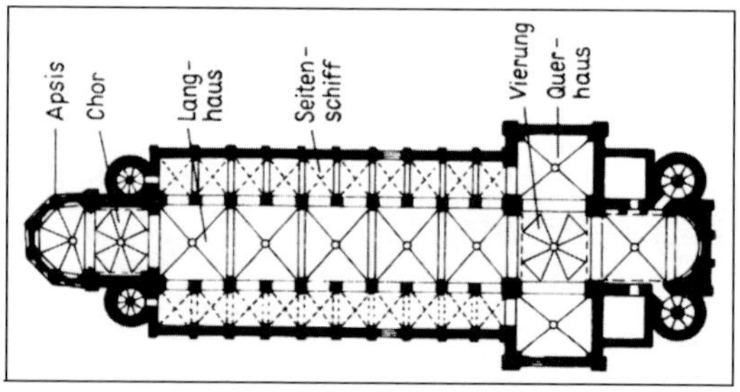

Bild 11.10 Romanische Basilika

Gewölbedecken. Häufigste Gewölbeart war das Kreuzgewölbe (Bild **9**.8). Zur Ableitung der Druck- und Schubkräfte aus dem Gewölbe war es erforderlich, schwere und massive Wände zu errichten. Diese wurden aus Natursteinen oder auch- aus Ziegeln hergestellt. Am Beispiel des Kirchenbaus lassen sich die wesentlichen Elemente der Romanik darstellen.

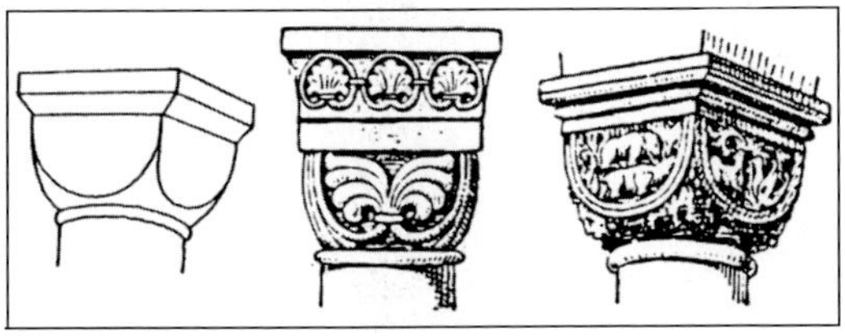

Bild 11.11 Würfelkapitelle

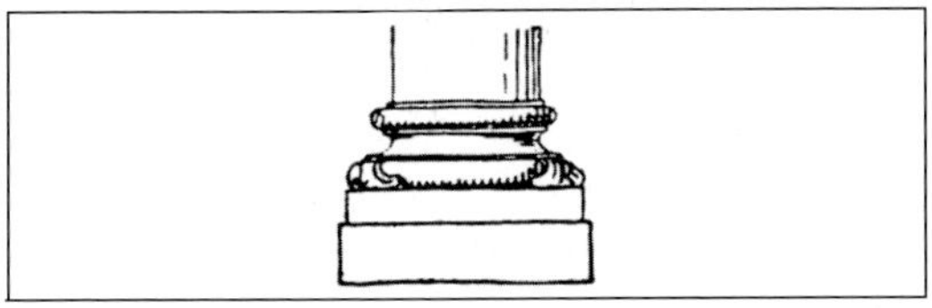

Bild 11.12 Attische Basis, Klosterkirche Maria Laach

Der Grundriss der romanischen Kirche entwickelte sich aus der römischen Basilika (Markthalle) bzw. der frühchristlichen Basilika (Kirche). Die frühchristlichen Basiliken, meist nach Osten ausgerichtet, waren 3 bis 5 schiffig und nicht gewölbt. Die Seitenmauern des überhöhten Mittelschiffes ruhten auf Pfeilern oder Säulen, die in der Regel durch Bogen (Arkaden) miteinander verbunden waren. Das Mittelschiff erhielt am Ende eine halbrunde, gewölbte Apsis. Durch das Einfügen eines Querschiffes vor der Apsis erhielt die romanische Basilika ihre typische Kreuzform (Bild **11**.10). Dort wo sich Längs- und Querschiff durchdringen, entsteht die Vierung mit dem Vierungsturm. Die Vierung wurde zur Maßeinheit des Kirchenbaus. Später wurde zwischen Apsis und Querschiff das Chorquadrat eingeschoben. Den Pfeilern, die meist vier- oder achteckig waren, wurden oftmals zur Verstärkung und Gliederung Halb- oder Dreiviertelsäulen vorgelagert. Neben dem korinthischen Kapitell ist das unverzierte oder mit Blattornamenten und Abbildungen von Lebewesen nach unten abgerundete Würfelkapitell kennzeichnend für diesen Baustil (Bild **11**.11).

Bemerkenswert ist auch der häufige Wechsel von Säulen und Pfeilern (romanischer Säulenwechsel). Der Fuß der Säule gründet auf einer rechteckigen Platte (attische Basis) in Verbindung mit einem Eckblatt (Bild **11**.12), kleinen Fabelwesen oder Menschenköpfen. Sinn und Zweck der profilierten Basis ist, durch die einfachen Formelemente (Wulst und Kehle) einen ästhetisch ansprechenden Übergang von der Senkrechten zur Waagerechten zu schaffen. Die Fenster sind klein und halbkreisförmig überwölbt. Die Wandung ist nach innen und außen abgeschrägt, um möglichst viel Licht in das Innere zu leiten. Stuck hatte in dieser Epoche wenig Bedeutung. Vereinzelte Arbeiten sind aus Italien bekannt.

> Die typischen Merkmale der Romanik sind: dicke, massiv und schwer wirkende Wände, kleine Fenster mit Rundbogen, im Innern dunkel, häufiger Stützenwechsel, Würfelkapitell, Kreuzgewölbe, plastische Durchbildung des Baukörpers, einfache, schmucklose Fassaden, der Gesamteindruck ist massig, wuchtig, erdenverbunden.

Bekannte Bauwerke sind: Kloster Maria Laach, Dom in Aachen, Speyer, Worms, Mainz, Bamberg, Limburg, St. Michael in Hildesheim, Klosterkirche in Alpirsbach.

11.4 Gotik (1250 bis 1525)

Von Frankreich kommend verbreitete sich die Gotik ab dem 13. Jahrhundert in ganz Nordeuropa. In Italien hatte der gotische Baustil nur untergeordnete Bedeutung. In Anlehnung an die Goten nannten diese den Baustil verächtlich gotisch, was soviel bedeuten sollte wie barbarisch. Beim gotischen Baustil wird der Innenraum als Einheit, nicht wie in der Romanik

Bild 11.13 Straßburger Münster (der Nordturm wurde nie gebaut)

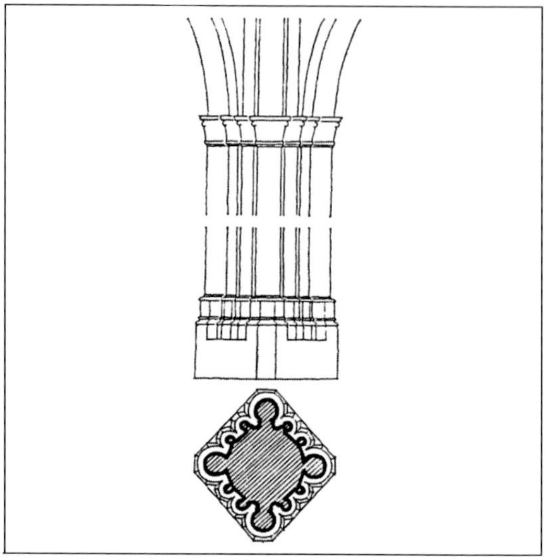

Bild 11.15 Pfeiler mit Diensten

als Summe von Einzelräumen empfunden. Das Gebäude wirkt nicht mehr erdenverbunden, sondern strebt himmelwärts. Die Vertikale wird betont (Bild **11.**13**)**. Der Spitzbogen ist wesentliches Stilelement. Dieser kann als gedrückt, normal oder überhöht (s. Abschn. 9) ausgeführt werden. Neben dem Spitzbogen findet man auch den Tudorbogen und den Kielbogen (geschweifter Spitzbogen). Durch den Spitzbogen kann der Pfeilerabstand beliebig gewählt (während die Höhe beim Rundbogen immer vom Pfeilerabstand abhängig ist)

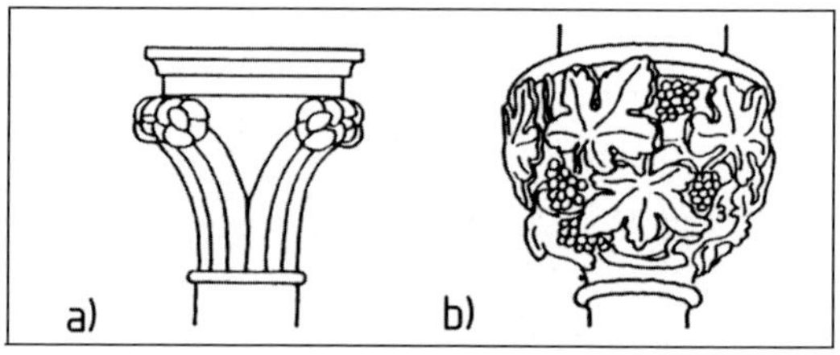

Bild 11.16 Gotische Kapitellformen a) Knospenkapitell, b) Blattkapitell

Bild 11.14 Skelettbauweise am Beispiel Kölner Dom (Querschnitt)

Bild 11.17 Sechspass

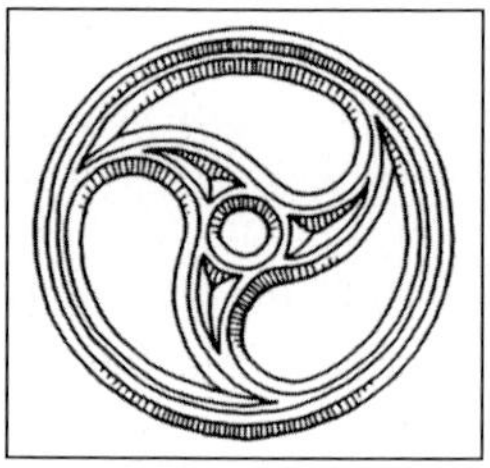

Bild 11.18 Dreischneuß

und der Seitenschub verringert werden. Dadurch wurde es möglich, den Grundriss freier zu gestalten, sowie die dicken, geschlossenen Außenwände durch die Skelettbauweise zu ersetzen. Das Skelett wird gebildet durch Rippen, Pfeiler und Dienste sowie Strebebogen und Strebepfeiler (Bild **11.**14). Die füllenden Wandteile werden mit großen, spitzbogenförmigen Fenstern geschlossen. Das Gewölbe wird in der Regel als Kreuzrippengewölbe ausgeführt. Zwischen die Rippen werden Kappen als Füllung gemauert. Der auftretende Seitenschub wird über die Strebebogen in die abgetreppten Strebepfeiler geleitet. Diese werden durch die schlanken, spitzen, reich verzierten Türmchen (Fialen) zusätzlich belastet.

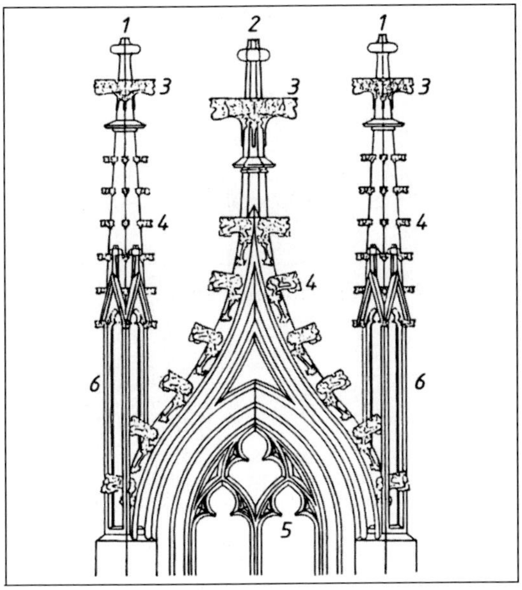

Bild 11.19 Fiale und Wimperg
1 Fiale,
2 Wimperg,
3 Kreuzblume,
4 Krabbe,
5 Maßwerk,
6 Leib

An die Pfeiler wurden Halb-, Dreiviertel- oder birnenförmige Säulen (die Dienste) angegliedert (Bild **11.**15), die zur Lastableitung herangezogen werden. Diese sind um den Pfeilerkern angeordnet. Es wird unterschieden zwischen den kräftigen *„alten Diensten"*, die Quer- und Längsgurte und den schwächeren *„jungen Diensten"*, die die Kreuzrippen tragen.

Die Basis der Pfeiler wird durch einen polygonalen Sockel gebildet. Kapitelle sind als Knospen- (Bild **11.**16a) oder Blattkapitell (Bild **11.**16b) ausgeführt.

Die großen Fenster mussten wegen der kleinen Scheiben und dem Winddruck unterteilt werden. Dies geschah durch die Anordnung kunstvoll gestalteter Steinrippen (Maßwerk), die mit farbigem Glas ausgefüllt wurden. Prunkstück gotischer Kathedralen ist das an der Westfassade vorhandene Rundfenster (Rosette). Die wichtigste Grundform des Maßwerks ist der *Pass* (das Kreisteil zwischen den Nasen). Je nach Einteilung unterscheidet man Drei-, Vier-, Fünf-, Sechspass (Bild **11.**17), Achtpass und Vielpass. Bestehen die einzelnen Teile nicht aus Kreisformen, sondern aus dem Spitzbogen, die in sphärisch (bogenförmig) begrenzte Quadrate oder Dreiecke eingefügt sind, spricht man vom „Blatt". Ein weiteres beliebtes Formelement ist die Fischblase, z.B. Dreischneuß (Bild **11.**18). Die Fialen (Bild **11.**19) sind geschmückt mit „Krabben", das sind blatt- oder knospenartige Gebilde. Die Spitze der Fiale bildet die Kreuzblume. Über großen Fenstern und den Portalen befinden sich Wimperge – dreieckige Giebel, die ebenfalls mit Krabben und Kreuzblume geschmückt sind (Bild **11.**19). Die Gesimse sind hohlkehlförmig unterschnitten und abgeschrägt (gotisches Kaffgesims).

In Norddeutschland entwickelte sich die Backsteingotik. Infolge der fehlenden Natursteine wurden die Gebäude aus Ziegelsteinen errichtet. Neben den Sakralbauten gewann in dieser Zeit der Profanbau (Stadttore, Rathäuser, Wohnhäuser) immer mehr an Bedeutung.

Wurden die romanischen Bauten in der Regel von den Klöstern geplant und ausgeführt, vollzog sich in der Gotik der Wandel zu weltlichen Bauhandwerkern. Diese kamen aus den Städten der großen Dombauten und waren in *Gilden* – den Bauhütten – organisiert. Die Gilden regelten die Arbeitsverhältnisse, bildeten den Nachwuchs aus, sorgten für die Bewahrung aber auch für die Geheimhaltung der Arbeitstechniken und technischen Konstruktion. Später bildeten sich aus den Bauhütten richtige Bauschulen in ganz Europa aus. Auch in der Zeit der Gotik hatte Stuck keine Bedeutung.

Typische Merkmale der Gotik sind: Betonung der Senkrechten, himmelstrebend, Auflösung der Wandfläche, Skelettbauweise, Kreuzgrat- und Rippengewölbe, Strebebogen und Strebepfeiler, Spitzbogenfenster, Rosetten, Maßwerk.

Bekannte Bauwerke sind: Kölner Dom, Ulmer Münster, Freiburger Münster, Straßburger Münster, Marienkirche in Lübeck, Kathedrale Notre Dame in Paris und Reims, Stephansdom in Wien, Rathäuser in Münster und Lübeck.

11.5 Renaissance (1520 bis 1600)

Die Renaissance hat ihren Ursprung in Italien. Hier begann man sich bereits seit dem 14. Jh. wieder auf die Baukunst der Antike zu besinnen. Der Name stammt aus dem französischen und bedeutet soviel wie „Wiedergeburt". In Deutschland wurde der Baustil der Renaissance vorwiegend an weltlichen, selten an Sakralbauten ausgeführt. In Italien hatte dagegen auch der Sakralbau seine Bedeutung (Kuppelbauten, z.B. Peterskirche in Rom). Maßgebende Baumeister und Künstler in Italien waren u.a. *Leonardo da Vinci* und *Michelangelo.*

Bild 11.21 Rathaus in Augsburg

Kennzeichen der Architektur der Renaissance ist die harmonische Verbindung zwischen vertikalen und waagerechten Gliederungselementen (Bild **11.**20). Es wird großen Wert auf Ausgeglichenheit Gleichheit und Harmonie gelegt. Die Ausgewogenheit der Abmessungen gründeten auf mathematisch begründeten Verhältnissen wie z. B. dem *Goldenen Schnitt.* Die strenge Ausrichtung der italienischen Renaissance wurde in Deutschland durch die Einbeziehung gotischer Elemente gemildert. Am Augsburger Rathaus erkennt man z.B. neben der klassischen Strenge und Ordnung der Fassade auch das schwunghafte des gotischen

Bild 11.20 Palazzo Uguccioni, Florenz

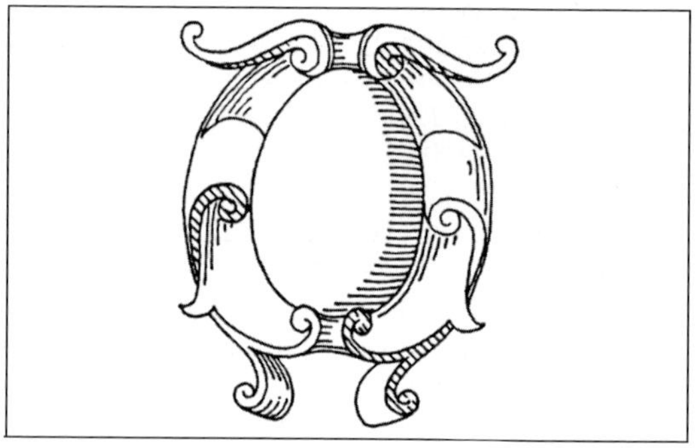

Bild 11.22 Kartusche mit Rollwerk

Bild 11.23 Fenstergiebel der Renaissance
a) Dreiecksgiebel,
b) Segmentgiebel

Kielbogens an den Türmen (Bild **11**.21). Die Fassaden erfahren eine starke plastische Durchbildung. Die Geschosse werden durch weit ausladende, bandartige Gesimse gegliedert. Typisch ist das aus dem Bereich der Gotik entwickelte Rollwerk (Dekorationen mit verschlungenen und aufgerollten Bandformen) und mit Reliefs geschmückte Bänder (Bild **11**.22).

Bild 11.24 Balustrade

Die rechteckigen Fenster und Türen werden mit Dreiecks- oder Segmentbogengiebel geschmückt (Bild **11**.23). Die Fensterleibung erhält eine gotische Auskehlung. Typische Form des Geländers in der Renaissance ist die Balustrade, ein auf Säulen ruhendes Geländer an Treppen, Balkonen, als Dachabschluss und auf Brücken (Bild **11**.24). Die Fassaden wurden teils durch grob behauene Quadersteine strukturiert, deren Fugen tief eingeschnitten waren (Rustikamauerwerk). Erker und Nischen werden mit Zierwerk, wie z.B. Pilaster (mit der Wand verbundene Halbsäulen), figürlichen Abbildungen und antikisierenden Gesimsen geschmückt.

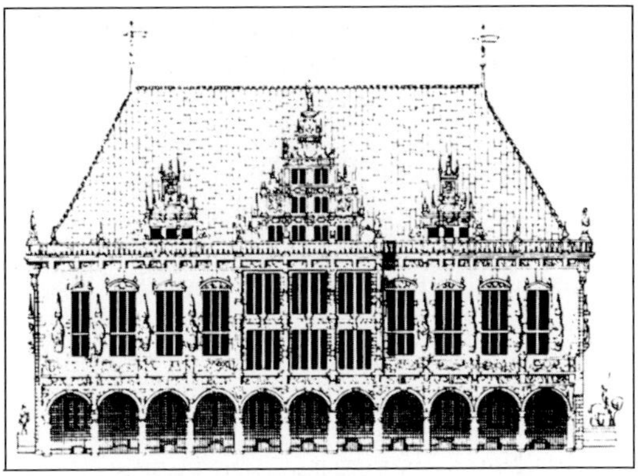

Bild 11.25 Rathaus in Bremen

Im Inneren entstehen saalartige Räume mit Tonnengewölbe, die als Kassettendecke ausgeführt sind. Kassetten waren in der Renaissance ein vielseitig angewandtes Gliederungselement.

Bild 11.26 Heidelberger Schloss, Friedrichsbau

Mit den architektonischen Vorstellungen der Renaissance wurden auch ganze Stadtteile nach antikem Vorbild durchgeplant wie z.B. die Stadt Freudenstadt.

In der Renaissance lebt die antike Stucktechnik wieder auf. Eine strenge Linienführung und Kassettierung wurden bevorzugt (Bild **6**.2 und **6**.4).

Typische Merkmale der Renaissance sind: klare Gliederung nach antikem Vorbild, harmonische Verbindung zwischen vertikalen und waagrechten Gliederungselementen, Ausgeglichenheit, plastische Durchbildung der Fassaden, weit ausladende Gesimse, Rundbogen, Giebeldreiecke, Figuren in Nischen, Balustraden, Tonnengewölbe, Kassettendecken, Rustikamauerwerk.

Bekannte Bauwerke sind: Rathäuser in Bremen (Bild **11.**25), Augsburg, Rothenburg, Vorbau des Rathauses in Lübeck, Heidelberger Schloss (Bild **11.**26), Dresdener Schloss, Zeughaus in Danzig.

11.6 Barock (1600 bis 1800)

Das Wesen des barocken Baustils steht im Gegensatz zu dem der Renaissance. Die nüchterne Klarheit der waagerechten und senkrechten Betonung wurde verlassen. Die Freude am bewegten Spiel der Linien, der Überschwang der Form, die künstlerische Ausschweifung waren zeitgemäß. Die statische Harmonie der Renaissance geht im Barockstil zu einer dynamischen Harmonie über. Der Name entstammt dem Portugiesischen „barocco", was übersetzt „schiefrunde Perle", im übertragenen Sinn absonderlich, schwülstig, lächerlich bedeutet. Der Ausgangspunkt dieses Baustils war Italien. In Deutschland – vor allem in Süddeutschland – entfaltete er sich infolge der fatalen Folgen des 30-jährigen Kriegs erst gegen Ende des 17. Jahrhunderts.

Charakteristisch für eine Barockfassade sind

- Gesimse, waagerecht, kräftig profiliert, weitausladend, meist verkröpft
- glatte Säulen, meist Pilaster
- geschweifte Formen
- Voluten an den Dachgiebeln
- Durchbrechungen der Fenstergiebel
- Zwiebeldächer auf Türmen und Kuppeln mit abschließender Laterne
- Risalit (vorspringendes Bauteil)
- Nischen und Vorsprünge mit figürlich geschmückten Darstellungen in wallenden Gewändern.

Im Innern der Gebäude herrschen Prunk. Der Barockstil beruht auf optischer Wirkung. Die Tonnengewölbe erhalten geschwungene Gurtbögen, die Wölbungsfelder sind reichlich mit Stuck verziert und farbenprächtig ausgemalt. Marmor, Stuck und Gold prägen das Bild. Plastik, Malerei und Stuck führen kein Eigenleben wie in früheren Stilepochen. Sie sind in das Erscheinungsbild mit einbezogen. Licht- und Schattenspiel beleben die Prunksäle, die auch als Spiegelkabinette ausgebildet sind. Während bis zur Renaissance dem Treppenbau im Innern wenig Bedeutung beigemessen wurde, entwickelten die Baumeister des Barock (z.B. *Balthasar Neumann)* eine besondere Vorliebe dafür (z.B. Treppenhaus Würzburger Residenz). Nicht nur im Baustil der Gebäude zeigte sich der Sinn der Zeit, sondern auch in den herrlich angelegten Park- und Platzanlagen. Der Städtebau erfuhr eine neue Dynamik. Die Schlossanlagen wurden Zielpunkt ganzer Straßensysteme. Alle Hauptstraßen führen strahlenförmig auf diesen Zentralpunkt hin (z.B. Karlsruhe). Hausfronten ganzer Straßenzüge wurden gleichmäßig gestaltet. Platzanlagen und Straßen wurden mit Kolonaden (eine Folge von Säulen mit Architrav zur Gliederung und Rahmung) versehen (z.B. St. Peter zu Rom, Eingang von Sanssouci), Straßenkreuzungen mit Obelisken oder Denkmälern bereichert.

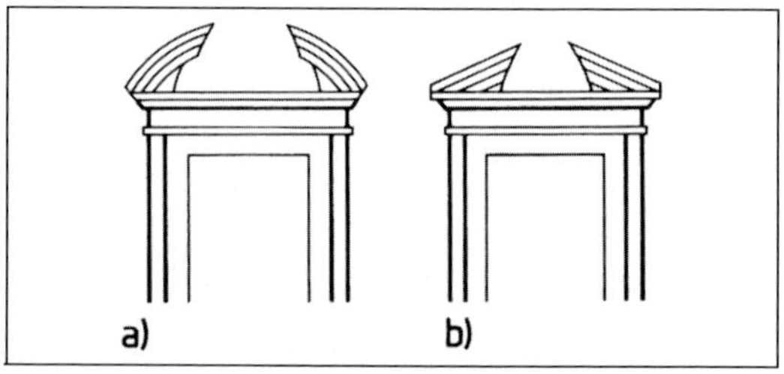

Bild 11.27 Fenstergiebel des Barock
a) Segmentgiebel, gesprengt,
b) Dreiecksgiebel, gesprengt

Bild 11.28 Roceille-Ornament

Die Schlussphase des Barock ist gekennzeichnet durch den Übergang zu größerer Zierlichkeit und Buntheit. Die Stilelemente des Barock wurden beibehalten, jedoch kommt als zierendes Element das „Rocaille-Ornament“ (Bild **11.**28) hinzu, das auch den Namen dieses Zeitabschnitts prägt: Rokoko (von rocaille = Muschelwerk).

Bild 11.29 Klosterkirche Wahlstatt

Am markantesten zeigt sich der neue Stil in der Innenarchitektur. Alle möglichen Formen – Muscheln, Blumen, Blätter, figürliche Darstellungen – wurden in filigranem Stuck kunstvoll nachgebildet. Es war die Blütezeit des Stuckateurs (Bild **6.**3). Maurer, Steinmetz, Stuckateur, Maler, Vergolder, Bildhauer und Glaser wirkten nicht mehr unabhängig voneinander, sondern ergänzten sich.

Bild 11.30 Zwinger in Dresden

Typische Merkmale des Barock sind: kräftig profilierte und waagerechte Gesimse, schwungvolle Linien, die Durchbrechung der Fenstergiebel, Zwiebeldach, Gurtbögen, Marmor, Stuck und Gold, Farbenpracht, lichtdurchflutete Räume, große Treppenanlagen.

Für die Zelt des Rokoko: die Roccaille, noch mehr Zierlichkeit und Beschwingtheit in den Formen.

Die Prachtfülle barocker Architektur zeigte sich in der Ausführung von Sakralbauten, z.B. Wallfahrtskirche Vierzehnheiligen in Neresheim von *Balthasar Neumann,* Klosterkirche Wahlstatt von *K. J. Dientzenhofer* (Bild **11.**29), Frauenkirche in Dresden von *Georg Bahr,* von Profanbauten, z.B. Schlossanlagen in Versailles, Würzburg, Sanssouci, Platzanlagen, z.B. Petersplatz in Rom und ganze Stadtanlagen, z.B. London, Mannheim, Karlsruhe. Beispiele für die Zeit des Rokoko sind die Ludwigskirche in Saarbrücken von *Fr. J. Stengel,* die Schlossanlage von Sanssouci und der Zwinger in Dresden (Bild **11.**30).

11.7 Klassizismus (1780 bis 1840)

Mit Barock und Rokoko gingen die letzten in sich geschlossenen Stilepochen zu Ende. Die folgenden Stilepochen folgen nicht mehr in allen Bereichen einer gemeinsamen Linie, sondern unterscheiden sich zum Teil wesentlich voneinander. Mit dem Klassizismus kehrte

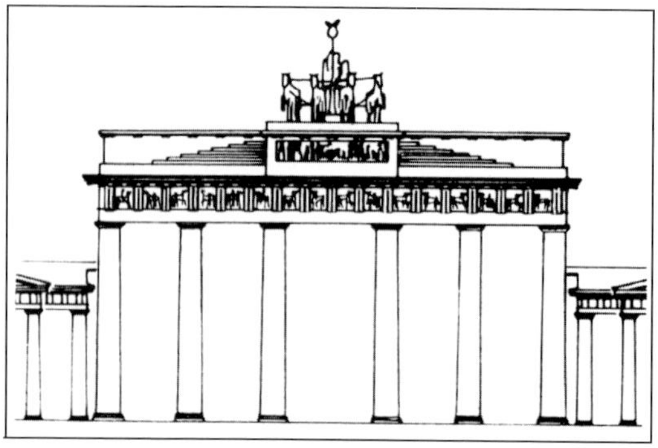

Bild 11.31 Brandenburger Tor, Berlin

die Baukunst zurück zu altbewährter Sachlichkeit. Man wandte sich wieder der Antike zu. Beeinflusst wurde diese Stilrichtung durch die Gedanken der Aufklärung. In Deutschland wandte man sich der Formenwelt der griechischen Antike, in Frankreich der der römischen Antike zu. Das bedeutet bei uns wurde mehr den strengen Formen dorischer, ionischer und

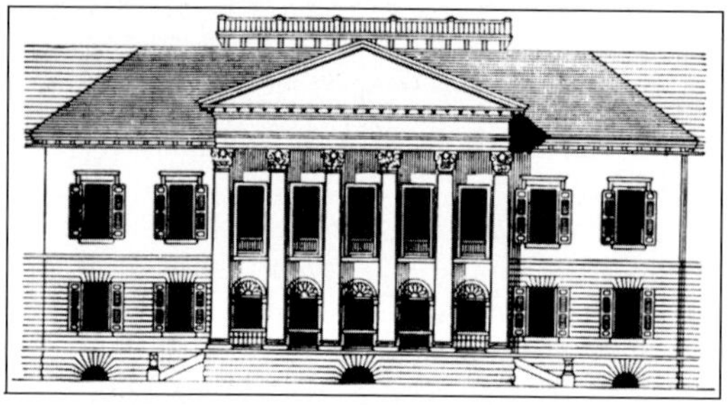

Bild 11.32 Markgräfliches Palais, Karlsruhe

Bild 11.33 Girlandenornament

korinthischer Baukunst nachgeeifert. Die klassischen Vorgaben waren Grundlage, jedoch nur in Form einseitig vereinfachter und dem Zeitgeschmack angepasster Bauwerke. Die Bauwerke der klassizistischen Architektur wirken klassisch streng, klar und nüchtern (Bild **11.**31). Sie strahlen Ruhe und Ausgewogenheit aus. Charakteristisch sind die Säulenreihen bzw. der Säulenvorbau vor dem Portal (Bild **11.**32) mit dem darauf befindlichen Dreiecksgiebel. Eine waagerechte Gliederung ergibt sich durch die Gesimse. Die hohen und schmalen Fenster erhalten Giebeldreiecke. Schmückende Elemente sind Girlanden (Bild **11.**33), Triglyphen und Medaillons. Die Ausstattung im Innern der Gebäude ist durch Nüchternheit gekennzeichnet.

Bild 11.34 Alte Wache, Berlin

In der klassizistischen Architektur erfolgte für den Stuckateurberuf ein Umdenken. Gefragt war nun das exakte, ebenmäßige Schneiden von antiken Gesims-, Profil- und Schmuckformen (Bild **6.**6).

> Im Klassizismus wurden die barocke Ausschweifung durch die klassische Strenge und Klarheit ersetzt.
>
> Typische Merkmale des Klassizismus sind: Übernahme griechischer Bauelemente, Säulenreihen, Säulenvorbau, Dreiecksgiebel, dekorative Elemente wie Girlanden, Triglyphen, Medaillons.

Bekannte Bauwerke sind: Markgräfliches Palais in Karlsruhe (Bild **11.**32), Brandenburger Tor in Berlin von *C. G. Langhans,* Alte Wache in Berlin von *K. F. von Schinkel* (Bild **11.**34), Görtzsches Palais in Hamburg von *J. N. Kuhn.*

Gegen Ende des Klassizismus bildete sich in der Innenarchitektur der *Biedermeierstil* heraus. Hier wurde zwar die klassizistische Klarheit beibehalten, jedoch durch Schlichtheit ergänzt. Dies zeigt sich vor allem in der bescheidenen aber behaglichen Wohnkultur der bürgerlichen Gesellschaft.

11.8 Historismus (1830 bis 1920)

Mit dem Klassizismus endete der letzte eigenständige und neu geschaffene Baustil in unserem Kulturkreis. Die Folgen der unaufhaltsamen Industriealisierung führten nicht nur bei dem Einzelnen zu veränderten Einstellungen und Lebensplanungen, sondern auch in allen gesellschaftlichen, politischen und wirtschaftlichen Bereichen, so auch in der Architektur. Man war so sehr eingebunden in die Zeitgeschehnisse, dass für die Ausbildung und Durchsetzung eigener künstlerischer Vorstellungen keine Muße und Kraft mehr verblieb. Die Ausrichtung der Bauschaffenden richtete sich in die Vergangenheit. Es folgte die Erforschung und Nachahmung von Baustilen der Romanik, Gotik, Renaissance und des Barock. So entstanden neuromanische, neugotische, neurenaissance und neubarocke Bauten. Es blieb oftmals nicht bei der Übernahme von Stilelementen einer Epoche, vielmehr wurden die Stilelemente mehrerer Stilepochenvermischt und an einem Gebäude eingebracht. Neue Baumaterialien wie z. B. Eisen und Stahl gewannen mehr und mehr an Bedeutung. Glas-Stahl-Konstruktionen (z. B. Kristallpalast in London, 1851) prägten das Bild.

Bild 11.35 Kaiser-Wilhelm-Gedächtniskirche Berlin (neuromanisch)

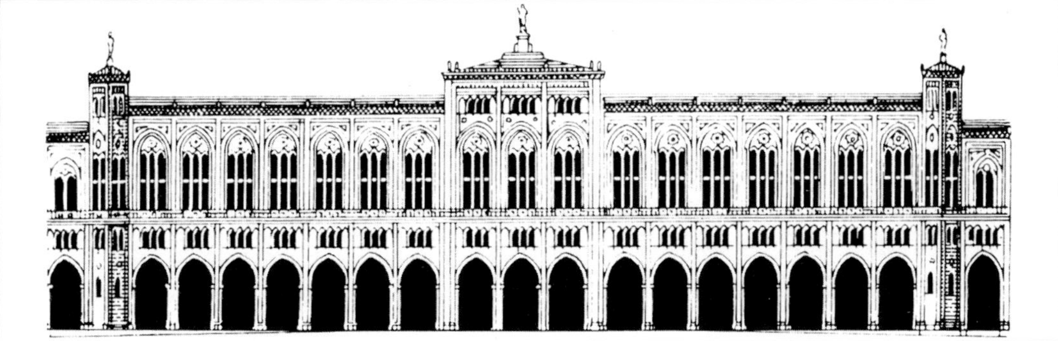

Bild 11.36 Regierungsgebäude, München (neugotisch)

Unter Historismus versteht man die Nachahmung historischer Baustile. Es entstanden neuromanische, neugotische, Neurenaissance- und Neubarock-Bauten. Glas-Stahl-Konstruktionen gewannen an Bedeutung.

Bekannte Bauwerke sind:

Neuromanisch: Kaiser-Wilhelm-Gedächtniskirche in Berlin (1895) von *Franz Schwechten* (Bild **11**.35),

Neugotisch. Regierungsgebäude in München von *Georg von Hauberriesser* (Bild **11**.36),

Bild 11.37 Rathaus in Hamburg (Neurenaissance)

Bild 11.38 Reichstagsgebäude, Berlin (Neubarock)

Neurenaissance: Hamburger Rathaus (1886) von *Martin Haller* u. a. (Bild **11**.37),

Neubarock: Reichstagebäude in Berlin (1894) von *P. Wallot* (Bild **11**.38).

Bild 11.39 Jugendstilfassade in Straßburg

Um 1900 erfasste alle europäischen Länder eine Gegenbewegung zum Historismus: *der Jugendstil.* Der Name wurde abgeleitet von der Zeitschrift „Jugend“, die sich insbesondere als Sprachorgan dieser Richtung verstand. Junge Künstler und Architekten suchten in der Formgebung neue Wege zu beschreiten. Kennzeichnend für diesen Stil ist die eigentümliche Art der Gestaltung, insbesondere im Bereich der Innenarchitektur. Die Künstler entwickelten neue Schmuckformen und Stilelemente bis hin zu komplexen Grundrissen. Von Bedeutung ist diese Stilrichtung im Bereich Möbelbau und Gebrauchsgegenstände. In dieser Zeit bildeten sich auch viele Werkkunstkreise und Werkkunstschulen.

Für den Stuckateur brachte diese Bewegung mit ihren blumigen, schwungvollen Formen neue Entwicklungen (Bild **11**.39). Überwiegend kamen flache Reliefornamente mit stilisierten Blüten-, Blatt- oder Rankenmotiven zur Anwendung (Bild **6**.7).

Mit dem Jugendstil erfolgte das Ende des Historismus und gleichzeitig der Übergang in die Baukunst des 20. Jahrhunderts.

11.9 Baukunst im 20. Jahrhundert

Durch die Begriffe Funktionalismus, Konstruktivismus und Expressionismus (*Expression = Ausdruck*) lässt sich die Baukunst im 20. Jahrhundert umschreiben.

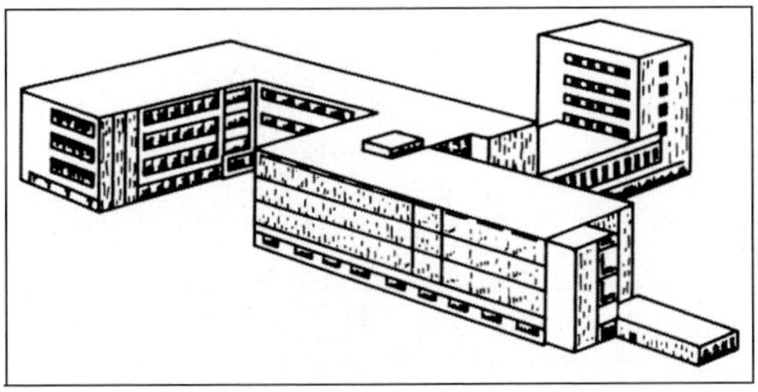

Bild 11.40 Bauhaus in Dessau

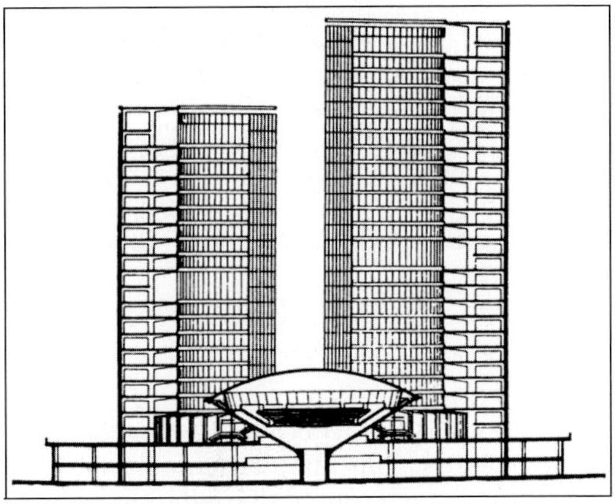

Bild 11.41 Stadthaus von Toronto

Neue Baustoffe und Bauverfahren führten zu bisher nie möglich gehaltenen Baukonstruktionen. Beton, Stahlbeton, Spannbeton, hochwertige Baustähle, Kunststoffe und Glas eröffneten von der statischen Beanspruchung bis hin zur plastischen Gestaltung alle Möglichkeiten. *Der Funktionalismus* drückte sich aus in den reinen Zweckbauten, d.h. die Gebäudeform wird nur von der Funktion (dem Zweck) her bestimmt. *Le Corbusier*, einer der bekanntesten Architekten seiner Zeit, spricht dabei von „funktionsgerechter" Lösung von Bauaufgaben. Beispielhaft für eine funktions- und konstruktionsgerechte Lösung einer Bauaufgabe ist das Gebäude des Bauhauses in Dessau (Bild **11**.40) von *Walter Gropius* und seinen Schülern.

Die Betonung des Materials und der Konstruktion sind sichtbare Zeichen der neuen Denkweise. Auf schmückende Elemente wird verzichtet. Das Bild wird geprägt durch einfache kubische Körper, die meist rechtwinklig zueinander angeordnet werden. Auf Symmetrie wird verzichtet. Beton, Stahl, und Glas beherrschen das äußere Bild. Als Beispiel mag hier das Stadthaus von Toronto dienen (Bild **11**.41).

Der *Expressionismus* zeigt sich in praktisch grenzenlosen Formen, die durch die Baustoffe Beton, Stahlbeton und Spannbeton erst möglich geworden sind.

Bild 11.42 Kongresshalle, Berlin

Der Architekt kann als Modellierer arbeiten. Als Beispiel für diese plastische Architektur gilt die Kongresshalle in Berlin (Bild **11**.42) von *Hugh A. Stubbins* oder die Wallfahrtskirche von Ronchamp von *Le Corbusier* (Bild **11**.43). Charakteristisch für die moderne Zeit sind auch die vielfältigen Möglichkeiten des Fertigbaus und die Konstruktion räumlicher Tragwerke, z.B. der deutsche Pavillion auf der Expo 67 in Montreal (Bild **11**.44).

Seit den 70er Jahren wächst wieder das Bewusstsein für historische Architekturformen (Postmoderne). Dreieckgiebel, antike Säulen und Kapitelle finden sich bei Museen und Bankgebäuden.

Bild 11.43 Wallfahrtskirche von Ronchamp

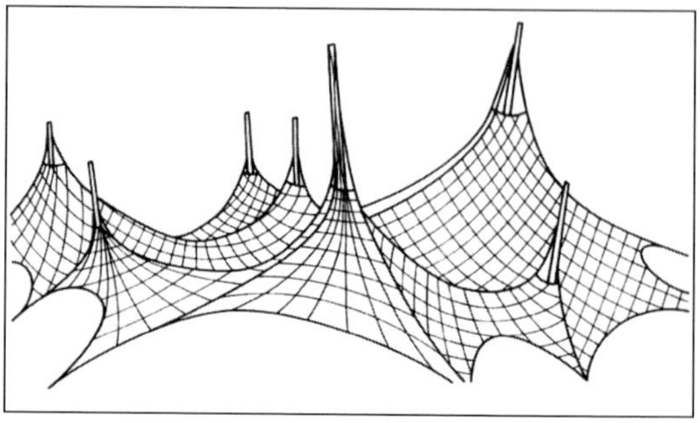

Bild 11.44 Deutscher Pavillion auf der Expo 67 in Montreal

Verstärkt werden wieder alte Handwerkstechniken studiert, um die Restaurierung alter Bausubstanz sachgerecht durchführen zu können. Ein interessantes und bedeutsames Arbeitsgebiet in heutiger Zeit für den Stuckateur.

Kennzeichnend für die Baukunst im 20. Jahrhundert sind funktionsgerechte Lösungen von Bauaufgaben. Die Funktion bestimmt die Form. Kubische Formen überwiegen, auf schmückende Elemente wird verzichtet. Beton, Stahl und Glas prägen das Bild.

Aufgaben zu Abschnitt 11

T

1. Aus welchen Gründen ist es für den angehenden Stuckateur wichtig, sich mit den Stilelementen der verschiedenen Bauepochen auseinander zusetzen?
2. Beschreiben Sie die wesentlichen Unterschiede der drei griechischen Säulenordnungen.
3. Nennen Sie Ornamentformen der griechischen Baukunst.
4. Welches Gebäude steht im Mittelpunkt der griechischen Baukunst?
5. Welche Linien werden bei der griechischen Bauweise besonders betont?
6. Nennen Sie wesentliche Stilelemente der griechischen Baukunst.
7. Durch welche Stilelemente lässt sich die römische Baukunst beschreiben?
8. Welche Bauwerke dominieren bei den Römern?
9. Welche Kapitellart ist für die römische Baukunst kenzeichnend?
10. Was versteht man unter Verkröpfung?
11. Durch welche Stilelemente ist die romanische Baukunst gekennzeichnet?
12. Welche Gewölbeart wird in der Romanik am häufigsten angewandt?
13. Erklären Sie die Begriffe Apsis, Querschiff, Vierung.
14. Welchem Zweck dient die profilierte Basis?
15. Welchen Gesamteindruck vermitteln romanische Bauten?
16. Welchen Gesamteindruck vermitteln gotische Sakral bauten?
17. Durch welche Stilelemente ist die gotische Baukunst gekennzeichnet?
18. Welchen Vorteil bietet der Spitzbogen gegenüber dem Rundbogen hinsichtlich der daraus entwickelten Gewölbe?
19. Beschreiben Sie die Kräfteableitung an einer gotischen Kirche.
20. Welches Gewölbe wird in der Gotik am häufigsten angewandt?
21. Nennen Sie die einzelnen Teile eines Kreuzgratgewölbes.
22. Erklären Sie die Begriffe Dienste, Rosette, Maßwerk, Fiale, Wimperg, Kaffgesims.
23. Welche Aufgaben kommen den in der Zeit der Gotik gegründeten Gilden zu?
24. Was bedeutet das Wort „Renaissance" in unseren Sprachgebrauch übersetzt?
25. Nennen Sie die wesentlichen Kennzeichen der Baukunst der Renaissance.
26. Welches Gliederungselement ist kennzeichnend für Fassaden der Renaissance?
27. Erklären Sie die Begriffe Balustrade, Rustikamauerwerk, Rollwerk.

28. Beschreiben Sie den Stellenwert der Stucktechnik in der Renaissance.
29. Beschreiben Sie das Wesen barocker Baukunst.
30. Welche Stilelemente sind charakteristisch für die Baukunst des Barock?
31. Beschreiben Sie die Ausgestaltung barocker Innenräume.
32. Wie wird die Schlussphase des Barock genannt?
33. Worin unterscheidet sich Rokoko von Barock?
34. Erklären Sie die Begriffe Kolonnade, Pilaster, Rocaille-Ornament, Gurtbogen.
35. Aus welchen Stilepochen schöpfte der deutsche Klassizismus seine Ideen?
36. Beschreiben Sie den Gesamteindruck klassizistischer Gebäude.
37. Beschreiben Sie den Einfluss des Klassizismus auf die Stucktechnik.
38. Welcher Stil wurde gegen Ende des Klassizismus, vor allem in der Innenarchitektur, kreiert?
39. Welche äußeren Verhältnisse prägten die Hinwendung zum Historismus?
40. Welche Stilepochen wurden im Historismus erforscht und nachgebaut?
41. Welche Baumaterialien gewannen im Historismus immer mehr an Bedeutung?
42. Wie heißt die Gegenbewegung zum Historismus, die sich um 1900 herausbildete?
43. Beschreiben Sie den Einfluss des Jugendstils auf die Stucktechnik.
44. Durch welche Baumaterialien ist die Baukunst des 20. Jahrhunderts geprägt?
45. Erklären Sie die Begriffe Funktionalismus, Konstruktivismus, Expressionismus.
46. Was ist kennzeichnend für die Baukunst des 20. Jahrhunderts?
47. Welche Form ist dominierend bei der heutigen Bauweise?
48. Welche Bedeutung kommt dem Stuckateurhandwerk in heutiger Zeit zu?
49. Erstellen Sie eine Übersicht über die verschiedenen Bauepochen (mit Jahresangaben). Ergänzen Sie die Übersicht mit den wesentlichen Stilelementen und einigen beispielhaften Bauwerken.
50. Stellen Sie fest, welche Stilelemente an Gebäuden in Ihrem Heimatort bzw. in der nächstgelegenen Stadt zu erkennen sind.

Anhang Projektaufgaben

Die Aufgaben sind gegliedert entsprechend den Lernfeldern für den Ausbildungsberuf „Stuckateur". Grundsätzlich soll zu Beginn eines jeden Lernfeldes ein Mind Map (Bild 1) erstellt werden. Das Mind Map ermöglicht eine knappe, übersichtliche Themenerfassung. Die erfassten Bedingungen für Ausführung und Abschluss werden dabei in einem freien Gedankenaustausch schriftlich festgehalten. Durch die Verwendung von Schlüsselwörtern kann man sich dabei auf das Wesentliche konzentrieren. Werden während der Bearbeitung der einzelnen Lernsituationen noch Lücken entdeckt, kann das Mind Map entsprechend ergänzt und ausgebaut werden. Ein kurzer Blick auf das Mind Map verdeutlicht zu jeder Zeit worum es geht und welche Lernsituationen noch zu bearbeiten sind. Am Ende eines jeden Lernfeldes sollte das Mind Map nochmals überdacht und in eine endgültige Fassung gebracht werden. So kann es vorzüglich zur Bearbeitung des Lernfeldes sowie zur Wiederholung und Prüfungsvorbereitung eingesetzt werden.

Grundregeln für ein Mind Map:

- DIN-A4-Querformat (eventuell für die ganze Klasse auf ein großes Plakat)
- In die Mitte kommt ein einprägsames Bild, eine Skizze oder ein umschreibender Begriff, durch den das zu behandelnde Hauptthema umschrieben wird.
- Um dieses Bild herum werden nun Schlüsselbegriffe geschrieben. Die sichtbare Verbindung zum Bild erfolgt durch einen Strich der vom Bild ausgeht und zum Schlüsselbegriff führt.
- Um die Lesbarkeit und Einprägsamkeit zu optimieren, möglichst in Druckbuchstaben schreiben.
- Um die Übersichtlichkeit zu verbessern möglichst unterschiedliche Farben verwenden.
- Die Schlüsselbegriffe können weiter untergliedert werden.
- Pfeile, Umrahmung, kleine Bilder, Ausrufe- oder Fragezeichen erleichtern die Erfassung und Hervorhebung.

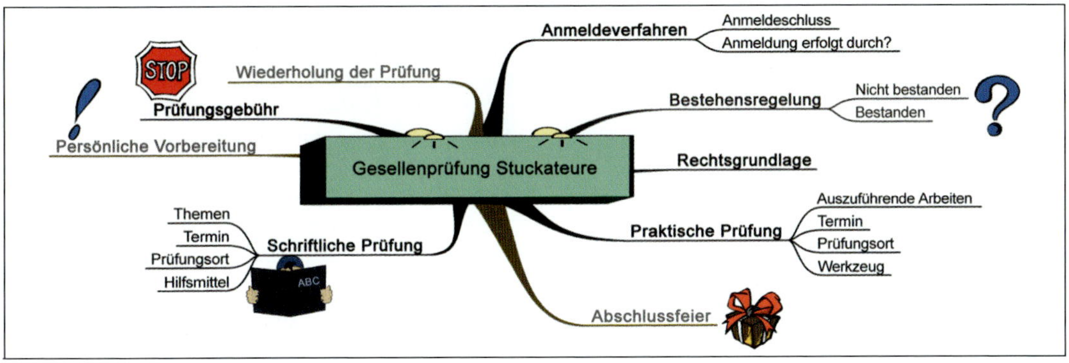

Bild 1

Zu jedem Lernfeld erfolgt eine Zielformulierung „Das sind die Erwartungen an Sie" mit „Inhalten". Diese Informationen sollen das Erstellen der Mind Map erleichtern und den Rahmen für dieses Lernfeld abstecken. Es besteht aber auch die Möglichkeit diese zu ergänzen. Der erste Aufgabenteil ist gegliedert in Lernsituationen. Das Erarbeiten der einzelnen Lernsituationen sollte immer so geschehen, dass die Ergebnisse vortragsfähig sind (Plakat, Folie, kopierfähige Vorlage ...). Im zweiten Teil folgt eine komplexe, handlungsorientierte Aufgabenbeschreibung. Da sich mitunter Lernsituationen in den unterschiedlichen Lernfeldern wiederholen, können Sie entscheiden wann welche Ziele und Inhalte erarbeitet werden. Wichtig ist, dass am Ende alle Lernsituationen durchgearbeitet worden sind.

Zur Informationsbeschaffung kann neben diesem Buch alles genutzt werden: Prospekte der Produktanbieter, Fachbücher, Tabellenbücher, Internet. Hilfestellung leistet auch der Lehrer oder der Mitschüler.

Legen Sie sich einen Ordner an, in dem Sie wichtige Prospekte sammeln, eine auf Ihre Bedürfnisse abgestimmte Formelsammlung und die von Ihnen ermittelten Vorschriften bezüglich Abrechnung nach VOB aufbewahren. Diese Unterlagen können – soweit der Prüfungsausschuss dem zustimmt – auch bei der Zwischen- bzw. Gesellenprüfung verwendet werden.

1. Projektaufgaben zu Lernfeld 7: Putzen eines Wohnraumes

Das sind die Erwartungen an Sie:

- Beurteilen des Putzgrundes
- Auswählen geeigneter Putzmörtel
- Bestimmen der erforderlichen Arbeitsvorbereitungen
- Kenntnisse über Arbeitsgerüste
- Festlegen der Oberflächengestaltung
- Auswahl der geeigneten Auftragstechnik
- Festlegen des Arbeitsablaufes
- Ermitteln des Materialbedarfs
- Anfertigen einer Schnittdarstellung
- Anwenden der VOB
- ...
- ...

Inhalte:

- Mörtelarten
- Putzmörtelgruppen
- Putzgrund, Haftbrücke, Putzträger, Putzbewehrung
- Putzaufbau
- Oberflächengestaltung
- Schlitzbehandlung
- Maschinen, Geräte, Werkzeuge
- Arbeitsgerüst-Flächengerüst
- Aufmaß und Abrechnung
- VOB
- Schnittdarstellung
- ...
- ...

Aufgabe 1:

Situationsbeschreibung: *Die skizzierten Räumlichkeiten (Bild 2) in einem Neubau sollen einen Wand- und Deckenputz erhalten (übliche Beanspruchung). Die Wände bestehen aus großformatigen Porotonsteinen. In der Außenwand befinden sich zwei Wandschlitze 12,5/12,5 cm mit einem Kunststoffabwasserrohr ∅ 100 mm. Über dem Fenster befindet sich ein Rollladenkasten aus Holzwolleleichtbauplatten mit außenliegender Wärmedämmung. Die Leibungstiefe beträgt 12 cm. Die Holzfenster sind bereits eingebaut. Als Türen sind Zargensysteme vorgesehen. Der Tür- und Fenstersturz besteht aus Normalbeton ebenso die Decke. Die Oberfläche soll später überstrichen (Decke) bzw. tapeziert (Wand) werden.*

Beachten Sie hierzu auch die Merkblätter „Gipsputze und gipshaltige Putze auf Beton", „Haftbrücken für Gipsputze und gipshaltige Putze" und „Putzoberflächen im Innenbereich – Qualitätsstufen für abgezogene, glatte und gefilzte Putze".

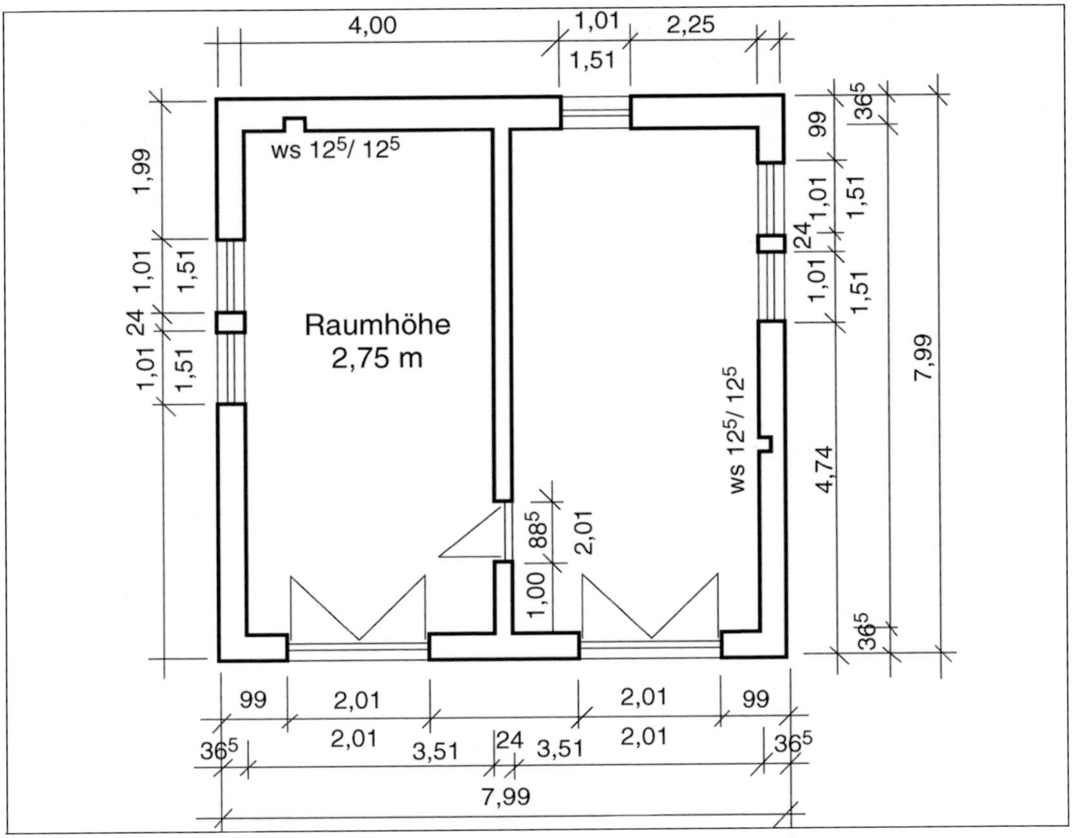

Bild 2

Lernsituation 1: Überprüfen des Putzgrundes

Beschreiben Sie für die Maßnahme die Putzgrundüberprüfung und legen Sie geeignete Maßnahmen für deren fachgerechte Behandlung fest. Benennen Sie dazu auch die von ihnen ausgewählten Produkte (Hersteller, Produktnummer).

Lernsituation 2: Behandeln von Schlitzen

Erläutern Sie die technischen Möglichkeiten Wandschlitze sicher und bauphysikalisch richtig zu schließen. Berücksichtigen Sie dabei die unterschiedlichen Schlitzarten und bestimmen Sie die zu verwendenden Materialien, die Befestigung und Ausführung.

Lernsituation 3: Auswahl von Putzmörtel

Informieren Sie sich, welche Putzmörtel für Innenputze geeignet sind (Mörtelarten, Mörtelzusammensetzung, bauphysikalische und bauphysiologische Gesichtspunkte). Benennen Sie Produkte (Hersteller, Produktnummer, Verbrauch) und begründen Sie die getroffene Auswahl. Berücksichtigen Sie bei Ihrer Auswahl auch die Herstellerangaben bezüglich der Ausführung.

Lernsituation 4: Planen der Arbeitsvorbereitung

Begründen Sie die Notwendigkeit der Arbeitsvorbereitung. Geben Sie an, welche Arbeiten zur Arbeitsvorbereitung gehören.

Beachten Sie hierzu auch die Merkblätter: Aufstellbedingungen für Baustellensilos" und „Aufstellbedingungen für drucklose Baustellenbehälter".

Lernsituation 5: Putzaufbau

Beschreiben und skizzieren (Schnittdarstellung mit benennen, schraffieren, bemaßen) Sie den

Aufbau des gesamten Aufbaus anhand verschiedener Detailpunkte (Wandfläche, Deckenfläche, Schlitzbereich, Fensteranschluss). Geben Sie auch an, welche Aufgaben die einzelnen Bestandteile im Aufbau zu übernehmen haben.

Lernsituation 6: Gerüstbau

Bestimmen Sie die Art des notwendigen Gerüstes. Klären Sie ab, welche Vorschriften zu beachten sind.

Lernsituation 7: Erstellen eines Arbeitsablaufes

Formulieren Sie stichwortartig den gesamten Arbeitsablauf der Maßnahme in der von Ihnen vorgesehenen Reihenfolge. Bestimmen Sie dabei auch die Auftragtechnik und die Oberflächengestaltung.

Lernsituation 8: Erstellen einer Werkzeugliste

Überlegen Sie, welche Werkzeuge, Geräte und Maschinen für diese Maßnahme erforderlich sind. Fertigen Sie dazu eine Liste an. Geben Sie auch an, für welche Arbeiten die ausgewählten Gegenstände eingesetzt werden sollen.

Lernsituation 9: Ermitteln des Materialbedarfs

Erstellen Sie eine Materialliste. Berechnen Sie die notwendigen Mengen Material.

Lernsituation 10: Leistungsverzeichnis, Aufmaß und Abrechnung

Stellen Sie mit Hilfe der VOB fest, welche Vorgaben für die Abrechnung von Putzarbeiten formuliert sind. Erstellen Sie für die beschriebene Maßnahme ein Leistungsverzeichnis und ermitteln Sie die abzurechnenden Putzflächen nach VOB.

Aufgabe 2

Situationsbeschreibung: *Sie erhalten von Ihrem Arbeitgeber den Auftrag für die geplante Maßnahme (Bild 3, Verputzen der Innenräume: Decken und Wände) dem Bauherrn einen geeigneten Vorschlag zu unterbreiten:*

- *Wände: alle 36,5er: großformatige Porenbetonsteine; die Innenwände und die Außenwände der Garage: Bimssteine. An den Steinen haftet zum Teil Staub von den Fräsarbeiten (Schlitzherstellung).*
- *Decken: im Wohnbereich Stahlbeton (teilweise mit Schalöl behaftet); Die Decke in der Garage ist eine Holzbalkendecke. Diese wird mit Gipsplatten Typ F belegt (nicht Bestandteil dieser Maßnahme).*
- *Rollladenkästen aus HWL-Platten.*
- *Tür– und Fensterstürze: Normalbeton.*
- *Die Elektroinstallation liegt in Schlitzen.*
- *In den Wandschlitzen (WS) $12^5/12^5$ befinden sich KA-Rohre ∅ 100 mm (ohne Ummantelung)*
- *Für die Wände im Bereich Schlafen und Kind sind Tapeten vorgesehen. Im Wohnbereich ist als Oberflächenbeschichtung Spachteltechnik vorgesehen. In der Diele soll ein mineralischer Feinputz aufgebracht werden. Die Küchenwände werden gestrichen bzw. tapeziert. Bad und WC werden raumhoch gefliest. Die Garagenwände sollen mit Maschinengipsputz gefilzt werden.*
- *Die Decken sollen alle einen Anstrich erhalten.*
- *Alle Ecken erhalten Eckleisten.*
- *An den Fenstern entlang werden ebenfalls Leisten angebracht.*
- *Die Leibungstiefe beträgt 13 cm.*
- *Die Fenster sind bereits eingebaut (Holzfenster). Die Türen erhalten einen Futterrahmen mit Verkleidung.*

Erwartete Leistungen: *detaillierte Materialvorschläge; Materialbedarf; Oberflächenbehandlung (beachten Sie hierzu auch das Merkblatt „Putzoberflächen im Innenbereich, Qualitätsstufen für abgezogene, glatte und gefilzte Putze“); Werkzeug-, Geräte- und Maschinenliste; notwendige Vorarbeiten; Reihenfolge des Arbeitsablaufes; Aufmaß- und Abrechnung nach VOB; Hinweise auf UVV; Hinweise auf Umweltschutz.*

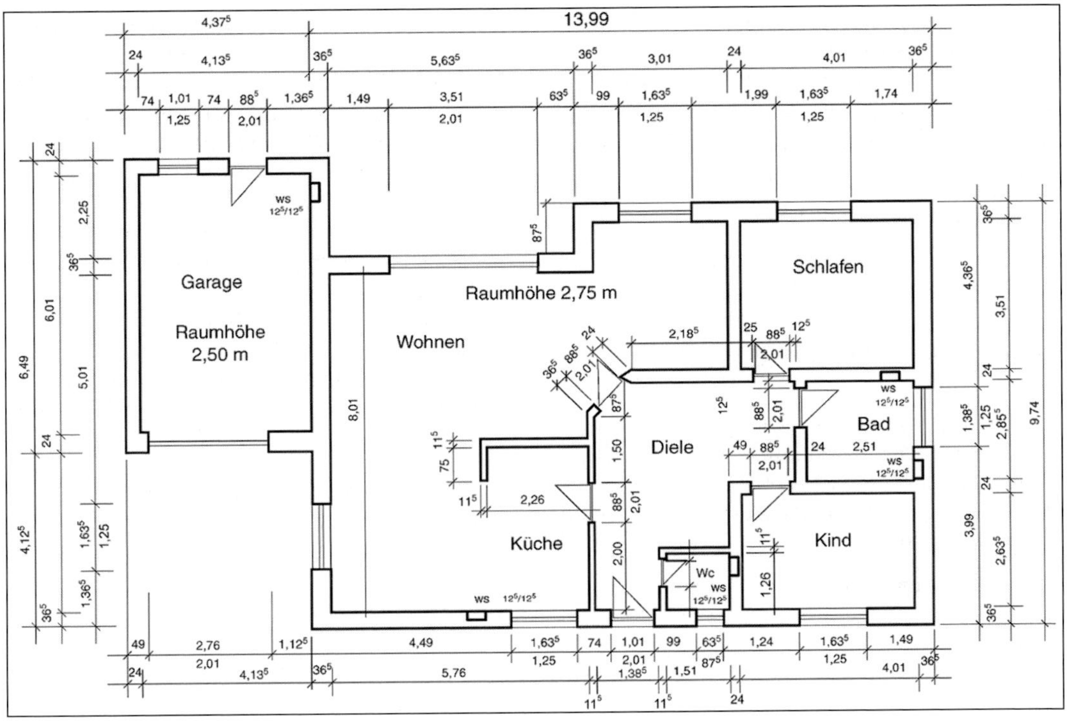

Bild 3

2. Projektaufgaben zu Lernfeld 8: Putzen einer Außenwand

Das sind die Erwartungen an Sie:

- Beurteilen des Putzgrundes
- Wissen um die Aufgaben von Außenputzen
- Auswählen geeigneter Putzmörtel
- Bestimmen des Putzaufbaus
- Kenntnisse über Putzsysteme
- Kenntnisse über die Fassadengestaltung (Putzweisen, farbliche und plastische Gestaltung)
- Berücksichtigen der Witterungseinflüsse bei der Putzausführung
- Bestimmen der erforderlichen Arbeitsvorbereitungen
- Auswahl der geeigneten Auftragstechnik
- Festlegen des Arbeitsablaufes
- Ermitteln des Materialbedarfs
- Anfertigen einer Schnittdarstellung
- Kenntnisse über Arbeitsgerüste
- Anwenden der VOB
- ...
- ...

Inhalte:

- Mörtelarten
- Mineralische Putze, Kunstharzputz
- Dämmputz
- Sockelputz
- Putzgrund, Putzträger, Putzbewehrung
- Putzaufbau, Putzsysteme
- Standzeiten
- Witterungseinflüsse
- Oberflächengestaltung
- Putzweisen
- Farbgestaltung
- Sgraffito
- Schnittdarstellung

- Maschinen, Geräte, Werkzeuge
- Arbeitsgerüst-Fassadengerüst
- Aufmaß und Abrechnung
- VOB
- ...
- ...

Aufgabe 1

Situationsbeschreibung: Ein Bauherr möchte sein Haus (Bild 4) außen verputzen lassen. Das Mauerwerk besteht aus Leichtbetonsteinen. Über allen Fenstern befinden sich Rollladenkästen aus HWL-Platten. Die Betonstürze über den Öffnungen sind eingebettet in Fertigteile aus Leichtbetonsteinen (wie das Mauerwerk) Die Leibungstiefe beträgt 12 cm. Das Gebäude befindet sich in einem ruhigen Wohnbereich, abseits vom fließenden Verkehr. Die umgebenden Gebäude sind in erdfarben gehalten. Die Dacheindeckung ist von der Gemeinde mit „braun/dunkelbraun“ vorgeschrieben worden. Die Oberkante Fertigfußboden liegt 20 cm über Oberkante Erdreich.

Beachten Sie dazu auch die Merkblätter: „Außenputz auf Leichtbetonsteinen“ und „Strukturierte Putzoberflächen – visuelle Anforderungen“.

Bild 4

Lernsituation 1: Behandlung des Putzgrundes

Beschreiben Sie für die Maßnahme die Putzgrundüberprüfung und legen Sie geeignete Maßnahmen für deren fachgerechte Behandlung fest.

Lernsituation 2: Aufgaben und Aufbau von Außenputzen

Stellen Sie fest, welche besonderen Aufgaben Außenputze zu erfüllen haben. Beschreiben Sie den Aufbau und die Zusammensetzung von Außenputzen (Fassadenputz, Sockelputz). Fertigen Sie dazu Skizzen an.

Lernsituation 3: Putzmörtel, Putzsysteme, Putzaufbau

Informieren Sie sich, welche Putzmörtel für Außenputze geeignet sind (Mörtelarten, Mörtelzusammensetzung, bauphysikalische Gesichtspunkte). Nutzen Sie dazu auch die Prospekte der Produktanbieter. Befassen Sie sich mit dem Themen: Putzsystem, Putzaufbau,

Standzeiten. Verdeutlichen Sie den Putzaufbau anhand von Schnitten. Benennen, schraffieren und bemaßen Sie alle Teile. Verdeutlichen Sie zeichnerisch auch Detailpunkte: Fensteranschluss, Übergang Sockel-Fassade, Dachanschluss.

Schlagen Sie für die vorgestellte Maßnahme Putze vor. Benennen Sie Produkte (Hersteller, Produktnummer, Verbrauch) und begründen Sie die getroffene Auswahl. Berücksichtigen Sie bei Ihrer Auswahl auch die Herstellerangaben bezüglich der Ausführung.

Lernsituation 4: Gestaltung der Fassade

Beschreiben Sie die Möglichkeiten der Oberflächengestaltung für das Projekt. Machen Sie einen begründeten Vorschlag.

Lernsituation 5: Berücksichtigung der Witterungseinflüsse

Stellen Sie fest, inwiefern durch die Witterung die Arbeitsergebnisse beeinflusst werden können. Beschreiben Sie negative Auswirkungen und mögliche Schutzmaßnahmen. Überprüfen Sie diesbezüglich die Vorgaben der Produktanbieter.

Beachten Sie hierzu auch das Merkblatt: „Verputzen bei hohen und tiefen Temperaturen".

Lernsituation 6: Planen der Arbeitsvorbereitung

Begründen Sie die Notwendigkeit der Arbeitsvorbereitung. Geben Sie an, welche Arbeiten zur Arbeitsvorbereitung gehören.

Lernsituation 7: Gerüstbau

Bestimmen Sie die Art des notwendigen Gerüstes. Klären Sie ab, welche Vorschriften zu beachten sind.

Lernsituation 8: Erstellen eines Arbeitsablaufplanes

Erarbeiten Sie einen Arbeitsablaufplan. Berücksichtigen Sie dabei auch die erforderlichen Standzeiten.

Lernsituation 9: Erstellen einer Werkzeugliste

Überlegen Sie, welche Werkzeuge, Geräte und Maschinen für diese Maßnahme erforderlich sind. Fertigen Sie dazu eine Liste an. Geben Sie auch an, für welche Arbeiten die ausgewählten Gegenstände eingesetzt werden sollen.

Lernsituation 10: Ermitteln des Materialbedarfs

Erstellen Sie eine Materialliste. Berechnen Sie die notwendigen Mengen Material.

Lernsituation 11: Leistungsverzeichnis, Aufmass und Abrechnung

Stellen Sie mit Hilfe der VOB fest, welche Vorgaben für die Abrechnung von Putzarbeiten formuliert sind. Erstellen Sie für die beschriebene Maßnahme ein Leistungsverzeichnis und ermitteln Sie die abzurechnenden Putzflächen nach VOB. Informieren Sie sich bei Ihrem Arbeitgeber über die aktuellen Preise für die auszuführenden Arbeiten und erstellen sie eine Rechnung.

Aufgabe 2

Situationsbeschreibung: *Der Bauherr des skizzierten Wohnhauses (Bild 5) bittet um einen Vorschlag, wie die Fassade mit einem Putz ansprechend gestaltet werden kann. Vorgaben gibt es keine. Das Gebäude befindet sich in einem verkehrsberuhigten Wohngebiet auf dem Saargau in freier Lage. Die Häuser in diesem Wohngebiet haben durchweg pastellfarbene Töne. Mit Schlagregen ist zu rechnen.*

Das Mauerwerk besteht aus Poroton. Die Leibungstiefe beträgt 15 cm. Die mittlere Wandfläche bei beiden Giebeln ist um 15 cm nach innen versetzt. Die Oberkante Fertigfußboden liegt 30 cm über Oberkante Erdreich.

Erwartete Leistungen: *Farbliche und plastische Gestaltung der Fassadenflächen incl. einer zeichnerischen Darstellung; detaillierte Materialvorschläge (Hersteller, Produktnummer, Farbe); Oberflächengestaltung; Materialliste; Abrechnung nach VOB; Kostenvoranschlag; UVV; Hinweise auf Schutzmaßnahmen und Umweltschutz;*

Beachten Sie dazu auch das Merkblatt „Außenputz auf Ziegelmauerwerk".

Bild 5

3. Projektaufgaben zu Lernfeld 9: Ziehen und Ansetzen eines Stuckprofils

Das sind die Erwartungen an Sie:

- Kenntnisse über die Geschichte des Stucks
- Kenntnisse über Profilglieder
- Festlegen eines Gesimsprofils
- Entwerfen einer Stuckdecke mit umlaufendem Gesims
- Herstellen einer Schablone
- Ziehen eines Stuckprofils auf dem Tisch
- Ansetzen von Stuckprofilen
- Zeichnerische Darstellung einer Stuckdecke mit umlaufendem Gesims incl. Gesimsprofilschnitt
- Kenntnisse über Materialien zum Abformen von Stuckprofilen
- Kenntnisse über Arten und Verwendung von Leimformen
- Herstellen eines Abgusses
- Anwenden der VOB
- ...

Inhalte:

- Gipsarten
- Normalschablone
- Ziehen
- Rauzug, Feinzug
- Profilzuschnitt
- Versetzen
- Befestigen
- Einputzen
- Leim
- Silikonkautschuk
- Renaissance, Barock, Klassizismus, Jugendstil
- VOB
- Ansicht zeichnen
- ...
- ...

Aufgabe 1

Situationsbeschreibung: *Der Bauherr wünscht für das Esszimmer des dargestellten Wohnhausgrundrisses (Bild 6) einen Vorschlag für eine Stuckdecke mit umlaufendem Gesims. Seinen Vorstellungen entspricht die Abbildung 6.21 h im Buch (nur gerade Stuckstäbe). Das Zimmer wird sehr modern eingerichtet. Sie sind aufgefordert, einen entsprechenden Profil- und Gestaltungsvorschlag zu machen. Das Gesimsprofil sollte mindestens vier Kanten aufweisen.*

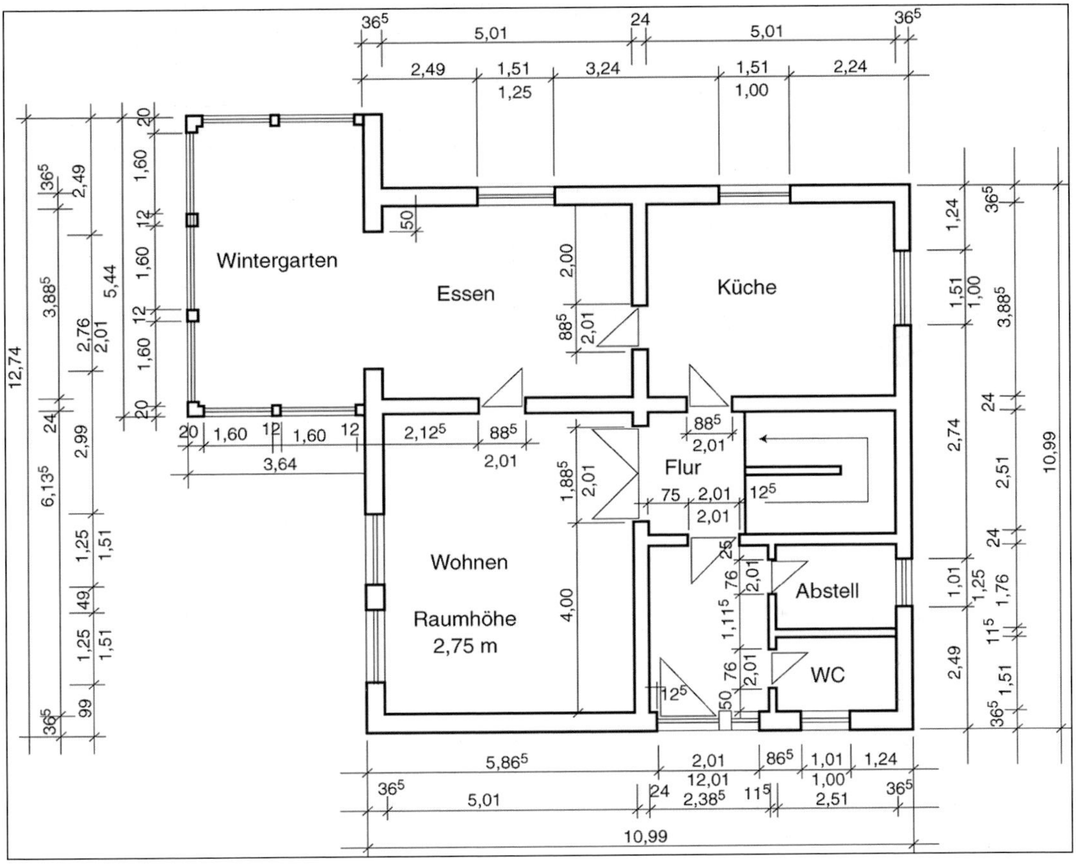

Bild 6

Lernsituation 1: Geschichte des Stucks

Wer im Stuckbereich tätig ist, muss sich auch mit der Geschichte des Stucks vertraut machen. Stellen Sie ein Dokument mit Bildern und Erklärungen zusammen, aus der die Geschichte des Stucks – gegliedert nach Stilepochen – deutlich wird.

Lernsituation 2: Gestaltung einer Stuckdecke

Klären Sie ab, aus welchen Grundprofilen Profile zusammengesetzt sind. Entwerfen (skizzieren) Sie geeignete Profile für unsere Maßnahme. Berücksichtigen Sie insbesondere bei dem Gesimsprofil die Licht- und Schattenwirkung. Legen Sie sich auf einen Deckengestaltungsvorschlag fest. Zeichnen Sie die Maßnahme in einem geeigneten Maßstab auf ein DIN-A3-Blatt.

Lernsituation 3: Schablonenbau

Machen Sie sich vertraut mit dem Bau der beiden Schablonen: Normalschablone und Gesimsschablone. Benennen sie alle Schablonenteile und beschreiben Sie deren Herstellung. Fertigen Sie für die beiden Profile eine maßstabsgerechte Zeichnung an. Ermitteln Sie die Abmessungen aller Schablonenteile.

Lernsituation 4: Ziehen eines Stuckstabes

Beschreiben Sie das Ziehen der Stuckstäbe auf einem Tisch. Geben Sie bei Ihren Erklärungen auch Hinweise auf: Anforderungen an einen Ziehtisch, Sauberkeit der Werkzeuge, Anmachen des Gipses, Rauzug, Feinzug, Oberflächenbehandlung, Stehgips, Lösen der Stuckstäbe vom Tisch, Lagern der Stuckstäbe, Einlegen einer Bewehrung. Stellen Sie fest, wie viel Meter Stuckstab und Gesimsprofil zu ziehen sind und wie viel Liter Gipsmörtel anzumachen sind.

Lernsituation 5: Versetzen eines Stuckstabes

Beschreiben Sie das Versetzen der hergestellten Stuckprofile. Gehen Sie dabei auch auf folgende Begriffe ein: Aufriss, Auswinkeln, Profilzuschnitt, Gehrungslinien, Gipssorte, Einputzen.

Lernsituation 6: Gussarbeiten

Der Bauherr bittet Sie, von einem vorhandenen Stuckprofil einen Abguss zu machen. Das Stuckprofil weist keine Unterschneidungen oder sonstige problematischen Gliederungen auf. Klären Sie ab, welche Art von Form zur Anwendung kommen kann, welche Trennmittel möglich sind, welche Gipssorte geeignet ist und welches Abgussmaterial verwendet werden soll. Begründen Sie jeweils die von Ihnen getroffene Wahl.

Aufgabe 2

Situationsbeschreibung: *Für das Wohnzimmer nach Bild 6 wünscht sich der Eigentümer eine Kassettendecke mit umlaufendem Gesimsprofil. Das Wohnzimmer wird rustikal eingerichtet. In allen anderen Räumen (Küche, Flur, Diele, Abstellraum, WC) soll ein Gesimsprofil eingebaut werden. Das Profil in der Küche soll die gleiche Querschnittsform aber etwas voluminöser (wegen des größeren Raumes) sein wie das der anderen Räume. Diese Räume werden in einem modernen, zeitgemäßen Stil eingerichtet werden..*

Erwartete Leistungen: *Profilvorschlag für die Gesimse in Küche, Flur, etc. (maßstabsgerechte zeichnerische Darstellung im Querschnitt); Profilvorschläge für das Wohnzimmer: Gesimsprofil und Kassettenprofil (maßstabsgerechte zeichnerische Darstellung im Querschnitt); Zeichnerische Darstellung des gesamten Deckenaufrisses im Wohnzimmer; Bestimmen der Länge der zu ziehenden Gesimsprofile für die anderen Räume. Ebenso die Länge des Gesimsprofils im Wohnzimmer und der Stuckstäbe für die Kassetten; Erstellen einer Materialliste mit Angabe des Produktanbieters, der Produktbezeichnung und der Produktnummer; Erstellen einer Werkzeug- und Geräteliste; Hinweise, wie Stuckarbeiten nach VOB abgerechnet werden.*

4. Projektaufgaben zu Lernfeld 10: Erstellen einer Wand in Trockenbauweise

Das sind die Erwartungen an Sie:

- Kennen der Arten, Eigenschaften und Bearbeitung von Gipsplatten
- Beschreiben der Konstruktionsarten
- Kenntnisse über deren konstruktiven Aufbau
- Auswählen von geeigneten Wandkonstruktionen
- Kenntnisse über Schall- und Brandschutz
- Arbeiten im Internet
- Auswählen der Wandbestandteile
- Wissen über die einzelnen Arbeitsschritte zum Erstellen einer Wand
- Aufmaß und Abrechnung
- Anwenden der VOB
- ...
- ...

Inhalte:

- Gipsplatten
- Ständerarten
- Wandbestandteile (Unterkonstruktion, Beplankung, Zubehör)
- Verspachtelungsmassen
- Fugenausbildung

- Befestigungsmittel
- Feuerwiderstandsklassen
- Brandschutzklassen
- Einbauteile
- Wand- und Deckenanschlüsse
- Schnittdarstellung
- ...
- ...

Aufgabe 1

***Situationsbeschreibung**: In dem skizzierten Gebäudegrundriss (Bild 7) sollen entsprechend der Vorgabe Ständerwände erstellt werden. Sie sollen auf dem bereits eingebauten Estrich aufgestellt werden. Anforderungen: Feuerwiderstandsklasse F 30; bewertetes Schalldämmmaß* $R'_w \geq 50$ *dB (die 10er-Wände), 52 dB (die 12,5er-Wände) . Deckendurchbiegung < 10 mm.*

Beachten Sie hierzu auch die Merkblätter „Baustellenbedingungen für Trockenbaubedingungen mit Gipsplattensystemen" und „Verspachtelung von Gipsplatten – Oberflächengüten"

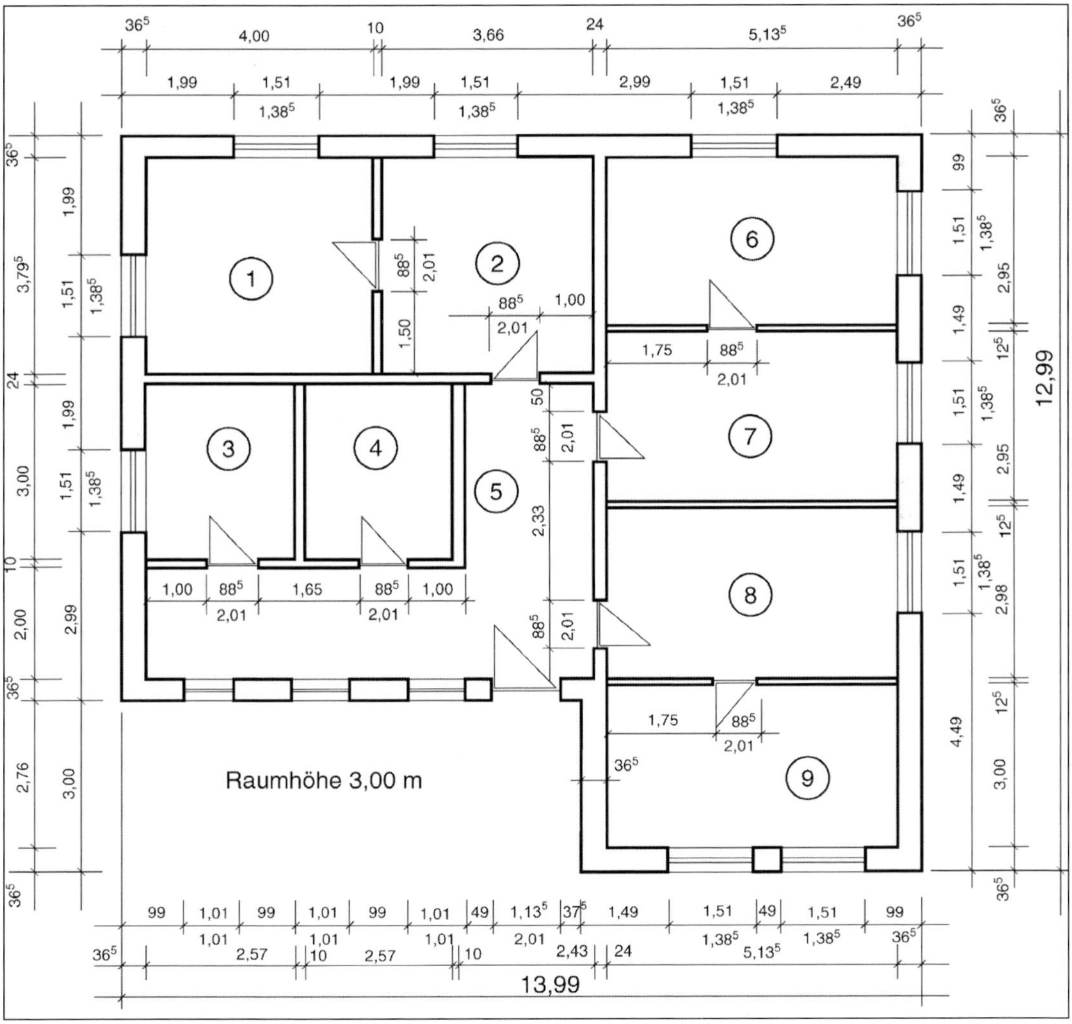

Bild 7

Lernsituation 1: Umgang mit Gipsplatten

Erarbeiten Sie sich Kenntnisse über die Herstellung, die Arten und Verwendung, die Kantenausbildung, die Eigenschaften und die Bearbeitung von Gipsplatten. Klären Sie ab, wie Gipsplatten gelagert, transportiert, verspachtelt, befestigt und montiert werden.

Lernsituation 2: Konstruktionsarten von Ständerwänden

Klären Sie ab, inwiefern sich Ständerwände von ihrer Konstruktion her unterscheiden (Material, Aufbau). Fertigen Sie dazu Skizzen (Schnittdarstellungen) an. Benennen und bemaßen Sie. Geben Sie an, welche Aufgaben die einzelnen Wandbestandteile zu übernehmen haben. Welche Nachteile haben Ständerwände aus Holz?

Lernsituation 3: Herstellen einer Metall-Einfachständerwand

Beschreiben Sie den kompletten Arbeitsablauf zur Erstellung einer Metall-Einfachständerwand. Erklären Sie stichwortartig die einzelnen Arbeitsschritte. Erstellen Sie dazu auch eine Material- und eine Werkzeug-/Maschinenliste.

Lernsituation 4: Umgang mit Herstellerprospekten (Prospekt: „Knauf Metallständerwände W11“). Diese Arbeit können Sie auf der Homepage von Knauf (www.Knauf.de) durchführen.

a) Welche Ständerwände aus dem Prospekt erfüllen die Bedingungen?
b) Was bedeutet „Einbaubereich 1“ und „Einbaubereich 2“?
c) Wählen Sie eine Ständerwand aus. Aus welchen Bauteilen ist diese Wand zusammengesetzt?
d) Welche Anforderungen werden an die Dämmschicht dieser Wand gestellt?
e) Bis zu welcher Höhe darf eine solche Wand erstellt werden?
f) Auf welche Art und Weise lassen sich Brandschutzanschlüsse herstellen?
g) Welche Hinweise sind beim Herstellen von Öffnungen von Steckdosen zu beachten?
h) Von welchen Faktoren ist die Anbindung an die Decke abhängig?
i) Durch welche Bauteile wird die Türöffnung hergestellt?
j) Welche maximalen Türblattgewichte sind möglich?
k) Auf was ist bei der Beplankung im Türbereich zu achten?
l) Welche Möglichkeiten der Profilverlängerung stehen zur Verfügung?
m) An diese Wand soll ein Hängeschrank montiert werden: Tiefe 40 cm; Länge 60 cm.. Der Schrank hat zwei Befestigungspunkte. Wie viel darf dieser Schrank maximal wiegen?
n) Aus dem Prospekt lassen sich für eine Standardwand die Materialmengen entnehmen. Geben Sie die Mengen für 1 m^2 Wandfläche an: UW-Profil; CW-Profil; Drehstiftdübel; Schnellbauschrauben TN $3{,}5 \times 35$; Jointfiller.
o) Bei welchen Deckendurchbiegungen sind gleitende Anschlüsse vorzunehmen?
p) Welcher Achsabstand ist bei einlagiger Beplankung und Aufbringen keramischer Beläge einzuhalten?
q) Wie viele Stegausschnitte (z. B. für Kabeldurchführungen) können bei der vorgesehen Konstruktion im Ständer vorgenommen werden?
r) Welche Beschichtungen sind auf Gipsplatten zulässig?

Lernsituation 5: Ermitteln des Materialbedarfs

Geben Sie für die ausgewählten Wandkonstruktionen die Bezeichnung des Herstellers und die normgerechte Bezeichnung an. Stellen Sie eine Materialliste zusammen, getrennt für die 10er-Wände und für die 12,5er-Wände. Bedenken Sie, dass im Bad Feuchtigkeit anfällt.

Lernsituation 6: Klären von Detailpunkten anhand von Zeichnungen

Zeichnen Sie für die 10er-Wand die Detailpunkte: Bodenanschluss, Deckenanschluss, Wandanschluss. Benennen und bemaßen Sie die Zeichnung.

Lernsituation 7: Anwenden der VOB

Stellen Sie fest, welche Vorgaben die VOB für Aufmaß und Abrechnung von Ständerwänden macht.

Aufgabe 2

Situationsbeschreibung: *Die Abbildungen 8 a, b zeigen die Grundrisse von Eigentumswohnungen aus einer Wohnanlage. Die Zwischenwände sollen als Metall-Ständerwände erstellt werden. Alle Wände sollen die Forderung F 30 erfüllen. Die 10er Wände ein bewertetes Schalldämmmaß* $R'_w \geq 50$ *dB, die 12,5er Wände ein solches von > 55 aufweisen. Die Deckendurchbiegung beträgt < 20 mm. Die Ständerwände stehen unmittelbar auf dem schwimmenden Estrich.*

Erwartete Leistungen: *Wählen Sie entsprechend den Vorgaben geeignete Wandkonstruktionen aus. Geben Sie dazu die vollständige Herstellerbezeichnung an. Erstellen Sie für die zwei Wohnungen getrennte Materiallisten. Zeichnen Sie für die 12,5er-Wand den Decken- und Bodenanschluss sowie die T-Verbindung . Benennen und bemaßen Sie die Zeichnung.*

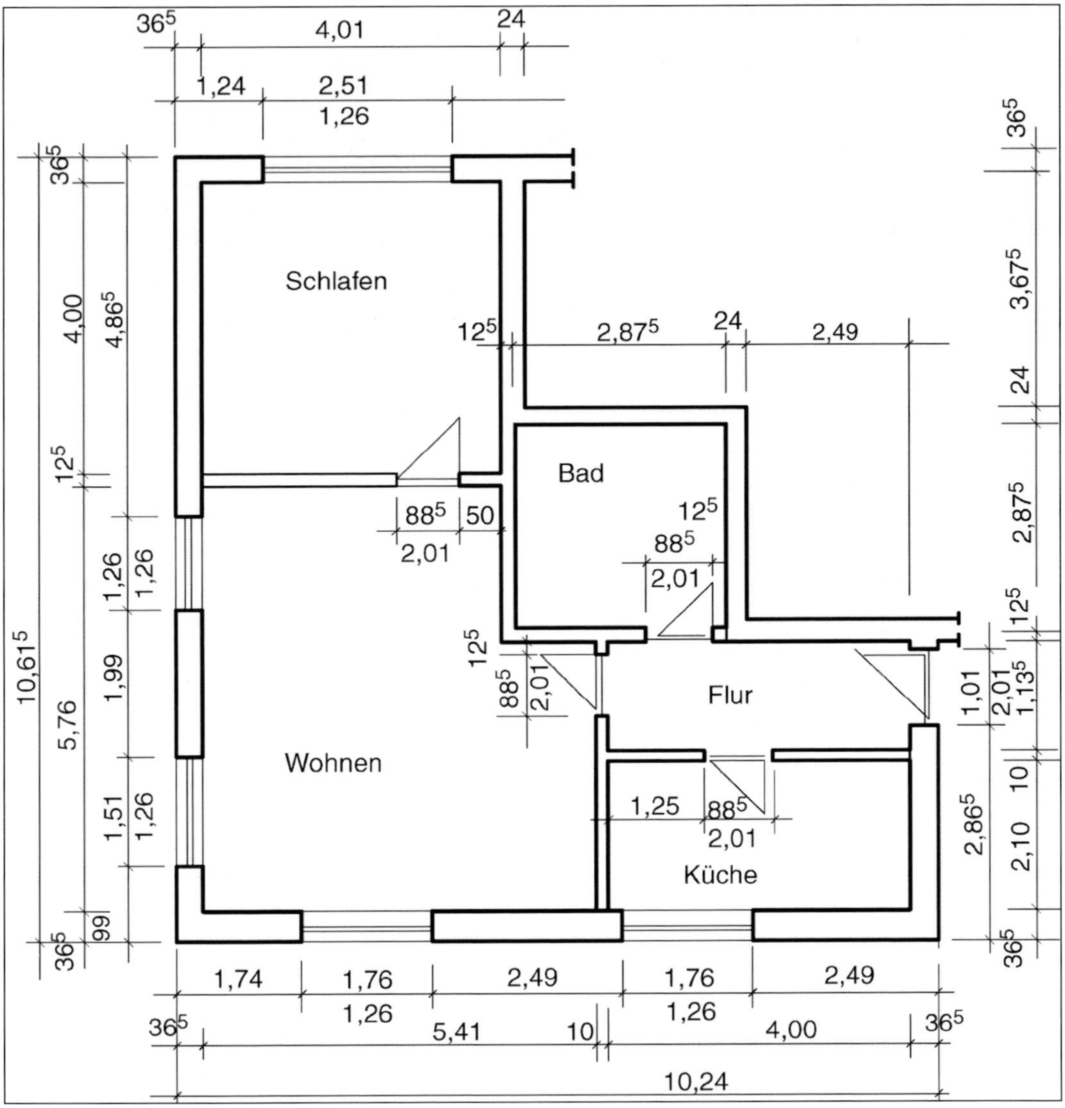

Bild 8a

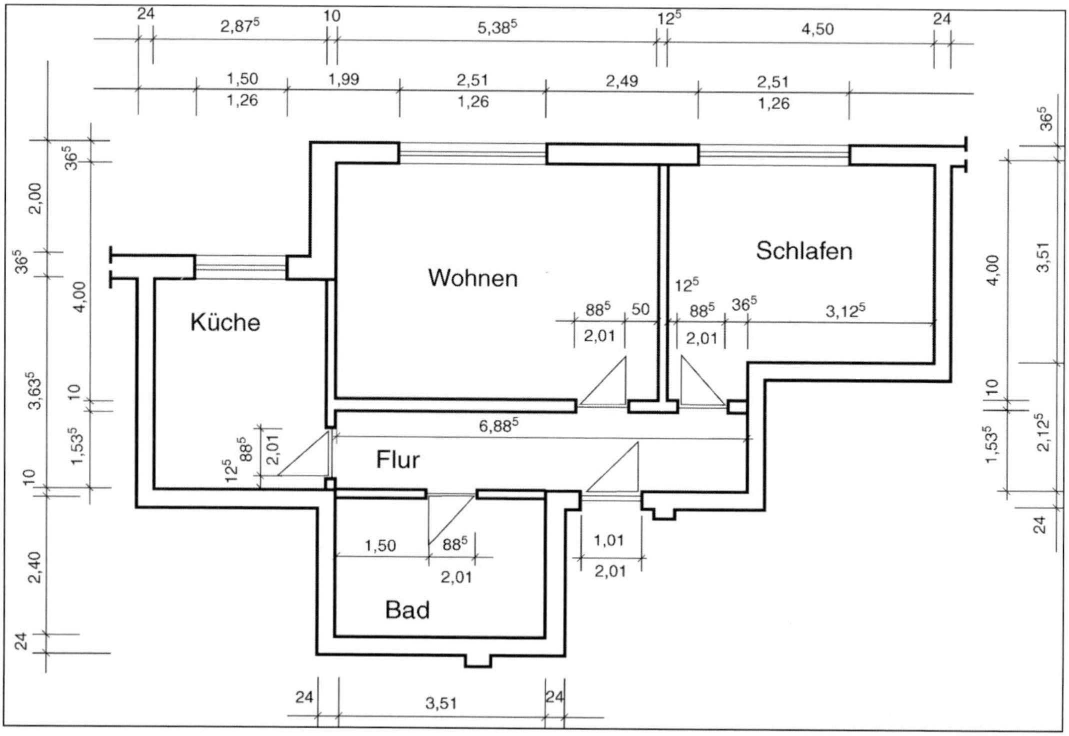

Bild 8b

5. Projektaufgaben zu Lernfeld 11: Herstellen eines wärmedämmenden Putzsystems

Das sind die Erwartungen an Sie:

- Kenntnisse über den baulichen Wärmeschutz
- Kenntnisse über den baulichen Feuchteschutz
- Formulieren von Maßnahmen zur Verbesserung der Wärmedämmung
- Beschreiben des Aufbaus eines wärmedämmenden Putzsystems
- Auswählen geeigneter Putzoberflächen
- Berechnen des Wärmedurchgangskoeffizienten
- Ermitteln der Dicke von Wärmedämmschichten
- Anfertigen von Schnittdarstellungen
- Anwenden der VOB
- ...
- ...

Inhalte:

- Wasserhemmende Putze
- Wasserabweisende Putze
- Wärmedämmputz
- WDVS
- Wärmedämmstoffe
- Detailausbildung
- Beurteilen des Untergrundes
- Kunstharzputze
- Sockelputz
- Schnitte zeichnen
- Aufmaß und Abrechnung
- Umgang mit Tabellen
- VOB
- Maschinen, Werkzeuge, Geräte
- ...
- ...

Aufgabe 1

Situationsbeschreibung: *Das in Abbildung 9 dargestellte Wohnhaus soll wärmegedämmt werden. Die Außenwand besteht aus Bimssteinen (Wanddicke 24cm, λ = 0,20 W/m · K). Innen ist die Wand vergipst. Die Rollladenkästen bestehen aus HWL-Platten. Die Stürze sind in Formteilen aus dem gleichen Material wie das Mauerwerk eingebunden. Die Leibungstiefe beträgt 12 cm. Ziel ist es, einen U-Wert von 0,4 W/m² · K zu erreichen. Der Oberputz soll wasserabweisend sein. Die Kanten sollen ohne Eckleisten hergestellt werden. Am Ortgang entlang wird eine Putzabschlussleiste gesetzt. Auf einen Sockel wird verzichtet (großer Dachüberstand, keine Berührung mit dem Erdreich wegen breiter Kiesschüttung).*

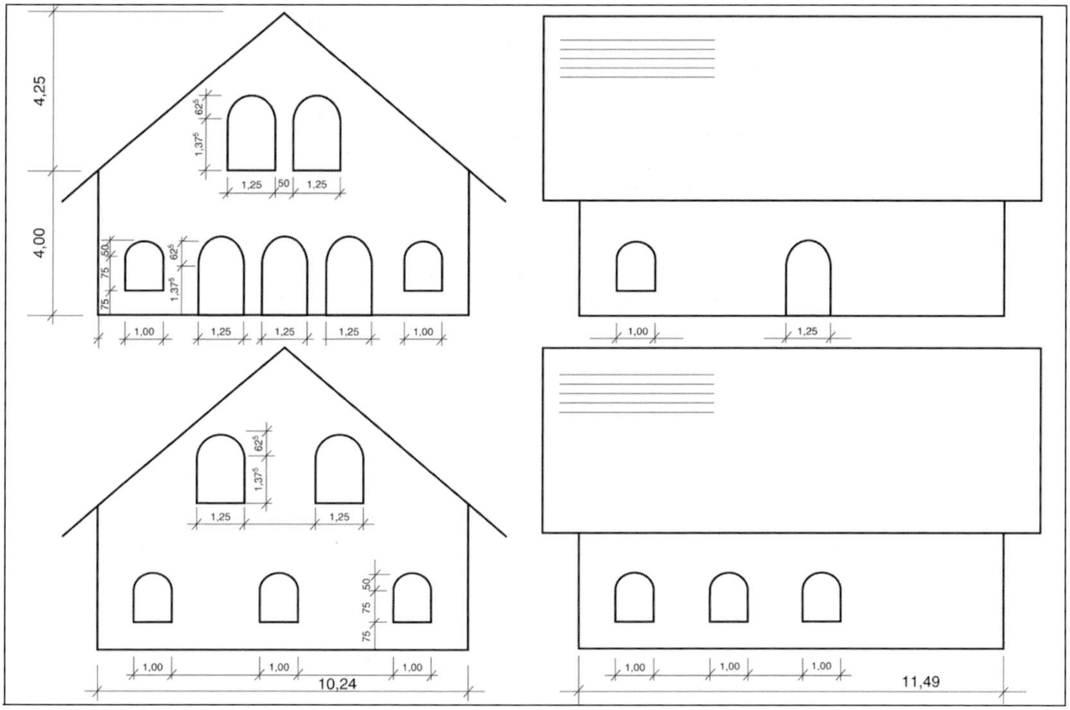

Bild 9

Lernsituation 1: Baulicher Wärmeschutz

Stellen Sie die wichtigsten Informationen bezüglich des baulichen Wärmeschutzes zusammen: Ziel des Wärmeschutzes, gesetzliche Regelungen, Wärmeleitung (Wirkungsweise, Sommerfall, Winterfall), Wärmedämmstoffe (Arten, Einteilung, Verwendung, Gesundheitsgefahren), Feuchtigkeitseinfluss, Wärmebrücken, Außendämmung, Innendämmung, Farbton des Oberputzes.

Lernsituation 2: Baulicher Feuchteschutz

Stellen Sie die wichtigsten Informationen bezüglich des baulichen Feuchteschutzes zusammen: Ziel des Feuchteschutzes, Abhängigkeit: Lufttemperatur-Wassergehalt, Wasserdampfdiffusion, Dampfsperre, Wasseraufnahmefähigkeit von Baustoffen, Schlagregenbeanspruchungsgruppen, Spritzwasserschutz, wasserhemmende und wasserabweisende Putze, hydrophobierende Zusätze.

Lernsituation 3: Planen eines wärmegedämmten Putzsystems

Um die Wärmeverluste weitgehend zu minimieren soll das Gebäude wärmegedämmt werden. Für den Bauherrn stellt sich die Frage: „Was ist sinnvoller“, ein Wärmedämmputz oder ein WDVS? Erklären Sie dem Bauherrn die beiden unterschiedlichen Möglichkeiten: Zusammensetzung, Aufbau (Skizzen mit Benennung und Schraffur), Eigenschaften, Funktionsweise, Herstellungsablauf.

Beachten Sie dazu auch die Merkblätter: „Wärmedämmputzsysteme auf Ziegelmauerwerk“ und „Verlegen und Verputzen von extrudierten Polystyrol-Hartschaumstoffplatten“ Stellen Sie für beide Möglichkeiten jeweils 3 Produkte unterschiedlicher Hersteller zur Auswahl. Geben Sie anhand einer Tabelle übersichtlich an: Hersteller, Produktnummer, Wärmeleitzahl, Diffusionswert, Baustoffklasse, maximale Dicke (bei Wärmedämmputz), Verbrauch, sonstige Hinweise des Herstellers.

Machen Sie auch einen Vorschlag für den Oberputz hinsichtlich Struktur und Farbe (ebenfalls drei Alternativen mit Angabe des Herstellers etc.)

Welche Variante würden Sie dem Bauherrn empfehlen. Begründen Sie Ihre Aussage.

Lernsituation 4: Berechnen des Wärmedurchgangskoeffizienten

Um die Vorgabe des Bauherrn zu erfüllen – *U*-Wert von ≤ 0,4 $W/m^2 \cdot K$ – soll dazu auch der rechnerische Nachweis erbracht werden. Bestimmen Sie für beide Varianten die erforderliche Dämmschichtdicke, um den vom Bauherrn gewünschten Wert zu erzielen (Schnitt durch die Wand). Grundlage für die Berechnung sind die von Ihnen ausgesuchten Produkte. Für die Übergangswiderstände können Sie die Standardwerte annehmen. Vergleichen Sie den errechneten Wert auch mit dem Maximalwert den die DIN 4108 für Außenwände vorsieht.

Lernsituation 5: Erstellen einer Materialliste

Der Bauherr wünscht die Maßnahme mit einem Wärmedämmputz herzustellen. Stellen Sie für das skizzierte Wohnhaus eine Materialliste zusammen (Tabellenform).

Lernsituation 6: Erstellen eines Arbeitsablaufplanes

Erarbeiten Sie einen Arbeitsablaufplan. Berücksichtigen Sie dabei auch die erforderlichen Standzeiten.

Lernsituation 7: Abrechnen nach VOB

Erstellen Sie unter Berücksichtigung der VOB die Abrechnung für die Maßnahme. Die aktuellen Preise erfragen Sie bei Ihrem Arbeitgeber.

Aufgabe 2:

Situationsbeschreibung: *Die in Bild 10 dargestellten drei Reihenhäuser sollen ein WDVS erhalten (der untere wie auch der obere Baukörper). Das Mauerwerk besteht aus Kalksandsteinen ($\lambda = 0{,}79\ W/m \cdot K$). Die Wanddicke beträgt 30 cm. Innen ist die Wand vergipst. Die Leibungstiefe beträgt 15 cm. Der Bauträger wünscht einen U-Wert von 0,30 $W/m^2 \cdot K$. Im Bereich der Leibung kann die Plattenstärke max. 5 cm betragen. Die Rollladenkästen bestehen aus HWL-Platten. Die Stürze sind in Formteilen aus dem gleichen Material wie das Mauerwerk eingebunden. Die einzelnen Gebäude werden mittels einer Dehnfuge voneinander getrennt. Der Oberputz soll wasserabweisend sein. Die Oberkante Fertigfußboden liegt 10 cm über Oberkante Erdreich. Alle Kanten erhalten Eckleisten (Edelstahl rostfrei). Mit Schlagregen ist zu rechnen.*

Erwartete Leistungen: *Auswahl eines geeigneten WDVS. Bestimmen der Dämmschichtdicke. Auswahl der Oberflächenstruktur und der Farbe des Oberputzes (die drei Gebäude sollen sich farblich voneinander unterscheiden). Beschreiben des Arbeitsablaufes. Hinweise auf Umweltschutz und Gesundheitsgefahren (siehe auch Sicherheitsdatenblatt). Erstellen einer detaillierten Materialliste (Hersteller, Produktnummer, Farbe, Mengen). Zeichnerische Darstellung Ihres Farbvorschlages der Fassaden. Schnittdarstellung Übergang Sockel-Kiesschüttung (benennen aller Teile, bemaßen und schraffieren).*

Beachten Sie hierzu auch das Merkblatt „Wärmedämm-Verbundsysteme im Sockel- und im erdberührten Bereich“.

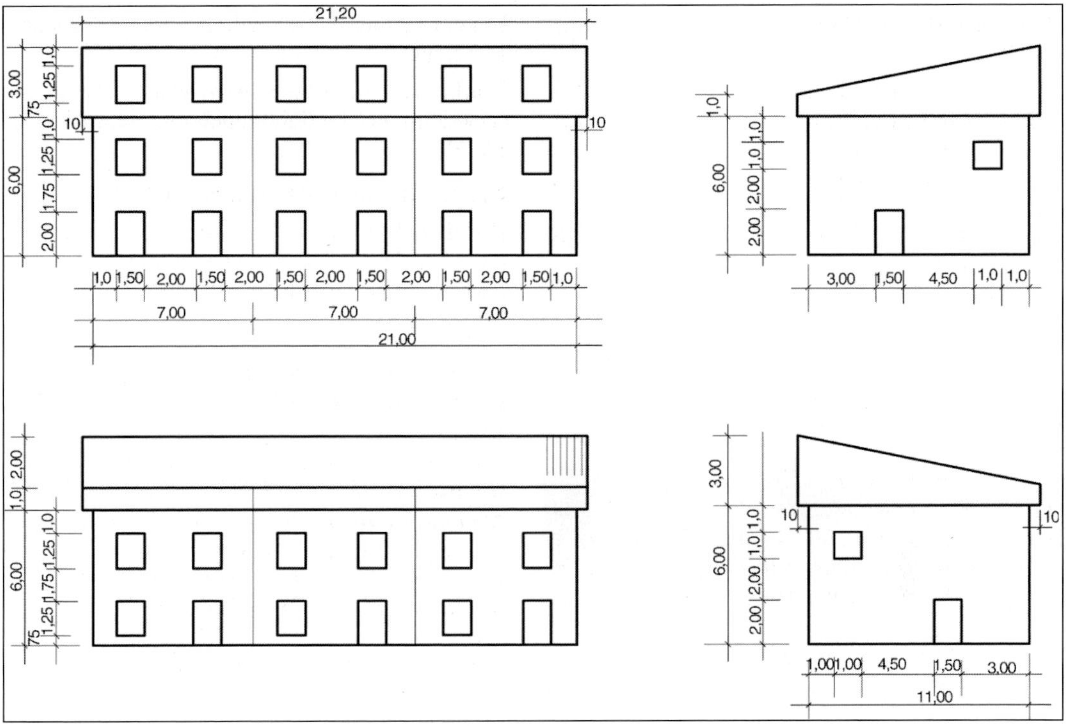

Bild 10

6. Projektaufgaben zu Lernfeld 12: Herstellen von Antragstuck

Das sind die Erwartungen an Sie:

- Entwerfen eines Wandspiegels mit Stuckumrahmung
- Entwerfen von Profilen für den Wandspiegel
- Herstellen von Schablonen
- Planen einer Stuckumrahmung
- Ziehen an der Wand
- Kenntnisse über die Herstellung von Stuckmarmor
- Kenntnisse über die Herstellung von Stuccolustro
- Zeichnerische Darstellung eines Wandspiegels
- Anfertigen von Schnittdarstellungen
- Erarbeiten grundlegender Kenntnisse der Baugeschichte
- ...
- ...

Inhalte:

- Stuckprofile
- Kopfschablone
- Radiusschablone
- Karniesschablone
- gerader und runder Zug
- Ziehen über Kern
- Bewehrung
- Stuckmarmor
- Stuccolustro
- Werkzeuge
- Baustile: griechisch, römisch, Romanik, Gotik, Renaissance, Barock, Klassizismus
- ...
- ...

Aufgabe 1

Situationsbeschreibung: *Für einen repräsentativen Raum soll ein Wandspiegel mit farbiger*

Spiegelrückwand geplant werden. Zur Wahl der Gestaltung der Spiegelrückwand bietet sich die Stuckmarmortechnik oder die Stuccolustrotechnik an.

Lernsituation 1: Entwerfen der Stuckumrahmung für einen Wandspiegel

Bild 11

Bild 12

Als grobe Vorstellung für den Wandspiegel hat der Auftraggeber Beispiele vorgelegt (Bilder 11 und 12). Diese sollen aber nur zur Orientierung dienen. Entwerfen Sie den Umriss und legen Sie dann die notwendigen Profile fest, mit der die Stuckumrahmung hergestellt werden soll. Dies können gerade, runde oder geschweifte Formen sein. Auf jeden Fall sollen aber zwei Vorschläge unterbreitet werden.

Lernsituation 2: Schablonenherstellung

Legen Sie fest, welche Schablonen Sie für die geplanten Züge benötigen. Beschreiben Sie die Schablonenherstellung. Legen Sie die Größen der einzelnen Schablonenteile fest. Erfassen Sie die einzelnen Teile auch zeichnerisch (mit Bemaßung).

Lernsituation 3: Ziehen an der Wand

Beschreiben Sie die Vorgehensweise beim Ziehen an der Wand. Fassen Sie alle Schritte stichwortartig zusammen. Durch welche Maßnahmen kann Gips eingespart werden?

Lernsituation 4: Herstellen von Stuckmarmor

Machen Sie sich vertraut mit Stuckmarmor. Bearbeiten Sie die folgenden Punkte: Begriffsklärung, Bestandteile und deren Aufgabe, Einfärbung, Herstellung (mit detaillierter Beschreibung), Zuordnung zu Stilepochen.

Lernsituation 5: Herstellen von Stuccolustro

Machen Sie sich vertraut mit Stuccolustro. Bearbeiten Sie die folgenden Punkte: Begriffsklärung, Bestandteile und deren Aufgabe, Mischungsverhältnis, Herstellung (mit detaillierter Beschreibung), Zuordnung zu Stilepochen. Diverse Firmen (siehe Internet) bieten die alte Putztechnik in einer sehr modernen Produktplatte an. Stellen Sie anhand von Herstellerunterlagen ein Potpourri solcher Ideen vor.

Lernsituation 6: Zeichnerische Darstellung des Wandspiegels

Zeichnen Sie den Stuckrahmen maßstäblich auf Zeichenpapier. Geben Sie dazu auch die Profilquerschnitte an. Wählen Sie aus, wie Sie die Spiegelrückwand gestalten wollen. Legen Sie die Spiegelfläche in der von ihnen gewünschten Farbe an. (Da dies mitunter etwas schwierig darzustellen ist, besteht auch die Möglichkeit, eine als Bild vorhandene Vorlage in den Spiegel einzukleben.)

Aufgabe 2

Wer im Baubereich tätig ist, muss sich mit der Geschichte des Bauens vertraut machen. Stel-

len Sie ein Dokument mit Bildern (für die Stilepoche markante Bauwerke, besondere Erkennungsmerkmale) und Erklärungen (benennen typischer Merkmale) zusammen, aus der die Baustilkunde – gegliedert nach Stilepochen – deutlich wird. Dies kann auch als zeitliches Ablaufbild aufbereitet werden und den Klassenraum bereichern.

7. Projektaufgaben zu Lernfeld 13: Erstellen einer Unterdecke

Das sind die Erwartungen an Sie:

- Wissen um Anforderungen an Unterdecken
- Kenntnisse über die Bauteile von Unterdecken
- Einteilen der Decklagen
- Kenntnisse der Rastertypen
- Auswählen geeigneter Materialien
- Berücksichtigen gestalterischer, statischer und bauphysikalischer Anforderungen bei der Planung
- Wissen um die Arbeitsschritte zur Ausführung
- Ermitteln des Baustoffbedarfs mittels Tabellen
- Zeichnerische Darstellung einer Deckenuntersicht
- Darstellen von Anschlüssen als Schnitte
- ...
- ...

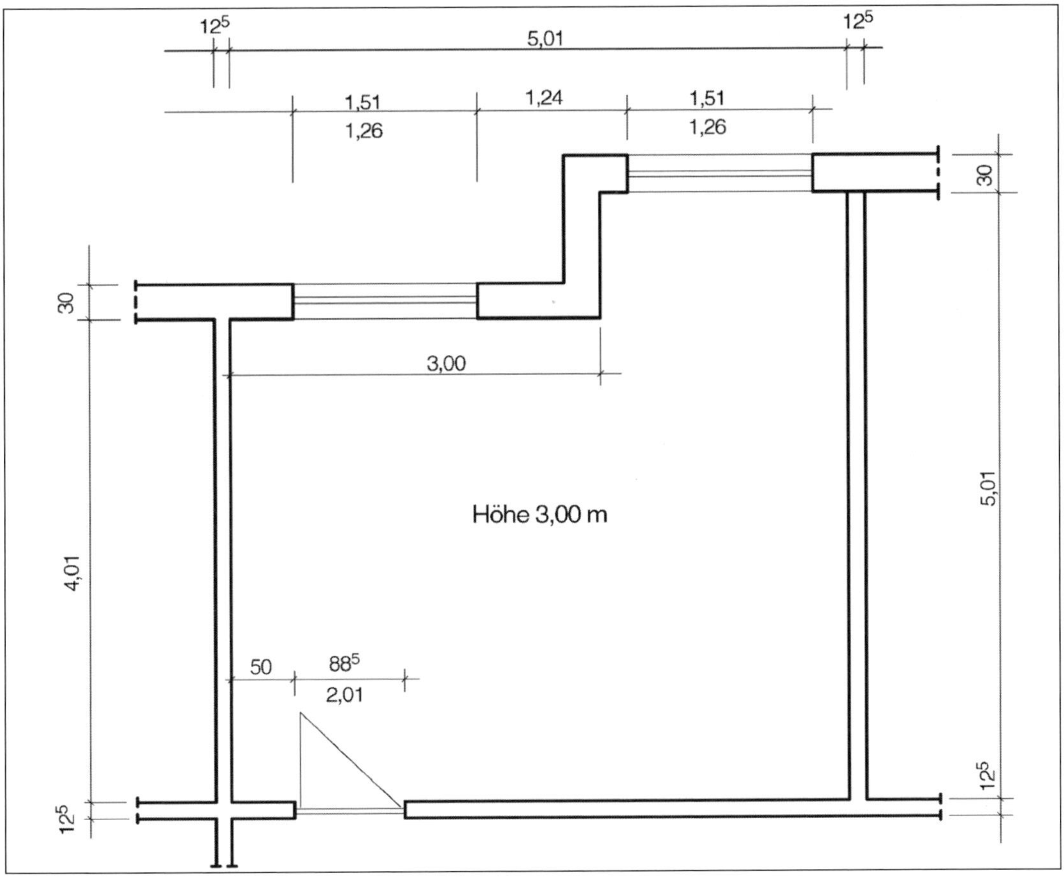

Bild 13

Inhalte:

- Aufgaben
- Schall-, Brand- und Wärmeschutz
- Verankerung
- Abhänger
- Unterkonstruktion
- Fugenlose Decklagen
- Rasterdecken
- Sichtbare und unsichtbare Montage
- Rastertypen
- Materialbedarf
- Werkzeug- und Geräteliste
- Deckengestaltung
- Schnittdarstellungen
- Aufmaß und Abrechnung
- ...
- ...

Aufgabe 1

Situationsbeschreibung: *Die Decke des in Bild 13 dargestellten Raumes (Auszug aus einer Wohnanlage) soll eine Unterdecke erhalten. Die Decke besteht aus einer Balkendecke mit Zwischenbauteilen. An den Stahlbetonbalken sind Holzlatten 24/48 mm befestigt. Die Abhängetiefe beträgt 15 cm. Die Trennwände bestehen aus Ständerwänden CW 100/125 mit 60 mm Hohlraumdämpfung (Mineralfaser). Es besteht keine Brandbeanspruchung.*

Lernsituation 1: Aufgaben von Unterdecken

Unterscheiden Sie die Begriffe „Deckenbekleidung“ und „Unterdecke“ voneinander. Stellen Sie fest, welche Aufgaben Unterdecken übernehmen können. Erläutern Sie die einzelnen Aufgabenbereiche. Fassen Sie Ihre Ergebnisse übersichtlich zusammen.

Lernsituation 2: Verankerung, Abhänger und Unterkonstruktion

Die tragenden Teile der Unterdecke sind: Verankerung, Abhänger und Unterkonstruktion. Nennen Sie die Aufgabe der einzelnen Bauteile. Geben Sie Hinweise zur Herstellung der Verankerung. Beschreiben Sie die gebräuchlichsten Abhängesysteme und deren bevorzugtes Anwendungsgebiet. Erklären Sie die Möglichkeiten zur Herstellung einer Unterkonstruktion.

Lernsituation 3: Planen der Decklage

Fassen Sie Informationen zur Herstellung der Decklage zusammen (Arten, Materialien, zulässige Stützweiten, Abstände der Befestigungsmittel, Abstände der Trag- und Grundprofile). Gehen Sie dabei auch auf folgende Begriffe ein: fugenlose Decklagen, Rasterdecken, Rastertypen.

Lernsituation 4: Planen von Wandanschlüssen

Die Unterdecke in unserer Aufgabe muss zum einen an die massive Außenwand und zum anderen an die Trennwände angeschlossen werden. Beschreiben/skizzieren Sie Möglichkeiten des Wandanschlusses.

Berücksichtigen Sie dabei auch die Art und Weise der Brandbeanspruchung.

Lernsituation 5: Arbeitsschritte zur Herstellung einer Unterdecke

Beschreiben Sie detailliert alle Arbeitsschritte zur Herstellung einer Unterdecke mit fugenloser Decklage mit Gipsplatten, 12,5 mm. Erstellen Sie dazu auch eine Werkzeug- und Geräteliste.

Lernsituation 6: Ermitteln des Materialbedarfs

Erstellen Sie für die oben beschriebene Maßnahme eine Materialliste. Legen Sie die einzelnen Produkte fest. Nennen Sie den Produkthersteller und die Produktnummer. Die Mengenangaben entnehmen Sie den Prospekten der Hersteller.

Lernsituation 7: Klären von Detailpunkten anhand von Zeichnungen

Zeichnen Sie einen Längs- und Querschnitt durch die Decke mit Wandanschluss (einmal Anbindung an die Außenwand und einmal Anbindung an die Ständerwand). Der Schnitt sollte drei Trag- bzw. Grundprofile umfassen. Benennen und bemaßen Sie die Zeichnung.

Lernsituation 7: Anwenden der VOB

Stellen Sie fest, welche Vorgaben die VOB für Aufmaß und Abrechnung von Unterdecken macht.

Aufgabe 2

Situationsbeschreibung: *Die Räume der Eigentumswohnung (Bild 14) sollen eine abgehängte Decke erhalten. Die Raumhöhe soll dann 2,75 m betragen. Die Decken in allen Räumen – außer dem Wohnraum – werden mit fugenlosen Decklagen aus Gipsplatten Typ F erstellt. Im Wohnraum soll eine Kassettendecke mit Gipskassettenplatten und umlaufendem Fries aus Gipsplatten Typ F eingebaut werden. Für alle Unterdecken gilt: Brandbeanspruchung von unten. Die Trennwände bestehen aus Ständerwänden CW 100/125 mit 60 mm Hohlraumdämpfung (Mineralfaser). Die Decke besteht aus einer Stahlbetonvollplatte.*

Erwartete Leistungen: *Legen Sie sich auf eine Konstruktionsart fest und beschreiben Sie diese. Stellen Sie dazu alle erforderlichen Materialien zusammen. Nennen Sie den Produkthersteller und die Produktnummer. Erstellen Sie eine Materialliste (getrennt nach fugenloser Unterdecke und Kassettendecke). Zeichnen Sie die Untersicht der Kassettendecke sowie den Schnitt durch einen Plattenstoß, den Anschluss der Kassettendecke an die Außenwand und an die Trennwand.*

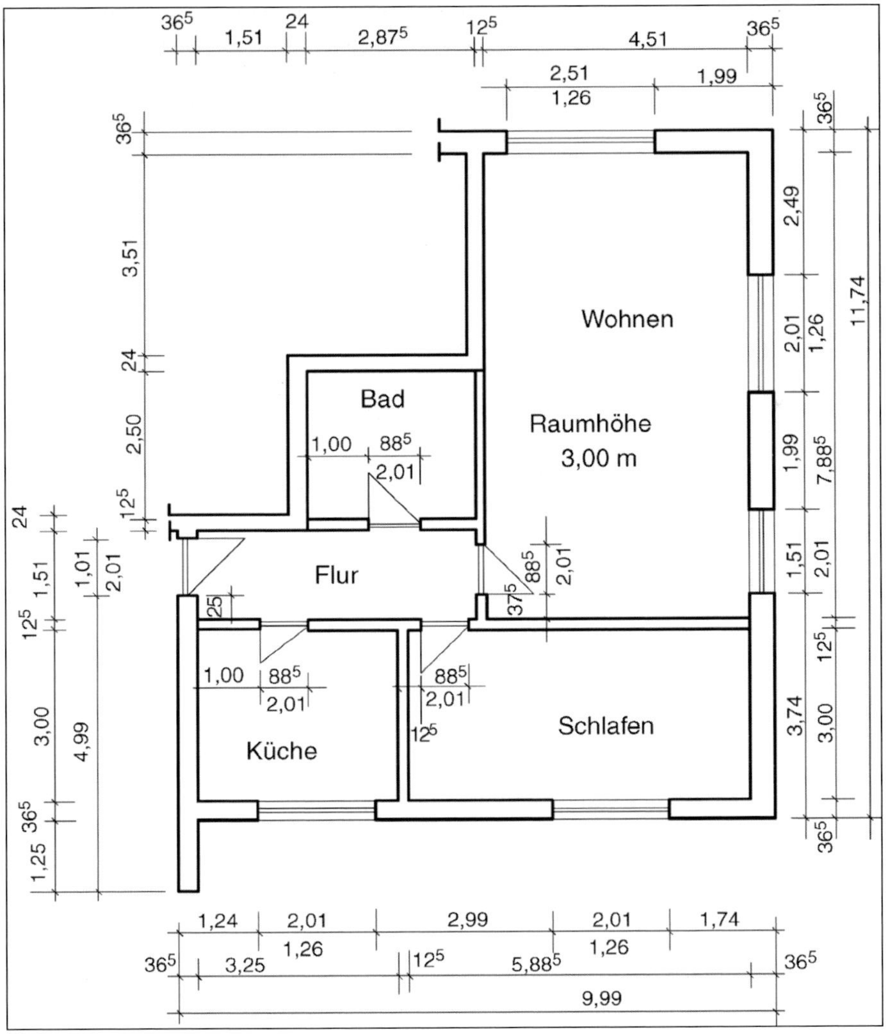

Bild 14

8. Projektaufgaben zu Lernfeld 14: Erstellen einer Drahtputzkonstruktion

Das sind die Erwartungen an Sie:

- Planen einer abgehängten, bogenförmigen Decke
- Nennen der Bauteile von Drahtputzdecken
- Beschreiben von Möglichkeiten der Befestigung von Abhängern
- Beschreiben der Herstellung der Unterkonstruktion
- Auswählen geeigneter Putzträger
- Kenntnis über die Herstellung eines Lehrbogens
- Auswählen geeigneter Putze
- Beschreiben des Arbeitsablaufes
- Kenntnis über den Aufbau eines Arbeitsgerüstes als Flächengerüst
- Ermitteln des Materialbedarfs
- Anfertigen von Zeichnungen zu Gewölbearten
- ...
- ...

Inhalte:

- Bogenarten
- Gewölbearten
- Verbindungs- und Befestigungsmittel
- Lehrbogen
- Putzträger
- Putzlehren
- Mörtelgruppen
- Flächengerüste
- Materialbedarf
- Perspektivische Darstellung
- ...
- ...

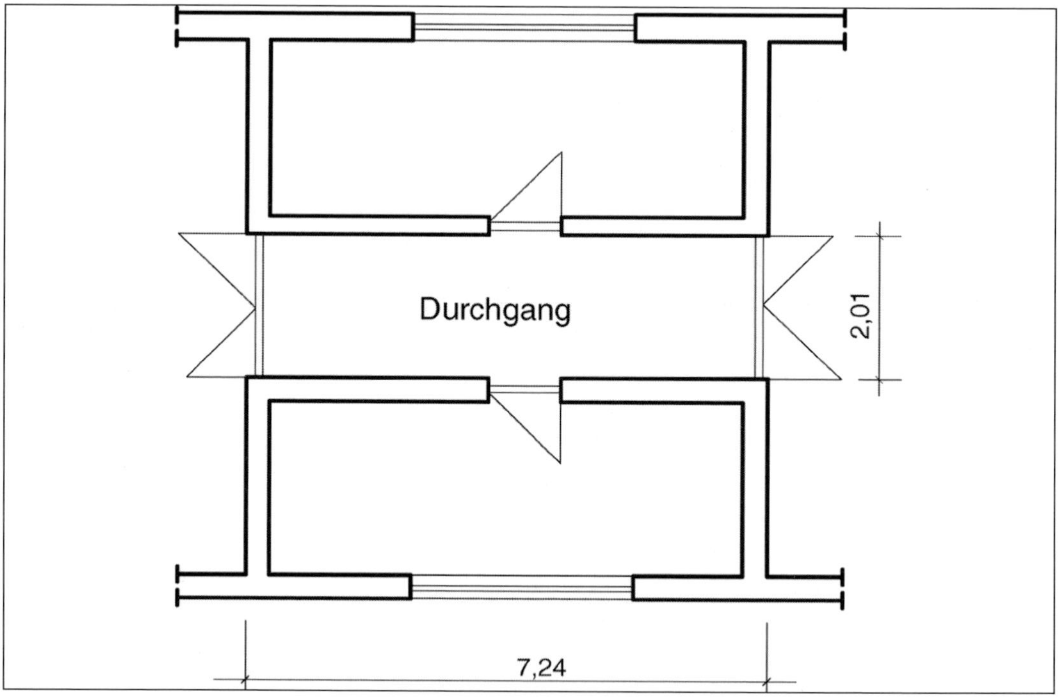

Bild 15

Aufgabe 1

Situationsbeschreibung: *Der skizzierte Durchgang (Bild 15) soll eine abgehängte, halbkreisförmige Drahtputzdecke erhalten. Die vorhandene Höhe beträgt 4,00 m. Die Kämpferlinie des Bogens soll auf der Höhe 2,25 m liegen. Die Putzoberfläche soll der Anforderung der Qualitätsstufe Q3-geglättet entsprechen. Beachten Sie hierzu auch das Merkblatt „Putzoberflächen im Innenbereich – Qualitätsstufen für abgezogene, glatte und gefilzte Putze".*

Lernsituation 1: Bogenteile und Bogenarten

Benennen Sie anhand einer Zeichnung alle Bogenteile. Zeichnen Sie einen Halbkreisbogen; einen gedrückten, einen überhöhten und einen normalen Spitzbogen; einen Segmentbogen; einen elliptischen Bogen und einen Korbbogen mit drei und mit 5 Einsatzpunkten. Beschreiben Sie dazu stichwortartig den Ablauf der Konstruktion. Geben Sie an, in welche baugeschichtliche Zeit Spitzbogen und Rundbogen gehören.

Lernsituation 2: Gewölbearten

Beschreiben Sie die Einteilung der Gewölbe. Bilden Sie eine Gliederung. Geben Sie an, aus welchen Teilen sich die verschiedenen Gewölbearten zusammensetzen. Zeichnen Sie ein Tonnengewölbe über rechteckigem Grundriss (entsprechend Bild **9.**3): Spannweite 10 cm, Gewölbetiefe 12 cm.

Lernsituation 3: Bauteile von abgehängten Decken

Beschreiben Sie die einzelnen Bestandteile einer abgehängten Decke und deren Aufgaben. Geben Sie deren Arten, Eigenschaften und bevorzugten Einsatzgebiete an. Erklären Sie auch die Art und Weise des Einbaus. Erklären Sie auch wie die Stabilität der Decke sichergestellt wird.

Lernsituation 4: Herstellen eines Lehrbogens

Zur Herstellung eines Bogens benötigt man einen Lehrbogen. Benennen Sie alle Teile eines Lehrbogens und geben Sie deren Funktion an. Fertigen Sie dazu eine Skizze an. Beschreiben Sie die Herstellung des Lehrbogens in den einzelnen Arbeitsschritten.

Lernsituation 5: Herstellen der Drahtputzdecke

Formulieren Sie die einzelnen Arbeitsschritte zur Herstellung der Drahtputzdecke. Beachten Sie auch die Anforderung an die Putzoberfläche. Zeichnen Sie einen Schnitt durch den Deckenaufbau und benennen Sie alle Teile. Erstellen Sie eine Materialliste. Welches Gerüst ist zur Herstellung der Decke erforderlich?

Lernsituation 6: Alternative zur abgehängten Drahtputzdecke

Welche zeitgemäßere Konstruktion bietet sich anstelle einer abgehängten Drahtputzdecke an. Denken Sie dabei an den Trockenbau. Informieren Sie sich bei den Produktanbietern von Trockenbausystemen. Beschreiben Sie die Herstellung einer solchen Decke. Nennen Sie alle erforderlichen Bauteile. Formulieren Sie die Vorteile eines solchen Systems gegenüber der althergebrachten Variante.

Aufgabe 2

Situationsbeschreibung: *Der skizzierte Altbau (Bild 16) mit relativ hohen Räumen soll durch abgehängte Decken wohnlicher gestaltet werden.. Die Raumhöhe beträgt 3,25 m. Es sollen in allen Räumen Drahtputzdecken erstellt werden. Die beiden Flure sollen einen halbkreisförmigen Bogen erhalten. Die Kämpferpunktlinie soll die Höhe 2,00 m aufweisen, die Räume eine lichte Durchgangshöhe von 2,75 m.*

Erwartete Leistungen: *Legen Sie sich auf eine Konstruktionsart fest und beschreiben Sie diese. Stellen Sie dazu alle erforderlichen Materialien zusammen. Nennen Sie den Produkthersteller und die Produktnummer. Erstellen Sie eine Materialliste. Zeichnen Sie den Lehrbogen mit seinen Abmessungen maßstabsgerecht.*

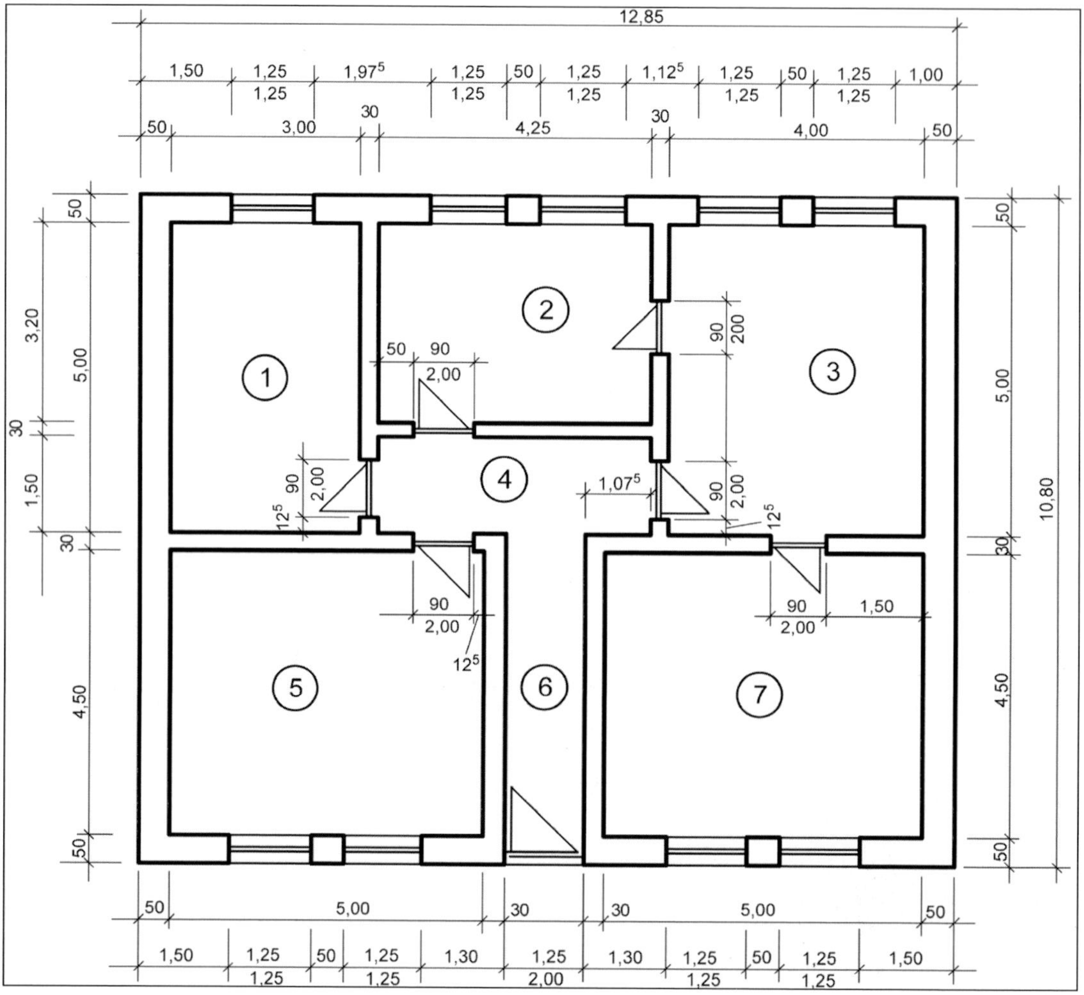

Bild 16

9. Projektaufgaben zu Lernfeld 15: Sanieren eines Bauteils

Das sind die Erwartungen an Sie:

- Feststellen von Putzschäden
- Durchführen einer Bestandsaufnahme
- Kenntnisse über die Ursachen von Putzschäden
- Kennen von Abdichtungsmaßnahmen
- Wissen um Möglichkeiten der Bauteiltrocknung
- Kenntnisse über Sanierputze
- Auswählen geeigneter Materialien für eine Sanierungsmaßnahme
- Beschreiben der Arbeitsschritte zur Ausführung einer Sanierungsmaßnahme
- Erstellen einer Material- und Geräteliste
- ...
- ...

Inhalte:

- Feuchtemessung
- Salzanalyse
- Abdichtung gegen Bodenfeuchtigkeit
- Senkrechte Abdichtung von Wänden
- Sanierputze
- Haftbrücke
- Entsorgung
- Materialbedarf
- Materialliste
- Geräteliste
- ...
- ...

Aufgabe 1

Situationsbeschreibung: *Die Abbildungen 17 a, b, c zeigen Bilder von sanierungsbedürftigen Fassaden.*

a)

b)

c)

Bild 17

Lernsituation 1: Beurteilen von Putzschäden

Erstellen Sie eine Sammlung von Bildern (aus Fachzeitschriften, selbst gemachten Aufnahmen etc.) die Putzschäden zeigen. Beschreiben Sie diese und nennen Sie mögliche Ursachen dieser Schäden.

Lernsituation 2: Durchführen einer Bestandsaufnahme

Unter Bauaufnahme versteht man die Erfassung (Dokumentation) des Zustandes eines Bauprojektes. Dabei sollen alle wichtigen Informationen für eine zielgerichtete Sanierungsplanung gesammelt werden. Planen Sie einen Unterrichtsgang zu einer Sanierungsmaßnahme. Führen Sie eine Bauaufnahme durch. Machen Sie sich zuvor Gedanken über die Art und Weise ihrer Bestandsaufnahme und der Beweissicherung (Aufmaß durchführen, Bilder anfertigen etc.). Informieren Sie sich über Geräte die zur Anwendung kommen könnten (Längenmessung, Feuchtemessung, Temperaturmessung, Salzanalyse etc.). Stellen Sie anschließend ihre Ergebnisse übersichtlich dar.

Lernsituation 3: Abdichtungsmaßnahmen

Die Ursache vieler Putzschäden im erdberührten Bereich von Gebäuden resultiert aus aufsteigender Feuchtigkeit infolge fehlender bzw. nicht fachgerecht aufgebrachter Dichtungsmaßnahmen. Beschreiben Sie Möglichkeiten der senkrechten und waagerechten Abdichtung im erdberührten Wandbereich. Geben Sie auch Hinweise wie eine möglichst rasche Bautrocknung durchgeführt werden kann.

Lernsituation 4: Auswahl geeigneter Sanierputze

Beschreiben Sie die Anforderungen an Sanierputze sowie deren Funktionsweise und Aufgabe. Erstellen Sie eine Übersicht über die auf dem Baustoffmarkt angebotenen Sanierputze. Vergleichen Sie deren Eigenschaften, die Kennwerte, die Zusammensetzung, die Verarbeitungsrichtlinien und sonstigen Herstellerhinweise miteinander. Berücksichtigen Sie dabei auch die Hinweise in dem Merkblatt: „Sanierputzsysteme", WTA-Merkblatt 2-2-91.

Lernsituation 5: Arbeitsablauf einer Sanierungsmaßnahme

Beschreiben Sie den Arbeitsablauf für eine Sanierungsmaßnahme. Geben Sie Hinweise zu den einzelnen Putzschichten. Berücksichtigen Sie dabei auch die Hinweise in dem Merkblatt: „Sanierputzsysteme", WTA-Merkblatt 2-2-91.

Aufgabe 2

Situationsbeschreibung: *Ein altes, leer stehendes Wirtschaftsgebäude auf dem Saargau (Bild 18) soll saniert werden. Das Gebäude hat einen nicht genutzten Kriechkeller von 1,25 m Tiefe. Die Wände bestehen aus Sandsteinen mit noch vorhandenem Putz aus Kalkmörtel. Außenseitig sind großflächige Durchfeuchtungen und Salzausblühungen zu erkennen. Der Verputz zeigt im nicht feuchtigkeitsbelastetem Bereich ausreichende Festigkeit. Der Fugenmörtel ist im geschädigtem Bereich mehrere Zentimeter tief mürbe. Es ist weder eine horizontale noch eine vertikale Wandabdichtung vorhanden. Eine elektronische Feuchtigkeitsmessung ergab, dass im durchfeuchtetem Bereich die Werte weitgehend im Sättigungsbereich liegen. Die vorhandenen Schäden – die bis 2,00 m über Erdgleiche festzustellen sind – resultieren aus aufsteigender Feuchtigkeit und fehlendem Spritzwasserschutz. Die Oberkante Fertigfußboden liegt 20 cm über Erdgleiche.*

Erwartete Leistungen: *Die Ausschreibung der Maßnahme bezieht sich hier auf die Sanierung der Vorderseite des Gebäudes. Machen Sie Vorschläge für die Sanierung des Objekts. Beschreiben Sie den Arbeitsablauf. Benennen Sie die notwendigen Materialien mit Angabe des Produktherstellers und der Produktnummer. Erstellen Sie dazu eine Materialliste.*

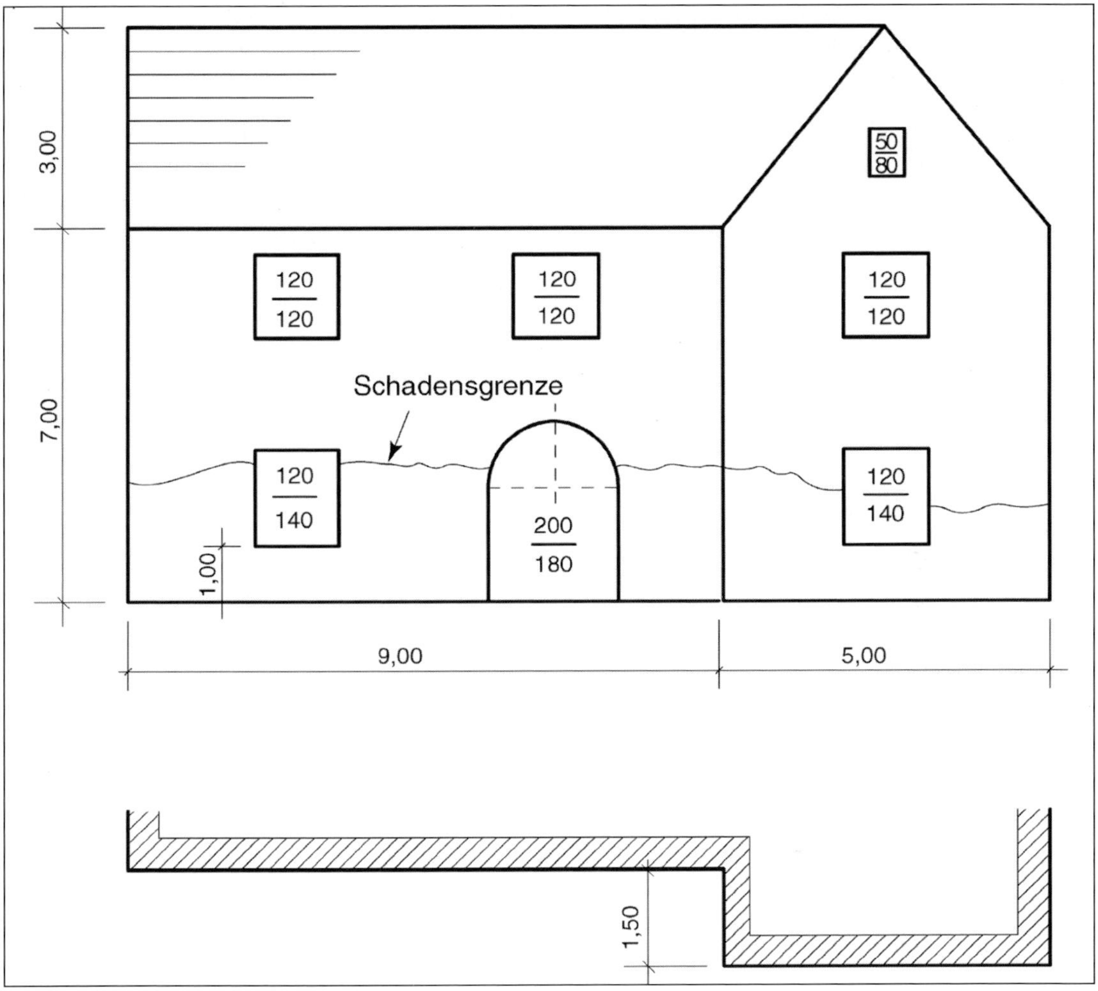

Bild 18

10. Lernfeld 16: Einbauen eines Estrichs

Das sind die Erwartungen an Sie:

- Kennen der Konstruktionsarten von Estrichen
- Wissen um die normgerechte Ausführung
- Beschreiben des Arbeitsablaufes zur Herstellung von Fließestrich als Anhydritestrich
- Herstellen von fachgerechten Anschlüssen
- Auswählen geeigneter Dämmstoffe
- Kenntnisse über die Fugenbildung
- Kenntnisse über Trockenunterböden und deren Konstruktionsarten
- Beschreiben des Arbeitsablaufes zur Herstellung von Trockenunterböden
- Berechnen des Wärmedurchgangskoeffizienten
- Ermitteln des Baustoffbedarfs anhand von Herstellerprospekten
- Zeichnerische Darstellung von Details
- ...
- ...

Inhalte:

- Verbundestrich
- Estrich auf Trennschicht
- Estrich auf Dämmschicht
- Anhydritestrich
- Fließestrich
- Heizestrich
- Ausgleichschichten
- Dämmstoffe
- Scheinfugen
- Bewegungsfugen
- Trockenunterboden
- Trittschalldämmung
- Nachbehandlung
- Baustoffbedarf
- Schnittdarstellungen
- ...
- ...

Aufgabe 1

Situationsbeschreibung: *In dem skizzierten Altbau (Bild 19) soll im Zuge einer Sanierungsmaßnahme der Fußboden erneuert werden. Der Bauherr ist noch unentschlossen ob ein Fließestrich auf Anhydritbasis oder ein Trockenunterboden eingebaut werden soll. Die vorhandene Decke besteht aus Stahlbeton. Er sucht Beratung bei Ihnen.*

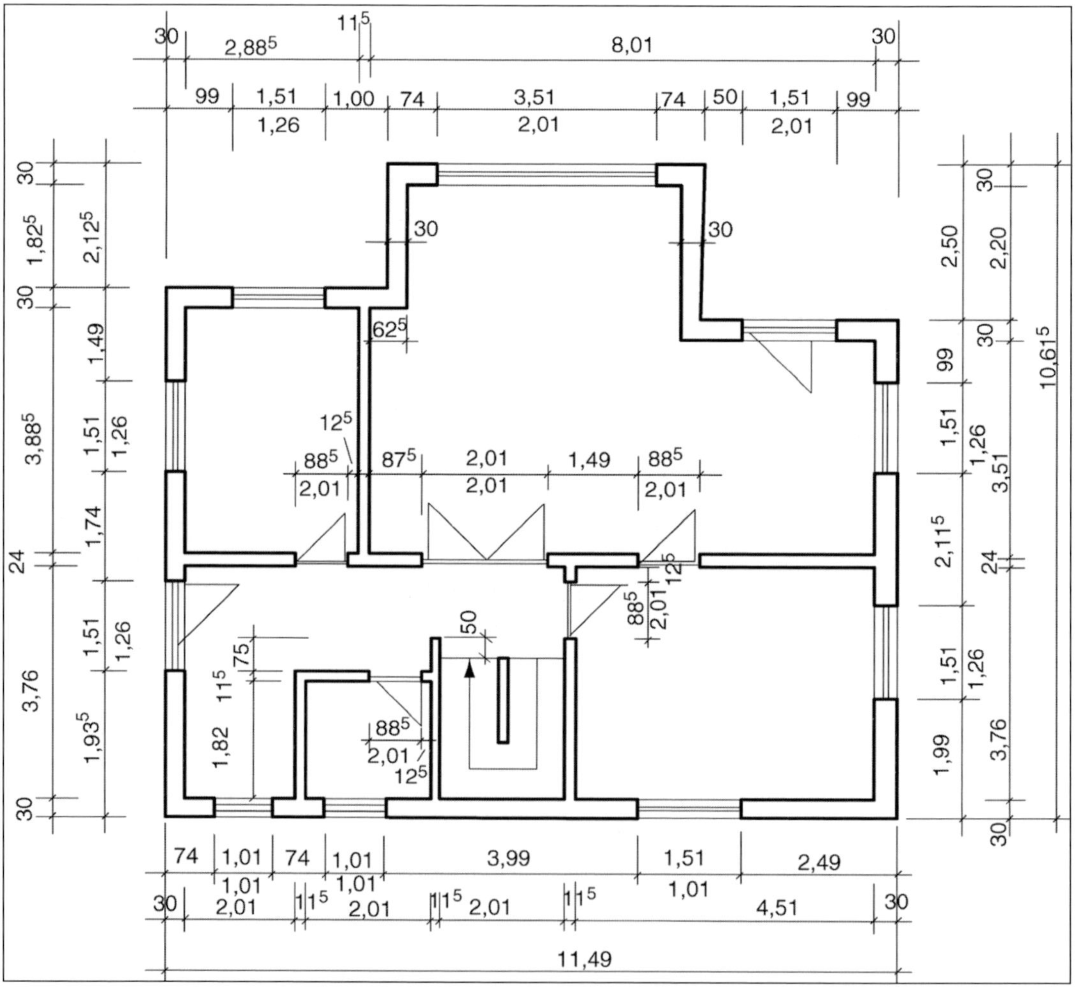

Bild 19

Lernsituation 1: Konstruktionsarten von Estrichen

Benennen und beschreiben Sie die drei Konstruktionsarten von Estrichen. Nennen Sie Kennzeichen und Anwendungsgebiete. Fertigen Sie dazu Skizzen an.

Lernsituation 2: Anhydritestrich

Fassen Sie zusammen: Ausgangsmaterialien, Eigenschaften, Oberflächenbehandlung, Nachbehandlung. Beschreiben Sie den Arbeitsablauf zur Herstellung eines Fließestrichs als Estrich auf Dämmschicht. Stellen Sie eine Liste geeigneter Dämmstoffe für einen solchen Estrich zusammen. Berücksichtigen Sie dabei auch die dynamische Steifigkeit der Dämmstoffe.

Lernsituation 3: Herstellen von Anschlüssen und Fugen

Beschreiben Sie die fachgerechte Ausführung von Bauwerksanschlüssen (Wandanschluss, Rohrüberdeckungen ...). Nennen Sie die Arten von Fugen. Geben Sie an, wo und wann Fugen anzuordnen und wie diese herzustellen sind.

Lernsituation 4: Trockenunterboden

Erklären Sie dem Bauherrn die Konstruktionsarten eines Trockenunterbodens, deren Eigenschaften, die Vorteile gegenüber Nassestrichen und die dafür verwendeten Materialien.

Fertigen Sie dazu auch zum besseren Verständnis Skizzen an (Wandanschluss, Ausbildung im Türbereich). Beschreiben Sie auch den Arbeitsablauf zur Herstellung eines Trockenunterbodens.

Lernsituation 5: Ermitteln des Materialbedarfs

Erstellen Sie für die skizzierte Maßnahme eine Materialliste a) für die Ausführung Fließestrich auf Anhydritbasis als Estrich auf Dämmschicht und b) Ausführung Trockenunterboden. Geben Sie bei den Materialien die genauen Produktbezeichnungen (Herstellerangabe mit Produktnummer) an.

Aufgabe 2

Situationsbeschreibung: *In dem skizzierten Altbau (Abbildung 20) soll in den Räumen des Erdgeschosses ein Fließestrich als Estrich auf Dämmschicht und in den Räumen des Dachgeschosses ein Trockenunterboden eingebaut werden. Die vorhandene Decke (D = 16 cm) im Erdgeschoss besteht aus Stahlbeton. Bei der Decke im Dachgeschoss handelt es sich um eine Holzbalkendecke. Die Kellerräume unter dem Erdgeschoss sind unbeheizt. Für den Trockenunterboden ist auf eine gute Trittschalldämmung zu achten. Der Bauherr wünscht ein Trittschallverbesserungsmaß von* $\Delta L_{w,R} = 11$ *dB. Für die Deckenkonstruktion im Erdgeschoss muss ein U-Wert von 0,30 W/m²·K eingehalten werden.*

Erwartete Leistungen: *Legen Sie sich auf eine Konstruktionsart fest und beschreiben Sie diese. Bestimmen Sie aller erforderlichen Materialien. Ermitteln Sie die erforderliche Aufbauhöhe. Nennen Sie den Produkthersteller und die Produktnummer. Erstellen Sie eine Materialliste (getrennt nach Estrich auf Dämmschicht und Trockenunterboden). Fertigen Sie erklärende, maßstabsgerechte Skizzen an. Zeichnen Sie für den Trockenunterboden auch einen Verlegeplan.*

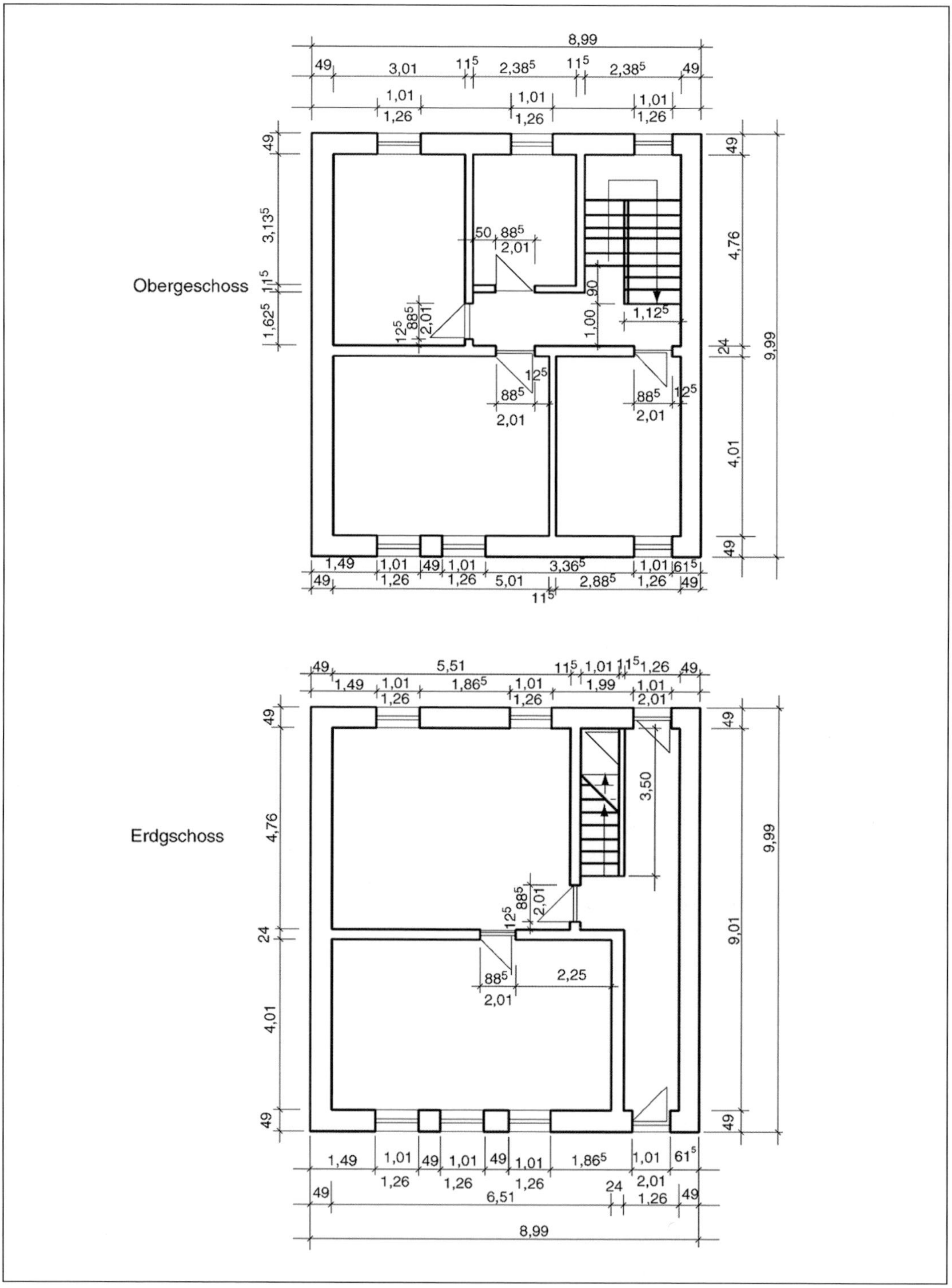

Bild 20

Anhang Tabellen

Brandverhalten von Baustoffen

DIN EN 13501 und DIN 4102 können parallel und gleichberechtigt nebeneinander verwendet werden. Ein Auslaufen der Geltungsdauer der DIN 4102 ist zur Zeit nicht vorgesehen (Stand 07/2005).

Nach der DIN EN 13501 wird nicht mehr von Baustoffklassen sondern von Brandverhalten gesprochen. Das Brandverhalten von Baustoffen bzw. Bauprodukten nach DIN EN erfolgt dabei in 7 Klassen von A bis F (Tabelle T1. Zum Vergleich ist auch die bisherige Einstufung mit der DIN 4201-1 dargestellt.). Kriterien der Einstufung sind:

- Entzündbarkeit
- Flammenausbreitung
- frei werdende Wärme
- Rauchentwicklung (3 Stufen: s1, s2 und s3)
- brennendes Abfallen/Abtropfen von Baustoffen (3 Stufen: d0, d1 und d2)

Tabelle T1: Baurechtliche Anforderungen an das Brandverhalten von Baustoffen (ohne Bodenbeläge).

Bauaufsichtliche Benennungen	Zusatzanforderungen		Europäische Klasse nach DIN EN 13501-1	Klasse nach DIN 4102-1
	kein Rauch	kein brennendes Abfallen/Abtropfen		
Nichtbrennbar	x	x	A1	A1
	x	x	A2 - s1 d0	A2
Schwer-entflammbar	x	x	B, C - s1 d0	B1 [1]
		x	B, C - s3 d0	
	x		B, C - s1 d2	
			B, C - s3 d2	
Normal-entflammbar		x	D - s3 d E	B2 [1]
			D - s3 d2	
			E - d2	
Leichtentflammbar			F	B3

[1]) Angaben über hohe Rauchentwicklung und brennendes Abtropfen/Abfallen im Verwendbarkeitsnachweis und in der Kennzeichnung

Feuerwiderstand

Die Feuerwiderstandsklassen werden aus einem Buchstaben und der Feuerwiderstandsfähigkeit – ausgedrückt in Minuten – gebildet. Die Buchstaben ergeben sich aus Tabelle T3. Die zeitliche Differenzierung kann in Schritten von 15/20/30/45/60/90/180/240 Minuten vorgenommen werden.

Tabelle T2: Feuerwiderstandsklassen von Bauteilen nach DIN EN 13501-2 und DIN EN 13501-3 und ihre Zuordnung zu den bauaufsichtlichen Benennungen.

Bauaufsichtliche Benennung	Norm	Tragende Bauteile		Nichttragende Innenwände	Nichttragende Außenwände	Doppelböden	Selbstständige Unterdecken
		ohne Raumabschluss	mit Raumabschluss				
feuerhemmend	DIN EN 13501	R 30	REI 30	EI 30	E 30 (i → o) und EI 30 (i ← o)	REI 30 ETK (f)	EI 30 (a→b) EI 30 (a←b) EI 30 (a↔b)
	DIN 4102	[F 30]	[F 30]	[F 30]	[W 30]	[F 30]	[F 30 von oben nach unten] [F 30 von unten nach oben] [F 30 von beiden Richtungen]
	DIN EN 13501	R 60	REI 60	EI 60	E 60 (i → o) und EI 60 (i ← o)		EI 60 (a→b) EI 60 (a←b) EI 60 (a↔b)
	DIN 4102	[F 60]	[F 60]	[F 60]	[W 60]		[F 60 von oben nach unten] [F 60 von unten nach oben] [F 60 von beiden Richtungen]
feuerbeständig	DIN EN 13501	R 90	REI 90	EI 90	E 90 (i→ o) und EI 90 (i ← o)		EI 30 (a→b) EI 30 (a←b) EI 30 (a↔b)
	DIN 4102	[F 90]	[F 90]	[F 90]	[W 90]		[F 90 von oben nach unten] [F 90 von unten nach oben] [F 90 von beiden Richtungen]
Feuerwiderstandsdauer 120 Min.	DIN EN 13501	R 120	REI 120	–	[W 90]		–
	DIN 4102	[F 120]	[F 120]	–	–		–
Brandwand	DIN EN 13501	–	REI-M 90	EI-M 90	–		–

Tabelle T3: Erläuterungen der Klassifizierungskriterien und der zusätzlichen Angaben zur Erläuterung der Kurzzeichen für die Klassifizierung des Feuerwiderstandes nach DIN EN 13501-2

Kurzzeichen	**Kriterium**	**Anwendungsbereich**
R (Reistance)	Tragfähigkeit	zur Beschreibung der Feuerwiderstandsfähigkeit
E (Etanchété)	Raumabschluss	
I (Isolation)	Wärmedämmung (unter Brandeinwirkung)	
W (Radiation)	Begrenzung des Strahlungsdurchtritts	
M (Mechanical)	Mechanische Einwirkung auf Wände (Stoßbeanspruchung)	
S (Smoke)	Begrenzung der Rauchdurchlässigkeit (Dichtheit, Leckrate)	Rauchschutztüren, Lüftungsanlagen einschließlich Klappen
C… (Closing)	Selbstschließende Eigenschaft (ggf. mit Anzahl der Lastspiele) einschließlich Dauerfunktion	Rauchschutztüren, Feuerschutzabschlüsse
P	Aufrechterhaltung der Energieversorgung und/oder Signalübermittlung	Elektrische Kabelanlagen allgemein
I_1, I_2	unterschiedliche Wärmedämmungskriterien	Feuerschutzabschlüsse
…200, 300, …(°C)	Angabe der Temperaturbeanspruchung	Rauchschutztüren
i → o i ← o i ↔ o (in – out)	Richtung der klassifizierten Feuerwiderstandsdauer	Nichttragende Außenwände, Installationsschächte/-kanäle, Lüftungsanlagen/-klappen
a → b a ← b a ↔ b (above – below)	Richtung der klassifizierten Feuerwiderstandsdauer	Unterdecken
f (full)	Beanspruchung durch "volle" ETK (Vollbrand)	Doppelböden
v_e (vertical) h_o (horizontal)	für vertikalen/horizontalen Einbau klassifiziert	Lüftungsleitungen/-klappen

Tabelle T3: Fortsetzung

Kurzzeichen	Kriterium	Anwendungsbereich
Erläuterung der zusätzlichen Angaben zur Klassifizierung des Brandverhaltens von Baustoffen nach DIN EN 13501-1		
s (Smoke) s1 = keine/kaum ... s2 = mittlere ... s3 = starke ...	Rauchentwicklung	Anforderungen an die Rauchentwicklung
d (Droplets) d1 = kein ... d2 = begrenztes ... d3 = starkes ...	brennendes Abtropfen/Abfallen	Anforderungen an das brennende Abtropfen/Abfallen
fl (Floorings)		Brandverhaltensklasse für Bodenbeläge

Tabelle T4: Beispiele für die Verwendung der DIN EN 13501-2 und der DIN 4102

Beschreibung/Anforderung	DIN 4102-2	DIN EN 13501-2
Tragendes Bauteil ohne raumabschließende Funktion (Träger, Stütze) feuerbeständig oder feuerhemmend	F 90-AB F 90-A F 30-B; F 30-AB; F 30-A	R 90 R 30
Tragendes Bauteil mit raumabschließender Funktion (Trennwand, Decke) feuerbeständig oder feuerhemmend	F 90-AB; F 90-A F 30–B; F 30-AB; F 30-A	REI 90 REI 30
Nichttragendes Bauteil mit raumabschließender Funktion wie Wände notwendiger Flure	F 30-AB	EI 30

Anforderungen an Außenputze

Bild T5: Schlagregenbeanspruchung nach DIN 4108-3

Estriche – DIN 18560 und EN 13813

Tabelle T6: Druckfestigkeitsklassen für Estrichmörtel nach DIN EN 13813

Klasse	C5	C7	C12	C16	C20	C25	C30	C35	C40	C50	C60	C70	C80
Druckfestigkeit in N/mm^2	5	7	12	16	20	25	30	35	40	50	60	70	80

Tabelle T7: Biegezugfestigkeitsklassen für Estrichmörtel nach DIN EN 13813

Klasse	F1	F2	F3	F4	F5	F6	F7	F10	F15	F20	F30	F40	F50
Druckfestigkeit in N/mm^2	1	2	3	4	5	6	7	´10	15	20	30	40	50

Tabelle T8: Verschleißwiderstandsklassen nach Böhme für Estrichmörtel nach DIN EN 13813

Klasse	A22	A15	A12	A9	A6	A3	A1,5
Abriebmenge in cm^3/50 cm^2	22	15	12	9	6	3	1,5

Tabelle T9: Verschleißwiderstandsklassen nach BCA für Estrichmörtel nach DIN EN 13813

Klasse	AR6	AR4	AR2	AR1	AR0,5
Abriebtiefe in μm	600	400	200	100	50

Tabelle T10: Verschleißwiderstand gegen Rollbeanspruchung für Estrichmörtel nach DIN EN 13813

Klasse	RWA300	RWA100	RWA20	RWA10	RWA1
Abriebmenge in cm^3	300	100	20	10	1

Tabelle T11: Oberflächenhärte für Estrichmörtel nach DIN EN 13813

Klasse	SH30	SH40	SH50	SH70	SH100	SH150	SH200
Oberflächenhärte in N/mm^2	30	40	50	70	100	150	200

Tabelle T12: Festigkeitsklasse bzw. Härteklasse für Verbundestriche nach DIN 18560-3 (Auszug)

Estrichmörtelart	bei Nutzung	
	mit Belag	ohne Belag
Calciumsulfatestrich	≥ C20/F3	≥ C25/F4
Zementestrich	≥ C20/F3	≥ C25/F4

Tabelle T13: Festigkeitsklasse bzw. Härteklasse für Estriche auf Trennschicht nach DIN 18560-4 (Auszug)

Estrichmörtelart	bei Nutzung	
	mit Belag	ohne Belag
Calciumsulfatestrich	≥ F4	≥ F4
Zementestrich	≥ F4	≥ F4

Tabelle T14: Nenndicken und Biegezugfestigkeit bzw. Härte unbeheizter Estriche auf Dämmschichten für lotrechte Nutzlasten ≤ 2 kN/m^2 nach DIN 18560-2 (Auszug)

Estrichart	Biegezugfestigkeitsklasse bzw. Härteklasse nach DIN EN 13813	Estrichnenndicke [1)] in mm bei einer Zusammendrückbarkeit der Dämmschicht c ≤ 5 mm[2 2)]
Calciumsulfat-Fließestrich CAF	F4	≥ 35
	F5	≥ 30
	F7	≥ 30
Calciumsulfatestrich CA	F4	≥ 45
	F5	≥ 40
	F7	≥ 35
Zementestrich CT	F4	≥ 45
	F5	≥ 40

[1)] Bei Dämmschichten ≥ 40 mm kann die Estrichnenndicke um 5 mm reduziert werden.
[2)] Bei höherer Zusammendrückbarkeit (≥ 10 mm) muss die Estrichnenndicke um 5 mm erhöht werden.

Tabelle T 15: Putzsysteme für Außenputze mit Leichtputz Typ I und Typ II
(aus „Leitlinien für das Verputzen von Mauerwerk und Beton", Industrieverband Mörtel)

Wasserabweisende Putzsysteme	Unterputze		Oberputze[a)]	
	Leichtputzmörtel entsprechend Mörtelgruppe nach DIN V 18550	Druckfestigkeitskategorie nach DIN EN 998-1	entsprechend Mörtelgruppe nach DIN V 18550	Druckfestigkeitskategorie nach DIN EN 998-1
Leichtputz Typ I	-	-	P I	CS I
	-	-	P II	CS II
	P II	CS II	P I	CS I
	P II	CS II	P II	CS II
Leichtputz Typ II	P II	CS I	P I	CS I[b)]
	P II	CS II	P I	CS I
	P II	CS II	P II	CS II

[a)] Leichtputze mit organischen Leichtzuschlägen sind außen nur als Unterputz zu verwenden.
[b)] Die Oberputzdicke maximal 5 mm oder nach Herstellerangabe.

Tabelle T 16: Auszug aus BetrSichV

5.2 Besondere Vorschriften für die Benutzung von Gerüsten

5.2.1 Kann das gewählte Gerüst nicht nach einer allgemein anerkannten Regelausführung errichtet werden, ist für das Gerüst oder einzelne Bereiche des Gerüsts eine Festigkeits-und Standfestigkeitsberechnung vorzunehmen.

5.2.2 Der für die Gerüstbauarbeiten verantwortliche Arbeitgeber oder eine von ihm bestimmte, befähigte Person hat je nach Komplexität des gewählten Gerüsts einen Plan für Aufbau, Benutzung und Abbau zu erstellen. Dabei kann es sich um eine allgemeine Aufbau- und Verwendungsanleitung handeln, die durch Detailangaben für das jeweilige Gerüst ergänzt wird.

5.2.3 Die Standsicherheit des Gerüsts muss sichergestellt sein. Gerüste, die freistehend nicht standsicher sind, müssen verankert werden. Die Ständer eines Gerüsts sind vor der Gefahr des Verrutschens durch Fixierung an der Auflagefläche, durch eine Gleitschutzvorrichtung oder durch ein anderes, gleichwertiges Mittel zu schützen. Die belastete Fläche muss eine ausreichende Tragfähigkeit haben. Ein unbeabsichtigtes Fortbewegen von Fahrgerüsten während der Arbeiten an hoch gelegenen Arbeitsplätzen muss durch geeignete Vorrichtungen verhindert werden. Während des Aufenthalts von Beschäftigten auf einem Fahrgerüst darf dieses nicht fortbewegt werden.

5.2.4 Die Abmessungen, die Form und die Anordnung der Gerüstbeläge müssen für die auszuführende Arbeit geeignet sein. Die Gerüstbeläge müssen an die zu erwartende Beanspruchung angepasst sein und ein gefahrloses Begehen erlauben. Die Gerüstbeläge sind dicht aneinander und so zu verlegen, dass sie bei normaler Benutzung nicht wippen und nicht verrutschen können. Zwischen den einzelnen Gerüstbelägen und dem Seitenschutz darf kein gefährlicher Zwischenraum vorhanden sein.

5.2.5 Wenn bestimmte Teile eines Gerüsts nicht einsatzbereit sind – insbesondere während des Auf-, Ab- oder Umbaus – sind diese Teile mit dem Verbotszeichen „Zutritt verboten“ zu kennzeichnen und durch Absperrungen, die den Zugang zur Gefahrenzone verhindern, angemessen abzugrenzen.

5.2.6 Gerüste dürfen nur unter der Aufsicht einer befähigten Person und von fachlich geeigneten Beschäftigten auf-, ab- oder umgebaut werden, die speziell für diese Arbeiten eine angemessene Unterweisung gemäß § 9 erhalten haben, die sich insbesondere auf Folgendes erstreckt:

a) Verstehen des Plans für den Auf-, Ab- oder Umbau des betreffenden Gerüsts,

b) sicherer Auf-, Ab- oder Umbau des betreffenden Gerüsts,

c) vorbeugende Maßnahmen gegen die Gefahr des Absturzes von Personen und des Herabfallens von Gegenständen,

d) Sicherheitsvorkehrungen für den Fall, dass sich die Witterungsverhältnisse so verändern, dass die Sicherheit des betreffenden Gerüsts und der betroffenen Personen beeinträchtigt sein könnte,

e) zulässige Belastungen,

f) alle anderen, mit dem Auf-, Ab- oder Umbau gegebenenfalls verbundenen Gefahren.

Der die Gerüstarbeiten beaufsichtigenden, befähigten Person und den betreffenden Beschäftigten muss die in Nummer 5.2.2 vorgesehene Aufbau- und Verwendungsanleitung mit allen darin enthaltenen Anweisungen vorliegen.

Tabelle T 17: Protokoll zur Beurteilung von Putzgründen aus Normalbeton

Baustelle	Bauteil
Auftraggeber	Auftragnehmer
Fertigstellung der Betonarbeiten	Vorgesehener Putzbeginn
Werk-Trockenmörtelhersteller	Haftbrückenhersteller
Sonstige Angaben	Zusatzleistungen
Datum der Überprüfung	Bei der Überprüfung anwesend

Prüfverfahren	Ergebnis der Prüfung	Zu treffende Maßnahmen
Augenschein		
Wischprobe		
Kratzprobe		
Benetzungsprobe		
Temperaturmessung		
Winkeligkeit und Ebenflächigkeit		
Feuchtigkeitsmessung ☐ Ja		
☐ Nein		

Folgerungen:	
Unterschrift Prüfer	Unterschrift Auftraggeber

Tabelle T 18: Zementarten und deren Zusammensetzung nach DIN EN 197-1; alle Angaben in Masse-%

Haupt-zement-arten	Bezeichnung 27 Produkte (Normalzementarten)		Zusammensetzung: (Massenanteile in Prozent)[1]											
			Hauptbestandteile										Neben-bestand-teile
			Portland-zement-klinker K	Hütten-sand S	Puzzoline: Silicon-staub D[2]	Puzzoline: natür-lich P	Puzzoline: natürl. getempert Q	Flugasche: kiesel-säurereich V	Flugasche: kalk-reich W	Ge-brannter Schiefer T	Kalkstein L	Kalkstein LL	
CEM I	Portlandzement	CEM I	95 – 100	–	–	–	–	–	–	–	–	–	0 – 5
CEM II	Portlandhütten-zement	CEM II/A-S	80 – 94	6 – 20	–	–	–	–	–	–	–	–	0 – 5
		CEM II/B-S	65 – 79	21 – 35	–	–	–	–	–	–	–	–	0 – 5
	Portlandsilikonstaubzement	CEM II/A-D	90 – 94	–	6 – 10	–	–	–	–	–	–	–	0 – 5
	Portlandpuzzolan-zement	CEM II/A-P	80 – 94	–	–	6 – 20	–	–	–	–	–	–	0 – 5
		CEM II/B-P	65 – 79	–	–	21 – 35	–	–	–	–	–	–	0 – 5
		CEM II/A-Q	80 – 94	–	–	–	6 – 20	–	–	–	–	–	0 – 5
		CEM II/B-Q	65 – 79	–	–	–	21 – 35	–	–	–	–	–	0 – 5
	Portlandflugasche-zement	CEM II/A-V	80 – 94	–	–	–	–	6 – 20	–	–	–	–	0 – 5
		CEM II/B-V	65 – 79	–	–	–	–	21 – 35	–	–	–	–	0 – 5
		CEM II/A-W	80 – 94	–	–	–	–	–	6 – 20	–	–	–	0 – 5
		CEM II/B-W	65 – 79	–	–	–	–	–	21 – 35	–	–	–	0 – 5
	Portlandschiefer-zement	CEM II/A-T	80 – 94	–	–	–	–	–	–	6 – 20	–	–	0 – 5
		CEM II/B-T	65 – 79	–	–	–	–	–	–	21 – 35	–	–	0 – 5
	Portlandkalkstein-zement	CEM II/A-L	80 – 94	–	–	–	–	–	–	–	6 – 20	–	0 – 5
		CEM II/B-L	65 – 79	–	–	–	–	–	–	–	21 – 35	–	0 – 5
		CEM II/A-LL	80 – 94	–	–	–	–	–	–	–	–	6 – 20	0 – 5
		CEM II/B-LL	65 – 79	–	–	–	–	–	–	–	–	21 – 35	0 – 5
	Portlandkomposit-zement[3]	CEM II/A-M	80 – 94	←				6 – 20				→	0 – 5
		CEM II/B-M	65 – 79	←				21 – 35				→	0 – 5
CEM III	Hochofenzement	CEM III/A	35 – 64	36 – 68	–	–	–	–	–	–	–	–	0 – 5
		CEM III/B	20 – 34	66 – 80	–	–	–	–	–	–	–	–	0 – 5
		CEM III/C	5 – 19	81 – 95	–	–	–	–	–	–	–	–	0 – 5
CEM IV	Puzzolanzement[3]	CEM IV/A	65 – 89	–	←		11 – 35		→	–	–	–	0 – 5
		CEM IV/B	45 – 64	–	←		36 – 55		→	–	–	–	0 – 5
CEM V	Kompositzement[3]	CEM V/A	40 – 64	18 – 30	–	←	18 – 30	→	–	–	–	–	0 – 5
		CEM V/B	20 – 38	31 – 50	–	←	31 – 50	→	–	–	–	–	0 – 5

1) Die Werte in der Tabelle beziehen sich auf die Summe der Haupt- und Nebenbestandteile.
2) Der Anteil von Siliconstaub ist auf 10 % begrenzt.
3) In den Portlandkompositzementen CEM II/A-M und CEM II/B-M, in den Puzzolanzementen CEN IV/A und CEN IV/B und in den Kompositzementen CEM V/A und CEM V/B müssen die Hauptbestandteile außer Portlandzementklinker durch die Bezeichnung des Zementes angegeben werden.

Bildquellenverzeichnis

Arbeitsgemeinschaft Holz e.V., Düsseldorf: Bild **3**.93; **3**.94

Ausführungshinweise zum Zementestrich. Readymix Transportbeton GmbH, Ratingen: Bild **5**.1; **5**.2; **5**.7; **5**.13

BAKT, Bundesarbeitskreis Trockenbau, Bonn: Bild **3**.11; **3**.16; **3**.21; **3**.24; **3**.62; **3**.75

Bau BG, Fachausschuss Bau, Sachgebiet Bauarbeiten und Gerüste, Hannover: Bild **2**.16; **2**.35; **2**.38; **2**.42; **2**.44

Baufachkunde 2 Hochbau, Stuttgart 1992: Bild **2**.13; **2**.17; **2**.19; **2**.26 bis **2**.32; **3**.26 bis **3**.32; **3**.42; **3**.43; **3**.52; **3**.54; **3**.64; **3**.68; **3**.72; **3**.73; **3**.84; **3**.86; **3**.91

Baufachrechnen 1 Grundlagen, Stuttgart 1992: Bild **5**.23

Baufachrechnen 2 Hochbau, Stuttgart 1992: Bild **3**.33; **3**.36; **4**.123; **4**.95; **5**.21; **5**.24

Baukonstruktionslehre Teil 1, Stuttgart 1992: Bild **3**.76; **8**.1 bis **8**.6; **8**.11; **8**.17; **8**.20; **8**.21; **8**.22;

Baukonstruktionslehre Teil 2, Bild **2**.2; **2**.11; **2**.20; **2**.22; **4**.42; **4**.43; **4**.44; **4**.78; **4**.99; **4**.105; **8**.30; **8**.31a

Baukunst in fünf Jahrtausenden. Hans Koepf, **9**. Aufl., Kohlhammer, Stuttgart: Bild **11**.1; **11**.5; **11**.6; **11**.8; **11**.9; **11**.13; **11**.14; **11**.19; **11**.20; **11**.25; **11**.26; **11**.29; **11**.30; **11**.31; **11**.32; **11**.36; **11**.41

Bayerische Verwaltung der Staatlichen Schlösser, Gärten und Seen, München: Bild **6**.4; **6**.6

Bayerisches Landesamt für Denkmalpflege, München: Bild **6**.2

Bildwörterbuch der Architektur. Hans Koepf, Kröner Verlag, Stuttgart 1968: Bild **11**.15 bis **11**.18; **11**.22; **11**.33

Bundes-Arbeitskreis Altbauerneuerung e.V., Bonn: Bild **4**.64

Bundesverband der Gips- und Gipsbauplattenindustrie e.V., Darmstadt: Bild **7**.66; **7**.67

Colformit Rajasil GmbH, Marktredwitz: Bild **4**.76

Capatect-Dämmsysteme GmbH, Ober-Ramstadt: Bild **4**.78; **4**.80 bis **4**.86

Donn Products GmbH, Viersen: Bild **8**.19

Fachkunde für Bauzeichner, Stuttgart 1992: Bild **3**.28; **3**.51; **9**.1

Fachkunde für Fliesenleger, Stuttgart 1995: Bild **5**.22

Fachkunde für Raumausstatter, Stuttgart 1995: Bild **10**.11; **10**.12; **10**.15 bis **10**.19; **11**.42; **11**.43

Gipswerke Mack GmbH, Schwäbisch Hall: Bild **7**.54a; **7**.57 bis **7**.62; **7**.64; **7**.69; **7**.73

Gebr. Knauf, Westdeutsche Gipswerke, Iphofen: Bild **3**.7 bis **3**.9; **3**.17 bis **3**.20; **3**.25; **3**.55; **3**.65; **3**.96; **3**.97; **4**.3a, b; **4**.4; **4**.5; **4**.48; **4**.67b; **4**.68b bis g; **4**.96a, b; **5**.10; **5**.11; **5**.12; **5**.14 bis **5**.20; **7**.1; **7**.5; **7**.20; **7**.22; **7**.25; **7**.28; **7**.29; **7**.34; **7**.36; **7**.37; **7**.39 bis **7**.44; **7**.46; **7**.47; **7**.48; **7**.76 bis **7**.80

Kommentar ATV DIN 18 350 und DIN 18 299, 12. Aufl., Wiesbaden 2006: Bild **1**.10a–q; **4**.61; **4**.97; **4**.98

Lehrbuch der Bauphysik, Stuttgart 1994: Bild **3**.74; **3**.78

Heidelberger Zement, Heidelberg: Bild **4**.31a

Malerfachkunde, Stuttgart 1990: Bild **10**.1; **10**.2; **10**.5; **10**.9; **10**.10; **11**.2; **11**.10; **11**.21; **11**.28; **11**.34; **11**.40

Malerfachrechnen, Stuttgart 1991: Bild **10**.25 bis **10**.28

Michael Detemple, Merchweiler: Bild **6**.11; **6**.12; **6**.13; **6**.16; **6**.17; **6**.18; **6**.26; **10**.20

Museum für Kunst und Gewerbe, Hamburg: Bild **6**.1

NMC Deutschland GmbH Bild 11, 12

Norgips Lafarge. Konstruktionshandbuch: Bild **8**.10; **8**.13; **8**.14

Plettac, Plettenberg: Bild **2**.29; **2**.30

Protektorwerk, Gaggenau: Bild **4**.49 bis **4**.55

Stukkateur-Handbuch. Schäfer Verlag, Hannover: Bild **6**.3; **6**.5; **6**.7; **6**.9c, f, g, h, i; **6**.11; **6**.12; **6**.13

Thyssen-Hünnebeck, Ratingen: Bild **2**.42

Trockenbaupraxis mit Gipskartonplattensystemen. Harro Böker, R. Müller Verlag, Köln 1984: Bild **7**.17; **7**.21; **7**.35

VG-Orth GmbH&Co.KG Stadtoldendorf: Bild **4**.2a, **4**.2c; **4**.68a; **4**.94; **4**.96a; **8**.31b

Wendehorst: Bautechnische Zahlentafeln, Stuttgart 1995: Bild **3**.12; **3**.13; **3**.66; **3**.67; **3**.69; **3**.70; **3**.71; **3**.79 bis **3**.81; **3**.85; **3**.87 bis **3**.90; **3**.95

Wülfrather Zement GmbH, Wülfrath: Bild **1**.3; **1**.4

Sachwortverzeichnis

T

U

V